VARIÁVEIS COMPLEXAS
e Aplicações

M882v   Brown, James Ward.
          Variáveis complexas e aplicações / James Ward Brown, Ruel V. Churchill ; tradução: Claus Ivo Doering. – 9. ed. – Porto Alegre : AMGH, 2015.
          xviii, 460 p. : il. ; 23 cm.

          ISBN 978-85-8055-517-2

          1. Matemática. 2. Variável complexa. I. Churchill, Ruel V. II. Título.

          CDU 517.53

Catalogação na publicação: Poliana Sanchez de Araujo – CRB 10/2094

JAMES WARD BROWN
Professor Emérito de Matemática
Universidade de Michigan-Dearborn

RUEL V. CHURCHILL
Professor Emérito de Matemática (falecido)
Universidade de Michigan-Dearborn

VARIÁVEIS COMPLEXAS
◆ *e* *Aplicações*

9ª EDIÇÃO

Tradução:
Claus Ivo Doering
Professor Titular do Instituto de Matemática da UFRGS

AMGH Editora Ltda.
2015

Obra originalmente publicada sob o título *Complex Variables and Applications*, 9th Edition
ISBN 9780073383170 / 0073383171

Original edition copyright © 2014, McGraw-Hill Global Education Holdings, LLC., New York, New York 10121. All rights reserved.

Portuguese language translation edition copyright © 2015, AMGH Editora Ltda., a Grupo A Educação S.A. company. All rights reserved.

Gerente editorial: *Arysinha Jacques Affonso*

Colaboraram nesta edição:

Editora: *Denise Weber Nowaczyk*

Capa: *Márcio Monticelli* (arte sobre capa original)

Leitura final: *Amanda Jansson Breitsameter*

Editoração: *Techbooks*

Reservados todos os direitos de publicação, em língua portuguesa, à
AMGH EDITORA LTDA., uma parceria entre GRUPO A EDUCAÇÃO S.A. e
McGRAW-HILL EDUCATION
Av. Jerônimo de Ornelas, 670 – Santana
90040-340 – Porto Alegre – RS
Fone: (51) 3027-7000   Fax: (51) 3027-7070

É proibida a duplicação ou reprodução deste volume, no todo ou em parte, sob quaisquer formas ou por quaisquer meios (eletrônico, mecânico, gravação, fotocópia, distribuição na Web e outros), sem permissão expressa da Editora.

Unidade São Paulo
Av. Embaixador Macedo Soares, 10.735 – Pavilhão 5 – Cond. Espace Center
Vila Anastácio – 05095-035 – São Paulo – SP
Fone: (11) 3665-1100   Fax: (11) 3667-1333

SAC 0800 703-3444 – www.grupoa.com.br

IMPRESSO NO BRASIL
PRINTED IN BRAZIL
Impresso sob demanda na Meta Brasil a pedido de Grupo A Educação.

SOBRE OS AUTORES

JAMES WARD BROWN é Professor Emérito de Matemática da Universidade de Michigan-Dearborn. Graduou-se em Física pela Universidade de Harvard e fez mestrado e doutorado em Matemática na Universidade de Michigan em Ann Arbor onde foi distinguido como doutorando pesquisador do Instituto de Ciência e Tecnologia. É coautor, com o Dr. Churchill, do livro *Fourier Series and Boundary Value Problems*, atualmente em sua oitava edição. Recebeu auxílio para a pesquisa da Fundação Nacional de Ciências dos EUA e foi agraciado com um prêmio como Professor Ilustre pela Associação dos Conselhos das Universidades de Michigan. O Dr. Brown aparece na lista de *Who's Who in the World*.

RUEL V. CHURCHILL foi, até sua morte em 1987, Professor Emérito de Matemática da Universidade de Michigan, onde começou a lecionar em 1922. Graduou-se em Física pela Universidade de Chicago e fez mestrado em Física e doutorado em Matemática na Universidade de Michigan. É coautor, com o Dr. Brown, do livro *Fourier Series and Boundary Value Problems*, um clássico que ele escreveu há quase 75 nos. É autor também de *Operational Mathematics*. Dr. Churchill ocupou vários cargos na Associação Norte-Americana de Matemática e em outras sociedades e conselhos de Matemática.

À memória de meu pai,
GEORGE H. BROWN,

e de meu coautor e amigo de longa data,
RUEL V. CHURCHILL.

Durante muitos anos, esses ilustres homens da ciência influenciaram a carreira de muitas pessoas, inclusive a minha.
J.W.B.

PREFÁCIO

Este livro é uma revisão completa da oitava edição, publicada em 2009. Aquela edição, bem como as anteriores, servia como livro-texto para uma disciplina introdutória à teoria de funções de uma variável complexa e suas aplicações. Esta nova edição preserva o conteúdo básico e o estilo das edições anteriores, sendo que as duas primeiras foram escritas pelo falecido Ruel V. Churchill, sem coautoria.

Este livro tem tido, sempre, dois objetivos principais:

(a) desenvolver as partes da teoria que se destacam nas aplicações do assunto;

(b) oferecer uma introdução às aplicações de resíduos e aplicações conformes.

As aplicações de resíduos incluem seu uso no cálculo de integrais reais impróprias, na determinação de transformadas de Laplace inversas e na localização de zeros de funções. É dada atenção especial ao uso de aplicações conformes na resolução de problemas de valores de fronteira que surgem no estudo da condução do calor e fluxos fluidos. Dessa forma, esta obra pode ser considerada um volume que acompanha o livro *Fourier Series and Boundary Value Problems,* dos mesmos autores, no qual é desenvolvido outro método para a resolução de problemas de valores de fronteira em equações diferenciais parciais.

Por muitos anos, os primeiros nove capítulos deste livro formaram a base de uma disciplina semestral de três horas semanais lecionada na Universidade de Michigan. Os últimos três capítulos têm menos modificações e objetivam especialmente o estudo individual e sua utilização como referência. O público-alvo são alunos dos anos finais de cursos de Matemática, Engenharias e Física. Antes de cursar esta disciplina, os alunos completaram pelo menos uma sequência de três semestres de Cálculo e uma primeira disciplina de Equações Diferenciais. Se for desejado antecipar o estudo das transformações de funções elementares, a ordem do conteúdo do livro pode ser alterada, com o Capítulo 8 sendo apresentado imediatamente após o Capítulo 3, relativo a funções elementares, para depois voltar ao Capítulo 4, sobre integrais.

A seguir, mencionamos algumas das alterações desta edição, algumas das quais foram sugeridas por alunos e professores que utilizaram esta obra como livro-texto. Vários tópicos foram deslocados de suas posições originais. Por exemplo, embora as funções harmônicas ainda sejam introduzidas no Capítulo 2, as harmônicas conjugadas foram levadas para o Capítulo 9, quando elas são, de fato, necessárias. Outro exemplo é o deslocamento da dedução de uma desigualdade importante na prova do teorema fundamental da Álgebra (Capítulo 4) para o Capítulo 1, em que são introduzidas desigualdades relacionadas. Isso permite ao leitor se concentrar nessas desigualdades agrupadas e também torna a prova do teorema fundamental da Álgebra relativamente curta e eficiente, sem distrair o estudante com essa dedução. A introdução do conceito de aplicação no Capítulo 2 foi encurtada nesta edição e, nesse capítulo, somente enfatizamos a aplicação $w = z^2$. Isso foi sugerido por alguns usuários da última edição, que sentiam que uma apresentação cuidadosa da aplicação $w = z^2$ seria o suficiente para ilustrar os conceitos necessários no Capítulo 2. Finalmente, como a maioria das séries que são discutidas no Capítulo 5, tanto as de Taylor quanto as de Laurent, depende da familiaridade do leitor com apenas seis séries de Maclaurin, essas séries estão, agora, agrupadas facilitando a sua busca, sempre que forem necessárias para encontrar outras expansões em séries. Nesta edição, o Capítulo 5 também apresenta uma seção separada, depois do Teorema de Taylor, dedicada inteiramente às representações de séries envolvendo potências negativas de $z - z_0$. A experiência nos mostrou que isso é especialmente valioso para tornar natural a transição de séries de Taylor para as de Laurent.

Esta edição contém muitos exemplos novos, alguns oriundos de exercícios da última edição. Muitas vezes, os exemplos seguem em uma seção separada imediatamente após a seção que desenvolveu a teoria sendo ilustrada.

A clareza do texto foi aumentada, tornando as definições mais facilmente identificáveis utilizando texto em negrito. O livro conta com quinze figuras novas, bem como várias já existentes que foram melhoradas. Finalmente, quando as demonstrações de teoremas são muito extensas, essas provas foram divididas. Isso ocorre, por exemplo, na prova do teorema de três partes referente à existência e ao uso de antiderivadas na Seção 49. O mesmo ocorre na prova do teorema de Cauchy-Goursat na Seção 51.

Para possibilitar o uso do livro pela maior gama possível de leitores, apresentamos notas de rodapé referenciando outros textos que fornecem provas e discussões de resultados mais delicados do Cálculo que, às vezes, são necessários. No Apêndice 1, apresentamos uma bibliografia de outros livros de variáveis complexas, muitos deles muito mais avançados. No Apêndice 2 há uma tabela de transformações conformes que são úteis nas aplicações.

Como já mencionamos, algumas das mudanças nesta edição foram sugeridas por usuários de edições anteriores. Além disso, na preparação desta edição, contamos com o apoio e interesse contínuo de muitas outras pessoas, especialmente da equipe da McGraw-Hill e de minha esposa Jacqueline Read Brown.

James Ward Brown

SUMÁRIO

CAPÍTULO 1 NÚMEROS COMPLEXOS 1
    Somas e produtos 1
    Propriedades algébricas básicas 3
    Mais propriedades algébricas 5
    Vetores e módulo 8
    Desigualdade triangular 11
    Complexos conjugados 14
    Forma exponencial 17
    Produtos e potências em forma exponencial 20
    Argumentos de produtos e quocientes 21
    Raízes de números complexos 25
    Exemplos 28
    Regiões do plano complexo 32

CAPÍTULO 2 FUNÇÕES ANALÍTICAS 37
    Funções e aplicações 37
    A aplicação $w = z^2$ 40
    Limites 44
    Teoremas de limites 47
    Limites envolvendo o ponto no infinito 49
    Continuidade 52
    Derivadas 55
    Regras de derivação 59
    Equações de Cauchy-Riemann 62

Exemplos   64
Condições suficientes de derivabilidade   65
Coordenadas polares   68
Funções analíticas   72
Mais exemplos   74
Funções harmônicas   77
Unicidade de funções analíticas   80
Princípio da reflexão   82

CAPÍTULO 3   FUNÇÕES ELEMENTARES   87

A função exponencial   87
A função logaritmo   90
Exemplos   92
Ramos e derivadas de logaritmos   93
Algumas identidades envolvendo logaritmos   97
A função potência   100
Exemplos   101
As funções trigonométricas sen z e cos z 104
Zeros e singularidades de funções trigonométricas   106
Funções hiperbólicas   109
Funções trigonométricas e hiperbólicas inversas   112

CAPÍTULO 4   INTEGRAIS   115

Derivadas de funções $w(t)$ 115
Integrais definidas de funções $w(t)$ 117
Caminhos   120
Integrais curvilíneas   125
Alguns exemplos   128
Exemplos envolvendo cortes   131
Cotas superiores do módulo de integrais curvilíneas   135
Antiderivadas   140
Prova do teorema   145
Teorema de Cauchy-Goursat   148
Prova do teorema   150
Domínios simplesmente conexos   155

Domínios multiplamente conexos   157
Fórmula integral de Cauchy   162
Uma extensão da fórmula integral de Cauchy   164
Verificação da extensão   167
Algumas consequências da extensão   168
Teorema de Liouville e o teorema fundamental da álgebra   172
Princípio do módulo máximo   174

CAPÍTULO 5   SÉRIES   179
Convergência de sequências   179
Convergência de séries   182
Séries de Taylor   186
Prova do teorema de Taylor   187
Exemplos   189
Potências negativas de $(z - z_0)$ 193
Séries de Laurent   197
Prova do teorema de Laurent   199
Exemplos   201
Convergência absoluta e uniforme de séries de potências   208
Continuidade da soma de séries de potências   211
Integração e derivação de séries de potências   213
Unicidade de representação em séries   216
Multiplicação e divisão de séries de potências   221

CAPÍTULO 6   RESÍDUOS E POLOS   227
Singularidades isoladas   227
Resíduos   229
Teorema dos resíduos de Cauchy   233
Resíduo no infinito   235
Os três tipos de singularidades isoladas   238
Exemplos   240
Resíduos em polos   242
Exemplos   244
Zeros de funções analíticas   247
Zeros e polos   250
Comportamento de funções perto de singularidades isoladas   255

CAPÍTULO 7   APLICAÇÕES DE RESÍDUOS   259

Cálculo de integrais impróprias   259
Exemplo   262
Integrais impróprias da análise de Fourier   267
Lema de Jordan   269
Um caminho indentado   274
Uma indentação em torno de um ponto de ramificação   278
Integração ao longo de um corte   280
Integrais definidas envolvendo senos e cossenos   284
Princípio do argumento   287
Teorema de Rouché   290
Transformada de Laplace inversa   295

CAPÍTULO 8   TRANSFORMAÇÕES POR FUNÇÕES ELEMENTARES   299

Transformações lineares   299
A transformação $w = 1/z$ 301
Transformações de $1/z$ 303
Transformações fracionárias lineares   307
Uma forma implícita   310
Transformações do semiplano superior   313
Exemplos   315
Transformações da função exponencial   319
Transformações de retas verticais por $w = \operatorname{sen} z$ 320
Transformações de segmentos de reta horizontais por $w = \operatorname{sen} z$ 322
Algumas transformações relacionadas   324
Transformações de z^2 327
Transformações de ramos de $z^{1/2}$ 328
Raízes quadradas de polinômios   332
Superfícies de Riemann   338
Superfícies de funções relacionadas   341

CAPÍTULO 9   APLICAÇÕES CONFORMES   345

Preservação de ângulos e fatores de escala   345
Mais exemplos   348

Inversas locais 350

Harmônicas conjugadas 353

Transformações de funções harmônicas 357

Transformações de condições de fronteira 360

CAPÍTULO 10 APLICAÇÕES DE TRANSFORMAÇÕES CONFORMES 365

Temperaturas estacionárias 365

Temperaturas estacionárias em um semiplano 367

Um problema relacionado 369

Temperaturas em um quadrante 371

Potencial eletrostático 376

Exemplos 377

Escoamento de fluido bidimensional 382

A função corrente 384

Escoamento ao redor de um canto e de um cilindro 386

CAPÍTULO 11 A TRANSFORMAÇÃO DE SCHWARZ--CHRISTOFFEL 393

Transformação do eixo real em um polígono 393

Transformação de Schwarz-Christoffel 395

Triângulos e retângulos 398

Polígonos degenerados 402

Escoamento de fluido em um canal através de uma fenda 407

Escoamento em um canal com estreitamento 409

Potencial eletrostático ao redor de um bordo de uma placa condutora 412

CAPÍTULO 12 FÓRMULAS INTEGRAIS DO TIPO POISSON 417

Fórmula integral de Poisson 417

Problema de Dirichlet de um disco 420

Exemplos 422

Problemas de valores de fronteira relacionados 426

Fórmula integral de Schwarz 428

Problema de Dirichlet de um semiplano 430

Problemas de Neumann 433

APÊNDICE 1 BIBLIOGRAFIA 437

APÊNDICE 2 TABELA DE TRANSFORMAÇÕES DE REGIÕES
(Ver Capítulo 8) 441

ÍNDICE 451

CAPÍTULO 1

NÚMEROS COMPLEXOS

Neste capítulo, exploramos as estruturas algébrica e geométrica do sistema dos números complexos, para o que supomos conhecidas várias propriedades correspondentes dos números reais.

1 SOMAS E PRODUTOS

Os **números complexos** podem ser definidos como pares ordenados (x, y) de números reais, que são interpretados como pontos do plano complexo, com coordenadas retangulares x e y, da mesma forma que pensamos em números reais x como pontos da reta real. Quando exibimos números reais x como pontos $(x, 0)$ do **eixo real**, escrevemos $x = (x, 0)$, e fica claro que o conjunto dos números complexos inclui o dos reais como subconjunto. Os números complexos da forma $(0, y)$ correspondem a pontos do eixo y e são denominados **números imaginários puros** se $y \neq 0$. Por isso, dizemos que o eixo y é o **eixo imaginário**.

É costume denotar um número complexo (x, y) por z, de modo que (ver Figura 1)

(1) $$z = (x, y).$$

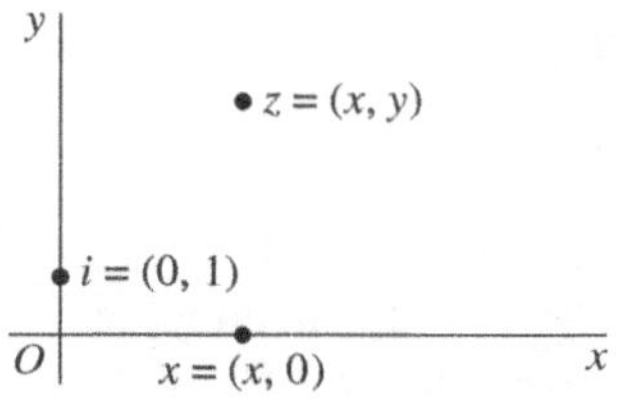

Figura 1

Além disso, os números reais x e y são conhecidos como as **partes real** e **imaginária** de z, respectivamente, e escrevemos

(2) $$x = \text{Re } z, \quad y = \text{Im } z.$$

Dois números complexos z_1 e z_2 são *iguais* sempre que tiverem as mesmas partes reais e imaginárias. Assim, a afirmação $z_1 = z_2$ significa que z_1 e z_2 correspondem ao mesmo ponto do plano complexo, ou plano z.

A *soma* $z_1 + z_2$ e o *produto* $z_1 z_2$ de dois números complexos

$$z_1 = (x_1, y_1) \quad \text{e} \quad z_2 = (x_1, y_1)$$

são definidos como segue:

(3) $\qquad (x_1, y_1) + (x_2, y_2) = (x_1 + x_2, y_1 + y_2),$

(4) $\qquad (x_1, y_1)(x_2, y_2) = (x_1 x_2 - y_1 y_2, y_1 x_2 + x_1 y_2).$

Observe que as operações definidas por meio das equações (3) e (4) resultam nas operações usuais da adição e da multiplicação quando restritas aos números reais:

$$(x_1, 0) + (x_2, 0) = (x_1 + x_2, 0),$$
$$(x_1, 0)(x_2, 0) = (x_1 x_2, 0).$$

Em vista disso, o sistema dos números complexos é uma extensão natural do sistema dos números reais.

Qualquer número complexo $z = (x, y)$ pode ser escrito como $z = (x, 0) + (0, y)$, e é fácil verificar que $(0, 1)(y, 0) = (0, y)$. Então

$$z = (x, 0) + (0, 1)(y, 0);$$

e se pensarmos em um número real como sendo x ou $(x, 0)$ e se denotarmos por i o número imaginário puro $(0, 1)$, conforme Figura 1, segue que*

(5) $\qquad z = x + iy.$

Também, convencionando que $z^2 = zz, z^3 = z^2 z$, etc., obtemos

$$i^2 = (0, 1)(0, 1) = (-1, 0),$$

ou

(6) $\qquad i^2 = -1.$

Sendo $(x, y) = x + iy$, as definições (3) e (4) são dadas por

(7) $\qquad (x_1 + iy_1) + (x_2 + iy_2) = (x_1 + x_2) + i(y_1 + y_2),$

(8) $\qquad (x_1 + iy_1)(x_2 + iy_2) = (x_1 x_2 - y_1 y_2) + i(y_1 x_2 + x_1 y_2).$

Observe que os lados direitos dessas equações podem ser obtidos manipulando formalmente os termos do lado esquerdo como se envolvessem apenas números reais e, depois, substituindo i^2 por -1 sempre que aparecer esse quadrado. Além

---

* Na Engenharia Elétrica, é utilizada a letra j em vez de i.

disso, observe que da equação (8) decorre que *é zero o produto de qualquer número complexo por zero*. Mais precisamente,

$$z \cdot 0 = (x + iy)(0 + i0) = 0 + i0 = 0$$

com qualquer $z = x + iy$.

2 PROPRIEDADES ALGÉBRICAS BÁSICAS

Muitas propriedades da adição e multiplicação de números complexos são iguais às de números reais. A seguir, listamos as mais básicas dessas propriedades algébricas e verificamos a validade de algumas delas. A maioria das outras pode ser encontrada nos exercícios.

As leis da comutatividade

(1) $$z_1 + z_2 = z_2 + z_1, \quad z_1 z_2 = z_2 z_1$$

e as leis da associatividade

(2) $$(z_1 + z_2) + z_3 = z_1 + (z_2 + z_3), \quad (z_1 z_2) z_3 = z_1 (z_2 z_3)$$

seguem imediatamente das definições de adição e multiplicação de números complexos na Seção 1 e do fato de que os números reais têm as propriedades correspondentes. O mesmo ocorre com a lei da distributividade

(3) $$z(z_1 + z_2) = zz_1 + zz_2.$$

EXEMPLO. Se

$$z_1 = (x_1, y_1) \quad \text{e} \quad z_2 = (x_2, y_2),$$

então

$$z_1 + z_2 = (x_1 + x_2, y_1 + y_2) = (x_2 + x_1, y_2 + y_1) = z_2 + z_1.$$

De acordo com a comutatividade da multiplicação, temos $iy = yi$. Assim, podemos escrever $z = x + yi$ em vez de $z = x + iy$. Também, pela associatividade, uma soma $z_1 + z_2 + z_3$ ou um produto $z_1 z_2 z_3$ está bem definido sem a utilização de parênteses, da mesma forma que ocorre com números reais.

Os elementos neutros da adição $0 = (0, 0)$ e da multiplicação $1 = (1, 0)$ dos números reais também são os elementos neutros dessas operações com todos os números complexos, ou seja,

(4) $$z + 0 = z \quad \text{e} \quad z \cdot 1 = z$$

qualquer que seja o número complexo z. Além disso, 0 e 1 são os únicos números complexos com tais propriedades (ver Exercício 8).

A cada número complexo $z = (x, y)$ está associado um elemento inverso aditivo

(5) $$-z = (-x, -y),$$

que satisfaz a equação $z + (-z) = 0$. Além disso, cada z dado possui um único inverso aditivo, pois a equação

$$(x, y) + (u, v) = (0, 0)$$

implica que

$$u = -x \quad \text{e} \quad v = -y.$$

Dado qualquer número complexo *não nulo* $z = (x, y)$, existe um número z^{-1} tal que $zz^{-1} = 1$. Esse elemento inverso multiplicativo é menos óbvio que o aditivo. Para encontrá-lo, procuremos números reais u e v, dados em termos de x e y, tais que

$$(x, y)(u, v) = (1, 0).$$

De acordo com a equação (4) da Seção 1, que define o produto de dois números complexos, u e v devem satisfazer o par

$$xu - yv = 1, \ yu + xv = 0$$

de equações lineares simultaneamente, e uma conta simples fornece a solução única

$$u = \frac{x}{x^2 + y^2}, \quad v = \frac{-y}{x^2 + y^2}.$$

Assim, o *único* elemento inverso multiplicativo de $z = (x, y)$ é dado por

(6) $$z^{-1} = \left(\frac{x}{x^2 + y^2}, \frac{-y}{x^2 + y^2} \right) \quad (z \neq 0).$$

O elemento inverso z^{-1} não está definido quando $z = 0$. De fato, $z = 0$ significa que $x^2 + y^2 = 0$, e isso não é permitido na expressão (6).

EXERCÍCIOS

1. Verifique que
   (a) $(\sqrt{2} - i) - i(1 - \sqrt{2}i) = -2i$;
   (b) $(2, -3)(-2, 1) = (-1, 8)$;
   (c) $(3, 1)(3, -1)\left(\dfrac{1}{5}, \dfrac{1}{10}\right) = (2, 1)$.

2. Mostre que
   (a) $\text{Re}(iz) = -\text{Im}\, z$;
   (b) $\text{Im}(iz) = \text{Re}\, z$.

3. Mostre que $(1 + z)^2 = 1 + 2z + z^2$.

4. Verifique que cada um dos dois números $z = 1 \pm i$ satisfaz a equação $z^2 - 2z + 2 = 0$.

5. Prove que a multiplicação de números complexos é comutativa, como afirmamos no início da Seção 2.

6. Verifique a validade da
   (a) lei da associatividade da adição de números complexos, afirmada no início da Seção 2.
   (b) lei da distributividade (3) da Seção 2.
7. Use a associatividade da adição e a distributividade para mostrar que
$$z(z_1 + z_2 + z_3) = zz_1 + zz_2 + zz_3.$$
8. (a) Escreva $(x, y) + (u, v) = (x, y)$ e indique por que disso decorre que o número complexo $0 = (0, 0)$ é único como elemento neutro da adição.
   (b) Analogamente, escreva $(x, y)(u, v) = (x, y)$ e mostre que o número complexo $1 = (1, 0)$ é único como elemento neutro da multiplicação.
9. Use $-1 = (-1, 0)$ e $z = (x, y)$ para mostrar que $(-1)z = -z$.
10. Use $i = (0, 1)$ e $y = (y, 0)$ para verificar que $-(iy) = (-i)y$. Com isso, mostre que o inverso aditivo de um número complexo $z = x + iy$ pode ser escrito como $-z = -x - iy$ sem ambiguidade.
11. Resolva a equação $z^2 + z + 1 = 0$ em $z = (x, y)$ escrevendo
$$(x, y)(x, y) + (x, y) + (1, 0) = (0, 0)$$
e então resolvendo um par de equações simultâneas em x e y.

Sugestão: mostre que a equação não possui solução real x e que, portanto, $y \neq 0$.

Resposta: $z = \left(-\dfrac{1}{2}, \pm\dfrac{\sqrt{3}}{2}\right).$

3 MAIS PROPRIEDADES ALGÉBRICAS

Nesta seção, apresentamos várias propriedades algébricas adicionais da adição e da multiplicação de números complexos que decorrem das já descritas na Seção 2. Como essas propriedades também são perfeitamente antecipáveis, já que são válidas com números reais, o leitor pode ir diretamente para a Seção 4 sem maiores prejuízos.

Começamos observando que a existência de inversos multiplicativos nos permite mostrar que *se um produto $z_1 z_2$ for nulo, então pelo menos um dos fatores z_1 ou z_2 deve ser nulo*. De fato, suponha que $z_1 z_2 = 0$ e $z_1 \neq 0$. O inverso z_1^{-1} existe, e o produto de qualquer número complexo por zero é zero (Seção 1). Segue que
$$z_2 = z_2 \cdot 1 = z_2(z_1 z_1^{-1}) = (z_1^{-1} z_1)z_2 = z_1^{-1}(z_1 z_2) = z_1^{-1} \cdot 0 = 0.$$

Assim, se $z_1 z_2 = 0$, então $z_1 = 0$ ou $z_2 = 0$ ou, possivelmente, ambos os números, z_1 e z_2, são iguais a zero. Outra maneira de enunciar esse resultado é seguinte: *se dois números complexos, z_1 e z_2, forem não nulos, então seu produto $z_1 z_2$ também será não nulo*.

A subtração e a divisão são definidas em termos de inversos aditivos e multiplicativos:

6 CAPÍTULO 1 NÚMEROS COMPLEXOS

(1) $$z_1 - z_2 = z_1 + (-z_2),$$

(2) $$\frac{z_1}{z_2} = z_1 z_2^{-1} \quad (z_2 \neq 0).$$

Assim, decorre das afirmações (5) e (6) da Seção 2 que

(3) $$z_1 - z_2 = (x_1, y_1) + (-x_2, -y_2) = (x_1 - x_2, y_1 - y_2)$$

e

(4) $$\frac{z_1}{z_2} = (x_1, y_1) \left(\frac{x_2}{x_2^2 + y_2^2}, \frac{-y_2}{x_2^2 + y_2^2} \right) = \left(\frac{x_1 x_2 + y_1 y_2}{x_2^2 + y_2^2}, \frac{y_1 x_2 - x_1 y_2}{x_2^2 + y_2^2} \right)$$
$$(z_2 \neq 0)$$

se $z_1 = (x_1, y_1)$ e $z_2 = (x_2, y_2)$.

Usando $z_1 = x_1 + i y_1$ e $z_2 = x_2 + i y_2$, podemos escrever as expressões (3) e (4) como

(5) $$z_1 - z_2 = (x_1 - x_2) + i(y_1 - y_2)$$

e

(6) $$\frac{z_1}{z_2} = \frac{x_1 x_2 + y_1 y_2}{x_2^2 + y_2^2} + i \frac{y_1 x_2 - x_1 y_2}{x_2^2 + y_2^2} \quad (z_2 \neq 0).$$

Embora a expressão (6) não seja facilmente memorizada, ela pode ser deduzida da expressão (ver Exercício 7)

(7) $$\frac{z_1}{z_2} = \frac{(x_1 + i y_1)(x_2 - i y_2)}{(x_2 + i y_2)(x_2 - i y_2)},$$

multiplicando os produtos no numerador e denominador do lado direito e, então, usando a propriedade

(8) $$\frac{z_1 + z_2}{z_3} = (z_1 + z_2) z_3^{-1} = z_1 z_3^{-1} + z_2 z_3^{-1} = \frac{z_1}{z_3} + \frac{z_2}{z_3} \quad (z_3 \neq 0).$$

A motivação para começar com a expressão (7) aparece na Seção 5.

EXEMPLO. Esse método de obter o quociente é ilustrado a seguir.

$$\frac{4+i}{2-3i} = \frac{(4+i)(2+3i)}{(2-3i)(2+3i)} = \frac{5+14i}{13} = \frac{5}{13} + \frac{14}{13}i.$$

Algumas propriedades esperadas envolvendo quocientes de números complexos decorrem da relação

(9) $$\frac{1}{z_2} = z_2^{-1} \quad (z_2 \neq 0),$$

que é a equação (2) com $z_1 = 1$. A relação (9) nos permite, por exemplo, reescrever a equação (2) na forma

(10) $$\frac{z_1}{z_2} = z_1\left(\frac{1}{z_2}\right) \quad (z_2 \neq 0).$$

Também, observando que (ver Exercício 3)
$$(z_1 z_2)(z_1^{-1} z_2^{-1}) = (z_1 z_1^{-1})(z_2 z_2^{-1}) = 1 \quad (z_1 \neq 0, z_2 \neq 0),$$
e, portanto, que $z_1^{-1} z_2^{-1} = (z_1 z_2)^{-1}$, podemos usar a relação (9) para mostrar que

(11) $$\left(\frac{1}{z_1}\right)\left(\frac{1}{z_2}\right) = z_1^{-1} z_2^{-1} = (z_1 z_2)^{-1} = \frac{1}{z_1 z_2} \quad (z_1 \neq 0, z_2 \neq 0).$$

Outra propriedade útil, que será deduzida nos exercícios, é

(12) $$\left(\frac{z_1}{z_3}\right)\left(\frac{z_2}{z_4}\right) = \frac{z_1 z_2}{z_3 z_4} \quad (z_3 \neq 0, z_4 \neq 0).$$

Finalmente, observamos que a *fórmula do binômio* de números reais permanece válida com números complexos. Assim, se z_1 e z_2 forem quaisquer números complexos não nulos, então

(13) $$(z_1 + z_2)^n = \sum_{k=0}^{n} \binom{n}{k} z_1^k z_2^{n-k} \quad (n = 1, 2, \ldots)$$

em que
$$\binom{n}{k} = \frac{n!}{k!(n-k)!} \quad (k = 0, 1, 2, \ldots, n)$$

e $0! = 1$ por convenção. A prova dessa fórmula é deixada como exercício. Por ser comutativa a soma de números complexos, é claro que podemos reescrever essa fórmula como

(14) $$(z_1 + z_2)^n = \sum_{k=0}^{n} \binom{n}{k} z_1^{n-k} z_2^{k} \quad (n = 1, 2, \ldots).$$

EXERCÍCIOS

1. Reduza cada uma das expressões a seguir a um número real.

    (a) $\dfrac{1+2i}{3-4i} + \dfrac{2-i}{5i}$; (b) $\dfrac{5i}{(1-i)(2-i)(3-i)}$; (c) $(1-i)^4$.

    Respostas: (a) $-\dfrac{2}{5}$; (b) $-\dfrac{1}{2}$; (c) -4.

2. Mostre que
$$\frac{1}{1/z} = z \quad (z \neq 0).$$

3. Use a associatividade e a comutatividade da multiplicação para mostrar que
$$(z_1 z_2)(z_3 z_4) = (z_1 z_3)(z_2 z_4).$$
4. Prove que se $z_1 z_2 z_3 = 0$, então pelo menos um dos três fatores é nulo.

   Sugestão: escreva $(z_1 z_2) z_3 = 0$ e use o resultado análogo (Seção 3) com dois fatores.
5. Deduza a expressão (6) da Seção 3 para o quociente z_1/z_2 pelo método descrito logo depois da expressão.
6. Com o auxílio das relações (10) e (11) da Seção 3, deduza a identidade
$$\left(\frac{z_1}{z_3}\right)\left(\frac{z_2}{z_4}\right) = \frac{z_1 z_2}{z_3 z_4} \qquad (z_3 \neq 0, z_4 \neq 0).$$
7. Use a identidade obtida no Exercício 6 para deduzir a lei do cancelamento
$$\frac{z_1 z}{z_2 z} = \frac{z_1}{z_2} \qquad (z_2 \neq 0, z \neq 0).$$
8. Use indução matemática para verificar a validade da fórmula do binômio (13) da Seção 3. Mais precisamente, observe que a fórmula é verdadeira se $n = 1$. Em seguida, supondo que a fórmula seja válida com algum $n = m$, em que m denota algum número inteiro positivo, mostre que a fórmula é válida com $n = m + 1$.

   Sugestão: com $n = m + 1$, escreva
$$(z_1 + z_2)^{m+1} = (z_1 + z_2)(z_1 + z_2)^m = (z_2 + z_1) \sum_{k=0}^{m} \binom{m}{k} z_1^k z_2^{m-k}$$
$$= \sum_{k=0}^{m} \binom{m}{k} z_1^k z_2^{m+1-k} + \sum_{k=0}^{m} \binom{m}{k} z_1^{k+1} z_2^{m-k}$$
   e substitua k por $k - 1$ na última soma para obter
$$(z_1 + z_2)^{m+1} = z_2^{m+1} + \sum_{k=1}^{m} \left[\binom{m}{k} + \binom{m}{k-1}\right] z_1^k z_2^{m+1-k} + z_1^{m+1}.$$
   Finalmente, mostre que o lado direito dessa expressão é igual a
$$z_2^{m+1} + \sum_{k=1}^{m} \binom{m+1}{k} z_1^k z_2^{m+1-k} + z_1^{m+1} = \sum_{k=0}^{m+1} \binom{m+1}{k} z_1^k z_2^{m+1-k}.$$

4 VETORES E MÓDULO

É natural associar um número complexo $z = x + iy$ qualquer ao segmento de reta orientado ou com o vetor radial da origem ao ponto (x, y) que representa z no plano complexo. De fato, muitas vezes nos referimos ao número z como o ponto z ou o vetor z. Na Figura 2, os números $z = x + iy$ e $-2 + i$ estão representados graficamente como pontos e, também, como vetores radiais.

SEÇÃO 4   VETORES E MÓDULO

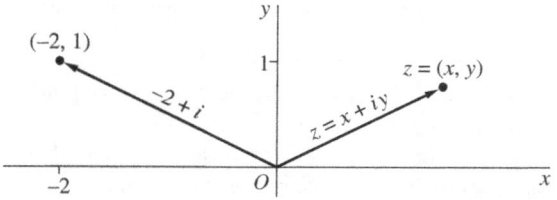

Figura 2

Se $z_1 = x_1 + iy_1$ e $z_2 = x_2 + iy_2$, então a soma

$$z_1 + z_2 = (x_1 + x_2) + i(y_1 + y_2)$$

corresponde ao ponto $(x_1 + x_2, y_1 + y_2)$ e, também, ao vetor de componentes dados por essas coordenadas. Segue que $z_1 + z_2$ pode ser obtido de maneira vetorial como indicado na Figura 3.

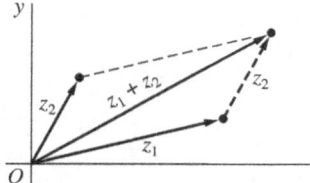

Figura 3

Embora o produto de dois números complexos z_1 e z_2 seja um número complexo representado por algum vetor, esse vetor está no mesmo plano que os vetores que representam z_1 e z_2. Dessa forma, segue que esse produto de números complexos não é nem o produto escalar nem o produto vetorial utilizado na Análise Vetorial usual.

A interpretação vetorial de números complexos é especialmente útil para estender o conceito de valor absoluto dos números reais ao plano complexo. O **módulo**, ou valor absoluto, de um número complexo $z = x + iy$ é definido como o número real não negativo $\sqrt{x^2 + y^2}$ e denotado por $|z|$, ou seja,

(1) $$|z| = \sqrt{x^2 + y^2}.$$

Segue imediatamente da definição (1) que os números reais $|z|$, $x = \text{Re } z$ e $y = \text{Im } z$ estão relacionados pela equação

(2) $$|z|^2 = (\text{Re } z)^2 + (\text{Im } z)^2.$$

Assim,

(3) $\qquad\qquad \text{Re } z \leq |\text{Re } z| \leq |z| \quad$ e $\quad \text{Im} z \leq |\text{Im } z| \leq |z|.$

Geometricamente, o número real $|z|$ é a distância entre o ponto (x, y) e a origem, ou o comprimento do vetor radial que representa z. Esse número reduz ao valor absoluto usual do sistema dos números reais quando $y = 0$. Observe que *a desigualdade $z_1 < z_2$ carece de qualquer sentido a menos que ambos, z_1 e z_2, sejam* *números reais,* mas a afirmação $|z_1| < |z_2|$ significa que o ponto z_1 está mais perto da origem do que o ponto z_2.

EXEMPLO 1. Como $|-3+2i| = \sqrt{13}$ e $|1+4i| = \sqrt{17}$, vemos que o ponto $-3+2i$ está mais perto da origem do que o ponto $1+4i$.

A distância entre dois pontos (x_1, y_1) e (x_2, y_2) é $|z_1 - z_2|$. Isso deve ficar claro na Figura 4, pois $|z_1 - z_2|$ é o comprimento do vetor que representa o número

$$z_1 - z_2 = z_1 + (-z_2);$$

e, transladando o vetor radial $z_1 - z_2$, podemos interpretar $z_1 - z_2$ como o segmento de reta orientado do ponto (x_2, y_2) até o ponto (x_1, y_1). Alternativamente, segue da expressão

$$z_1 - z_2 = (x_1 - x_2) + i(y_1 - y_2)$$

e da definição (1) que

$$|z_1 - z_2| = \sqrt{(x_1 - x_2)^2 + (y_1 - y_2)^2}.$$

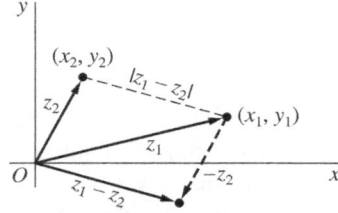

Figura 4

Os números complexos z correspondentes aos pontos que estão no círculo de raio R centrado em z_0 satisfazem a equação $|z - z_0| = R$, e reciprocamente. Dizemos que esse conjunto de pontos é o círculo de equação $|z - z_0| = R$.

EXEMPLO 2. A equação $|z - 1 + 3i| = 2$ representa o círculo centrado no ponto $z_0 = (1, -3)$ de raio $R = 2$.

Nosso exemplo final ilustra o poder do raciocínio geométrico na Análise Complexa quando as contas diretas forem cansativas.

EXEMPLO 3. Considere o conjunto de todos os pontos $z = (x, y)$ que satisfaçam a equação

$$|z - 4i| + |z + 4i| = 10.$$

Reescrevendo essa equação como

$$|z - 4i| + |z - (-4i)| = 10,$$

vemos que ela representa o conjunto de todos os pontos $P(x, y)$ do plano $z = (x, y)$ tais que a soma das distâncias aos dois pontos fixados $F(0, 4)$ e $F'(0, -4)$ é constante e igual a 10. Como se sabe, isso é uma elipse de focos $F(0, 4)$ e $F'(0, -4)$.

5 DESIGUALDADE TRIANGULAR

Passamos agora à *desigualdade triangular*, que fornece uma cota superior para o módulo da soma de dois números complexos z_1 e z_2, como segue.

(1) $$|z_1 + z_2| \leq |z_1| + |z_2|.$$

Essa desigualdade importante é geometricamente evidente a partir da Figura 3 na Seção 4, pois é, simplesmente, a afirmação de que o comprimento de um dos lados de um triângulo é menor do que ou igual à soma dos comprimentos dos dois outros lados. Também podemos ver na Figura 3 que a desigualdade (1) é uma igualdade quando os pontos 0, z_1 e z_2 forem colineares. Uma dedução estritamente algébrica dessa desigualdade é dada no Exercício 15 da Seção 6.

Uma consequência imediata da desigualdade triangular é que

(2) $$|z_1 + z_2| \geq ||z_1| - |z_2||.$$

Para obter (2), escrevemos

$$|z_1| = |(z_1 + z_2) + (-z_2)| \leq |z_1 + z_2| + |-z_2|,$$

o que significa que

(3) $$|z_1 + z_2| \geq |z_1| - |z_2|.$$

Isso é a desigualdade (2) se $|z_1| \geq |z_2|$. No caso $|z_1| < |z_2|$, basta trocar z_1 com z_2 na desigualdade (3) para obter

$$|z_1 + z_2| \geq -(|z_1| - |z_2|),$$

que é o resultado procurado. Claramente, a desigualdade (2) nos diz que o comprimento de um dos lados de um triângulo é maior do que ou igual à diferença dos comprimentos dos dois outros lados.

Como $|-z_2| = |z_2|$, podemos trocar z_2 por $-z_2$ nas desigualdades (1) e (2) para obter

$$|z_1 - z_2| \leq |z_1| + |z_2| \quad \text{e} \quad |z_1 - z_2| \geq ||z_1| - |z_2||.$$

Ocorre que, na prática, basta usar somente as desigualdades (1) e (2), o que está ilustrado no exemplo a seguir.

EXEMPLO 1. Se um ponto z estiver no círculo unitário $|z| = 1$, as desigualdades (1) e (2) fornecem

$$|z - 2| = |z + (-2)| \leq |z| + |-2| = 1 + 2 = 3$$

e

$$|z - 2| = |z + (-2)| \geq ||z| - |-2|| = |1 - 2| = 1.$$

A desigualdade triangular (1) pode ser generalizada por meio da indução matemática para somas com qualquer número finito de termos, como segue.

(4) $\qquad |z_1 + z_2 + \cdots + z_n| \leq |z_1| + |z_2| + \cdots + |z_n| \qquad (n = 2, 3, \ldots).$

A prova por indução dessa afirmação começa com a observação de que a desigualdade (4) com $n = 2$ coincide com a desigualdade (1). Além disso, se a desigualdade (4) for válida com algum $n = m$, ela também será válida com $n = m + 1$, pois, usando (1), temos

$$|(z_1 + z_2 + \cdots + z_m) + z_{m+1}| \leq |z_1 + z_2 + \cdots + z_m| + |z_{m+1}|$$
$$\leq (|z_1| + |z_2| + \cdots + |z_m|) + |z_{m+1}|.$$

EXEMPLO 2. Seja z um número complexo qualquer do círculo $|z| = 2$. A desigualdade (4) nos diz que

$$|3 + z + z^2| \leq 3 + |z| + |z^2|.$$

Como $|z^2| = |z|^2$ é garantido pelo Exercício 8, obtemos

$$|3 + z + z^2| \leq 9.$$

EXEMPLO 3. Dados um inteiro positivo n e constantes complexas $a_0, a_1, a_2, \ldots, a_n$, com $a_n \neq 0$, dizemos que a quantidade

(5) $\qquad P(z) = a_0 + a_1 z + a_2 z^2 + \cdots + a_n z^n$

é um **polinômio** de grau n. Mostremos que existe algum número positivo R tal que o recíproco $1/P(z)$ satisfaz a desigualdade

(6) $\qquad \left|\dfrac{1}{P(z)}\right| < \dfrac{2}{|a_n| R^n} \qquad \text{se} \qquad |z| > R.$

Geometricamente, isso nos diz que o módulo do recíproco $1/P(z)$ é limitado superiormente com z fora do círculo $|z| = R$. Essa importante propriedade de polinômios será utilizada adiante, no Capítulo 4, na Seção 58, mas apresentamos sua demonstração aqui porque ela exemplifica o uso das desigualdades vistas nesta seção, bem como as identidades

$$|z_1 z_2| = |z_1||z_2| \quad \text{e} \quad |z^n| = |z|^n \quad (n = 1, 2, \ldots)$$

a serem obtidas nos Exercícios 8 e 9.

Inicialmente, escrevemos

(7) $\qquad w = \dfrac{a_0}{z^n} + \dfrac{a_1}{z^{n-1}} + \dfrac{a_2}{z^{n-2}} + \cdots + \dfrac{a_{n-1}}{z} \qquad (z \neq 0),$

de modo que

(8) $\qquad P(z) = (a_n + w) z^n$

se $z \neq 0$. Em seguida, multiplicamos os dois lados de (7) por z^n, obtendo
$$w z^n = a_0 + a_1 z + a_2 z^2 + \cdots + a_{n-1} z^{n-1}.$$
Isso nos diz que
$$|w||z|^n \leq |a_0| + |a_1||z| + |a_2||z|^2 + \cdots + |a_{n-1}||z|^{n-1},$$
ou

(9) $$|w| \leq \frac{|a_0|}{|z|^n} + \frac{|a_1|}{|z|^{n-1}} + \frac{|a_2|}{|z|^{n-2}} + \cdots + \frac{|a_{n-1}|}{|z|}.$$

Agora observe que é possível encontrar um número positivo R tão grande tal que cada um dos quocientes do lado direito de (9) seja menor do que o número $|a_n|/(2n)$ se $|z| > R$, de modo que
$$|w| < n \frac{|a_n|}{2n} = \frac{|a_n|}{2} \quad \text{se} \quad |z| > R.$$
Consequentemente,
$$|a_n + w| \geq ||a_n| - |w|| > \frac{|a_n|}{2} \quad \text{se} \quad |z| > R;$$
e, tendo em vista a equação (8),

(10) $$|P_n(z)| = |a_n + w||z|^n > \frac{|a_n|}{2}|z|^n > \frac{|a_n|}{2} R^n \quad \text{se} \quad |z| > R.$$
A afirmação (6) decorre imediatamente.

EXERCÍCIOS

1. Encontre os números $z_1 + z_2$ e $z_1 - z_2$ como vetores, sendo
   (a) $z_1 = 2i, \quad z_2 = \frac{2}{3} - i;$
   (b) $z_1 = (-\sqrt{3}, 1), \quad z_2 = (\sqrt{3}, 0);$
   (c) $z_1 = (-3, 1), \quad z_2 = (1, 4);$
   (d) $z_1 = x_1 + iy_1, \quad z_2 = x_1 - iy_1.$

2. Verifique a validade das desigualdades envolvendo Re z, Im z e $\bar{z}$ dadas em (3) da Seção 4.

3. Use as propriedades demonstradas do módulo para mostrar que se $|z_3| \neq |z_4|$, então,
$$\frac{\text{Re}(z_1 + z_2)}{|z_3 + z_4|} \leq \frac{|z_1| + |z_2|}{||z_3| - |z_4||}.$$

4. Verifique que $\sqrt{2}|z| \geq |\text{Re } z| + |\text{Im } z|$.
   Sugestão: reduza essa desigualdade a $(|x| - |y|)^2 \geq 0$.

5. Em cada caso, esboce o conjunto de pontos determinados pela condição dada.
   (a) $|z - 1 + i| = 1;$ (b) $|z + i| \leq 3;$ (c) $|z - 4i| \geq 4.$

6. Lembre que $|z_1 - z_2|$ é a distância entre os pontos z_1 e z_2 e dê um argumento geométrico para mostrar que $|z - 1| = |z + i|$ representa a reta pela origem de inclinação -1.

7. Mostre que se R for suficientemente grande, o polinômio $P(z)$ do Exemplo 3 da Seção 5 satisfaz a desigualdade

$$|P(z)| < 2|a_n||z|^n \quad \text{se} \quad |z| > R.$$

Sugestão: observe que existe algum número positivo R tal que o módulo de cada quociente do lado direito da desigualdade (9) da Seção 5 é menor do que $|a_n|/n$ se $|z| > R$.

8. Sejam z_1 e z_2 dois números complexos quaisquer

$$z_1 = x_1 + iy_1 \quad \text{e} \quad z_2 = x_2 + iy_2.$$

Use argumentos algébricos simples para mostrar que

$$|(x_1 + iy_1)(x_2 + iy_2)| \quad \text{e} \quad \sqrt{(x_1^2 + y_1^2)(x_2^2 + y_2^2)}$$

são iguais e deduza disso a validade da identidade

$$|z_1 z_2| = |z_1||z_2|.$$

9. Use o resultado final do Exercício 8 e indução matemática para mostrar que

$$|z^n| = |z|^n \quad (n = 1, 2, \ldots),$$

com qualquer número complexo z. Ou seja, depois de verificar que essa identidade é óbvia se $n = 1$, suponha sua validade se $n = m$ for algum inteiro positivo e então demonstre sua validade se $n = m + 1$.

6 COMPLEXOS CONJUGADOS

O *complexo conjugado*, ou simplesmente o *conjugado*, de um número complexo $z = x + iy$ é definido como o número complexo $x - iy$ e denotado por $\bar{z}$, ou seja,

(1) $$\bar{z} = x - iy.$$

O número $\bar{z}$ é representado pelo ponto $(x, -y)$, que é a reflexão pelo eixo real do ponto (x, y) que representa z (Figura 5). Observe que

$$\bar{\bar{z}} = z \quad \text{e} \quad |\bar{z}| = |z|$$

qualquer que seja z.

Se $z_1 = x_1 + iy_1$ e $z_2 = x_2 + iy_2$, então

$$\overline{z_1 + z_2} = (x_1 + x_2) - i(y_1 + y_2) = (x_1 - iy_1) + (x_2 - iy_2).$$

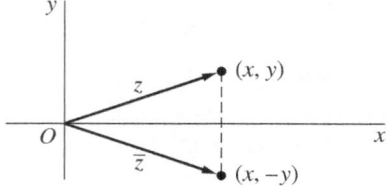

Figura 5

SEÇÃO 6   COMPLEXOS CONJUGADOS

Assim, o conjugado da soma é a soma dos conjugados,

(2) $$\overline{z_1 + z_2} = \overline{z_1} + \overline{z_2}.$$

De maneira análoga, é fácil mostrar que

(3) $$\overline{z_1 - z_2} = \overline{z_1} - \overline{z_2},$$

(4) $$\overline{z_1 z_2} = \overline{z_1}\,\overline{z_2},$$

e

(5) $$\overline{\left(\frac{z_1}{z_2}\right)} = \frac{\overline{z_1}}{\overline{z_2}} \quad (z_2 \neq 0).$$

A soma $z + \overline{z}$ de um número complexo $z = x + iy$ e seu conjugado $\overline{z} = x - iy$ é o número real $2x$, e a diferença $z - \overline{z}$ é $2iy$, ou seja,

(6) $$\operatorname{Re} z = \frac{z + \overline{z}}{2} \quad \text{e} \quad \operatorname{Im} z = \frac{z - \overline{z}}{2i}.$$

Uma identidade importante que relaciona o conjugado de um número complexo $z = x + iy$ com seu módulo é

(7) $$z\,\overline{z} = |z|^2,$$

em que cada lado da igualdade é igual a $x^2 + y^2$. Isso sugere um método para determinar um quociente z_1/z_2 que começa com a expressão (7) da Seção 3. Nesse método, é claro, começamos multiplicando o numerador e o denominador de z_1/z_2 por $\overline{z_2}$, de modo que o denominador passa a ser o número real $|z_2|^2$.

EXEMPLO 1. Ilustramos esse método com

$$\frac{-1 + 3i}{2 - i} = \frac{(-1 + 3i)(2 + i)}{(2 - i)(2 + i)} = \frac{-5 + 5i}{|2 - i|^2} = \frac{-5 + 5i}{5} = -1 + i.$$

Ver, também, o exemplo da Seção 3.

A identidade (7) é especialmente útil na obtenção de propriedades do módulo a partir das propriedades do conjugado, que acabamos de ver. Mencionamos que (compare com o Exercício 8 da Seção 5)

(8) $$|z_1 z_2| = |z_1||z_2|.$$

Também

(9) $$\left|\frac{z_1}{z_2}\right| = \frac{|z_1|}{|z_2|} \quad (z_2 \neq 0).$$

A propriedade (8) pode ser estabelecida escrevendo

$$|z_1 z_2|^2 = (z_1 z_2)(\overline{z_1 z_2}) = (z_1 z_2)(\overline{z_1}\,\overline{z_2}) = (z_1 \overline{z_1})(z_2 \overline{z_2}) = |z_1|^2 |z_2|^2 = (|z_1||z_2|)^2$$

e lembrando que um módulo nunca é negativo. A propriedade (9) pode ser mostrada de maneira análoga.

EXEMPLO 2. A propriedade (8) nos diz que $|z^2| = |z|^2$ e $|z^3| = |z|^3$. Assim, se z for um ponto dentro do círculo centrado na origem e de raio 2, ou seja, $|z| < 2$, segue da desigualdade triangular generalizada (4) da Seção 5 que

$$|z^3 + 3z^2 - 2z + 1| \leq |z|^3 + 3|z|^2 + 2|z| + 1 < 25.$$

EXERCÍCIOS

1. Use as propriedades dos conjugados e módulos estabelecidas na Seção 6 para mostrar que
   (a) $\overline{\overline{z} + 3i} = z - 3i$;   (b) $\overline{iz} = -i\overline{z}$;
   (c) $\overline{(2+i)^2} = 3 - 4i$;   (d) $|(2\overline{z}+5)(\sqrt{2}-i)| = \sqrt{3}\,|2z+5|$.

2. Esboce o conjunto de pontos determinados pela condição dada.
   (a) $\text{Re}(\overline{z} - i) = 2$;   (b) $|2\overline{z} + i| = 4$.

3. Verifique a validade das propriedades dos conjugados dadas em (3) e (4) da Seção 6.

4. Use a propriedade dos conjugados (4) da Seção 6 para mostrar que
   (a) $\overline{z_1 z_2 z_3} = \overline{z_1}\,\overline{z_2}\,\overline{z_3}$;   (b) $\overline{z^4} = \overline{z}^4$.

5. Verifique a validade da propriedade do módulo dadas em (9) da Seção 6.

6. Use os resultados da Seção 6 para mostrar que, sendo z_2 e z_3 não nulos, valem
   (a) $\overline{\left(\dfrac{z_1}{z_2 z_3}\right)} = \dfrac{\overline{z_1}}{\overline{z_2}\,\overline{z_3}}$;   (b) $\left|\dfrac{z_1}{z_2 z_3}\right| = \dfrac{|z_1|}{|z_2||z_3|}$.

7. Mostre que
$$|\text{Re}(2 + \overline{z} + z^3)| \leq 4 \quad \text{se} \quad |z| \leq 1.$$

8. Foi mostrado na Seção 3 que se $z_1 z_2 = 0$, então pelo menos um dos números z_1 e z_2 deve ser zero. Forneça uma prova alternativa usando o resultado correspondente para números reais e a identidade (8) da Seção 6.

9. Fatorando $z^4 - 4z^2 + 3$ em dois fatores quadráticos e usando a desigualdade (2) da Seção 5, mostre que se z estiver no círculo $|z| = 2$, então
$$\left|\dfrac{1}{z^4 - 4z^2 + 3}\right| \leq \dfrac{1}{3}.$$

10. Prove que
    (a) z é real se, e só se, $\overline{z} = z$;
    (b) z é real ou imaginário puro se, e só se, $\overline{z}^2 = z^2$.

11. Use indução matemática para mostrar que, se $n = 2, 3, ...,$ então
    (a) $\overline{z_1 + z_2 + \cdots + z_n} = \overline{z_1} + \overline{z_2} + \cdots + \overline{z_n}$;
    (b) $\overline{z_1 z_2 \cdots z_n} = \overline{z_1}\,\overline{z_2} \cdots \overline{z_n}$.

12. Sejam $a_0, a_1, a_2, \ldots, a_n$ ($n \geq 1$) números *reais* e z algum número complexo. Usando os resultados do Exercício 11, mostre que

$$\overline{a_0 + a_1 z + a_2 z^2 + \cdots + a_n z^n} = a_0 + a_1 \bar{z} + a_2 \bar{z}^2 + \cdots + a_n \bar{z}^n.$$

13. Mostre que a equação $|z - z_0| = R$ de um círculo centrado em z_0 e de raio R pode se escrita como

$$|z|^2 - 2\operatorname{Re}(z\overline{z_0}) + |z_0|^2 = R^2.$$

14. Usando as expressões para $\operatorname{Re} z$ e $\operatorname{Im} z$ dadas em (6) da Seção 6, mostre que a hipérbole $x^2 - y^2 = 1$ pode ser escrita como

$$z^2 + \bar{z}^2 = 2.$$

15. Seguindo os passos indicados, obtenha uma dedução algébrica da desigualdade triangular (Seção 5)

$$|z_1 + z_2| \leq |z_1| + |z_2|.$$

(*a*) Mostre que

$$|z_1 + z_2|^2 = (z_1 + z_2)(\overline{z_1} + \overline{z_2}) = z_1\overline{z_1} + (z_1\overline{z_2} + \overline{z_1 \overline{z_2}}) + z_2\overline{z_2}.$$

(*b*) Prove que

$$z_1\overline{z_2} + \overline{z_1 \overline{z_2}} = 2\operatorname{Re}(z_1\overline{z_2}) \leq 2|z_1||z_2|.$$

(*c*) Use os resultados das partes (*a*) e (*b*) para obter a desigualdade

$$|z_1 + z_2|^2 \leq (|z_1| + |z_2|)^2,$$

e verifique que dela decorre a desigualdade triangular.

7 FORMA EXPONENCIAL

Sejam r e θ as coordenadas polares do ponto (x, y) que corresponde a um número complexo $z = x + iy$ não nulo. Como $x = r \cos \theta$ e $y = r \operatorname{sen} \theta$, podemos escrever o número z em *forma polar* como

(1) $\qquad z = r\,(\cos \theta + i \operatorname{sen} \theta).$

A coordenada θ não está definida se $z = 0$, de modo que fica entendido que $z \neq 0$ sempre que estivermos usando coordenadas polares.

O número real r não pode ser negativo na Análise Complexa e é o comprimento do vetor radial que representa z, ou seja, $r = |z|$. O número real θ representa o ângulo medido em radianos que z faz com o eixo real positivo, interpretando z como um vetor radial (Figura 6). Como em Cálculo, θ tem um número infinito de possíveis valores, inclusive negativos, que diferem por algum múltiplo inteiro de 2π. Esses valores podem ser determinados pela equação $\operatorname{tg} \theta = y/x$, em que devemos especificar o quadrante que contém o ponto correspondente a z. Cada valor de θ é um **argumento** de z, e o conjunto de todos esses valores é denotado por arg z. O **valor principal** de arg z, denotado por Arg z, é o único valor Θ tal que $-\pi < \Theta \leq \pi$. Evidentemente, segue que

(2) $\qquad \arg z = \text{Arg } z + 2n\pi \qquad (n = 0, \pm 1, \pm 2, \ldots).$

Também, quando z for um número real negativo, o valor de Arg z é π, não $-\pi$.

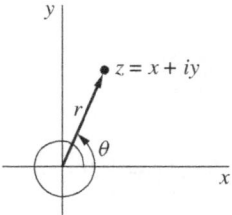

Figura 6

EXEMPLO 1. O número complexo $-1 - i$, que está no terceiro quadrante, tem argumento principal $-3\pi/4$, ou seja,

$$\text{Arg}(-1 - i) = -\frac{3\pi}{4}.$$

Deve ser enfatizado que, pela restrição $-\pi < \Theta \leq \pi$ do argumento principal Θ, *não é verdade* que $\text{Arg}(-1 - i) = 5\pi/4$.

De acordo com a equação (2),

$$\arg(-1 - i) = -\frac{3\pi}{4} + 2n\pi \qquad (n = 0, \pm 1, \pm 2, \ldots).$$

Observe que o termo Arg z do lado direito da equação (2) pode ser substituído por qualquer valor particular de arg z, e que podemos escrever, por exemplo,

$$\arg(-1 - i) = \frac{5\pi}{4} + 2n\pi \qquad (n = 0, \pm 1, \pm 2, \ldots).$$

O símbolo $e^{i\theta}$, ou $\exp(i\theta)$, é definido por meio da **fórmula de Euler** como

(3) $\qquad\qquad\qquad e^{i\theta} = \cos\theta + i\,\text{sen}\,\theta,$

em que θ deve ser medido em radianos. Essa fórmula nos permite escrever a forma polar (1) mais compactamente em *forma exponencial* como

(4) $\qquad\qquad\qquad\qquad z = re^{i\theta}.$

A escolha do símbolo $e^{i\theta}$ será justificada adiante, na Seção 30. No entanto, seu uso na Seção 8 sugere que a escolha desse símbolo é natural.

EXEMPLO 2. O número $-1 - i$ do Exemplo 1 tem forma exponencial

(5) $\qquad\qquad\qquad -1 - i = \sqrt{2}\exp\left[i\left(-\frac{3\pi}{4}\right)\right].$

SEÇÃO 7 FORMA EXPONENCIAL

Se concordarmos com a identidade $e^{-i\theta} = e^{i(-\theta)}$, isso também pode ser escrito como $-1 - i = \sqrt{2}\, e^{-i3\pi/4}$. A expressão (5) é, claramente, apenas uma das infinitas possibilidades para a forma exponencial de $-1 - i$, a saber

(6) $\qquad -1 - i = \sqrt{2} \exp\left[i\left(-\dfrac{3\pi}{4} + 2n\pi\right)\right] \qquad (n = 0, \pm 1, \pm 2, \ldots)$.

Observe que a expressão (4) com $r = 1$ nos diz que os números $e^{i\theta}$ estão no círculo centrado na origem e de raio unitário, como mostra a Figura 7. Segue que os valores de $e^{i\theta}$ podem ser obtidos diretamente dessa figura, sem referência à fórmula de Euler. Por exemplo, é geometricamente evidente que

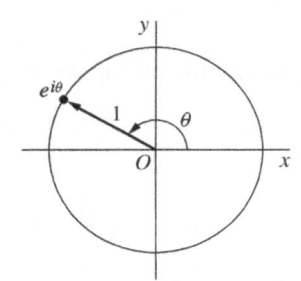

$$e^{i\pi} = -1, \quad e^{-i\pi/2} = -i \quad \text{e} \quad e^{-i4\pi} = 1.$$

Figura 7

Observe, também, que a equação

(7) $\qquad z = Re^{i\theta} \qquad (0 \le \theta \le 2\pi)$

é uma representação paramétrica do círculo $|z| = R$, centrado na origem e de raio R. À medida que o parâmetro θ aumenta de $\theta = 0$ até $\theta = 2\pi$, o ponto z começa do eixo real positivo e percorre o círculo uma vez no sentido anti-horário. Geralmente, o círculo $|z - z_0| = R$, centrado em z_0 e de raio R, tem a representação paramétrica

(8) $\qquad z = z_0 + Re^{i\theta} \qquad (0 \le \theta \le 2\pi)$.

Isso pode ser conferido através de vetores (Figura 8), observando que um ponto z percorrendo o círculo $|z - z_0| = R$ uma vez no sentido anti-horário corresponde à soma do vetor fixo z_0 e um vetor de comprimento R cujo ângulo de inclinação θ varia de $\theta = 0$ até $\theta = 2\pi$.

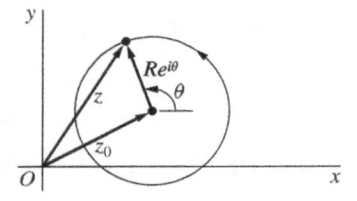

Figura 8

8 PRODUTOS E POTÊNCIAS EM FORMA EXPONENCIAL

A trigonometria nos diz que $e^{i\theta}$ tem a propriedade aditiva conhecida da função exponencial do Cálculo:

$$\begin{aligned} e^{i\theta_1}e^{i\theta_2} &= (\cos\theta_1 + i\,\mathrm{sen}\,\theta_1)(\cos\theta_2 + i\,\mathrm{sen}\,\theta_2) \\ &= (\cos\theta_1\cos\theta_2 - \mathrm{sen}\,\theta_1\,\mathrm{sen}\,\theta_2) + i(\mathrm{sen}\,\theta_1\cos\theta_2 + \cos\theta_1\,\mathrm{sen}\,\theta_2) \\ &= \cos(\theta_1+\theta_2) + i\,\mathrm{sen}(\theta_1+\theta_2) = e^{i(\theta_1+\theta_2)}. \end{aligned}$$

Assim, se $z_1 = r_1 e^{i\theta_1}$ e $z_2 = r_2 e^{i\theta_2}$, então o produto $z_1 z_2$ tem a forma exponencial

(1) $\qquad z_1 z_2 = r_1 e^{i\theta_1} r_2 e^{i\theta_2} = r_1 r_2 e^{i\theta_1} e^{i\theta_2} = (r_1 r_2) e^{i(\theta_1+\theta_2)}.$

Além disso,

(2) $\qquad \dfrac{z_1}{z_2} = \dfrac{r_1 e^{i\theta_1}}{r_2 e^{i\theta_2}} = \dfrac{r_1}{r_2} \cdot \dfrac{e^{i\theta_1} e^{-i\theta_2}}{e^{i\theta_2} e^{-i\theta_2}} = \dfrac{r_1}{r_2} \cdot \dfrac{e^{i(\theta_1-\theta_2)}}{e^{i0}} = \dfrac{r_1}{r_2} e^{i(\theta_1-\theta_2)}.$

Dessa expressão (2) segue que o elemento inverso de qualquer número complexo não nulo $z = re^{i\theta}$ é

(3) $\qquad z^{-1} = \dfrac{1}{z} = \dfrac{1 e^{i0}}{re^{i\theta}} = \dfrac{1}{r} e^{i(0-\theta)} = \dfrac{1}{r} e^{-i\theta}.$

As expressões (1), (2) e (3) são facilmente lembradas usando as regras algébricas conhecidas de números reais e da potência e^x.

Outro resultado importante que pode ser formalmente deduzido aplicando as regras de números reais a $z = re^{i\theta}$ é

(4) $\qquad z^n = r^n e^{in\theta} \qquad (n = 0, \pm 1, \pm 2, \ldots).$

Isso pode ser facilmente verificado para valores positivos de n por indução matemática. Mais precisamente, observe que essa relação é simplesmente $z = re^{i\theta}$ se $n=1$. Em seguida, suponha que a identidade seja válida se $n = m$, em que m denota algum número inteiro positivo. Em vista da expressão (1) do produto de dois números complexos não nulos em forma exponencial, segue que a identidade é válida com $n = m+1$:

$$z^{m+1} = z^m z = r^m e^{im\theta} r e^{i\theta} = (r^m r) e^{i(m\theta+\theta)} = r^{m+1} e^{i(m+1)\theta}.$$

Dessa forma, demonstramos a validade da expressão (4) com n inteiro positivo. A fórmula também se $n = 0$, convencionando que $z_0 = 1$. Por outro lado, se $n = -1, -2, \ldots$, definimos z^n em termos do inverso multiplicativo de z, escrevendo

$$z^n = (z^{-1})^m \quad \text{se } m = -n = 1, 2, \ldots$$

Como a equação (4) é válida com inteiros positivos, segue da forma exponencial (3) de z^{-1} que

$$z^n = \left[\dfrac{1}{r} e^{i(-\theta)}\right]^m = \left(\dfrac{1}{r}\right)^m e^{im(-\theta)} = \left(\dfrac{1}{r}\right)^{-n} e^{i(-n)(-\theta)} = r^n e^{in\theta}$$

$$(n = -1, -2, \ldots).$$

Assim, estabelecemos a validade da expressão (4) com qualquer potência inteira.

A expressão (4) pode ser útil para encontrar potências de números complexos mesmo se eles forem dados em coordenadas retangulares (x, y) e o resultado for procurado nessas coordenadas.

EXEMPLO 1. Para deixar $(-1 + i)^7$ em forma retangular, escrevemos
$$(-1 + i)^7 = (\sqrt{2}\,e^{i3\pi/4})^7 = 2^{7/2}e^{i\,21\pi/4} = (2^3 e^{i5\pi})(2^{1/2}e^{i\,\pi/4}).$$
Como
$$2^3 e^{i5\pi} = (8)(-1) = -8$$
e
$$2^{1/2}e^{i\,\pi/4} = \sqrt{2}\left(\cos\frac{\pi}{4} + i\,\mathrm{sen}\,\frac{\pi}{4}\right) = \sqrt{2}\left(\frac{1}{\sqrt{2}} + \frac{i}{\sqrt{2}}\right) = 1 + i,$$
chegamos no resultado procurado, $(-1 + i)^7 = -8\,(1 + i)$.

Observe, finalmente, que se $r = 1$, a equação (4) fornece

(5) $\qquad (e^{i\theta})^n = e^{in\theta} \quad (n = 0, \pm 1, \pm 2, \ldots).$

Escrita na forma polar, a fórmula

(6) $\qquad (\cos\theta + i\,\mathrm{sen}\,\theta)^n = \cos n\theta + i\,\mathrm{sen}\,n\theta \quad (n = 0, \pm 1, \pm 2, \ldots),$

é conhecida como **fórmula de de Moivre**. No exemplo seguinte, utilizamos um caso especial.

EXEMPLO 2. Usando $n = 2$ na fórmula (6), obtemos
$$(\cos\theta + i\,\mathrm{sen}\,\theta)^2 = \cos 2\theta + i\,\mathrm{sen}\,2\theta,$$
ou
$$\cos^2\theta - \mathrm{sen}^2\theta + i2\,\mathrm{sen}\,\theta\cos\theta = \cos 2\theta + i\,\mathrm{sen}\,2\theta.$$
Igualando as partes real e imaginária, obtemos as conhecidas identidades trigonométricas
$$\cos 2\theta = \cos^2\theta - \mathrm{sen}^2\theta, \quad \mathrm{sen}\,2\theta = 2\,\mathrm{sen}\,\theta\cos\theta.$$
(Ver, também, os Exercícios 10 e 11 da Seção 9.)

9 ARGUMENTOS DE PRODUTOS E QUOCIENTES

Se $z_1 = r_1 e^{i\theta_1}$ e $z_2 = r_2 e^{i\theta_2}$, a expressão

(1) $\qquad z_1 z_2 = (r_1 r_2)e^{i(\theta_1 + \theta_2)}$

da Seção 8 pode ser usada para obter uma identidade importante referente a argumentos:

(2) $\qquad \arg(z_1 z_2) = \arg z_1 + \arg z_2.$

Essa equação deve ser interpretada como segue: se dois de três argumentos forem especificados dentre as infinitas possibilidades, então existe um valor do terceiro argumento que torna válida a equação.

Para verificar a afirmação (2), começamos tomando θ_1 e θ_2 como valores quaisquer de arg z_1 e arg z_2, respectivamente. Então, a expressão (1) nos diz que $\theta_1 + \theta_2$ é um valor de arg$(z_1 z_2)$. (Ver Figura 9.) Caso comecemos com a especificação de valores de arg$(z_1 z_2)$ e arg z_1, esses valores correspondem a escolhas particulares de n e n_1 nas expressões

$$\arg(z_1 z_2) = (\theta_1 + \theta_2) + 2n\pi \qquad (n = 0, \pm 1, \pm 2, \ldots)$$

e

$$\arg z_1 = \theta_1 + 2n_1 \pi \qquad (n_1 = 0, \pm 1, \pm 2, \ldots).$$

Como

$$(\theta_1 + \theta_2) + 2n\pi = (\theta_1 + 2n_1\pi) + [\theta_2 + 2(n - n_1)\pi],$$

a equação (2) certamente é válida se escolhermos o valor

$$\arg z_2 = \theta_2 + 2(n - n_1)\pi.$$

Finalmente, caso comecemos especificando os valores de arg$(z_1 z_2)$ e argz_2, basta observar que podemos reescrever (2) como

$$\arg(z_2 z_1) = \arg z_2 + \arg z_1.$$

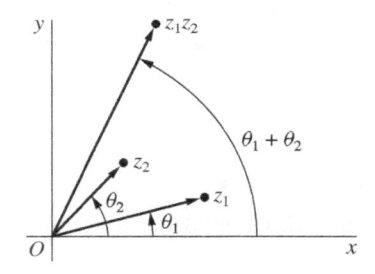

Figura 9

Às vezes, a afirmação é válida substituindo todos os arg por Arg (ver Exercício 6). No entanto, como mostra o exemplo a seguir, *nem sempre* isso ocorre.

EXEMPLO 1. Tomando $z_1 = -1$ e $z_2 = i$, obtemos

$$\text{Arg}(z_1 z_2) = \text{Arg}(-i) = -\frac{\pi}{2}, \quad \text{mas} \quad \text{Arg}\, z_1 + \text{Arg}\, z_2 = \pi + \frac{\pi}{2} = \frac{3\pi}{2}.$$

No entanto, tomando esses mesmos valores de arg z_1 e arg z_2 e selecionando o valor

$$\text{Arg}(z_1 z_2) + 2\pi = -\frac{\pi}{2} + 2\pi = \frac{3\pi}{2}$$

de $\arg(z_1 z_2)$, a equação (2) é satisfeita.

A afirmação (2) nos diz que

$$\arg\left(\frac{z_1}{z_2}\right) = \arg\left(z_1 z_2^{-1}\right) = \arg z_1 + \arg\left(z_2^{-1}\right);$$

e, como (Seção 8)

$$z_2^{-1} = \frac{1}{r_2}e^{-i\theta_2},$$

podemos ver que

(3) $$\arg\left(z_2^{-1}\right) = -\arg z_2.$$

Segue que

(4) $$\arg\left(\frac{z_1}{z_2}\right) = \arg z_1 - \arg z_2.$$

Novamente, a afirmação (3) deve ser interpretada como segue: o conjunto de todos os valores do lado esquerdo da equação é igual ao conjunto de todos os valores do lado direito. Segue que a afirmação (4) deve ser interpretada da mesma maneira que a equação (2).

EXEMPLO 2. Utilizemos a afirmação (4) para encontrar o valor principal Arg z de

$$z = \frac{i}{-1-i}.$$

Começamos escrevendo

$$\arg z = \arg i - \arg(-1-i).$$

Como

$$\text{Arg } i = \frac{\pi}{2} \quad \text{e} \quad \text{Arg}(-1-i) = -\frac{3\pi}{4},$$

um valor de arg z é $5\pi/4$. Ocorre que esse não é um valor *principal* Θ, que deve satisfazer $-\pi < \Theta \leq \pi$. No entanto, obtemos esse valor somando um múltiplo inteiro, possivelmente negativo, de 2π:

$$\text{Arg}\left(\frac{i}{-1-i}\right) = \frac{5\pi}{4} - 2\pi = -\frac{3\pi}{4}.$$

EXERCÍCIOS

1. Encontre o valor principal Arg z sendo

    (a) $z = \dfrac{-2}{1+\sqrt{3}i};$ (b) $z = \left(\sqrt{3}-i\right)^6.$

    Respostas: (a) $2\pi/3$; (b) π.

2. Mostre que (a) $|e^{i\theta}| = 1$; (b) $\overline{e^{i\theta}} = e^{-i\theta}$.

3. Use indução matemática para mostrar que
$$e^{i\theta_1}e^{i\theta_2}\cdots e^{i\theta_n} = e^{i(\theta_1+\theta_2+\cdots+\theta_n)} \qquad (n = 2, 3, \ldots).$$

4. Usando o fato de que $|e^{i\theta} - 1|$ é a distância entre os pontos $e^{i\theta}$ e 1 (ver Seção 4), dê um argumento geométrico para encontrar um valor de θ no intervalo $0 \leq \theta < 2\pi$ tal que $|e^{i\theta} - 1| = 2$.

    Resposta: π.

5. Escrevendo cada fator individual do lado esquerdo em forma exponencial, efetuando as operações indicadas e, finalmente, convertendo para coordenadas retangulares, mostre que
    (a) $i(1 - \sqrt{3}i)(\sqrt{3} + i) = 2(1 + \sqrt{3}i)$; (b) $5i/(2+i) = 1 + 2i$;
    (c) $(\sqrt{3} + i)^6 = -64$; (d) $(1 + \sqrt{3}i)^{-10} = 2^{-11}(-1 + \sqrt{3}i)$.

6. Mostre que se Re $z_1 > 0$ e Re $z_2 > 0$, então
$$\text{Arg}(z_1 z_2) = \text{Arg } z_1 + \text{Arg } z_2,$$
usando valores principais dos argumentos.

7. Sejam z um número complexo não nulo e n um inteiro negativo ($n = -1, -2,\ldots$). Também escreva $z = re^{i\theta}$ e considere $m = -n = 1, 2,\ldots$. Usando as expressões
$$z^m = r^m e^{im\theta} \quad \text{e} \quad z^{-1} = \left(\frac{1}{r}\right) e^{i(-\theta)},$$
verifique que $(z^m)^{-1} = (z^{-1})^m$ e que, consequentemente, a definição $z^n = (z^{-1})^m$ da Seção 7 poderia ter sido escrita, alternativamente, como $z^n = (z^m)^{-1}$.

8. Prove que dois números complexos z_1 e z_2 têm o mesmo módulo se, e só se, existem números complexos c_1 e c_2 tais que $z_1 = c_1 c_2$ e $z_2 = c_1 \overline{c_2}$.

    Sugestão: observe que
$$\exp\left(i\frac{\theta_1 + \theta_2}{2}\right) \exp\left(i\frac{\theta_1 - \theta_2}{2}\right) = \exp(i\theta_1)$$
e [ver Exercício 2(b)]
$$\exp\left(i\frac{\theta_1 + \theta_2}{2}\right) \overline{\exp\left(i\frac{\theta_1 - \theta_2}{2}\right)} = \exp(i\theta_2).$$

9. Estabeleça a validade da identidade
$$1 + z + z^2 + \cdots + z^n = \frac{1 - z^{n+1}}{1 - z} \qquad (z \neq 1)$$
e use-a para deduzir a **identidade trigonométrica de Lagrange**:
$$1 + \cos\theta + \cos 2\theta + \cdots + \cos n\theta = \frac{1}{2} + \frac{\text{sen}[(2n+1)\theta/2]}{2\,\text{sen}(\theta/2)} \qquad (0 < \theta < 2\pi).$$

    Sugestão: para a primeira identidade, escreva $S = 1 + z + z^2 + \cdots + z^n$ e considere as diferenças $S - zS$. Para a segunda, escreva $z = e^{i\theta}$ na primeira.

10. Use a fórmula de de Moivre (Seção 8) para deduzir as seguintes identidades trigonométricas.

   (a) $\cos 3\theta = \cos^3 \theta - 3 \cos \theta \operatorname{sen}^2 \theta$;
   (b) $\operatorname{sen} 3\theta = 3 \cos^2 \theta \operatorname{sen} \theta - \operatorname{sen}^3 \theta$.

11. (a) Use a fórmula do binômio (14) da Seção 3 e a fórmula de de Moivre (Seção 8) para escrever

$$\cos n\theta + i \operatorname{sen} n\theta = \sum_{k=0}^{n} \binom{n}{k} \cos^{n-k} \theta \, (i \operatorname{sen} \theta)^k \qquad (n = 0, 1, 2, \ldots).$$

   Em seguida, defina o inteiro m pelas equações

$$m = \begin{cases} n/2 & \text{sendo } n \text{ par,} \\ (n-1)/2 & \text{sendo } n \text{ ímpar} \end{cases}$$

   e use a fórmula do somatório para mostrar que [compare com o Exercício 10(a)]

$$\cos n\theta = \sum_{k=0}^{m} \binom{n}{2k} (-1)^k \cos^{n-2k} \theta \operatorname{sen}^{2k} \theta \qquad (n = 0, 1, 2, \ldots).$$

   (b) Escreva $x = \cos \theta$ no último somatório da parte (a) para obter o polinômio*

$$T_n(x) = \sum_{k=0}^{m} \binom{n}{2k} (-1)^k x^{n-2k} (1 - x^2)^k$$

   de grau n ($n = 0, 1, 2, \ldots$) na variável x.

10 RAÍZES DE NÚMEROS COMPLEXOS

Considere, agora, um ponto $z = re^{i\theta}$ do círculo centrado na origem e de raio r (Figura 10). À medida que θ cresce, z gira em torno do círculo no sentido anti-horário. Em particular, quando θ cresce 2π, voltamos ao ponto de partida, e o mesmo ocorre quando θ decresce 2π. Segue, portanto, da Figura 10 que *dois números complexos não nulos*

$$z_1 = r_1 e^{i\theta_1} \quad e \quad z_2 = r_2 e^{i\theta_2}$$

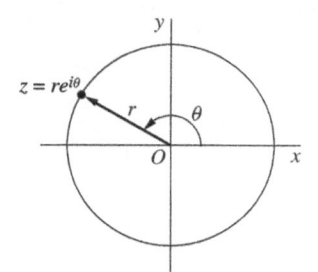

Figura 10

---

* Esses polinômios, importantes na teoria da aproximação, são denominados **polinômios de Chebyshev**.

são iguais se, e só se,

$$r_1 = r_2 \quad e \quad \theta_1 = \theta_2 + 2k\pi,$$

em que k é um inteiro qualquer ($k = 0, \pm 1, \pm 2,\ldots$).

Essa observação, junto com a expressão $z^n = r^n e^{in\theta}$ da Seção 8 para as potências inteiras de números complexos $z = re^{i\theta}$, é útil para encontrar as raízes enésimas de qualquer número complexo não nulo $z_0 = r_0 e^{i\theta_0}$, em que $n = 2, 3,\ldots$ Esse método começa com a observação de que uma raiz enésima de z_0 é algum número não nulo $z = re^{i\theta}$ tal que $z^n = z_0$, ou

$$r^n e^{in\theta} = r_0 e^{i\theta_0}.$$

De acordo com a afirmação acima, em itálico, temos

$$r^n = r_0 \quad e \quad n\theta = \theta_0 + 2k\pi,$$

em que k é algum inteiro ($k = 0, \pm 1, \pm 2,\ldots$). Logo, $r = \sqrt[n]{r_0}$, sendo que esse radical denota a única raiz enésima *positiva* do número real positivo r_0, e

$$\theta = \frac{\theta_0 + 2k\pi}{n} = \frac{\theta_0}{n} + \frac{2k\pi}{n} \quad (k = 0, \pm 1, \pm 2, \ldots).$$

Consequentemente, os números complexos

$$z = \sqrt[n]{r_0} \exp\left[i\left(\frac{\theta_0}{n} + \frac{2k\pi}{n}\right)\right] \quad (k = 0, \pm 1, \pm 2, \ldots)$$

são raízes enésimas de z_0. A partir dessa forma exponencial das raízes, vemos imediatamente que todas elas pertencem ao círculo $|z| = \sqrt[n]{r_0}$ centrado na origem e estão igualmente espaçadas a cada $2\pi/n$ radianos, começando no argumento θ_0/n. Decorre disso que obtemos todas as raízes *distintas* quando tomamos $k = 0, 1, 2,\ldots, n - 1$ e que não aparecem mais raízes com outros valores de k. Denotamos essas raízes distintas por c_k ($k = 0, 1, 2,\ldots, n - 1$) e escrevemos

(1) $$c_k = \sqrt[n]{r_0} \exp\left[i\left(\frac{\theta_0}{n} + \frac{2k\pi}{n}\right)\right] \quad (k = 0, 1, 2, \ldots, n - 1).$$

(Ver Figura 11.)

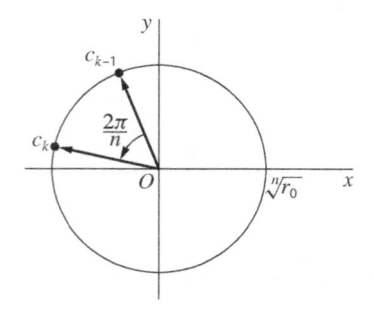

Figura 11

SEÇÃO 10 RAÍZES DE NÚMEROS COMPLEXOS

O número $\sqrt[n]{r_0}$ é o comprimento de cada um dos vetores radiais que representam as n raízes. A primeira raiz c_0 tem o argumento θ_0/n; quando $n = 2$, as duas raízes estão em extremidades opostas de um diâmetro do círculo $|z| = \sqrt[n]{r_0}$, a segunda raiz sendo $-c_0$. Quando $n \geq 3$, as raízes ocupam os vértices de um polígono regular de n lados inscrito naquele círculo.

Denotamos por $z_0^{1/n}$ o *conjunto* das raízes enésimas de z_0. Se, em particular, z_0 for um número real positivo r_0, então o símbolo $r_0^{1/n}$ denota todo o conjunto de raízes e o símbolo $\sqrt[n]{r_0}$ em (1) fica reservado para a única raiz positiva. Quando o valor de θ_0 utilizado na expressão (1) for o valor principal de z_0 ($-\pi < \theta_0 \leq \pi$), dizemos que c_0 é a *raiz principal*. Assim, se z_0 for um número real positivo r_0, então $\sqrt[n]{r_0}$ é sua raiz principal.

Observe que, reescrevendo a expressão (1) das raízes de z_0 como

$$c_k = \sqrt[n]{r_0}\, \exp\left(i\frac{\theta_0}{n}\right) \exp\left(i\frac{2k\pi}{n}\right) \quad (k = 0, 1, 2, \ldots, n-1),$$

e também denotando

(2) $$\omega_n = \exp\left(i\frac{2\pi}{n}\right),$$

segue da propriedade (5) da Seção 8 de $e^{i\theta}$ que

(3) $$\omega_n^k = \exp\left(i\frac{2k\pi}{n}\right) \quad (k = 0, 1, 2, \ldots, n-1)$$

e, portanto, que

(4) $$c_k = c_0 \omega_n^k \quad (k = 0, 1, 2, \ldots, n-1).$$

É claro que esse número c_0 pode ser substituído por qualquer raiz enésima de z_0, já que ω_n representa uma rotação anti-horária por um ângulo de $2\pi/n$ radianos.

Concluímos esta seção com uma maneira conveniente de lembrar da expressão (1), escrevendo z_0 em sua forma exponencial mais geral (compare com o Exemplo 2 da Seção 7)

(5) $$z_0 = r_0\, e^{i(\theta_0 + 2k\pi)} \quad (k = 0, \pm 1, \pm 2, \ldots)$$

e aplique *formalmente* as leis de expoentes fracionários dos números reais, lembrando que existem precisamente n raízes:

$$c_k = \left[r_0\, e^{i(\theta_0 + 2k\pi)}\right]^{1/n} = \sqrt[n]{r_0}\, \exp\left[\frac{i(\theta_0 + 2k\pi)}{n}\right] = \sqrt[n]{r_0}\, \exp\left[i\left(\frac{\theta_0}{n} + \frac{2k\pi}{n}\right)\right]$$

$$(k = 0, 1, 2, \ldots, n-1).$$

Nos exemplos da próxima seção, ilustramos esse método de encontrar raízes de números complexos.

11 EXEMPLOS

Em cada um dos exemplos seguintes, começamos com a expressão (5) da Seção 10 e procedemos da maneira descrita ao final daquela seção.

EXEMPLO 1. Determinemos todos os quatro valores de $(-16)^{1/4}$, ou seja, todas as raízes quartas do número -16. Basta escrever

$$-16 = 16\exp[i(\pi + 2k\pi)] \qquad (k = 0, \pm 1, \pm 2, \ldots)$$

para ver que as raízes procuradas são

(1) $$c_k = 2\exp\left[i\left(\frac{\pi}{4} + \frac{k\pi}{2}\right)\right] \qquad (k = 0, 1, 2, 3).$$

Essas raízes constituem os vértices de um quadrado inscrito no círculo $|z| = 2$ e estão igualmente espaçadas em torno do círculo, começando com o valor principal (Figura 12)

$$c_0 = 2\exp\left[i\left(\frac{\pi}{4}\right)\right] = 2\left(\cos\frac{\pi}{4} + i\operatorname{sen}\frac{\pi}{4}\right) = 2\left(\frac{1}{\sqrt{2}} + i\frac{1}{\sqrt{2}}\right) = \sqrt{2}(1+i).$$

Sem maiores contas, fica evidente que

$$c_1 = \sqrt{2}(-1+i), \quad c_2 = \sqrt{2}(-1-i) \quad \text{e} \quad c_3 = \sqrt{2}(1-i).$$

Observe que, das expressões (2) e (4) da Seção 10, decorre que essas raízes também podem ser escritas como

$$c_0, \; c_0\omega_4, \; c_0\omega_4^2, \; c_0\omega_4^3 \qquad \text{sendo} \qquad \omega_4 = \exp\left(i\frac{\pi}{2}\right).$$

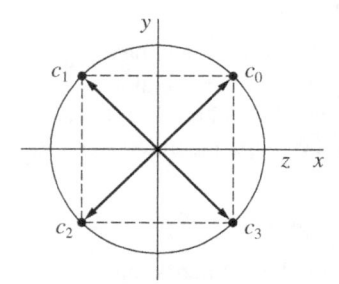

Figura 12

EXEMPLO 2. Para determinar as raízes enésimas da unidade, começamos com

$$1 = 1\exp[i(0 + 2k\pi)] \qquad (k = 0, \pm 1, \pm 2 \ldots)$$

e obtemos

(2) $$c_k = \sqrt[n]{1}\exp\left[i\left(\frac{0}{n} + \frac{2k\pi}{n}\right)\right] = \exp\left(i\frac{2k\pi}{n}\right) \qquad (k = 0, 1, 2, \ldots, n-1).$$

Se $n = 2$, essas raízes, evidentemente, são ± 1. Se $n \geq 3$, as raízes constituem os vértices de um polígono regular inscrito no círculo $|z| = 1$, com um vértice correspondendo à raiz principal $z = 1$ ($k = 0$). Tendo em vista a expressão (3) da Seção 10, essas raízes são, simplesmente,

$$1, \omega_n, \omega_n^2, \ldots, \omega_n^{n-1} \quad \text{em que} \quad \omega_n = \exp\left(i\frac{2\pi}{n}\right).$$

Na Figura 13, apresentamos os casos $n = 3, 4$ e 6. Observe que $\omega_n^n = 1$.

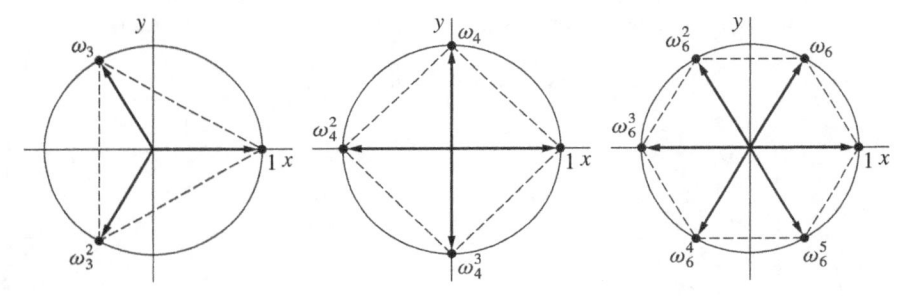

Figura 13

EXEMPLO 3. Seja a um número real positivo qualquer. Para encontrar as duas raízes quadradas de $a + i$, escrevemos

$$A = |a + i| = \sqrt{a^2 + 1} \quad \text{e} \quad \alpha = \text{Arg}(a + i).$$

Como

$$a + i = A \exp[i(\alpha + 2k\pi)] \quad (k = 0, \pm 1, \pm 2, \ldots),$$

as raízes quadradas procuradas são

(3) $$c_k = \sqrt{A} \exp\left[i\left(\frac{\alpha}{2} + k\pi\right)\right] \quad (k = 0, 1).$$

Como $e^{i\pi} = -1$, esses dois valores de $(a + i)^{1/2}$ são, simplesmente,

(4) $$c_0 = \sqrt{A}\, e^{i\alpha/2} \quad \text{e} \quad c_1 = -c_0.$$

Pela fórmula de Euler, obtemos

(5) $$c_0 = \sqrt{A}\left(\cos\frac{\alpha}{2} + i\,\text{sen}\frac{\alpha}{2}\right).$$

Como $a + i$ está acima do eixo real, sabemos que $0 < \alpha < \pi$ e, portanto, que

$$\cos\frac{\alpha}{2} > 0 \quad \text{e} \quad \text{sen}\frac{\alpha}{2} > 0.$$

Usando as identidades trigonométricas

$$\cos^2\frac{\alpha}{2} = \frac{1 + \cos\alpha}{2}, \quad \text{sen}^2\frac{\alpha}{2} = \frac{1 - \cos\alpha}{2},$$

podemos colocar as expressões (5) na forma

(6) $$c_0 = \sqrt{A}\left(\sqrt{\frac{1+\cos\alpha}{2}} + i\sqrt{\frac{1-\cos\alpha}{2}}\right).$$

No entanto, $\cos\alpha = a/A$ e, portanto,

(7) $$\sqrt{\frac{1\pm\cos\alpha}{2}} = \sqrt{\frac{1\pm(a/A)}{2}} = \sqrt{\frac{A\pm a}{2A}}.$$

Consequentemente, segue das expressões (6) e (7), bem como da relação $c_1 = -c_0$, que as duas raízes quadradas de $a+i$ (com $a>0$) são (ver Figura 14)

(8) $$\pm\frac{1}{\sqrt{2}}\left(\sqrt{A+a} + i\sqrt{A-a}\right).$$

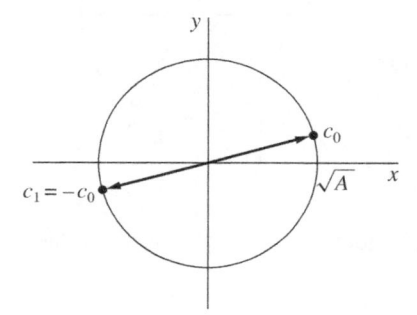

Figura 14

EXERCÍCIOS

1. Encontre as raízes quadradas de (a) $2i$; (b) $1 - \sqrt{3}i$ e expresse-as em coordenadas retangulares.

   Respostas: (a) $\pm(1+i)$; (b) $\pm\dfrac{\sqrt{3}-i}{\sqrt{2}}$.

2. Encontre as três raízes cúbicas c_k ($k = 0, 1, 2$) de $-8i$, expressando-as em coordenadas retangulares e justificando por que formam o triângulo da Figura 15.

   Resposta: $\pm\sqrt{3} - i, 2i$.

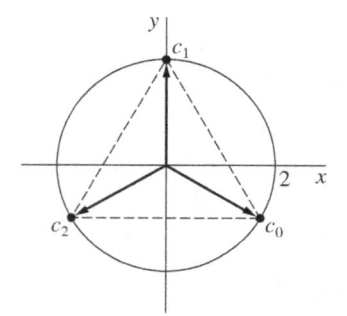

Figura 15

3. Encontre $(-8 - 8\sqrt{3}i)^{1/4}$, expresse as raízes em coordenadas retangulares, exiba-as como vértices de um certo quadrado e indique qual delas é a raiz principal.

Resposta: $\pm(\sqrt{3} - i)$, $\pm(1 + \sqrt{3}i)$.

4. Em cada caso, encontre todas as raízes em coordenadas retangulares, exiba-as como vértices de certos polígonos regulares e identifique a raiz principal.
   (a) $(-1)^{1/3}$;   (b) $8^{1/6}$.

   Resposta: (b) $\pm\sqrt{2}$, $\pm\dfrac{1+\sqrt{3}i}{\sqrt{2}}$, $\pm\dfrac{1-\sqrt{3}i}{\sqrt{2}}$.

5. De acordo com a Seção 10, as três raízes cúbicas de um número complexo não nulo z_0 podem ser escritas como c_0, $c_0\omega_3$, $c_0\omega_3^2$, em que c_0 é a raiz cúbica principal de z_0 e
$$\omega_3 = \exp\left(i\frac{2\pi}{3}\right) = \frac{-1+\sqrt{3}i}{2}.$$
Mostre que se $z_0 = -4\sqrt{2} + 4\sqrt{2}i$, então $c_0 = \sqrt{2}(1+i)$ e as duas outras raízes cúbicas, em forma retangular, são os números
$$c_0\omega_3 = \frac{-(\sqrt{3}+1)+(\sqrt{3}-1)i}{\sqrt{2}}, \quad c_0\omega_3^2 = \frac{(\sqrt{3}-1)-(\sqrt{3}+1)i}{\sqrt{2}}.$$

6. Encontre os quatro zeros do polinômio $z^4 + 4$, sendo um deles
$$z_0 = \sqrt{2}\,e^{i\pi/4} = 1 + i.$$
Em seguida, use esses zeros para fatorar $z^2 + 4$ em fatores quadráticos de coeficientes reais.

   Resposta: $(z^2 + 2z + 2)(z^2 - 2z + 2)$.

7. Mostre que se c for qualquer raiz enésima da unidade diferente de 1, então
$$1 + c + c^2 + \cdots + c^{n-1} = 0.$$
Sugestão: use a primeira identidade do Exercício 9 da Seção 9.

8. (a) Prove que a fórmula conhecida de resolver equações quadráticas resolve a equação
$$az^2 + bz + c = 0 \quad (a \neq 0)$$
também se os coeficientes a, b e c forem números complexos. Mais precisamente, completando o quadrado do lado esquerdo da equação, deduza a *fórmula quadrática*
$$z = \frac{-b + (b^2 - 4ac)^{1/2}}{2a},$$
em que se consideram ambas as raízes quadradas quando $b^2 - 4ac \neq 0$.

   (b) Use o resultado na parte (a) para encontrar as raízes da equação $z^2 + 2z + (1 - i) = 0$.

   Resposta: (b) $\left(-1 + \dfrac{1}{\sqrt{2}}\right) + \dfrac{i}{\sqrt{2}}$, $\left(-1 - \dfrac{1}{\sqrt{2}}\right) - \dfrac{i}{\sqrt{2}}$.

9. Sejam $z = re^{i\theta}$ um número complexo não nulo e n um inteiro negativo ($n = -1, -2,\ldots$). Defina $z^{1/n}$ pela equação $z^{1/n} = (z^{-1})^{1/m}$, em que $m = -n$. Mostre que os m valores de $(z^{1/m})^{-1}$ e de $(z^{-1})^{1/m}$ são iguais e verifique que $z^{1/n} = (z^{1/m})^{-1}$. (Compare com o Exercício 7 da Seção 9.)

12 REGIÕES DO PLANO COMPLEXO

Nesta seção, apresentamos alguns conceitos relativos a conjuntos do plano complexo ou pontos do plano z e à proximidade entre pontos e conjuntos. Nossa ferramenta básica é o que denominamos *vizinhança*

(1) $$|z - z_0| < \varepsilon$$

de um dado ponto z_0. Essa vizinhança consiste em todos os pontos z que estão dentro de um círculo, mas não no círculo, centrado em z_0 com um raio ε positivo especificado (Figura 16). Em geral, o valor de ε fica subentendido, ou é irrelevante na argumentação, e falamos em vizinhança de um ponto sem explicitar o valor de ε. Ocasionalmente, é conveniente falar de uma *vizinhança perfurada*, ou disco perfurado,

(2) $$0 < |z - z_0| < \varepsilon$$

consistindo em todos os pontos de uma vizinhança de z_0, exceto o próprio ponto z_0.

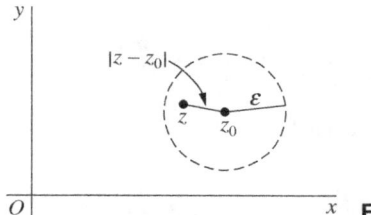

Figura 16

Dizemos que um ponto z_0 é um **ponto interior** de algum conjunto S se existir alguma vizinhança de z_0 que contenha somente pontos de S; dizemos que é um **ponto exterior** de S se existir alguma vizinhança desse ponto que não contenha ponto algum de S. Se z_0 não for um ponto interior nem exterior de S, dizemos que é um **ponto de fronteira** de S. Assim, um ponto de fronteira de S é um ponto tal que qualquer uma de suas vizinhanças contém pelo menos um ponto de S e um ponto que não esteja em S. A totalidade de todos os pontos de fronteira de S é denominada *fronteira* de S. Por exemplo, o círculo $|z| = 1$ é a fronteira de cada um dos conjuntos

(3) $$|z| < 1 \quad \text{e} \quad |z| \leq 1.$$

Um conjunto é dito **aberto** se não contiver qualquer um dos seus pontos de fronteira. Deixamos como um exercício mostrar que um conjunto é aberto se, e somente se, cada um de seus pontos é um ponto interior. Um conjunto é dito *fechado* se contiver todos os seus pontos de fronteira, e o *fecho* de um conjunto S é o conjunto fechado que consiste em todos os pontos, tanto de S quanto da fronteira de S. Observe que o primeiro dos dois conjuntos de (3) é aberto e o segundo, fechado.

É claro que alguns conjuntos não são nem abertos nem fechados. Para que um conjunto S seja não aberto, deve existir algum ponto de fronteira que pertença ao conjunto e, para que S seja não fechado, deve existir algum ponto de fronteira que não pertença ao conjunto. Observe que um disco perfurado $0 < |z| \leq 1$ não é aberto nem fechado. Por outro lado, o conjunto de todos os números complexos é aberto e fechado, por não possuir pontos de fronteira.

Dizemos que um conjunto aberto S é **conexo** se quaisquer dois de seus pontos podem ser ligados por uma **linha poligonal** consistindo em um número finito de segmentos de reta justapostos inteiramente contidos em S. O conjunto aberto $|z| < 1$ é conexo. O anel $1 < |z| < 2$, que é certamente aberto, também é conexo (ver Figura 17). Um conjunto aberto não vazio e conexo é denominado **domínio**. Observe que qualquer vizinhança é um domínio. Dizemos que um domínio junto com alguns, todos ou nenhum de seus pontos de fronteira é uma **região**.

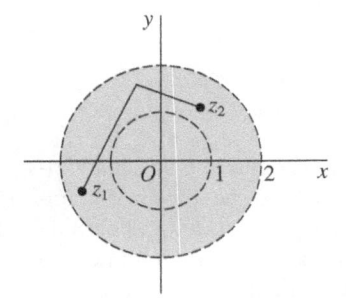

Figura 17

Um conjunto S é dito **limitado** se cada um de seus pontos estiver dentro de um mesmo disco $|z| = R$; caso contrário, é dito ilimitado. Ambos os conjuntos de (3) são regiões limitadas, e o semiplano Re $z \geq 0$ é ilimitado.

EXEMPLO. Esbocemos o conjunto

(4) $$\operatorname{Im}\left(\frac{1}{z}\right) > 1$$

e identifiquemos alguns dos conceitos apresentados.

Em primeiro lugar, supondo que z seja não nulo, temos

$$\frac{1}{z} = \frac{\bar{z}}{z\bar{z}} = \frac{\bar{z}}{|z|^2} = \frac{x - iy}{x^2 + y^2} \qquad (z = x + iy).$$

Segue que a desigualdade (4) pode ser escrita como

$$\frac{-y}{x^2 + y^2} > 1,$$

ou

$$x^2 + y^2 + y < 0.$$

Completando o quadrado, chegamos em

$$x^2 + \left(y^2 + y + \frac{1}{4}\right) < \frac{1}{4}.$$

Assim, a desigualdade (4) representa a região interior ao círculo (Figura 18)

$$(x-0)^2 + \left(y + \frac{1}{2}\right)^2 = \left(\frac{1}{2}\right)^2,$$

centrado em $z = -i/2$ e de raio $1/2$.

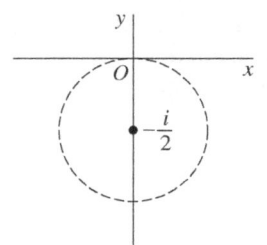

Figura 18

Um ponto z_0 é dito um ***ponto de acumulação*** de um conjunto S se cada vizinhança perfurada de z_0 contiver pelo menos um ponto de S. Segue que um conjunto fechado contém todos os seus pontos de acumulação. De fato, se um ponto de acumulação z_0 de S não estivesse em S, então seria um ponto de fronteira de S, o que seria uma contradição com o fato de um conjunto fechado conter todos seus pontos de fronteira. Deixamos como exercício mostrar que a recíproca é, também, verdadeira. Assim, um conjunto é fechado se, e somente se, contém todos os seus pontos de acumulação.

Certamente um ponto z_0 *não é* um ponto de acumulação de um conjunto S se existir alguma vizinhança perfurada de z_0 que não contenha pelo menos um ponto de S. Observe que a origem é o único ponto de acumulação do conjunto

$$z_n = \frac{i}{n} \quad (n = 1, 2, \ldots).$$

EXERCÍCIOS
1. Esboce os conjuntos dados e determine quais são domínios.
   (a) $|z - 2 + i| \leq 1$;
   (b) $|2z + 3| > 4$;
   (c) $\operatorname{Im} z > 1$;
   (d) $\operatorname{Im} z = 1$;
   (e) $0 \leq \arg z \leq \pi/4$ $(z \neq 0)$;
   (f) $|z - 4| \geq |z|$.

   Respostas: (b) e (c) são domínios.
2. Quais conjuntos do Exercício 1 não são abertos nem fechados?
   Resposta: (e)
3. Quais conjuntos do Exercício 1 são limitados?
   Resposta: (a)

4. Em cada caso, esboce o fecho do conjunto dado.
   (a) $-\pi < \arg z < \pi$ $(z \neq 0)$; (b) $|\operatorname{Re} z| < |z|$;
   (c) $\operatorname{Re}\left(\dfrac{1}{z}\right) \leq \dfrac{1}{2}$; (d) $\operatorname{Re}(z^2) > 0$.

5. Seja S o conjunto aberto consistindo em todos os pontos z tais que $|z| < 1$ ou $|z - 2| < 1$. Explique por que S não é conexo.

6. Mostre que um conjunto S é aberto se, e só se, cada ponto de S é um ponto interior.

7. Determine os pontos de acumulação de cada um dos conjuntos dados.
   (a) $z_n = i^n$ $(n = 1, 2, \ldots)$; (b) $z_n = i^n/n$ $(n = 1, 2, \ldots)$;
   (c) $0 \leq \arg z < \pi/2$ $(z \neq 0)$; (d) $z_n = (-1)^n(1+i)\dfrac{n-1}{n}$ $(n = 1, 2, \ldots)$.

   Respostas: (a) não possui;   (b) 0;   (d) $\pm(1 + i)$.

8. Prove que se um conjunto contiver todos os seus pontos de acumulação, então deverá ser um conjunto fechado.

9. Mostre que cada ponto de um domínio é um ponto de acumulação desse domínio.

10. Prove que um conjunto finito de pontos não pode possuir pontos de acumulação.

FUNÇÕES ANALÍTICAS

CAPÍTULO 2

Abordaremos agora funções de uma variável complexa e desenvolveremos uma teoria de derivação para essas funções. Nosso objetivo principal neste capítulo é introduzir o conceito de função analítica, que desempenha um papel central na Análise Complexa.

13 FUNÇÕES E APLICAÇÕES

Seja S um conjunto de números complexos. Uma *função* f definida em S é uma regra que associa a cada z de S um número complexo w. Dizemos que w é o **valor** de f em z e o denotamos por $f(z)$, ou seja, $w = f(z)$. O conjunto S é denominado o *domínio de definição* de f.*

Deve-se enfatizar que precisamos de um domínio de definição e de uma regra para obter uma função bem definida. Quando o domínio de definição não for mencionado, concordamos que será o maior conjunto possível. Também não é sempre conveniente usar uma notação que distinga entre uma dada função e seus valores.

EXEMPLO 1. Se f for definida no conjunto $z \neq 0$ pela equação $w = 1/z$, podemos nos referir a f simplesmente como a função $w = 1/z$ ou, ainda, a função $1/z$.

Suponha que $u + iv$ seja o valor da função f em $z = x + iy$, isto é,

$$u + iv = f(x + iy).$$

Cada um dos números reais u e v depende das variáveis reais x e y, portanto, $f(z)$ pode ser expresso em termos de um par de funções reais das duas variáveis reais x e y:

---

* Embora o domínio de definição possa ser um domínio conforme definido na Seção 12, isso não é necessário.

(1) $$f(z) = u(x, y) + iv(x, y).$$

EXEMPLO 2. Se $f(z) = z^2$, então
$$f(x + iy) = (x + iy)^2 = x^2 - y^2 + i2xy.$$
Logo
$$u(x, y) = x^2 - y^2 \quad \text{e} \quad v(x, y) = 2xy.$$

Se a função v na equação (1) sempre tiver o valor zero, então o valor de f é sempre real. Assim, f é uma *função real* de uma variável complexa.

EXEMPLO 3. Uma função real utilizada para ilustrar conceitos importantes mais adiante neste capítulo é
$$f(z) = |z|^2 = x^2 + y^2 + i0.$$
Se n for um inteiro positivo e se $a_0, a_1, a_2, \ldots, a_n$ forem constantes complexas, com $a_n \neq 0$, a função
$$P(z) = a_0 + a_1 z + a_2 z^2 + \cdots + a_n z^n$$
será um **polinômio** de grau n. Observe que essa soma tem um número finito de parcelas e que o domínio de definição é todo o plano z. Os quocientes $P(z)/Q(z)$ de polinômios são denominados *funções racionais*, definidas em cada ponto z tal que $Q(z) \neq 0$. Os polinômios e as funções racionais constituem classes de funções elementares, mas importantes, de funções de uma variável complexa.

Utilizando as coordenadas polares r e θ em vez de x e y, temos
$$u + iv = f(re^{i\theta})$$
em que $w = u + iv$ e $z = re^{i\theta}$. Nesse caso, podemos escrever
(2) $$f(z) = u(r, \theta) + iv(r, \theta).$$

EXEMPLO 4. Considere a função $w = z^2$ com $z = re^{i\theta}$. Aqui
$$w = (re^{i\theta})^2 = r^2 e^{i2\theta} = r^2 \cos 2\theta + ir^2 \sen 2\theta.$$
Logo,
$$u(r, \theta) = r^2 \cos 2\theta \quad \text{e} \quad v(r, \theta) = r^2 \sen 2\theta.$$

Uma generalização do conceito de função é uma regra que associa mais do que um valor a cada ponto do domínio de definição. Essas *funções multivalentes* ocorrem na teoria das funções de uma variável complexa da mesma forma que ocorrem no caso de variáveis reais. Quando estudamos funções multivalentes, geralmente escolhemos de uma maneira sistemática um dos valores possíveis em cada ponto e, com isso, construímos uma função (univalente) a partir de uma multivalente.

EXEMPLO 5. Seja z um número complexo qualquer. Sabemos, da Seção 10, que $z^{1/2}$ tem os dois valores

$$z^{1/2} = \pm\sqrt{r}\exp\left(i\frac{\Theta}{2}\right),$$

em que $r = |z|$ e Θ $(-\pi < \Theta \leq \pi)$ é o valor principal de arg z. Escolhendo somente o valor positivo de $\pm\sqrt{r}$ e escrevendo

(3) $$f(z) = \sqrt{r}\exp\left(i\frac{\Theta}{2}\right) \qquad (r > 0, -\pi < \Theta \leq \pi),$$

obtemos uma função (univalente) bem definida por (3) no conjunto de todos os números não nulos do plano z. Como zero é a única raiz quadrada de zero, podemos escrever $f(0) = 0$. Assim, essa função está bem definida em todo o plano.

Muitas vezes, as propriedades de uma função real de uma variável real são exibidas pelo gráfico da função. No entanto, se $w = f(z)$, sendo z e w complexos, não dispomos de uma tal representação gráfica conveniente da função f, pois cada um dos números z e w varia em um plano em vez de em uma reta. Entretanto, podemos exibir alguma informação sobre a função indicando pares de pontos $z = (x, y)$ e $w = (u, v)$ correspondentes. Para ver isso, em geral é mais fácil esboçar os planos z e w separadamente.

Quando pensamos em uma função dessa maneira, é costume usar os termos *aplicação* ou *transformação* em vez de função. A *imagem* de um ponto z do domínio de definição S é o ponto $w = f(z)$, e o conjunto das imagens de todos os pontos de um conjunto T contido em S é denominada a imagem de T. A imagem de todo o domínio de definição S é a *imagem* de f. A *imagem inversa* de um ponto w é o conjunto de todos os pontos z do domínio de definição de f cuja imagem é w. A imagem inversa de um ponto pode conter somente um ponto, muitos pontos, ou nenhum ponto. É claro que esse último caso ocorre se w não estiver na imagem de f.

Termos como *translação*, *rotação* e *reflexão* são usados para transmitir as características geométricas dominantes de certas aplicações. Nesses casos, às vezes é conveniente considerar o plano z como coincidindo com o plano w. Por exemplo, a aplicação

$$w = z + 1 = (x + 1) + iy,$$

em que $z = x + iy$, pode ser vista como uma translação de cada ponto z uma unidade para a direita. Como $i = e^{i\pi/2}$, a aplicação

$$w = iz = r\exp\left[i\left(\theta + \frac{\pi}{2}\right)\right],$$

em que $z = re^{i\theta}$, gira o vetor radial de cada ponto z não nulo por um ângulo reto em torno da origem no sentido anti-horário, e a aplicação

$$w = \bar{z} = x - iy$$

transforma cada ponto $z = x + iy$ em sua reflexão pelo eixo real.

Geralmente obtemos mais informação esboçando imagens de curvas e regiões do que simplesmente indicando imagens de pontos individuais. Na próxima seção, faremos isso com a aplicação $w = z^2$.

14 A APLICAÇÃO $w = z^2$

De acordo com o Exemplo 2 da Seção 13, podemos ver a aplicação $w = z^2$ como a transformação

(1) $$u = x^2 - y^2, \quad v = 2xy$$

do plano xy no plano uv. Essa forma da aplicação é especialmente útil para descobrir a imagem de certas hipérboles.

Por exemplo, é fácil mostrar que cada ramo da hipérbole

(2) $$x^2 - y^2 = c_1 \quad (c_1 > 0)$$

é levado biunivocamente sobre a reta vertical $u = c_1$. Para ver isso, começamos observando que, na primeira das equações de (1), temos $u = c_1$ quando (x, y) for um ponto de um dos ramos. Se, em particular, estiver no ramo à direita, a segunda das equações de (1) nos diz que $v = 2y\sqrt{y^2 + c_1}$. Assim, a imagem do ramo à direita pode ser dada parametricamente por

$$u = c_1, \quad v = 2y\sqrt{y^2 + c_1} \quad (-\infty < y < \infty);$$

e fica evidente que a imagem de um ponto (x, y) naquele ramo sobe toda a reta enquanto (x, y) percorre o ramo no sentido para cima (Figura 19). Da mesma forma, como o par de equações

$$u = c_1, \quad v = -2y\sqrt{y^2 + c_1} \quad (-\infty < y < \infty)$$

fornece uma representação paramétrica da imagem do ramo à esquerda da hipérbole, a imagem de um ponto percorrendo todo o ramo à esquerda no sentido *para baixo* é vista subindo toda a reta $u = c_1$.

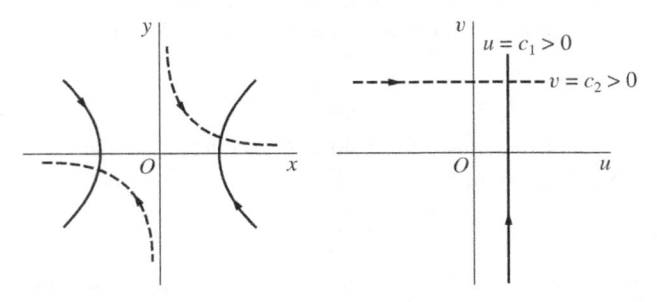

Figura 19
$w = z^2$.

De maneira análoga, cada ramo de uma hipérbole

(3) $$2xy = c_2 \quad (c_2 > 0)$$

é transformada na reta $v = c_2$, conforme indicado na Figura 19. Para ver isso, observamos, na segunda das equações de (1), que $v = c_2$ quando (x, y) for um ponto de um dos ramos. Suponha que (x, y) esteja no ramo do primeiro quadrante. Então, como $y = c_2/(2x)$, a primeira das equações de (1) revela que a imagem do ramo tem a representação paramétrica

$$u = x^2 - \frac{c_2^2}{4x^2}, \quad v = c_2 \quad (0 < x < \infty).$$

Observe que
$$\lim_{\substack{x \to 0 \\ x > 0}} u = -\infty \quad \text{e} \quad \lim_{x \to \infty} u = \infty.$$

Como u depende continuamente de x, fica claro que, à medida que (x, y) percorre todo o ramo do primeiro quadrante da hipérbole (3) no sentido para baixo, a imagem se move para a direita ao longo de toda a reta horizontal $v = c_2$. Como a imagem do ramo do terceiro quadrante tem representação paramétrica

$$u = \frac{c_2^2}{4y^2} - y^2, \quad v = c_2 \quad (-\infty < y < 0)$$

e como
$$\lim_{y \to -\infty} u = -\infty \quad \text{e} \quad \lim_{\substack{y \to 0 \\ y < 0}} u = \infty,$$

segue que a imagem de um ponto percorrendo todo o ramo do terceiro quadrante no sentido *para cima* também percorre toda a reta $v = c_2$ para a direita (ver Figura 19).

Em seguida, vejamos como a forma (1) da aplicação $w = z^2$ pode ser usada para encontrar a imagem de certas *regiões*.

EXEMPLO 1. O domínio definido por $x > 0$, $y > 0$, $xy < 1$ consiste em todos os pontos que estão nos ramos superiores de hipérboles da família $2xy = c$, com $0 < c < 2$ (Figura 20). Acabamos de verificar que a imagem pela transformação $w = z^2$ de pontos que se deslocam para baixo ao longo de todo um ramo desses percorrem toda a reta $v = c$ da esquerda para a direita. Usando todos os valores de c entre 0 e 2, esses ramos superiores preenchem o domínio $x > 0$, $y > 0$, $xy < 1$, portanto, esse domínio é levado na faixa horizontal $0 < v < 2$.

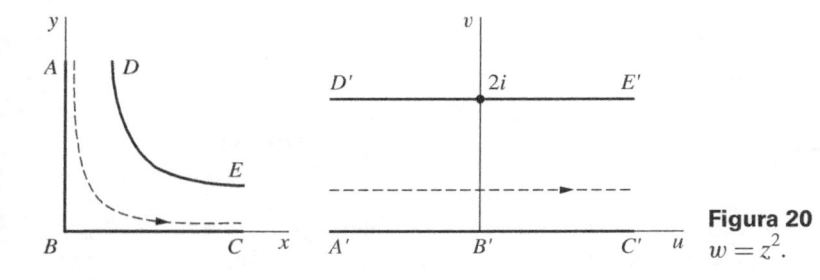

Figura 20
$w = z^2$.

42 CAPÍTULO 2 FUNÇÕES ANALÍTICAS

A partir das equações (1), podemos ver que a imagem de um ponto $(0, y)$ do plano z é $(-y^2, 0)$. Logo, se $(0, y)$ percorrer o semieixo y no sentido para baixo em direção à origem, sua imagem se move para a direita ao longo do semieixo u negativo em direção à origem do plano w. Como a imagem de um ponto $(x, 0)$ é $(x^2, 0)$, segue que se $(x, 0)$ percorrer o semieixo x no sentido para a direita a partir da origem, sua imagem se move para a direita a partir da origem ao longo do semieixo u positivo. É claro que a imagem do ramo superior da hipérbole $xy = 1$ é simplesmente a reta horizontal $v = 2$. Decorre disso que a região fechada $x \geq 0$, $y \geq 0$, $xy \leq 1$ é levada na faixa horizontal fechada $0 \leq v \leq 2$, conforme indicado na Figura 20.

Nosso próximo exemplo ilustra o uso de coordenadas polares na análise de certas aplicações.

EXEMPLO 2. A aplicação $w = z^2$ é dada por

(4) $$w = r^2 e^{i2\theta}$$

se $z = re^{i\theta}$. Isso significa que a imagem $w = \rho e^{i\phi}$ de qualquer ponto z não nulo pode ser encontrada tomando o quadrado do módulo $r = |z|$ e dobrando o valor θ de arg z que estiver sendo usado:

(5) $$\rho = r^2 \quad \text{e} \quad \phi = 2\theta.$$

Observe que os pontos $z = r_0 e^{i\theta}$ de um círculo $r = r_0$ são levados em pontos $w = r_0^2 e^{i2\theta}$ do círculo $\rho = r_0^2$. À medida que um ponto do primeiro círculo se desloca no sentido anti-horário a partir do eixo real positivo para o eixo imaginário positivo, sua imagem no segundo círculo se desloca no sentido anti-horário a partir do eixo real positivo para o eixo real negativo (ver Figura 21). Assim, escolhendo todos os valores positivos possíveis de r_0, os arcos correspondentes nos planos z e w preenchem, respectivamente, o primeiro quadrante e o semiplano superior. Dessa forma, a transformação $w = z^2$ é uma aplicação injetora do primeiro quadrante, $r \geq 0$, $0 \leq \theta \leq \pi/2$ do plano z sobre o semiplano $\rho \geq 0$, $0 \leq \phi \leq \pi$ do plano w, conforme indicado na Figura 21. É claro que o ponto $z = 0$ é levado no ponto $w = 0$.

Essa aplicação do primeiro quadrante sobre o semiplano superior também pode ser verificada usando os raios indicados com linhas tracejadas na Figura 21. Deixamos alguns detalhes para o Exercício 7.

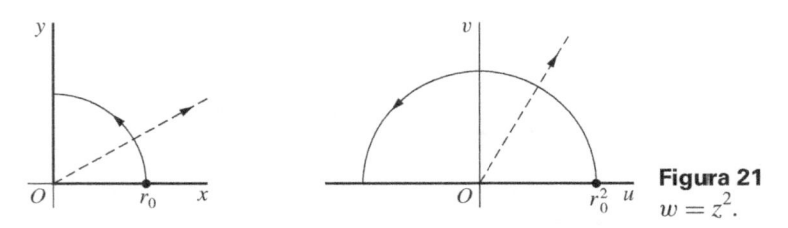

Figura 21 $w = z^2$.

A transformação $w = z^2$ também leva o semiplano superior $r \geq 0$, $0 \leq \theta \leq \pi$ sobre todo o plano w. No entanto, nesse caso, a aplicação não é injetora, porque os dois semieixos reais do plano z, o positivo e o negativo, são levados sobre o semieixo real positivo do plano w.

Se n for um inteiro positivo maior do que 2, muitas das propriedades da aplicação $w = z^n$, ou $w = r^n e^{in\theta}$, são análogas às da aplicação $w = z^2$. Uma aplicação dessas leva todo o plano z sobre o plano w, sendo cada ponto não nulo do plano w a imagem de n pontos distintos do plano z. O círculo $r = r_0$ é levado no círculo $\rho = r_0^n$, e o setor $r \leq r_0$, $0 \leq \theta \leq 2\pi/n$ é levado sobre o disco $\rho \leq r_0^n$, mas não de maneira injetora.

Algumas outras propriedades, um pouco mais complexas, da aplicação $w = z^2$ aparecem no Exemplo 1 da Seção 107 e nos Exercícios 1 a 4 da Seção 108.

EXERCÍCIOS

1. Descreva o domínio subentendido de cada uma das funções dadas a seguir.

   (a) $f(z) = \dfrac{1}{z^2 + 1}$; (b) $f(z) = \text{Arg}\left(\dfrac{1}{z}\right)$;

   (c) $f(z) = \dfrac{z}{z + \bar{z}}$; (d) $f(z) = \dfrac{1}{1 - |z|^2}$.

   Respostas: (a) $z \neq \pm i$; (b) Re $z \neq 0$.

2. Em cada caso, escreva a função no formato $f(z) = u(x, y) + iv(x, y)$:

   (a) $f(z) = z^3 + z + 1$; (b) $f(z) = \dfrac{\bar{z}^2}{z}$ $(z \neq 0)$.

   Sugestão: na parte (b), multiplique o numerador e o denominador por $\bar{z}$.

   Respostas: (a) $f(z) = (x^3 - 3xy^2 + x + 1) + i(3x^2y - y^3 + y)$;

   (b) $f(z) = \dfrac{x^3 - 3xy^2}{x^2 + y^2} + i\dfrac{y^3 - 3x^2y}{x^2 + y^2}$.

3. Suponha que $f(z) = x^2 - y^2 - 2y + i(2x - 2xy)$, em que $z = x + iy$. Use as expressões (ver Seção 6)

   $$x = \dfrac{z + \bar{z}}{2} \quad \text{e} \quad y = \dfrac{z - \bar{z}}{2i}$$

   para escrever $f(z)$ em termos de z e simplifique o resultado.

   Resposta: $f(z) = \bar{z}^2 + 2iz$.

4. Escreva a função

   $$f(z) = z + \dfrac{1}{z} \quad (z \neq 0)$$

   no formato $f(z) = u(r, \theta) + iv(r, \theta)$.

   Resposta: $f(z) = \left(r + \dfrac{1}{r}\right)\cos\theta + i\left(r - \dfrac{1}{r}\right)\text{sen }\theta$.

5. Encontre um domínio do plano z cuja imagem pela aplicação $w = z^2$ seja o domínio quadrado do plano w delimitado pelas retas $u = 1$, $u = 2$, $v = 1$ e $v = 2$. (Ver Figura 2 do Apêndice 2.)

44 CAPÍTULO 2 FUNÇÕES ANALÍTICAS

Sugestão: use o que foi discutido na Seção 14 em relação à Figura 19.

6. Encontre e esboce a imagem das hipérboles dadas a seguir pela aplicação $w = z^2$, mostrando as orientações correspondentes.

   (a) $x^2 - y^2 = c_1$ ($c_1 < 0$);   (b) $2xy = c_2$ ($c_2 < 0$).

7. Use os raios indicados por semirretas tracejadas na Figura 21 para mostrar que a aplicação $w = z^2$ leva o primeiro quadrante no semiplano superior, conforme indicado na Figura 21.

8. Esboce a região na qual é levado o setor $r \leq 1$, $0 \leq \theta \leq \pi/4$ pela aplicação

   (a) $w = z^2$;   (b) $w = z^3$;   (c) $w = z^4$.

9. Uma interpretação de uma função $w = f(z) = u(x, y) + iv(x, y)$ é a de um **campo de vetores** no domínio de definição de f. A função associa um vetor w de componentes $u(x, y)$ e $v(x, y)$ a cada ponto z em que esteja definida. Indique graficamente os campos de vetores representados por

   (a) $w = iz$;   (b) $w = \dfrac{z}{|z|}$.

15 LIMITES

Suponha que f seja uma função definida em todos os pontos z de alguma vizinhança perfurada de um ponto z_0. Dizer que $f(z)$ tem um **limite** w_0 se z tender a z_0, ou que

(1) $$\lim_{z \to z_0} f(z) = w_0,$$

significa que o ponto $w = f(z)$ estará arbitrariamente próximo de w_0 se escolhermos o ponto z suficientemente próximo de, mas não igual a, z_0. Vejamos a definição de limite em termos mais precisos e úteis.

A afirmação (1) significa que, dado qualquer número positivo ε, existe algum número positivo δ tal que

(2) $\qquad |f(z) - w_0| < \varepsilon \qquad$ se $\qquad 0 < |z - z_0| < \delta$.

Geometricamente, essa definição diz que, dada qualquer vizinhança $|w - w_0| < \varepsilon$ de w_0, existe alguma vizinhança perfurada $0 < |z - z_0| < \delta$ de z_0 tal que cada ponto z dessa última vizinhança tem sua imagem w na vizinhança de w_0 (Figura 22). Observe que, mesmo considerando todos os pontos da vizinhança perfurada $0 < |z - z_0| < \delta$, suas imagens não precisam preencher toda a vizinhança $|w - w_0| < \varepsilon$. Por exemplo, se f for a função constante w_0, então a imagem de z é sempre o centro daquela vizinhança. Note também que, uma vez encontrado algum δ, podemos trocá-lo por qualquer outro número positivo menor, como, por exemplo, $\delta/2$.

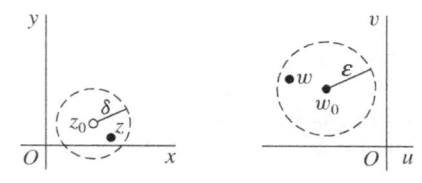

Figura 22

O teorema a seguir, da unicidade do limite, é central para o desenvolvimento deste capítulo e, em especial, para o material da Seção 21.

Teorema. *Se um limite de uma função $f(z)$ existir em um ponto z_0, ele é único.*

Para provar isso, suponha que
$$\lim_{z \to z_0} f(z) = w_0 \quad \text{e} \quad \lim_{z \to z_0} f(z) = w_1.$$

Então, dado qualquer número positivo ε, existem números positivos δ_0 e δ_1 tais que
$$|f(z) - w_0| < \varepsilon \quad \text{se} \quad 0 < |z - z_0| < \delta_0$$
e
$$|f(z) - w_1| < \varepsilon \quad \text{se} \quad 0 < |z - z_0| < \delta_1.$$
Como
$$w_1 - w_0 = [f(z) - w_0] + [w_1 - f(z)],$$
a desigualdade triangular garante que
$$|w_1 - w_0| \leq [f(z) - w_0] + [w_1 - f(z)] = |f(z) - w_0| + |f(z) - w_1|.$$
Logo, se $0 < |z - z_0| < \delta$, em que δ é qualquer número positivo menor do que δ_0 e δ_1, obtemos
$$|w_1 - w_0| < \varepsilon + \varepsilon < 2\varepsilon.$$
No entanto, $|w_1 - w_0|$ é uma constante não negativa, e ε pode ser tomado arbitrariamente pequeno. Assim,
$$w_1 - w_0 = 0 \quad \text{ou} \quad w_1 = w_0.$$

A definição (2) exige que f esteja definida em todos os pontos de alguma vizinhança perfurada de z_0. Se z_0 for um ponto interior da região em que f estiver definida, é claro que sempre existem tais vizinhanças perfuradas. Podemos estender a definição de limite para o caso em que z_0 for um ponto de fronteira da região concordando que a primeira das desigualdades (2) é válida apenas com aqueles pontos z que estejam na região *e também* na vizinhança perfurada.

EXEMPLO 1. Mostremos que se $f(z) = i\bar{z}/2$ no disco aberto $|z| < 1$, então

(3) $$\lim_{z \to 1} f(z) = \frac{i}{2},$$

sendo que 1 é um ponto de fronteira do domínio de definição de f. Observe que, se z estiver no disco $|z| < 1$, então
$$\left| f(z) - \frac{i}{2} \right| = \left| \frac{i\bar{z}}{2} - \frac{i}{2} \right| = \frac{|z - 1|}{2}.$$
Logo, qualquer z desses e qualquer número positivo ε satisfazem (ver Figura 23)

$$\left| f(z) - \frac{i}{2} \right| < \varepsilon \quad \text{se} \quad 0 < |z - 1| < 2\varepsilon.$$

Assim, a condição (2) está satisfeita com os pontos da região $|z| < 1$ se tomarmos δ igual a 2ε ou qualquer outro número positivo menor.

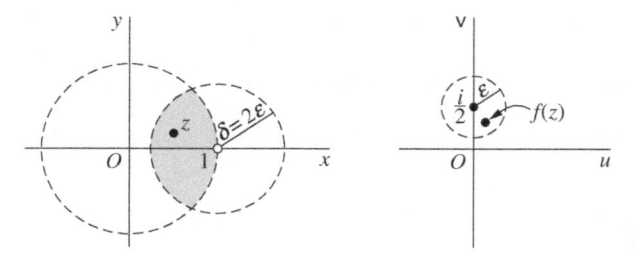

Figura 23

Se o limite (1) existir, o símbolo $z \to z_0$ significa que z pode se aproximar de z_0 de qualquer maneira, não somente em alguma direção específica. Isso é enfatizado no exemplo seguinte.

EXEMPLO 2. Se

(4) $$f(z) = \frac{z}{\bar{z}},$$

então não existe o limite

(5) $$\lim_{z \to 0} f(z).$$

De fato, se existisse, poderia ser encontrado deixando o ponto $z = (x, y)$ tender à origem de qualquer maneira. No entanto, se $z = (x, 0)$ for um ponto não nulo do eixo real (Figura 24), temos

$$f(z) = \frac{x + i0}{x - i0} = 1;$$

mas se $z = (0, y)$ for um ponto não nulo do eixo imaginário, temos

$$f(z) = \frac{0 + iy}{0 - iy} = -1.$$

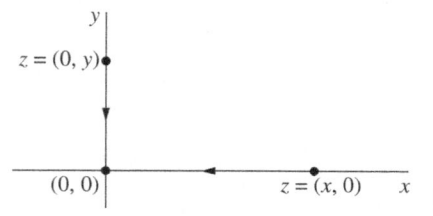

Figura 24

SEÇÃO 16 TEOREMAS DE LIMITES

Assim, deixando z tender à origem ao longo do eixo real, teríamos que o limite procurado seria 1, mas com uma tendência ao longo do eixo imaginário esse limite seria -1. Pela unicidade do limite, devemos concluir que o limite (5) não existe.

Observe que a definição (2) oferece uma maneira de testar se um dado ponto w_0 é um limite, mas não fornece diretamente um método para determinar esse limite. Os teoremas de limites apresentados na próxima seção nos permitem encontrar vários limites.

16 TEOREMAS DE LIMITES

Estabelecendo uma relação entre os limites de funções de uma variável complexa e os de funções reais de duas variáveis reais, podemos acelerar nosso tratamento de limites, pois, como esses limites são estudados no Cálculo, podemos usar suas definições e propriedades.

Teorema 1. Suponha que

$$f(z) = u(x,y) + iv(x,y) \quad (z = x+iy)$$

e

$$z_0 = x_0 + iy_0, \quad w_0 = u_0 + iv_0.$$

Se

(1) $$\lim_{(x,y)\to(x_0,y_0)} u(x,y) = u_0 \quad e \quad \lim_{(x,y)\to(x_0,y_0)} v(x,y) = v_0,$$

então

(2) $$\lim_{z\to z_0} f(z) = w_0;$$

e, reciprocamente, se a afirmação (2) for verdadeira, o mesmo ocorre com a afirmação (1).

Para provar esse teorema, inicialmente partimos da validade dos limites (1) e obtemos o limite (2). Os limites (1) nos dizem que, dado qualquer número positivo ε, existem números positivos δ_1 e δ_2 tais que

(3) $$|u - u_0| < \frac{\varepsilon}{2} \quad \text{se} \quad 0 < \sqrt{(x-x_0)^2 + (y-y_0)^2} < \delta_1$$

e

(4) $$|v - v_0| < \frac{\varepsilon}{2} \quad \text{se} \quad 0 < \sqrt{(x-x_0)^2 + (y-y_0)^2} < \delta_2.$$

Seja δ um número positivo arbitrário menor do que δ_1 e δ_2. Como

$$|(u+iv) - (u_0+iv_0)| = |(u-u_0) + i(v-v_0)| \leq |u-u_0| + |v-v_0|$$

e
$$\sqrt{(x-x_0)^2 + (y-y_0)^2} = |(x-x_0) + i(y-y_0)| = |(x+iy) - (x_0+iy_0)|,$$
segue das afirmações (3) e (4) que

$$|(u+iv) - (u_0+iv_0)| < \frac{\varepsilon}{2} + \frac{\varepsilon}{2} = \varepsilon$$

se
$$0 < |(x+iy) - (x_0+iy_0)| < \delta.$$

Isso mostra que vale o limite (2).

Reciprocamente, partimos da validade do limite (2) e obtemos os limites (1). O limite (2) nos diz que, dado qualquer número positivo ε, existe um número positivo δ tal que

(5) $$|(u+iv) - (u_0+iv_0)| < \varepsilon$$

se

(6) $$0 < |(x+iy) - (x_0+iy_0)| < \delta.$$

Temos
$$|u - u_0| \leq |(u-u_0) + i(v-v_0)| = |(u+iv) - (u_0+iv_0)|,$$
$$|v - v_0| \leq |(u-u_0) + i(v-v_0)| = |(u+iv) - (u_0+iv_0)|,$$

e
$$|(x+iy) - (x_0+iy_0)| = |(x-x_0) + i(y-y_0)| = \sqrt{(x-x_0)^2 + (y-y_0)^2}.$$

Logo, das desigualdades (5) e (6) segue que

$$|u - u_0| < \varepsilon \quad e \quad |v - v_0| < \varepsilon$$

se
$$0 < \sqrt{(x-x_0)^2 + (y-y_0)^2} < \delta.$$

Isso mostra a validade dos limites (1) e completa a prova do teorema.

Teorema 2. *Suponha que*

(7) $$\lim_{z \to z_0} f(z) = w_0 \quad e \quad \lim_{z \to z_0} F(z) = W_0.$$

Então

(8) $$\lim_{z \to z_0} [f(z) + F(z)] = w_0 + W_0,$$

(9) $$\lim_{z \to z_0} [f(z) F(z)] = w_0 W_0;$$

e, se $W_0 \neq 0$,

(10) $$\lim_{z \to z_0} \frac{f(z)}{F(z)} = \frac{w_0}{W_0}.$$

Esse teorema importante pode ser provado diretamente usando a definição de limite de funções de variável complexa, mas, com a ajuda do Teorema 1, decorre quase imediatamente dos teoremas de limites de funções reais de duas variáveis reais.

Por exemplo, para verificar a propriedade (9), escrevemos

$$f(z) = u(x, y) + iv(x, y), \quad F(z) = U(x, y) + iV(x, y),$$

$$z_0 = x_0 + iy_0, \quad w_0 = u_0 + iv_0, \quad W_0 = U_0 + iV_0.$$

Então, pelas hipóteses (7) e o Teorema 1, os limites das funções u, v, U e V se (x, y) tender a (x_0, y_0) existem e têm os valores u_0, v_0, U_0 e V_0, respectivamente. Decorre que os componentes real e imaginário do produto

$$f(z)F(z) = (uU - vV) + i(vU + uV)$$

têm os limites $u_0 U_0 - v_0 V_0$ e $v_0 U_0 + u_0 V_0$, respectivamente, se (x, y) tender a (x_0, y_0). Assim, novamente pelo Teorema 1, $f(z)F(z)$ tem o limite

$$(u_0 U_0 - v_0 V_0) + i(v_0 U_0 + u_0 V_0)$$

se z tender a z_0, o que é igual a $w_0 W_0$. Isso demonstra a propriedade (9). A verificação das propriedades (8) e (10) pode ser dada de maneira análoga.

É fácil ver, a partir da definição (2) da Seção 15, que

$$\lim_{z \to z_0} c = c \quad \text{e} \quad \lim_{z \to z_0} z = z_0,$$

em que z_0 e c são quaisquer números complexos. Pela propriedade (9) e por indução matemática, segue que

$$\lim_{z \to z_0} z^n = z_0^n \quad (n = 1, 2, \ldots).$$

Portanto, decorre das propriedades (8) e (9) que o limite de um polinômio

$$P(z) = a_0 + a_1 z + a_2 z^2 + \cdots + a_n z^n$$

se z tender a um ponto z_0 é o valor do polinômio nesse ponto,

(11) $$\lim_{z \to z_0} P(z) = P(z_0).$$

17 LIMITES ENVOLVENDO O PONTO NO INFINITO

Às vezes, é conveniente incluir o **ponto no infinito**, que denotamos ∞, no plano complexo e utilizar esse ponto em limites. O plano complexo junto a esse ponto é denominado **plano complexo estendido**. Para visualizar o ponto no infinito, podemos pensar no plano complexo como o plano pelo equador de uma esfera unitária centrada na origem do espaço (Figura 25). A cada ponto z do plano complexo corresponde exatamente um ponto P da superfície da esfera, a saber, o ponto P em que a reta determinada por z e pelo polo norte N corta a esfera. Analogamente, a cada ponto P da esfera que não seja o polo norte N corresponde exatamente um ponto

50 CAPÍTULO 2 FUNÇÕES ANALÍTICAS

z do plano. Deixando o ponto N corresponder ao ponto no infinito, obtemos uma bijeção entre todos os pontos da esfera e todos os pontos do plano complexo estendido. A esfera é conhecida como a *esfera de Riemann*, sendo a correspondência denominada *projeção estereográfica*.

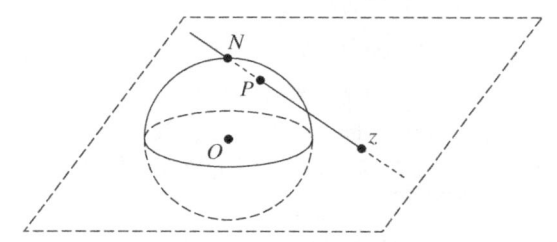

Figura 25

Observe que o exterior do círculo unitário centrado na origem do plano complexo corresponde ao hemisfério superior com o Equador e o ponto N removidos. Além disso, dado qualquer número positivo ε pequeno, os pontos do plano complexo exteriores ao círculo $|z| = 1/\varepsilon$ correspondem aos pontos da esfera próximos de N. Por isso, dizemos que o conjunto $|z| > 1/\varepsilon$ é uma *vizinhança do* ∞.

Para dirimir dúvidas, vamos convencionar que quando nos referirmos a um ponto z, sempre queremos dizer um ponto do *plano finito*. Daqui em diante, se quisermos considerar o ponto no infinito, diremos isso explicitamente.

Agora é imediato dar um sentido à afirmação

$$\lim_{z \to z_0} f(z) = w_0$$

se z_0 ou w_0, ou possivelmente ambos os números forem substituído pelo ponto no infinito. Na definição de limite da Seção 15, simplesmente substituímos as vizinhanças apropriadas de z_0 ou de w_0 por vizinhanças do ∞. Para exemplificar como isso é feito, daremos a demonstração do teorema seguinte.

Teorema. *Se z_0 e w_0 forem pontos dos planos z e w, respectivamente, então*

(1) $$\lim_{z \to z_0} f(z) = \infty \quad se \quad \lim_{z \to z_0} \frac{1}{f(z)} = 0$$

e

(2) $$\lim_{z \to \infty} f(z) = w_0 \quad se \quad \lim_{z \to 0} f\left(\frac{1}{z}\right) = w_0.$$

Além disso,

(3) $$\lim_{z \to \infty} f(z) = \infty \quad se \quad \lim_{z \to 0} \frac{1}{f(1/z)} = 0.$$

SEÇÃO 17 LIMITES ENVOLVENDO O PONTO NO INFINITO   51

Começamos a demonstração supondo que valha o segundo dos limites de (1). Isso significa que, dado qualquer número positivo ε, existe algum número positivo δ tal que

$$\left|\frac{1}{f(z)} - 0\right| < \varepsilon \quad \text{se} \quad 0 < |z - z_0| < \delta.$$

Já que isso pode ser reescrito como

(4) $\qquad |f(z)| > \dfrac{1}{\varepsilon} \quad \text{se} \quad 0 < |z - z_0| < \delta,$

chegamos ao primeiro dos limites de (1).

Suponha, agora, que valha o segundo dos limites de (2). Então,

$$\left|f\left(\frac{1}{z}\right) - w_0\right| < \varepsilon \quad \text{se} \quad 0 < |z - 0| < \delta.$$

Substituindo z por $1/z$, obtemos a afirmação

(5) $\qquad |f(z) - w_0| < \varepsilon \quad \text{se} \quad |z| > \dfrac{1}{\delta},$

da qual decorre o primeiro dos limites de (2).

Finalmente, o segundo dos limites de (3) significa que

$$\left|\frac{1}{f(1/z)} - 0\right| < \varepsilon \quad \text{se} \quad 0 < |z - 0| < \delta;$$

e, substituindo z por $1/z$ nessas desigualdades, obtemos a afirmação

(6) $\qquad |f(z)| > \dfrac{1}{\varepsilon} \quad \text{se} \quad |z| > \dfrac{1}{\delta}.$

É claro que essa é a definição do primeiro dos limites de (3).

EXEMPLOS. Observe que

$$\lim_{z \to -1} \frac{iz + 3}{z + 1} = \infty \quad \text{pois} \quad \lim_{z \to -1} \frac{z + 1}{iz + 3} = 0$$

e

$$\lim_{z \to \infty} \frac{2z + i}{z + 1} = 2 \quad \text{pois} \quad \lim_{z \to 0} \frac{(2/z) + i}{(1/z) + 1} = \lim_{z \to 0} \frac{2 + iz}{1 + z} = 2.$$

Além disso,

$$\lim_{z \to \infty} \frac{2z^3 - 1}{z^2 + 1} = \infty \quad \text{pois} \quad \lim_{z \to 0} \frac{(1/z^2) + 1}{(2/z^3) - 1} = \lim_{z \to 0} \frac{z + z^3}{2 - z^3} = 0.$$

18 CONTINUIDADE

Uma função f é **contínua** em um ponto z_0 se as três condições seguintes estiverem satisfeitas:

(1) $\qquad\qquad\qquad \lim_{z \to z_0} f(z)$ existe,

(2) $\qquad\qquad\qquad f(z_0)$ existe,

(3) $\qquad\qquad\qquad \lim_{z \to z_0} f(z) = f(z_0)$.

Observe que a afirmação (3) realmente contém as afirmações (1) e (2), pois necessitamos da existência das quantidades de cada lado da equação daquela afirmação. É claro que a afirmação (3) diz que, dado qualquer número positivo ε, existe um número positivo δ tal que

(4) $\qquad\qquad |f(z) - f(z_0)| < \varepsilon \quad$ se $\quad |z - z_0| < \delta$.

Uma função de uma variável complexa é dita contínua numa região R se for contínua em cada ponto de R.

Se duas funções forem contínuas num ponto, sua soma e produto também serão contínuas nesse ponto; o quociente dessas funções será contínuo em cada ponto no qual o denominador for não nulo. Essas observações decorrem diretamente do Teorema 2 da Seção 16. Observe, também, que um polinômio é contínuo em todo o plano, pelo limite (11) da Seção 16.

Passamos, agora, a duas propriedades esperadas de funções contínuas cujas demonstrações não são imediatas. Nossas demonstrações dependem da definição (4) de continuidade, e apresentamos esses resultados como teoremas.

Teorema 1. *A composição de funções contínuas é uma função contínua.*

Um enunciado preciso desse teorema está contido na prova seguinte. Seja $w = f(z)$ uma função definida em cada z de uma vizinhança $|z - z_0| < \delta$ de um ponto z_0, e seja $W = g(w)$ uma função cujo domínio de definição contenha a imagem (Seção 13) daquela vizinhança por f. Então, a composição $W = g[f(z)]$ está definida em cada z da vizinhança $|z - z_0| < \delta$. Suponha, agora, que f seja contínua em z_0 e que g seja contínua no ponto $f(z_0)$ do plano w. Em vista da continuidade de g em $f(z_0)$, dado qualquer número positivo ε, existe um número positivo γ tal que

$$|g[f(z)] - g[f(z_0)]| < \varepsilon \quad \text{se} \quad |f(z) - f(z_0)| < \gamma.$$

(Ver Figura 26.) No entanto, a continuidade de f em z_0 garante que a vizinhança $|z - z_0| < \delta$ pode ser tomada tão pequena que a segunda dessas desigualdades seja válida. Assim, estabelecemos a continuidade da composição $g[f(z)]$.

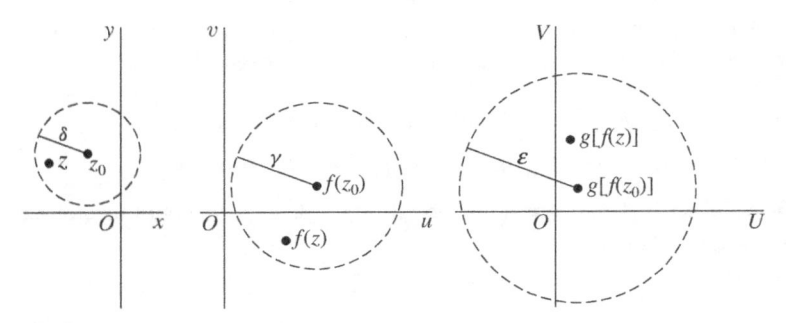

Figura 26

Teorema 2. *Se uma função $f(z)$ for contínua e não nula em um ponto z_0, então $f(z) \neq 0$ em toda uma vizinhança desse ponto.*

Supondo que $f(z)$ seja contínua e não nula em z_0, provamos o teorema tomando o valor positivo $|f(z_0)|/2$ como o número ε da afirmação (4). Segue que existe um número positivo δ tal que

$$|f(z) - f(z_0)| < \frac{|f(z_0)|}{2} \quad \text{se} \quad |z - z_0| < \delta.$$

Dessa forma, se existisse algum ponto z da vizinhança $|z - z_0| < \delta$ em que $f(z) = 0$, obteríamos a contradição

$$|f(z_0)| < \frac{|f(z_0)|}{2};$$

provando o teorema,

A continuidade de uma função

(5) $$f(z) = u(x, y) + iv(x, y)$$

está diretamente relacionada com a continuidade das funções componentes $u(x, y)$ e $v(x, y)$, conforme indica o próximo teorema.

Teorema 3. *Se as funções componentes u e v na expressão (5) forem contínuas em um ponto $z_0 = (x_0, y_0)$, então f será contínua nesse ponto. Reciprocamente, se f for contínua em z_0, então as funções u e v serão contínuas nesse ponto.*

A prova segue diretamente do Teorema 1 da Seção 16, que trata da relação entre os limites de f e os das funções u e v.

O próximo teorema é extremamente importante, sendo utilizado várias vezes em capítulos subsequentes, especialmente em aplicações. Antes de enunciar o teorema, cuja prova utiliza o Teorema 3, vamos lembrar, da Seção 12, que uma região R é dita *fechada* se contiver todos os seus pontos de fronteira e *limitada* se estiver contida em algum círculo centrado na origem.

Teorema 4. *Se uma função f for contínua em toda uma região R que é fechada e também limitada, então existirá um número real não negativo M tal que*

(6) $\qquad |f(z)| \leq M \qquad$ qualquer que seja o ponto z de R,

sendo que a igualdade será válida em, pelo menos, um tal ponto z.

Para provar isso, supomos que a função f da equação (5) seja contínua e observamos como segue disso que a função

$$\sqrt{[u(x, y)]^2 + [v(x, y)]^2}$$

é contínua na região R, de modo que atinge um máximo M em algum ponto de R.*
Segue que a desigualdade (6) é válida, e dizemos que f é **limitada em R**.

EXERCÍCIOS

1. Use a definição de limites (2) da Seção 15 para provar que

    (a) $\lim_{z \to z_0} \text{Re } z = \text{Re } z_0;$ $\qquad$ (b) $\lim_{z \to z_0} \overline{z} = \overline{z_0};$ $\qquad$ (c) $\lim_{z \to 0} \dfrac{\overline{z}^2}{z} = 0.$

2. Sejam a, b e c constantes complexas. Use a definição de limites (2) da Seção 15 para provar que

    (a) $\lim_{z \to z_0} (az + b) = az_0 + b;$ $\qquad$ (b) $\lim_{z \to z_0} (z^2 + c) = z_0^2 + c;$

    (c) $\lim_{z \to 1-i} [x + i(2x + y)] = 1 + i \quad (z = x + iy).$

3. Sejam n um inteiro positivo e $P(z)$ e $Q(z)$ polinômios, sendo $Q(z_0) \neq 0$. Use o Teorema 2 da Seção 16, bem como os limites que aparecem naquela seção, para obter

    (a) $\lim_{z \to z_0} \dfrac{1}{z^n} \ (z_0 \neq 0);$ $\qquad$ (b) $\lim_{z \to i} \dfrac{iz^3 - 1}{z + i};$ $\qquad$ (c) $\lim_{z \to z_0} \dfrac{P(z)}{Q(z)}.$

    Respostas: (a) $1/z_0^n;$ $\qquad$ (b) 0; $\qquad$ (c) $P(z_0)/Q(z_0).$

4. Use indução matemática e a propriedade de limites (9) da Seção 16 para mostrar que

    $$\lim_{z \to z_0} z^n = z_0^n$$

    em que n é um inteiro positivo ($n = 1, 2, \ldots$).

5. Mostre que o valor da função

    $$f(z) = \left(\dfrac{z}{\overline{z}}\right)^2$$

    em cada ponto não nulo dos eixos real e imaginário, nos quais $z = (x, 0)$ e $z = (0, y)$, respectivamente, é igual a 1, que o valor dessa função em cada ponto não nulo $z = (x, x)$ da reta $y = x$ é igual a -1. Conclua disso que não existe o limite dessa função se z

---

* Ver, por exemplo, *Advanced Calculus*, de A. E. Taylor e W. R. Mann, 3rd ed., 1983, páginas 125-126 e página 529.

tende a 0. [Observe que não é suficiente considerar simplesmente os pontos não nulos $z = (x, 0)$ e $z = (0, y)$, como fizemos no Exemplo 2 da Seção 15.]

6. Prove a afirmação (8) do Teorema 2 da Seção 16 usando
   (a) o Teorema 1 da Seção 16 e propriedades de limites de funções reais de duas varáveis reais;
   (b) a definição de limites (2) da Seção 15.

7. Use a definição de limites (2) da Seção 15 para provar que
   $$\text{se } \lim_{z \to z_0} f(z) = w_0, \text{ então } \lim_{z \to z_0} |f(z)| = |w_0|.$$
   Sugestão: observe como a desigualdade (2) da Seção 5 nos permite escrever
   $$||f(z)| - |w_0|| \leq |f(z) - w_0|.$$

8. Escreva $\Delta z = z - z_0$ e mostre que
   $$\lim_{z \to z_0} f(z) = w_0 \quad \text{se, e só se,} \quad \lim_{\Delta z \to 0} f(z_0 + \Delta z) = w_0.$$

9. Mostre que
   $$\lim_{z \to z_0} f(z)g(z) = 0 \quad \text{se} \quad \lim_{z \to z_0} f(z) = 0$$
   e existir um número positivo M tal que $|g(z)| \leq M$, qualquer que seja o ponto z de alguma vizinhança de z_0.

10. Use o teorema da Seção 17 para mostrar que
    (a) $\lim\limits_{z \to \infty} \dfrac{4z^2}{(z-1)^2} = 4$; (b) $\lim\limits_{z \to 1} \dfrac{1}{(z-1)^3} = \infty$; (c) $\lim\limits_{z \to \infty} \dfrac{z^2 + 1}{z - 1} = \infty$.

11. Com a ajuda do teorema da Seção 17, mostre que, sendo
    $$T(z) = \frac{az + b}{cz + d} \quad (ad - bc \neq 0),$$
    (a) $\lim\limits_{z \to \infty} T(z) = \infty$ se $c = 0$;
    (b) $\lim\limits_{z \to \infty} T(z) = \dfrac{a}{c}$ e $\lim\limits_{z \to -d/c} T(z) = \infty$ se $c \neq 0$.

12. Explique por que são únicos os limites envolvendo o ponto no infinito.

13. Mostre que um conjunto S é ilimitado (Seção 12) se, e só se, qualquer vizinhança do ponto no infinito contém algum ponto de S.

19 DERIVADAS

Seja f uma função cujo domínio de definição contenha uma vizinhança $|z - z_0| < \varepsilon$ de um ponto z_0. A *derivada* de f em z_0 é o limite

(1) $$f'(z_0) = \lim_{z \to z_0} \frac{f(z) - f(z_0)}{z - z_0},$$

e, se existir esse limite, diremos que a função f é ***derivável*** em z_0.

56 CAPÍTULO 2 FUNÇÕES ANALÍTICAS

Escrevendo a variável z da definição (1) em termos da nova variável complexa
$$\Delta z = z - z_0 \quad (z \neq z_0),$$
aquela definição pode ser dada por

(2) $$f'(z_0) = \lim_{\Delta z \to 0} \frac{f(z_0 + \Delta z) - f(z_0)}{\Delta z}.$$

Como f está definida em toda uma vizinhança de z_0, o número $f(z_0 + \Delta z)$ sempre estará definido com $|\Delta z|$ suficientemente pequeno (Figura 27).

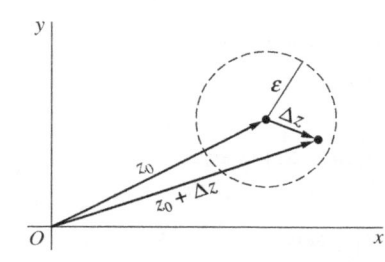

Figura 27

Usando a forma (2) da definição de derivada, costumamos ignorar o subscrito de z_0 e introduzir o número
$$\Delta w = f(z + \Delta z) - f(z),$$
que denota a variação no valor $w = f(z)$ de f correspondente a uma variação Δz do ponto em que calculamos o valor de f. Então, denotando $f'(z)$ por dw/dz, a equação (2) é dada por

(3) $$\frac{dw}{dz} = \lim_{\Delta z \to 0} \frac{\Delta w}{\Delta z}.$$

EXEMPLO 1. Suponha que $f(z) = 1/z$. Em cada ponto z não nulo,
$$\lim_{\Delta z \to 0} \frac{\Delta w}{\Delta z} = \lim_{\Delta z \to 0} \left(\frac{1}{z + \Delta z} - \frac{1}{z} \right) \frac{1}{\Delta z} = \lim_{\Delta z \to 0} \frac{-1}{(z + \Delta z)z},$$
se existirem esses limites; as propriedades de limites da Seção 16 nos dizem que
$$\frac{dw}{dz} = -\frac{1}{z^2}, \quad \text{ou} \quad f'(z) = -\frac{1}{z^2},$$
se $z \neq 0$.

EXEMPLO 2. Se $f(z) = \overline{z}$, então

(4) $$\frac{\Delta w}{\Delta z} = \frac{\overline{z + \Delta z} - \overline{z}}{\Delta z} = \frac{\overline{z} + \overline{\Delta z} - \overline{z}}{\Delta z} = \frac{\overline{\Delta z}}{\Delta z}.$$

Se o limite de $\Delta w/\Delta z$ existir, seu valor poderá ser encontrado se o ponto $\Delta z = (\Delta x, \Delta y)$ tender à origem $(0, 0)$ do plano Δz de qualquer maneira. Em particular, se Δz tender à origem $(0, 0)$ horizontalmente pelos pontos $(\Delta x, 0)$ do eixo real (Figura 28),

$$\overline{\Delta z} = \overline{\Delta x + i0} = \Delta x - i0 = \Delta x + i0 = \Delta z.$$

Nesse caso, a expressão (4) nos diz que

$$\frac{\Delta w}{\Delta z} = \frac{\Delta z}{\Delta z} = 1.$$

Portanto, se o limite de $\Delta w/\Delta z$ existir, seu valor deve ser igual a 1. No entanto, se Δz tender à origem $(0, 0)$ verticalmente pelos pontos $(0, \Delta y)$ do eixo imaginário, com o que

$$\overline{\Delta z} = \overline{0 + i\Delta y} = 0 - i\Delta y = -(0 + i\Delta y) = -\Delta z,$$

obteremos, pela expressão (4), que

$$\frac{\Delta w}{\Delta z} = \frac{-\Delta z}{\Delta z} = -1.$$

Portanto, se existir, o limite deve ser igual a -1. Pela unicidade dos limites (Seção 15), segue que dw/dz não existe em ponto algum.

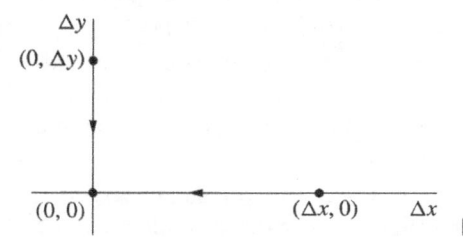

Figura 28

EXEMPLO 3. Considere a função real $f(z) = |z|^2$. Aqui,

$$\frac{\Delta w}{\Delta z} = \frac{|z + \Delta z|^2 - |z|^2}{\Delta z} = \frac{(z + \Delta z)(\overline{z + \Delta z}) - z\overline{z}}{\Delta z};$$

e, como $\overline{z + \Delta z} = \overline{z} + \overline{\Delta z}$, isso é igual a

(5) $$\frac{\Delta w}{\Delta z} = \overline{z} + \overline{\Delta z} + z\frac{\overline{\Delta z}}{\Delta z}.$$

Procedendo como no Exemplo 2, em que tendências horizontais e verticais de Δz à origem nos deram

$$\overline{\Delta z} = \Delta z \quad \text{e} \quad \overline{\Delta z} = -\Delta z,$$

respectivamente, obtemos as expressões

$$\frac{\Delta w}{\Delta z} = \overline{z} + \Delta z + z \quad \text{se} \quad \Delta z = (\Delta x, 0)$$

e
$$\frac{\Delta w}{\Delta z} = \overline{z} - \overline{\Delta z} - z \quad \text{se} \quad \Delta z = (0, \Delta y).$$

Portanto, se existir o limite de $\Delta w/\Delta z$ se Δz tender a zero, a unicidade dos limites utilizada no Exemplo 2 nos diz que

$$\overline{z} + z = \overline{z} - z,$$

ou que $z = 0$. Assim, dw/dz não pode existir se $z \neq 0$.

Para mostrar que dw/dz efetivamente existe em $z = 0$, basta observar que a expressão (5) se reduz a

$$\frac{\Delta w}{\Delta z} = \overline{\Delta z}$$

se $z = 0$. Concluímos, portanto, que dw/dz existe *somente* se $z = 0$, sendo 0 seu valor nesse ponto.

O Exemplo 3 ilustra os três fatos seguintes, dos quais os dois primeiros podem ser inesperados.

(a) Uma função $f(z) = u(x, y) + iv(x, y)$ pode ser derivável em algum ponto $z = (x, y)$, mas em nenhum outro ponto de qualquer vizinhança desse ponto.

(b) Como $u(x, y) = x^2 + y^2$ e $v(x, y) = 0$ se $f(z) = |z|^2$, vemos que os componentes real e imaginário de uma função de uma variável complexa podem ter derivadas parciais contínuas de todas as ordens num ponto $z = (x, y)$ e, mesmo assim, a função de z pode não ser derivável nesse ponto.

(c) Como as funções componentes $u(x, y) = x^2 + y^2$ e $v(x, y) = 0$ da função $f(z) = |z|^2$ são contínuas em todo o plano, também é evidente que a continuidade de uma função de uma variável complexa num ponto não implica a existência de uma derivada nesse ponto. Mais precisamente, as funções componentes

$$u(x, y) = x^2 + y^2 \quad \text{e} \quad v(x, y) = 0$$

de $f(z) = |z|^2$ são contínuas em cada ponto $z = (x, y)$ não nulo, mas $f'(z)$ não existe nesses pontos. No entanto, é verdade que *a existência da derivada de uma função num ponto implica a continuidade da função nesse ponto*. Para verificar isso, vamos supor que $f'(z_0)$ exista e escrever

$$\lim_{z \to z_0} [f(z) - f(z_0)] = \lim_{z \to z_0} \frac{f(z) - f(z_0)}{z - z_0} \lim_{z \to z_0} (z - z_0) = f'(z_0) \cdot 0 = 0,$$

do que segue que

$$\lim_{z \to z_0} f(z) = f(z_0).$$

Isso garante a continuidade de f em z_0 (Seção 18).

As interpretações geométricas das derivadas de funções de uma variável complexa não são tão imediatas como as das derivadas de funções reais de uma variável real. O desenvolvimento dessas interpretações está no Capítulo 9.

20 REGRAS DE DERIVAÇÃO

A definição da derivada na Seção 19 é formalmente igual à dada no Cálculo, em que z é substituído por x. Dessa forma, as regras de derivação básicas apresentadas a seguir podem ser deduzidas da definição da Seção 19 com os mesmos passos dos utilizados no Cálculo. Ao enunciar essas regras, utilizaremos as notações

$$\frac{d}{dz} f(z) \quad \text{ou} \quad f'(z),$$

dependendo de qual for mais conveniente.

Sejam c uma constante complexa e f uma função cuja derivada existe em um ponto z. É fácil mostrar que

(1) $$\frac{d}{dz}c = 0, \quad \frac{d}{dz}z = 1, \quad \frac{d}{dz}[cf(z)] = cf'(z).$$

Se n for um inteiro positivo,

(2) $$\frac{d}{dz}z^n = nz^{n-1}.$$

Essa regra permanece válida se n for um inteiro negativo, desde que $z \neq 0$.

Se as derivadas de duas funções f e g existirem em um ponto z, então

(3) $$\frac{d}{dz}[f(z) + g(z)] = f'(z) + g'(z),$$

(4) $$\frac{d}{dz}[f(z)g(z)] = f(z)g'(z) + f'(z)g(z);$$

e, se $g(z) \neq 0$, então

(5) $$\frac{d}{dz}\left[\frac{f(z)}{g(z)}\right] = \frac{g(z)f'(z) - f(z)g'(z)}{[g(z)]^2}.$$

Demonstremos a regra (4). Para isso, escrevemos as seguintes expressões para a variação no produto $w = f(z)g(z)$:

$$\Delta w = f(z + \Delta z)g(z + \Delta z) - f(z)g(z)$$
$$= f(z)[g(z + \Delta z) - g(z)] + [f(z + \Delta z) - f(z)]g(z + \Delta z).$$

Assim,

$$\frac{\Delta w}{\Delta z} = f(z)\frac{g(z + \Delta z) - g(z)}{\Delta z} + \frac{f(z + \Delta z) - f(z)}{\Delta z}g(z + \Delta z);$$

e, fazendo Δz tender a zero, obtemos a regra (4) da derivada de $f(z)g(z)$. Aqui utilizamos a continuidade de g no ponto z, que decorre da existência de $g'(z)$; por isso, $g(z + \Delta z)$ tende a $g(z)$ se Δz tender a zero (ver Exercício 8 da Seção 18).

Também existe uma regra da cadeia para a derivada de funções compostas. Suponha que f tenha uma derivada em z_0 e que g tenha uma derivada no ponto $f(z_0)$. Então, a função $F(z) = g[f(z)]$ tem uma derivada em z_0, e

(6) $$F'(z_0) = g'[f(z_0)]f'(z_0).$$

Escrevendo $w = f(z)$ e $W = g(w)$, com o que $W = F(z)$, a regra da cadeia é dada por

$$\frac{dW}{dz} = \frac{dW}{dw}\frac{dw}{dz}.$$

EXEMPLO. Para encontrar a derivada de $(1 - 4z^2)^3$, podemos escrever $w = 1 - 4z^2$ e $W = w^3$. Então,

$$\frac{d}{dz}(1 - 4z^2)^3 = 3w^2(-8z) = -24z(1 - 4z^2)^2.$$

Para começar a dedução da regra da cadeia (6), escolha um ponto específico z_0 no qual exista $f'(z_0)$. Escreva $w_0 = f(z_0)$ e suponha que também exista $g'(w_0)$. Então, existe alguma vizinhança $|w - w_0| < \varepsilon$ de w_0 na qual podemos definir uma função Φ com os valores $\Phi(w_0) = 0$ e

(7) $$\Phi(w) = \frac{g(w) - g(w_0)}{w - w_0} - g'(w_0) \quad \text{se} \quad w \neq w_0.$$

Observe que, pela definição de derivada,

(8) $$\lim_{w \to w_0} \Phi(w) = 0.$$

Logo, Φ é contínua em w_0.

Agora colocamos a expressão (7) no formato

(9) $$g(w) - g(w_0) = [g'(w_0) + \Phi(w)](w - w_0) \quad (|w - w_0| < \varepsilon),$$

que é válido mesmo em $w = w_0$. Como existe $f'(z_0)$ e, portanto, f é contínua em z_0, podemos escolher um número positivo δ tal que $f(z)$ sempre é um ponto da vizinhança $|w - w_0| < \varepsilon$ de w_0 se z for qualquer ponto da vizinhança $|z - z_0| < \delta$ de z_0. Dessa forma, mostramos que é válido substituir a variável w na equação (9) por $f(z)$ se z for um ponto da vizinhança $|z - z_0| < \delta$. Com essa substituição, e com $w_0 = f(z_0)$, a equação (9) é dada por

(10) $$\frac{g[f(z)] - g[f(z_0)]}{z - z_0} = \{g'[f(z_0)] + \Phi[f(z)]\}\frac{f(z) - f(z_0)}{z - z_0}$$
$$(0 < |z - z_0| < \delta),$$

em que devemos estipular que $z \neq z_0$, para que não ocorra divisão por zero. Como já observamos, f é contínua em z_0 e Φ é contínua no ponto $w_0 = f(z_0)$. Logo, a composição $\Phi[f(z)]$ é contínua em z_0 e, já que $\Phi(w_0) = 0$, segue

$$\lim_{z \to z_0} \Phi[f(z)] = 0.$$

Dessa forma, o limite da expressão na equação (10) é a expressão na equação (6) quando z tende a z_0.

EXERCÍCIOS

1. Use a definição (3) da Seção 19 para demonstrar diretamente que

$$\frac{dw}{dz} = 2z \quad \text{se} \quad w = z^2.$$

2. Use os resultados da Seção 20 para encontrar $f'(z)$ se

    (a) $f(z) = 3z^2 - 2z + 4;$ (b) $f(z) = (2z^2 + i)^5;$

    (c) $f(z) = \dfrac{z-1}{2z+1} \left(z \neq -\dfrac{1}{2} \right);$ (d) $f(z) = \dfrac{(1+z^2)^4}{z^2} \ (z \neq 0).$

3. Usando resultados da Seção 20, mostre que

    (a) um polinômio

    $$P(z) = a_0 + a_1 z + a_2 z^2 + \cdots + a_n z^n \quad (a_n \neq 0)$$

    de grau n ($n \geq 1$) é derivável em toda parte, com derivada

    $$P'(z) = a_1 + 2a_2 z + \cdots + n a_n z^{n-1};$$

    (b) os coeficientes do polinômio $P(z)$ da parte (a) podem ser escritos como

    $$a_0 = P(0), \quad a_1 = \frac{P'(0)}{1!}, \quad a_2 = \frac{P''(0)}{2!}, \quad \ldots, \quad a_n = \frac{P^{(n)}(0)}{n!}.$$

4. Suponha que $f(z_0) = g(z_0) = 0$ e que existam $f'(z_0)$ e $g'(z_0)$, sendo $g'(z_0) \neq 0$. Use a definição de derivada (1) da Seção 19 para mostrar que

    $$\lim_{z \to z_0} \frac{f(z)}{g(z)} = \frac{f'(z_0)}{g'(z_0)}.$$

5. Deduza a expressão da derivada da soma de duas funções (3) da Seção 20.

6. Deduza a expressão da derivada de z^n (2) da Seção 20 se n for um inteiro positivo usando

    (a) indução matemática e a expressão da derivada do produto de duas funções (4) da Seção 20;

    (b) a definição da derivada (3) da Seção 19 e a fórmula do binômio (Seção 3).

7. Prove que a expressão da derivada de z^n (2) da Seção 20 permanece válida se n for um inteiro negativo ($n = -1, -2, \ldots$), desde que $z \neq 0$.

    Sugestão: escreva $m = -n$ e use a regra da derivada do quociente de duas funções.

8. Use o método do Exemplo 2 da Seção 19 para mostrar que $f'(z)$ não existe em ponto z algum se

(a) $f(z) = \text{Re } z$; (b) $f(z) = \text{Im } z$.

9. Seja f a função definida pelos valores

$$f(z) = \begin{cases} \bar{z}^2/z & \text{se } z \neq 0, \\ 0 & \text{se } z = 0. \end{cases}$$

Mostre que se $z = 0$, então $\Delta w/\Delta z = 1$ em cada ponto não nulo dos eixos real e imaginário do plano Δz ou $\Delta x \Delta y$. Em seguida, mostre que $\Delta w/\Delta z = -1$ em cada ponto não nulo (Δx, Δx) da reta $\Delta y = \Delta x$ nesse plano (Figura 29). Conclua dessas observações que não existe $f'(0)$. Observe que, para obter esse resultado, não é suficiente considerar somente tendências horizontais e verticais para a origem do plano Δz. (Compare com o Exercício 5 da Seção 18, bem como com o Exemplo 2 da Seção 19.)

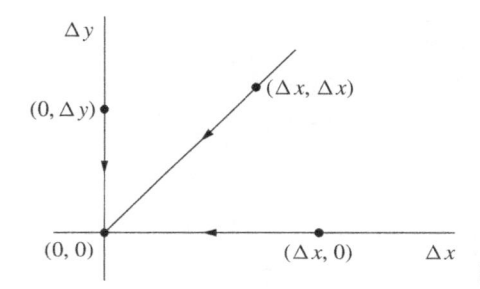

Figura 29

10. Usando a fórmula do binômio (13) da Seção 3, indique exatamente por que cada uma das funções

$$P_n(z) = \frac{1}{n!2^n} \frac{d^n}{dz^n}(z^2 - 1)^n \qquad (n = 0, 1, 2, \ldots)$$

é um polinômio de grau n (Seção 13).* (Usamos a convenção de que a derivada de ordem zero de uma função é a própria função.)

21 EQUAÇÕES DE CAUCHY-RIEMANN

Nesta seção, obtemos um par de equações que devem ser satisfeitas pelas derivadas parciais de primeira ordem das funções componentes u e v de uma função

(1) $$f(z) = u(x, y) + iv(x, y)$$

em cada ponto $z_0 = (x_0, y_0)$ em que existir a derivada de f. Também veremos como expressar a derivada $f'(z_0)$ em termos dessas derivadas parciais.

Começamos supondo que exista $f'(z_0)$, e escrevemos

$$z_0 = x_0 + iy_0, \quad \Delta z = \Delta x + i\Delta y,$$

---

* Esses são os **polinômios de Legendre**, de importância na Matemática Aplicada. Ver, por exemplo, o Capítulo 10 do livro (2012) dos autores listado na bibliografia.

SEÇÃO 21 EQUAÇÕES DE CAUCHY-RIEMANN

e
$$\Delta w = f(z_0 + \Delta z) - f(z_0),$$
ou, o que vem a ser o mesmo,
$$\Delta w = [u(x_0 + \Delta x, y_0 + \Delta y) + iv(x_0 + \Delta x, y_0 + \Delta y)] - [u(x_0, y_0) + iv(x_0, y_0)].$$
Essa última equação nos permite escrever

(2) $$\frac{\Delta w}{\Delta z} = \frac{u(x_0 + \Delta x, y_0 + \Delta y) - u(x_0 y_0)}{\Delta x + i \Delta y} + i \frac{v(x_0 + \Delta x, y_0 + \Delta y) - v(x_0 y_0)}{\Delta x + i \Delta y}.$$

Agora é importante lembrar que a equação (2) permanece válida se $(\Delta x, \Delta y)$ tender a $(0, 0)$ de qualquer maneira.

Tendência horizontal
Em particular, escrevemos $\Delta y = 0$ e fazemos $(\Delta x, 0)$ tender horizontalmente a $(0, 0)$. Então, pelo Teorema 1 da Seção 16, a equação (2) nos diz que
$$f'(z_0) = \lim_{\Delta x \to 0} \frac{u(x_0 + \Delta x, y_0) - u(x_0 y_0)}{\Delta x} + i \lim_{\Delta x \to 0} \frac{v(x_0 + \Delta x, y_0) - v(x_0 y_0)}{\Delta x}.$$
ou seja,

(3) $$f'(z_0) = u_x(x_0, y_0) + iv_x(x_0, y_0).$$

Tendência vertical
Também podemos escrever $\Delta x = 0$ na equação (2) e escolher uma tendência vertical. Nesse caso, decorre do Teorema 1 da Seção 16 e da equação (2) que
$$f'(z_0) = \lim_{\Delta y \to 0} \frac{u(x_0, y_0 + \Delta y) - u(x_0 y_0)}{i \Delta y} + i \lim_{\Delta y \to 0} \frac{v(x_0, y_0 + \Delta y) - v(x_0 y_0)}{i \Delta y},$$
ou, lembrando que $1/i = -i$,
$$f'(z_0) = \lim_{\Delta y \to 0} \frac{v(x_0, y_0 + \Delta y) - v(x_0 y_0)}{\Delta y} - i \lim_{\Delta y \to 0} \frac{u(x_0, y_0 + \Delta y) - u(x_0 y_0)}{\Delta y}.$$
Agora segue que

(4) $$f'(z_0) = v_y(x_0, y_0) - iu_y(x_0, y_0),$$

em que, dessa vez, as derivadas parciais de u e v são em relação a y. Observe que também podemos escrever a equação (4) como

(5) $$f'(z_0) = -i[u_y(x_0, y_0) + iv_y(x_0, y_0)].$$

As expressões (3) e (4) não só dão $f'(z_0)$ em termos das derivadas parciais das funções componentes u e v, como também, pela unicidade de limites (Seção 15), fornecem condições necessárias para a existência de $f'(z_0)$. Para obter essas condições, basta igualar as partes reais e, depois, as partes imaginárias nas expressões (3) e (4) para ver que a existência de $f'(z_0)$ requer que

(6) $\quad u_x(x_0, y_0) = v_y(x_0, y_0) \quad$ e $\quad u_y(x_0, y_0) = -v_x(x_0, y_0).$

As equações (6) são as **equações de Cauchy-Riemann**, homenageando o matemático francês A. L. Cauchy (1789-1857), que as descobriu e usou, e o matemático alemão G. F. B. Riemann (1826-1866), que as tornou fundamentais no seu desenvolvimento da teoria das funções de uma variável complexa.

Resumimos os resultados obtidos como segue.

Teorema. *Suponha que*

$$f(z) = u(x, y) + iv(x, y)$$

e que exista $f'(z)$ *em um ponto* $z_0 = x_0 + iy_0$. *Então, as derivadas parciais de primeira ordem de u e v existem em* (x_0, y_0) *e satisfazem as equações de Cauchy-Riemann*

(7) $\quad u_x = v_y, \quad u_y = -v_x$

nesse ponto. Além disso, $f'(z_0)$ *pode ser escrita como*

(8) $\quad f'(z_0) = u_x + iv_x,$

em que essas derivadas parciais são calculadas em (x_0, y_0).

22 EXEMPLOS

Antes de continuar nossa discussão das equações de Cauchy-Riemann, fazemos uma pausa para exemplificar seu uso e motivar desenvolvimentos posteriores.

EXEMPLO 1. No Exercício 1 da Seção 20, mostramos que a função

$$f(z) = z^2 = x^2 - y^2 + i2xy$$

é derivável em toda parte, e que $f'(z) = 2z$. Para verificar que as equações de Cauchy-Riemann estão satisfeitas em toda parte, escrevemos

$$u(x, y) = x^2 - y^2 \quad \text{e} \quad v(x, y) = 2xy.$$

Assim,

$$u_x = 2x = v_y, \quad u_y = -2y = -v_x.$$

Além disso, de acordo com a equação (8) da Seção 21,

$$f'(z) = 2x + i2y = 2(x + iy) = 2z.$$

Como as equações de Cauchy-Riemann são condições necessárias para a existência da derivada de uma função f em um ponto z_0, muitas vezes podemos utilizá-las para encontrar os pontos em que f *não tem* uma derivada.

EXEMPLO 2. Se $f(z) = |z|^2$, temos

$$u(x, y) = x^2 + y^2 \quad \text{e} \quad v(x, y) = 0.$$

Supondo válidas as equações de Cauchy-Riemann em um ponto (x, y), segue que $2x = 0$ e $2y = 0$, ou que $x = y = 0$. Consequentemente, não existe $f'(z)$ em qualquer ponto não nulo, como já sabemos do Exemplo 3 da Seção 19. Observe que o teorema que acabamos de provar não garante a existência de $f'(0)$. No entanto, isso será garantido pelo teorema da próxima seção.

No Exemplo 2, consideramos uma função $f(z)$ cujas funções componentes $u(x, y)$ e $v(x, y)$ satisfazem as equações de Cauchy-Riemann na origem e cuja derivada $f'(0)$ existe nesse ponto. No entanto, pode ocorrer que uma função $f(z)$ cujas funções componentes $u(x, y)$ e $v(x, y)$ satisfazem as equações de Cauchy-Riemann na origem *não possua* derivada $f'(0)$ nesse ponto. Isso é ilustrado no próximo exemplo.

EXEMPLO 3. Se a função $f(z) = u(x, y) + iv(x, y)$ for definida pelas equações

$$f(z) = \begin{cases} \bar{z}^2/z & \text{se} \quad z \neq 0, \\ 0 & \text{se} \quad z = 0, \end{cases}$$

suas funções componentes real e imaginário são [ver Exercício 2(b) da Seção 14]

$$u(x, y) = \frac{x^3 - 3xy^2}{x^2 + y^2} \quad \text{e} \quad v(x, y) = \frac{y^3 - 3x^2 y}{x^2 + y^2}$$

se $(x, y) \neq (0, 0)$. Também temos $u(0, 0) = 0$ e $v(0, 0) = 0$.
Como

$$u_x(0, 0) = \lim_{\Delta x \to 0} \frac{u(0 + \Delta x, 0) - u(0, 0)}{\Delta x} = \lim_{\Delta x \to 0} \frac{\Delta x}{\Delta x} = 1$$

e

$$v_y(0, 0) = \lim_{\Delta y \to 0} \frac{v(0, 0 + \Delta y) - v(0, 0)}{\Delta y} = \lim_{\Delta y \to 0} \frac{\Delta y}{\Delta y} = 1,$$

vemos que a primeira equação de Cauchy-Riemann $u_x = v_y$ é satisfeita em $z = 0$. Analogamente, é fácil mostrar que $u_y = 0 = -v_x$ se $z = 0$. No entanto, como vimos no Exercício 9 da Seção 20, não existe a derivada $f'(0)$.

23 CONDIÇÕES SUFICIENTES DE DERIVABILIDADE

Como já indicamos no Exemplo 3 da Seção 22, a validade das equações de Cauchy-Riemann em um ponto $z_0 = (x_0, y_0)$ não é suficiente para garantir a existência da derivada de uma função $f(z)$ nesse ponto. No entanto, basta exigir certas condições de continuidade para obter o seguinte teorema útil.

CAPÍTULO 2 FUNÇÕES ANALÍTICAS

Teorema. *Suponha que a função*
$$f(z) = u(x, y) + iv(x, y)$$
esteja definida em toda uma vizinhança de um ponto $z_0 = x_0 + iy_0$, e suponha que

(a) *as derivadas parciais de primeira ordem em relação a x e y das funções u e v existam em cada ponto dessa vizinhança e que*

(b) *essas derivadas parciais sejam contínuas em (x_0, y_0) e que satisfaçam as equações de Cauchy-Riemann*

$$u_x = v_y, \quad u_y = -v_x$$

em (x_0, y_0).

Então, existe a derivada $f'(z_0)$, e seu valor é dado por

$$f'(z_0) = u_x + iv_x$$

em que as derivadas parciais do lado direito devem ser calculadas em (x_0, y_0).

Para provar esse teorema, vamos supor que as condições (a) e (b) da hipótese estejam satisfeitas em uma vizinhança $|z - z_0| < \varepsilon$ e escrevemos $\Delta z = \Delta x + i\Delta y$ se $0 < |\Delta z| < \varepsilon$, bem como
$$\Delta w = f(z_0 + \Delta z) - f(z_0).$$
Assim,

(1) $$\Delta w = \Delta u + i\Delta v,$$

em que

$$\Delta u = u(x_0 + \Delta x, y_0 + \Delta y) - u(x_0, y_0)$$

e

$$\Delta v = v(x_0 + \Delta x, y_0 + \Delta y) - v(x_0, y_0).$$

A hipótese da continuidade das derivadas parciais de primeira ordem de u e v no ponto (x_0, y_0) nos permite escrever*

(2) $$\Delta u = u_x(x_0, y_0)\Delta x + u_y(x_0, y_0)\Delta y + \varepsilon_1 \Delta x + \varepsilon_2 \Delta y$$

e

(3) $$\Delta v = v_x(x_0, y_0)\Delta x + v_y(x_0, y_0)\Delta y + \varepsilon_3 \Delta x + \varepsilon_4 \Delta y,$$

em que $\varepsilon_1, \varepsilon_2, \varepsilon_3$ e ε_4 tendem a zero se $(\Delta x, \Delta y)$ tender a $(0, 0)$ no plano Δz. A substituição das expressões (2) e (3) na equação (1) fornece

---

* Ver, por exemplo, as páginas 86 e seguintes do livro *Advanced Calculus*, de W. Kaplan, 5th ed., 2003.

(4) $$\Delta w = u_x(x_0, y_0)\Delta x + u_y(x_0, y_0)\Delta y + \varepsilon_1 \Delta x + \varepsilon_2 \Delta y$$
$$+ i[v_x(x_0, y_0)\Delta x + v_y(x_0, y_0)\Delta y + \varepsilon_3 \Delta x + \varepsilon_4 \Delta y].$$

Já que estamos supondo a validade das equações de Cauchy-Riemann no ponto (x_0, y_0), podemos substituir $u_y(x_0, y_0)$ por $-v_x(x_0, y_0)$ e $v_y(x_0, y_0)$ por $u_x(x_0, y_0)$ na equação (4) e, dividindo tudo por $\Delta z = \Delta x + i\Delta y$, obter

(5) $$\frac{\Delta w}{\Delta z} = u_x(x_0, y_0) + iv_x(x_0, y_0) + (\varepsilon_1 + i\varepsilon_3)\frac{\Delta x}{\Delta z} + (\varepsilon_2 + i\varepsilon_4)\frac{\Delta y}{\Delta z}.$$

Ocorre que $|\Delta x| \le |\Delta z|$ e $|\Delta y| \le |\Delta z|$, pelas desigualdades (3) da Seção 4 e, portanto,

$$\left|\frac{\Delta x}{\Delta z}\right| \le 1 \quad \text{e} \quad \left|\frac{\Delta y}{\Delta z}\right| \le 1.$$

Consequentemente,

$$\left|(\varepsilon_1 + i\varepsilon_3)\frac{\Delta x}{\Delta z}\right| \le |\varepsilon_1 + i\varepsilon_3| \le |\varepsilon_1| + |\varepsilon_3|$$

e

$$\left|(\varepsilon_2 + i\varepsilon_4)\frac{\Delta y}{\Delta z}\right| \le |\varepsilon_2 + i\varepsilon_4| \le |\varepsilon_2| + |\varepsilon_4|;$$

o que significa que as duas últimas parcelas do lado direito da equação (5) tendem a zero se a variável $\Delta z = \Delta x + i\Delta y$ tender a zero. Dessa forma, estabelecemos a validade da expressão de $f'(z_0)$ dada no enunciado do teorema.

EXEMPLO 1. Considere a função

$$f(z) = e^x e^{iy} = e^x \cos y + ie^x \operatorname{sen} y,$$

em que $z = x + iy$ e y é tomado em radianos no cálculo de $\cos y$ e $\operatorname{sen} y$. Aqui

$$u(x, y) = e^x \cos y \quad \text{e} \quad v(x, y) = e^x \operatorname{sen} y.$$

Como $u_x = v_y$ e $u_y = -v_x$ valem em toda parte, e como essas derivadas parciais são contínuas em toda parte, as condições do teorema precedente estão satisfeitas em todos os pontos do plano complexo. Assim, a derivada $f'(z)$ existe em toda parte e

$$f'(z) = u_x + iv_x = e^x \cos y + ie^x \operatorname{sen} y.$$

Observe que $f'(z) = f(z)$ em cada z.

EXEMPLO 2. Segue do teorema que a função $f(z) = |z|^2$ de componentes

$$u(x, y) = x^2 + y^2 \quad \text{e} \quad v(x, y) = 0,$$

tem uma derivada em $z = 0$. De fato, $f'(0) = 0 + i0 = 0$. Vimos no Exemplo 2 da Seção 22 que essa função *não pode* ter derivada em qualquer ponto não nulo, pois as equações de Cauchy-Riemann não estão satisfeitas nesses pontos. (Ver também o Exemplo 3 da Seção 19.)

EXEMPLO 3. Ao utilizar o teorema desta seção para encontrar a derivada de uma função em um ponto z_0, devemos ter o cuidado de não utilizar a expressão para $f'(z)$ do enunciado do teorema antes de estabelecer a *existência* da derivada $f'(z)$ no ponto z_0.

Considere, por exemplo, a função
$$f(z) = x^3 + i(1-y)^3.$$
Aqui temos
$$u(x,y) = x^3 \quad \text{e} \quad v(x,y) = (1-y)^3,$$
e seria um erro afirmar que a derivada $f'(z)$ existe em toda parte e que
(6) $$f'(z) = u_x + iv_x = 3x^2.$$
Para entender isso, observe que a primeira equação de Cauchy-Riemann $u_x = v_y$ só pode ser válida se
(7) $$x^2 + (1-y)^2 = 0$$
e que a segunda equação $u_y = -v_x$ é sempre válida. Então a condição (7) nos diz que $f'(z)$ só pode existir se $x = 0$ e $y = 1$. Assim, considerando a equação (6), nosso teorema nos diz que $f'(z)$ *somente* existe se $z = i$, caso em que $f'(i) = 0$.

24 COORDENADAS POLARES

Nesta seção, vamos supor que $z_0 \neq 0$ e usar a transformação de coordenadas
(1) $$x = r\cos\theta, \quad y = r\,\text{sen}\,\theta$$
para apresentar o teorema da Seção 23 em coordenadas polares.

Dependendo de escrever
$$z = x + iy \quad \text{ou} \quad z = re^{i\theta} \quad (z \neq 0)$$
se $w = f(z)$, os componentes real e imaginário de $w = u + iv$ são dados em termos das variáveis x e y ou r e θ. Vamos supor que as derivadas parciais de primeira ordem de u e v em relação a x e y existam em cada ponto de alguma vizinhança de um dado ponto não nulo z_0 e que sejam contínuas em z_0. As derivadas parciais de primeira ordem de u e v em relação a r e θ também têm essas propriedades, e a regra da cadeia de funções reais de duas variáveis reais pode ser usada para escrevê-la em termos das parciais em relação a x e y. Mais precisamente, como

$$\frac{\partial u}{\partial r} = \frac{\partial u}{\partial x}\frac{\partial x}{\partial r} + \frac{\partial u}{\partial y}\frac{\partial y}{\partial r}, \quad \frac{\partial u}{\partial \theta} = \frac{\partial u}{\partial x}\frac{\partial x}{\partial \theta} + \frac{\partial u}{\partial y}\frac{\partial y}{\partial \theta},$$

podemos escrever

(2) $\quad u_r = u_x \cos\theta + u_y \operatorname{sen}\theta, \quad u_\theta = -u_x r \operatorname{sen}\theta + u_y r \cos\theta.$

Analogamente,

(3) $\quad v_r = v_x \cos\theta + v_y \operatorname{sen}\theta, \quad v_\theta = -v_x r \operatorname{sen}\theta + v_y r \cos\theta.$

Se as derivadas parciais de u e v em relação a x e y também satisfazem as equações de Cauchy-Riemann

(4) $\quad u_x = v_y, \quad u_y = -v_x$

em z_0, então podemos reescrever (3) como

(5) $\quad v_r = -u_y \cos\theta + u_x \operatorname{sen}\theta, \quad v_\theta = u_y r \operatorname{sen}\theta + u_x r \cos\theta$

nesse ponto. Das equações (2) e (5) decorre que

(6) $\quad r u_r = v_\theta, \quad u_\theta = -r v_r$

em z_0.

Por outro lado, se soubermos que as equações (6) valem em z_0, é imediato mostrar (Exercício 7) que as equações (4) devem valer nesse ponto. Assim, as equações (6) são uma forma alternativa das equações de Cauchy-Riemann (4).

A partir das equações (6) e da expressão de $f'(z_0)$ que apresentamos no Exercício 8, podemos reescrever o teorema da Seção 23 usando r e θ.

Teorema. *Suponha que a função*

$$f(z) = u(r, \theta) + iv(r, \theta)$$

esteja definida em toda uma vizinhança de um ponto não nulo $z_0 = r_0 \exp(i\theta_0)$, e suponha que

(a) *as derivadas parciais de primeira ordem em relação a r e θ das funções u e v existam em cada ponto dessa vizinhança e que*

(b) *essas derivadas parciais sejam contínuas em (r_0, θ_0) e que satisfaçam a forma polar das equações de Cauchy-Riemann*

$$r u_r = v_\theta, \quad u_\theta = -r v_r$$

em (r_0, θ_0).

Então, existe a derivada $f'(z_0)$ e seu valor é dado por

$$f'(z_0) = e^{-i\theta}(u_r + i v_r),$$

em que as derivadas parciais do lado direito devem ser calculadas em (r_0, θ_0).

EXEMPLO 1. Se

$$f(z) = \frac{1}{z^2} = \frac{1}{(re^{i\theta})^2} = \frac{1}{r^2}e^{-i2\theta} = \frac{1}{r^2}(\cos 2\theta - i \operatorname{sen} 2\theta),$$

com $z \neq 0$, as funções componentes são
$$u = \frac{\cos 2\theta}{r^2} \quad \text{e} \quad v = -\frac{\sin 2\theta}{r^2}.$$
Como
$$ru_r = -\frac{2\cos 2\theta}{r^2} = v_\theta, \quad u_\theta = -\frac{2\sin 2\theta}{r^2} = -rv_r$$
e como as demais condições do teorema estão satisfeitas em cada ponto não nulo $z = re^{i\theta}$, existe a derivada de f se $z \neq 0$. Além disso, pelo teorema,
$$f'(z) = e^{-i\theta}\left(-\frac{2\cos 2\theta}{r^3} + i\frac{2\sin 2\theta}{r^3}\right) = -2e^{-i\theta}\frac{e^{-i2\theta}}{r^3} = -\frac{2}{(re^{i\theta})^3} = -\frac{2}{z^3}.$$

EXEMPLO 2. O teorema pode ser usado para mostrar que qualquer ramo
$$f(z) = \sqrt{r}\,e^{i\theta/2} \quad (r > 0,\ \alpha < \theta < \alpha + 2\pi)$$
da função raiz quadrada $z^{1/2}$ tem derivadas em toda parte de seu domínio de definição. Aqui
$$u(r,\theta) = \sqrt{r}\cos\frac{\theta}{2} \quad \text{e} \quad v(r,\theta) = \sqrt{r}\sin\frac{\theta}{2}.$$
Já que
$$ru_r = \frac{\sqrt{r}}{2}\cos\frac{\theta}{2} = v_\theta \quad \text{e} \quad u_\theta = -\frac{\sqrt{r}}{2}\sin\frac{\theta}{2} = -rv_r$$
e como as demais condições no teorema estão satisfeitas, vemos que a derivada $f'(z)$ existe em cada ponto em que $f(z)$ estiver definida. O teorema também diz que
$$f'(z) = e^{-i\theta}\left(\frac{1}{2\sqrt{r}}\cos\frac{\theta}{2} + i\frac{1}{2\sqrt{r}}\sin\frac{\theta}{2}\right);$$
o que simplifica para
$$f'(z) = \frac{1}{2\sqrt{r}}e^{-i\theta}\left(\cos\frac{\theta}{2} + i\sin\frac{\theta}{2}\right) = \frac{1}{2\sqrt{r}\,e^{i\theta/2}} = \frac{1}{2f(z)}.$$

EXERCÍCIOS

1. Use o teorema da Seção 21 para mostrar que não existe $f'(z)$ em ponto algum se
   (a) $f(z) = \bar{z}$;
   (b) $f(z) = z - \bar{z}$;
   (c) $f(z) = 2x + ixy^2$;
   (d) $f(z) = e^x e^{-iy}$.

2. Use o teorema da Seção 23 para mostrar que $f'(z)$ e sua derivada $f''(z)$ existem em toda parte e encontre $f''(z)$ se
   (a) $f(z) = iz + 2$;
   (b) $f(z) = e^{-x}e^{-iy}$;
   (c) $f(z) = z^3$;
   (d) $f(z) = \cos x \cosh y - i\sin x \sinh y$.

Respostas: (b) $f''(z) = f(z)$;   (d) $f''(z) = -f(z)$

3. A partir dos resultados obtidos nas Seções 21 e 23, determine onde existe $f'(z)$ e encontre seu valor se

   (a) $f(z) = 1/z$;   (b) $f(z) = x^2 + iy^2$;   (c) $f(z) = z \operatorname{Im} z$.

   Respostas: (a) $f'(z) = -1/z^2$ $(z \neq 0)$;   (b) $f'(x + ix) = 2x$;   (c) $f'(0) = 0$.

4. Use o teorema da Seção 24 para mostrar que cada uma dessas funções é derivável no domínio de definição indicado e encontre $f'(z)$.

   (a) $f(z) = 1/z^4$ $(z \neq 0)$;

   (b) $f(z) = e^{-\theta} \cos(\ln r) + i\, e^{-\theta} \operatorname{sen}(\ln r)$ $(r > 0, 0 < \theta < 2\pi)$.

   Resposta: (b) $f'(z) = i\,\dfrac{f(z)}{z}$.

5. Resolva as equações (2) da Seção 24 em u_x e u_y para mostrar que

   $$u_x = u_r \cos\theta - u_\theta \frac{\operatorname{sen}\theta}{r}, \quad u_y = u_r \operatorname{sen}\theta + u_\theta \frac{\cos\theta}{r}.$$

   Em seguida, use essas equações e análogas em v_x e v_y para mostrar que se as equações (6) estiverem satisfeitas em um ponto z_0, então as equações (4) da Seção 24 estão satisfeitas nesse ponto. Dessa forma, complete a verificação que as equações (6) da Seção 24 são as equações de Cauchy-Riemann em forma polar.

6. Seja $f(z) = u + iv$ uma função derivável em um ponto não nulo $z_0 = r_0 \exp(i\theta_0)$. Use as expressões para u_x e v_x do Exercício 5, junto à forma polar das equações de Cauchy-Riemann (6) da Seção 24 para reescrever a expressão

   $$f'(z_0) = u_x + i v_x$$

   da Seção 23 como

   $$f'(z_0) = e^{-i\theta}(u_r + i v_r),$$

   em que u_r e v_r devem ser calculadas em (r_0, θ_0).

7. (a) Usando a forma polar das equações de Cauchy-Riemann (6) da Seção 24, deduza a forma alternativa

   $$f'(z_0) = \frac{-i}{z_0}(u_\theta + i v_\theta)$$

   da expressão de $f'(z_0)$ encontrada no Exercício 6.

   (b) Use a expressão de $f'(z_0)$ da parte (a) para mostrar que a derivada da função $f(z) = 1/z$ $(z \neq 0)$ do Exercício 3(a) é $f'(z) = -1/z^2$.

8. (a) Lembre (Seção 6) que se $z = x + iy$, então

   $$x = \frac{z + \bar{z}}{2} \quad \text{e} \quad y = \frac{z - \bar{z}}{2i}.$$

   Aplicando *formalmente* a regra da cadeia do Cálculo a uma função $F(x, y)$ de duas variáveis reais, deduza a expressão

   $$\frac{\partial F}{\partial \bar{z}} = \frac{\partial F}{\partial x}\frac{\partial x}{\partial \bar{z}} + \frac{\partial F}{\partial y}\frac{\partial y}{\partial \bar{z}} = \frac{1}{2}\left(\frac{\partial F}{\partial x} + i\frac{\partial F}{\partial y}\right).$$

72 CAPÍTULO 2 FUNÇÕES ANALÍTICAS

(*b*) Defina o operador

$$\frac{\partial}{\partial \overline{z}} = \frac{1}{2}\left(\frac{\partial}{\partial x} + i\frac{\partial}{\partial y}\right),$$

sugerido na parte (*a*), para mostrar que se as derivadas parciais de primeira ordem dos componentes real e imaginário de uma função $f(z) = u(x, y) + iv(x, y)$ satisfazem as equações de Cauchy-Riemann, então

$$\frac{\partial f}{\partial \overline{z}} = \frac{1}{2}[(u_x - v_y) + i(v_x + u_y)] = 0.$$

Deduza disso a *forma complexa* $\partial f/\partial \overline{z} = 0$ das equações de Cauchy-Riemann.

25 FUNÇÕES ANALÍTICAS

Agora estamos prontos para introduzir o conceito de função analítica. Uma função f de uma variável complexa z é **analítica em um conjunto aberto** S se f tiver uma derivada em cada ponto desse conjunto. A função é **analítica em um ponto** z_0 se for analítica em alguma vizinhança de z_0.*

Observe que decorre da definição que se f for analítica em um ponto z_0, então f será analítica em *cada ponto* de alguma vizinhança de z_0. Caso seja necessário falar de uma função que é analítica em um conjunto S que não é aberto, deve ser entendido que essa função é analítica em algum conjunto aberto que contém S.

Uma função analítica em cada ponto de todo o plano complexo é dita *inteira*.

EXEMPLOS. A função $f(z) = 1/z$ é analítica em cada ponto não nulo do plano finito, pois sua derivada $f'(z) = -1/z^2$ existe num tal ponto. A função $f(z) = |z|^2$ não é analítica em ponto algum, pois sua derivada existe apenas em $z = 0$, e não em todos os pontos de alguma vizinhança. (Ver Exemplo 3 da Seção 19.) Finalmente, como a derivada de um polinômio existe em toda parte, segue que *qualquer polinômio é uma função inteira*.

Uma condição necessária, mas de modo algum suficiente, para uma função ser analítica em um domínio D é, claramente, a continuidade dessa função em cada ponto de D. (Ver afirmação em itálico perto do final da Seção 19.) A validade das equações de Cauchy-Riemann também é necessária, mas não suficiente. Condições suficientes para a analiticidade em D são dadas nas Seções 23 e 24.

Outras condições suficientes úteis são obtidas das regras de derivação da Seção 20. As derivadas da soma e do produto de duas funções existem em cada ponto em que cada uma dessas funções tiver derivada. Assim, *se duas funções são analíticas em um domínio D, então a soma e o produto dessas funções são funções analíticas em D. Analogamente, o quociente dessas funções é uma função analítica em D, desde que a função no denominador não se anule em algum ponto de D.* Em

---

* Na literatura também são utilizados os termos *regular* ou *holomorfa*, em vez de analítica.

particular, o quociente $P(z)/Q(z)$ de dois polinômios é uma função analítica em qualquer domínio no qual tenhamos $Q(z) \neq 0$.

A partir da regra da cadeia da derivada de uma função composta, vemos que *a composição de duas funções analíticas é analítica*. Mais precisamente, suponha que uma função $f(z)$ seja analítica em um domínio D e que a imagem (Seção 13) de D pela transformação $w = f(z)$ esteja contida no domínio de definição de uma função $g(w)$. Então, a composta $g[f(z)]$ é uma função analítica em D, com derivada

$$\frac{d}{dz} g[f(z)] = g'[f(z)]f'(z).$$

A propriedade seguinte de funções analíticas, além de especialmente útil, também é esperada.

Teorema. *Se $f'(z) = 0$ em cada ponto de um domínio D, então $f(z)$ é constante em D.*

Iniciamos a demonstração escrevendo $f(z) = u(x, y) + iv(x, y)$. Supondo que $f'(z) = 0$ em D, obtemos $u_x + iv_x = 0$ e, pelas equações de Cauchy-Riemann, $v_y - iu_y = 0$. Consequentemente,

$$u_x = u_y = 0 \quad \text{e} \quad v_x = v_y = 0$$

em cada ponto de D.

Em seguida, mostramos que $u(x, y)$ é constante ao longo de qualquer segmento de reta L inteiramente contido em D que conectar um ponto P a algum ponto P'. Denotamos por s a distância ao longo de L a partir de P e por $\mathbf{U}$ o vetor unitário na direção de L e no sentido de s crescente (ver Figura 30). Sabemos do Cálculo que a derivada direcional du/ds pode ser escrita como o produto escalar

(1) $$\frac{du}{ds} = (\text{grad } u) \cdot \mathbf{U},$$

em que grad u é o vetor gradiente

(2) $$\text{grad } u = u_x \mathbf{i} + u_y \mathbf{j}.$$

Como u_x e u_y são nulas em todo ponto de D, evidentemente o vetor grad u é o vetor zero em cada ponto de L. Segue da equação (1) que a derivada du/ds é nula ao longo de L, o que significa que u é constante em L.

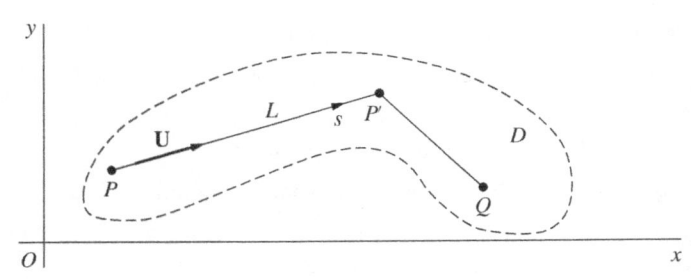

Figura 30

74 CAPÍTULO 2 FUNÇÕES ANALÍTICAS

Finalmente, como dois pontos P e Q quaisquer de D sempre podem ser ligados por um número finito desses segmentos de reta conectados consecutivamente (Seção 12), os valores de u em P e Q devem ser iguais. Disso podemos concluir que existe alguma constante a tal que $u(x, y) = a$ em todo D. Analogamente, $v(x, y) = b$, do que resulta que $f(z) = a + bi$ em cada ponto de D. Assim, $f(z) = c$, em que c é a constante $c = a + bi$.

Se uma função não for analítica em um ponto z_0, mas for analítica em cada ponto de alguma vizinhança de z_0, dizemos que z_0 é uma **singularidade**, ou ponto singular, de f. O ponto $z = 0$ é, evidentemente, uma singularidade da função $f(z) = 1/z$. Por outro lado, a função $f(z) = |z|^2$ não tem singularidades, por não ser analítica em ponto algum. As singularidades desempenham um papel importante no nosso desenvolvimento da Análise Complexa nos capítulos subsequentes.

26 MAIS EXEMPLOS

Conforme observado na Seção 25, muitas vezes é possível determinar a região de analiticidade de uma função $f(z)$ simplesmente lembrando das várias regras de derivação da Seção 20.

EXEMPLO 1. O quociente

$$f(z) = \frac{z^2 + 3}{(z+1)(z^2+5)}$$

claramente é uma função analítica em todo o plano z, excetuando os pontos singulares $z = -1$ e $z = \pm\sqrt{5}\,i$. A analiticidade acontece em razão de conhecidas regras de derivação, que só precisam ser aplicadas se quisermos uma expressão de $f'(z)$.

Quando uma função for dada em termos de suas funções componentes u e v, sua analiticidade pode ser determinada com uma aplicação direta das equações de Cauchy-Riemann.

EXEMPLO 2. Se $f(z) = \operatorname{sen} x \cosh y + i \cos x \operatorname{senh} y$, as funções componentes são

$$u(x, y) = \operatorname{sen} x \cosh y \quad \text{e} \quad v(x, y) = \cos x \operatorname{senh} y.$$

Como

$$u_x = \cos x \cosh y = v_y \quad \text{e} \quad u_y = \operatorname{sen} x \operatorname{senh} y = -v_x$$

em toda parte, segue diretamente do teorema da Seção 23 que f é inteira. De fato, aquele teorema também fornece

(1) $$f'(z) = u_x + iv_x = \cos x \cosh y - i \operatorname{sen} x \operatorname{senh} y.$$

É simples mostrar que $f'(z)$ também é inteira escrevendo (1) como

$$f'(z) = U(x, y) + i V(x, y)$$

em que
$$U(x, y) = \cos x \cosh y \quad \text{e} \quad V(x, y) = -\sin x \sinh y.$$
Disso segue
$$U_x = -\sin x \cosh y = V_y \quad \text{e} \quad U_y = \cos x \sinh y = -V_x.$$
Além disso,
$$f''(z) = U_x + i V_x = -(\sin x \cosh y + i \cos x \sinh y) = -f(z).$$

Os dois exemplos a seguir mostram como obter várias propriedades de funções analíticas a partir das equações de Cauchy-Riemann.

EXEMPLO 3. Suponha que uma função $f(z) = u(x, y) + iv(x, y)$ e sua conjugada $\overline{f(z)} = u(x, y) - iv(x, y)$ sejam, *ambas*, analíticas em um domínio D. Mostremos que, então, $f(z)$ deve ser constante em D.

Para fazer isso, escrevemos $\overline{f(z)} = U(x, y) + V(x, y)$, em que

(2) $\qquad U(x, y) = u(x, y) \quad \text{e} \quad V(x, y) = -v(x, y).$

Pela analiticidade de $f(z)$, as equações de Cauchy-Riemann

(3) $\qquad u_x = v_y, \quad u_y = -v_x$

valem em D, e a analiticidade de $\overline{f(z)}$ em D nos diz que

(4) $\qquad U_x = V_y, \quad U_y = -V_x.$

Usando as relações (2), podemos reescrever as equações (4) como

(5) $\qquad u_x = -v_y, \quad u_y = v_x.$

Somando lados correspondentes das primeiras equações de (3) e (5), vemos que $u_x = 0$ em D. Analogamente, subtraindo lados correspondentes das segundas equações de (3) e (5), vemos que $v_x = 0$. De acordo com a expressão (8) da Seção 25, decorre que

$$f'(z) = u_x + iv_x = 0 + i0 = 0;$$

e, portanto, segue pelo teorema da Seção 25 que $f(z)$ é uma função constante em D.

EXEMPLO 4. Como no Exemplo 3, considere uma função f que seja analítica em um dado domínio D. Supondo que o módulo $|f(z)|$ seja constante em D, podemos provar que $f(z)$ também é constante em D. Esse resultado será necessário para estabelecer um fato importante no Capítulo 4 (Seção 59).

Essa prova pode se obtida escrevendo

(6) $\qquad |f(z)| = c \quad \text{em cada } z \text{ de } D,$

em que c é uma constante real. Se $c = 0$, segue que $f(z) = 0$ em cada z de D. Se $c \neq 0$, a propriedade $z\bar{z} = |z|^2$ dos números complexos nos diz que

$$f(z)\overline{f(z)} = c^2 \neq 0$$

e que, portanto, $f(z)$ não se anula em D. Logo

$$\overline{f(z)} = \frac{c^2}{f(z)} \text{ em cada } z \text{ de } D,$$

e segue disso que $\overline{f(z)}$ é analítica em D. O principal resultado que acabamos de obter no Exemplo 3 agora garante que $f(z)$ é constante em D.

EXERCÍCIOS

1. Aplique o teorema da Seção 23 para verificar que cada uma dessas funções é inteira.
   (a) $f(z) = 3x + y + i(3y - x)$;   (b) $f(z) = \cosh x \cos y + i \operatorname{senh} x \operatorname{sen} y$;
   (c) $f(z) = e^{-y} \operatorname{sen} x - ie^{-y} \cos x$;   (d) $f(z) = (z^2 - 2)e^{-x}e^{-iy}$.

2. Usando o teorema da Seção 21, mostre que cada uma dessas funções não é analítica em ponto algum.
   (a) $f(z) = xy + iy$;   (b) $f(z) = 2xy + i(x^2 - y^2)$;
   (c) $f(z) = e^y e^{ix}$.

3. Justifique por que a composição de duas funções inteiras é uma função inteira. Justifique ainda por que é uma função inteira qualquer *combinação linear* $c_1 f_1(z) + c_2 f_2(z)$ de duas funções inteiras f_1 e f_2, sendo c_1 e c_2 constantes complexas.

4. Em cada caso, determine os pontos singulares da função e justifique por que a função é analítica em todos os demais pontos.
   (a) $f(z) = \dfrac{2z + 1}{z(z^2 + 1)}$;   (b) $f(z) = \dfrac{z^3 + i}{z^2 - 3z + 2}$;
   (c) $f(z) = \dfrac{z^2 + 1}{(z + 2)(z^2 + 2z + 2)}$.

   Respostas: (a) $z = 0, \pm i$;   (b) $z = 1, 2$;   (c) $z = -2, -1 \pm i$.

5. De acordo com o Exemplo 2 da Seção 24, a função

$$g(z) = \sqrt{r} e^{i\theta/2} \qquad (r > 0, -\pi < \theta < \pi)$$

é analítica em seu domínio de definição, com derivada

$$g'(z) = \frac{1}{2g(z)}.$$

Mostre que a função composta $G(z) = g(2z - 2 + i)$ é analítica no semiplano $x > 1$, com derivada

$$G'(z) = \frac{1}{g(2z - 2 + i)}.$$

Sugestão: observe que $\operatorname{Re}(2z - 2 + i) > 0$ se $x > 1$.

6. Use resultados da Seção 24 para verificar que a função

$$g(z) = \ln r + i\theta \quad (r > 0, 0 < \theta < 2\pi)$$

é analítica no domínio de definição indicado, com derivada $g'(z) = 1/z$. Em seguida, mostre que a função composta $G(z) = g(z^2 + 1)$ é analítica no quadrante $x > 0, y > 0$, com derivada

$$G'(z) = \frac{2z}{z^2 + 1}.$$

Sugestão: observe que $\text{Im}(z^2 + 1) > 0$ se $x > 0, y > 0$.

7. Seja f uma função analítica em cada ponto de um domínio D. Prove que se $f(z)$ tiver valor real em cada z de D, então $f(z)$ deve ser uma função constante em D.

27 FUNÇÕES HARMÔNICAS

Dizemos que uma função real H de duas variáveis reais x e y é **harmônica** em um dado domínio do plano xy se as derivadas parciais de segunda ordem de H existirem e forem contínuas em cada ponto do domínio e satisfizerem a equação diferencial parcial

(1) $$H_{xx}(x, y) + H_{yy}(x, y) = 0,$$

conhecida como **equação de Laplace**.

As funções harmônicas desempenham um papel importante na Matemática Aplicada. Por exemplo, as temperaturas $T(x, y)$ de placas finas do plano xy são, muitas vezes, harmônicas. Também é harmônica uma função $V(x, y)$ que representa um potencial eletrostático que varia somente com x e y no interior de alguma região do espaço tridimensional livre de cargas.

EXEMPLO 1. É fácil verificar que a função $T(x, y) = e^{-y} \text{sen } x$ é harmônica em qualquer domínio do plano xy e, em particular, na faixa vertical semi-infinita $0 < x < \pi, y > 0$. Os valores dessa função nas arestas da faixa estão indicados na Figura 31. Mais precisamente, essa função satisfaz todas as condições

$$T_{xx}(x, y) + T_{yy}(x, y) = 0,$$
$$T(0, y) = 0, \quad T(\pi, y) = 0,$$
$$T(x, 0) = \text{sen } x, \quad \lim_{y \to \infty} T(x, y) = 0,$$

que descrevem as temperaturas estacionárias $T(x, y)$ de uma placa homogênea fina do plano xy, sem fontes ou poços de calor e que esteja isolada, exceto pelas condições indicadas ao longo das arestas.

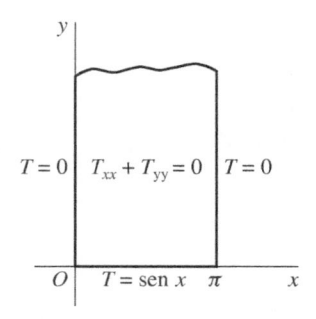

78 CAPÍTULO 2 FUNÇÕES ANALÍTICAS

```
     y|
      |┌──────┬─────────────┬──────┐
      ││      │             │      │
   T=0│ T_xx+T_yy=0 │ T=0
      ││      │             │      │
      └──────┴─────────────┴──────┘
     O│   T = sen x    π         x
```
Figura 31

No Capítulo 10 e em partes de capítulos subsequentes, descrevemos detalhadamente o uso da teoria de funções de uma variável complexa na descoberta de soluções da temperatura, como a do Exemplo 1, bem como de outros problemas.* Essa teoria tem por base o teorema seguinte, que constitui uma fonte de funções harmônicas.

Teorema. *Se uma função* $f(z) = u(x, y) + iv(x, y)$ *é analítica em um domínio D, então suas funções componentes u e v são harmônicas em D.*

Para provar isso, necessitamos de um resultado que será provado no Capítulo 4 (Seção 57), a saber, que os componentes real e imaginário de uma função de uma variável complexa têm derivadas parciais de todas as ordens contínuas em cada ponto em que a função for analítica.

Supondo f analítica em D, começamos observando que as derivadas parciais de primeira ordem de suas funções componentes devem satisfazer as equações de Cauchy-Riemann em cada ponto de D:

(2) $$u_x = v_y, \quad u_y = -v_x.$$

Derivando ambos os lados dessas equações em relação a x, obtemos

(3) $$u_{xx} = v_{yx}, \quad u_{yx} = -v_{xx}.$$

Analogamente, derivando em relação a y, obtemos

(4) $$u_{xy} = v_{yy}, \quad u_{yy} = -v_{xy}.$$

Agora, usando um teorema do Cálculo,** a continuidade das derivadas parciais de u e v garante que $u_{yx} = u_{xy}$ e $v_{yx} = v_{xy}$. Segue das equações (3) e (4) que

$$u_{xx} + u_{yy} = 0 \quad \text{e} \quad v_{xx} + v_{yy} = 0.$$

Assim, u e v são harmônicas em D.

---

* Outro método importante é desenvolvido no livro dos autores *Fourier Series and Boundary Value Problems*, 8th ed., 2012.

** Ver, por exemplo, as páginas 199-201 do livro *Advanced Calculus*, 3rd ed., 1983, de A. E. Taylor e W. R. Mann.

SEÇÃO 27 FUNÇÕES HARMÔNICAS 79

EXEMPLO 2. A função $f(z) = e^{-y} \text{ sen } x - ie^{-y} \cos x$ é inteira, conforme Exercício 1(c) da Seção 26. Segue que o componente real, que é a função temperatura $T(x, y) = e^{-y} \text{ sen } x$ do Exemplo 1, é harmônico em qualquer domínio do plano xy.

EXEMPLO 3. Como a função $f(z) = 1/z^2$ é analítica em cada ponto z não nulo, e como

$$\frac{1}{z^2} = \frac{1}{z^2} \cdot \frac{\bar{z}^2}{\bar{z}^2} = \frac{\bar{z}^2}{(z\bar{z})^2} = \frac{\bar{z}^2}{|z^2|^2} = \frac{(x^2 - y^2) - i2xy}{(x^2 + y^2)^2},$$

as duas funções

$$u(x, y) = \frac{x^2 - y^2}{(x^2 + y^2)^2} \quad \text{e} \quad v(x, y) = -\frac{2xy}{(x^2 + y^2)^2}$$

são harmônicas em qualquer domínio do plano xy que não contenha a origem.

Nos Capítulos 9 e 10, retomamos nossa discussão de funções harmônicas em relação à teoria de funções de uma variável complexa para resolver problemas da Física como o do Exemplo 1 desta seção.

EXERCÍCIOS

1. Seja $f(z) = u(r, \theta) + iv(r, \theta)$ uma função analítica em um domínio D que não inclua a origem. Usando as equações de Cauchy-Riemann em coordenadas polares (Seção 24) e supondo a continuidade das derivadas parciais, mostre que, em cada ponto de D, a função $u(r, \theta)$ satisfaz a equação diferencial parcial

$$r^2 u_{rr}(r, \theta) + r u_r(r, \theta) + u_{\theta\theta}(r, \theta) = 0,$$

que é a *forma polar da equação de Laplace*. Mostre que o mesmo vale para a função $v(r, \theta)$.

2. Seja $f(z) = u(x, y) + iv(x, y)$ uma função analítica em um domínio D e considere as famílias de *curvas de nível* $u(x, y) = c_1$ e $v(x, y) = c_2$, em que c_1 e c_2 são constantes reais arbitrárias. Prove que essas famílias são ortogonais. Mais precisamente, mostre que se $z_0 = (x_0, y_0)$ for um ponto de D que está nas duas curvas específicas $u(x, y) = c_1$ e $v(x, y) = c_2$ e se $f'(z_0) \neq 0$, então as retas tangentes a essas curvas em (x_0, y_0) são perpendiculares.

   Sugestão: observe que, do par de equações $u(x, y) = c_1$ e $v(x, y) = c_2$, segue que

$$\frac{\partial u}{\partial x} + \frac{\partial u}{\partial y}\frac{dy}{dx} = 0 \quad \text{e} \quad \frac{\partial v}{\partial x} + \frac{\partial v}{\partial y}\frac{dy}{dx} = 0.$$

3. Mostre que se $f(z) = z^2$, então as curvas de nível $u(x, y) = c_1$ e $v(x, y) = c_2$ das funções componentes são as hipérboles indicadas na Figura 32. Note a ortogonalidade das duas famílias, descrita no Exercício 2. Observe que as curvas $u(x, y) = 0$ e $v(x, y) = 0$ se intersectam na origem, mas não são ortogonais nesse ponto. Por que isso não contradiz o resultado do Exercício 2?

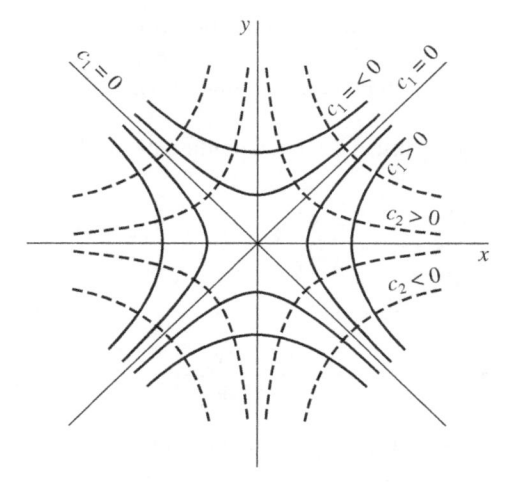

Figura 32

4. Esboce as famílias de curvas de nível das funções componentes u e v da função $f(z) = 1/z$, e observe a ortogonalidade descrita no Exercício 2.
5. Refaça o Exercício 4 usando coordenadas polares.
6. Esboce as famílias de curvas de nível das funções componentes u e v da função

$$f(z) = \frac{z-1}{z+1},$$

e observe como o resultado do Exercício 2 é exemplificado nesse caso.

28 UNICIDADE DE FUNÇÕES ANALÍTICAS

Concluímos este capítulo com duas seções em que estudamos a maneira pela qual os valores de uma função analítica em um domínio D são afetados pelos valores dessa função em algum subdomínio de D ou em algum segmento de reta contido em D. Essas seções são de considerável interesse teórico, mas não são centrais para o nosso desenvolvimento de funções analíticas, de modo que o leitor pode passar diretamente para o Capítulo 3 e só voltar quando julgar necessário.

Lema. *Suponha que*

(a) *uma função f seja analítica em um domínio D e que*

(b) $f(z) = 0$ *em cada ponto z de algum subdomínio ou segmento de reta contido em D.*

Então, $f(z) \equiv 0$ em D; ou seja, $f(z)$ é identicamente igual a zero em D.

Para provar esse lema, suponha que f seja uma função satisfazendo as hipóteses e seja $f(z) = 0$ um ponto qualquer do subdomínio ou segmento de reta em que $f(z) = 0$. Como D é um conjunto aberto *conexo* (Seção 12), existe alguma linha poligonal L consistindo em um número finito de segmentos de reta justapostos inteiramente contidos em D que inicia em z_0 e termina em um outro ponto P qualquer de

SEÇÃO 28 UNICIDADE DE FUNÇÕES ANALÍTICAS

D. Seja d a menor distância dos pontos de L à fronteira de D, a menos que D seja o plano todo, caso em que d pode ser qualquer número positivo. Agora, formamos uma sequência finita de pontos

$$z_0, z_1, z_2, \ldots, z_{n-1}, z_n$$

ao longo de L, em que o ponto z_n coincide com P (Figura 33) e em que cada ponto está suficientemente próximo aos pontos adjacentes, valendo

$$|z_k - z_{k-1}| < d \qquad (k = 1, 2, \ldots, n).$$

Finalmente, construímos uma sequência finita de vizinhanças

$$N_0, N_1, N_2, \ldots, N_{n-1}, N_n,$$

em que cada vizinhança N_k está centrada em z_k e tem raio d. Note que todas essas vizinhanças estão contidas em D e que o centro z_k de qualquer vizinhança N_k ($k = 1, 2, \ldots, n$) está na vizinhança anterior N_{k-1}.

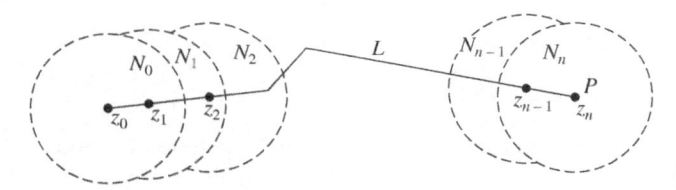

Figura 33

Agora precisamos de um resultado que será provado no Capítulo 6, a saber, o Teorema 3 da Seção 82, que afirma que, por ser f analítica em N_0 e por ser $f(z) = 0$ em um subdomínio ou um segmento de reta contendo z_0, segue que $f(z) \equiv 0$ em N_0. No entanto, o ponto z_1 pertence a N_0. Então, uma segunda aplicação do mesmo teorema garante que $f(z) \equiv 0$ em N_1 e, continuando dessa maneira, chegamos a $f(z) \equiv 0$ em N_n. Como N_n está centrada em P, e como P foi escolhido arbitrariamente em D, podemos concluir que $f(z) \equiv 0$ em D. Isso completa a demonstração do lema.

Suponha, agora, que duas funções f e g sejam analíticas em um mesmo domínio D e que $f(z) = g(z)$ em cada ponto z de algum subdomínio ou segmento de reta contido em D. A diferença

$$h(z) = f(z) - g(z)$$

também é analítica em D e $h(z) = 0$ em cada ponto do subdomínio ou segmento de reta. De acordo com o lema, $h(z) \equiv 0$ em cada ponto de D, ou seja, $f(z) = g(z)$ em cada ponto de D. Dessa forma, demonstramos o importante teorema a seguir.

Teorema. *Uma função analítica em um domínio D é determinada de maneira única em D pelos seus valores em algum subdomínio ou segmento de reta contido em D.*

Um resultado mais geral, às vezes denominado **princípio da coincidência**, segue diretamente. Mais precisamente, *se duas funções f e g são analíticas em um* *mesmo domínio D, e se* $f(z) = g(z)$ *em cada ponto de algum subconjunto de D com ponto de acumulação* z_0 *em D, então* $f(z) = g(z)$ *em cada ponto de D.** No entanto, não necessitamos dessa generalização.

O teorema que acabamos de provar é útil na questão de estender o domínio de definição de uma função analítica. Mais precisamente, dados dois domínios, D_1 e D_2, considere a *interseção* $D_1 \cap D_2$, que consiste em todos os pontos que pertencem a D_1 e D_2. Se D_1 e D_2 tiverem pontos em comum (ver Figura 34) e se f_1 for uma função analítica em D_1, então *é possível* que exista alguma função f_2 analítica em D_2 tal que $f_2(z) = f_1(z)$ em cada ponto da interseção $D_1 \cap D_2$. Se esse for o caso, dizemos que f_2 é uma *continuação analítica* de f_1 para o segundo domínio D_2.

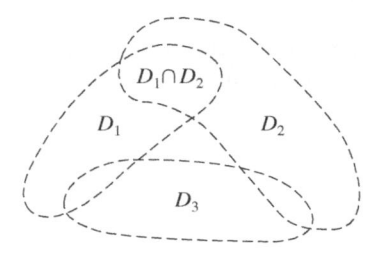

Figura 34

Sempre que tal continuação analítica existir, ela será única pelo teorema que acabamos de provar, ou seja, não há mais do que uma função analítica em D_1 que tome os valores de $f_1(z)$ em cada ponto z do domínio $D_1 \cap D_2$ interior a D_2. No entanto, se existir alguma continuação analítica f_3 de f_2 de D_2 para um domínio D_3 que intersecta D_1, conforme indicado na Figura 34, não é necessariamente verdadeiro que $f_3(z) = f_1(z)$ em cada ponto z de $D_1 \cap D_3$. Isso é ilustrado no Exercício 2 da Seção 29.

Se f_2 for a continuação analítica de f_1 de um domínio D_1 para um domínio D_2, então a função F definida pelas equações

$$F(z) = \begin{cases} f_1(z) & \text{se } z \text{ pertencer a } D_1, \\ f_2(z) & \text{se } z \text{ pertencer a } D_2 \end{cases}$$

é analítica na *união* $D_1 \cup D_2$, que é o domínio que consiste em todos os pontos que pertencem a D_1 ou a D_2. A função F é a continuação analítica para $D_1 \cup D_2$ de ambas as funções, f_1 e f_2, e dizemos que f_1 e f_2 são *funções elementos* de F.

29 PRINCÍPIO DA REFLEXÃO

O teorema desta seção se refere a uma propriedade de algumas, mas não de todas, funções analíticas, a saber, que $\overline{f(z)} = f(\bar{z})$ em cada ponto z de certos domínios.

---

* Ver, por exemplo, as páginas 56-57 do livro de Boas, as páginas 142-144 do livro de Silverman, ou as páginas 369-370 do volume 1 do livro de Markushevich, todos listados no Apêndice 1.

SEÇÃO 29 PRINCÍPIO DA REFLEXÃO

Observamos, por exemplo, que as funções $z + 1$ e z^2 têm essa propriedade em todo o plano complexo, mas o mesmo não ocorre com as funções $z + i$ e iz^2. O teorema que apresentamos, conhecido como *princípio da reflexão*, fornece uma maneira de detectar quando vale $\overline{f(z)} = f(\bar{z})$.

Teorema. *Suponha que uma função f seja analítica em algum domínio D que contém um segmento do eixo x e cuja metade inferior é a reflexão da metade superior em relação a esse eixo. Então*

(1) $$\overline{f(z)} = f(\bar{z})$$

em cada ponto z do domínio se, e só se, $f(x)$ é real em cada ponto x do segmento.

Começamos a demonstração supondo que $f(x)$ seja real em cada ponto x do segmento. Para obter a equação (1) mostramos, inicialmente, que a função

(2) $$F(z) = \overline{f(\bar{z})}$$

é analítica em D. Para estabelecer a analiticidade de $F(z)$, escrevemos

$$f(z) = u(x, y) + iv(x, y), \quad F(z) = U(x, y) + iV(x, y)$$

e observamos que, como

(3) $$\overline{f(\bar{z})} = u(x, -y) - iv(x, -y),$$

segue da equação (2) que os componentes de $F(z)$ e $f(z)$ estão relacionados pelas equações

(4) $$U(x, y) = u(x, t) \quad \text{e} \quad V(x, y) = -v(x, t),$$

em que $t = -y$. Como $f(x + it)$ é uma função analítica de $x + it$, as derivadas parciais das funções $u(x, t)$ e $v(x, t)$ são contínuas em D e satisfazem as equações de Cauchy-Riemann*

(5) $$u_x = v_t, \quad u_t = -v_x.$$

Além disso, pelas equações (4), temos

$$U_x = u_x, \quad V_y = -v_t \frac{dt}{dy} = v_t;$$

e segue dessas equações e da primeira das equações de (5) que $U_x = V_y$. Analogamente,

$$U_y = u_t \frac{dt}{dy} = -u_t, \quad V_x = -v_x;$$

e a segunda das equações (5) nos diz que $U_y = -V_x$. Já que verificamos que as derivadas de primeira ordem de $U(x, y)$ e $V(x, y)$ satisfazem as equações de Cauchy-

---

* Ver o parágrafo que segue o Teorema 1 da Seção 26.

84 CAPÍTULO 2 FUNÇÕES ANALÍTICAS

-Riemann e como essas derivadas parciais são contínuas, estabelecemos que a função $F(z)$ é analítica em D. Além disso, como $f(x)$ é real no segmento do eixo real contido em D, sabemos que $v(x, 0) = 0$ nesse segmento; em vista das equações (4), isso significa que

$$F(x) = U(x, 0) + iV(x, 0) = u(x, 0) - iv(x, 0) = u(x, 0).$$

Assim,

(6) $$F(z) = f(z)$$

em cada ponto do segmento. Disso segue que a equação (6) é válida em D, pois, de acordo com o teorema da Seção 28, uma função analítica definida em um domínio D é determinada de maneira única por seus valores em qualquer segmento de reta contido em D. Pela definição (2) da função $F(z)$ segue, então, que

(7) $$\overline{f(\overline{z})} = f(z);$$

o que corresponde à equação (1).

Para provar a recíproca do teorema, vamos supor que valha a equação (1). Observe que, pela equação (3), a forma (7) da equação (1) pode ser reescrita como

$$u(x, -y) - iv(x, -y) = u(x, y) + iv(x, y).$$

Em particular, se $(x, 0)$ for um ponto do segmento do eixo real que está contido em D, então

$$u(x, 0) - iv(x, 0) = u(x, 0) + iv(x, 0);$$

e, igualando as partes imaginárias, vemos que $v(x, 0) = 0$. Logo, $f(x)$ é real no segmento do eixo real contido em D.

EXEMPLOS. Imediatamente antes do enunciado do teorema, afirmamos que

$$\overline{z+1} = \overline{z} + 1 \quad \text{e} \quad \overline{z^2} = \overline{z}^2$$

em cada z do plano finito. É claro que o teorema confirma isso, pois $x + 1$ e x^2 são reais se x for real. Também afirmamos que $z + i$ e iz^2 não têm a propriedade da reflexão, e agora sabemos que isso ocorre porque $x + i$ e ix^2 *não são* reais se x for real.

EXERCÍCIOS

1. Use o teorema da Seção 28 para mostrar que se $f(z)$ for analítica e não constante em um domínio D, então $f(z)$ não pode ser constante em qualquer vizinhança contida em D.

    Sugestão: suponha que $f(z)$ tenha um valor constante w_0 em uma vizinhança contida em D.

2. Começando com a função

$$f_1(z) = \sqrt{r} e^{i\theta/2} \qquad (r > 0, 0 < \theta < \pi)$$

e usando o Exemplo 2 da Seção 24, justifique por que

$$f_2(z) = \sqrt{r}\,e^{i\theta/2} \qquad \left(r > 0,\ \frac{\pi}{2} < \theta < 2\pi\right)$$

é uma continuação analítica de f_1 pelo eixo real negativo para o semiplano inferior. Em seguida, mostre que a função

$$f_3(z) = \sqrt{r}\,e^{i\theta/2} \qquad \left(r > 0,\ \pi < \theta < \frac{5\pi}{2}\right)$$

é uma continuação analítica de f_2 pelo eixo real positivo para o primeiro quadrante, mas que $f_3(z) = -f_1(z)$ nesse quadrante.

3. Mostre por que a função

$$f_4(z) = \sqrt{r}\,e^{i\theta/2} \qquad (r > 0,\ -\pi < \theta < \pi)$$

é a continuação analítica da função $f_1(z)$ do Exercício 2 pelo eixo real positivo para o semiplano inferior.

4. Sabemos, do Exemplo 1 da Seção 23, que a função

$$f(z) = e^x \cos y + i e^x \operatorname{sen} y$$

tem uma derivada em cada ponto do plano finito. Justifique por que, do princípio da reflexão (Seção 29), segue que

$$\overline{f(z)} = f(\overline{z})$$

em cada z. Em seguida, verifique isso diretamente.

5. Mostre que se trocarmos a condição de $f(x)$ ser real no princípio da reflexão (Seção 29) pela condição de $f(x)$ ser imaginário puro, então a equação (1) da afirmação do princípio muda para

$$\overline{f(z)} = -f(\overline{z}).$$

FUNÇÕES ELEMENTARES

CAPÍTULO 3

Neste capítulo, consideramos várias funções elementares estudadas no Cálculo e definimos funções complexas correspondentes. Mais especificamente, definimos funções analíticas de uma variável complexa z que reduzam a funções elementares do Cálculo quando $z = x + i0$. Inicialmente, definimos a função exponencial complexa e, depois, utilizamos essa função para desenvolver outras funções.

30 A FUNÇÃO EXPONENCIAL

A função exponencial pode ser definida por

(1) $$e^z = e^x e^{iy} \quad (z = x + iy),$$

em que usamos a fórmula de Euler (ver Seção 7)

(2) $$e^{iy} = \cos y + i \operatorname{sen} y;$$

y deve ser tomado em radianos. Vemos a partir dessa definição que e^z reduz à função exponencial usual do Cálculo se $y = 0$ e, seguindo a convenção, muitas vezes escrevemos exp z em vez de e^z.

Observe que a raiz enésima *positiva* $\sqrt[n]{e}$ de e é associada a e^x se $x = 1/n$ ($n = 2, 3, \ldots$), de modo que a expressão (1) nos diz que a função exponencial complexa e^z também pode ser dada por $\sqrt[n]{e}$ se $z = 1/n$ ($n = 2, 3, \ldots$). Isso constitui uma exceção à convenção da Seção 10 que, normalmente, tornaria obrigatória a interpretação de $e^{1/n}$ como o *conjunto* de todas as raízes enésimas de e.

Observe, também, que escrevendo a definição (1) no formato

$$e^z = \rho e^{i\phi} \quad \text{em que} \quad \rho = e^x \text{ e } \phi = y,$$

fica claro que

(3) $\quad |e^z| = e^x \quad$ e $\quad \arg(e^z) = y + 2n\pi \quad (n = 0, \pm 1, \pm 2, \ldots).$

Além disso, como e^x nunca se anula,

(4) $\qquad e^z \neq 0 \qquad$ qualquer que seja o número complexo z.

Além da propriedade (4), existem várias outras que passam de e^x para e^z e, em seguida, mencionaremos algumas.

De acordo com a definição (1), temos $e^x e^{iy} = e^{x+iy}$, e isso é consistente com a propriedade aditiva $e^{x_1} e^{x_2} = e^{x_1+x_2}$ da função exponencial do Cálculo. A extensão

(5) $\qquad\qquad\qquad e^{z_1} e^{z_2} = e^{z_1+z_2}$

à Análise Complexa é de fácil verificação. Basta escrever

$$z_1 = x_1 + iy_1 \quad \text{e} \quad z_2 = x_2 + iy_2.$$

Então,

$$e^{z_1} e^{z_2} = (e^{x_1} e^{iy_1})(e^{x_2} e^{iy_2}) = (e^{x_1} e^{x_2})(e^{iy_1} e^{iy_2}).$$

Como x_1 e x_2 são reais, sabemos da Seção 8 que

$$e^{iy_1} e^{iy_2} = e^{i(y_1+y_2)}.$$

Assim,

$$e^{z_1} e^{z_2} = e^{(x_1+x_2)} e^{i(y_1+y_2)};$$

e, como

$$(x_1 + x_2) + i(y_1 + y_2) = (x_1 + iy_1) + (x_2 + iy_2) = z_1 + z_2,$$

o lado direito da última equação é dado por $e^{z_1+z_2}$, provando (5).

Observe que, pela propriedade (5), obtemos $e^{z_1-z_2} e^{z_2} = e^{z_1}$, ou

(6) $\qquad\qquad\qquad \dfrac{e^{z_1}}{e^{z_2}} = e^{z_1-z_2}.$

Disso e do fato de que $e^0 = 1$, segue que $1/e^z = e^{-z}$.

Existem outras propriedades importantes de e^z que são esperadas. De acordo com o Exemplo 1 da Seção 23, por exemplo,

(7) $\qquad\qquad\qquad \dfrac{d}{dz} e^z = e^z$

em cada ponto z do plano complexo. Observe que a derivabilidade de e^z em cada z nos diz que e^z é uma função *inteira* (Seção 25).

Por outro lado, algumas propriedades de e^z não são esperadas. Por exemplo, como

$$e^{z+2\pi i} = e^z e^{2\pi i} \quad \text{e} \quad e^{2\pi i} = 1,$$

vemos que e^z é *periódica*, com um período puramente imaginário de $2\pi i$:

(8) $\qquad\qquad\qquad e^{z+2\pi i} = e^z.$

Outra propriedade de e^z que não é compartilhada por e^x é que e^z pode ser um número negativo, embora e^x seja sempre positivo. Por exemplo, vimos na Seção 6 que $e^{i\pi} = -1$. De fato,

$$e^{i(2n+1)\pi} = e^{i2n\pi + i\pi} = e^{i2n\pi} e^{i\pi} = (1)(-1) = -1 \quad (n = 0, \pm 1, \pm 2, \ldots).$$

Além disso, e^z pode ser *qualquer* número complexo não nulo. Isso será mostrado na seção seguinte, em que desenvolvemos a função logaritmo, e está ilustrado no exemplo a seguir.

EXEMPLO. Para encontrar os números $z = x + iy$ tais que

(9) $$e^z = 1 + \sqrt{3}i,$$

escrevemos (9) como

$$e^x e^{iy} = 2 e^{i\pi/3}.$$

Então, pela afirmação em itálico no início da Seção 10, a respeito da igualdade de dois números complexos em forma exponencial, obtemos

$$e^x = 2 \quad \text{e} \quad y = \frac{\pi}{3} + 2n\pi \quad (n = 0, \pm 1, \pm 2, \ldots).$$

Como $\ln(e^x) = x$, segue que

$$x = \ln 2 \quad \text{e} \quad y = \frac{\pi}{3} + 2n\pi \quad (n = 0, \pm 1, \pm 2, \ldots);$$

e, portanto,

(10) $$z = \ln 2 + \left(2n + \frac{1}{3}\right)\pi i \quad (n = 0, \pm 1, \pm 2, \ldots).$$

EXERCÍCIOS

1. Mostre que

   (a) $\exp(2 \pm 3\pi i) = -e^2;$ (b) $\exp\left(\dfrac{2 + \pi i}{4}\right) = \sqrt{\dfrac{e}{2}}(1 + i);$

   (c) $\exp(z + \pi i) = -\exp z.$

2. Justifique por que a função $f(z) = 2z^2 - 3 - ze^z + e^{-z}$ é inteira.

3. Use as equações de Cauchy-Riemann e o teorema da Seção 21 para mostrar que a função $f(z) = \exp \overline{z}$ não é analítica em ponto algum.

4. Mostre de duas maneiras que a função $f(z) = \exp(z^2)$ é inteira. Qual é a derivada dessa função?

   Resposta: $f'(z) = 2z \exp(z^2).$

5. Escreva $|\exp(2z + i)|$ e $|\exp(iz^2)|$ em termos de x e y. Em seguida, mostre que

   $$|\exp(2z + i) + \exp(iz^2)| \leq e^{2x} + e^{-2xy}.$$

6. Mostre que $|\exp(z^2)| \leq \exp(|z|^2).$

7. Prove que $|\exp(-2z)| < 1$ se, e só se, Re $z > 0$.
8. Encontre todos os valores de z tais que
   (a) $e^z = -2$;   (b) $e^z = 1 + i$;   (c) $\exp(2z - 1) = 1$.

   Respostas: (a) $z = \ln 2 + (2n + 1)\pi i$ $(n = 0, \pm 1, \pm 2, \ldots)$;

   (b) $z = \dfrac{1}{2}\ln 2 + \left(2n + \dfrac{1}{4}\right)\pi i$ $(n = 0, \pm 1, \pm 2, \ldots)$;

   (c) $z = \dfrac{1}{2} + n\pi i$ $(n = 0, \pm 1, \pm 2, \ldots)$.

9. Mostre que $\overline{\exp(iz)} = \exp(i\bar{z})$ se, e só se, $z = n\pi$ $(n = 0, \pm 1, \pm 2, \ldots)$. (Compare com o Exercício 4 da Seção 29.)

10. (a) Mostre que se e^z for real, então Im $z = n\pi$ $(n = 0, \pm 1, \pm 2, \ldots)$.

    (b) Se e^z for um número imaginário puro, qual é a restrição sobre z?

11. Descreva o comportamento de $e^z = e^x e^{iy}$ quando (a) x tende a $-\infty$; (b) y tende a ∞.

12. Escreva Re$(e^{1/z})$ em termos de x e y. Por que essa função é harmônica em qualquer domínio que não contenha a origem?

13. Suponha que a função $f(z) = u(x, y) + iv(x, y)$ seja analítica em algum domínio D. Justifique por que as funções
    $$U(x, y) = e^{u(x,y)} \cos v(x, y), \quad V(x, y) = e^{u(x,y)} \operatorname{sen} v(x, y)$$
    são harmônicas em D.

14. Estabeleça a identidade
    $$(e^z)^n = e^{nz} \quad (n = 0, \pm 1, \pm 2, \ldots)$$
    seguindo os passos dados.

    (a) Use indução matemática para mostrar que a identidade é válida se $n = 0, 1, 2, \ldots$.

    (b) Verifique a identidade com números inteiros negativos n lembrando que, na Seção 8, vimos que
    $$z^n = (z^{-1})^m \quad (m = -n = 1, 2, \ldots)$$
    quando $z \neq 0$ e escrevendo $(e^z)^n = (1/e^z)^m$. Em seguida, use o resultado da parte (a), junto à propriedade $1/e^z = e^{-z}$ da função exponencial (Seção 30).

31 A FUNÇÃO LOGARITMO

Nossa motivação para a definição da função logaritmo tem por base a resolução da equação

(1) $$e^w = z$$

em w, em que z é um número complexo *não nulo* qualquer. Para isso, note que escrevendo z e w como $z = re^{i\Theta}(-\pi < \Theta \leq \pi)$ e $w = u + iv$, a equação (1) passa a ser

$$e^u e^{iv} = re^{i\Theta}.$$

De acordo com a afirmação em itálico no início da Seção 10, a respeito da igualdade de dois números complexos não nulos em forma exponencial, obtemos

$$e^u = r \quad \text{e} \quad v = \Theta + 2n\pi$$

em que n é um inteiro qualquer. Como a equação $e^u = r$ equivale a $u = \ln r$, segue que a equação (1) é satisfeita se, e só se, w tiver um dos valores

$$w = \ln r + i(\Theta + 2n\pi) \qquad (n = 0, \pm 1, \pm 2, \ldots).$$

Assim, escrevendo

(2) $\qquad \log z = \ln r + i(\Theta + 2n\pi) \qquad (n = 0, \pm 1, \pm 2, \ldots),$

a equação (1) garante que

(3) $\qquad e^{\log z} = z \qquad (z \neq 0).$

Já que, tomando $z = x > 0$, a equação (2) é dada por

$$\log x = \ln x + 2n\pi i \qquad (n = 0, \pm 1, \pm 2, \ldots)$$

e como a equação (3) então reduz à identidade conhecida

(4) $\qquad e^{\ln x} = x \qquad (x > 0)$

do Cálculo, a equação (4) sugere que podemos usar a expressão (2) como a definição da *função logaritmo* de uma variável complexa $z = re^{i\theta}$ não nula.

Deve ser enfatizado que essa função logaritmo é multivalente, pois *não é* verdade que podemos trocar a ordem das funções exponencial e logaritmo no lado esquerdo da equação (3) e manter z do lado direito. Mais precisamente, como a expressão (2) pode ser dada por

$$\log z = \ln |z| + i \arg z$$

e como (Seção 30)

$$|e^z| = e^x \quad \text{e} \quad \arg(e^z) = y + 2n\pi \qquad (n = 0, \pm 1, \pm 2, \ldots)$$

se $z = x + iy$, sabemos que

$$\log(e^z) = \ln |e^z| + i \arg(e^z) = \ln(e^x) + i(y + 2n\pi) = (x + iy) + 2n\pi i$$
$$(n = 0, \pm 1, \pm 2, \ldots).$$

Dessa forma,

(5) $\qquad \log(e^z) = z + 2n\pi i \qquad (n = 0, \pm 1, \pm 2, \ldots).$

O **valor principal** de $\log z$ é o valor obtido na equação (2) tomando $n = 0$, que denotamos por $\text{Log } z$. Assim,

(6) $\qquad \text{Log } z = \ln r + i\Theta.$

Observe que $\text{Log } z$ é uma função bem definida (ou seja, univalente) se $z \neq 0$ e que

(7) $\qquad \log z = \text{Log } z + 2n\pi i \qquad (n = 0, \pm 1, \pm 2, \ldots).$

Essa função é o logaritmo usual do Cálculo se z for um número real positivo. Para ver isso, basta escrever $z = x$ ($x > 0$), caso em que a equação (6) se torna Log $z = \ln x$.

32 EXEMPLOS

Nesta seção, exemplificamos o material apresentado na Seção 31.

EXEMPLO 1. Se $z = -1 - \sqrt{3}i$, então $r = 2$ e $\Theta = -2\pi/3$. Logo,

$$\log(-1 - \sqrt{3}i) = \ln 2 + i\left(-\frac{2\pi}{3} + 2n\pi\right) = \ln 2 + 2\left(n - \frac{1}{3}\right)\pi i$$

$$(n = 0, \pm 1, \pm 2, \ldots).$$

EXEMPLO 2. A partir da expressão (2) da Seção 31 obtemos

$$\log 1 = \ln 1 + i(0 + 2n\pi) = 2n\pi i \qquad (n = 0, \pm 1, \pm 2, \ldots).$$

Como era de se esperar, Log $1 = 0$.

Nosso próximo exemplo mostra que agora é possível encontrar logaritmos de números reais *negativos*, embora isso fosse impossível no Cálculo.

EXEMPLO 3. Observe que

$$\log(-1) = \ln 1 + i(\pi + 2n\pi) = (2n + 1)\pi i \qquad (n = 0, \pm 1, \pm 2, \ldots)$$

e que Log $(-1) = \pi i$.

Devemos ter cautela na antecipação de propriedades de log z e de Log z a partir de propriedades familiares de ln x no Cálculo.

EXEMPLO 4. A identidade

(1) $$\text{Log}[(1 + i)^2] = 2\,\text{Log}(1 + i)$$

é válida, pois

$$\text{Log}[(1 + i)^2] = \text{Log}\,(2i) = \ln 2 + i\frac{\pi}{2}$$

e

$$2\,\text{Log}(1 + i) = 2\left(\ln\sqrt{2} + i\frac{\pi}{4}\right) = \ln 2 + i\frac{\pi}{2}.$$

Por outro lado,

(2) $$\text{Log}[(-1 + i)^2] \neq 2\,\text{Log}(-1 + i)$$

pois
$$\text{Log}[(-1+i)^2] = \text{Log}(-2i) = \ln 2 - i\frac{\pi}{2}$$
e
$$2\,\text{Log}(-1+i) = 2\left(\ln\sqrt{2} + i\frac{3\pi}{4}\right) = \ln 2 + i\frac{3\pi}{2}.$$

Embora a afirmação (1) fosse esperada, vemos que a afirmação (2) não pode ser usada como uma igualdade.

EXEMPLO 5. No Exercício 5 da Seção 33, será mostrado que

(3) $$\log(i^{1/2}) = \frac{1}{2}\log i,$$

o que significa que o conjunto de valores possíveis do lado esquerdo coincide com o conjunto de valores possíveis do lado direito. No entanto,

(4) $$\log(i^2) \neq 2\log i$$

pois
$$\ln(i^2) = \log(-1) = (2n+1)\pi i \qquad (n = 0, \pm 1, \pm 2, \ldots),$$
pelo Exemplo 3, mas
$$2\log i = 2\left[\ln 1 + i\left(\frac{\pi}{2} + 2n\pi\right)\right] = (4n+1)\pi i \qquad (n = 0, \pm 1, \pm 2, \ldots).$$

Comparando as afirmações (3) e (4), vemos que as propriedades familiares do logaritmo no Cálculo valem algumas vezes, mas não sempre, na Análise Complexa.

33 RAMOS E DERIVADAS DE LOGARITMOS

Se $z = re^{i\theta}$ for um número complexo não nulo, o argumento θ tem qualquer um dos valores $\theta = \Theta + 2n\pi$ $(n = 0, \pm 1, \pm 2, \ldots)$, em que $\Theta = \text{Arg } z$. Segue disso que podemos escrever a definição da função logaritmo multivalente

$$\log z = \ln r + i(\Theta + 2n\pi) \qquad (n = 0, \pm 1, \pm 2, \ldots)$$

da Seção 31 como

(1) $$\log z = \ln r + i\theta.$$

Denotando por α um número real qualquer e restringindo o valor de θ na expressão (1) ao intervalo $\alpha < \theta < \alpha + 2\pi$, resulta que a função

(2) $$\log z = \ln r + i\theta \qquad (r > 0, \alpha < \theta < \alpha + 2\pi),$$

de componentes

(3) $$u(r, \theta) = \ln r \quad \text{e} \quad v(r, \theta) = \theta,$$

94 CAPÍTULO 3 FUNÇÕES ELEMENTARES

está *bem definida* (ou seja, univalente) e é contínua nesse domínio (Figura 35). Observe que se a função (2) fosse definida no raio $\theta = \alpha$, ela não seria contínua nesse raio. De fato, se z for um ponto desse raio, existem pontos arbitrariamente próximos de z nos quais os valores de v estão próximos de α e também pontos nos quais os valores de v estão próximos de $\alpha + 2\pi$.

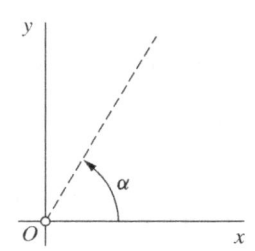

Figura 35

A função (2) não é só continua, mas também analítica em todo o domínio $r > 0$, $\alpha < \theta < \alpha + 2\pi$, pois as derivadas parciais de primeira ordem de u e v são contínuas nesse domínio e satisfazem a forma polar (Seção 24)

$$ru_r = v_\theta, \quad u_\theta = -rv_r$$

das equações de Cauchy-Riemann. Além disso, de acordo com a Seção 24,

$$\frac{d}{dz}\log z = e^{-i\theta}(u_r + iv_r) = e^{-i\theta}\left(\frac{1}{r} + i0\right) = \frac{1}{re^{i\theta}};$$

ou seja,

(4) $\qquad \dfrac{d}{dz}\log z = \dfrac{1}{z} \qquad (|z| > 0, \alpha < \arg z < \alpha + 2\pi).$

Em particular,

(5) $\qquad \dfrac{d}{dz}\operatorname{Log} z = \dfrac{1}{z} \qquad (|z| > 0, -\pi < \operatorname{Arg} z < \pi).$

Um *ramo* de uma função multivalente f é qualquer função bem definida (ou seja, univalente) F que seja analítica em algum domínio e tal que, em cada ponto z desse domínio, $F(z)$ é um dos valores de $f(z)$. É claro que a exigência da analiticidade impede F de tomar uma seleção aleatória de valores de f. Observe que, fixado qualquer α, a função bem definida (2) é um ramo da função multivalente (1). Dizemos que a função

(6) $\qquad \operatorname{Log} z = \ln r + i\Theta \qquad (r > 0, -\pi < \Theta < \pi)$

é o *ramo principal* do logaritmo.

Um *corte* é uma parte de uma reta ou curva que é introduzida para definir um ramo F de uma função multivalente f. Os pontos de um corte para F são singularidades de F (Seção 25), e qualquer ponto em comum de todos os cortes de f é denominado um ***ponto de ramificação*** de f. A origem e o raio $\theta = \alpha$ constituem o corte para o ramo (2) da função logaritmo. O corte do ramo principal do logaritmo (6) consiste na origem e no raio $\Theta = \pi$. Evidentemente, a origem é um ponto de ramificação de todos os ramos da função multivalente logaritmo.

Vimos no Exemplo 5 da Seção 32 que o conjunto dos valores possíveis de $\log(i^2)$ não é igual ao conjunto de valores possíveis de $2 \log i$. Entretanto, o exemplo a seguir mostra que a igualdade pode ser válida se usarmos algum ramo específico do logaritmo. Nesse caso, então, consideramos somente um valor de $\log(i^2)$, e o mesmo ocorre com $2 \log i$.

EXEMPLO. Para mostrar que

(7) $$\log(i^2) = 2 \log i$$

quando utilizamos o ramo

$$\log z = \ln r + i\theta \quad \left(r > 0, \frac{\pi}{4} < \theta < \frac{9\pi}{4}\right)$$

escrevemos

$$\log(i^2) = \log(-1) = \ln 1 + i\pi = \pi i$$

e, então, observamos que

$$2 \log i = 2 \left(\ln 1 + i\frac{\pi}{2}\right) = \pi i.$$

É interessante comparar a igualdade (7) com o resultado $\log(i^2) \neq 2 \log i$ do Exercício 4, em que utilizamos um outro ramo do logaritmo.

Na Seção 34, consideramos outras identidades envolvendo logaritmos, algumas das quais têm instruções para sua interpretação. Se o leitor quiser prosseguir diretamente para a Seção 35, pode simplesmente usar os resultados da Seção 34 quando julgar necessário.

EXERCÍCIOS

1. Mostre que

   (a) $\text{Log}(-ei) = 1 - \frac{\pi}{2}i$; (b) $\text{Log}(1 - i) = \frac{1}{2}\ln 2 - \frac{\pi}{4}i$.

2. Mostre que

   (a) $\log e = 1 + 2n\pi i \quad (n = 0, \pm 1, \pm 2, \ldots)$;

   (b) $\log i = \left(2n + \frac{1}{2}\right)\pi i \quad (n = 0, \pm 1, \pm 2, \ldots)$;

   (c) $\log(-1 + \sqrt{3}i) = \ln 2 + 2\left(n + \frac{1}{3}\right)\pi i \quad (n = 0, \pm 1, \pm 2, \ldots)$.

3. Mostre que $\text{Log}(i^3) \neq 3 \text{ Log } i$.

4. Mostre que $\log(i^2) \neq 2\log i$ se utilizarmos o ramo
$$\log z = \ln r + i\theta \quad \left(r > 0, \frac{3\pi}{4} < \theta < \frac{11\pi}{4}\right).$$
(Compare isso com o exemplo da Seção 33.)

5. (a) Mostre que as duas raízes quadradas de i são
$$e^{i\pi/4} \quad \text{e} \quad e^{i5\pi/4}$$
Em seguida, mostre que
$$\log(e^{i\pi/4}) = \left(2n + \frac{1}{4}\right)\pi i \quad (n = 0, \pm 1, \pm 2, \ldots)$$
e
$$\log(e^{i5\pi/4}) = \left[(2n+1) + \frac{1}{4}\right]\pi i \quad (n = 0, \pm 1, \pm 2, \ldots).$$
Conclua que
$$\log(i^{1/2}) = \left(n + \frac{1}{4}\right)\pi i \quad (n = 0, \pm 1, \pm 2, \ldots).$$

(b) Mostre que, conforme afirmamos no Exemplo 5 da Seção 32,
$$\log(i^{1/2}) = \frac{1}{2}\log i,$$
e, para isso, encontre todos os valores possíveis do lado direito dessa equação. Em seguida, compare-os com o resultado final da parte (a).

6. Sabendo que o ramo $\log z = \ln r + i\theta$ ($r > 0, \alpha < \theta < \alpha + 2\pi$) da função logaritmo é analítico em cada ponto z do domínio dado, obtenha sua derivada derivando cada lado da identidade (Seção 31)
$$e^{\log z} = z \quad (|z| > 0, \alpha < \arg z < \alpha + 2\pi)$$
e usando a regra da cadeia.

7. Mostre que um ramo (Seção 33)
$$\log z = \ln r + i\theta \quad (r > 0, \alpha < \theta < \alpha + 2\pi)$$
da função logaritmo pode ser descrito por
$$\log z = \frac{1}{2}\ln(x^2 + y^2) + i \arctan\left(\frac{y}{x}\right)$$
em coordenadas retangulares. Em seguida, usando o teorema da Seção 23, mostre que o ramo dado é analítico em seu domínio de definição e que
$$\frac{d}{dz}\log z = \frac{1}{z}.$$

8. Encontre todas as raízes da equação $\log z = i\pi/2$.
   Resposta: $z = i$.

SEÇÃO 34 ALGUMAS IDENTIDADES ENVOLVENDO LOGARITMOS 97

9. Suponha que o ponto $z = x + iy$ esteja na faixa horizontal $\alpha < y < \alpha + 2\pi$. Mostre que se for usado o ramo $\log z = \ln r + i\theta$ ($r > 0$, $\alpha < \theta < \alpha + 2\pi$) da função logaritmo, então $\log(e^z) = z$. [Compare com a equação (5) da Seção 31.]

10. Mostre que

    (a) a função $f(z) = \text{Log}(z - i)$ é analítica em toda parte, exceto na parte $x \leq 0$ da reta $y = 1$;

    (b) a função

    $$f(z) = \frac{\text{Log}(z+4)}{z^2 + i}$$

    é analítica em toda parte, exceto nos pontos $\pm(1-i)/\sqrt{2}$ e na parte $x \leq -4$ do eixo real.

11. Mostre de duas maneiras que a função $\ln(x^2 + y^2)$ é harmônica em cada domínio que não contiver a origem.

12. Mostre que

    $$\text{Re}\,[\log(z-1)] = \frac{1}{2}\ln[(x-1)^2 + y^2] \qquad (z \neq 1).$$

    Por que a equação de Laplace deve ser satisfeita por essa função se $z \neq 1$?

34 ALGUMAS IDENTIDADES ENVOLVENDO LOGARITMOS

Se z_1 e z_2 denotarem dois números complexos não nulos quaisquer, é imediato constatar que

(1) $\qquad \log(z_1 z_2) = \log z_1 + \log z_2.$

Essa afirmação, que relaciona valores de uma função multivalente, deve ser interpretada da mesma maneira que a afirmação

(2) $\qquad \arg(z_1 z_2) = \arg z_1 + \arg z_2$

foi interpretada na Seção 9. Ou seja, se forem especificados os valores de dois dos três logaritmos, então existe algum valor do terceiro com o qual a equação (1) é satisfeita.

Na verificação da afirmação (1), podemos usar a afirmação (2) como segue. Como $|z_1 z_2| = |z_1||z_2|$ e como todos esses módulos são números reais positivos, sabemos, de nossa experiência com logaritmos desses números no Cálculo, que

$$\ln|z_1 z_2| = \ln|z_1| + \ln|z_2|.$$

Consequentemente, da equação (2) e da última igualdade decorre

(3) $\qquad \ln|z_1 z_2| + i\arg(z_1 z_2) = (\ln|z_1| + i\arg z_1) + (\ln|z_2| + i\arg z_2).$

Finalmente, lembrando de como as equações (1) e (2) devem ser interpretadas, vemos que a equação (3) equivale à equação (1).

98　CAPÍTULO 3　FUNÇÕES ELEMENTARES

EXEMPLO 1. Para exemplificar a afirmação (1), escreva $z_1 = z_2 = -1$ e lembre que, pelos Exemplos 1 e 2 da Seção 32, temos

$$\log 1 = 2n\pi i \quad \text{e} \quad \log(-1) = (2n+1)\pi i,$$

em que $n = 0, \pm 1, \pm 2, \ldots$. Notando que $z_1 z_2 = 1$ e usando os valores

$$\log(z_1 z_2) = 0 \quad \text{e} \quad \log z_1 = \pi i,$$

verificamos que a equação (1) está satisfeita escolhendo o valor $\log z_2 = -\pi i$.

Por outro lado, escolhendo os valores principais se $z_1 = z_2 = -1$, então

$$\text{Log}(z_1 z_2) = 0 \quad \text{e} \quad \text{Log}\, z_1 + \text{Log}\, z_2 = 2\pi i.$$

Assim, usando os valores principais nos três termos, a afirmação (1) não é sempre válida. No entanto, os valores principais podem ser usados em toda a equação (1) se impormos restrições aos números não nulos z_1 e z_2, conforme nosso próximo exemplo.

EXEMPLO 2. Sejam z_1 e z_2 números complexos não nulos situados à direita do eixo imaginário, ou seja, tais que

$$\text{Re}\, z_1 > 0 \quad \text{e} \quad \text{Re}\, z_2 > 0.$$

Assim,

$$z_1 = r_1 \exp(i\Theta_1) \quad \text{e} \quad z_2 = r_2 \exp(i\Theta_2),$$

em que

$$-\frac{\pi}{2} < \Theta_1 < \frac{\pi}{2} \quad \text{e} \quad -\frac{\pi}{2} < \Theta_2 < \frac{\pi}{2}.$$

Agora é importante notar que $-\pi < \Theta_1 + \Theta_2 < \pi$, pois isso significa que

$$\text{Arg}\,(z_1 z_2) = \Theta_1 + \Theta_2.$$

Consequentemente,

$$\text{Log}(z_1 z_2) = \ln|z_1 z_2| + i\,\text{Arg}\,(z_1 z_2)$$
$$= \ln(r_1 r_2) + i(\Theta_1 + \Theta_2)$$
$$= (\ln r_1 + i\Theta_1) + (\ln r_2 + i\Theta_2).$$

Logo,

$$\text{Log}(z_1 z) = \text{Log}\, z_1 + \text{Log}\, z_2.$$

(Compare esse resultado com o obtido no Exercício 6 da Seção 9.)

Deixamos como um exercício a verificação da afirmação

(4)
$$\log\left(\frac{z_1}{z_2}\right) = \log z_1 - \log z_2,$$

que deve ser interpretada da mesma maneira que a afirmação (1).

SEÇÃO 34 ALGUMAS IDENTIDADES ENVOLVENDO LOGARITMOS

Concluímos esta seção com duas propriedades adicionais do $\log z$ que serão especialmente úteis na Seção 35. Se z for um número complexo não nulo, então

(5) $\qquad z^n = e^{n \log z} \qquad (n = 0 \pm 1, \pm 2, \ldots)$

qualquer que seja o valor escolhido para $\log z$. Quando $n = 1$, isso reduz, obviamente, à relação (3) da Seção 31. Para verificar a equação (5), basta escrever $z = re^{i\theta}$ e observar que cada lado da equação (5) é igual a $r^n e^{in\theta}$.

Também é verdade que se $z \neq 0$, então

(6) $\qquad z^{1/n} = \exp\left(\frac{1}{n} \log z\right) \qquad (n = 1, 2, \ldots),$

ou seja, o termo do lado direito tem n valores distintos, que são as raízes enésimas de z. Para provar isso, escrevemos $z = r \exp(i\Theta)$, em que Θ é o valor principal de $\arg z$. Então, a partir da definição (2) de $\log z$ da Seção 31,

$$\exp\left(\frac{1}{n} \log z\right) = \exp\left[\frac{1}{n} \ln r + \frac{i(\Theta + 2k\pi)}{n}\right]$$

em que $k = 0, \pm 1, \pm 2, \ldots$. Assim,

(7) $\qquad \exp\left(\frac{1}{n} \log z\right) = \sqrt[n]{r} \exp\left[i\left(\frac{\Theta}{n} + \frac{2k\pi}{n}\right)\right] \qquad (k = 0, \pm 1, \pm 2, \ldots).$

Como $\exp(i2k\pi/n)$ tem n valores distintos somente se $k = 0, 1, \ldots, n-1$, o lado direito da equação (7) tem somente n valores. Esse lado direito é, na verdade, uma expressão das raízes enésimas de z (Seção 10) e pode, portanto, ser denotado por $z^{1/n}$. Isso estabelece a validade da propriedade (6), que também é válida se n for um inteiro negativo (ver Exercício 4).

EXERCÍCIOS

1. Mostre que, dados quaisquer dois números complexos não nulos z_1 e z_2,

   $$\text{Log}(z_1 z_2) = \text{Log } z_1 + \text{Log } z_2 + 2N\pi i$$

   em que N tem um dos valores 0, ± 1. (Compare com o Exemplo 2 da Seção 34.)

2. Verifique a validade da expressão (4) da Seção 34 para $\log(z_1/z_2)$

   (a) usando o fato de que $\arg(z_1/z_2) = \arg z_1 - \arg z_2$ (Seção 9);

   (b) mostrando que $\log(1/z) = -\log z$ ($z \neq 0$), ou seja, que $\log(1/z)$ e $-\log z$ têm o mesmo conjunto de valores, e então usando a expressão (1) da Seção 34 para $\log(z_1 z_2)$.

3. Mostre que a expressão (4) da Seção 34 para $\log(z_1/z_2)$ não é sempre válida se trocarmos "log" por "Log". Para isso, escolha valores não nulos z_1 e z_2 específicos.

4. Mostre que a expressão (6) da Seção 34 também é válida se n for um inteiro negativo. Para isso, escreva $z^{1/n} = (z^{1/m})^{-1}$ ($m = -n$), em que n tem algum dos valores $n = -1, -2, \ldots$ (ver Exercício 9 da Seção 11) e use o fato de que essa propriedade já é sabida com inteiros positivos.

5. Seja z algum número complexo não nulo, escreva $z = re^{i\Theta}$ $(-\pi < \Theta \leq \pi)$, e considere algum inteiro positivo n fixado $(n = 1, 2, ...)$. Mostre que todos os valores de $\log(z^{1/n})$ são dados pela equação

$$\log(z^{1/n}) = \frac{1}{n}\ln r + i\frac{\Theta + 2(pn+k)\pi}{n},$$

em que $p = 0, \pm 1, \pm 2, \ldots$ e $k = 0, 1, 2, \ldots, n-1$. Em seguida, escrevendo

$$\frac{1}{n}\log z = \frac{1}{n}\ln r + i\frac{\Theta + 2q\pi}{n},$$

com $q = 0, \pm 1, \pm 2, \ldots$, mostre que o conjunto de valores possíveis de $\log(z^{1/n})$ é igual ao conjunto de valores possíveis de $(1/n)\log z$. Dessa forma, conclua que $\log(z^{1/n}) = (1/n)\log z$, sendo que a cada valor de $\log(z^{1/n})$ escolhido no lado esquerdo deve ser escolhido o valor apropriado de $\log z$ do lado direito, e vice-versa. [O resultado do Exercício 5 da Seção 33 é um caso especial desse.]

Sugestão: use o fato de que o resto da divisão de um número inteiro por um inteiro positivo n é, sempre, um inteiro entre 0 e $n-1$ inclusive; ou seja, especificando um número inteiro positivo n, qualquer inteiro q pode ser escrito como $q = pn + k$, em que p é um inteiro e k tem um dos valores $k = 0, 1, 2, \ldots, n-1$.

35 A FUNÇÃO POTÊNCIA

Se $z \neq 0$ e o expoente c for um número complexo qualquer, definimos a *função potência* z^c por meio da equação

(1) $$z^c = e^{c \log z} \quad (z \neq 0).$$

Em geral, a função potência z^c é multivalente, da mesma forma que o logaritmo. Isso será visto na próxima seção. A equação (1) fornece uma definição consistente de z^c, pois sabemos que essa equação é válida se $c = n$ $(n = 0, \pm 1, \pm 2, \ldots)$ e se $c = 1/n$ $(n = \pm 1, \pm 2, \ldots)$ (ver Seção 32). Na realidade, a definição (1) é decorrente dessas escolhas particulares de c.

Mencionamos duas outras propriedades esperadas da função potência z^c.

Uma dessas propriedades segue da expressão $1/e^z = e^{-z}$ da função exponencial (Seção 30), a saber,

$$\frac{1}{z^c} = \frac{1}{\exp(c \log z)} = \exp(-c \log z) = z^{-c}.$$

A outra propriedade é a regra de derivação de z^c. Usando um ramo específico

$$\log z = \ln r + i\theta \quad (r > 0, \alpha < \theta < \alpha + 2\pi)$$

da função logaritmo (Seção 33), $\log z$ é uma função analítica no domínio indicado. Logo, usando esse ramo do logaritmo, a equação (1) define uma função (univalente) que é analítica no mesmo domínio. A derivada desse **ramo** de z^c pode ser calculada usando a regra da cadeia

$$\frac{d}{dz}z^c = \frac{d}{dz}\exp(c\log z) = \frac{c}{z}\exp(c\log z)$$

e lembrando a identidade $z = \exp(\log z)$ (Seção 31). Dessa forma, obtemos

$$\frac{d}{dz}z^c = c\frac{\exp(c\log z)}{\exp(\log z)} = c\exp[(c-1)\log z],$$

ou

(2) $\qquad \dfrac{d}{dz}z^c = cz^{c-1} \qquad (|z| > 0, \alpha < \arg z < \alpha + 2\pi).$

O **valor principal** de z^c ocorre substituindo $\log z$ por $\operatorname{Log} z$ na definição (1):

(3) $\qquad\qquad\qquad$ V.P. $z^c = e^{c \operatorname{Log} z}$.

A equação (3) também serve para definir o **ramo principal** da função z^c no domínio $|z| > 0, -\pi < \operatorname{Arg} z < \pi$.

De acordo com a definição (1), dado qualquer número complexo não nulo c, a **função exponencial de base c** é dada por

(4) $\qquad\qquad\qquad c^z = e^{z\log c}.$

Observe que, embora e^z seja, em geral, multivalente pela definição (4), a interpretação usual de e^z ocorre tomando o ramo principal do logaritmo. Isso ocorre porque o valor principal de $\log e$ é igual a 1.

Especificando um valor de $\log c$, resulta que c^z é uma função inteira de z. De fato,

$$\frac{d}{dz}c^z = \frac{d}{dz}e^{z\log c} = e^{z\log c}\log c\,;$$

e isso mostra que

(5) $\qquad\qquad\qquad \dfrac{d}{dz}c^z = c^z \log c.$

36 EXEMPLOS

Os exemplos a seguir ilustram o material da Seção 35.

EXEMPLO 1. Considere a função potência

$$i^i = e^{i\log i}.$$

Já que

$$\log i = \ln 1 + i\left(\frac{\pi}{2} + 2n\pi\right) = \left(2n + \frac{1}{2}\right)\pi i \qquad (n = 0, \pm 1, \pm 2, \ldots),$$

podemos escrever

$$i^i = \exp\left[i\left(2n + \frac{1}{2}\right)\pi i\right] = \exp\left[-\left(2n + \frac{1}{2}\right)\pi\right] \quad (n = 0, \pm 1, \pm 2, \ldots)$$

e

$$\text{V.P.} \quad i^i = \exp\left(-\frac{\pi}{2}\right).$$

Observe que todos os valores de i^i são *números reais*.

EXEMPLO 2. Como

$$\log(-1) = \ln 1 + i(\pi + 2n\pi) = (2n+1)\pi i \quad (n = 0, \pm 1, \pm 2, \ldots),$$

é fácil mostrar que

$$(-1)^{1/\pi} = \exp\left[\frac{1}{\pi}\log(-1)\right] = \exp[(2n+1)i] \quad (n = 0, \pm 1, \pm 2, \ldots).$$

EXEMPLO 3. O ramo principal de $z^{2/3}$ pode ser descrito por

$$\exp\left(\frac{2}{3}\operatorname{Log} z\right) = \exp\left(\frac{2}{3}\ln r + \frac{2}{3}i\Theta\right) = \sqrt[3]{r^2}\exp\left(i\frac{2\Theta}{3}\right).$$

Assim,

$$\text{V.P.} \quad z^{2/3} = \sqrt[3]{r^2}\cos\frac{2\Theta}{3} + i\sqrt[3]{r^2}\operatorname{sen}\frac{2\Theta}{3}.$$

Essa função é analítica no domínio $r > 0$, $-\pi < \Theta < \pi$, como pode ser deduzido diretamente do teorema da Seção 24.

Muitas vezes, as leis conhecidas da exponenciação vistas no Cálculo se estendem à Analise Complexa, mas há exceções quando utilizamos certos números.

EXEMPLO 4. Considere os números complexos não nulos

$$z_1 = 1 + i, \quad z_2 = 1 - i \quad \text{e} \quad z_3 = -1 - i.$$

Tomando valores principais das potências, obtemos

$$(z_1 z_2)^i = 2^i = e^{i\operatorname{Log} 2} = e^{i(\ln 2 + i0)} = e^{i\ln 2}$$

e

$$z_1^i = e^{i\operatorname{Log}(1+i)} = e^{i(\ln\sqrt{2} + i\pi/4)} = e^{-\pi/4}e^{i(\ln 2)/2},$$
$$z_2^i = e^{i\operatorname{Log}(1-i)} = e^{i(\ln\sqrt{2} - i\pi/4)} = e^{\pi/4}e^{i(\ln 2)/2}.$$

Assim,

(1) $$(z_1 z_2)^i = z_1^i z_2^i,$$

como era de se esperar.

Por outro lado, continuando a usar os valores principais, vemos que

$$(z_2 z_3)^i = (-2)^i = e^{i\text{Log}(-2)} = e^{i(\ln 2 + i\pi)} = e^{-\pi} e^{i \ln 2}$$

e

$$z_3^i = e^{i\text{Log}(-1-i)} = e^{i(\ln \sqrt{2} - i 3\pi/4)} = e^{3\pi/4} e^{i(\ln 2)/2}.$$

Logo

$$(z_2 z_3)^i = \left[e^{\pi/4} e^{i(\ln 2)/2} \right] \left[e^{3\pi/4} e^{i(\ln 2)/2} \right] e^{-2\pi},$$

ou

(2) $$(z_2 z_3)^i = z_2^i z_3^i \, e^{-2\pi}.$$

EXERCÍCIOS

1. Mostre que

   (a) $(1+i)^i = \exp\left(-\dfrac{\pi}{4} + 2n\pi\right) \exp\left(i \dfrac{\ln 2}{2}\right)$ $(n = 0, \pm 1, \pm 2, \ldots)$;

   (b) $\dfrac{1}{i^{2i}} = \exp[(4n+1)\pi]$ $(n = 0, \pm 1, \pm 2, \ldots)$.

2. Encontre o valor principal de

   (a) $(-i)^i$; (b) $\left[\dfrac{e}{2}(-1 - \sqrt{3}i)\right]^{3\pi i}$; (c) $(1-i)^{4i}$.

   Respostas: (a) $\exp(\pi/2)$; (b) $-\exp(2\pi^2)$; (c) $e^{\pi}[\cos(2 \ln 2) + i \, \text{sen}(2 \ln 2)]$.

3. Use a definição (1) de z^c da Seção 35 para mostrar que $(-1 + \sqrt{3}i)^{3/2} = \pm 2\sqrt{2}$.

4. Mostre que o resultado do Exercício 3 poderia ter sido obtido escrevendo

   (a) $(-1 + \sqrt{3}i)^{3/2} = [(-1 + \sqrt{3}i)^{1/2}]^3$ e obtendo, antes, a raiz quadrada de $-1 + \sqrt{3}i$;

   (b) $(-1 + \sqrt{3}i)^{3/2} = [(-1 + \sqrt{3}i)^3]^{1/2}$ e obtendo, antes, o cubo de $-1 + \sqrt{3}i$.

5. Mostre que a raiz enésima *principal* de um número complexo não nulo z_0, definida na Seção 10, é igual ao valor principal de $z_0^{1/n}$, definido pela equação (3) da Seção 35.

6. Mostre que se $z \neq 0$ e se a for um número real, então $|z^a| = \exp(a \ln |z|) = |z|^a$ se tomarmos o valor principal de $|z|^a$.

7. Seja $c = a + bi$ um número complexo fixado, com $c \neq 0, \pm 1, \pm 2, \ldots$. Observe que i^c é multivalente. Quais restrições adicionais devem ser impostas à constante c para que $|i^c|$ tenha somente um único valor?

   Resposta: c deve ser real.

8. Sejam c, c_1, c_2 e z números complexos, com $z \neq 0$. Supondo que todos os valores envolvidos sejam principais, prove que

   (a) $z^{c_1} z^{c_2} = z^{c_1 + c_2}$; (b) $\dfrac{z^{c_1}}{z^{c_2}} = z^{c_1 - c_2}$;

   (c) $(z^c)^n = z^{c n}$ $(n = 1, 2, \ldots)$.

9. Supondo que exista $f'(z)$, obtenha uma fórmula para a derivada de $c^{f(z)}$.

37 AS FUNÇÕES TRIGONOMÉTRICAS sen z E cos z

Pela fórmula de Euler (Seção 7), temos que

$$e^{ix} = \cos x + i\operatorname{sen} x \quad \text{e} \quad e^{-ix} = \cos x - i\operatorname{sen} x$$

com qualquer número real x. Segue que

$$e^{ix} - e^{-ix} = 2i\operatorname{sen} x \quad \text{e} \quad e^{ix} + e^{-ix} = 2\cos x.$$

ou, então,

$$\operatorname{sen} x = \frac{e^{ix} - e^{-ix}}{2i} \quad \text{e} \quad \cos x = \frac{e^{ix} + e^{-ix}}{2}.$$

Dessa forma, é natural definir as *funções seno e cosseno* de uma variável complexa z por

(1) $$\operatorname{sen} z = \frac{e^{iz} - e^{-iz}}{2i} \quad \text{e} \quad \cos z = \frac{e^{iz} + e^{-iz}}{2}.$$

Essas funções são inteiras, por serem combinações lineares das funções inteiras e^{iz} e e^{-iz} (Exercício 3 da Seção 26). Conhecendo as derivadas

$$\frac{d}{dz}e^{iz} = ie^{iz} \quad \text{e} \quad \frac{d}{dz}e^{-iz} = -ie^{-iz}$$

dessas funções exponenciais, obtemos das equações (1) que

(2) $$\frac{d}{dz}\operatorname{sen} z = \cos z \quad \text{e} \quad \frac{d}{dz}\cos z = -\operatorname{sen} z.$$

A partir das definições (1), é fácil verificar que a função seno contínua sendo ímpar e a cosseno, par:

(3) $$\operatorname{sen}(-z) = -\operatorname{sen} z, \quad \cos(-z) = \cos z.$$

Também

(4) $$e^{iz} = \cos z + i\operatorname{sen} z,$$

que, evidentemente, é a fórmula de Euler no caso de z ser real (Seção 7).

As fórmulas da Trigonometria continuam válidas. Por exemplo (Ver Exercícios 2 e 3),

(5) $$\operatorname{sen}(z_1 + z_2) = \operatorname{sen} z_1 \cos z_2 + \cos z_1 \operatorname{sen} z_2,$$

(6) $$\cos(z_1 + z_2) = \cos z_1 \cos z_2 - \operatorname{sen} z_1 \operatorname{sen} z_2.$$

Dessas, segue imediatamente que

(7) $$\operatorname{sen} 2z = 2\operatorname{sen} z \cos z, \quad \cos 2z = \cos^2 z - \operatorname{sen}^2 z,$$

(8) $$\operatorname{sen}\left(z + \frac{\pi}{2}\right) = \cos z, \quad \operatorname{sen}\left(z - \frac{\pi}{2}\right) = -\cos z,$$

e [Exercício 4(a)]

SEÇÃO 37 AS FUNÇÕES TRIGONOMÉTRICAS sen z E cos z

(9) $$\text{sen}^2 z + \cos^2 z = 1.$$

O caráter periódico de sen z e cos z é igualmente evidente:

(10) $\quad\quad\quad\quad \text{sen}(z + 2\pi) = \text{sen } z, \quad\quad \text{sen}(z + \pi) = -\text{sen } z,$

(11) $\quad\quad\quad\quad \cos(z + 2\pi) = \cos z, \quad\quad \cos(z + \pi) = -\cos z.$

Se y for um número real qualquer, podemos usar as definições (1) e as funções hiperbólicas

$$\text{senh } y = \frac{e^y - e^{-y}}{2} \quad \text{e} \quad \cosh y = \frac{e^y + e^{-y}}{2}$$

do Cálculo para escrever

(12) $\quad\quad\quad\quad \text{sen}(iy) = i \text{ senh} y \quad \text{e} \quad \cos(iy) = \cosh y.$

Os componentes real e imaginário de sen z e cos z podem ser dados em termos dessas funções hiperbólicas, pois

(13) $\quad\quad\quad\quad \text{sen } z = \text{sen } x \cosh y + i \cos x \text{ senh } y,$

(14) $\quad\quad\quad\quad \cos z = \cos x \cosh y - i \text{ sen } x \text{ senh } y,$

em que $z = x + iy$. Para obter as expressões (13) e (14), escrevemos

$$z_1 = x \quad \text{e} \quad z_2 = iy$$

nas identidades (5) e (6) e usamos as relações (12). Observe que, uma vez obtida a relação (13), podemos deduzir a relação (14) usando um fato da Seção 21, a saber, que se a derivada de uma função

$$f(z) = u(x, y) + iv(x, y)$$

existir em algum ponto $z = (x, y)$, então

$$f'(z) = u_x(x, y) + iv_x(x, y).$$

As expressões (13) e (14) podem ser usadas (Exercício 7 da Seção 38) para mostrar que

(15) $\quad\quad\quad\quad |\text{sen } z|^2 = \text{sen}^2 x + \text{senh}^2 y,$

(16) $\quad\quad\quad\quad |\cos z|^2 = \cos^2 x + \text{senh}^2 y.$

Lembrando que senh y tende ao infinito se y tender ao infinito, decorre dessas duas equações que sen z e cos z *não são limitadas* no plano complexo, mesmo que o valor absoluto de sen x e cos x seja limitado por 1 com qualquer valor real de x. (Ver a definição de função limitada no final da Seção 18.)

38 ZEROS E SINGULARIDADES DE FUNÇÕES TRIGONOMÉTRICAS

Um *zero* de uma dada função f é um número z_0 tal que $f(z_0) = 0$. É perfeitamente possível que uma função de uma variável real tenha zeros adicionais se seu domínio de definição for aumentado.

EXEMPLO. A função $f(x) = x^2 + 1$, definida em toda a reta real, não possui zeros. No entanto, a função $f(z) = z^2 + 1$, definida em todo o plano complexo, tem os zeros $z = \pm i$.

Consideremos agora a função sen z introduzida na Seção 37. Como essa função é dada pela função seno sen x usual do Cálculo se z for real, sabemos que os números reais

$$z = n\pi \qquad (n = 0, \pm 1, 2, \ldots)$$

são zeros de sen z. É natural perguntar se há outros zeros no plano complexo e, analogamente, se a função cosseno tem zeros adicionais.

Teorema. *Os zeros de sen z e cos z no plano complexo são os mesmos zeros de sen x e cos x na reta real, ou seja,*

$$\operatorname{sen} z = 0 \quad \text{se, e só se,} \quad z = n\pi \quad (n = 0, \pm 1, 2, \ldots)$$

e

$$\cos z = 0 \quad \text{se, e só se,} \quad z = \frac{\pi}{2} + n\pi \quad (n = 0, \pm 1, \pm 2, \ldots).$$

Para provar esse teorema, começamos com a função seno. Como sen z é dada pela função seno usual do Cálculo se z for real, sabemos que todos os números reais $z = n\pi$ ($n = 0, \pm 1, \pm 2, \ldots$) são zeros de sen z. Para mostrar que *não há zeros adicionais*, supomos que sen $z = 0$ e observamos que, da equação (15) da Seção 37, segue que

$$\operatorname{sen}^2 x + \operatorname{senh}^2 y = 0.$$

Essa soma de quadrados revela que

$$\operatorname{sen} x = 0 \quad \text{e} \quad \operatorname{senh} y = 0.$$

Evidentemente, então, $x = n\pi$ ($n = 0, \pm 1, 2, \ldots$) e $y = 0$, e os zeros de sen z são os do enunciado do teorema.

Quanto à função cosseno, a segunda das relações (8) da Seção 37 nos diz que

$$\cos z = -\operatorname{sen}\left(z - \frac{\pi}{2}\right);$$

portanto, segue que os zeros de cos z são os do enunciado do teorema.

As demais funções trigonométricas são definidas em termos de seno e cosseno pelas relações conhecidas

$$(1) \qquad \operatorname{tg} z = \frac{\operatorname{sen} z}{\cos z}, \qquad \operatorname{cotg} z = \frac{\cos z}{\operatorname{sen} z},$$

SEÇÃO 38 ZEROS E SINGULARIDADES DE FUNÇÕES TRIGONOMÉTRICAS   107

(2) $$\sec z = \frac{1}{\cos z}, \quad \operatorname{cossec} z = \frac{1}{\operatorname{sen} z}.$$

Observe que os quocientes tg z e sec z são funções analíticas em toda parte, exceto nas singularidades (Seção 25)

$$z = \frac{\pi}{2} + n\pi \quad (n = 0, \pm 1, \pm 2, \ldots),$$

que são os zeros de cos z. Da mesma forma, cotg z e cossec z têm singularidades nos zeros de sen z, a saber,

$$z = n\pi \quad (n = 0, \pm 1, \pm 2, \ldots).$$

Derivando os lados direitos das equações (1) e (2), obtemos as conhecidas fórmulas de derivação

(3) $$\frac{d}{dz}\operatorname{tg} z = \sec^2 z, \quad \frac{d}{dz}\operatorname{cotg} z = -\operatorname{cossec}^2 z,$$

(4) $$\frac{d}{dz}\sec z = \sec z \operatorname{tg} z, \quad \frac{d}{dz}\operatorname{cossec} z = -\operatorname{cossec} z \operatorname{cotg} z.$$

A periodicidade de cada uma das funções trigonométricas definidas pelas equações (1) e (2) segue imediatamente das equações (10) e (11) da Seção 37. Por exemplo,

(5) $$\operatorname{tg}(z + \pi) = \operatorname{tg} z.$$

As propriedades da aplicação sen z como transformação do plano são especialmente importantes nas aplicações. O leitor que já quiser saber algumas dessas propriedades está suficientemente preparado para passar diretamente às Seções 104 e 105 (Capítulo 8), nas quais são discutidas.

EXERCÍCIOS

1. Forneça os detalhes da dedução das expressões (2) da Seção 37 para as derivadas de sen z e cos z.

2. (a) Com a ajuda da expressão (4) da Seção 37, mostre que

$$e^{iz_1}e^{iz_2} = \cos z_1 \cos z_2 - \operatorname{sen} z_1 \operatorname{sen} z_2 + i(\operatorname{sen} z_1 \cos z_2 + \cos z_1 \operatorname{sen} z_2).$$

Em seguida, use as relações (3) da Seção 37 para mostrar que decorre

$$e^{-iz_1}e^{-iz_2} = \cos z_1 \cos z_2 - \operatorname{sen} z_1 \operatorname{sen} z_2 - i(\operatorname{sen} z_1 \cos z_2 + \cos z_1 \operatorname{sen} z_2).$$

(b) Use os resultados da parte (a) e o fato de que

$$\operatorname{sen}(z_1 + z_2) = \frac{1}{2i}\left[e^{i(z_1+z_2)} - e^{-i(z_1+z_2)}\right] = \frac{1}{2i}\left(e^{iz_1}e^{iz_2} - e^{-iz_1}e^{-iz_2}\right)$$

para obter a identidade

$$\operatorname{sen}(z_1 + z_2) = \operatorname{sen} z_1 \cos z_2 + \cos z_1 \operatorname{sen} z_2$$

da Seção 37.

3. De acordo com o último resultado do Exercício 2(*b*), temos
$$\operatorname{sen}(z + z_2) = \operatorname{sen} z \cos z_2 + \cos z \operatorname{sen} z_2.$$
Derivando cada lado dessa equação em relação a z e tomando $z = z_1$, deduza a equação
$$\cos(z_1 + z_2) = \cos z_1 \cos z_2 - \operatorname{sen} z_1 \operatorname{sen} z_2$$
que foi dada na Seção 37.

4. Verifique a validade da identidade (9) da Seção 37 usando

   (*a*) a identidade (6) e as relações (3) daquela seção;

   (*b*) o lema da Seção 28 e o fato de que a função inteira
   $$f(z) = \operatorname{sen}^2 z + \cos^2 z - 1$$
   tem valor zero em todo o eixo real.

5. Use a identidade (9) da Seção 37 para mostrar que

   (*a*) $1 + \operatorname{tg}^2 z = \sec^2 z;$ (*b*) $1 + \operatorname{cotg}^2 z = \operatorname{cossec}^2 z.$

6. Estabeleça a validade das fórmulas de derivação (3) e (4) da Seção 38.

7. Na Seção 37, use as expressões (13) e (14) para deduzir as expressões (15) e (16) para $|\operatorname{sen} z|^2$ e $|\cos z|^2$.

   Sugestão: lembre-se das identidades $\operatorname{sen}^2 x + \cos^2 x = 1$ e $\cosh^2 y - \operatorname{senh}^2 y = 1$.

8. Explique como, das expressões (15) e (16) da Seção 37 para $|\operatorname{sen} z|^2$ e $|\cos z|^2$, decorre que

   (*a*) $|\operatorname{sen} z| \geq |\operatorname{sen} x|;$ (*b*) $|\cos z| \geq |\cos x|.$

9. Usando as expressões (15) e (16) da Seção 37 para $|\operatorname{sen} z|^2$ e $|\cos z|^2$, mostre que

   (*a*) $|\operatorname{senh} y| \leq |\operatorname{sen} z| \leq \cosh y;$ (*b*) $|\operatorname{senh} y| \leq |\cos z| \leq \cosh y.$

10. (*a*) Use as definições (1) de sen z e cos z da Seção 37 para mostrar que
    $$2 \operatorname{sen}(z_1 + z_2) \operatorname{sen}(z_1 - z_2) = \cos 2z_2 - \cos 2z_1.$$
    (*b*) Usando a identidade obtida na parte (*a*), mostre que se $\cos z_1 = \cos z_2$, então pelo menos um dos dois números $z_1 + z_2$ e $z_1 - z_2$ é um múltiplo inteiro de 2π.

11. Use as equações de Cauchy-Riemann e o teorema da Seção 21 para mostrar que nem sen $\bar{z}$ nem cos $\bar{z}$ são uma função analítica de z em qualquer ponto.

12. Use o princípio da reflexão (Seção 29) para mostrar que em cada z valem

    (*a*) $\overline{\operatorname{sen} z} = \operatorname{sen} \bar{z};$ (*b*) $\overline{\cos z} = \cos \bar{z}.$

13. Usando as expressões (13) e (14) da Seção 37, obtenha uma demonstração direta das relações obtidas no Exercício 12.

14. Mostre que

    (*a*) $\overline{\cos(iz)} = \cos(i\bar{z})$ com qualquer z;

    (*b*) $\overline{\operatorname{sen}(iz)} = \operatorname{sen}(i\bar{z})$ se, e só se, $z = n\pi i$ ($n = 0, \pm 1, \pm 2, \ldots$).

15. Encontre todas as raízes da equação sen $z = \cosh 4$ igualando as partes reais e, depois, as partes imaginárias de sen z e de cosh 4.

Resposta: $\left(\dfrac{\pi}{2} + 2n\pi\right) \pm 4i$ $(n = 0, \pm 1, \pm 2, \ldots)$.

16. Usando a expressão (14) da Seção 37, mostre que as raízes da equação $\cos z = 2$ são
$$z = 2n\pi + i \operatorname{arc cosh} 2 \qquad (n = 0, \pm 1, \pm 2, \ldots).$$
Em seguida, escreva essas raízes na forma
$$z = 2n\pi \pm i \ln(2 + \sqrt{3}) \qquad (n = 0, \pm 1, \pm 2, \ldots).$$

39 FUNÇÕES HIPERBÓLICAS

As *funções seno e cosseno hiperbólicas* de uma variável complexa z são definidas como as de uma variável real:

(1) $$\operatorname{senh} z = \frac{e^z - e^{-z}}{2}, \qquad \cosh z = \frac{e^z + e^{-z}}{2}.$$

Como as funções e^z e e^{-z} são inteiras, segue das definições (1) que $\operatorname{senh} z$ e $\cosh z$ são inteiras. Além disso,

(2) $$\frac{d}{dz} \operatorname{senh} z = \cosh z, \qquad \frac{d}{dz} \cosh z = \operatorname{senh} z.$$

Pela maneira em que a função exponencial aparece nas definições (1) e nas definições

$$\operatorname{sen} z = \frac{e^{iz} - e^{-iz}}{2i}, \qquad \cos z = \frac{e^{iz} + e^{-iz}}{2}$$

de $\operatorname{sen} z$ e $\cos z$ da Seção 37, as funções seno e cosseno hiperbólicos estão diretamente relacionadas com as funções trigonométricas:

(3) $\qquad -i \operatorname{senh}(iz) = \operatorname{sen} z, \qquad \cosh(iz) = \cos z,$

(4) $\qquad -i \operatorname{sen}(iz) = \operatorname{senh} z, \qquad \cos(iz) = \cosh z.$

Observe que, das relações (4) e da periodicidade de $\operatorname{sen} z$ e $\cos z$, segue imediatamente que $\operatorname{senh} z$ e $\cosh z$ são *periódicas de período* $2\pi i$.

Algumas das relações entre as funções seno e cosseno hiperbólicos mais frequentemente usadas são

(5) $\qquad \operatorname{senh}(-z) = -\operatorname{senh} z, \qquad \cosh(-z) = \cosh z,$

(6) $\qquad \cosh^2 z - \operatorname{senh}^2 z = 1,$

(7) $\qquad \operatorname{senh}(z_1 + z_2) = \operatorname{senh} z_1 \cosh z_2 + \cosh z_1 \operatorname{senh} z_2,$

(8) $\qquad \cosh(z_1 + z_2) = \cosh z_1 \cosh z_2 + \operatorname{senh} z_1 \operatorname{senh} z_2$

e

(9) $\qquad \operatorname{senh} z = \operatorname{senh} x \cos y + i \cosh x \operatorname{sen} y,$

(10) $$\cosh z = \cosh x \cos y + i \,\mathrm{senh}\, x \,\mathrm{sen}\, y,$$
(11) $$|\mathrm{senh}\, z|^2 = \mathrm{senh}^2 x + \mathrm{sen}^2 y,$$
(12) $$|\cosh z|^2 = \mathrm{senh}^2 x + \cos^2 y,$$

em que $z = x + iy$. Embora essas relações decorram diretamente das definições (1), elas são mais facilmente obtidas a partir de identidades trigonométricas relacionadas, usando as relações (3) e (4).

EXEMPLO 1. Para exemplificar o método que acabamos de sugerir, vamos verificar a identidade (6) começando com a relação

(13) $$\mathrm{sen}^2 z + \cos^2 z = 1$$

da Seção 37. Usando as relações (3) para substituir sen z e cos z na relação (13), obtemos

$$-\mathrm{senh}^2(iz) + \cosh^2(iz) = 1.$$

Em seguida, trocamos z por $-iz$ na última equação para obter a identidade (6).

EXEMPLO 2. Verifiquemos a expressão (12) usando a segunda das relações (4). Começamos escrevendo

(14) $$|\cosh z|^2 = |\cos(iz)|^2 = |\cos(-y + ix)|^2.$$

No entanto, já sabemos pela relação (16) da Seção 37 que

$$|\cos(x + iy)|^2 = \cos^2 x + \mathrm{senh}^2 y,$$

e disso decorre que

(15) $$|\cos(-y + ix)|^2 = \cos^2 y + \mathrm{senh}^2 x.$$

Combinando as expressões (14) e (15), obtemos a relação (12).

Vejamos, agora, os zeros de senh z e cosh z. Apresentamos o resultado em forma de teorema para enfatizar sua importância em capítulos subsequentes e também para fornecer uma comparação fácil com os zeros de sen z e cos z apresentados no teorema da Seção 38. De fato, o teorema seguinte é uma consequência imediata daquele teorema e das relações (4).

Teorema. *Todos os zeros de senh z e cosh z no plano complexo pertencem ao eixo imaginário. Mais especificamente,*

$$\mathrm{senh}\, z = 0 \quad \text{se, e só se,} \quad z = n\pi i \quad (n = 0, \pm 1, 2, \ldots)$$

e

$$\cosh z = 0 \quad \text{se, e só se,} \quad z = \left(\frac{\pi}{2} + n\pi\right)i \quad (n = 0, \pm 1, \pm 2, \ldots).$$

SEÇÃO 39 FUNÇÕES HIPERBÓLICAS

A função *tangente hiperbólica* de z é definida pela equação

(16) $$\text{tgh } z = \frac{\text{senh } z}{\cosh z}$$

e é analítica em qualquer domínio em que $\cosh z \neq 0$. As funções cotgh z, sech z e cossech z são definidas pelos recíprocos de tgh z, cosh z e senh z, respectivamente. É imediato verificar as fórmulas de derivação seguintes, que são iguais às fórmulas do Cálculo para as funções de uma variável real correspondentes.

(17) $\quad\dfrac{d}{dz}\text{tgh } z = \text{sech}^2 z, \qquad \dfrac{d}{dz}\text{cotgh } z = -\text{cossech}^2 z,$

(18) $\quad\dfrac{d}{dz}\text{sech } z = -\text{sech } z \text{ tgh } z, \qquad \dfrac{d}{dz}\text{cossech } z = -\text{cossech } z \text{ cotgh } z.$

EXERCÍCIOS

1. Verifique que as derivadas de senh z e cosh z são as dadas nas equações (2) da Seção 39.
2. Prove que senh $2z = 2$ senh z cosh z usando
    (a) as definições (1) de senh z e cosh z da Seção 39;
    (b) a identidade sen $2z = 2$ sen z cos z da Seção 37 e as relações (3) da Seção 39.
3. Mostre como as identidades (6) e (8) da Seção 39 decorrem das identidades (9) e (6) da Seção 37, respectivamente.
4. Escreva senh $z =$ senh$(x + iy)$ e cosh $z =$ cosh$(x + iy)$, e então mostre como as expressões (9) e (10) da Seção 39 decorrem das identidades (7) e (8) daquela seção, respectivamente.
5. Deduza a expressão (11) para $|\text{senh } z|^2$ da Seção 39.
6. Mostre que $|\text{senh } x| \leq |\cosh z| \leq \cosh x$ usando
    (a) a identidade (12) da Seção 39;
    (b) as desigualdades $|\text{senh } y| \leq |\cos z| \leq \cosh y$, obtidas no Exercício 9(b) da Seção 38.
7. Mostre que
    (a) senh$(z + \pi i) = -$senh z; (b) cosh$(z + \pi i) - \cosh z$;
    (c) tgh$(z + \pi i) = $ tgh z.
8. Forneça os detalhes para mostrar que os zeros de senh z e cosh z são os dados no teorema da Seção 39.
9. Usando os resultados provados no Exercício 8, localize todos os zeros e as singularidades da função tangente hiperbólica.
10. Mostre que tgh $z = -i$ tg(iz).
    Sugestão: use as identidades (4) da Seção 39.
11. Deduza as fórmulas de derivação (17) da Seção 39.
12. Use o princípio da reflexão (Seção 29) para mostrar que em cada z vale
    (a) $\overline{\text{senh } z} = $ senh $\bar{z}$; (b) $\overline{\cosh z} = \cosh \bar{z}$.

112 CAPÍTULO 3 FUNÇÕES ELEMENTARES

13. Use os resultados do Exercício 12 para mostrar que $\overline{\text{tgh } z} = \text{tgh } \bar{z}$ em todos os pontos nos quais $z \neq 0$.

14. Usando o lema da Seção 28 e admitindo como verdadeiras as identidades dadas se z for trocado pela variável real x, mostre que

    (a) $\cosh^2 z - \text{senh}^2 z = 1$;   (b) $\text{senh } z + \cosh z = e^z$.

    [Compare com o Exercício 4(b) da Seção 38.]

15. Por que é inteira a função $\text{senh}(e^z)$? Obtenha o componente real dessa função em termos de x e y e justifique por que essa função componente deve ser harmônica em toda parte.

16. Usando uma das identidades (9) e (10) da Seção 39 e procedendo como no Exercício 15 da Seção 38, encontre todas as raízes da equação dada.

    (a) $\text{senh } z = i$;   (b) $\cosh z = \dfrac{1}{2}$.

    Respostas: (a) $z = \left(2n + \dfrac{1}{2}\right)\pi i$ $(n = 0, \pm 1, \pm 2, \ldots)$;

    (b) $z = \left(2n \pm \dfrac{1}{3}\right)\pi i$ $(n = 0, \pm 1, \pm 2, \ldots)$.

17. Encontre todas as raízes da equação $\cosh z = -2$. (Compare com o Exercício 16 da Seção 38.)

    Resposta: $z = \pm \ln(2 + \sqrt{3}) + (2n + 1)\pi i$ $(n = 0, \pm 1, \pm 2, \ldots)$.

40 FUNÇÕES TRIGONOMÉTRICAS E HIPERBÓLICAS INVERSAS

As inversas das funções trigonométricas e hiperbólicas podem ser descritas em termos de logaritmos.

Para definir a função inversa do seno, denotada por arc sen z, escrevemos

$$w = \text{arc sen } z \quad \text{se} \quad z = \text{sen } w$$

Isto é, $w = \text{arc sen } z$ se

$$z = \frac{e^{iw} - e^{-iw}}{2i}.$$

Colocando essa equação na forma

$$(e^{iw})^2 - 2iz(e^{iw}) - 1 = 0,$$

que é quadrática em e^{iw}, e resolvendo em e^{iw} obtemos [ver Exercício 8(a) da Seção 11]

(1) $$e^{iw} = iz + (1 - z^2)^{1/2}$$

em que $(1 - z^2)^{1/2}$ é uma função bivalente de z, como já sabemos. Tomando logaritmos de ambos os lados da equação (1) e lembrando que $w = \text{arc sen } z$, chegamos na expressão

(2) $$\text{arc sen } z = -i \log[i z + (1 - z^2)^{1/2}].$$

SEÇÃO 40 FUNÇÕES TRIGONOMÉTRICAS E HIPERBÓLICAS INVERSAS 113

O exemplo a seguir enfatiza o fato de que arc sen z é uma função multivalente, com uma infinidade de valores em cada ponto z.

EXEMPLO. A expressão (2) nos diz que

$$\text{arc sen } (-i) = -i \log(1 \pm \sqrt{2}).$$

Sabemos que

$$\log(1 + \sqrt{2}) = \ln(1 + \sqrt{2}) + 2n\pi i \qquad (n = 0, \pm 1, \pm 2, \ldots)$$

e

$$\log(1 - \sqrt{2}) = \ln(\sqrt{2} - 1) + (2n + 1)\pi i \qquad (n = 0, \pm 1, \pm 2, \ldots).$$

Como

$$\ln(\sqrt{2} - 1) = \ln \frac{1}{1 + \sqrt{2}} = -\ln(1 + \sqrt{2}),$$

os números

$$(-1)^n \ln(1 + \sqrt{2}) + n\pi i \qquad (n = 0, \pm 1, \pm 2, \ldots)$$

constituem o conjunto de valores de $\log(1 \pm \sqrt{2})$. Assim, em formato retangular,

$$\text{arc sen } (-i) = n\pi + i(-1)^{n+1} \ln(1 + \sqrt{2}) \qquad (n = 0, \pm 1, \pm 2, \ldots).$$

A mesma técnica usada para obter a expressão (2) de arc sen z pode ser utilizada para mostrar que

(3) $$\text{arc cos } z = -i \log[z + i(1 - z^2)^{1/2}]$$

e que

(4) $$\text{arc tg } z = \frac{i}{2} \log \frac{i + z}{i - z}.$$

As funções arc cos z e arc tg z também são multivalentes. Utilizando ramos específicos das funções raiz quadrada e logaritmo, todas essas três inversas tornam-se funções (univalentes e) analíticas, por serem compostas de funções analíticas.

As derivadas dessas três funções são obtidas facilmente a partir de suas expressões logarítmicas. As derivadas das duas primeiras dependem dos valores escolhidos para a raiz quadrada, pois

(5) $$\frac{d}{dz} \text{arc sen } z = \frac{1}{(1 - z^2)^{1/2}},$$

(6) $$\frac{d}{dz} \text{arc cos } z = \frac{-1}{(1 - z^2)^{1/2}}.$$

Entretanto, a derivada da terceira,

(7) $$\frac{d}{dz} \operatorname{arc\,tg} z = \frac{1}{1+z^2},$$

não depende da maneira pela qual tornamos essa inversa univalente.

As funções hiperbólicas inversas podem ser tratadas de maneira análoga. Obtém-se

(8) $\qquad \operatorname{arc\,senh} z = \log[z + (z^2 + 1)^{1/2}],$

(9) $\qquad \operatorname{arc\,cosh} z = \log[z + (z^2 - 1)^{1/2}]$

e

(10) $\qquad \operatorname{arc\,tgh} z = \frac{1}{2} \log \frac{1+z}{1-z}.$

EXERCÍCIOS

1. Encontre todos os valores de

    (a) arc tg $(2i)$; (b) arc tg $(1+i)$; (c) arc cosh (-1); (d) arc tgh 0.

    Respostas: (a) $\left(n + \frac{1}{2}\right)\pi + \frac{i}{2} \ln 3 \, (n = 0, \pm 1, \pm 2, \ldots)$;

    (d) $n\pi i \, (n = 0, \pm 1, \pm 2, \ldots)$.

2. Resolva a equação sen $z = 2$ em z

    (a) igualando as partes reais dessa equação e, depois, as imaginárias;

    (b) usando a expressão (2) da Seção 40 para arc sen z.

    Resposta: $z = \left(2n + \frac{1}{2}\right)\pi \pm i \ln(2 + \sqrt{3}) \, (n = 0, \pm 1, \pm 2, \ldots)$.

3. Resolva a equação cos $z = \sqrt{2}$ em z.
4. Deduza a expressão (5) da Seção 40 para a derivada de arc sen z.
5. Deduza a expressão (4) da Seção 40 para arc tg z.
6. Deduza a expressão (7) da Seção 40 para a derivada de arc tg z.
7. Deduza a expressão (9) da Seção 40 para arc cosh z.

CAPÍTULO 4

INTEGRAIS

As integrais são extremamente importantes no estudo de funções de uma variável complexa. A teoria de integração que desenvolvemos neste capítulo é conhecida por sua elegância matemática: quase todos os teoremas são concisos e poderosos, e muitas demonstrações são curtas.

41 DERIVADAS DE FUNÇÕES $w(t)$

Para simplificar a introdução da integral de $f(z)$, convém considerar, antes, as derivadas de funções complexas w de uma variável *real t*. Escrevemos

(1) $$w(t) = u(t) + iv(t),$$

em que as funções u e v são funções *reais* da variável t. A derivada

$$w'(t) \quad \text{ou} \quad \frac{d}{dt}w(t),$$

da função (1) em um ponto t é definida por

(2) $$w'(t) = u'(t) + iv'(t),$$

sempre que exista cada uma das derivadas u' e v' em t.

Muitas regras de derivação de funções reais da variável t do Cálculo, como as da soma e produto, são igualmente válidas para funções complexas e, geralmente, sua verificação é análoga à da regra correspondente do Cálculo.

EXEMPLO 1. Supondo que as funções $u(t)$ e $v(t)$ na expressão (1) sejam deriváveis em t, provemos que

(3) $$\frac{d}{dt}[w(t)]^2 = 2w(t)w'(t).$$

Para isso, começamos escrevendo
$$[w(t)]^2 = (u+iv)^2 = u^2 - v^2 + i2uv.$$
Então,
$$\begin{aligned}\frac{d}{dt}[w(t)]^2 &= (u^2 - v^2)' + i(2uv)' \\ &= 2uu' - 2vv' + i2(uv' + u'v) \\ &= 2(u+iv)(u' + iv'),\end{aligned}$$
e obtemos a expressão (3).

EXEMPLO 2. Outra regra conhecida de derivação que será bastante utilizada é

(4) $$\frac{d}{dt}e^{z_0 t} = z_0 e^{z_0 t},$$

em que $z_0 = x_0 + iy_0$. Para verificar isso, escrevemos
$$e^{z_0 t} = e^{x_0 t} e^{iy_0 t} = e^{x_0 t} \cos y_0 t + i e^{x_0 t} \operatorname{sen} y_0 t$$
e usamos a definição (2) para obter
$$\frac{d}{dt}e^{z_0 t} = (e^{x_0 t} \cos y_0 t)' + i(e^{x_0 t} \operatorname{sen} y_0 t)'.$$
Das regras conhecidas do Cálculo e uma manipulação simples decorre
$$\frac{d}{dt}e^{z_0 t} = (x_0 + iy_0)(e^{x_0 t} \cos y_0 t + i e^{x_0 t} \operatorname{sen} y_0 t),$$
ou
$$\frac{d}{dt}e^{z_0 t} = (x_0 + iy_0)e^{x_0 t} e^{iy_0 t}.$$
É claro que isso é o mesmo que a equação (4).

Embora a maioria das regras do Cálculo seja válida com as funções do tipo (1), algumas não o são. O exemplo a seguir ilustra uma dessas regras.

EXEMPLO 3. Suponha que $w(t)$ seja contínua no intervalo $a \le t \le b$, ou seja, que suas funções componentes $u(t)$ e $v(t)$ sejam contínuas nesse intervalo. Mesmo se existir a derivada $w'(t)$ em cada $a < t < b$, não podemos usar um teorema do valor médio das derivadas. Mais precisamente, não é necessariamente verdadeiro que exista algum número c no intervalo $a < t < b$ tal que

(5) $$w'(c) = \frac{w(b) - w(a)}{b-a}.$$

Para ver isso, considere a função $w(t) = e^{it}$ definida no intervalo $0 \le t \le 2\pi$. Com essa função, temos $|w'(t)| = |ie^{it}| = 1$ (ver Exemplo 2), o que significa que a derivada $w'(c)$ do lado esquerdo da equação (5) nunca se anula. No entanto, o quociente do lado direito da equação (5) é dado por

$$\frac{w(b) - w(a)}{b - a} = \frac{w(2\pi) - w(0)}{2\pi - 0} = \frac{e^{i2\pi} - e^{i0}}{2\pi} = \frac{1-1}{2\pi} = 0.$$

Assim, não pode existir algum número c que torne válida a equação (5).

42 INTEGRAIS DEFINIDAS DE FUNÇÕES $w(t)$

Se $w(t)$ for uma função complexa da variável real t e escrevermos

(1) $$w(t) = u(t) + iv(t),$$

em que u e v são funções reais, então a **integral definida** de $w(t)$ em um intervalo $a \leq t \leq b$ é definida por

(2) $$\int_a^b w(t)\,dt = \int_a^b u(t)\,dt + i \int_a^b v(t)\,dt,$$

desde que exista cada uma das integrais do lado direito da equação. Assim,

(3) $$\text{Re}\int_a^b w(t)\,dt = \int_a^b \text{Re}[w(t)]\,dt \quad \text{e} \quad \text{Im}\int_a^b w(t)\,dt = \int_a^b \text{Im}[w(t)]\,dt.$$

EXEMPLO 1. Ilustrando a definição (2), temos

$$\int_0^{\pi/4} e^{it}\,dt = \int_0^{\pi/4}(\cos t + i\,\text{sen}\,t)\,dt = \int_0^{\pi/4}\cos t\,dt + i\int_0^{\pi/4}\text{sen}\,t\,dt$$

$$= [\text{sen}\,t]_0^{\pi/4} + i[-\cos t]_0^{\pi/4} = \frac{1}{\sqrt{2}} + i\left(-\frac{1}{\sqrt{2}} + 1\right).$$

De maneira análoga, definimos integrais impróprias de $w(t)$ em intervalos ilimitados. [Ver Exercício 2(d).]

A existência das integrais de u e v na definição (2) é garantida se essas funções forem **seccionalmente contínuas** no intervalo $a \leq t \leq b$. Isso significa que essas funções são contínuas em cada ponto do intervalo dado, exceto, possivelmente, em um número finito de pontos nos quais, embora descontínuas, existem os limites laterais pertinentes. É claro que em a só se exige o limite lateral pela direita e, em b, o limite pela esquerda. Se ambas, u e v, forem seccionalmente contínuas, dizemos que $w(t)$ é seccionalmente contínua.

As regras de integração esperadas são todas válidas com essas integrais. Por exemplo, sabemos integrar um múltiplo complexo de uma função $w(t)$, a soma de duas funções dessas e, também, inverter as extremidades de integração. Essas regras, bem como a propriedade

$$\int_a^b w(t)\,dt = \int_a^c w(t)\,dt + \int_c^b w(t)\,dt,$$

são facilmente verificáveis usando as regras correspondentes do Cálculo.

O *teorema fundamental do Cálculo*, envolvendo antiderivadas, pode ser estendido para valer com as integrais do tipo (2). Mais especificamente, suponha que as funções

$$w(t) = u(t) + iv(t) \quad \text{e} \quad W(t) = U(t) + iV(t)$$

sejam contínuas no intervalo $a \leq t \leq b$. Se $W'(t) = w(t)$ com $a \leq t \leq b$, então $U'(t) = u(t)$ e $V'(t) = v(t)$. Logo, pela definição (2),

$$\int_a^b w(t)\, dt = [U(t)]_a^b + i[V(t)]_a^b = [U(b) + iV(b)] - [U(a) + iV(a)].$$

Assim,

(4) $$\int_a^b w(t)\, dt = W(b) - W(a) = W(t)\Big]_a^b.$$

Dessa forma, obtemos outra maneira de calcular a integral de e^{it} do Exemplo 1.

EXEMPLO 2. Como

$$\frac{d}{dt}\left(\frac{e^{it}}{i}\right) = \frac{1}{i}\frac{d}{dt}e^{it} = \frac{1}{i}ie^{it} = e^{it},$$

(ver Exemplo 2 da Seção 41), vemos que

$$\int_0^{\pi/4} e^{it}\, dt = \frac{e^{it}}{i}\Big]_0^{\pi/4} = \frac{e^{i\pi/4}}{i} - \frac{1}{i} = \frac{1}{i}\left(\cos\frac{\pi}{4} + i\,\text{sen}\frac{\pi}{4} - 1\right)$$

$$= \frac{1}{i}\left(\frac{1}{\sqrt{2}} + \frac{i}{\sqrt{2}} - 1\right) = \frac{1}{\sqrt{2}} + \frac{1}{i}\left(\frac{1}{\sqrt{2}} - 1\right).$$

Então, como $1/i = -i$,

$$\int_0^{\pi/4} e^{it}\, dt = \frac{1}{\sqrt{2}} + i\left(-\frac{1}{\sqrt{2}} + 1\right).$$

No Exemplo 3 da Seção 41, já observamos que o teorema do valor médio das derivadas do Cálculo não é válido com funções complexas $w(t)$. Nosso último exemplo desta seção mostra que tampouco o teorema do valor médio *das integrais* do Cálculo é válido com funções complexas $w(t)$. Assim, devermos ficar atentos quando utilizamos regras conhecidas do Cálculo.

EXEMPLO 3. Seja $w(t)$ uma função complexa de t contínua no intervalo $a \leq t \leq b$. Para mostrar que não necessariamente é verdade que existe algum número c no intervalo $a < t < b$ tal que

(5) $$\int_a^b w(t)\, dt = w(c)(b-a),$$

tomamos $a = 0$, $b = 2\pi$ e usamos a mesma função $w(t) = e^{it}$ ($0 \leq t \leq 2\pi$) do Exemplo 3 da Seção 41. É fácil ver que

$$\int_a^b w(t)\,dt = \int_0^{2\pi} e^{it}\,dt = \left.\frac{e^{it}}{i}\right]_0^{2\pi} = 0.$$

No entanto, dado qualquer c tal que $0 < c < 2\pi$, temos

$$|w(c)(b-a)| = |e^{ic}|\,2\pi = 2\pi;$$

portanto, o lado esquerdo da equação (5) é nulo, mas o lado direito não é.

EXERCÍCIOS

1. Use regras do Cálculo para mostrar que são válidas as regras seguintes se

$$w(t) = u(t) + iv(t)$$

   for uma função complexa de uma variável t e existir $w'(t)$.

   (a) $\dfrac{d}{dt}[z_0 w(t)] = z_0 w'(t)$, em que $z_0 = x_0 + iy_0$ é uma constante complexa;

   (b) $\dfrac{d}{dt}w(-t) = -w'(-t)$, em que $w'(-t)$ denota a derivada de $w(t)$ em relação a t calculada em $-t$.

   Sugestão: na parte (a), mostre que cada lado da identidade a ser demonstrada é igual a

   $$(x_0 u' - y_0 v') + i(y_0 u' + x_0 v').$$

2. Calcule as integrais dadas.

   (a) $\displaystyle\int_0^1 (1+it)^2\,dt;$ (b) $\displaystyle\int_1^2 \left(\frac{1}{t} - i\right)^2 dt;$

   (c) $\displaystyle\int_0^{\pi/6} e^{i2t}\,dt;$ (d) $\displaystyle\int_0^{\infty} e^{-zt}\,dt$ (Re $z > 0$).

   Respostas: (a) $\dfrac{2}{3} + i;$ (b) $-\dfrac{1}{2} - i\ln 4;$ (c) $\dfrac{\sqrt{3}}{4} + \dfrac{i}{4};$ (d) $\dfrac{1}{z}.$

3. Mostre que se m e n forem inteiros, então

$$\int_0^{2\pi} e^{im\theta} e^{-in\theta}\,d\theta = \begin{cases} 0 & \text{se } m \neq n, \\ 2\pi & \text{se } m = n. \end{cases}$$

4. De acordo com a definição (2) da Seção 42 de integrais de funções complexas de uma variável real, temos

$$\int_0^{\pi} e^{(1+i)x}\,dx = \int_0^{\pi} e^x \cos x\,dx + i\int_0^{\pi} e^x \operatorname{sen} x\,dx.$$

   Obtenha o valor das duas integrais do lado direito calculando a integral do lado esquerdo e, depois, usando as partes real e imaginária do valor encontrado.

   Resposta: $-(1+e^{\pi})/2,\quad (1+e^{\pi})/2.$

5. Seja $w(t) = u(t) + iv(t)$ uma função complexa contínua definida em um intervalo $-a \leq t \leq a$.

(a) Suponha que $w(t)$ seja *par*, isto é, que $w(-t) = w(t)$ em cada ponto t do intervalo dado. Mostre que

$$\int_{-a}^{a} w(t)\,dt = 2\int_{0}^{a} w(t)\,dt.$$

(b) Mostre que se $w(t)$ for uma função *ímpar*, isto é, tal que $w(-t) = -w(t)$ em cada ponto t do intervalo dado, então

$$\int_{-a}^{a} w(t)\,dt = 0.$$

Sugestão: em cada parte deste exercício, use a propriedade correspondente de integrais de funções *reais* de t, para as quais essas propriedades são graficamente evidentes.

43 CAMINHOS

As integrais de funções complexas de uma *variável complexa* são definidas ao longo de curvas do plano complexo, e não só em intervalos da reta real. Nesta seção, introduzimos as classes de curvas que são adequadas ao estudo dessas integrais.

Dizemos que um conjunto C de pontos $z = (x, y)$ do plano complexo é um **arco** se

(1) $$x = x(t), \quad y = y(t) \quad (a \leq t \leq b),$$

em que $x(t)$ e $y(t)$ são funções contínuas do parâmetro real t. Essa definição estabelece uma aplicação contínua do intervalo $a \leq t \leq b$ no plano xy, ou plano z, sendo os pontos da imagem ordenados pelo valor crescente de t. É conveniente descrever os pontos de C pela equação

(2) $$z = z(t) \quad (a \leq t \leq b),$$

em que

(3) $$z(t) = x(t) + iy(t).$$

Um arco C é dito **simples**, ou de Jordan,* se não apresentar autointerseção; ou seja, C é um arco simples se $z(t_1) \neq z(t_2)$ sempre que $t_1 \neq t_2$. Se um arco C for simples exceto pelo fato de que $z(b) = z(a)$, dizemos que C é uma **curva fechada simples**, ou uma curva de Jordan. Uma curva dessas está **orientada positivamente** se estiver orientada no sentido anti-horário.

Muitas vezes a natureza geométrica de um arco particular sugere a utilização de outras notações para o parâmetro t da equação (2). Isso ocorre nos exemplos seguintes.

---

* Em homenagem a C. Jordan (1838-1922).

EXEMPLO 1. A linha poligonal (Seção 12) definida pelas equações

(4) $$z = \begin{cases} x + ix & \text{se } 0 \leq x \leq 1, \\ x + i & \text{se } 1 \leq x \leq 2 \end{cases}$$

e consistindo no segmento de reta de 0 a $1 + i$ seguido do segmento de $1 + i$ até $2 + i$ (Figura 36) é um arco simples.

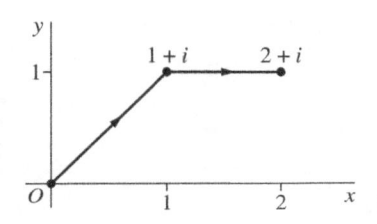

Figura 36

EXEMPLO 2. O círculo unitário

(5) $$z = e^{i\theta} \quad (0 \leq \theta \leq 2\pi)$$

em torno da origem é uma curva fechada simples, orientada no sentido anti-horário. Da mesma forma, o círculo

(6) $$z = z_0 + Re^{i\theta} \quad (0 \leq \theta \leq 2\pi),$$

centrado em um ponto z_0 e de raio R (ver Seção 7) é uma curva fechada simples.

O mesmo conjunto de pontos pode ser percorrido por arcos diferentes.

EXEMPLO 3. O arco

(7) $$z = e^{-i\theta} \quad (0 \leq \theta \leq 2\pi)$$

não é igual ao arco descrito pela equação (5). O conjunto de pontos é igual, mas agora o círculo está sendo percorrido no sentido *horário*.

EXEMPLO 4. Os pontos do arco

(8) $$z = e^{i2\theta} \quad (0 \leq \theta \leq 2\pi)$$

são iguais aos dos arcos descritos por (5) e (7). No entanto, esse arco é diferente de cada um daqueles arcos, pois o círculo é percorrido *duas vezes* no sentido anti-horário.

A representação paramétrica utilizada para um dado arco C não é única. De fato, é possível mudar o intervalo de definição do parâmetro para um outro intervalo qualquer. Mais especificamente, suponha que

(9) $$t = \phi(\tau) \quad (\alpha \leq \tau \leq \beta),$$

em que ϕ é uma função real que leva o intervalo $\alpha \leq \tau \leq \beta$ sobre o intervalo $a \leq t \leq b$ da representação (2). (Ver Figura 37.) Vamos supor que ϕ seja contínua com derivada contínua tal que $\phi'(\tau) > 0$ em cada τ, o que garante que t cresce com τ. Então, a representação (2) é transformada pela equação (9) em

(10) $$z = Z(\tau) \quad (\alpha \le \tau \le \beta),$$

em que

(11) $$Z(\tau) = z[\phi(\tau)].$$

Isso está ilustrado no Exercício 3.

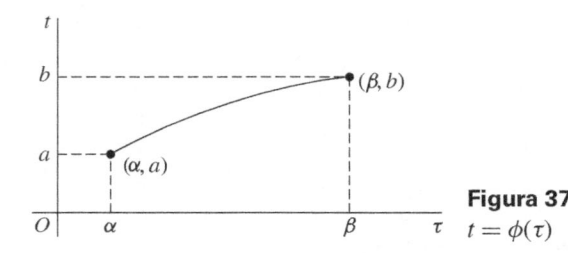

Figura 37 $t = \phi(\tau)$

Se os componentes $x'(t)$ e $y'(t)$ da derivada (Seção 41)

(12) $$z'(t) = x'(t) + iy'(t)$$

da função (3) que representa C forem contínuos em todo o intervalo $a \le t \le b$, dizemos que C é um *arco derivável* e, nesse caso, a função real

$$|z'(t)| = \sqrt{[x'(t)]^2 + [y'(t)]^2}$$

é integrável no intervalo $a \le t \le b$. De fato, de acordo com a definição de comprimento de arco do Cálculo, o comprimento de C é o número

(13) $$L = \int_a^b |z'(t)|\, dt.$$

Como é de se esperar, o valor de L é invariante sob certas mudanças na representação usada para C. Mais precisamente, com a mudança de variável indicada na equação (9), a expressão (13) passa a ser [ver Exercício 1(b)]

$$L = \int_\alpha^\beta |z'[\phi(\tau)]|\phi'(\tau)\, d\tau.$$

Logo, se usarmos a representação (10) de C, a derivada (Exercício 4)

(14) $$Z'(\tau) = z'[\phi(\tau)]\phi'(\tau)$$

nos permite escrever a expressão (13) como

$$L = \int_\alpha^\beta |Z'(\tau)|\, d\tau.$$

Assim, obtemos o mesmo comprimento de C usando a representação (10).

Se a equação (2) representar um arco derivável e se $z'(t) \neq 0$ em todo o intervalo $a < t < b$, então o vetor tangente unitário

$$\mathbf{T} = \frac{z'(t)}{|z'(t)|}$$

está bem definido em cada t desse intervalo aberto, com ângulo de inclinação arg $z'(t)$. Além disso, $\mathbf{T}$ gira continuamente à medida que o parâmetro varia em todo o intervalo $a < t < b$. Essa expressão de $\mathbf{T}$ é a que se aprende no Cálculo quando $z(t)$ é interpretado como um vetor radial. Dizemos que um arco desses é *regular*. Assim, quando nos referimos a um arco regular $z = z(t)$ ($a \leq t \leq b$), estamos dizendo que a derivada $z'(t)$ é contínua no intervalo fechado $a \leq t \leq b$ e não nula em todo o intervalo aberto $a < t < b$

Um *caminho*, ou arco seccionalmente regular, é um arco consistindo em um número finito de arcos regulares justapostos, cada um terminando no começo do seguinte. Assim, se (2) representar um caminho, então $z(t)$ é contínua, ao passo que a derivada $z'(t)$ é seccionalmente contínua. A linha poligonal (4), por exemplo, é um caminho. Quando somente os valores inicial e final de $z(t)$ coincidirem, dizemos que C é um *caminho fechado simples*. Exemplos disso são os círculos (5) e (6), bem como a fronteira de um triângulo ou retângulo percorrida em um sentido especificado. O comprimento de um caminho, ou de um caminho fechado simples, é a soma dos comprimentos dos arcos regulares que constituem o caminho.

Os pontos de qualquer curva fechada simples ou caminho fechado simples C são os pontos de fronteira de dois domínios distintos, um dos quais é o interior de C e é limitado. O outro, que é o exterior de C, é ilimitado. Essa afirmação geometricamente evidente é denominada *teorema da curva de Jordan*, que convém aceitar como verdadeira; a demonstração não é fácil.*

EXERCÍCIOS

1. Mostre que se $w(t) = u(t) + iv(t)$ for contínua no intervalo $a \leq t \leq b$, então

   (a) $\int_{-b}^{-a} w(-t)\,dt = \int_{a}^{b} w(\tau)\,d\tau;$

   (b) $\int_{a}^{b} w(t)\,dt = \int_{\alpha}^{\beta} w[\phi(\tau)]\phi'(\tau)\,d\tau$, em que $\phi(\tau)$ é a função da equação (9) da Seção 43.

   Sugestão: essas identidades podem ser obtidas a partir da observação de que são válidas com funções *reais* de t.

---

* Ver páginas 115-116 do livro de Newman ou a Seção 13 do livro de Thron, ambos citados no Apêndice 1. O caso especial em que C é uma poligonal fechada simples é provado nas páginas 281-285 do Volume 1 da obra de Hille, também citada no Apêndice 1.

2. Denote por C o lado direito do círculo $|z| = 2$ orientado no sentido anti-horário e observe que duas representações paramétricas de C são

$$z = z(\theta) = 2e^{i\theta} \quad \left(-\frac{\pi}{2} \leq \theta \leq \frac{\pi}{2}\right)$$

e

$$z = Z(y) = \sqrt{4 - y^2} + iy \quad (-2 \leq y \leq 2).$$

Verifique que $Z(y) = z[\phi(y)]$, em que

$$\phi(y) = \operatorname{arc\,tg} \frac{y}{\sqrt{4-y^2}} \quad \left(-\frac{\pi}{2} < \operatorname{arc\,tg} t < \frac{\pi}{2}\right).$$

Mostre ainda que essa função ϕ tem a derivada positiva exigida pelas condições que seguem a equação (9) da Seção 43.

3. Deduza a equação da reta pelos pontos (α, a) e (β, b) do plano τt indicados na Figura 37. Em seguida, utilize-a para encontrar a função linear $\phi(\tau)$ que pode ser usada na equação (9) da Seção 43 para transformar a representação (2) daquela seção na sua representação (10).

$$\text{Resposta: } \phi(\tau) = \frac{b-a}{\beta-\alpha}\tau + \frac{a\beta - b\alpha}{\beta-\alpha}.$$

4. Verifique a expressão (14) da Seção 43 para a derivada de $Z(\tau) = z[\phi(\tau)]$.

Sugestão: escreva $Z(\tau) = x[\phi(\tau)] + iy[\phi(\tau)]$ e aplique a regra da cadeia de funções reais de uma variável real.

5. Suponha que uma função $f(z)$ seja analítica em um ponto $z_0 = z(t_0)$ de um arco regular $z = z(t)$ ($a \leq t \leq b$). Mostre que se $w(t) = f[z(t)]$, então

$$w'(t) = f'[z(t)]z'(t)$$

se $t = t_0$.

Sugestão: escreva $f(z) = u(x, y) + iv(x, y)$ e $z(t) = x(t) + iy(t)$, de modo que

$$w(t) = u[x(t), y(t)] + iv[x(t), y(t)].$$

Em seguida, aplique a regra da cadeia do Cálculo de funções de duas variáveis reais para obter

$$w' = (u_x x' + u_y y') + i(v_x x' + v_y y'),$$

e use as equações de Cauchy-Riemann.

6. Seja $y(x)$ uma função real definida no intervalo $0 \leq x \leq 1$ pelas equações

$$y(x) = \begin{cases} x^3 \operatorname{sen}(\pi/x) & \text{se } 0 < x \leq 1, \\ 0 & \text{se } x = 0. \end{cases}$$

(a) Mostre que a equação

$$z = x + iy(x) \quad (0 \leq x \leq 1)$$

representa um arco C que intersecta o eixo real nos pontos $z = 1/n$ ($n = 1, 2, \ldots$) e $z = 0$, como mostra a Figura 38.

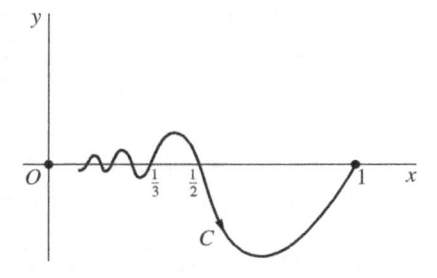

Figura 38

(b) Verifique que o arco C da parte (a) é, de fato, um arco *regular*.

Sugestão: para estabelecer a continuidade de $y(x)$ em $x = 0$, observe que

$$0 \le \left| x^3 \operatorname{sen}\left(\frac{\pi}{x}\right) \right| \le x^3$$

se $x > 0$. Argumentos análogos podem ser usados para encontrar $y'(0)$ e mostrar que $y'(x)$ é contínua em $x = 0$.

44 INTEGRAIS CURVILÍNEAS

Passamos, agora, ao estudo de integrais de funções complexas f de uma variável complexa z. Essas integrais são definidas em termos dos valores de $f(z)$ ao longo de um dado caminho C que se estende desde um ponto $z = z_1$ até um ponto $z = z_2$ do plano complexo. Dessa forma, são integrais curvilíneas, ou integrais de linha, cujo valor, em geral, depende não só da função, mas, também, do caminho. Escrevemos

$$\int_C f(z)\,dz \quad \text{ou} \quad \int_{z_1}^{z_2} f(z)\,dz,$$

sendo que essa última notação costuma ser utilizada quando o valor da integral for independente da escolha do caminho que se estende entre os dois pontos fixados. Embora a integral possa ser definida diretamente como o limite de uma soma,* escolhemos defini-la em termos de uma integral definida como a introduzida na Seção 42.

As integrais definidas do Cálculo podem ser interpretadas como áreas, e têm também outras interpretações. Exceto em casos especiais, as integrais no plano complexo não dispõem de interpretação geométrica ou física úteis.

Suponha que a equação

(1) $$z = z(t) \quad (a \le t \le b)$$

represente um caminho C que se estende desde um ponto $z_1 = z(a)$ até um ponto $z_2 = z(b)$. Vamos supor que $f[z(t)]$ seja *seccionalmente contínua* (Seção 42) no

---

* Ver, por exemplo, a página 245 e seguintes do Volume 1 do livro de Markushevich listado no Apêndice 1.

intervalo $a \leq t \leq b$; nesse caso, diremos que $f(z)$ é seccionalmente contínua em C. Então, definimos a integral de linha, ou **integral curvilínea** de f ao longo de C em termos do parâmetro t por

(2) $$\int_C f(z)\,dz = \int_a^b f[z(t)]z'(t)\,dt.$$

Observe que $z'(t)$ também é seccionalmente contínua em $a \leq t \leq b$, já que C é um caminho, e isso garante a existência da integral (2).

O valor da integral curvilínea é invariante por uma mudança na representação do caminho, se a mudança for do tipo (11) da Seção 43. Isso pode ser verificado seguindo o mesmo procedimento geral utilizado na Seção 43 para mostrar a invariância do comprimento de arco.

Vejamos algumas propriedades importantes e esperadas de integrais curvilíneas, começando com a convenção de que, dado algum caminho C, o caminho $-C$ tem os mesmos pontos de C, mas o sentido de percurso é o inverso (Figura 39). Observe que se C tiver a representação (1), então uma representação de $-C$ é

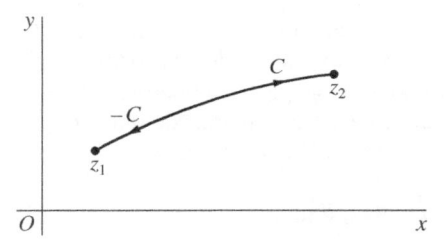

(3) $$z = z(-t) \qquad (-b \leq t \leq -a).$$

Figura 39

Também, se C_1 for um caminho de z_1 até z_2 e C_2 for um caminho de z_2 até z_3, então o caminho resultante é denominado uma **soma**, e escrevemos $C = C_1 + C_2$ (ver Figura 40). Observe, também, que a soma dos caminhos C_1 e $-C_2$ está bem definida se C_1 e C_2 tiverem os mesmos pontos finais. Denotamos essa soma por $C = C_1 - C_2$.

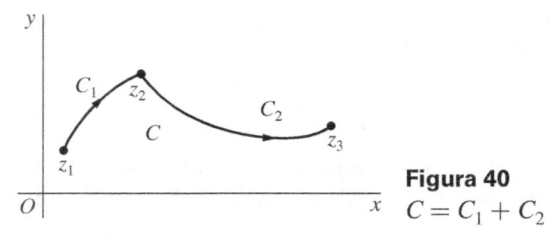

Figura 40
$C = C_1 + C_2$

Nas propriedades de integrais curvilíneas apresentadas a seguir, estamos supondo que todas as funções $f(z)$ e $g(z)$ sejam seccionalmente contínuas em qualquer caminho que for utilizado.

SEÇÃO 44 INTEGRAIS CURVILÍNEAS **127**

A primeira propriedade é

(4) $$\int_C z_0 f(z)dz = z_0 \int_C f(z)dz,$$

em que z_0 é uma constante complexa qualquer. Isso decorre da definição (2) e de propriedades de funções complexas $w(t)$ mencionadas na Seção 42. O mesmo vale com a propriedade

(5) $$\int_C [f(z) + g(z)]dz = \int_C f(z)dz + \int_C g(z)dz.$$

Usando a representação (3) e o Exercício 1(b) da Seção 42, podemos ver que

$$\int_{-C} f(z)\,dz = \int_{-b}^{-a} f[z(-t)]\frac{d}{dt}z(-t)\,dt = -\int_{-b}^{-a} f[z(-t)]z'(-t)\,dt$$

em que $z'(-t)$ denota a derivada de $z(t)$ em relação a t calculada em $-t$. Com a substituição $\tau = -t$ na última integral, e usando o Exercício 1(a) da Seção 43, obtemos a expressão

$$\int_{-C} f(z)\,dz = -\int_a^b f[z(\tau)]z'(\tau)\,d\tau,$$

que é igual a

(6) $$\int_{-C} f(z)\,dz = -\int_C f(z)\,dz.$$

Finalmente, consideremos um caminho C representado por (1), consistindo em um caminho C_1 de z_1 até z_2, seguido por um caminho C_2 de z_2 até z_3, sendo que o ponto inicial de C_2 coincide com o ponto final de C_1 (Figura 40). Então, existe algum valor c de t tal que $z(c) = z_2$ e $a < c < b$. Consequentemente, C_1 é representado por

$$z = z(t) \qquad (a \le t \le c)$$

e C_2 é representado por

$$z = z(t) \qquad (c \le t \le b).$$

Também, por uma regra de integração de funções $w(t)$ que foi observada na Seção 42, obtemos

$$\int_a^b f[z(t)]z'(t)\,dt = \int_a^c f[z(t)]z'(t)\,dt + \int_c^b f[z(t)]z'(t)\,dt.$$

Assim, segue que

(7) $$\int_C f(z)\,dz = \int_{C_1} f(z)\,dz + \int_{C_2} f(z)\,dz.$$

45 ALGUNS EXEMPLOS

O objetivo desta e da próxima seção é mostrar como se calculam integrais curvilíneas usando a definição dessas integrais dada em (2) da Seção 44 e, também, ilustrar algumas das propriedades de integrais curvilíneas mencionadas na Seção 44. Adiamos o desenvolvimento de antiderivadas para a Seção 48.

EXEMPLO 1. Calculemos a integral curvilínea

$$\int_{C_1} \frac{dz}{z}$$

em que C_1 é a metade superior

$$z = e^{i\theta} \quad (0 \leq \theta \leq \pi)$$

do círculo $|z| = 1$ de $z = 1$ até $z = -1$ (ver Figura 41). De acordo com a definição (2) da Seção 44, temos

(1) $$\int_{C_1} \frac{dz}{z} = \int_0^\pi \frac{1}{e^{i\theta}} i e^{i\theta} d\theta = i \int_0^\pi d\theta = \pi i.$$

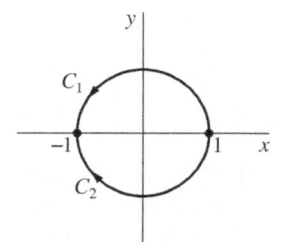

Figura 41
$C = C_1 - C_2$

Calculemos a integral

$$\int_{C_2} \frac{dz}{z}$$

ao longo da metade *inferior* do mesmo círculo $|z| = 1$ de $z = 1$ até $z = -1$, também mostrado na Figura 41. Para calcular essa integral, usamos a representação paramétrica

$$z = e^{i\theta} \quad (\pi \leq \theta \leq 2\pi)$$

do caminho $-C_2$. Então,

(2) $$\int_{C_2} \frac{dz}{z} = -\int_{-C_2} \frac{dz}{z} = -\int_\pi^{2\pi} \frac{1}{e^{i\theta}} i e^{i\theta} d\theta = -i \int_\pi^{2\pi} d\theta = -\pi i.$$

Observe que o valor das integrais (1) e (2) não coincide. Também observe que se C denotar o caminho fechado $C = C_1 - C_2$, então

(3) $$\int_C \frac{dz}{z} = \int_{C_1} \frac{dz}{z} - \int_{C_2} \frac{dz}{z} = \pi i - (-\pi i) = 2\pi i.$$

EXEMPLO 2. Considere um arco regular C arbitrário (Seção 43)
$$z = z(t) \quad (a \le t \le b)$$
de um ponto fixado z_1 até um ponto z_2 (Figura 42). Para calcular a integral
$$\int_C z\,dz = \int_a^b z(t)z'(t)\,dt,$$
observamos que, de acordo com o Exemplo 1 da Seção 41, temos
$$\frac{d}{dt}\frac{[z(t)]^2}{2} = z(t)z'(t).$$

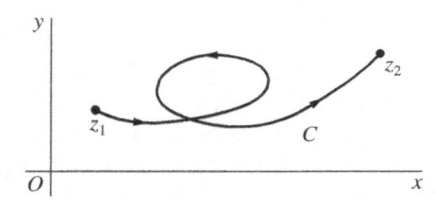

Figura 42

Como $z(a) = z_1$ e $z(b) = z_2$, obtemos
$$\int_C z\,dz = \frac{[z(t)]^2}{2}\bigg]_a^b = \frac{[z(b)]^2 - [z(a)]^2}{2} = \frac{z_2^2 - z_1^2}{2}.$$
Já que o valor dessa integral depende somente das extremidades de C e independe do particular arco percorrido, podemos escrever
$$(4) \qquad \int_{z_1}^{z_2} z\,dz = \frac{z_2^2 - z_1^2}{2}.$$

Essa expressão (4) permanece válida se C for um caminho não necessariamente regular, pois todo caminho consiste em um número finito de arcos regulares C_k ($k = 1, 2, \ldots, n$), justapostos. Mais precisamente, suponha que cada C_k se estende de z_k até z_{k+1}. Então,

$$(5) \qquad \int_C z\,dz = \sum_{k=1}^n \int_{C_k} z\,dz = \sum_{k=1}^n \int_{z_k}^{z_{k+1}} z\,dz = \sum_{k=1}^n \frac{z_{k+1}^2 - z_k^2}{2} = \frac{z_{n+1}^2 - z_1^2}{2},$$

em que a última soma tem parcelas consecutivas canceladas, sendo z_1 o ponto inicial de C e z_{n+1}, o ponto final.

Se $f(z)$ for dada na forma $f(z) = u(x, y) + iv(x, y)$, em que $z = x + iy$, podemos, às vezes, aplicar a definição (2) da Seção 44 usando a variável x ou a variável y como parâmetro.

Figura 43
$C = C_1 - C_2$

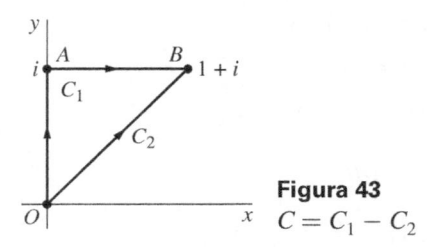

EXEMPLO 3. Considere C_1 como a linha poligonal OAB mostrada na Figura 43 e calcule a integral
$$(6) \qquad I_1 = \int_{C_1} f(z)\,dz = \int_{OA} f(z)\,dz + \int_{AB} f(z)\,dz,$$
em que
$$f(z) = y - x - i3x^2 \quad (z = x + iy).$$
O cateto OA pode ser representado parametricamente por $z = 0 + iy$ ($0 \le y \le 1$); e, como $x = 0$ nos pontos desse segmento de reta, os valores de f nesse cateto variam com o parâmetro y de acordo com a equação $f(z) = y$ ($0 \le y \le 1$). Consequentemente,
$$\int_{OA} f(z)\,dz = \int_0^1 yi\,dy = i\int_0^1 y\,dy = \frac{i}{2}.$$
Os pontos do cateto AB são $z = x + i$ ($0 \le x \le 1$); e, como $y = 1$ nesse segmento,
$$\int_{AB} f(z)\,dz = \int_0^1 (1 - x - i3x^2) \cdot 1\,dx = \int_0^1 (1-x)\,dx - 3i\int_0^1 x^2\,dx = \frac{1}{2} - i.$$
Usando a equação (6), vemos que
$$(7) \qquad I_1 = \frac{1-i}{2}.$$
Se C_2 denotar o segmento OB da reta $y = x$ na Figura 43, de representação paramétrica $z = x + ix$ ($0 \le x \le 1$), então, como $y = x$ em OB, podemos escrever
$$I_2 = \int_{C_2} f(z)\,dz = \int_0^1 -i3x^2(1+i)\,dx = 3(1-i)\int_0^1 x^2\,dx = 1 - i.$$
Assim, é evidente que as integrais de $f(z)$ ao longo dos dois caminhos C_1 e C_2 têm *valores distintos*, apesar de esses dois caminhos terem os mesmos pontos incial e final.

Observe que decorre disso que a integral de $f(z)$ ao longo de todo o caminho fechado simples $OABO$, ou $C_1 - C_2$, tem o *valor não nulo*
$$I_1 - I_2 = \frac{-1+i}{2}.$$

Esses três exemplos servem para ilustrar os seguintes fatos importantes relativos a integrais curvilíneas.

(a) O valor da integral curvilínea de uma dada função desde um ponto fixado até outro ponto pode ser independente do caminho tomado (Exemplo 2), mas isso nem sempre ocorre (Exemplos 1 e 3).

(b) As integrais curvilíneas de uma dada função em torno de qualquer caminho fechado podem todas ter valor nulo (Exemplo 2), mas isso nem sempre ocorre. (Exemplos 1 e 3).

Nas Seções 48, 50 e 52, retomamos a questão de prever quando as integrais curvilíneas são independentes do caminho ou quando têm sempre um valor nulo em caminhos fechados.

46 EXEMPLOS ENVOLVENDO CORTES

O caminho de uma integral curvilínea pode passar por um ponto de corte do integrando envolvido. Isso está ilustrado nos dois exemplos a seguir.

EXEMPLO 1. Seja C o caminho semicircular

$$z = 3\,e^{i\theta} \qquad (0 \le \theta \le \pi)$$

desde o ponto $z = 3$ até o ponto $z = -3$ (Figura 44). Mesmo que o ramo

$$f(z) = z^{1/2} = \exp\left(\frac{1}{2}\log z\right) \qquad (|z| > 0, 0 < \arg z < 2\pi)$$

da função multivalente $z^{1/2}$ não esteja definido no ponto inicial $z = 3$ do caminho C, existe a integral

(1) $$I = \int_C z^{1/2}\,dz$$

pois seu integrando é seccionalmente contínuo em C. Para ver isso, observe que, com $z(\theta) = 3\,e^{i\theta}$,

$$f[z(\theta)] = \exp\left[\frac{1}{2}(\ln 3 + i\theta)\right] = \sqrt{3}\,e^{i\theta/2}.$$

Logo, os limites laterais à direita dos componentes real e imaginário da função

$$f[z(\theta)]z'(\theta) = \sqrt{3}\,e^{i\theta/2}3ie^{i\theta} = 3\sqrt{3}ie^{i3\theta/2} = -3\sqrt{3}\,\operatorname{sen}\frac{3\theta}{2} + i3\sqrt{3}\cos\frac{3\theta}{2}$$
$$(0 < \theta \le \pi)$$

existem em $\theta = 0$, sendo, respectivamente, 0 e $i3\sqrt{3}$. Isso significa que $f[z(\theta)]z'(\theta)$ é contínua no intervalo fechado $0 \le \theta \le \pi$ se definirmos seu valor em $\theta = 0$ como $i3\sqrt{3}$. Consequentemente,

$$I = 3\sqrt{3}i \int_0^\pi e^{i3\theta/2}\,d\theta.$$

Como

$$\int_0^\pi e^{i3\theta/2}\,d\theta = \frac{2}{3i}e^{i3\theta/2}\Big]_0^\pi = -\frac{2}{3i}(1+i),$$

obtemos o valor

(2) $\qquad I = -2\sqrt{3}(1+i)$

da integral (1).

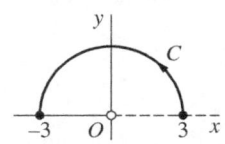

Figura 44

EXEMPLO 2. Usando o ramo principal

$$f(z) = z^{-1+i} = \exp[(-1+i)\mathrm{Log}\,z] \qquad (|z|>0, -\pi < \mathrm{Arg}\,z < \pi)$$

da função potência z^{-1+i}, calculemos a integral

(3) $\qquad I = \int_C z^{-1+i}\,dz$

em que C é o círculo unitário (Figura 45)

$$z = e^{i\theta} \qquad (-\pi \le \theta \le \pi)$$

em torno da origem orientado positivamente.

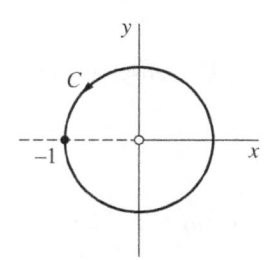

Figura 45

Se $z(\theta) = e^{i\theta}$, é fácil ver que

(4) $\qquad f[z(\theta)]z'(\theta) = e^{(-1+i)(\ln 1 + i\theta)}ie^{i\theta} = ie^{-\theta}.$

Como a função (4) é seccionalmente contínua em $-\pi < \theta < \pi$, existe a integral (3). De fato,

$$I = i\int_{-\pi}^{\pi} e^{-\theta}\,d\theta = i\,[-e^{-\theta}]_{-\pi}^{\pi} = i(-e^{-\pi}+e^{\pi}),$$

ou

SEÇÃO 46 EXEMPLOS ENVOLVENDO CORTES **133**

$$I = i\,2\frac{e^{\pi} - e^{-\pi}}{2} = i\,2\,\text{senh}\,\pi.$$

EXERCÍCIOS

Nos Exercícios de 1 a 8, use uma representação paramétrica de C ou dos arcos de C para calcular

$$\int_C f(z)\,dz.$$

1. $f(z) = (z+2)/z$ e C é
    (a) o semicírculo $z = 2\,e^{i\theta}$ $(0 \leq \theta \leq \pi)$;
    (b) o semicírculo $z = 2\,e^{i\theta}$ $(\pi \leq \theta \leq 2\pi)$;
    (c) o círculo $z = 2\,e^{i\theta}$ $(0 \leq \theta \leq 2\pi)$.

    Respostas: (a) $-4 + 2\pi i$;   (b) $4 + 2\pi i$;   (c) $4\pi i$.

2. $f(z) = z - 1$ e C é o arco de $z = 0$ até $z = 2$ consistindo
    (a) no semicírculo $z = 1 + e^{i\theta}$ $(\pi \leq \theta \leq 2\pi)$;
    (b) no segmento $z = x$ $(0 \leq x \leq 2)$ do eixo real.

    Respostas: (a) 0;   (b) 0.

3. $f(z) = \pi \exp(\pi \bar{z})$ e C é a fronteira do quadrado de vértices nos pontos 0, 1, 1+ i e i, sendo a orientação de C no sentido anti-horário.

    Resposta: $4(e^{\pi} - 1)$.

4. $f(z)$ é definida pelas equações

    $$f(z) = \begin{cases} 1 & \text{se } y < 0, \\ 4y & \text{se } y > 0, \end{cases}$$

    e C é o arco de $z = -1 - i$ até $z = 1 + i$ ao longo da curva $y = x^3$.

    Resposta: $2 + 3i$.

5. $f(z) = 1$ e C é um caminho qualquer que liga um ponto fixado z_1 a um ponto z_2 qualquer do plano z.

    Resposta: $z_2 - z_1$.

6. $f(z)$ é o ramo principal

    $$z^i = \exp(i\,\text{Log}\,z) \quad (|z| > 0, -\pi < \text{Arg}\,z < \pi)$$

    da função potência z^i, e C é o semicírculo $z = e^{i\theta}$ $(0 \leq \theta \leq \pi)$.

    Resposta: $-\dfrac{1 + e^{-\pi}}{2}(1 - i)$.

7. $f(z)$ é o ramo principal

    $$z^{-1-2i} = \exp[(-1 - 2i)\text{Log}\,z] \quad (|z| > 0, -\pi < \text{Arg}\,z < \pi)$$

    da função potência dada, e C é o caminho definido por

    $$z = e^{i\theta} \quad \left(0 \leq \theta \leq \frac{\pi}{2}\right).$$

Resposta: $i\dfrac{e^\pi - 1}{2}$.

8. $f(z)$ é o ramo principal
$$z^{a-1} = \exp[(a-1)\text{Log}z] \quad (|z| > 0, -\pi < \text{Arg}z < \pi)$$
da função potência z^{a-1}, em que a é um número real não nulo e C é o círculo de raio R centrado na origem orientado positivamente.

Resposta: $i\dfrac{2R^a}{a}$ sen $a\pi$, em que tomamos o valor positivo de R^a.

9. Seja C o círculo unitário $|z| = 1$ em torno da origem orientado positivamente.

   (a) Mostre que se $f(z)$ for o ramo principal
   $$z^{-3/4} = \exp\left[-\frac{3}{4}\text{Log}z\right] \quad (|z| > 0, -\pi < \text{Arg}z < \pi)$$
   de $z^{-3/4}$, então
   $$\int_C f(z)dz = 4\sqrt{2}\,i.$$

   (b) Mostre que se $g(z)$ for o ramo
   $$z^{-3/4} = \exp\left[-\frac{3}{4}\log z\right] \quad (|z| > 0, 0 < \arg z < 2\pi)$$
   da função potência da parte (a), então
   $$\int_C g(z)dz = -4 + 4i.$$
   Este exercício demonstra que, em geral, o valor de uma integral de uma função potência depende do ramo utilizado.

10. Usando o resultado do Exercício 3 da Seção 42, calcule a integral
    $$\int_C z^m \bar{z}^n dz,$$
    em que m e n são inteiros e C é o círculo unitário $|z| = 1$ percorrido no sentido anti-horário.

11. Seja C o caminho semicircular mostrado na Figura 46. Calcule a integral da função $f(z) = \bar{z}$ ao longo de C usando a representação paramétrica (ver Exercício 2 da Seção 43)

    (a) $z = 2e^{i\theta}$ $\left(-\dfrac{\pi}{2} \leq \theta \leq \dfrac{\pi}{2}\right)$; (b) $z = \sqrt{4-y^2} + iy$ $(-2 \leq y \leq 2)$.

    Resposta: $4\pi i$.

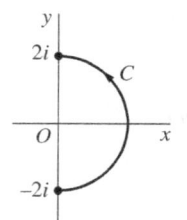

Figura 46

SEÇÃO 47 COTAS SUPERIORES DO MÓDULO DE INTEGRAIS CURVILÍNEAS

12. (a) Suponha que uma função $f(z)$ seja contínua em um arco regular C de representação paramétrica $z = z(t)$ ($a \leq t \leq b$), ou seja, $f[z(t)]$ é contínua no intervalo $a \leq t \leq b$. Mostre que se $\phi(\tau)$ ($\alpha \leq \tau \leq \beta$) for a função descrita na Seção 43, então

$$\int_a^b f[z(t)]z'(t)\,dt = \int_\alpha^\beta f[Z(\tau)]Z'(\tau)\,d\tau$$

em que $Z(\tau) = z[\phi(\tau)]$.

(b) Mostre que a identidade obtida na parte (a) permanece válida se C for um caminho qualquer, não necessariamente regular, e $f(z)$ for uma função seccionalmente contínua em C. Assim, conclua que a integral de $f(z)$ ao longo de C não é alterada se for utilizada a representação $z = Z(\tau)$ ($\alpha \leq \tau \leq \beta$) em vez da original.

Sugestão: na parte (a), use o resultado do Exercício 1(b) da Seção 43 e, então, utilize a expressão (14) daquela seção.

13. Seja C_0 o círculo centrado em z_0 de raio R e use a parametrização

$$z = z_0 + Re^{i\theta} \qquad (-\pi \leq \theta \leq \pi)$$

para mostrar que

$$\int_{C_0} (z - z_0)^{n-1}\,dz = \begin{cases} 0 & \text{se } n = \pm 1, \pm 2, \ldots, \\ 2\pi i & \text{se } n = 0. \end{cases}$$

(Suponha que $z_0 = 0$ e, então, compare esse resultado com o do Exercício 8, tomando um inteiro não nulo como a constante a.)

47 COTAS SUPERIORES DO MÓDULO DE INTEGRAIS CURVILÍNEAS

Vejamos, agora, uma desigualdade envolvendo integrais que é bastante útil em muitas aplicações. Apresentamos esse resultado como um teorema, mas começamos com um lema necessário relativo a funções $w(t)$ do tipo encontrado nas Seções 41 e 42.

Lema. *Se $w(t)$ for uma função complexa seccionalmente contínua definida no intervalo $a \leq t \leq b$, então*

(1) $$\left| \int_a^b w(t)\,dt \right| \leq \int_a^b |w(t)|\,dt.$$

Essa desigualdade certamente é válida se o valor do integrando do lado esquerdo for nulo. Assim, na demonstração, podemos supor que seu valor é algum número complexo *não nulo* e escrever

(2) $$\int_a^b w(t)\,dt = r_0 e^{i\theta_0}.$$

Resolvendo em r_0, obtemos

(3) $$r_0 = \int_a^b e^{-i\theta_0} w(t)\,dt.$$

Como o lado esquerdo dessa equação é um número real, o lado direito também deve ser real. Assim, lembrando que a parte real de um número real é o próprio número, podemos escrever

$$r_0 = \text{Re} \int_a^b e^{-i\theta_0} w(t)\, dt.$$

Segue, pela primeira das propriedades (3) da Seção 42, que

(4) $$r_0 = \int_a^b \text{Re}[e^{-i\theta_0} w(t)]\, dt.$$

No entanto,

$$\text{Re}[e^{-i\theta_0} w(t)] \leq |e^{-i\theta_0} w(t)| = |e^{-i\theta_0}|\, |w(t)| = |w(t)|,$$

e, portanto, pela equação (4), decorre que

$$r_0 \leq \int_a^b |w(t)|\, dt.$$

Finalmente, a equação (2) nos diz que r_0 é igual ao lado esquerdo da desigualdade (1), terminando a demonstração do lema.

Teorema. *Seja C um caminho de comprimento L e suponha que f(z) seja uma função seccionalmente contínua em C. Se M for uma constante não negativa tal que valha*

(5) $$|f(z)| \leq M$$

em cada ponto z de C no qual f(z) estiver definida, então

(6) $$\left| \int_C f(z)\, dz \right| \leq ML.$$

Para demonstrar o teorema, vamos supor que valha a desigualdade (5) e que

$$z = z(t) \qquad (a \leq t \leq b)$$

seja uma representação paramétrica de C. Pelo lema, temos

$$\left| \int_C f(z)\, dz \right| = \left| \int_a^b f[z(t)] z'(t)\, dt \right| \leq \int_a^b |f[z(t)] z'(t)|\, dt.$$

Como

$$|f[z(t)] z'(t)| = |f[z(t)]|\, |z'(t)| \leq M |z'(t)|$$

com $a \leq t \leq b$, exceto, possivelmente, em algum número finito de pontos, segue que

$$\left| \int_C f(z)\, dz \right| \leq M \int_a^b |z'(t)|\, dt.$$

SEÇÃO 47 COTAS SUPERIORES DO MÓDULO DE INTEGRAIS CURVILÍNEAS 137

Como a integral do lado direito representa o comprimento L de C (ver Seção 43), estabelecemos a desigualdade (6). É claro que essa desigualdade é estrita se (5) for uma desigualdade estrita.

Observe que sempre existe um número como M na desigualdade (5), pois C é um caminho e f é seccionalmente contínua em C. De fato, se f for contínua em C, então a função real $|f[z(t)]|$ será contínua no intervalo fechado $a \leq t \leq b$, e essas funções sempre atingem um valor máximo M nesses intervalos.* Logo, $|f(z)|$ tem um valor máximo em C se f for contínua em C. O mesmo é valido se f for *seccionalmente* contínua em C.

EXEMPLO 1. Seja C o arco do círculo $|z| = 2$ de $z = 2$ até $z = 2i$ no primeiro quadrante (Figura 47). A desigualdade (6) pode ser usada para mostrar que

(7) $$\left| \int_C \frac{z-2}{z^4+1} \, dz \right| \leq \frac{4\pi}{15}.$$

Para isso, observamos que se z for um ponto de C, então

$$|z - 2| = |z + (-2)| \leq |z| + |-2| = 2 + 2 = 4$$

e

$$|z^4 + 1| \geq ||z|^4 - 1| = 15.$$

Assim, com z em C,

$$\left| \frac{z-2}{z^4+1} \right| = \frac{|z-2|}{|z^4+1|} \leq \frac{4}{15}.$$

Escrevendo $M = 4/15$ e observando que $L = \pi$ é o comprimento de C, podemos, então, usar a desigualdade (6) para obter a desigualdade (7).

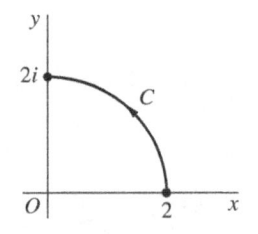

Figura 47

EXEMPLO 2. Seja C_R o semicírculo

$$z = Re^{i\theta} \qquad (0 \leq \theta \leq \pi)$$

de $z = R$ até $z = -R$, em que $R > 3$ (Figura 48). É fácil mostrar que

---

* Ver, por exemplo, *Advanced Calculus* de A. E. Taylor e W. R. Mann, 3rd ed., 1983, páginas 86-90.

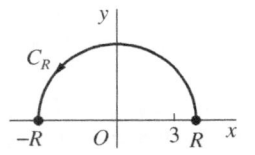

Figura 48

(8) $$\lim_{R\to\infty}\int_{C_R}\frac{(z+1)\,dz}{(z^2+4)(z^2+9)}=0$$

sem precisar calcular a integral. Para isso, observe que se z for um ponto de C_R, então

$$|z+1|\leq|z|+1=R+1,$$
$$|z^2+4|\geq||z|^2-4|=R^2-4,$$

e

$$|z^2+9|\geq||z|^2-9|=R^2-9.$$

Isso significa que se z estiver em C_R e se $f(z)$ for o integrando da integral (8), então

$$|f(z)|=\left|\frac{z+1}{(z^2+4)(z^2+9)}\right|=\frac{|z+1|}{|z^2+4||z^2+9|}\leq\frac{R+1}{(R^2-4)(R^2-9)}=M_R,$$

em que M_R serve como um cota superior de $|f(z)|$ em C_R. Como c comprimento do semicírculo é πR, podemos usar o teorema desta seção com

$$M_R=\frac{R+1}{(R^2-4)(R^2-9)}\quad\text{e}\quad L=\pi R,$$

para escrever

(9) $$\left|\int_{C_R}\frac{(z+1)\,dz}{(z^2+4)(z^2+9)}\right|\leq M_R L$$

em que

$$M_R L=\frac{\pi(R^2+R)}{(R^2-4)(R^2-9)}\cdot\frac{\frac{1}{R^4}}{\frac{1}{R^4}}=\frac{\pi\left(\frac{1}{R^2}+\frac{1}{R^3}\right)}{\left(1-\frac{4}{R^2}\right)\left(1-\frac{9}{R^2}\right)}.$$

Isso mostra que $M_R L \to 0$ se $R \to \infty$, e o limite (8) segue da desigualdade (9).

EXERCÍCIOS

1. Sem calcular a integral, mostre que

(a) $\left|\int_C \frac{z+4}{z^3-1}dz\right|\leq\frac{6\pi}{7}$; (b) $\left|\int_C \frac{dz}{z^2-1}\right|\leq\frac{\pi}{3}$

sendo C o arco utilizado no Exemplo 1 da Seção 47.

SEÇÃO 47 COTAS SUPERIORES DO MÓDULO DE INTEGRAIS CURVILÍNEAS   139

2. Seja C o segmento de reta de $z = i$ até $z = 1$ (Figura 49) e mostre que

$$\left| \int_C \frac{dz}{z^4} \right| \leq 4\sqrt{2}$$

sem calcular a integral.

Sugestão: observe que, de todos os pontos do segmento de reta, o mais próximo da origem é o ponto médio, que dista $d = \sqrt{2}/2$ da origem.

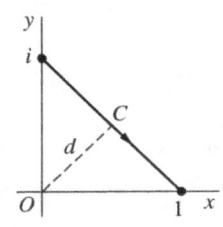

Figura 49

3. Mostre que se C for a fronteira do triângulo de vértices nos pontos 0, $3i$ e -4 orientado no sentido anti-horário (ver Figura 50), então

$$\left| \int_C (e^z - \bar{z}) \, dz \right| \leq 60.$$

Sugestão: observe que $|e^z - \bar{z}| \leq e^x + \sqrt{x^2 + y^2}$ se $z = x + iy$.

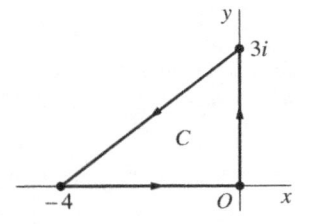

Figura 50

4. Seja C_R a metade superior do círculo $|z| = R$ ($R > 2$), percorrido no sentido anti-horário. Mostre que

$$\left| \int_{C_R} \frac{2z^2 - 1}{z^4 + 5z^2 + 4} \, dz \right| \leq \frac{\pi R(2R^2 + 1)}{(R^2 - 1)(R^2 - 4)}.$$

Em seguida, dividindo o numerador e o denominador do lado direito por R^4, mostre que o valor da integral tende a zero se R tender ao infinito. (Compare com o Exemplo 2 da Seção 47.)

5. Seja C_R o círculo $|z| = R$ ($R > 1$) percorrido no sentido anti-horário. Mostre que

$$\left| \int_{C_R} \frac{\text{Log } z}{z^2} \, dz \right| < 2\pi \left(\frac{\pi + \ln R}{R} \right),$$

e, então, use a regra de l'Hospital para mostrar que o valor dessa integral tende a zero se R tender ao infinito.

6. Seja C_ρ o círculo $|z| = \rho$ ($0 < \rho < 1$), percorrido no sentido anti-horário, e suponha que $f(z)$ seja analítica no disco $|z| \leq 1$. Mostre que se $z^{-1/2}$ representar qualquer ramo dessa potência de z, então existe alguma constante M não negativa que é *independente de* ρ, tal que

$$\left| \int_{C_\rho} z^{-1/2} f(z) \, dz \right| \leq 2\pi M \sqrt{\rho}.$$

Com isso, mostre que o valor dessa integral tende a zero se ρ tender a 0.

Sugestão: observe que, por ser $f(z)$ analítica e, portanto, contínua, em todo o disco $|z| \leq 1$, essa função é limitada nesse disco (Seção 18).

7. Aplique a desigualdade (1) da Seção 47 para mostrar que, em cada x do intervalo $-1 \leq x \leq 1$, as funções*

$$P_n(x) = \frac{1}{\pi} \int_0^\pi (x + i\sqrt{1-x^2} \cos\theta)^n \, d\theta \qquad (n = 0, 1, 2, \ldots)$$

satisfazem a desigualdade $|P_n(x)| \leq 1$.

8. Denotemos por C_N a fronteira do quadrado formado pelas retas

$$x = \pm \left(N + \frac{1}{2}\right) \pi \quad \text{e} \quad y = \pm \left(N + \frac{1}{2}\right) \pi,$$

em que N é algum inteiro positivo e a orientação de C_N é anti-horária.

(*a*) Com a ajuda das desigualdades

$$|\text{sen } z| \geq |\text{sen } x| \quad \text{e} \quad |\text{sen } z| \geq |\text{senh } y|,$$

obtidas nos Exercícios 8(*a*) e 9(*a*) da Seção 38, mostre que $|\text{sen } z| \geq 1$ nos lados verticais do quadrado e que $|\text{sen } z| > \text{senh}(\pi/2)$ nos lados horizontais. Dessa forma, mostre que existe alguma constante positiva A, *independente de* N, tal que $|\text{sen } z| \geq A$ em cada z da fronteira C_N.

(*b*) Usando o resultado final da parte (*a*), mostre que

$$\left| \int_{C_N} \frac{dz}{z^2 \, \text{sen } z} \right| \leq \frac{16}{(2N+1)\pi A}$$

e que, portanto, o valor dessa integral tende a zero se N tender ao infinito.

48 ANTIDERIVADAS

Embora o valor de uma integral curvilínea de uma função $f(z)$ desde um ponto z_1 fixado até algum outro valor z_2 fixado dependa, em geral, do caminho percorrido, existem certas funções cujas integrais de z_1 até z_2 têm valores que são **independentes do caminho**.

---

* Observe que essas funções são polinômios em x, conhecidos como **polinômios de Legendre**, de muita importância nas aplicações da Matemática. Ver, por exemplo, o livro (2012) dos autores listado no Apêndice 1. Às vezes, a expressão de $P_n(x)$ usada no Exercício 7 é denominada **primeira forma integral de Laplace**.

SEÇÃO 48 ANTIDERIVADAS

As afirmações (*a*) e (*b*) ao final da Seção 45 também ressaltam que, às vezes, mas não sempre, são nulos os valores de integrais ao longo de caminhos fechados. Nosso próximo teorema é útil para determinar quando a integração é independente do caminho e, além disso, quando uma integral ao longo de um caminho fechado tem valor zero.

O teorema contém uma extensão do teorema fundamental do Cálculo que simplifica o cálculo de muitas integrais curvilíneas. Essa extensão envolve o conceito de uma **antiderivada** de uma função contínua $f(z)$ em um domínio D, isto é, uma função $F(z)$ tal que $F'(z) = f(z)$ em cada z de D. Note que uma antiderivada é, necessariamente, uma função analítica. Observe, também, que *uma antiderivada de uma dada função é única a menos de uma constante aditiva*. De fato, é nula a derivada da diferença $F(z) - G(z)$ de duas antiderivadas quaisquer de uma mesma função e, pelo teorema da Seção 25, uma função analítica de derivada nula em um domínio D é constante nesse domínio.

Teorema. *Suponha que uma função $f(z)$ seja contínua em um domínio D. Se alguma das afirmações a seguir for verdadeira, então todas serão verdadeiras.*

(a) *$f(z)$ possui alguma antiderivada $F(z)$ em D;*

(b) *as integrais de $f(z)$ ao longo de caminhos inteiramente contidos em D, desde algum ponto arbitrário z_1 fixado até qualquer ponto z_2 fixado têm, todas, o mesmo valor, a saber,*

$$\int_{z_1}^{z_2} f(z)\, dz = F(z) \Big]_{z_1}^{z_2} = F(z_2) - F(z_1)$$

em que $F(z)$ é uma antiderivada qualquer de $f(z)$;

(c) *as integrais de $f(z)$ ao longo de caminhos fechados inteiramente contidos em D têm, todas, o valor zero.*

Deve ser enfatizado que o teorema *não afirma* que qualquer uma dessas afirmações seja verdadeira para alguma função $f(z)$ dada. O teorema somente afirma que todas são verdadeiras ou, então, nenhuma é verdadeira. A próxima seção, na qual demonstramos esse teorema, pode ser ignorada por aqueles que queiram avançar em outros aspectos importantes da teoria da integração. A seguir, apresentamos vários exemplos que ilustram o uso desse teorema.

EXEMPLO 1. A função contínua $f(z) = e^{\pi z}$ tem, evidentemente, a antiderivada $F(z) = e^{\pi z}/\pi$ em todo o plano finito. Logo,

$$\int_{i}^{i/2} e^{\pi z}\, dz = \frac{e^{\pi z}}{\pi}\Big]_{i}^{i/2} = \frac{1}{\pi}\left(e^{i\pi/2} - e^{i\pi}\right) = \frac{1}{\pi}(i+1) = \frac{1}{\pi}(1+i).$$

CAPÍTULO 4 INTEGRAIS

EXEMPLO 2. A função $f(z) = 1/z^2$, que é contínua em toda parte, exceto na origem, tem uma antiderivada $F(z) = -1/z$ no domínio $|z| > 0$, constituído pelo plano todo com a origem removida. Consequentemente,

$$\int_C \frac{dz}{z^2} = 0$$

se C for o círculo unitário $z = e^{i\theta}$ ($-\pi \leq \theta \leq \pi$) centrado na origem orientado positivamente.

Observe que a integral da função $f(z) = 1/z$ em torno do mesmo círculo *não pode* ser calculada da mesma maneira. De fato, embora a derivada de qualquer ramo $F(z)$ de $\log z$ seja $1/z$ (Seção 33), a função $F(z)$ não é derivável, e sequer está definida, ao longo do corte. Em particular, se usarmos um raio $\theta = \alpha$ da origem como corte, a derivada $F'(z)$ deixa de existir no ponto em que o raio intersectar o círculo C (ver Figura 51). Assim, C não está inteiramente contido em algum domínio no qual $F'(z) = 1/z$, e não podemos fazer uso direto de uma antiderivada. No Exemplo seguinte, entretanto, mostramos como uma combinação de *duas* antiderivadas diferentes pode ser usada para calcular a integral de $f(z) = 1/z$ ao longo de C.

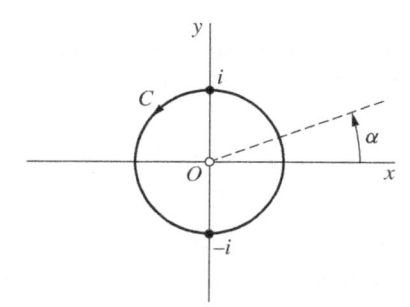

Figura 51

EXEMPLO 3. Seja C_1 o semicírculo

$$z = e^{i\theta} \qquad \left(-\frac{\pi}{2} \leq \theta \leq \frac{\pi}{2}\right)$$

à *direita* do círculo C da Figura 51. O ramo principal

$$\operatorname{Log} z = \ln r + i\Theta \qquad (r > 0, -\pi < \Theta < \pi)$$

da função logaritmo serve como uma antiderivada da função $1/z$ no cálculo da integral de $1/z$ ao longo de C_1 (Figura 52):

$$\int_{C_1} \frac{dz}{z} = \int_{-i}^{i} \frac{dz}{z} = \operatorname{Log} z \Big]_{-i}^{i} = \operatorname{Log} i - \operatorname{Log}(-i)$$
$$= \left(\ln 1 + i\frac{\pi}{2}\right) - \left(\ln 1 - i\frac{\pi}{2}\right) = \pi i.$$

SEÇÃO 48 ANTIDERIVADAS

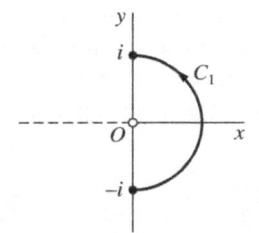

Figura 52

Seja, agora, C_2 o semicírculo
$$z = e^{i\theta} \qquad \left(\frac{\pi}{2} \leq \theta \leq \frac{3\pi}{2}\right)$$
à *esquerda* do mesmo círculo C e considere o ramo
$$\log z = \ln r + i\theta \qquad (r > 0, 0 < \theta < 2\pi)$$
da função logaritmo (Figura 53). Podemos escrever
$$\int_{C_2} \frac{dz}{z} = \int_i^{-i} \frac{dz}{z} = \log z \Big]_i^{-i} = \log(-i) - \log i$$
$$= \left(\ln 1 + i\frac{3\pi}{2}\right) - \left(\ln 1 + i\frac{\pi}{2}\right) = \pi i.$$

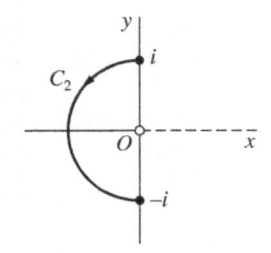

Figura 53

Assim, obtemos o valor da integral de $1/z$ em torno de todo o círculo $C = C_1 + C_2$:
$$\int_C \frac{dz}{z} = \int_{C_1} \frac{dz}{z} + \int_{C_2} \frac{dz}{z} = \pi i + \pi i = 2\pi i.$$

EXEMPLO 4. Utilizamos uma antiderivada para calcular a integral

(1) $$\int_{C_1} z^{1/2} \, dz,$$

em que o integrando é o ramo

(2) $\qquad f(z) = z^{1/2} = \exp\left(\frac{1}{2} \log z\right) = \sqrt{r} \, e^{i\theta/2} \qquad (r > 0, 0 < \theta < 2\pi)$

da função raiz quadrada e em que C_1 é um caminho qualquer desde $z = -3$ até $z = 3$ que, exceto pelas suas extremidades, permanece todo acima do eixo x (Figura 54). Embora o integrando seja seccionalmente contínuo em C_1 e, portanto, exista a integral, o ramo (2) de $z^{1/2}$ não está definido no raio $\theta = 0$ e, em particular, no ponto $z = 3$. No entanto, o ramo

$$f_1(z) = \sqrt{r}e^{i\theta/2} \quad \left(r > 0, -\frac{\pi}{2} < \theta < \frac{3\pi}{2}\right)$$

está definido e é continuo em todo o caminho C_1. Os valores de $f_1(z)$ em todos os pontos de C_1, exceto em $z = 3$, coincidem com os do integrando (2), portanto, podemos substituir o integrando por $f_1(z)$. Como uma antiderivada da função $f_1(z)$ é a função

$$F_1(z) = \frac{2}{3}z^{3/2} = \frac{2}{3}r\sqrt{r}e^{i3\theta/2} \quad \left(r > 0, -\frac{\pi}{2} < \theta < \frac{3\pi}{2}\right),$$

podemos escrever

$$\int_{C_1} z^{1/2}\,dz = \int_{-3}^{3} f_1(z)\,dz = F_1(z)\Big]_{-3}^{3} = 2\sqrt{3}(e^{i0} - e^{i3\pi/2}) = 2\sqrt{3}(1+i).$$

(Compare com o Exemplo 1 da Seção 46.)

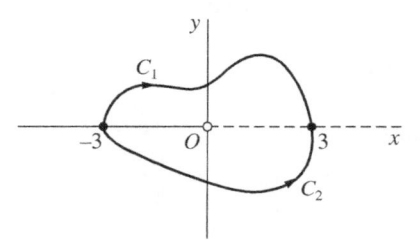

Figura 54

A integral

$$(3) \qquad \int_{C_2} z^{1/2}\,dz$$

da função (2) ao longo de qualquer caminho C_2 que se estende desde $z = -3$ até $z = 3$ *abaixo* do eixo real pode ser calculada de maneira análoga. Nesse caso, substituímos o integrando pelo ramo

$$f_2(z) = \sqrt{r}e^{i\theta/2}\left(r > 0, \frac{\pi}{2} < \theta < \frac{5\pi}{2}\right),$$

cujos valores coincidem com os do integrando em $z = -3$ e em todos os pontos de C_2 abaixo do eixo real. Isso nos permite usar uma antiderivada de $f_2(z)$ para calcular a integral (3). Deixamos os detalhes para os exercícios.

49 PROVA DO TEOREMA

Para provar o teorema da Seção 48, basta provar que a afirmação (*a*) implica a afirmação (*b*), que a afirmação (*b*) implica a afirmação (*c*) e que a afirmação (*c*) implica a afirmação (*a*). Assim, como observamos na Seção 48, ou todas as afirmações são verdadeiras, ou todas são falsas.

(*a*) implica (*b*)

Começamos supondo que a afirmação (*a*) seja verdadeira, ou seja, que $f(z)$ tem uma antiderivada $F(z)$ no domínio D. Para mostrar que decorre a afirmação (*b*), precisamos mostrar que a integração é independente do caminho em D e que o teorema fundamental do Cálculo pode ser estendido usando $F(z)$. Se C for um caminho de z_1 até z_2 que é um arco *regular* contido em D, com representação paramétrica $z = z(t)$ ($a \le t \le b$), sabemos, do Exercício 5 da Seção 43, que

$$\frac{d}{dt}F[z(t)] = F'[z(t)]z'(t) = f[z(t)]z'(t) \quad (a \le t \le b).$$

Já que o teorema fundamental do Cálculo pode ser estendido para incluir funções complexas de uma variável real (Seção 42), segue que

$$\int_C f(z)\,dz = \int_a^b f[z(t)]z'(t)\,dt = F[z(t)]\Big]_a^b = F[z(b)] - F[z(a)].$$

Como $z(b) = z_2$ e $z(a) = z_1$, o valor dessa integral curvilínea é

$$F(z_2) - F(z_1);$$

e esse valor, evidentemente, é independente do caminho C, desde que C se estenda de z_1 até z_2 e esteja inteiramente contido em D. Assim,

(1) $$\int_{z_1}^{z_2} f(z)\,dz = F(z_2) - F(z_1) = F(z)\Big]_{z_1}^{z_2}$$

quando C for um arco regular. A expressão (1) permanece válida se C for *qualquer* caminho contido em D, não necessariamente regular. De fato, se C consiste em um número finito de arcos regulares C_k ($k = 1, 2, \ldots, n$), cada C_k se estendendo desde um ponto z_k até um ponto z_{k+1}, então

$$\int_C f(z)\,dz = \sum_{k=1}^n \int_{C_k} f(z)\,dz = \sum_{k=1}^n \int_{z_k}^{z_{k+1}} f(z)\,dz = \sum_{k=1}^n [F(z_{k+1}) - F(z_k)].$$

Como as parcelas da última soma dada se cancelam mutuamente até restar somente $F(z_{n+1}) - F(z_1)$, chegamos na expressão

$$\int_C f(z)\,dz = F(z_{n+1}) - F(z_1).$$

(Compare com o Exemplo 2 da Seção 45.) Com isso, demonstramos que a afirmação (*b*) decorre da afirmação (*a*).

(*b*) implica (*c*)
Para mostrar que a afirmação (*b*) implica a afirmação (*c*), vamos supor que a integração de $f(z)$ é independente do caminho em D e mostrar como segue que é nulo o valor da integral de $f(z)$ ao longo de qualquer caminho fechado em D. Para isso, sejam z_1 e z_2 dois pontos quaisquer de um caminho fechado C inteiramente contido em D, e denotemos por C_1 e C_2 os dois caminhos de z_1 até z_2 tais que $C = C_1 - C_2$ (Figura 55). Supondo que a integração é independente do caminho em D, podemos escrever

(2) $$\int_{C_1} f(z)\,dz = \int_{C_2} f(z)\,dz,$$

ou

(3) $$\int_{C_1} f(z)\,dz + \int_{-C_2} f(z)\,dz = 0.$$

Assim, é nulo o valor da integral de $f(z)$ ao longo do caminho fechado $C = C_1 - C_2$.

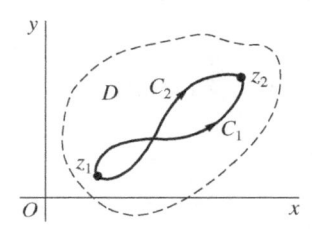

Figura 55

(*c*) implica (*a*)
Resta mostrar que se as integrais de uma dada função $f(z)$ ao longo de qualquer caminho fechado contido em D forem nulas, então $f(z)$ possui uma antiderivada em D. Supondo que o valor dessas integrais é realmente zero, começamos mostrando que a integração é independente do caminho em D. Sejam C_1 e C_2 dois caminhos quaisquer inteiramente contidos em D de algum ponto z_1 até z_2, e observe que vale a equação (3) (Figura 55), pois estamos supondo que é nulo o valor da integral ao longo de caminhos fechados em D. Logo, vale a equação (2) e, portanto, a integração é independente do caminho em D. Assim, podemos definir a função

$$F(z) = \int_{z_0}^{z} f(s)\,ds$$

em D. A prova do teorema estará completa se mostrarmos que $F'(z) = f(z)$ em D. Para isso, seja $z + \Delta z$ um ponto qualquer distinto de z de uma vizinhança de z suficientemente pequena para estar contida em D. Segue que

$$F(z + \Delta z) - F(z) = \int_{z_0}^{z+\Delta z} f(s)\,ds - \int_{z_0}^{z} f(s)\,ds = \int_{z}^{z+\Delta z} f(s)\,ds,$$

em que o caminho da integração pode ser escolhido como sendo um segmento de reta (Figura 56). Já que

$$\int_z^{z+\Delta z} ds = \Delta z$$

(ver Exercício 5 da Seção 46), podemos escrever

$$f(z) = \frac{1}{\Delta z}\int_z^{z+\Delta z} f(z)\,ds;$$

e segue que

$$\frac{F(z+\Delta z) - F(z)}{\Delta z} - f(z) = \frac{1}{\Delta z}\int_z^{z+\Delta z} [f(s) - f(z)]\,ds.$$

No entanto, f é contínua no ponto z. Logo, dado qualquer número positivo ε, existe algum número positivo δ tal que

$$|f(s) - f(z)| < \varepsilon \quad \text{se} \quad |s - z| < \delta.$$

Consequentemente, se o ponto $z + \Delta z$ estiver suficientemente próximo de z, tal que $|\Delta z| < \delta$, então

$$\left|\frac{F(z+\Delta z) - F(z)}{\Delta z} - f(z)\right| < \frac{1}{|\Delta z|}\varepsilon|\Delta z| = \varepsilon;$$

ou seja,

$$\lim_{\Delta z \to 0} \frac{F(z+\Delta z) - F(z)}{\Delta z} = f(z),$$

ou $F'(z) = f(z)$.

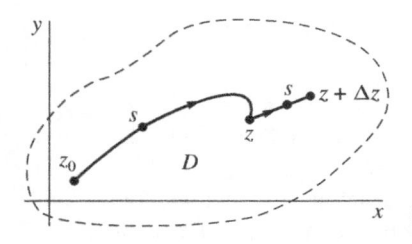

Figura 56

EXERCÍCIOS

1. Use uma antiderivada para mostrar que, dado qualquer caminho C desde um ponto z_1 até um ponto z_2, vale

$$\int_C z^n\,dz = \frac{1}{n+1}(z_2^{n+1} - z_1^{n+1}) \qquad (n = 0, 1, 2, \ldots).$$

2. Encontrando uma antiderivada, calcule cada uma das integrais dadas, sendo o caminho qualquer um ligando os pontos indicados nas integrais:

(a) $\int_0^{1+i} z^2 \, dz$; (b) $\int_0^{\pi+2i} \cos\left(\dfrac{z}{2}\right) dz$; (c) $\int_1^3 (z-2)^3 \, dz$.

Respostas: (a) $\dfrac{2}{3}(-1+i)$; (b) $e + \dfrac{1}{e}$; (c) 0.

3. Use o teorema da Seção 48 para mostrar que

$$\int_{C_0} (z-z_0)^{n-1} \, dz = 0 \qquad (n = \pm 1, \pm 2, \ldots)$$

se C_0 for qualquer caminho fechado que não passa pelo ponto z_0. (Compare com o Exercício 13 da Seção 46.)

4. Encontre uma antiderivada $F_2(z)$ do ramo $F_2(z)$ de $z^{1/2}$ do Exemplo 4 da Seção 48 para mostrar que a integral (3) daquele exemplo tem o valor $2\sqrt{3}(-1+i)$. Note que, portanto, o valor da integral da função (2) ao longo de qualquer caminho fechado $C_2 - C_1$ daquele exemplo é $-4\sqrt{3}$.

5. Mostre que

$$\int_{-1}^{1} z^i \, dz = \frac{1+e^{-\pi}}{2}(1-i),$$

em que o integrando denota o ramo principal

$$z^i = \exp(i \operatorname{Log} z) \qquad (|z| > 0, \, -\pi < \operatorname{Arg} z < \pi)$$

de z^i e onde a integral é calculada ao longo de qualquer caminho de $z = -1$ até $z = 1$ que, exceto pelas extremidades, fica acima do eixo real. (Compare com o Exercício 6 da Secção 46.)

Sugestão: use uma antiderivada do ramo

$$z^i = \exp(i \log z) \qquad \left(|z| > 0, \, -\frac{\pi}{2} < \arg z < \frac{3\pi}{2}\right)$$

da mesma função potência.

50 TEOREMA DE CAUCHY-GOURSAT

Na Seção 48, vimos que se uma função contínua f tiver uma antiderivada em um domínio D, então é nula a integral de $f(z)$ ao longo de qualquer caminho fechado C inteiramente contido em D. Nesta seção, apresentamos um teorema que dá outras condições sobre uma função f para que seja nula a integral de $f(z)$ ao longo de qualquer **caminho fechado simples** (Seção 43). Esse teorema é fundamental na teoria das funções de variável complexa e, nas Seções 52 e 53, veremos algumas variações desse teorema em certos tipos especiais de domínios.

Sejam C um caminho fechado simples $z = z(t)$ ($a \leq t \leq b$) descrito no **sentido positivo** (anti-horário) e f uma função analítica em cada ponto interior de C ou em C. De acordo como a Seção 44,

(1) $$\int_C f(z) \, dz = \int_a^b f[z(t)] z'(t) \, dt;$$

e se
$$f(z) = u(x, y) + iv(x, y) \quad \text{e} \quad z(t) = x(t) + iy(t),$$
então o integrando $f[z(t)]z'(t)$ na expressão (1) é o produto das funções
$$u[x(t), y(t)] + iv[x(t), y(t)], \quad x'(t) + iy'(t)$$
de variável real. Assim,

(2) $$\int_C f(z)\, dz = \int_a^b (ux' - vy')\, dt + i \int_a^b (vx' + uy')\, dt.$$

Em termos de integrais curvilíneas de funções reais de duas variáveis reais, segue que

(3) $$\int_C f(z)\, dz = \int_C u\, dx - v\, dy + i \int_C v\, dx + u\, dy.$$

Observe que a expressão (3) pode ser deduzida formalmente substituindo $f(z)$ e dz do lado esquerdo pelos binômios
$$u + iv \quad \text{e} \quad dx + i\, dy,$$
respectivamente, e expandindo o produto. É claro que a expressão (3) contínua válida de C for um caminho qualquer, não necessariamente fechado simples, e se $f[z(t)]$ for somente seccionalmente contínua nesse caminho.

Em seguida, lembramos um resultado do Cálculo que nos permite expressar as integrais curvilíneas do lado direito da expressão (3) como integrais duplas. Suponha que duas funções reais $P(x, y)$ e $Q(x, y)$, junto com suas derivadas parciais de primeira ordem, sejam contínuas em cada ponto da região fechada R constituída dos pontos de C e dos pontos interiores do caminho fechado simples C. Então, o Teorema de Green afirma que

$$\int_C P\, dx + Q\, dy = \iint_R (Q_x - P_y)\, dA.$$

Como f é analítica em R, temos que f é contínua nessa região e, portanto, as funções u e v também são contínuas em R. Da mesma forma, se a derivada f' de f for contínua em R, o mesmo ocorre com as derivadas parciais de primeira ordem de u e v. Então, o Teorema de Green permite reescrever a equação (3) como

(4) $$\int_C f(z)\, dz = \iint_R (-v_x - u_y)\, dA + i \iint_R (u_x - v_y)\, dA.$$

No entanto, lembrando as equações de Cauchy-Riemann
$$u_x = v_y, \quad u_y = -v_x,$$
os integrandos das duas integrais duplas em (4) são nulos em cada ponto de R. Assim, *se f for analítica em R e se f' for contínua nessa região*, então

(5) $$\int_C f(z)\, dz = 0.$$

Esse resultado foi obtido por Cauchy no início do século 19.

Observe que, uma vez estabelecido que o valor dessa integral é zero, a orientação de C torna-se irrelevante. Ou seja, a afirmação (5) permanece válida se tomarmos C no sentido horário, pois

$$\int_C f(z)\,dz = -\int_{-C} f(z)\,dz = 0.$$

EXEMPLO. Se C for algum caminho fechado simples, com qualquer orientação, então

$$\int_C \operatorname{sen}(z^2)\,dz = 0.$$

Isso ocorre porque a função composta $f(z) = \operatorname{sen}(z^2)$ é analítica em toda parte, e sua derivada $f'(z) = 2z\cos(z^2)$ é contínua em toda parte.

Goursat* foi o primeiro a provar que *a condição de continuidade de f' pode ser omitida*. Essa omissão é importante e nos permite mostrar, por exemplo, que é analítica a derivada f' de uma função analítica f sem precisar exigir a continuidade da derivada, que decorre como corolário. Passamos, agora, ao enunciado dessa forma revisada do teorema de Cauchy, conhecida como *teorema de Cauchy-Goursat*.

Teorema. *Se uma função f for analítica em todos os pontos interiores de um caminho fechado simples C e em todos os pontos do caminho, então*

$$\int_C f(z)\,dz = 0.$$

A demonstração é apresentada na próxima seção, na qual supomos que C seja orientada positivamente. O leitor que quiser aceitar esse teorema sem demonstração pode passar diretamente para a Seção 52.

51 PROVA DO TEOREMA

Como a prova do teorema de Cauchy-Goursat é necessariamente bem extensa, apresentamo-la em três partes. Recomendamos que o leitor entenda cada parte antes de passar à seguinte.

Um lema preliminar

Começamos com um lema que será usado para provar o teorema. Nesse lema, formamos subconjuntos da região R constituída dos pontos de um caminho fechado simples C orientado positivamente e dos pontos interiores de C. Para isso, traçamos retas paralelas aos eixos real e imaginário igualmente espaçadas, de tal forma que a distância entre retas verticais adjacentes é igual à distância entre retas horizontais adjacentes. Assim, obtemos um número finito de sub-regiões quadradas fechadas tais que cada ponto de R pertence a pelo menos uma dessas sub-regiões e cada sub-região contém algum ponto de R. Para simplificar, denominamos essas sub-regiões de *qua-*

---

* E. Goursat (1858-1936).

drados, não esquecendo que quadrado se refere aos pontos da fronteira junto com os pontos interiores. Se um quadrado particular contiver pontos que não são de R, removemos esses pontos e denominamos a sub-região resultante de *quadrado parcial*. Dessa forma, *cobrimos* a região R com um número finito de quadrados e quadrados parciais (Figura 57), e nossa prova do lema seguinte começa com esta cobertura.

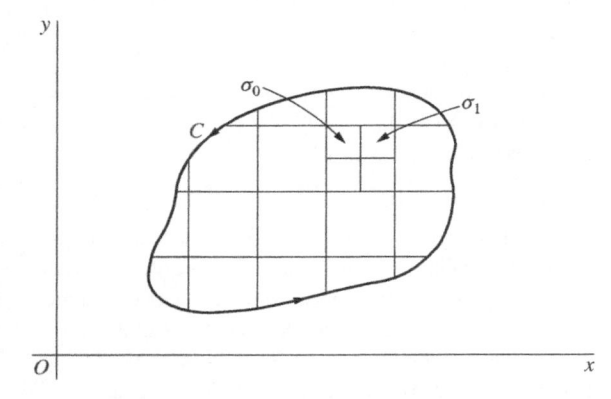

Figura 57

Lema. *Seja f uma função analítica em uma região R constituída dos pontos de um caminho fechado simples C orientado positivamente e dos pontos interiores desse caminho. Dado qualquer número positivo ε, a região R pode ser coberta com um número finito de quadrados e quadrados parciais, indexados por $j = 1, 2, ..., n$, tais que em cada um deles existe algum ponto z_j tal que a desigualdade*

(1) $$\left| \frac{f(z) - f(z_j)}{z - z_j} - f'(z_j) \right| < \varepsilon$$

é satisfeita por todos os pontos distintos de z_j pertencentes ao quadrado ou quadrado parcial.

Para começar a prova, consideramos a possibilidade de existir algum quadrado ou quadrado parcial da cobertura que acabamos de construir no qual não exista ponto z_j algum para o qual a desigualdade (1) seja válida com todos os demais pontos z da sub-região. Se essa sub-região for um quadrado, construímos quatro quadrados menores traçando duas retas ligando os pontos médios de lados opostos (Figura 57). Se a sub-região for um quadrado parcial, seguimos o mesmo procedimento com o quadrado original total e descartamos as sub-regiões que não contiverem pontos de R. Se em alguma dessas sub-regiões menores não existir ponto z_j algum para o qual a desigualdade (1) seja válida com todos os demais pontos z da sub-região, construímos quadrados ainda menores e quadrados parciais, etc. Se seguirmos esse procedimento em cada uma das regiões em que for necessário, *depois de um número finito de passos*, a região R pode ser coberta com um número finito de quadrados e quadrados parciais tais que é o lema verdadeiro.

CAPÍTULO 4 INTEGRAIS

Para mostrar isso, supomos que os pontos z_j procurados *não existam* depois de subdividir uma das sub-regiões originais um número finito de vezes e, assim, alcançar alguma contradição. Denotemos por σ_0 a sub-região original se ela for um quadrado ou, então, se for um quadrado parcial, o quadrado todo do qual a sub-região é uma parte. Depois de subdividir σ_0, pelo menos um dos quatro quadrados menores, digamos, σ_1, deve conter algum ponto de R, mas não um ponto z_j apropriado. Em seguida, subdividimos σ_1 e continuamos esse processo. É possível que na subdivisão de algum quadrado σ_{k-1} ($k = 1, 2, \ldots$) possamos escolher mais do que um sub-quadrado menor. Para sermos específicos, nesse caso escolhemos, então, σ_k como o sub-quadrado abaixo e à esquerda.

Pela maneira que construímos a sequência infinita

(2) $$\sigma_0, \sigma_1, \sigma_2, \ldots, \sigma_{k-1}, \sigma_k, \ldots$$

de quadrados encaixados, é fácil mostrar (Exercício 9 da Seção 53) que existe algum ponto z_0 que está em todos os σ_k; também, cada um desses quadrados contém pontos de R distintos de z_0. Observe que o tamanho dos quadrados da sequência é decrescente e que qualquer vizinhança $|z - z_0| < \delta$ de z_0 contém esses quadrados se o comprimento da diagonal for menor do que δ. Assim, cada vizinhança $|z - z_0| < \delta$ contém pontos de R distintos de z_0, e isso significa que z_0 é um ponto de acumulação de R. Como a região R é um conjunto fechado, segue que z_0 é um ponto de R. (Ver Seção 12.)

Como a função é analítica em R, então, em particular, é analítica em z_0 e, portanto, existe $f'(z_0)$. De acordo com a definição de derivada (Seção 19), dado qualquer número positivo ε, existe alguma vizinhança $|z - z_0| < \delta$ tal que a desigualdade

$$\left| \frac{f(z) - f(z_0)}{z - z_0} - f'(z_0) \right| < \varepsilon$$

é satisfeita por todos os pontos dessa vizinhança distintos de z_0. No entanto, a vizinhança $|z - z_0| < \delta$ contém algum quadrado σ_K se o inteiro K for tomado suficientemente grande, tal que a diagonal do quadrado seja menor do que δ (Figura 58). Consequentemente, z_0 serve como o ponto z_j na desigualdade (1) para a sub-região consistindo no quadrado σ_K ou uma parte de σ_K. Isso vai contra a maneira pela qual construímos a sequência (2), de modo que não é necessário subdividir σ_K. Assim, alcançamos uma contradição e completamos a prova do lema.

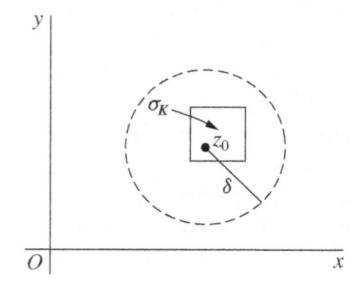

Figura 58

Uma cota superior para o módulo de uma integral

Continuando com uma função f que é analítica em uma região R constituída dos pontos de um caminho fechado simples C orientado positivamente e dos pontos interiores desse caminho estamos, agora, em condições de provar o teorema de Cauchy-Goursat, a saber, que

(3) $$\int_C f(z)\,dz = 0.$$

Dado qualquer número positivo ε, consideramos a cobertura de R dada no enunciado do lema. Então, no j-ésimo quadrado ou quadrado parcial definimos uma função $\delta_j(z)$ cujos valores são $\delta_j(z_j) = 0$, se z_j for o ponto fixado na desigualdade (1), e

(4) $$\delta_j(z) = \frac{f(z) - f(z_j)}{z - z_j} - f'(z_j) \quad \text{se} \quad z \neq z_j.$$

De acordo com a desigualdade (1),

(5) $$|\delta_j(z)| < \varepsilon$$

em todos os pontos z da sub-região em que $\delta_j(z)$ está definida. Além disso, a função $\delta_j(z)$ é contínua em toda a sub-região, pois f é contínua em R e

$$\lim_{z \to z_j} \delta_j(z) = f'(z_j) - f'(z_j) = 0.$$

Sejam, agora, C_j ($j = 1, 2, \ldots, n$) as fronteiras positivamente orientadas dos quadrados ou quadrados parciais que cobrem R. Tendo em vista nossa definição de $\delta_j(z)$, o valor de f em um ponto z de qualquer caminho C_j específico pode ser escrito como

$$f(z) = f(z_j) - z_j f'(z_j) + f'(z_j)z + (z - z_j)\delta_j(z);$$

e isso significa que

(6) $$\int_{C_j} f(z)\,dz = [f(z_j) - z_j f'(z_j)] \int_{C_j} dz + f'(z_j) \int_{C_j} z\,dz$$
$$+ \int_{C_j} (z - z_j)\delta_j(z)\,dz.$$

Temos

$$\int_{C_j} dz = 0 \quad \text{e} \quad \int_{C_j} z\,dz = 0$$

pois as funções 1 e z possuem antiderivadas em todo o plano finito. Logo, a equação (6) se reduz a

(7) $$\int_{C_j} f(z)\,dz = \int_{C_j} (z - z_j)\delta_j(z)\,dz \quad (j = 1, 2, \ldots, n).$$

A soma de todas as n integrais do lado esquerdo da equação (7) pode ser escrita como

$$\sum_{j=1}^{n} \int_{C_j} f(z)\, dz = \int_{C} f(z)\, dz$$

pois as integrais ao longo da fronteira comum de qualquer par de sub-regiões adjacentes se cancelam, já que ao longo desse segmento de reta a integral é tomada em um sentido em uma sub-região e no sentido oposto na outra (Figura 59). Somente restam as integrais ao longo dos arcos que são parte de C. Assim, usando a equação (7), obtemos

$$\int_{C} f(z)\, dz = \sum_{j=1}^{n} \int_{C_j} (z - z_j)\delta_j(z)\, dz\,;$$

e, portanto,

(8) $$\left| \int_{C} f(z)\, dz \right| \leq \sum_{j=1}^{n} \left| \int_{C_j} (z - z_j)\delta_j(z)\, dz \right|.$$

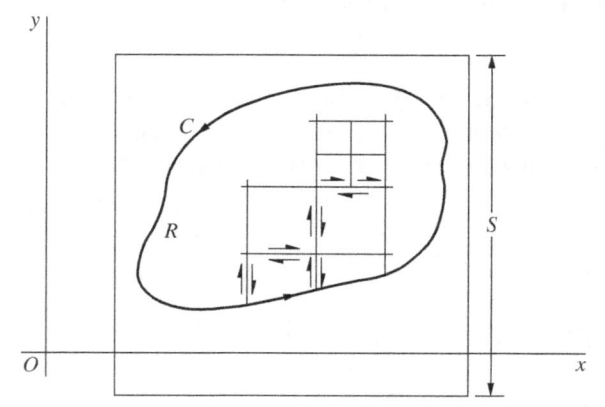

Figura 59

Conclusão

Agora utilizamos o teorema da Seção 47 para encontrar uma cota superior de cada módulo do lado direito da desigualdade (8). Para isso, lembre que cada C_j coincide inteira ou parcialmente com a fronteira de algum quadrado e, em ambos os casos, denotamos por s_j o comprimento do lado do quadrado. Na j-ésima integral, tanto a variável z quanto o ponto z_j estão no quadrado, de modo que

$$|z - z_j| \leq \sqrt{2}\, s_j.$$

Usando a desigualdade (5), decorre, então, que cada integrando do lado direito da desigualdade (8) satisfaz a condição

(9) $$|(z - z_j)\delta_j(z)| = |z - z_j|\,|\delta_j(z)| < \sqrt{2}\, s_j \varepsilon.$$

Se o caminho C_j for a fronteira de um quadrado, o comprimento desse caminho é $4s_j$ e, denotando a área desse quadrado por A_j, obtemos

(10) $$\left| \int_{C_j} (z - z_j)\delta_j(z)\, dz \right| < \sqrt{2}s_j \varepsilon 4s_j = 4\sqrt{2}A_j\varepsilon.$$

Se C_j for a fronteira de um quadrado parcial, seu comprimento não excede $4s_j + L_j$, em que L_j é o comprimento daquela parte de C_j que também é parte de C. Denotando, novamente, a área do quadrado por A_j, obtemos

(11) $$\left| \int_{C_j} (z - z_j)\delta_j(z)\, dz \right| < \sqrt{2}s_j\varepsilon(4s_j + L_j) < 4\sqrt{2}A_j\varepsilon + \sqrt{2}SL_j\varepsilon,$$

em que S é o comprimento do lado de algum quadrado que contenha todo o caminho C e, também, todos os quadrados usados originalmente para cobrir R (Figura 59). Observe que a soma das áreas A_j não excede S^2.

Se L denotar o comprimento de C, segue das desigualdades (8), (10) e (11) que

$$\left| \int_C f(z)\, dz \right| < (4\sqrt{2}S^2 + \sqrt{2}SL)\varepsilon.$$

Como o valor do número positivo ε é arbitrário, podemos escolhê-lo de tal forma que o lado direito dessa última desigualdade seja tão pequeno quanto queiramos. Assim, o lado esquerdo, que independe de ε, deve ser igual a zero, e obtemos a afirmação (3). Isso completa a prova do teorema de Cauchy-Goursat.

52 DOMÍNIOS SIMPLESMENTE CONEXOS

Um domínio D é denominado *simplesmente conexo* se qualquer caminho fechado simples contido em D tenha somente pontos de D em seu interior. Um exemplo é o interior de um caminho fechado simples. O domínio anelar entre dois círculos concêntricos, no entanto, *não é* simplesmente conexo. Domínios não simplesmente conexos são discutidos na próxima seção.

O caminho fechado no teorema de Cauchy-Goursat (Seção 50) não precisa ser simples se o teorema for adaptado a domínios simplesmente conexos. Mais precisamente, o caminho pode ter autointerseções. O teorema a seguir admite essa possibilidade.

Teorema. *Se uma função f for analítica em um domínio simplesmente conexo D, então*

(1) $$\int_C f(z)\, dz = 0$$

em cada caminho fechado contido em D.

A prova é fácil se C for um caminho fechado *simples* ou se for um caminho fechado com um número *finito* de autointerseções. De fato, se C for simples e estiver em D, então a função f é analítica em cada ponto de C e do interior de C, de modo que o teorema de Cauchy-Goursat garante a validade de (1). Da mesma forma, se C for fechado e tiver um número finito de autointerseções, então C consiste em um número finito de caminhos fechados simples e, novamente, podemos aplicar o teorema de Cauchy-Goursat. Isso está ilustrado na Figura 60, em que C é constituído por dois caminhos fechados simples C_1 e C_2. Como o valor das integrais ao longo de C_1 e C_2 é nulo, *independentemente de suas orientações*, obtemos

$$\int_C f(z)\,dz = \int_{C_1} f(z)\,dz + \int_{C_2} f(z)\,dz = 0.$$

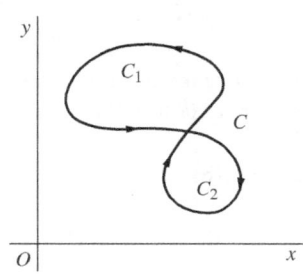

Figura 60

Se um caminho fechado tiver um número *infinito* de autointerseções, surgem algumas complicações. Um método que, às vezes, pode ser aplicado para mostrar que o teorema permanece válido nesse caso está ilustrado no Exercício 5 da Seção 53.*

EXEMPLO. Se C denotar qualquer caminho fechado contido no disco aberto $|z| < 2$ (Figura 61), então

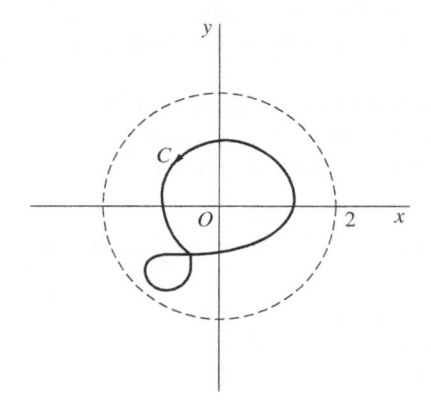

$$\int_C \frac{\operatorname{sen} z}{(z^2 + 9)^5}\,dz = 0.$$

Figura 61

---

* Para uma prova do teorema envolvendo caminhos de comprimento finito mais gerais, ver, por exemplo, as Seções 63-65 do Volume 1 do livro de Markushevich listado no Apêndice 1.

Isso é válido porque o disco é um domínio simplesmente conexo e as duas singularidades $z = \pm 3i$ do integrando estão no exterior do disco.

Corolário 1. *Uma função analítica em um domínio simplesmente conexo D tem uma primitiva nesse domínio.*

Observe, inicialmente, que uma função que é analítica em D é contínua em D. Consequentemente, como a equação (1) vale com a função da hipótese desse corolário e qualquer caminho fechado simples em D, então a função tem uma antiderivada em D, de acordo com o teorema da Seção 48.

Corolário 2. *Funções inteiras têm antiderivadas.*

Esse corolário é uma consequência imediata do Corolário 1, pois o plano finito é simplesmente conexo.

53 DOMÍNIOS MULTIPLAMENTE CONEXOS

Dizemos que um domínio é **multiplamente conexo** se não for simplesmente conexo. O teorema seguinte é uma adaptação do teorema de Cauchy-Goursat a domínios multiplamente conexos. Embora o enunciado do teorema envolva n caminhos C_k ($k = 1, 2, \ldots, n$), nossa prova é inspirada no caso da Figura 62, em que $n = 2$.

Teorema. *Suponha que*

(a) C seja um caminho fechado orientado no sentido anti-horário;

(b) C_k ($k = 1, 2, \ldots, n$) sejam caminhos fechados simples orientados no sentido horário, todos interiores a C, disjuntos e sem pontos interiores em comum (Figura 62).

Se uma função f for analítica em todos esses caminhos e no domínio multiplamente conexo constituído pelos pontos interiores de C e exteriores a cada C_k, então

$$(1) \qquad \int_C f(z)\,dz + \sum_{k=1}^{n} \int_{C_k} f(z)\,dz = 0.$$

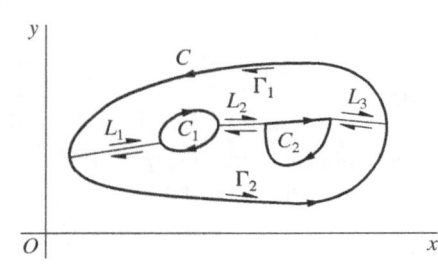

Figura 62

Note que, na equação (1), o sentido de percurso de cada caminho de integração é tal que o domínio multiplamente conexo sempre fica à *esquerda* do caminho.

Para provar o teorema, introduzimos um caminho poligonal L_1, consistindo em um número finito de segmentos de reta justapostos que conectam o caminho externo C com o caminho interno C_1. Em seguida, introduzimos um outro caminho poligonal L_2 que conecta C_1 com C_2 e continuamos até L_{n+1} conectando C_n com C. Conforme indicado pelas setas na Figura 62, podemos formar dois caminhos fechados simples Γ_1 e Γ_2, cada um consistindo em caminhos poligonais L_k ou $-L_k$ e partes de C e de C_k, sendo cada um descrito de tal maneira que os pontos interiores ficam à esquerda. O teorema de Cauchy-Goursat agora pode ser aplicado a Γ_1 e Γ_2, e a soma dos valores das integrais ao longo desses caminhos será nula. Como as integrais em sentidos opostos ao longo de cada linha poligonal L_k se cancelam, restam somente as integrais ao longo de C e dos caminhos C_k, provando a afirmação (1).

Corolário. *Sejam C_1 e C_2 dois caminhos fechados simples orientados positivamente, em que C_1 é interior a C_2 (Figura 63). Se uma função f for analítica na região fechada consistindo nesses caminhos e todos os pontos entre eles, então*

(2) $$\int_{C_1} f(z)\, dz = \int_{C_2} f(z)\, dz.$$

Esse corolário é conhecido como o **princípio da deformação de caminhos**, pois diz que se C_1 for deformado continuamente até o caminho C_2, sempre por pontos de analiticidade de f, então o valor de f ao longo de C_1 não varia. Para verificar esse corolário, basta observar que, pelo teorema, temos

$$\int_{C_2} f(z)\, dz + \int_{-C_1} f(z)\, dz = 0.$$

e que isso é igual à afirmação (2).

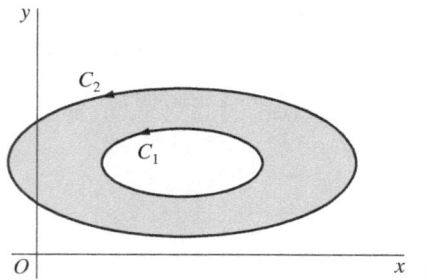

Figura 63

EXEMPLO. Se C for um caminho fechado simples qualquer orientado positivamente em torno da origem, então o corolário pode ser usado para mostrar que

$$\int_C \frac{dz}{z} = 2\pi i.$$

Para isso, construímos um círculo C_0 orientado positivamente centrado na origem e de raio tão pequeno que esteja contido no interior de C (Figura 64). Como (Exercício 13 da Seção 46)

$$\int_{C_0} \frac{dz}{z} = 2\pi i$$

e como $1/z$ é analítica em toda parte, exceto em $z = 0$, o resultado segue.

Note que também poderíamos ter tomado o raio de C_0 tão grande que C estaria contido dentro de C_0.

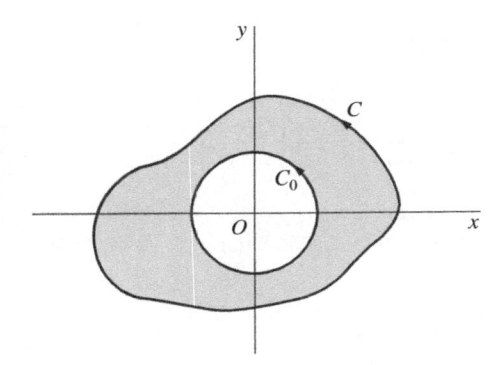

Figura 64

EXERCÍCIOS

1. Aplique o teorema de Cauchy-Goursat para mostrar que

$$\int_C f(z)\,dz = 0$$

se o caminho C for o círculo unitário $|z| = 1$, com qualquer orientação, e sendo

(a) $f(z) = \dfrac{z^2}{z+3}$;   (b) $f(z) = z\,e^{-z}$;   (c) $f(z) = \dfrac{1}{z^2 + 2z + 2}$;

(d) $f(z) = \operatorname{sech} z$;   (e) $f(z) = \operatorname{tg} z$;   (f) $f(z) = \operatorname{Log}(z+2)$.

2. Seja C_1 a fronteira orientada positivamente do quadrado cujos lados estão nas retas $x = \pm 1$ e $y = \pm 1$ e seja C_2 o círculo $|z| = 4$ orientado positivamente (Figura 65). Usando o corolário da Seção 53, mostre por que

$$\int_{C_1} f(z)\,dz = \int_{C_2} f(z)\,dz$$

se

(a) $f(z) = \dfrac{1}{3z^2 + 1}$;   (b) $f(z) = \dfrac{z+2}{\operatorname{sen}(z/2)}$;   (c) $f(z) = \dfrac{z}{1 - e^z}$.

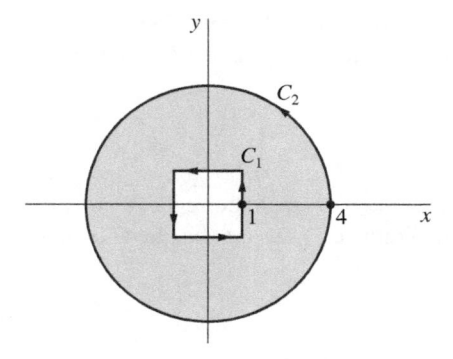

Figura 65

3. Se C_0 denotar o círculo $|z - z_0| = R$ orientado positivamente, então

$$\int_{C_0} (z - z_0)^{n-1} \, dz = \begin{cases} 0 & \text{se} \quad n = \pm 1, \pm 2, \ldots, \\ 2\pi i & \text{se} \quad n = 0, \end{cases}$$

de acordo com o Exercício 13 da Seção 46. Use aquele resultado e o corolário da Seção 53 para mostrar que se C for a fronteira do retângulo $0 \leq x \leq 3$, $0 \leq y \leq 2$ descrita no sentido positivo, então

$$\int_C (z - 2 - i)^{n-1} \, dz = \begin{cases} 0 & \text{se} \quad n = \pm 1, \pm 2, \ldots, \\ 2\pi i & \text{se} \quad n = 0. \end{cases}$$

4. Use o método descrito a seguir para deduzir a fórmula de integração

$$\int_0^\infty e^{-x^2} \cos 2bx \, dx = \frac{\sqrt{\pi}}{2} e^{-b^2} \quad (b > 0).$$

(a) Mostre que a soma das integrais de e^{-z^2} ao longo das partes horizontais inferior e superior do caminho retangular da Figura 66 pode ser escrita como

$$2 \int_0^a e^{-x^2} dx - 2 e^{b^2} \int_0^a e^{-x^2} \cos 2bx \, dx$$

e que a soma das integrais ao longo das partes verticais à esquerda e à direita pode ser escrita como

$$i e^{-a^2} \int_0^b e^{y^2} e^{-i2ay} dy - i e^{-a^2} \int_0^b e^{y^2} e^{i2ay} dy.$$

Assim, com a ajuda do teorema de Cauchy-Goursat, mostre que

$$\int_0^a e^{-x^2} \cos 2bx \, dx = e^{-b^2} \int_0^a e^{-x^2} dx + e^{-(a^2+b^2)} \int_0^b e^{y^2} \operatorname{sen} 2ay \, dy.$$

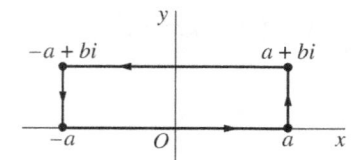

Figura 66

(b) Aceitando como verdadeiro que*

$$\int_0^\infty e^{-x^2} dx = \frac{\sqrt{\pi}}{2}$$

e observando que

$$\left|\int_0^b e^{y^2} \operatorname{sen} 2ay\, dy\right| \leq \int_0^b e^{y^2} dy,$$

obtenha a fórmula de integração procurada deixando a tender ao infinito na equação ao final da parte (a).

5. De acordo com o Exercício 6 da Seção 43, o caminho da origem ao ponto $z = 1$ ao longo do gráfico da função definida por meio das equações

$$y(x) = \begin{cases} x^3 \operatorname{sen}(\pi/x) & \text{se } 0 < x \leq 1, \\ 0 & \text{se } x = 0 \end{cases}$$

é um arco regular que intersecta o eixo real um número infinito de vezes. Seja C_2 o segmento de reta ao longo do eixo real de $z = 1$ de volta até a origem e seja C_3 qualquer arco regular da origem a $z = 1$ sem autointerseções e que não tenha pontos em comum com os arcos C_1 e C_2 exceto pelas extremidades (Figura 67). Aplique o teorema de Cauchy-Goursat para mostrar que se uma função f for inteira, então

$$\int_{C_1} f(z)\, dz = \int_{C_3} f(z)\, dz \quad \text{e} \quad \int_{C_2} f(z)\, dz = -\int_{C_3} f(z)\, dz.$$

Conclua que, mesmo que o caminho fechado $C = C_1 + C_2$ tenha uma infinidade de autointerseções, vale

$$\int_C f(z)\, dz = 0.$$

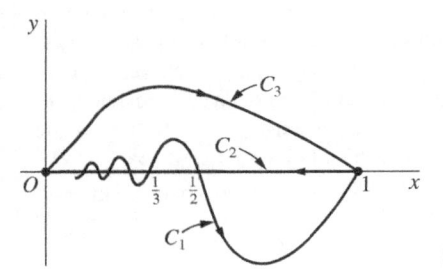

Figura 67

---

* A maneira tradicional de calcular essa integral é escrevendo seu quadrado como

$$\int_0^\infty e^{-x^2} dx \int_0^\infty e^{-y^2} dy = \int_0^\infty \int_0^\infty e^{-(x^2+y^2)} dx\, dy$$

e, então, calculando essa integral iterada usando coordenadas polares. Os detalhes estão fornecidos, por exemplo, às páginas 680-681 do *Advanced Calculus* de A. E. Taylor e W. R. Mann, 3rd ed., 1983.

6. Sejam C a fronteira do semidisco $0 \leq r \leq 1$, $0 \leq \theta \leq \pi$, orientada positivamente, e $f(z)$ a função contínua definida nesse semidisco por $f(0) = 0$, e usando o ramo

$$f(z) = \sqrt{r}\,e^{i\theta/2} \quad \left(r > 0, -\frac{\pi}{2} < \theta < \frac{3\pi}{2}\right)$$

da função multivalente $z^{1/2}$. Mostre que

$$\int_C f(z)\,dz = 0$$

calculando separadamente as integrais de $f(z)$ ao longo do semicírculo e dos dois raios que compõem C. Por que não podemos aplicar o teorema de Cauchy-Goursat para obter esse resultado?

7. Mostre que se C for um caminho fechado simples orientado positivamente, então a área da região englobada por C pode ser dada por

$$\frac{1}{2i}\int_C \bar{z}\,dz.$$

Sugestão: observe que a expressão (4) da Seção 50 pode ser usada aqui, mesmo que a função $f(z) = \bar{z}$ não seja analítica em ponto algum (ver Exemplo 2 da Seção 19).

8. *Intervalos Encaixados*. Uma sequência infinita de intervalos fechados $a_n \leq x \leq b_n$ ($n = 0, 1, 2, \ldots$) é formada da seguinte maneira. O intervalo $a_1 \leq x \leq b_1$ é a metade da esquerda ou da direita do primeiro intervalo $a_0 \leq x \leq b_0$, e o intervalo $a_2 \leq x \leq b_2$ é uma das duas metades de $a_1 \leq x \leq b_1$, e assim por diante. Prove que existe um ponto x_0 que pertence a cada um dos intervalos fechados $a_n \leq x \leq b_n$.

Sugestão: observe que as extremidades esquerdas a_n dos intervalos formam uma sequência não decrescente de números, pois $a_0 \leq a_n \leq a_{n+1} < b_0$, e, portanto, têm um limite A se n tender ao infinito. Mostre que as extremidades direitas b_n também têm um limite B. Depois, mostre que $A = B$ e escreva $x_0 = A = B$.

9. *Quadrados Encaixados*. Um quadrado $\sigma_0 : a_0 \leq x \leq b_0, c_0 \leq y \leq d_0$ é dividido em quatro quadrados iguais por segmentos de reta paralelos aos eixos coordenados. Um desses quatro quadrados menores $\sigma_1 : a_1 \leq x \leq b_1, c_1 \leq y \leq d_1$ é selecionado de acordo com alguma regra e, por sua vez, dividido em quatro quadrados, sendo um deles selecionado, digamos, σ_2, e assim por diante (ver Seção 49). Prove que existe um ponto (x_0, y_0) que pertence a cada uma das regiões fechadas da sequência infinita $\sigma_0, \sigma_1, \sigma_2, \ldots$.

Sugestão: aplique o resultado do Exercício 8 a cada uma das sequências de intervalos fechados $a_n \leq x \leq b_n$ e $c_n \leq y \leq d_n$ ($n = 0, 1, 2, \ldots$).

54 FÓRMULA INTEGRAL DE CAUCHY

Vejamos mais um resultado fundamental.

Teorema. *Seja f uma função analítica nos pontos interiores e em cada ponto de um caminho fechado simples C orientado positivamente. Se z_0 for um ponto interior qualquer de C, então*

(1) $$f(z_0) = \frac{1}{2\pi i}\int_C \frac{f(z)\,dz}{z - z_0}.$$

A expressão (1) é denominada *fórmula integral de Cauchy*. Ela nos diz que se uma função f for analítica nos pontos interiores e em cada ponto de um caminho fechado simples C, então os valores de f no interior de C são completamente determinados pelos valores de f em C.

Começamos a prova do teorema denotando por C_ρ um círculo $|z - z_0| = \rho$ orientado positivamente, em que ρ é tão pequeno que C_ρ seja interior a C (ver Figura 68). Como o quociente $f(z)/(z - z_0)$ é analítico entre e nos caminhos C_ρ e C, segue do princípio da deformação de caminhos (Seção 53) que

$$\int_C \frac{f(z)\,dz}{z-z_0} = \int_{C_\rho} \frac{f(z)\,dz}{z-z_0}.$$

Isso nos permite escrever

(2) $$\int_C \frac{f(z)\,dz}{z-z_0} - f(z_0)\int_{C_\rho} \frac{dz}{z-z_0} = \int_{C_\rho} \frac{f(z) - f(z_0)}{z-z_0}\,dz.$$

No entanto (ver Exercício 13 da Seção 46),

$$\int_{C_\rho} \frac{dz}{z-z_0} = 2\pi i,$$

e, portanto, a equação (2) é dada por

(3) $$\int_C \frac{f(z)\,dz}{z-z_0} - 2\pi i f(z_0) = \int_{C_\rho} \frac{f(z) - f(z_0)}{z-z_0}\,dz.$$

Observe que f é contínua em z_0, por ser analítica, de modo que, dado qualquer número positivo ε, por menor que seja, existe algum número positivo δ tal que

(4) $\quad\quad |f(z) - f(z_0)| < \varepsilon \quad\quad\text{se}\quad\quad |z - z_0| < \delta.$

Suponha que o raio ρ do círculo C_ρ seja menor do que o número δ na segunda dessas desigualdades. Como $|z - z_0| = \rho < \delta$ se z estiver em C_ρ, segue que a *primeira* das desigualdades (4) é válida se z for um desses pontos. Agora o teorema da Seção 47, que dá cotas superiores para os módulos de integrais curvilíneas, afirma que

$$\left|\int_{C_\rho} \frac{f(z) - f(z_0)}{z-z_0}\,dz\right| < \frac{\varepsilon}{\rho} 2\pi\rho = 2\pi\varepsilon.$$

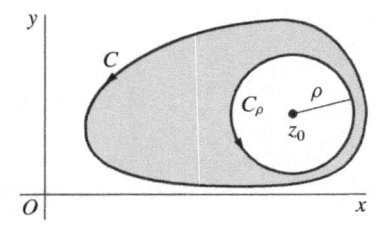

Figura 68

Usando a equação (3), obtemos

$$\left| \int_C \frac{f(z)\,dz}{z - z_0} - 2\pi i f(z_0) \right| < 2\pi\varepsilon.$$

Como o lado esquerdo dessa desigualdade é uma constante não negativa menor do que um número positivo arbitrariamente pequeno, segue que

$$\int_C \frac{f(z)\,dz}{z - z_0} - 2\pi i f(z_0) = 0.$$

Assim, a equação (1) é válida e, portanto, está provado o teorema.

Escrevendo a fórmula integral de Cauchy como

(5) $$\int_C \frac{f(z)\,dz}{z - z_0} = 2\pi i f(z_0),$$

podemos usá-la para calcular algumas integrais ao longo de caminhos fechados simples.

EXEMPLO. Seja C o círculo $|z| = 1$ centrado na origem orientado positivamente. Como a função

$$f(z) = \frac{\cos z}{z^2 + 9}$$

é analítica no interior e nos pontos de C e como a origem $z_0 = 0$ é um ponto interior de C, a equação (5) nos diz que

$$\int_C \frac{\cos z}{z(z^2 + 9)}\,dz = \int_C \frac{(\cos z)/(z^2 + 9)}{z - 0}\,dz = 2\pi i f(0) = \frac{2\pi i}{9}.$$

55 UMA EXTENSÃO DA FÓRMULA INTEGRAL DE CAUCHY

A fórmula integral de Cauchy no teorema da Seção 54 pode ser estendida para fornecer uma representação integral das derivadas $f^{(n)}(z_0)$ de f em z_0.

Teorema. *Seja f uma função analítica nos pontos interiores e em cada ponto de um caminho fechado simples C orientado positivamente. Se z_0 for um ponto interior qualquer de C, então*

(1) $$f^{(n)}(z_0) = \frac{n!}{2\pi i} \int_C \frac{f(z)\,dz}{(z - z_0)^{n+1}} \quad (n = 0, 1, 2, \ldots).$$

Convencionando que

$$f^{(0)}(z_0) = f(z_0) \quad \text{e} \quad 0! = 1,$$

esse teorema inclui a fórmula integral de Cauchy

(2) $$f(z_0) = \frac{1}{2\pi i} \int_C \frac{f(z)\,dz}{z - z_0}.$$

SEÇÃO 55 UMA EXTENSÃO DA FÓRMULA INTEGRAL DE CAUCHY

A verificação da expressão (1) será abordada na Seção 56.

Quando escrita na forma

(3) $$\int_C \frac{f(z)\,dz}{(z-z_0)^{n+1}} = \frac{2\pi i}{n!} f^{(n)}(z_0) \quad (n = 0, 1, 2, \ldots),$$

a expressão (1) pode ser útil no cálculo de algumas integrais se f for analítica nos pontos interiores e em cada ponto de um caminho fechado simples C orientado positivamente e z_0 for qualquer ponto interior de C. O caso $n = 0$ foi ilustrado na Seção 50.

EXEMPLO 1. Se C for o círculo unitário $|z| = 1$ orientado positivamente e
$$f(z) = \exp(2z),$$
então
$$\int_C \frac{\exp(2z)\,dz}{z^4} = \int_C \frac{f(z)\,dz}{(z-0)^{3+1}} = \frac{2\pi i}{3!} f'''(0) = \frac{8\pi i}{3}.$$

EXEMPLO 2. Seja z_0 um ponto interior qualquer de um caminho fechado simples C orientado positivamente. Se $f(z) = 1$, a expressão (3) mostra que
$$\int_C \frac{dz}{z - z_0} = 2\pi i$$
e
$$\int_C \frac{dz}{(z - z_0)^{n+1}} = 0 \quad (n = 1, 2, \ldots).$$

(Compare com o Exercício 13 da Seção 46.)

A expressão (1) também pode ser útil com uma notação um pouco diferente. A saber, se s denotar os pontos de C e se z for um ponto interior de C, então

(4) $$f^{(n)}(z) = \frac{n!}{2\pi i} \int_C \frac{f(s)\,ds}{(s-z)^{n+1}} \quad (n = 0, 1, 2, \ldots),$$

em que $f^{(0)}(z) = f(z)$ e, é claro, $0! = 1$. Nosso próximo exemplo ilustra o uso da expressão (4) na forma

(5) $$\int_C \frac{f(s)\,ds}{(s-z)^{n+1}} = \frac{2\pi i}{n!} f^{(n)}(z) \quad (n = 0, 1, 2, \ldots),$$

que inclui, como caso especial,

(6) $$\int_C \frac{f(s)\,ds}{s-z} = 2\pi i\, f(z).$$

EXEMPLO 3. Se n for um inteiro não negativo e $f(z) = (z^2 - 1)^n$, a expressão (4) passa a ser

(7) $$\frac{d^n}{dz^n}(z^2 - 1)^n = \frac{n!}{2\pi i} \int_C \frac{(s^2 - 1)^n\,ds}{(s-z)^{n+1}} \quad (n = 0, 1, 2, \ldots),$$

em que C é qualquer caminho fechado simples em torno de z. Pela equação (7), podemos escrever os polinômios de Legendre*

(8) $$P_n(z) = \frac{1}{n!2^n} \frac{d^n}{dz^n}(z^2 - 1)^n \quad (n = 0, 1, 2, \ldots)$$

na forma

(9) $$P_n(z) = \frac{1}{2^{n+1}\pi i} \int_C \frac{(s^2 - 1)^n ds}{(s - z)^{n+1}} \quad (n = 0, 1, 2, \ldots).$$

Como

$$\frac{(s^2 - 1)^n}{(s - 1)^{n+1}} = \frac{(s - 1)^n(s + 1)^n}{(s - 1)^{n+1}} = \frac{(s + 1)^n}{s - 1},$$

a expressão (9) fornece

$$P_n(1) = \frac{1}{2^{n+1}\pi i} \int_C \frac{(s + 1)^n ds}{s - 1} \quad (n = 0, 1, 2, \ldots);$$

e, escrevendo $f(s) = (s + 1)^n$ e $z = 1$ na equação (6), chegamos aos valores

$$P_n(1) = \frac{1}{2^{n+1}\pi i} 2\pi i \, (1 + 1)^n = 1 \quad (n = 0, 1, 2, \ldots).$$

Os valores $P_n(-1) = (-1)^n (n = 0, 1, 2, \ldots)$ podem ser encontrados de maneira análoga (Exercício 8 da Seção 57).

Observamos, finalmente, como a expressão (4) pode ser obtida informalmente. Se s denotar os pontos de C e se z for um ponto interior de C, então a fórmula integral de Cauchy é

(10) $$f(z) = \frac{1}{2\pi i} \int_C \frac{f(s)\,ds}{s - z}.$$

Derivando ambos os lados da fórmula e supondo, sem ter uma justificativa rigorosa, que a derivada da integral seja a integral da derivada, encontramos

$$f'(z) = \frac{1}{2\pi i} \int_C f(s) \frac{\partial}{\partial z}(s - z)^{-1} ds,$$

ou

$$f'(z) = \frac{1}{2\pi i} \int_C \frac{f(s)\,ds}{(s - z)^2}.$$

Da mesma forma,

$$f''(z) = \frac{(2)(1)}{2\pi i} \int_C \frac{f(s)\,ds}{(s - z)^{2+1}}$$

e

---

* Ver Exercício 10 da Seção 20 e a respectiva nota de rodapé.

$$f'''(z) = \frac{(3)(2)(1)}{2\pi i} \int_C \frac{f(s)\,ds}{(s-z)^{3+1}}.$$

Esses três casos especiais sugerem que a expressão (4) *pode ser* verdadeira. Na seção seguinte, verificamos essa expressão, mas o leitor que quiser aceitar a expressão (4) sem verificação pode passar imediatamente para a Seção 57.

56 VERIFICAÇÃO DA EXTENSÃO

Passamos, agora, à verificação da extensão da fórmula integral de Cauchy introduzida na Seção 55. Mais precisamente, consideramos uma função f que é analítica nos pontos interiores e em cada ponto de um caminho fechado simples C orientado positivamente, e tomamos um ponto z qualquer do interior de C. Começamos com a fórmula integral de Cauchy dada pela expressão (10) da Seção 55, a saber,

(1) $$f(z) = \frac{1}{2\pi i} \int_C \frac{f(s)\,ds}{s-z}.$$

Para mostrar que a derivada $f'(z)$ satisfaz a expressão

(2) $$f'(z) = \frac{1}{2\pi i} \int_C \frac{f(s)\,ds}{(s-z)^2}$$

da Seção 55, seja d a menor distância de z até os pontos s de C e suponha que $0 < |\Delta z| < d$ (ver Figura 69). Segue da expressão (1) que

$$\frac{f(z+\Delta z) - f(z)}{\Delta z} = \frac{1}{2\pi i} \int_C \left(\frac{1}{s-z-\Delta z} - \frac{1}{s-z} \right) \frac{f(s)}{\Delta z} ds.$$

Evidentemente, segue que

$$\frac{f(z+\Delta z) - f(z)}{\Delta z} = \frac{1}{2\pi i} \int_C \frac{f(s)\,ds}{(s-z-\Delta z)(s-z)}.$$

Como

$$\frac{1}{(s-z-\Delta z)(s-z)} = \frac{1}{(s-z)^2} + \frac{\Delta z}{(s-z-\Delta z)(s-z)^2},$$

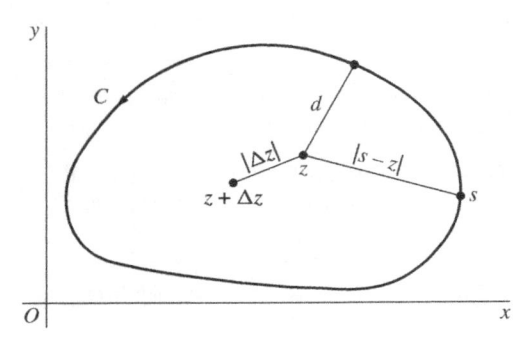

Figura 69

obtemos

(3) $$\frac{f(z+\Delta z)-f(z)}{\Delta z}-\frac{1}{2\pi i}\int_C \frac{f(s)\,ds}{(s-z)^2}=\frac{1}{2\pi i}\int_C \frac{\Delta z f(s)\,ds}{(s-z-\Delta z)(s-z)^2}.$$

Agora, denotamos por M o valor máximo de $|f(s)|$ em C e observamos que de $|s-z| \geq d$ e $|\Delta z| < d$ decorre

$$|s-z-\Delta z| = |(s-z)-\Delta z| \geq ||s-z|-|\Delta z|| \geq d-|\Delta z| > 0.$$

Assim,

$$\left|\int_C \frac{\Delta z\, f(s)\,ds}{(s-z-\Delta z)(s-z)^2}\right| \leq \frac{|\Delta z|M}{(d-|\Delta z|)d^2}L,$$

em que L é o comprimento de C. Fazendo Δz tender a zero, vemos dessa desigualdade que o lado direito da equação (3) também tende a zero. Consequentemente,

$$\lim_{\Delta z \to 0} \frac{f(z+\Delta z)-f(z)}{\Delta z}-\frac{1}{2\pi i}\int_C \frac{f(s)\,ds}{(s-z)^2}=0,$$

que é a expressão procurada da derivada $f'(z)$.

A mesma técnica pode ser utilizada para verificar a expressão

(4) $$f''(z) = \frac{1}{\pi i}\int_C \frac{f(s)\,ds}{(s-z)^3}.$$

Os detalhes, que estão indicados no Exercício 9 da Seção 57, são deixados a cargo do leitor. Além disso, pode ser utilizada indução matemática para obter a fórmula

(5) $$f^{(n)}(z) = \frac{n!}{2\pi i}\int_C \frac{f(s)\,ds}{(s-z)^{n+1}} \qquad (n=1,2,\ldots).$$

A verificação disso é consideravelmente mais complexa do que os casos $n=1$ e $n=2$, e indicamos que o leitor interessado consulte outros livros para isso.* Como já observamos na Seção 55, a expressão (5) também é válida com $n=0$, caso em que se reduz à fórmula integral de Cauchy.

57 ALGUMAS CONSEQUÊNCIAS DA EXTENSÃO

Passamos, agora, a algumas consequências importantes da extensão da fórmula integral de Cauchy da Seção 55.

Teorema 1. *Se uma função f for analítica em um ponto dado, então suas derivadas de todas as ordens também serão analíticas nesse ponto.*

Para demonstrar esse resultado notável, supomos que uma função f seja analítica em um ponto z_0. Então, deve existir alguma vizinhança $|z-z_0| < \varepsilon$ de z_0 na qual

---

* Ver, por exemplo, as páginas 299-301 do Volume 1 do livro de Markushevich listado no Apêndice 1.

SEÇÃO 57 ALGUMAS CONSEQUÊNCIAS DA EXTENSÃO

f é analítica (ver Seção 25). Consequentemente, existe um círculo C_0 orientado positivamente, centrado em z_0 e de raio $\varepsilon/2$, tal que f é analítica no interior de C_0 e em cada ponto desse círculo (Figura 70). Pela expressão (4) da Seção 55, sabemos que

$$f''(z) = \frac{1}{\pi i} \int_{C_0} \frac{f(s)\,ds}{(s-z)^3}$$

em cada ponto interior de C_0, e a existência de $f''(z)$ em cada ponto da vizinhança $|z - z_0| < \varepsilon/2$ significa que f' é analítica em z_0. Aplicando o mesmo argumento à função analítica f', podemos concluir que a derivada f'' é analítica, e assim por diante. Isso demonstra o Teorema 1.

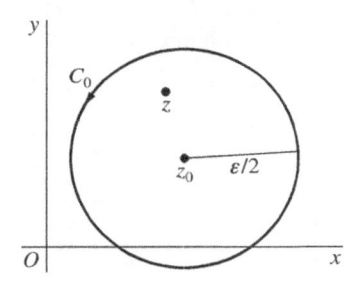

Figura 70

Como consequência, se uma função

$$f(z) = u(x, y) + iv(x, y)$$

for analítica em um ponto $z = (x, y)$, então a derivabilidade de f' garante a continuidade de f' nesse ponto (Seção 19). Como (ver Seção 21)

$$f'(z) = u_x + iv_x = v_y - iu_y,$$

podemos concluir disso que as derivadas parciais de primeira ordem de u e v são contínuas nesse ponto. Além disso, como f'' é analítica e contínua em z e como

$$f''(z) = u_{xx} + iv_{xx} = v_{yx} - iu_{yx},$$

e assim por diante, chegamos ao corolário que foi antecipado na Seção 27, em que introduzimos as funções harmônicas.

Corolário. *Se uma função $f(z) = u(x, y) + iv(x, y)$ for analítica em um ponto $z = (x, y)$, então as funções componentes u e v têm derivadas parciais de todas as ordens nesse ponto.*

A demonstração do próximo teorema, devido a E. Morera (1856-1909), depende da afirmação do Teorema 1, a saber, que é analítica a derivada de uma função analítica.

Teorema 2. *Seja f uma função contínua em um domínio D. Se*

(1) $$\int_C f(z)\,dz = 0$$

com qualquer caminho fechado C em D, então f é analítica em D.

Em particular, se *D* for *simplesmente conexo* obtemos, para a classe das funções continuas em *D*, a recíproca do Teorema da Seção 52 que, por sua vez, é uma adaptação do teorema de Cauchy-Goursat a esses domínios.

Para provar esse teorema, observe que o teorema da Seção 48 garante que uma função *f* que satisfaz as hipóteses do Teorema 2 possui uma antiderivada em *D*, ou seja, existe uma função analítica *F* tal que $F'(z) = f(z)$ em cada ponto de *D*. Como *f* é a derivada de *F*, segue do Teorema 1 que *f* é analítica em *D*.

O último teorema desta seção será essencial na próxima.

Teorema 3. *Seja f uma função analítica no interior e em cada ponto de um círculo C_R de raio R centrado em z_0 orientado positivamente* (Figura 71). *Se M_R denotar o valor máximo de $|f(z)|$ em C_R, então*

(2) $$|f^{(n)}(z_0)| \leq \frac{n! M_R}{R^n} \quad (n = 1, 2, \ldots).$$

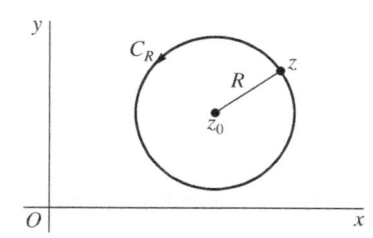

Figura 71

A desigualdade (2) é denominada **desigualdade de Cauchy** e é uma consequência imediata da expressão

$$f^{(n)}(z_0) = \frac{n!}{2\pi i} \int_{C_R} \frac{f(z)\,dz}{(z-z_0)^{n+1}} \quad (n = 1, 2, \ldots),$$

do teorema da Seção 55 se *n* for um inteiro positivo. Basta aplicar o teorema da Seção 47, que dá cotas superiores para os módulos dos valores de integrais curvilíneas, para obter

$$|f^{(n)}(z_0)| \leq \frac{n!}{2\pi} \cdot \frac{M_R}{R^{n+1}} 2\pi R \quad (n = 1, 2, \ldots),$$

em que M_R é dado no enunciado do Teorema 3. Evidentemente, essa desigualdade coincide com a desigualdade (2).

EXERCÍCIOS

1. Seja *C* a fronteira orientada positivamente do quadrado de lados delimitados pelas retas $x = \pm 2$ e $y = \pm 2$. Calcule cada uma das integrais dadas.

(a) $\displaystyle\int_C \frac{e^{-z}\,dz}{z-(\pi i/2)}$;   (b) $\displaystyle\int_C \frac{\cos z}{z(z^2+8)}\,dz$;   (c) $\displaystyle\int_C \frac{z\,dz}{2z+1}$;

(d) $\displaystyle\int_C \frac{\cosh z}{z^4}\,dz$;   (e) $\displaystyle\int_C \frac{\operatorname{tg}(z/2)}{(z-x_0)^2}\,dz \quad (-2 < x_0 < 2)$.

Respostas: (a) 2π;   (b) $\pi i/4$;   (c) $-\pi i/2$;   (d) 0;   (e) $i\pi \sec^2(x_0/2)$.

2. Encontre o valor da integral de $g(z)$ em torno do círculo $|z-i|=2$ orientado positivamente se

   (a) $g(z) = \dfrac{1}{z^2+4}$;   (b) $g(z) = \dfrac{1}{(z^2+4)^2}$.

   Respostas: (a) $\pi/2$;   (b) $\pi/16$.

3. Seja C o círculo $|z|=3$ descrito no sentido positivo. Mostre que se
$$g(z) = \int_C \frac{2s^2 - s - 2}{s - z}\,ds \quad (|z| \neq 3),$$
então $g(2) = 8\pi i$. Qual é o valor de $g(z)$ se $|z| > 3$?

4. Seja C um caminho fechado simples do plano z descrito no sentido positivo e escreva
$$g(z) = \int_C \frac{s^3 + 2s}{(s-z)^3}\,ds.$$
Mostre que $g(z) = 6\pi i\, z$ se z estiver no interior de C e que $g(z) = 0$ se z estiver no exterior de C.

5. Mostre que se f for analítica no interior e em cada ponto de um caminho fechado simples C, e se z_0 não for um ponto de C, então
$$\int_C \frac{f'(z)\,dz}{z - z_0} = \int_C \frac{f(z)\,dz}{(z - z_0)^2}.$$

6. Seja f uma função *contínua* em um caminho fechado simples C. Seguindo o procedimento usado na Seção 56, prove que a função
$$g(z) = \frac{1}{2\pi i} \int_C \frac{f(s)\,ds}{s - z}$$
é analítica em cada ponto z do interior de C e que
$$g'(z) = \frac{1}{2\pi i} \int_C \frac{f(s)\,ds}{(s-z)^2}$$
nesses pontos.

7. Seja C o círculo unitário $z = e^{i\theta}$ ($-\pi \leq \theta \leq \pi$). Mostre, inicialmente, que com qualquer constante real a vale
$$\int_C \frac{e^{az}}{z}\,dz = 2\pi i.$$
Agora escreva essa integral em termos de θ para deduzir a fórmula de integração
$$\int_0^\pi e^{a\cos\theta} \cos(a\,\operatorname{sen}\theta)\,d\theta = \pi.$$

8. Mostre que $P_n(-1) = (-1)^n (n = 0, 1, 2, \ldots)$, em que os $P_n(z)$ são os polinômios de Legendre do Exemplo 3 da Seção 55.

Sugestão: observe que

$$\frac{(s^2-1)^n}{(s+1)^{n+1}} = \frac{(s-1)^n}{s+1}.$$

9. Siga os passos indicados para verificar a expressão

$$f''(z) = \frac{1}{\pi i} \int_C \frac{f(s)\,ds}{(s-z)^3}$$

da Seção 56.

(a) Use a expressão (2) da Seção 56 de f' para mostrar que

$$\frac{f'(z+\Delta z) - f'(z)}{\Delta z} - \frac{1}{\pi i}\int_C \frac{f(s)\,ds}{(s-z)^3} = \frac{1}{2\pi i}\int_C \frac{3(s-z)\Delta z - 2(\Delta z)^2}{(s-z-\Delta z)^2(s-z)^3} f(s)\,ds.$$

(b) Sejam D e d, respectivamente, a maior e a menor distância de z a um ponto de C. Sejam M o valor máximo de $|f(s)|$ em C e L o comprimento de C. Usando a desigualdade triangular e a dedução da expressão (2) da Seção 56 de $f'(z)$, mostre que, se $0 < |\Delta z| < d$, então o valor da integral do lado direito de (a) tem uma cota superior dada por

$$\frac{(3D|\Delta z| + 2|\Delta z|^2)M}{(d-|\Delta z|)^2 d^3} L.$$

(c) Use os resultados das partes (a) e (b) para obter a expressão de $f''(z)$ procurada.

10. Seja f uma função inteira tal que $|f(z)| \leq A|z|$ com qualquer z, em que A é algum número positivo fixado. Mostre que $f(z) = a_1 z$, em que a_1 é uma constante complexa.

Sugestão: use a desigualdade de Cauchy (Seção 57) para mostrar que a derivada segunda $f''(z)$ é nula em cada ponto do plano. Observe que a constante M_R na desigualdade de Cauchy não é maior do que $A(|z_0| + R)$.

58 TEOREMA DE LIOUVILLE E O TEOREMA FUNDAMENTAL DA ÁLGEBRA

A desigualdade de Cauchy do Teorema 3 da Seção 57 pode ser usada para mostrar que nenhuma função inteira pode ser limitada no plano complexo, exceto uma constante. Nosso primeiro teorema desta seção, conhecido como **teorema de Liouville**, afirma isso de uma maneira ligeiramente diferente.

Teorema 1. *Se uma função f for inteira e limitada no plano complexo, então $f(z)$ é constante em todo o plano.*

Para começar a demonstração, supomos que f satisfaça as hipóteses e observamos que, por ser inteira, podemos aplicar o Teorema 3 da Seção 57 com quaisquer escolhas de z_0 e R. Em particular, a desigualdade de Cauchy (2) daquele teorema nos diz que, com $n = 1$,

(1) $$|f'(z_0)| \leq \frac{M_R}{R}.$$

Além disso, por ser f limitada, existe alguma constante não negativa M tal que $|f(z)| \leq M$ com qualquer z e, como a constante M_R da desigualdade (1) nunca é maior do que M, segue que

(2) $$|f'(z_0)| \leq \frac{M}{R},$$

em que R pode ser tomado arbitrariamente grande. No entanto, como o número M na desigualdade (2) é independente do valor escolhido para R, essa desigualdade só pode ser verdadeira com valores arbitrariamente grandes de R se $f'(z_0) = 0$. Como a escolha de z_0 foi arbitrária, obtemos $f'(z) = 0$ em todo o plano complexo. Consequentemente, f é uma função constante, de acordo com o teorema da Seção 25.

O teorema seguinte é denominado *teorema fundamental da Álgebra* e decorre imediatamente do teorema de Liouville.

Teorema 2. *Qualquer polinômio*

$$P(z) = a_0 + a_1 z + a_2 z^2 + \cdots + a_n z^n \quad (a_n \neq 0)$$

de grau n ($n \geq 1$) tem, pelo menos, um zero. Ou seja, existe, pelo menos, um ponto z_0 tal que $P(z_0) = 0$.

A prova é por contradição. Suponha que $P(z)$ seja *não* nulo com qualquer valor de z. Então, o quociente $1/P(z)$ é claramente uma função inteira. Também é limitada no plano complexo. Para ver isso, lembre da afirmação (6) da Seção 5. A saber, que existe um número positivo R tal que

$$\left|\frac{1}{P(z)}\right| < \frac{2}{|a_n| R^n} \quad \text{se} \quad |z| > R.$$

Logo, $1/P(z)$ é limitada na região *exterior* ao disco $|z| \leq R$. No entanto, por ser $1/P(z)$ contínua nesse disco fechado, isso significa que $1/P(z)$ é limitada nesse disco (Seção 18). Dessa forma, $1/P(z)$ é limitada em todo o plano.

Segue, agora, do teorema de Liouville que $1/P(z)$ e, consequentemente, $P(z)$, é constante. Como $P(z)$ não é constante, alcançamos uma contradição.*

O teorema fundamental da Álgebra nos diz que cada polinômio $P(z)$ de grau n ($n \geq 1$) pode ser escrito como o produto de fatores lineares como

(3) $$P(z) = c(z - z_1)(z - z_2) \cdots (z - z_n),$$

em que c e $z_k (k = 1, 2, \ldots, n)$ são constantes complexas. Mais precisamente, o teorema garante que $P(z)$ tem algum zero z_1. Então, pelo Exercício 8 da Seção 59,

$$P(z) = (z - z_1) Q_1(z),$$

---

* Para uma prova interessante do teorema fundamental da Álgebra usando o teorema de Cauchy-Goursat, ver R. P. Boas, Jr., *Amer. Math. Monthly*, Vol 71, N° 2, p. 180, 1964.

em que $Q_1(z)$ é um polinômio de grau $n - 1$. O mesmo argumento, aplicado a $Q_1(z)$, revela que existe algum número z_2 tal que

$$P(z) = (z - z_1)(z - z_2)Q_2(z),$$

em que $Q_2(z)$ é um polinômio de grau $n - 2$. Continuando dessa forma, alcançamos a expressão (3). Algumas das constantes z_k na expressão (3) podem, certamente, aparecer mais de uma vez, mas fica claro que $P(z)$ não pode ter mais do que n zeros *distintos*.

59 PRINCÍPIO DO MÓDULO MÁXIMO

Nesta seção, deduzimos um resultado importante envolvendo os valores máximos dos módulos de funções analíticas. Precisamos de um lema.

Lema. *Suponha que $|f(z)| \leq |f(z_0)|$ em cada ponto z de alguma vizinhança $|z - z_0| < \varepsilon$ na qual f é analítica. Então, $f(z)$ tem o valor constante $f(z_0)$ nessa vizinhança.*

Para provar isso, suponha que f satisfaça as condições enunciadas no lema e seja z_1 um ponto qualquer distinto de z_0 da vizinhança dada. Seja ρ a distância entre z_1 e z_2. Se C_ρ denotar o círculo $|z - z_0| = \rho$ orientado positivamente centrado em z_0 que passa por z_1 (Figura 72), a fórmula integral de Cauchy nos diz que

(1) $$f(z_0) = \frac{1}{2\pi i} \int_{C_\rho} \frac{f(z)\, dz}{z - z_0};$$

e a representação paramétrica

$$z = z_0 + \rho e^{i\theta} \qquad (0 \leq \theta \leq 2\pi)$$

de C_ρ nos permite escrever a equação (1) como

(2) $$f(z_0) = \frac{1}{2\pi} \int_0^{2\pi} f(z_0 + \rho e^{i\theta})\, d\theta.$$

Observamos na expressão (2) que se uma função for analítica no interior e em cada ponto de um dado círculo, então seu valor no centro do círculo é a média aritmética de seus valores no círculo. Esse resultado é conhecido como **teorema do valor médio de Gauss**.

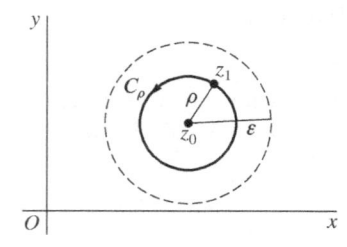

Figura 72

A partir da equação (2), obtemos a desigualdade

(3) $$|f(z_0)| \leq \frac{1}{2\pi} \int_0^{2\pi} |f(z_0 + \rho e^{i\theta})|\, d\theta.$$

Por outro lado, como

(4) $$|f(z_0 + \rho e^{i\theta})| \leq |f(z_0)| \quad (0 \leq \theta \leq 2\pi),$$

obtemos

$$\int_0^{2\pi} |f(z_0 + \rho e^{i\theta})|\, d\theta \leq \int_0^{2\pi} |f(z_0)|\, d\theta = 2\pi |f(z_0)|.$$

Assim,

(5) $$|f(z_0)| \geq \frac{1}{2\pi} \int_0^{2\pi} |f(z_0 + \rho e^{i\theta})|\, d\theta.$$

Decorre imediatamente das desigualdades (3) e (5) que

$$|f(z_0)| = \frac{1}{2\pi} \int_0^{2\pi} |f(z_0 + \rho e^{i\theta})|\, d\theta$$

ou

$$\int_0^{2\pi} [|f(z_0)| - |f(z_0 + \rho e^{i\theta})|]\, d\theta = 0.$$

O integrando dessa última integral é contínuo na variável θ e, pela condição (4), é positivo ou nulo em todo o intervalo $0 \leq \theta \leq 2\pi$. Como o valor da integral é zero, segue que o integrando deve ser identicamente nulo, ou seja,

(6) $$|f(z_0 + \rho e^{i\theta})| = |f(z_0)| \quad (0 \leq \theta \leq 2\pi).$$

Isso mostra que $|f(z)| = |f(z_0)|$ em *qualquer ponto z do círculo* $|z - z_0| = \rho$.

Finalmente, como z_1 é um ponto qualquer da vizinhança perfurada $0 < |z - z_0| < \varepsilon$, vemos que a equação $|f(z)| = |f(z_0)|$ é, de fato, satisfeita por todos os pontos z de qualquer círculo $|z - z_0| = \rho$, em que $0 < \rho < \varepsilon$. Consequentemente, $|f(z)| = |f(z_0)|$ vale em toda a vizinhança $|z - z_0| < \varepsilon$. No entanto, pelo Exemplo 4 da Seção 26, sabemos que se o módulo de uma função analítica for constante em um domínio, então a própria função será constante nesse domínio. Assim, $f(z) = f(z_0)$ em cada ponto z da vizinhança, completando a prova do lema.

Esse lema é utilizado para provar o teorema seguinte, conhecido como ***princípio do módulo máximo***.

Teorema. *Se uma função f for analítica e não constante em um dado domínio D, então $|f(z)|$ não tem um valor máximo em D. Ou seja, não existe um ponto z_0 do domínio tal que $|f(z)| \leq |f(z_0)|$ com qualquer ponto z de D.*

Supondo que *f* seja analítica em *D*, vamos provar o teorema supondo que $|f(z)|$ *tenha* um valor máximo em algum ponto z_0 de *D* e, então, mostrar que *f(z)* deve ser constante em *D*.

176 CAPÍTULO 4 INTEGRAIS

A abordagem utilizada aqui é análoga à utilizada na demonstração do lema da Seção 28. Traçamos uma linha poligonal L em D que se estende desde z_0 até um outro ponto P qualquer de D. Além disso, d representa a menor distância entre os pontos de L e a fronteira de D. Se D for o plano todo, d pode ser qualquer valor positivo. Em seguida, observamos que existe uma sequência finita de pontos

$$z_0, z_1, z_2, \ldots, z_{n-1}, z_n$$

ao longo de L tais que z_n coincide com o ponto P e

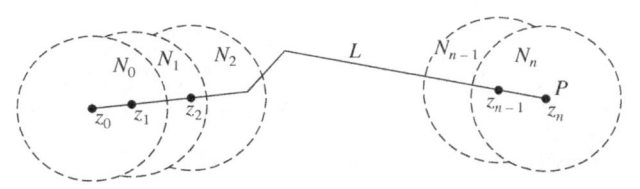

$$|z_k - z_{k-1}| < d \qquad (k = 1, 2, \ldots, n).$$

Figura 73

Formando a sequência finita de vizinhanças (Figura 73)

$$N_0, N_1, N_2, \ldots, N_{n-1}, N_n$$

em que cada N_k tem centro z_k e raio d, vemos que f é analítica em cada uma dessas vizinhanças, todas elas contidas em D, e que o centro N_k ($k = 1, 2, \ldots, n$) de cada vizinhança está na vizinhança N_{k-1}.

Como estamos supondo que $|f(z)|$ atinge um valor máximo em D no ponto z_0, a função também tem um valor máximo em N_0 naquele ponto. Logo, de acordo com o lema, $f(z)$ tem o valor constante $f(z_0)$ em N_0. Em particular, $f(z_1) = f(z_0)$. Isso significa que $|f(z)| \leq |f(z_1)|$ em cada ponto z de N_1. Agora o lema pode ser aplicado de novo, dessa vez estabelecendo que

$$f(z) = f(z_1) = f(z_0)$$

se z estiver em N_1. Como z_2 está em N_1, decorre que $f(z_2) = f(z_0)$. Logo, $|f(z)| \leq |f(z_2)|$ se z estiver em N_2. O lema pode ser novamente aplicado, mostrando que

$$f(z) = f(z_2) = f(z_0)$$

se z estiver em N_2. Continuando dessa maneira, acabamos alcançando a vizinhança N_n estabelecemos que $f(z_n) = f(z_0)$.

Lembrando que z_n coincide com o ponto P, que é um ponto arbitrário de D distinto de z_0, podemos concluir que $f(z) = f(z_0)$ em *cada* ponto z de D. Já que, com isso, provamos que $f(z)$ é constante em D, o teorema está demonstrado.

Se uma função f que é analítica em cada ponto do interior de uma região limitada e fechada R for, também, contínua em toda a região R, então o módulo $|f(z)|$ atinge um valor máximo em algum lugar de R (Seção 18). Isto é, existe alguma constante não negativa M tal que $|f(z)| \leq M$ em cada ponto z de R, sendo que a igualdade é válida em um desses pontos, pelo menos. Se f for uma função constante, então $|f(z)| = M$ em cada z de R. No entanto, se $f(z)$ não for constante, então, pelo teorema que acabamos de provar, $|f(z)| \neq M$ em cada ponto z interior de R. Dessa forma, obtemos um corolário importante.

Corolário. *Suponha que uma função f seja contínua em uma região fechada e limitada R e que seja analítica e não constante no interior de R. Então, o valor máximo de $|f(z)|$ em R, que sempre é alcançado, ocorre em algum ponto da fronteira de R e nunca no interior.*

Se a função f do corolário for escrita como $f(z) = u(x, y) + iv(x, y)$, então *a função componente $u(x, y)$ também tem um valor máximo em R que é atingido na fronteira de R e nunca no interior*, onde é harmônica (Seção 27). Isso ocorre porque a função composta $g(z) = \exp[f(z)]$ é contínua em R e analítica e não constante no interior. Logo, seu módulo $|g(z)| = \exp[u(x, y)]$, que é contínuo em R, deve atingir seu valor máximo em R em um ponto da fronteira. Dada a natureza crescente da função exponencial real, segue que o valor máximo de $u(x, y)$ também é atingido em um ponto de fronteira.

As propriedades dos valores *mínimos* de $|f(z)|$ e $u(x, y)$ são análogas e tratadas nos exercícios.

EXEMPLO. Considere a função $f(z) = (z + 1)^2$ definida na região triangular fechada R de vértices nos pontos

$$z = 0, \quad z = 2 \quad \text{e} \quad z = i.$$

Um argumento geométrico simples pode ser usado para localizar os pontos de R nos quais o módulo $|f(z)|$ atinge seus valores máximo e mínimo. Esse argumento consiste na interpretação de $|f(z)|$ como o quadrado da distância d entre -1 e o ponto z de R, pois

$$d^2 = |f(z)| = |z - (-1)|^2.$$

Conforme vemos na Figura 74, os valores máximo e mínimo de d e, portanto, de $|f(z)|$, ocorrem em pontos de fronteira, a saber, $z = 2$ e $z = 0$, respectivamente.

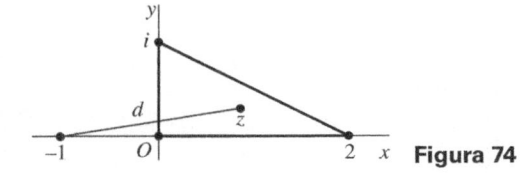

Figura 74

EXERCÍCIOS

1. Suponha que $f(z)$ seja inteira e que a função harmônica $u(x, y) = \text{Re}[f(z)]$ tenha uma cota superior u_0, ou seja, que $u(x, y) \leq u_0$ em cada ponto (x, y) do plano xy. Mostre que $u(x, y)$ deve ser constante em todo o plano.

    Sugestão: aplique o teorema de Liouville (Seção 58) à função $g(z) = \exp[f(z)]$.

2. Seja f uma função contínua em uma região limitada e fechada R que é analítica e não constante no interior de R. Supondo que $f(z) \neq 0$ em cada ponto de R, prove que $|f(z)|$ tem um *valor mínimo m* em R que é atingido na fronteira de R e nunca no interior.

Sugestão: aplique o resultado correspondente a valores máximos (Seção 59) à função $g(z) = 1/f(z)$.

3. Use a função $f(z) = z$ para mostrar que, no Exercício 2, a exigência de ter $f(z) \neq 0$ em todos os pontos de R é necessária para obter o resultado daquele exercício. Ou seja, mostre que $|f(z)|$ *pode* atingir seu valor mínimo em um ponto interior se esse valor mínimo for zero.

4. Seja R a região dada por $0 \leq x \leq \pi$, $0 \leq y \leq 1$ (Figura 75). Mostre que o módulo da função inteira $f(z) = \operatorname{sen} z$ atinge um valor máximo em R no ponto de fronteira $z = (\pi/2) + i$.

    Sugestão: escreva $|f(z)|^2 = \operatorname{sen}^2 x + \operatorname{senh}^2 y$ (ver Seção 37) e localize os pontos de R que maximizam $\operatorname{sen}^2 x$ e $\operatorname{senh}^2 y$.

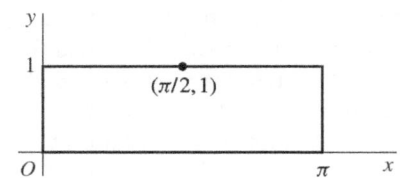

Figura 75

5. Seja $f(z) = u(x, y) + iv(x, y)$ uma função contínua em uma região limitada e fechada R e analítica e não constante no interior de R. Prove que a função componente $u(x, y)$ tem um valor mínimo em R que ocorre na fronteira de R e nunca no interior. (Ver Exercício 2.)

6. Sejam f a função $f(z) = e^z$ e R a região retangular $0 \leq x \leq 1$, $0 \leq y \leq \pi$. Ilustre os resultados da Seção 59 e do Exercício 5 encontrando os pontos de R nos quais a função componente $u(x, y) = \operatorname{Re}[f(z)]$ atinge seus valores máximo e mínimo.

    Resposta: $z = 1, z = 1 + \pi i$.

7. Seja $f(z) = u(x, y) + iv(x, y)$ uma função contínua em uma região limitada e fechada R e analítica e não constante no interior de R. Mostre que a função componente $v(x, y)$ tem valores máximo e mínimo em R que ocorrem na fronteira de R e nunca no interior, onde essa função é harmônica.

    Sugestão: aplique os resultados da Seção 59 e o Exercício 5 à função $g(z) = -if(z)$.

8. Seja z_0 um zero do polinômio

$$P(z) = a_0 + a_1 z + a_2 z^2 + \cdots + a_n z^n \qquad (a_n \neq 0)$$

de grau n ($n \geq 1$). Usando os passos dados, mostre que

$$P(z) = (z - z_0) Q(z)$$

em que $Q(z)$ é um polinômio de grau $n - 1$.

(*a*) Verifique que

$$z^k - z_0^k = (z - z_0)(z^{k-1} + z^{k-2} z_0 + \cdots + z z_0^{k-2} + z_0^{k-1}) \qquad (k = 2, 3, \ldots).$$

(*b*) Use a fatoração da parte (*a*) para mostrar que

$$P(z) - P(z_0) = (z - z_0) Q(z)$$

em que $Q(z)$ é um polinômio de grau $n - 1$ e deduza disso o resultado procurado.

CAPÍTULO 5

SÉRIES

Este capítulo é dedicado principalmente à representação de funções analíticas por séries. Apresentamos teoremas que garantem a existência dessa representação e desenvolvemos alguma familiaridade com o manuseio de séries.

60 CONVERGÊNCIA DE SEQUÊNCIAS

Uma **sequência** infinita $z_1, z_2, \ldots, z_n, \ldots$ de números complexos tem um **limite** z se, dado qualquer número positivo ε, existir algum inteiro positivo n_0 tal que

(1) $\qquad |z_n - z| < \varepsilon \quad \text{se} \quad n > n_0.$

Geometricamente, isso significa que, com valores suficientemente grandes de n, os pontos z_n estão em qualquer vizinhança dada de z (Figura 76). Como podemos escolher ε tão pequeno quanto queiramos, segue que os pontos z_n estão arbitrariamente próximos de z à medida que seus índices crescem. Observe que o valor de n_0 que é necessário depende, em geral, do valor de ε.

Uma sequência tem, no máximo, um limite. Isto é, se existir, um limite z é único (Exercício 5 da Seção 61). Quando o limite z existir, dizemos que a sequência *converge* a z e escrevemos

(2) $\qquad \lim_{n\to\infty} z_n = z.$

Se uma sequência não tiver limite, ela *diverge*.

Teorema. *Suponha que* $z_n = x_n + iy_n \ (n = 1, 2, \ldots)$ *e* $z = x + iy$. *Então,*

(3) $\qquad \lim_{n\to\infty} z_n = z$

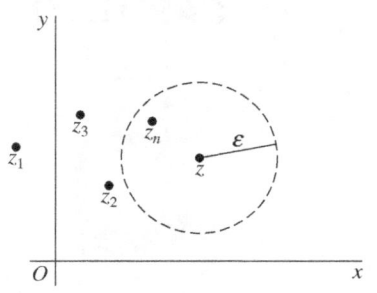

Figura 76

se, e só se,

(4) $$\lim_{n\to\infty} x_n = x \quad e \quad \lim_{n\to\infty} y_n = y.$$

Para provar esse teorema, começamos supondo que a condição (4) seja válida e provamos a validade de (3). De acordo com a condição (4), dado qualquer número positivo ε, existem inteiros positivos n_1 e n_2 tais que

$$|x_n - x| < \frac{\varepsilon}{2} \quad se \quad n > n_1$$

e

$$|y_n - y| < \frac{\varepsilon}{2} \quad se \quad n > n_2.$$

Logo, se n_0 for o maior dos dois inteiros n_1 e n_2,

$$|x_n - x| < \frac{\varepsilon}{2} \quad e \quad |y_n - y| < \frac{\varepsilon}{2} \quad se \quad n > n_0.$$

Como

$$|(x_n + iy_n) - (x + iy)| = |(x_n - x) + i(y_n - y)| \leq |x_n - x| + |y_n - y|,$$

segue que

$$|z_n - z| < \frac{\varepsilon}{2} + \frac{\varepsilon}{2} = \varepsilon \quad se \quad n > n_0.$$

Assim, a condição (3) é verdadeira.

Reciprocamente, começando com a condição (3), sabemos que para cada número positivo ε, existe algum inteiro positivo n_0 tal que

$$|(x_n + iy_n) - (x + iy)| < \varepsilon \quad se \quad n > n_0.$$

No entanto,

$$|x_n - x| \leq |(x_n - x) + i(y_n - y)| = |(x_n + iy_n) - (x + iy)|$$

e
$$|y_n - y| \leq |(x_n - x) + i(y_n - y)| = |(x_n + iy_n) - (x + iy)|;$$
e isso significa que
$$|x_n - x| < \varepsilon \quad \text{e} \quad |y_n - y| < \varepsilon \quad \text{se} \quad n > n_0.$$
Assim, a condição (4) está satisfeita.

Note que, pelo teorema, podemos escrever
$$\lim_{n \to \infty} (x_n + iy_n) = \lim_{n \to \infty} x_n + i \lim_{n \to \infty} y_n$$
sempre que soubermos que existem os dois limites à direita, ou que existe o limite à esquerda.

EXEMPLO 1. A sequência
$$z_n = -1 + i \frac{(-1)^n}{n^2} \quad (n = 1, 2, \ldots)$$
converge a -1, pois
$$\lim_{n \to \infty} \left[-1 + i \frac{(-1)^n}{n^2} \right] = \lim_{n \to \infty} (-1) + i \lim_{n \to \infty} \frac{(-1)^n}{n^2} = -1 + i \cdot 0 = -1.$$
Também podemos usar a definição (1) para obter esse resultado. Mais precisamente,
$$|z_n - (-1)| = \left| i \frac{(-1)^n}{n^2} \right| = \frac{1}{n^2} < \varepsilon \quad \text{se} \quad n > \frac{1}{\sqrt{\varepsilon}}.$$

É necessário ser cuidadoso na adaptação do teorema a coordenadas polares, como mostramos no exemplo seguinte.

EXEMPLO 2. Considere a mesma sequência
$$z_n = -1 + i \frac{(-1)^n}{n^2} \quad (n = 1, 2, \ldots)$$
do Exemplo 1. Usando as coordenadas polares
$$r_n = |z_n| \quad \text{e} \quad \Theta_n = \text{Arg } z_n \quad (n = 1, 2, \ldots)$$
em que Arg z_n denota os argumentos *principais* $(-\pi < \Theta_n \leq \pi)$, vemos que
$$\lim_{n \to \infty} r_n = \lim_{n \to \infty} \sqrt{1 + \frac{1}{n^4}} = 1$$
mas
$$\lim_{n \to \infty} \Theta_{2n} = \pi \quad \text{e} \quad \lim_{n \to \infty} \Theta_{2n-1} = -\pi \quad (n = 1, 2, \ldots).$$

É evidente que não existe o limite de Θ_n se n tender ao infinito. (Ver também o Exercício 2 da Seção 61.)

61 CONVERGÊNCIA DE SÉRIES

Uma *série* infinita

(1) $$\sum_{n=1}^{\infty} z_n = z_1 + z_2 + \cdots + z_n + \cdots$$

de números complexos *converge* à *soma* S se a sequência

(2) $$S_N = \sum_{n=1}^{N} z_n = z_1 + z_2 + \cdots + z_N \quad (N = 1, 2, \ldots)$$

das *somas parciais* convergir a S; nesse caso, escrevemos

$$\sum_{n=1}^{\infty} z_n = S.$$

Observe que, como uma sequência tem, no máximo, um único limite, uma série pode ter, no máximo, uma única soma. Se uma série não convergir, dizemos que ela *diverge*.

Teorema. Suponha que $z_n = x_n + iy_n$ $(n = 1, 2, \ldots)$ e $S = X + iY$. Então,

(3) $$\sum_{n=1}^{\infty} z_n = S$$

se, e só se,

(4) $$\sum_{n=1}^{\infty} x_n = X \quad e \quad \sum_{n=1}^{\infty} y_n = Y.$$

O teorema afirma que podemos escrever

$$\sum_{n=1}^{\infty} (x_n + iy_n) = \sum_{n=1}^{\infty} x_n + i \sum_{n=1}^{\infty} y_n$$

sempre que saibamos que as duas séries do lado direito convergem, ou que a do lado esquerdo converge.

Para provar o teorema, começamos escrevendo as somas parciais (2) como

(5) $$S_N = X_N + iY_N,$$

em que

$$X_N = \sum_{n=1}^{N} x_n \quad e \quad Y_N = \sum_{n=1}^{N} y_n.$$

Agora, a afirmação (3) é verdadeira se, e só se,

(6) $$\lim_{N \to \infty} S_N = S;$$

SEÇÃO 61 CONVERGÊNCIA DE SÉRIES 183

e, usando a relação (5) e o teorema da Seção 60 relativo a sequências, o limite (6) é verdadeiro se, e só se,

(7) $$\lim_{N\to\infty} X_N = X \quad \text{e} \quad \lim_{N\to\infty} Y_N = Y.$$

Dessa forma, vemos que os limites (7) implicam a afirmação (3), e reciprocamente. Como X_N e Y_N são as somas parciais das séries (4), provamos o teorema.

Esse teorema pode ser útil para mostrar que várias propriedades de séries conhecidas do Cálculo são transmitidas a séries cujos termos são números complexos. Para ilustrar como isso é feito, incluímos aqui duas dessas propriedades, que apresentamos como corolários.

Corolário 1. *Se uma série de números complexos converge, então o enésimo termo converge a zero se n tender ao infinito.*

Supondo que a série (1) convirja, sabemos do teorema que se

$$z_n = x_n + iy_n \quad (n = 1, 2, \ldots),$$

então cada uma das séries

(8) $$\sum_{n=1}^{\infty} x_n \quad \text{e} \quad \sum_{n=1}^{\infty} y_n$$

converge. Também sabemos, do Cálculo, que o enésimo termo de uma série convergente de números reais converge a zero se n tender ao infinito. Assim, pelo teorema da Seção 60,

$$\lim_{n\to\infty} z_n = \lim_{n\to\infty} x_n + i \lim_{n\to\infty} y_n = 0 + 0 \cdot i = 0;$$

e completamos a prova do Corolário 1.

Desse corolário segue que os termos de uma série convergente são **limitados**. Ou seja, se a série (1) convergir, então existirá uma constante positiva M tal que $|z_n| \leq M$, qualquer que seja o inteiro positivo n. (Ver Exemplo 9.)

Para apresentar outra propriedade importante de séries de números complexos que decorre da propriedade correspondente do Cálculo, dizemos que a série (1) é **absolutamente convergente** se a série

$$\sum_{n=1}^{\infty} |z_n| = \sum_{n=1}^{\infty} \sqrt{x_n^2 + y_n^2} \quad (z_n = x_n + iy_n)$$

dos números reais $\sqrt{x_n^2 + y_n^2}$ for convergente.

Corolário 2. *A convergência absoluta de um série de números complexos implica a convergência dessa série.*

Para provar o Corolário 2, vamos supor que a série (1) convirja absolutamente. Como

$$|x_n| \leq \sqrt{x_n^2 + y_n^2} \quad \text{e} \quad |y_n| \leq \sqrt{x_n^2 + y_n^2},$$

sabemos do teste da comparação do Cálculo que as duas séries

$$\sum_{n=1}^{\infty} |x_n| \quad \text{e} \quad \sum_{n=1}^{\infty} |y_n|$$

devem convergir. Além disso, como a convergência absoluta de um série de números reais implica a convergência da série em si, segue que ambas as séries (8) convergem. Pelo teorema desta seção, decorre que a série (1) converge. Assim, completamos a prova do Corolário 2.

Muitas vezes, para mostrar que a soma de uma certa série é um dado número S, é conveniente definir o **resto** ρ_N depois de N termos usando as somas parciais (2), a saber,

(9) $$\rho_N = S - S_N.$$

Assim, $S = S_N + \rho_N$ e, como $|S_N - S| = |\rho_N - 0|$, vemos que *uma série converge a um número S se, e só se, a sequência dos restos tende a zero*. Essa observação será muito usada no tratamento com **séries de potências**, que são séries da forma

$$\sum_{n=0}^{\infty} a_n (z - z_0)^n = a_0 + a_1(z - z_0) + a_2(z - z_0)^2 + \cdots + a_n(z - z_0)^n + \cdots,$$

em que z_0 e os coeficientes a_n são constantes complexas e z pode ser qualquer ponto de uma dada região que contém z_0. Com essas séries, que envolvem uma variável z, denotamos as somas, somas parciais e restos, respectivamente, por $S(z)$, $S_N(z)$ e $\rho_N(z)$.

EXEMPLO. Usando restos, é fácil verificar que

(10) $$\sum_{n=0}^{\infty} z^n = \frac{1}{1-z} \quad \text{se} \quad |z| < 1.$$

Para isso, basta lembrar a identidade (Exercício 9 da Seção 9)

$$1 + z + z^2 + \cdots + z^n = \frac{1 - z^{n+1}}{1 - z} \quad (z \neq 1)$$

para escrever as somas parciais

$$S_N(z) = \sum_{n=0}^{N-1} z^n = 1 + z + z^2 + \cdots + z^{N-1} \quad (z \neq 1)$$

como

$$S_N(z) = \frac{1 - z^N}{1 - z}.$$

Se

$$S(z) = \frac{1}{1-z},$$

então
$$\rho_N(z) = S(z) - S_N(z) = \frac{z^N}{1-z} \quad (z \neq 1).$$
Assim,
$$|\rho_N(z)| = \frac{|z|^N}{|1-z|},$$
e fica claro dessa expressão que os restos $\rho_N(z)$ tendem a zero se $|z| < 1$, mas não se $|z| \geq 1$. Assim, provamos a validade da fórmula (10).

EXERCÍCIOS

1. Use a definição (1) da Seção 60 de limites de sequências para mostrar que
$$\lim_{n \to \infty} \left(\frac{1}{n^2} + i\right) = i.$$

2. Denote por Θ_n ($n = 1, 2, \ldots$) os argumentos principais dos números
$$z_n = 1 + i\frac{(-1)^n}{n^2} \quad (n = 1, 2, \ldots),$$
e mostre por que
$$\lim_{n \to \infty} \Theta_n = 0.$$
(Compare com o Exemplo 2 da Seção 60.)

3. Use a desigualdade $||z_n| - |z|| \leq |z_n - z|$ da Seção 5 para mostrar que
$$\text{se} \quad \lim_{n \to \infty} z_n = z, \quad \text{então} \quad \lim_{n \to \infty} |z_n| = |z|.$$

4. Escreva $z = re^{i\theta}$, em que $0 < r < 1$, na fórmula da soma (10) da Seção 61. Com a ajuda do teorema da Seção 61, mostre que
$$\sum_{n=1}^{\infty} r^n \cos n\theta = \frac{r \cos \theta - r^2}{1 - 2r \cos \theta + r^2} \quad \text{e} \quad \sum_{n=1}^{\infty} r^n \operatorname{sen} n\theta = \frac{r \operatorname{sen} \theta}{1 - 2r \cos \theta + r^2}$$
se $0 < r < 1$. (Note que essas fórmula também são válidas se $r = 0$.)

5. Mostre que o limite se uma sequência convergente de números complexos é único usando o resultado correspondente de sequências de números reais.

6. Mostre que
$$\text{se} \quad \sum_{n=1}^{\infty} z_n = S, \quad \text{então} \quad \sum_{n=1}^{\infty} \overline{z_n} = \overline{S}.$$

7. Fixado um número complexo c qualquer, mostre que
$$\text{se} \quad \sum_{n=1}^{\infty} z_n = S, \quad \text{então} \quad \sum_{n=1}^{\infty} cz_n = cS.$$

8. Lembrando do resultado correspondente de séries de números reais e usando o teorema da Seção 61, mostre que

$$\text{se } \sum_{n=1}^{\infty} z_n = S \quad \text{e} \quad \sum_{n=1}^{\infty} w_n = T, \quad \text{então} \quad \sum_{n=1}^{\infty} (z_n + w_n) = S + T.$$

9. Suponha que uma sequência z_n ($n = 1, 2, \ldots$) convirja a um número z. Siga os passos apresentados a seguir para mostrar que existe um número positivo M tal que a desigualdade $|z_n| \leq M$ é válida com qualquer n.

   (a) Observe que existe um inteiro positivo n_0 tal que

   $$|z_n| = |z + (z_n - z)| < |z| + 1$$

   se $n > n_0$.

   (b) Escreva $z_n = x_n + i y_n$ e lembre da teoria das sequências reais que a convergência de x_n e y_n ($n = 1, 2, \ldots$) implica a existência de números positivos M_1 e M_2 tais que $|x_n| \leq M_1$ e $|y_n| \leq M_2$ ($n = 1, 2, \ldots$).

62 SÉRIES DE TAYLOR

Passamos, agora, ao **teorema de Taylor**, que é um dos mais importantes resultados deste capítulo.

Teorema. *Suponha que uma função f seja analítica em um disco $|z - z_0| < R_0$ centrado em z_0 e de raio R_0 (Figura 77). Então, $f(z)$ tem uma representação em série de potências*

(1) $$f(z) = \sum_{n=0}^{\infty} a_n (z - z_0)^n \qquad (|z - z_0| < R_0),$$

em que

(2) $$a_n = \frac{f^{(n)}(z_0)}{n!} \qquad (n = 0, 1, 2, \ldots).$$

Ou seja, a série (1) converge a $f(z)$ se z estiver no disco aberto do enunciado.

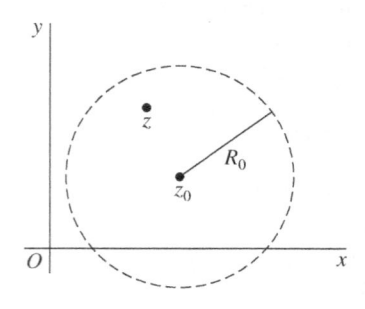

Figura 77

Essa é a expansão de $f(z)$ em uma *série de Taylor* centrada no ponto z_0. É a série de Taylor conhecida do Cálculo, adaptada a funções de uma variável complexa. Concordando que

$$f^{(0)}(z_0) = f(z_0) \quad \text{e} \quad 0! = 1,$$

a série (1) pode ser escrita como

(3) $\quad f(z) = f(z_0) + \dfrac{f'(z_0)}{1!}(z - z_0) + \dfrac{f''(z_0)}{2!}(z - z_0)^2 + \cdots \quad (|z - z_0| < R_0).$

Qualquer função que seja analítica em um ponto z_0 deve possuir uma série de Taylor centrada em z_0. De fato, se f for uma função analítica em z_0, então f será analítica em alguma vizinhança $|z - z_0| < \varepsilon$ desse ponto (Seção 25), e podemos usar ε como o valor de R_0 no enunciado do teorema de Taylor. Também, se f for inteira, podemos escolher R_0 arbitrariamente grande, e a condição de validade da expansão passa a ser $|z - z_0| < \infty$. Assim, a série converge a $f(z)$ em cada ponto z do plano finito.

Se for sabido que uma dada função é analítica em cada ponto de um disco centrado em z_0, decorre que a série de Taylor dessa função, centrada em z_0, sempre converge a $f(z)$, não sendo necessários quaisquer testes para garantir essa convergência. Na verdade, pelo teorema de Taylor, a série converge a $f(z)$ em cada ponto interior do círculo cujo raio for a distância de z_0 ao ponto z_1 mais próximo no qual f *deixa de ser* analítica. Na Seção 71, veremos que esse é o maior círculo centrado em z_0 tal que a série converge a $f(z)$ em cada ponto interior.

Na próxima seção, começamos a demonstração do teorema de Taylor no caso em que $z_0 = 0$, quando supomos f analítica em um disco $|z| < R_0$. A série (1) então se torna a *série de Maclaurin*

(4) $\quad f(z) = \displaystyle\sum_{n=0}^{\infty} \dfrac{f^{(n)}(0)}{n!} z^n \quad (|z| < R_0).$

A demonstração no caso de z_0 não nulo decorre imediatamente. O leitor que quiser aceitar a demonstração do teorema de Taylor pode pular diretamente para os exemplos da Seção 64.

63 PROVA DO TEOREMA DE TAYLOR

Como indicamos ao final da Seção 62, a prova se divide naturalmente em duas partes.

O caso $z_0 = 0$

Para começar a dedução da representação (4) da Seção 62, escrevemos $|z| = r$ e denotamos por C_0 o círculo $|z| = r_0$ orientado positivamente, em que $r < r_0 < R_0$ (Figura 78). Como f é analítica no interior e nos pontos do círculo C_0 e como o ponto z está no interior de C_0, podemos aplicar a fórmula integral de Cauchy

(1) $\quad f(z) = \dfrac{1}{2\pi i} \displaystyle\int_{C_0} \dfrac{f(s)\, ds}{s - z}.$

188 CAPÍTULO 5 SÉRIES

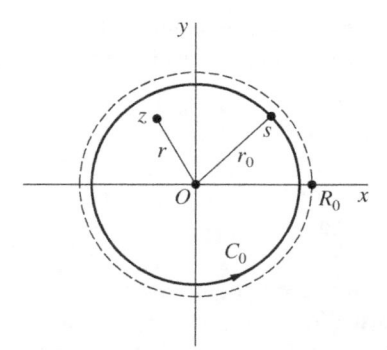

Figura 78

O fator $1/(s-z)$ do integrando pode ser escrito como

(2) $$\frac{1}{s-z} = \frac{1}{s} \cdot \frac{1}{1-(z/s)};$$

e sabemos, do Exemplo da Seção 56, que

(3) $$\frac{1}{1-z} = \sum_{n=0}^{N-1} z^n + \frac{z^N}{1-z}$$

em que z é qualquer número complexo distinto de 1. Substituindo z por z/s na expressão (3), podemos reescrever a equação (2) como

(4) $$\frac{1}{s-z} = \sum_{n=0}^{N-1} \frac{1}{s^{n+1}} z^n + z^N \frac{1}{(s-z)s^N}.$$

Multiplicando toda essa equação por $f(z)$ e integrando cada parte em relação a s ao longo de C_0, obtemos

$$\int_{C_0} \frac{f(s)\,ds}{s-z} = \sum_{n=0}^{N-1} \int_{C_0} \frac{f(s)\,ds}{s^{n+1}} z^n + z^N \int_{C_0} \frac{f(s)\,ds}{(s-z)s^N}.$$

Lembrando a expressão (1) e usando o fato de que (Seção 55)

$$\frac{1}{2\pi i} \int_{C_0} \frac{f(s)\,ds}{s^{n+1}} = \frac{f^{(n)}(0)}{n!} \qquad (n=0,1,2,\ldots),$$

isso se reduz, multiplicando tudo por $1/(2\pi i)$, a

(5) $$f(z) = \sum_{n=0}^{N-1} \frac{f^{(n)}(0)}{n!} z^n + \rho_N(z),$$

em que

(6) $$\rho_N(z) = \frac{z^N}{2\pi i} \int_{C_0} \frac{f(s)\,ds}{(s-z)s^N}.$$

Dessa forma, para obter a representação (4) da Seção 62, resta mostrar que
(7) $$\lim_{N\to\infty} \rho_N(z) = 0.$$
Para ver isso, lembre que $|z| = r$ e C_0 tem raio r_0, sendo $r_0 > r$. Então, dado qualquer ponto s de C_0, vemos que
$$|s - z| \geq ||s| - |z|| = r_0 - r.$$
Consequentemente, denotando por M o valor máximo de $|f(s)|$ em C_0, resulta
$$|\rho_N(z)| \leq \frac{r^N}{2\pi} \cdot \frac{M}{(r_0 - r)r_0^N} 2\pi r_0 = \frac{Mr_0}{r_0 - r} \left(\frac{r}{r_0}\right)^N.$$
Já que $(r/r_0) < 1$, é fácil verificar que o limite (7) é válido.

O caso $z_0 \neq 0$
Para verificar o teorema se o disco de raio R_0 estiver centrado em algum ponto z_0 arbitrário, supomos que f seja analítica no disco $|z - z_0| < R_0$ e observamos que a função composta $f(z + z_0)$ deve ser analítica se $|(z + z_0) - z_0| < R_0$. Essa última desigualdade é, simplesmente, $|z| < R_0$ e, escrevendo $g(z) = f(z + z_0)$, a analiticidade de g no disco $|z| < R_0$ garante a existência da representação de Maclaurin

$$g(z) = \sum_{n=0}^{\infty} \frac{g^{(n)}(0)}{n!} z^n \quad (|z| < R_0).$$

Assim,
$$f(z + z_0) = \sum_{n=0}^{\infty} \frac{f^{(n)}(z_0)}{n!} z^n \quad (|z| < R_0).$$

Substituindo z por $z - z_0$ nesta equação e na condição de validade, obtemos a expansão em série de Taylor (1) da Seção 62.

64 EXEMPLOS

Na Seção 72, veremos que é única a representação em série de Taylor de uma função centrada em um dado ponto z_0. Mais precisamente, mostraremos que se

$$f(z) = \sum_{n=0}^{\infty} a_n (z - z_0)^n$$

em cada ponto z do interior de algum círculo centrado em z_0, então essa série de potências é *a* série de Taylor de f centrada em z_0, independentemente de como a tivermos obtido. Essa observação nos permite, muitas vezes, encontrar os coeficientes a_n da série de Taylor de maneira mais eficiente do que aplicando diretamente a fórmula $a_n = f^{(n)}(z_0)/n!$ do teorema de Taylor.

Nesta seção, encontraremos as seis seguintes expansões em séries de Maclaurin, em que $z_0 = 0$, e veremos como podem ser usadas para obter outras expansões relacionadas.

(1) $$\frac{1}{1-z} = \sum_{n=0}^{\infty} z^n = 1 + z + z^2 + \cdots \qquad (|z| < 1),$$

(2) $$e^z = \sum_{n=0}^{\infty} \frac{z^n}{n!} = 1 + \frac{z}{1!} + \frac{z^2}{2!} + \cdots \qquad (|z| < \infty),$$

(3) $$\operatorname{sen} z = \sum_{n=0}^{\infty} (-1)^n \frac{z^{2n+1}}{(2n+1)!} = z - \frac{z^3}{3!} + \frac{z^5}{5!} - \cdots \qquad (|z| < \infty),$$

(4) $$\cos z = \sum_{n=0}^{\infty} (-1)^n \frac{z^{2n}}{(2n)!} = 1 - \frac{z^2}{2!} + \frac{z^4}{4!} - \cdots \qquad (|z| < \infty),$$

(5) $$\operatorname{senh} z = \sum_{n=0}^{\infty} \frac{z^{2n+1}}{(2n+1)!} = z + \frac{z^3}{3!} + \frac{z^5}{5!} + \cdots \qquad (|z| < \infty),$$

(6) $$\cosh z = \sum_{n=0}^{\infty} \frac{z^{2n}}{(2n)!} = 1 + \frac{z^2}{2!} + \frac{z^4}{4!} + \cdots \qquad (|z| < \infty).$$

Apresentamos esses resultados juntos para facilitar a sua consulta. Como essas expansões são as conhecidas expansões do Cálculo, com z no lugar de x, o leitor não deve ter dificuldades em memorizá-las.

Além de juntar as expansões (1) a (6), apresentamos suas deduções como Exemplos 1 a 6, junto a algumas outras séries que são obtidas facilmente. O leitor deve se lembrar de que

(a) a região de convergência pode ser determinada mesmo antes de encontrar a série;

(b) pode haver mais de uma maneira razoável para encontrar uma série procurada.

EXEMPLO 1. É claro que a representação (1) já foi obtida na Seção 61, em que sequer usamos o teorema de Taylor. Para ver como esse teorema pode ser utilizado, observamos que o ponto $z = 1$ é a única singularidade da função

$$f(z) = \frac{1}{1-z}$$

no plano finito. Logo, a série de Maclaurin procurada converge a $f(z)$ se $|z| < 1$.

As derivadas de $f(z)$ são

$$f^{(n)}(z) = \frac{n!}{(1-z)^{n+1}} \qquad (n = 1, 2, \ldots).$$

Concordando que $f^{(0)}(z) = f(z)$ e $0! = 1$, temos $f^{(n)}(0) = n!$ com $n = 0, 1, 2, \ldots$ e, escrevendo

$$f(z) = \sum_{n=0}^{\infty} \frac{f^{(n)}(0)}{n!} z^n = \sum_{n=0}^{\infty} z^n,$$

obtemos a representação em série (1).

Substituindo $-z$ por z na equação (1) e na condição de validade e observando que $|z| < 1$ se $|-z| < 1$, vemos que

$$\frac{1}{1+z} = \sum_{n=0}^{\infty}(-1)^n z^n \qquad (|z| < 1).$$

Por outro lado, se substituímos a variável z na equação (1) por $1 - z$, obtemos a representação em série de Taylor

$$\frac{1}{z} = \sum_{n=0}^{\infty}(-1)^n (z-1)^n \qquad (|z-1| < 1).$$

A condição de validade segue da associada à expansão (1), pois $|1 - z| < 1$ é o mesmo que $|z - 1| < 1$.

Como mais uma aplicação da expansão (1), agora queremos uma representação em série de Taylor da função

$$f(z) = \frac{1}{1-z}$$

centrada no ponto $z_0 = i$. Como a distância entre z_0 e a singularidade $z = 1$ é $|1 - i| = \sqrt{2}$, a condição de validade agora é $|z - i| < \sqrt{2}$. (Ver Figura 79.) Para encontrar a série, que envolve potências de $z - i$, começamos escrevendo

$$\frac{1}{1-z} = \frac{1}{(1-i)-(z-i)} = \frac{1}{1-i} \cdot \frac{1}{1-\left(\frac{z-i}{1-i}\right)}.$$

Como

$$\left|\frac{z-i}{1-i}\right| = \frac{|z-i|}{|1-i|} = \frac{|z-i|}{\sqrt{2}} < 1$$

se $|z - i| < \sqrt{2}$, a expansão (1) agora nos diz que

$$\frac{1}{1-\left(\frac{z-i}{1-i}\right)} = \sum_{n=0}^{\infty}\left(\frac{z-i}{1-i}\right)^n \qquad (|z-i| < \sqrt{2});$$

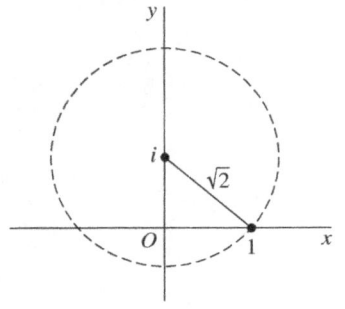

Figura 79
$|z - i| < \sqrt{2}$

e obtemos a expansão em série de Taylor

$$\frac{1}{1-z} = \frac{1}{1-i} \sum_{n=0}^{\infty} \left(\frac{z-i}{1-i}\right)^n = \sum_{n=0}^{\infty} \frac{(z-i)^n}{(1-i)^{n+1}} \qquad (|z-i| < \sqrt{2}).$$

EXEMPLO 2. Como a função $f(z) = e^z$ é inteira, a representação em série de Maclaurin dessa função é válida em cada z. Aqui, $f^{(n)}(z) = e^z$ ($n = 0, 1, 2, \ldots$); e, como $f^{(n)}(0) = 1$ ($n = 0, 1, 2, \ldots$), segue a expansão (2). Observe que se $z = x + i0$, a expansão é dada por

$$e^x = \sum_{n=0}^{\infty} \frac{x^n}{n!} \qquad (-\infty < x < \infty).$$

A função inteira $z^3 e^{2z}$ também é representada por uma série de Maclaurin. A maneira mais simples de ver isso é substituir z por $2z$ na expressão (2) e multiplicar o resultado por z^3, obtendo

$$z^3 e^{2z} = \sum_{n=0}^{\infty} \frac{2^n}{n!} z^{n+3} \qquad (|z| < \infty).$$

Finalmente, substituindo n por $n - 3$, temos

$$z^3 e^{2z} = \sum_{n=3}^{\infty} \frac{2^{n-3}}{(n-3)!} z^n \qquad (|z| < \infty).$$

EXEMPLO 3. Podemos usar a expansão (2) e a definição (Seção 37)

$$\operatorname{sen} z = \frac{e^{iz} - e^{-iz}}{2i}$$

para encontrar a série de Maclaurin da função inteira $f(z) = \operatorname{sen} z$. Mais precisamente, usamos a expansão (1) para escrever

$$\operatorname{sen} z = \frac{1}{2i} \left[\sum_{n=0}^{\infty} \frac{(iz)^n}{n!} - \sum_{n=0}^{\infty} \frac{(-iz)^n}{n!} \right] = \frac{1}{2i} \sum_{n=0}^{\infty} \left[1 - (-1)^n\right] \frac{i^n z^n}{n!} \qquad (|z| < \infty).$$

Como $1 - (-1)^n = 0$ com n par, podemos substituir n por $2n + 1$ nessa série para obter

$$\operatorname{sen} z = \frac{1}{2i} \sum_{n=0}^{\infty} \left[1 - (-1)^{2n+1}\right] \frac{i^{2n+1} z^{2n+1}}{(2n+1)!} \qquad (|z| < \infty).$$

Já que

$$1 - (-1)^{2n+1} = 2 \quad \text{e} \quad i^{2n+1} = (i^2)^n i = (-1)^n i,$$

resulta a expansão (3).

EXEMPLO 4. Usando derivação termo a termo, a ser justificada na Seção 71, derivamos cada lado da equação (3) e escrevemos

$$\cos z = \sum_{n=0}^{\infty} \frac{(-1)^n}{(2n+1)!} \frac{d}{dz} z^{2n+1} = \sum_{n=0}^{\infty} (-1)^n \frac{2n+1}{(2n+1)!} z^{2n} = \sum_{n=0}^{\infty} (-1)^n \frac{z^{2n}}{(2n)!}$$
$$(|z| < \infty).$$

ou seja, verificamos a expansão (4).

EXEMPLO 5. Já que $z = -i\,\text{sen}(iz)$, como vimos na Seção 39, basta usar a expansão (3) de sen z para escrever

$$\text{senh } z = -i \sum_{n=0}^{\infty} (-1)^n \frac{(iz)^{2n+1}}{(2n+1)!} \qquad (|z| < \infty),$$

ou seja,

$$\text{senh } z = \sum_{n=0}^{\infty} \frac{z^{2n+1}}{(2n+1)!} \qquad (|z| < \infty).$$

EXEMPLO 6. Já que $\cosh z = \cos(iz)$, conforme Seção 39, a série de Maclaurin (4) de cos z mostra que

$$\cosh z = \sum_{n=0}^{\infty} (-1)^n \frac{(iz)^{2n}}{(2n)!} \qquad (|z| < \infty),$$

e obtemos a representação em série de Maclaurin

$$\cosh z = \sum_{n=0}^{\infty} \frac{z^{2n}}{(2n)!} \qquad (|z| < \infty).$$

Observe, por exemplo, que a série de Taylor de cosh z centrada no ponto $z_0 = -2\pi i$ é obtida substituindo a variável z de cada lado dessa última equação por $z + 2\pi i$ e lembrando (Seção 39) que $\cosh(z + 2\pi i) = \cosh z$ em cada z, de modo que

$$\cosh z = \sum_{n=0}^{\infty} \frac{(z + 2\pi i)^{2n}}{(2n)!} \qquad (|z| < \infty).$$

65 POTÊNCIAS NEGATIVAS DE $(z - z_0)$

Se uma função f deixar de ser analítica em um dado ponto z_0, não podemos aplicar o teorema de Taylor nesse ponto. Contudo, muitas vez é possível encontrar uma representação de $f(z)$ envolvendo potências positivas e negativas de $(z - z_0)$. Essas séries são extremamente importantes e serão estudadas na próxima seção. Muitas vezes, obtemos uma série dessas usando uma ou mais das seis séries de Maclaurin listadas no início da Seção 64. Para o leitor se acostumar com séries de potências negativas de $(z - z_0)$, fazemos uma pausa para apresentar diversos exemplos antes de explorar a teoria geral.

EXEMPLO 1. Usando a série da Maclaurin conhecida

$$e^z = 1 + \frac{z}{1!} + \frac{z^2}{2!} + \frac{z^3}{3!} + \frac{z^4}{4!} + \cdots \quad (|z| < \infty),$$

vemos que

$$\frac{e^{-z}}{z^2} = \frac{1}{z^2}\left(1 - \frac{z}{1!} + \frac{z^2}{2!} - \frac{z^3}{3!} + \frac{z^4}{4!} - \cdots\right) = \frac{1}{z^2} - \frac{1}{z} + \frac{1}{2!} - \frac{z}{3!} + \frac{z^2}{4!} - \cdots$$

se $0 < |z| < \infty$.

EXEMPLO 2. A partir da série de Maclaurin

$$\cosh z = \sum_{n=0}^{\infty} \frac{z^{2n}}{(2n)!} \quad (|z| < \infty)$$

segue que, se $0 < |z| < \infty$, então

$$z^3 \cosh\left(\frac{1}{z}\right) = z^3 \sum_{n=0}^{\infty} \frac{1}{(2n)! z^{2n}} = \sum_{n=0}^{\infty} \frac{1}{(2n)! z^{2n-3}}.$$

Observe que $2n - 3 < 0$ se n for 0 ou 1, mas $2n - 3 > 0$ se $n \geq 2$. Logo, essa série pode ser reescrita como

$$z^3 \cosh\left(\frac{1}{z}\right) = z^3 + \frac{z}{2} + \sum_{n=2}^{\infty} \frac{1}{(2n)! z^{2n-3}} \quad (0 < |z| < \infty).$$

Antecipando a forma padrão dessas expansões, que será vista na próxima seção, podemos substituir n por $n + 1$ nessa série e obter

$$z^3 \cos\left(\frac{1}{z}\right) = \frac{z}{2} + z^3 + \sum_{n=1}^{\infty} \frac{1}{(2n+2)!} \cdot \frac{1}{z^{2n-1}} \quad (0 < |z| < \infty).$$

EXEMPLO 3. Neste exemplo, expandimos a função

$$f(z) = \frac{1 + 2z^2}{z^3 + z^5} = \frac{1}{z^3} \cdot \frac{2(1 + z^2) - 1}{1 + z^2} = \frac{1}{z^3}\left(2 - \frac{1}{1 + z^2}\right)$$

em uma série de potências de z. Como $f(z)$ não é analítica em $z = 0$, não podemos encontrar uma série de Maclaurin. No entanto, sabemos que

$$\frac{1}{1 - z} = 1 + z + z^2 + z^3 + z^4 + \cdots \quad (|z| < 1);$$

e, substituindo z por $-z^2$ em cada lado, obtemos

$$\frac{1}{1 + z^2} = 1 - z^2 + z^4 - z^6 + z^8 - \cdots \quad (|z| < 1).$$

Logo, com $0 < |z| < 1$, temos

$$f(z) = \frac{1}{z^3}(2 - 1 + z^2 - z^4 + z^6 - z^8 + \cdots) = \frac{1}{z^3} + \frac{1}{z} - z + z^3 - z^5 + \cdots.$$

Os termos $1/z^3$ e $1/z$ são denominados potências *negativas* de z, pois podem ser reescritos como z^{-3} e z^{-1}, respectivamente. Como já observamos no início desta seção, a teoria das expansões envolvendo potências negativas de $(z - z_0)$ será discutida na próxima seção.

O leitor deve ter observado que, nas séries dos Exemplos 1 e 3, as potências negativas aparecem no início, mas, no Exemplo 2, isso ocorre com as potências positivas. Nas aplicações que veremos adiante, é irrelevante se as potências negativas aparecem antes ou depois. Também, nestes três exemplos, temos potências de $(z - z_0)$ com $z_0 = 0$. No último exemplo, no entanto, temos um z_0 não nulo.

EXEMPLO 4. Neste exemplo, queremos expandir a função

$$\frac{e^z}{(z+1)^2}$$

em potências de $(z + 1)$. Começamos com a série de Maclaurin

$$e^z = \sum_{n=0}^{\infty} \frac{z^n}{n!} \qquad (|z| < \infty)$$

e substituímos z por $(z + 1)$, obtendo

$$e^{z+1} = \sum_{n=0}^{\infty} \frac{(z+1)^n}{n!} \qquad (|z+1| < \infty).$$

Dividindo tudo por $e(z + 1)^2$, obtemos

$$\frac{e^z}{(z+1)^2} = \sum_{n=0}^{\infty} \frac{(z+1)^{n-2}}{n!\,e}.$$

Assim, temos

$$\frac{e^z}{(z+1)^2} = \frac{1}{e}\left[\frac{1}{(z+1)^2} + \frac{1}{z+1} + \sum_{n=2}^{\infty} \frac{(z+1)^{n-2}}{n!}\right] \qquad (0 < |z+1| < \infty),$$

que coincide com

$$\frac{e^z}{(z+1)^2} = \frac{1}{e}\left[\sum_{n=0}^{\infty} \frac{(z+1)^n}{(n+2)!} + \frac{1}{z+1} + \frac{1}{(z+1)^2}\right] \qquad (0 < |z+1| < \infty).$$

EXERCÍCIOS*

1. Obtenha a representação em série de Maclaurin

$$z\cosh(z^2) = \sum_{n=0}^{\infty} \frac{z^{4n+1}}{(2n)!} \qquad (|z| < \infty).$$

---

* Nestes e nos próximos exercícios de expansão em séries, recomendamos que o leitor utilize, sempre que possível, as representações (1) a (6) da Seção 64.

2. Obtenha a série de Taylor
$$e^z = e \sum_{n=0}^{\infty} \frac{(z-1)^n}{n!} \qquad (|z-1| < \infty)$$
da função $f(z) = e^z$
   (a) usando $f^{(n)}(1)$ $(n = 0, 1, 2, \ldots)$;   (b) escrevendo $e^z = e^{z-1} e$.

3. Encontre a expansão em série de Maclaurin da função
$$f(z) = \frac{z}{z^4 + 4} = \frac{z}{4} \cdot \frac{1}{1 + (z^4/4)}.$$
Resposta: $f(z) = \sum_{n=0}^{\infty} \frac{(-1)^n}{2^{2n+2}} z^{4n+1}$ $(|z| < \sqrt{2})$.

4. Usando a identidade (ver Seção 37)
$$\cos z = -\operatorname{sen}\left(z - \frac{\pi}{2}\right),$$
expanda $\cos z$ em série de Taylor centrada no ponto $z_0 = \pi/2$.

5. Use a identidade $\operatorname{senh}(z + \pi i) = -\operatorname{senh} z$ verificada no Exercício 7(a) da Seção 39 e o fato de $\operatorname{senh} z$ ser periódica de período $2\pi i$ para encontrar a série de Taylor de $\operatorname{senh} z$ centrada no ponto $z_0 = \pi i$.
Resposta: $-\sum_{n=0}^{\infty} \frac{(z - \pi i)^{2n+1}}{(2n+1)!}$ $(|z - \pi i| < \infty)$.

6. Encontre o maior círculo no interior do qual a série de Maclaurin da função $\operatorname{tgh} z$ converge a $\operatorname{tgh} z$. Escreva os dois primeiros termos não nulos dessa série.

7. Mostre que se $f(z) = \operatorname{sen} z$, então
$$f^{(2n)}(0) = 0 \quad \text{e} \quad f^{(2n+1)}(0) = (-1)^n \quad (n = 0, 1, 2, \ldots).$$
Assim, obtenha uma dedução alternativa da série de Maclaurin (3) de $\operatorname{sen} z$ da Seção 64.

8. Deduza, novamente, a série de Maclaurin (4) da Seção 64 para a função $f(z) = \cos z$
   (a) usando a definição
$$\cos z = \frac{e^{iz} + e^{-iz}}{2}$$
   da Seção 37 e a série de Maclaurin de e^z (2) da Seção 64;
   (b) mostrando que
$$f^{(2n)}(0) = (-1)^n \quad \text{e} \quad f^{(2n+1)}(0) = 0 \quad (n = 0, 1, 2, \ldots).$$

9. Use a representação de $\operatorname{sen} z$ (3) da Seção 64 para escrever a série de Maclaurin da função
$$f(z) = \operatorname{sen}(z^2),$$
e mostre como disso segue que
$$f^{(4n)}(0) = 0 \quad \text{e} \quad f^{(2n+1)}(0) = 0 \quad (n = 0, 1, 2, \ldots).$$

10. Deduza as expansões

(a) $\dfrac{\operatorname{senh} z}{z^2} = \dfrac{1}{z} + \sum_{n=0}^{\infty} \dfrac{z^{2n+1}}{(2n+3)!}$ $(0 < |z| < \infty)$;

(b) $\dfrac{\operatorname{sen}(z^2)}{z^4} = \dfrac{1}{z^2} - \dfrac{z^2}{3!} + \dfrac{z^6}{5!} - \dfrac{z^{10}}{7!} + \cdots$ $(0 < |z| < \infty)$.

11. Mostre que se $0 < |z| < 4$, então

$$\dfrac{1}{4z - z^2} = \dfrac{1}{4z} + \sum_{n=0}^{\infty} \dfrac{z^n}{4^{n+2}}.$$

66 SÉRIES DE LAURENT

Passamos a um enunciado do **teorema de Laurent**, que nos permite expandir uma função $f(z)$ em uma série envolvendo potências positivas e negativas de $(z - z_0)$ se a função deixar de ser analítica no ponto z_0.

Teorema. *Suponha que uma função f seja analítica em um domínio anelar $R_1 < |z - z_0| < R_2$ centrado em z_0, e seja C um caminho fechado simples qualquer dessa região, orientado positivamente e com z_0 em seu interior* (Figura 80). *Então, em cada ponto do domínio, $f(z)$ tem a representação em série*

(1) $f(z) = \sum_{n=0}^{\infty} a_n (z - z_0)^n + \sum_{n=1}^{\infty} \dfrac{b_n}{(z - z_0)^n}$ $(R_1 < |z - z_0| < R_2)$,

em que

(2) $a_n = \dfrac{1}{2\pi i} \displaystyle\int_C \dfrac{f(z)\, dz}{(z - z_0)^{n+1}}$ $(n = 0, 1, 2, \ldots)$

e

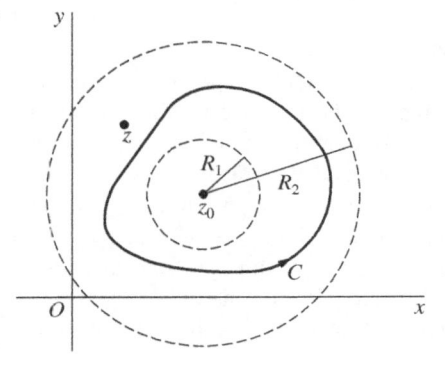

(3) $b_n = \dfrac{1}{2\pi i} \displaystyle\int_C \dfrac{f(z)\, dz}{(z - z_0)^{-n+1}}$ $(n = 1, 2, \ldots)$.

Figura 80

Observe que, substituindo n por $-n$ na segunda série na representação (1), podemos escrever essa série como

$$\sum_{n=-\infty}^{-1} \frac{b_{-n}}{(z-z_0)^{-n}},$$

em que

$$b_{-n} = \frac{1}{2\pi i} \int_C \frac{f(z)\,dz}{(z-z_0)^{n+1}} \quad (n = -1, -2, \ldots).$$

Assim,

$$f(z) = \sum_{n=-\infty}^{-1} b_{-n}(z-z_0)^n + \sum_{n=0}^{\infty} a_n(z-z_0)^n \quad (R_1 < |z-z_0| < R_2).$$

Se

$$c_n = \begin{cases} b_{-n} & \text{se} \quad n \leq -1, \\ a_n & \text{se} \quad n \geq 0, \end{cases}$$

obtemos

(4) $$f(z) = \sum_{n=-\infty}^{\infty} c_n(z-z_0)^n \quad (R_1 < |z-z_0| < R_2)$$

em que

(5) $$c_n = \frac{1}{2\pi i} \int_C \frac{f(z)\,dz}{(z-z_0)^{n+1}} \quad (n = 0, \pm 1, \pm 2, \ldots).$$

Tanto na forma (1) quanto na (4), dizemos que essa representação de $f(z)$ é uma **série de Laurent**.

Observe que o integrando na expressão (3) pode ser escrito como $f(z)(z-z_0)^{n-1}$. Então fica claro que se f for, de fato, analítica no disco $|z-z_C| < R_2$, esse integrando também será analítico. Segue que todos os coeficientes b_n são nulos e, como (Seção 55)

$$\frac{1}{2\pi i} \int_C \frac{f(z)\,dz}{(z-z_0)^{n+1}} = \frac{f^{(n)}(z_0)}{n!} \quad (n = 0, 1, 2, \ldots),$$

a expansão (1) reduz a uma série de Taylor centrada em z_0.

No entanto, se f for analítica no disco $|z-z_0| < R_2$ exceto no ponto z_0, podemos tomar o raio R_1 arbitrariamente pequeno, e a representação (1) será válida no disco perfurado $0 < |z-z_0| < R_2$. Analogamente, se f for analítica em todo o plano finito exterior ao círculo $|z-z_0| = R_1$, então a condição de validade será $R_1 < |z-z_0| < \infty$. Finalmente, observe que se f for analítica *em todo o* plano finito exceto em z_0, a série (1) será válida em cada ponto de analiticidade, ou seja, se $0 < |z-z_0| < \infty$.

Demonstraremos o teorema de Laurent primeiramente com $z_0 = 0$, o que significa que o anel está centrado na origem. A verificação do teorema com z_0 qualquer segue imediatamente; novamente, como no teorema de Taylor, o leitor pode pular a demonstração sem problemas.

67 PROVA DO TEOREMA DE LAURENT

Como no caso da prova do teorema de Taylor, dividimos essa prova em duas partes, primeiro supondo que $z_0 = 0$ e, depois, que z_0 é um ponto não nulo qualquer do plano finito.

O caso $z_0 = 0$

Começamos a prova tomando uma região anelar $r_1 \leq |z| \leq r_2$ que esteja contida no domínio $R_1 < |z| < R_2$ e cujo interior contenha o ponto z e o caminho C (Figura 81).

Denotemos por C_1 e C_2 os círculos $|z| = r_1$ e $|z| = r_2$, respectivamente, sendo cada um orientado positivamente. Observe que f é analítica em C_1 e em C_2, bem como na região anelar entre esses círculos.

Em seguida, construímos um círculo γ orientado positivamente e centrado em z, suficientemente pequeno para estar contido no interior da região anelar $r_1 \leq |z| \leq r_2$, conforme a Figura 81. Segue da adaptação do teorema de Cauchy-Goursat às integrais de funções analíticas ao longo da fronteira orientada de regiões multiplamente conexas (Seção 53) que

$$\int_{C_2} \frac{f(s)\,ds}{s-z} - \int_{C_1} \frac{f(s)\,ds}{s-z} - \int_{\gamma} \frac{f(s)\,ds}{s-z} = 0.$$

No entanto, pela fórmula integral de Cauchy (Seção 54), o valor dessa terceira integral é $2\pi i f(z)$. Logo,

(1) $$f(z) = \frac{1}{2\pi i}\int_{C_2} \frac{f(s)\,ds}{s-z} + \frac{1}{2\pi i}\int_{C_1} \frac{f(s)\,ds}{z-s}.$$

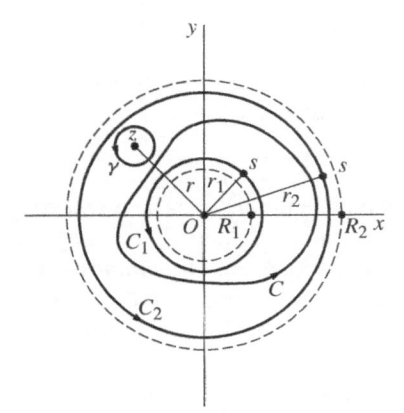

Figura 81

Observe que o fator $1/(s-z)$ na primeira dessas integrais é igual ao da expressão (1) da Seção 63, em que provamos o teorema de Taylor. Aqui, vamos usar a expansão

(2) $$\frac{1}{s-z} = \sum_{n=0}^{N-1} \frac{1}{s^{n+1}} z^n + z^N \frac{1}{(s-z)s^N},$$

que foi utilizada naquela seção. Quanto ao fator $1/(z-s)$ da segunda integral, uma troca de s com z na equação (2) revela que

$$\frac{1}{z-s} = \sum_{n=0}^{N-1} \frac{1}{s^{-n}} \cdot \frac{1}{z^{n+1}} + \frac{1}{z^N} \cdot \frac{s^N}{z-s}.$$

Trocando o índice do somatório de n para $n-1$, essa expansão é dada por

(3) $$\frac{1}{z-s} = \sum_{n=1}^{N} \frac{1}{s^{-n+1}} \cdot \frac{1}{z^n} + \frac{1}{z^N} \cdot \frac{s^N}{z-s},$$

que usamos adiante.

Multiplicando as equações (2) e (3) por $f(s)/(2\pi i)$ e integrando cada lado das equações resultantes em relação a s ao longo de C_2 e C_1, respectivamente, obtemos da equação (1) que

(4) $$f(z) = \sum_{n=0}^{N-1} a_n z^n + \rho_N(z) + \sum_{n=1}^{N} \frac{b_n}{z^n} + \sigma_N(z),$$

em que os números a_n ($n = 0, 1, 2, \ldots, N-1$) e b_n ($n = 1, 2, \ldots, N$) são dados pelas equações

(5) $$a_n = \frac{1}{2\pi i} \int_{C_2} \frac{f(s)\,ds}{s^{n+1}}, \quad b_n = \frac{1}{2\pi i} \int_{C_1} \frac{f(s)\,ds}{s^{-n+1}}$$

e em que

$$\rho_N(z) = \frac{z^N}{2\pi i} \int_{C_2} \frac{f(s)\,ds}{(s-z)s^N}, \quad \sigma_N(z) = \frac{1}{2\pi i\, z^N} \int_{C_1} \frac{s^N f(s)\,ds}{z-s}.$$

Se N tender a ∞, é evidente que a expressão (4) toma a forma de uma autêntica série de Laurent no domínio $R_1 < |z| < R_2$, bastando provar que

(6) $$\lim_{N\to\infty} \rho_N(z) = 0 \quad \text{e} \quad \lim_{N\to\infty} \sigma_N(z) = 0.$$

Esses limites podem ser estabelecidos pelo método que já utilizamos na prova do teorema de Taylor da Seção 63. Escrevemos $|z| = r$, de modo que $r_1 < r < r_2$, e consideramos o valor máximo M de $|f(s)|$ em C_1 e C_2. Também observamos que se s for um ponto de C_2, então $|s - z| \geq r_2 - r$ e, se s for um ponto de C_1, temos $|z - s| \geq r - r_1$. Isso nos permite escrever

$$|\rho_N(z)| \leq \frac{Mr_2}{r_2 - r}\left(\frac{r}{r_2}\right)^N \quad \text{e} \quad |\sigma_N(z)| \leq \frac{Mr_1}{r - r_1}\left(\frac{r_1}{r}\right)^N.$$

Como $(r/r_2) < 1$ e $(r_1/r) < 1$, fica claro, agora, que $\rho_N(z)$ e $\sigma_N(z)$ tendem a zero se N tender ao infinito.

Finalmente, basta lembrar que, pelo corolário da Seção 53, podemos substituir os caminhos usados nas integrais (5) pelo caminho C. Isso completa a prova do teorema de Laurent se $z_0 = 0$, pois, se usarmos z em vez de s como a variável de integração, a expressão (5) para os coeficientes a_n e b_n coincide com as expressões (2) e (3) da Seção 66 se $z_0 = 0$.

O caso $z_0 \neq 0$

Para estender a prova ao caso geral em que z_0 é um ponto arbitrário do plano finito, consideramos uma função f que satisfaz as hipóteses do teorema e, como já fizemos na prova do teorema de Taylor, escrevemos $g(z) = f(z + z_0)$. Como $f(z)$ é analítica no anel $R_1 < |z - z_0| < R_2$, a função $f(z + z_0)$ é analítica nos pontos de $R_1 < |(z + z_0) - z_0| < R_2$. Ou seja, g é analítica no anel $R_1 < |z| < R_2$, que está centrado na origem. Agora o caminho fechado simples C do enunciado do teorema tem alguma representação paramétrica $z = z(t)$ ($a \leq t \leq b$), em que

(7) $$R_1 < |z(t) - z_0| < R_2$$

com qualquer t do intervalo $a \leq t \leq b$. Logo, denotando por Γ o caminho

(8) $$z = z(t) - z_0 \quad (a \leq t \leq b),$$

não só Γ é um caminho fechado simples, mas, por virtude das desigualdades (7), é um caminho do domínio $R_1 < |z| < R_2$. Consequentemente, $g(z)$ tem uma representação em série de Laurent

(9) $$g(z) = \sum_{n=0}^{\infty} a_n z^n + \sum_{n=1}^{\infty} \frac{b_n}{z^n} \quad (R_1 < |z| < R_2),$$

em que

(10) $$a_n = \frac{1}{2\pi i} \int_\Gamma \frac{g(z)\,dz}{z^{n+1}} \quad (n = 0, 1, 2, \ldots),$$

(11) $$b_n = \frac{1}{2\pi i} \int_\Gamma \frac{g(z)\,dz}{z^{-n+1}} \quad (n = 1, 2, \ldots).$$

A representação (1) da Seção 66 é obtida escrevendo $f(z + z_0)$ em vez de $g(z)$ na equação (9) e substituindo z por $z - z_0$ na equação resultante, bem como na condição de validade $R_1 < |z| < R_2$. Além disso, a expressão (10) dos coeficientes a_n é igual à expressão (2) da Seção 66, pois

$$\int_\Gamma \frac{g(z)\,dz}{z^{n+1}} = \int_a^b \frac{f[z(t)]z'(t)}{[z(t) - z_0]^{n+1}}\,dt = \int_C \frac{f(z)\,dz}{(z - z_0)^{n+1}}.$$

Analogamente, os coeficientes b_n na expressão (11) são iguais aos da expressão (3) da Seção 66.

68 EXEMPLOS

Os coeficientes de uma série de Laurent são, geralmente, obtidos sem aplicar diretamente a representação integral do teorema de Laurent (Seção 66). Isso já foi ilustrado na Seção 65, em que as séries encontradas são, de fato, de Laurent. Sugerimos que o leitor retorne à Seção 65, bem como aos Exercícios 10 e 11 daquela seção, para ver como, em cada caso, o plano ou disco perfurado no qual a expansão é válida pode, agora, ser previsto por meio do teorema de Laurent. Também, sempre vamos supor que as expansões em séries de Maclaurin de (1) a (6) da Seção 64 sejam bem conhecidas, já que iremos utilizá-las muitas vezes na obtenção de séries de Laurent. Como já ocorreu com as séries de Taylor, deixamos a prova da unicidade das séries de Laurent para mais tarde, a saber, para a Seção 72.

EXEMPLO 1. A função

$$f(z) = \frac{1}{z(1+z^2)} = \frac{1}{z} \cdot \frac{1}{1+z^2}$$

tem singularidades nos pontos $z=0$ e $z=\pm i$. Procuremos a representação de $f(z)$ em série de Laurent que seja válida no disco perfurado $0 < |z| < 1$ (ver Figura 82).

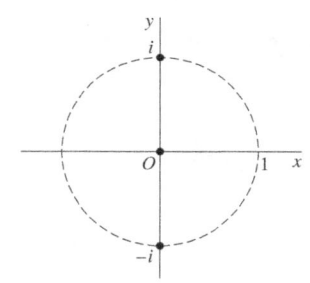

Figura 82

Como $|-z^2| < 1$ se $|z| < 1$, podemos substituir z por $-z^2$ na expansão em série de Maclaurin

(1) $$\frac{1}{1-z} = \sum_{n=0}^{\infty} z^n \qquad (|z| < 1).$$

O resultado é

$$\frac{1}{1+z^2} = \sum_{n=0}^{\infty} (-1)^n z^{2n} \qquad (|z| < 1),$$

e, portanto,

$$f(z) = \frac{1}{z} \sum_{n=0}^{\infty} (-1)^n z^{2n} = \sum_{n=0}^{\infty} (-1)^n z^{2n-1} \qquad (0 < |z| < 1).$$

Segue que

$$f(z) = \frac{1}{z} + \sum_{n=1}^{\infty} (-1)^n z^{2n-1} \qquad (0 < |z| < 1)$$

e, substituindo n por $n+1$, temos

$$f(z) = \frac{1}{z} + \sum_{n=0}^{\infty}(-1)^{n+1}z^{2n+1} \qquad (0 < |z| < 1).$$

Na forma padrão, então,

(2) $$f(z) = \sum_{n=0}^{\infty}(-1)^{n+1}z^{2n+1} + \frac{1}{z} \qquad (0 < |z| < 1).$$

(Ver também o Exercício 3.)

EXEMPLO 2. A função

$$f(z) = \frac{z+1}{z-1},$$

que tem o ponto singular $z = 1$ é analítica nos domínios (Figura 83)

$$D_1 : |z| < 1 \quad \text{e} \quad D_2 : 1 < |z| < \infty.$$

Nesses domínios, $f(z)$ tem representações em séries de potências de z. Ambas as séries podem ser encontradas fazendo substituições convenientes de z na mesma expressão (1) que usamos no Exemplo 1.

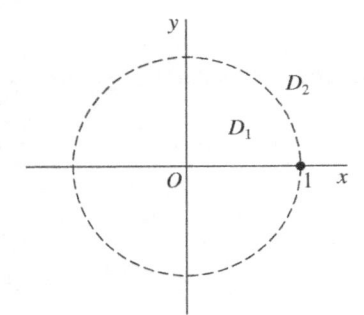

Figura 83

Começamos considerando o domínio D_1 e observamos que a série procurada é uma série de Maclaurin. Para usar a série (1), escrevemos

$$f(z) = -(z+1)\frac{1}{1-z} = -z\frac{1}{1-z} - \frac{1}{1-z}.$$

Então

$$f(z) = -z\sum_{n=0}^{\infty}z^n - \sum_{n=0}^{\infty}z^n = -\sum_{n=0}^{\infty}z^{n+1} - \sum_{n=0}^{\infty}z^n \qquad (|z| < 1).$$

Substituindo $n+1$ por n na primeira das duas séries da extremidade direita, obtemos a série de Maclaurin procurada:

(3) $$f(z) = -\sum_{n=1}^{\infty} z^n - \sum_{n=0}^{\infty} z^n = -1 - 2\sum_{n=1}^{\infty} z^n \qquad (|z| < 1).$$

A representação de $f(z)$ no domínio ilimitado D_2 é uma série de Laurent e, como $|1/z| < 1$ se z for um ponto de D_2, usamos a série (1) para escrever

$$f(z) = \frac{1 + \frac{1}{z}}{1 - \frac{1}{z}} = \left(1 + \frac{1}{z}\right)\frac{1}{1 - \frac{1}{z}} = \left(1 + \frac{1}{z}\right)\sum_{n=0}^{\infty}\frac{1}{z^n} = \sum_{n=0}^{\infty}\frac{1}{z^n} + \sum_{n=0}^{\infty}\frac{1}{z^{n+1}}$$

$$(1 < |z| < \infty).$$

Substituindo $n+1$ por n na última dessas séries, obtemos

$$f(z) = \sum_{n=0}^{\infty}\frac{1}{z^n} + \sum_{n=1}^{\infty}\frac{1}{z^n} \qquad (1 < |z| < \infty),$$

e, portanto, obtemos a série de Laurent

(4) $$f(z) = 1 + 2\sum_{n=1}^{\infty}\frac{1}{z^n} \qquad (1 < |z| < \infty).$$

EXEMPLO 3. Substituindo z por $1/z$ na expansão em série de Maclaurin

$$e^z = \sum_{n=0}^{\infty}\frac{z^n}{n!} = 1 + \frac{z}{1!} + \frac{z^2}{2!} + \frac{z^3}{3!} + \cdots \qquad (|z| < \infty),$$

obtemos a representação em série de Laurent

$$e^{1/z} = \sum_{n=0}^{\infty}\frac{1}{n!\, z^n} = 1 + \frac{1}{1!z} + \frac{1}{2!z^2} + \frac{1}{3!z^3} + \cdots \qquad (0 < |z| < \infty).$$

Observe que aqui não há potências positivas de z, pois os coeficientes das potências positivas são nulos. Note, também, que o coeficiente de $1/z$ é 1. De acordo com o teorema de Laurent da Seção 66, esse coeficiente é o número

$$b_1 = \frac{1}{2\pi i}\int_C e^{1/z}\, dz$$

em que C é qualquer caminho fechado simples orientado positivamente e tal que a origem esteja no interior. Como $b_1 = 1$, então

$$\int_C e^{1/z}\, dz = 2\pi i.$$

Esse método para calcular certas integrais ao longo de caminhos fechados simples será desenvolvido detalhadamente no Capítulo 6 e usado extensivamente no Capítulo 7.

EXEMPLO 4. A função $f(z) = 1/(z-i)^2$ já está na forma de uma série de Laurent centrada em $z_0 = i$. Ou seja,

$$\frac{1}{(z-i)^2} = \sum_{n=-\infty}^{\infty} c_n (z-i)^n \quad (0 < |z-i| < \infty)$$

em que $c_{-2} = 1$ e todos os demais coeficientes são nulos. A partir da expressão dos coeficientes de uma série de Laurent (5) da Seção 66, sabemos que

$$c_n = \frac{1}{2\pi i} \int_C \frac{dz}{(z-i)^{n+3}} \quad (n = 0, \pm 1, \pm 2, \ldots)$$

em que C, por exemplo, é qualquer círculo $|z - i| = R$ orientado positivamente em torno do ponto $z_0 = i$. Assim (compare com o Exercício 13 da Seção 46), obtemos

$$\int_C \frac{dz}{(z-i)^{n+3}} = \begin{cases} 0 & \text{se } n \neq -2, \\ 2\pi i & \text{se } n = -2. \end{cases}$$

EXERCÍCIOS

1. Encontre a série de Laurent que representa a função

$$f(z) = z^2 \operatorname{sen}\left(\frac{1}{z^2}\right)$$

no domínio $0 < |z| < \infty$.

Resposta: $1 + \sum_{n=1}^{\infty} \frac{(-1)^n}{(2n+1)!} \cdot \frac{1}{z^{4n}}$.

2. Encontre uma representação da função

$$f(z) = \frac{1}{1+z} = \frac{1}{z} \cdot \frac{1}{1+(1/z)}$$

em potências negativas de z que seja válida com $1 < |z| < \infty$.

Resposta: $\sum_{n=1}^{\infty} \frac{(-1)^{n+1}}{z^n}$.

3. Encontre a série de Laurent que representa a função $f(z)$ do Exemplo 1 da Seção 68 com $1 < |z| < \infty$.

Resposta: $\sum_{n=1}^{\infty} \frac{(-1)^{n+1}}{z^{2n+1}}$.

4. Obtenha duas expansões em série de Laurent com potências de z da função

$$f(z) = \frac{1}{z^2(1-z)},$$

e determine as regiões de validade dessas expansões.

$$Resposta: \sum_{n=0}^{\infty} z^n + \frac{1}{z} + \frac{1}{z^2} \quad (0 < |z| < 1); \quad -\sum_{n=3}^{\infty} \frac{1}{z^n} \quad (1 < |z| < \infty).$$

5. A função

$$f(z) = \frac{-1}{(z-1)(z-2)} = \frac{1}{z-1} - \frac{1}{z-2},$$

que tem as duas singularidades $z = 1$ e $z = 2$, é analítica nos domínios (Figura 84)

$$D_1 : |z| < 1, \quad D_2 : 1 < |z| < 2, \quad D_3 : 2 < |z| < \infty.$$

Encontre representações em séries de potências de z dessa função $f(z)$ em cada um desses domínios.

Respostas:

$$\sum_{n=0}^{\infty} (2^{-n-1} - 1) z^n \text{ em } D_1; \quad \sum_{n=0}^{\infty} \frac{z^n}{2^{n+1}} + \sum_{n=1}^{\infty} \frac{1}{z^n} \text{ em } D_2; \quad \sum_{n=1}^{\infty} \frac{1 - 2^{n-1}}{z^n} \text{ em } D_3.$$

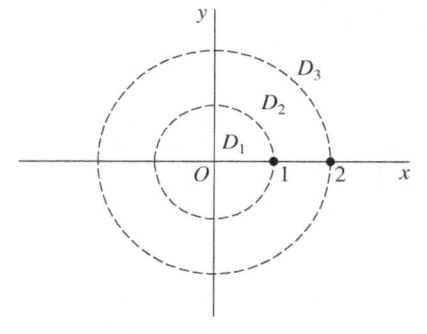

Figura 84

6. Mostre que se $0 < |z - 1| < 2$, então

$$\frac{z}{(z-1)(z-3)} = -3 \sum_{n=0}^{\infty} \frac{(z-1)^n}{2^{n+2}} - \frac{1}{2(z-1)}.$$

7. (*a*) Seja a algum número real tal que $-1 < a < 1$. Deduza a representação em série de Laurent

$$\frac{a}{z-a} = \sum_{n=1}^{\infty} \frac{a^n}{z^n} \quad (|a| < |z| < \infty).$$

(*b*) Escrevendo $z = e^{i\theta}$ na equação obtida na parte (*a*), iguale as partes reais e, depois, as imaginárias de cada lado da equação para deduzir as fórmulas das somas

$$\sum_{n=1}^{\infty} a^n \cos n\theta = \frac{a \cos \theta - a^2}{1 - 2a \cos \theta + a^2} \quad \text{e} \quad \sum_{n=1}^{\infty} a^n \operatorname{sen} n\theta = \frac{a \operatorname{sen} \theta}{1 - 2a \cos \theta + a^2},$$

se $-1 < a < 1$. (Compare com o Exercício 4 da Seção 61.)

8. Suponha que a série

$$\sum_{n=-\infty}^{\infty} x[n]z^{-n}$$

convirja para uma função analítica $X(z)$ em algum anel $R_1 < |z| < R_2$. Essa soma $X(z)$ é denominada a ***transformada z*** de $x[n]$ ($n = 0, \pm1, \pm2, \ldots$).* Use a expressão dos coeficientes de séries de Laurent (5) da Seção 66 para mostrar que, se o anel contém o círculo unitário $|z| = 1$, então a transforma z *inversa* de $X(z)$ pode ser escrita como

$$x[n] = \frac{1}{2\pi}\int_{-\pi}^{\pi} X(e^{i\theta})e^{in\theta}\, d\theta \qquad (n = 0, \pm1, \pm2, \ldots).$$

9. (*a*) Sejam z um número complexo qualquer e C o círculo unitário

$$w = e^{i\phi} \qquad (-\pi \leq \phi \leq \pi)$$

do plano w. Use C na expressão dos coeficientes de uma série de Laurent (5) da Seção 66 adaptada a funções definidas na vizinhança perfurada da origem no plano w para mostrar que

$$\exp\left[\frac{z}{2}\left(w - \frac{1}{w}\right)\right] = \sum_{n=-\infty}^{\infty} J_n(z) w^n \qquad (0 < |w| < \infty)$$

em que

$$J_n(z) = \frac{1}{2\pi}\int_{-\pi}^{\pi} \exp[-i(n\phi - z\,\text{sen}\,\phi)]\, d\phi \qquad (n = 0, \pm1, \pm2, \ldots).$$

(*b*) Com a ajuda do Exercício 5 da Seção 42, que trata de certas integrais definidas de funções complexas de uma variável real pares e ímpares, mostre que os coeficientes na parte (*a*) podem ser dados por**

$$J_n(z) = \frac{1}{\pi}\int_0^{\pi} \cos(n\phi - z\,\text{sen}\,\phi)\, d\phi \qquad (n = 0, \pm1, \pm2, \ldots).$$

10. (*a*) Seja $f(z)$ uma função analítica em algum domínio anelar centrado na origem que contenha o círculo unitário $z = e^{i\phi}(-\pi \leq \phi \leq \pi)$. Tomando esse círculo como o caminho de integração nas expressões dos coeficientes a_n e b_n de uma série de Laurent em potências de z dadas em (2) da Seção 66, mostre que

$$f(z) = \frac{1}{2\pi}\int_{-\pi}^{\pi} f(e^{i\phi})\, d\phi + \frac{1}{2\pi}\sum_{n=1}^{\infty}\int_{-\pi}^{\pi} f(e^{i\phi})\left[\left(\frac{z}{e^{i\phi}}\right)^n + \left(\frac{e^{i\phi}}{z}\right)^n\right]\, d\phi$$

em que z é um ponto qualquer do domínio anelar.

---

* A transformada z surge no estudo de sistemas lineares discretos. Ver, por exemplo, o livro de Oppenheim, Schafer e Buck listado no Apêndice 1.

** Esses coeficientes $J_n(z)$, denominados *funções de Bessel* de primeira espécie, desempenham um papel importante em certas áreas da Matemática Aplicada. Ver, por exemplo, o Capítulo 9 do livro dos autores *Fourier Series and Boundary Value Problems*, 8th ed., 2012.

(b) Escreva $u(\theta) = \text{Re}[f(e^{i\theta})]$ e mostre que, da expansão na parte (a), decorre que

$$u(\theta) = \frac{1}{2\pi}\int_{-\pi}^{\pi} u(\phi)\,d\phi + \frac{1}{\pi}\sum_{n=1}^{\infty}\int_{-\pi}^{\pi} u(\phi)\cos[n(\theta - \phi)]\,d\phi.$$

Essa é uma das formas da expansão em **série de Fourier** da função real $u(\theta)$ no intervalo $-\pi \leq \theta \leq \pi$. Uma função $u(\theta)$ também pode ser representada por uma série de Fourier com exigências mais brandas.*

69 CONVERGÊNCIA ABSOLUTA E UNIFORME DE SÉRIES DE POTÊNCIAS

Nesta e nas próximas três seções, veremos várias propriedades de séries de potências. O leitor que quiser simplesmente aceitar os teoremas e o corolário dessas seções pode facilmente pular as demonstrações para alcançar mais rapidamente a Seção 73.

Lembramos (ver Seção 61) que uma série de números complexos converge *absolutamente* se a série dos valores absolutos desses números for convergente. O teorema a seguir diz respeito à convergência absoluta de séries de potências.

Teorema 1. *Se uma série de potências*

(1) $$\sum_{n=0}^{\infty} a_n(z - z_0)^n$$

convergir com $z = z_1$ ($z_1 \neq z_0$), *então essa série converge absolutamente em cada ponto z do disco aberto* $|z - z_0| < R_1$, *em que* $R_1 = |z_1 - z_0|$ (Figura 85).

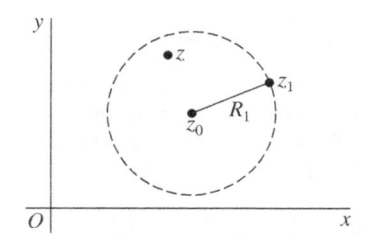

Figura 85

Começamos a prova supondo que a série

$$\sum_{n=0}^{\infty} a_n(z_1 - z_0)^n \quad (z_1 \neq z_0)$$

convirja. Segue que os termos $a_n(z_1 - z_0)^n$ são limitados, ou seja,

$$|a_n(z_1 - z_0)^n| \leq M \quad (n = 0, 1, 2, \ldots)$$

---

* Para outras condições suficientes, ver as Seções 12 e 13 do livro citado no rodapé do Exercício 9.

SEÇÃO 69 CONVERGÊNCIA ABSOLUTA E UNIFORME DE SÉRIES DE ...   209

com alguma constante M positiva (ver Seção 61). Se $|z - z_0| < R_1$, escrevemos

$$\rho = \frac{|z - z_0|}{|z_1 - z_0|},$$

e obtemos

$$|a_n(z - z_0)^n| = |a_n(z_1 - z_0)^n| \left(\frac{|z - z_0|}{|z_1 - z_0|}\right)^n \leq M\rho^n \quad (n = 0, 1, 2, \ldots).$$

Observe que a série

$$\sum_{n=0}^{\infty} M\rho^n$$

é uma série geométrica convergente, já que $\rho < 1$. Logo, pelo teste da comparação das séries de números reais, concluímos que

$$\sum_{n=0}^{\infty} |a_n(z - z_0)^n|$$

converge em cada ponto do disco aberto $|z - z_0| < R_1$, completando a prova.

O teorema nos diz que uma região de convergência da série de potências (1) é o conjunto de todos os pontos interiores a algum círculo centrado em z_0, desde que a série convirja em algum ponto distinto de z_0. O maior círculo centrado em z_0 tal que a série (1) converge em cada ponto interior é denominado **círculo de convergência** da série (1). Segue do teorema que a série não pode convergir em qualquer ponto z_2 do exterior desse círculo; de fato, se convergisse, então a série convergiria em cada ponto interior ao círculo centrado em z_0 que passa por z_2 e, portanto, o primeiro círculo não poderá ser o círculo de convergência.

Para o próximo teorema, precisamos definir mais terminologia. Suponha que $|z - z_0| = R$ seja o círculo de convergência da série (1), e denotemos por $S(z)$ e $S_N(z)$, respectivamente, a soma e a soma parcial daquela série.

$$S(z) = \sum_{n=0}^{\infty} a_n(z - z_0)^n, \quad S_N(z) = \sum_{n=0}^{N-1} a_n(z - z_0)^n \quad (|z - z_0| < R).$$

A função resto (ver Seção 61) é dada por

(2) $\qquad \rho_N(z) = S(z) - S_N(z) \qquad (|z - z_0| < R).$

Como a série de potências converge em qualquer valor fixado de z se $|z - z_0| < R$, sabemos que, com tais z, o resto $\rho_N(z)$ tende a zero se N tender ao infinito. De acordo com a definição de limites de sequências (1) da Seção 60, isso significa que, correspondendo a qualquer número positivo ε dado, existe algum inteiro positivo N_ε tal que

(3) $\qquad |\rho_N(z)| < \varepsilon \qquad \text{se} \qquad N > N_\varepsilon.$

Quando a escolha de N_ε depender somente do valor de ε e for independente do ponto z tomado em alguma região específica dentro do círculo de convergência, dizemos que a convergência é **uniforme** nessa região.

Teorema 2. *Se z_1 for um ponto no interior do círculo de convergência $|z - z_0| = R$ de uma série de potências*

$$\text{(4)} \qquad \sum_{n=0}^{\infty} a_n (z - z_0)^n,$$

então essa série converge uniformemente no disco fechado $|z - z_0| \leq R_1$, em que $R_1 = |z - z_0|$ (Figura 86).

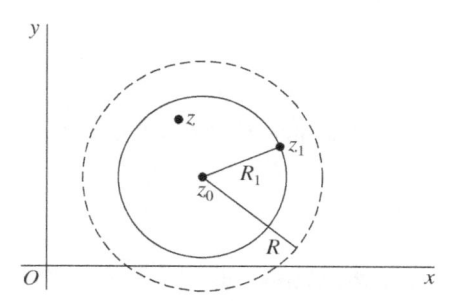

Figura 86

A prova desse teorema depende do Teorema 1. Como z_1 é um ponto no interior do círculo de convergência da série (4), vemos que existem pontos no interior desse círculo nos quais a série converge e que estão mais distantes de z_0 do que z_1. Logo, pelo Teorema 1,

$$\text{(5)} \qquad \sum_{n=0}^{\infty} |a_n (z_1 - z_0)^n|$$

converge. Tomando inteiros positivos m e N com $m > N$, podemos escrever o resto das séries (4) e (5) como

$$\text{(6)} \qquad \rho_N(z) = \lim_{m \to \infty} \sum_{n=N}^{m} a_n (z - z_0)^n$$

e

$$\text{(7)} \qquad \sigma_N = \lim_{m \to \infty} \sum_{n=N}^{m} |a_n (z_1 - z_0)^n|,$$

respectivamente.

Agora, pelo Exercício 3 da Seção 61,

$$|\rho_N(z)| = \lim_{m \to \infty} \left| \sum_{n=N}^{m} a_n (z - z_0)^n \right|;$$

e, se $|z - z_0| \leq |z_1 - z_0|$,

$$\left| \sum_{n=N}^{m} a_n (z - z_0)^n \right| \leq \sum_{n=N}^{m} |a_n||z - z_0|^n \leq \sum_{n=N}^{m} |a_n||z_1 - z_0|^n = \sum_{n=N}^{m} |a_n (z_1 - z_0)^n|.$$

Consequentemente,

(8) $\qquad |\rho_N(z)| \leq \sigma_N \quad \text{se} \quad |z - z_0| \leq R_1.$

Por serem os restos de uma série convergente, sabemos que σ_N tende a zero se N tender ao infinito. Ou seja, dado qualquer número positivo ε, existe algum inteiro N_ε tal que

(9) $\qquad \sigma_N < \varepsilon \quad \text{se} \quad N > N_\varepsilon.$

Pelas condições (8) e (9), decorre que a condição (3) vale com quaisquer pontos z do disco $|z - z_0| \leq R_1$, e o valor de N_ε independe da escolha de z. Logo, a convergência da série (4) nesse disco é uniforme.

70 CONTINUIDADE DA SOMA DE SÉRIES DE POTÊNCIAS

Nosso próximo teorema é uma consequência importante da convergência uniforme discutida na Seção 69.

Teorema. *Uma série de potências*

(1) $$\sum_{n=0}^{\infty} a_n (z - z_0)^n$$

representa uma função $S(z)$ contínua em cada ponto do interior do círculo de convergência $|z - z_0| = R$.

Uma maneira alternativa de enunciar esse teorema é dizer que se $S(z)$ denotar a soma da série (1) no interior do círculo de convergência $|z - z_0| = R$ e se z_1 for um ponto do interior desse círculo, então, dado qualquer número positivo ε existe algum número positivo δ tal que

(2) $\qquad |S(z) - S(z_1)| < \varepsilon \quad \text{se} \quad |z - z_1| < \delta.$

(Ver definição de continuidade (4) da Seção 18.) O número δ é tão pequeno que z pertence ao domínio de definição $|z - z_0| < R$ de $S(z)$ (Figura 87).

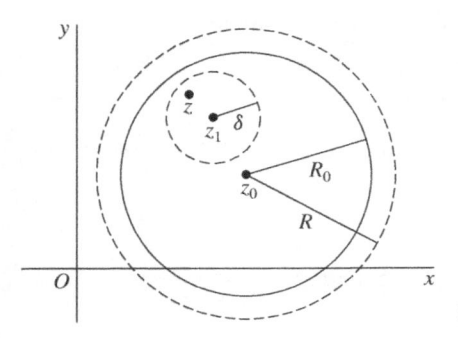

Figura 87

Para provar o teorema, denotamos por $S_n(z)$ a soma dos primeiros N termos da série (1) e escrevemos a função resto

$$\rho_N(z) = S(z) - S_N(z) \qquad (|z - z_0| < R).$$

Como

$$S(z) = S_N(z) + \rho_N(z) \qquad (|z - z_0| < R),$$

vemos que

$$|S(z) - S(z_1)| = |S_N(z) - S_N(z_1) + \rho_N(z) - \rho_N(z_1)|,$$

ou

(3) $\qquad |S(z) - S(z_1)| \leq |S_N(z) - S_N(z_1)| + |\rho_N(z)| + |\rho_N(z_1)|.$

Se z for um ponto qualquer de um disco fechado $|z - z_0| \leq R_0$ cujo raio R_0 é maior do que $|z - z_1|$ mas menor do que o raio R do círculo de convergência da série (1) (ver Seção 87), então a convergência uniforme garantida pelo Teorema 2 da Seção 69 garante que existe algum inteiro positivo N_ε tal que

(4) $\qquad\qquad |\rho_N(z)| < \dfrac{\varepsilon}{3} \qquad \text{se} \qquad N > N_\varepsilon.$

Em particular, a condição (4) vale em cada ponto z de alguma vizinhança $|z - z_1| < \delta$ de z_1 suficientemente pequena para estar contida no disco $|z - z_0| \leq R_0$.

Agora, a soma parcial $S_N(z)$ é um polinômio e é, portanto, contínua em z_1, qualquer que seja N. Em particular, se $N = N_\varepsilon + 1$, podemos escolher δ tão pequeno que

(5) $\qquad\qquad |S_N(z) - S_N(z_1)| < \dfrac{\varepsilon}{3} \qquad \text{se} \qquad |z - z_1| < \delta.$

Escrevendo $N = N_\varepsilon + 1$ na desigualdade (3) e usando as afirmações (4) e (5), que são verdadeiras com $N = N_\varepsilon + 1$, obtemos que

$$|S(z) - S(z_1)| < \dfrac{\varepsilon}{3} + \dfrac{\varepsilon}{3} + \dfrac{\varepsilon}{3} \qquad \text{se} \qquad |z - z_1| < \delta.$$

Isso é a afirmação (2) e o teorema está demonstrado.

Escrevendo $w = 1/(z - z_0)$, podemos modificar os dois teoremas da seção precedente e o teorema desta para serem válidos com séries do tipo

(6) $\qquad\qquad \displaystyle\sum_{n=1}^{\infty} \dfrac{b_n}{(z - z_0)^n}.$

Por exemplo, se a série (6) convergir em um ponto $z_1 (z_1 \neq z_0)$, então a série

$$\sum_{n=1}^{\infty} b_n w^n$$

deve convergir absolutamente para uma função contínua se

(7) $\qquad\qquad |w| < \dfrac{1}{|z_1 - z_0|}.$

Assim, como a desigualdade (7) é igual a $|z - z_0| > |z_1 - z_0|$, a série (6) deve convergir absolutamente a uma função contínua no domínio que é *exterior* ao círculo $|z - z_0| = R_1$, em que $R_1 = |z_1 - z_0|$. Também sabemos que se uma representação em série de Laurent

$$f(z) = \sum_{n=0}^{\infty} a_n(z - z_0)^n + \sum_{n=1}^{\infty} \frac{b_n}{(z - z_0)^n}$$

for válida em um anel $R_1 < |z - z_0| < R_2$, então *ambas as* séries do lado direito convergem uniformemente em qualquer anel fechado que seja concêntrico à região de validade da representação e esteja contido nela.

71 INTEGRAÇÃO E DERIVAÇÃO DE SÉRIES DE POTÊNCIAS

Acabamos de ver que uma série de potências

(1) $$S(z) = \sum_{n=0}^{\infty} a_n(z - z_0)^n$$

representa uma função contínua em cada ponto do interior do círculo de convergência. Nesta seção, provaremos que a soma $S(z)$ é realmente analítica no interior desse círculo. Nossa demonstração disso depende do teorema a seguir.

Teorema 1. *Sejam C um caminho qualquer no interior do círculo de convergência da série de potências* (1) *e g(z) uma função contínua em C qualquer. A série formada pela multiplicação de cada termo da série de potências por g(z) pode ser integrada termo a termo ao longo de C, ou seja*

(2) $$\int_C g(z) S(z) \, dz = \sum_{n=0}^{\infty} a_n \int_C g(z)(z - z_0)^n \, dz.$$

Para provar esse teorema, observamos que como $g(z)$ e a soma $S(z)$ da série de potências são funções contínuas em C, existe a integral ao longo de C do produto

$$g(z)S(z) = \sum_{n=0}^{N-1} a_n \, g(z)(z - z_0)^n + g(z)\rho_N(z),$$

em que $\rho_N(z)$ denota o resto da série dada depois de N termos. Os termos dessa soma finita também são funções contínuas em C, portanto existe sua integral ao longo de C. Consequentemente, existe a integral de $g(z)\rho_N(z)$, e podemos escrever

(3) $$\int_C g(z)S(z) \, dz = \sum_{n=0}^{N-1} a_n \int_C g(z)(z - z_0)^n \, dz + \int_C g(z)\rho_N(z) \, dz.$$

Sejam, agora, M o valor máximo de $|g(z)|$ em C e L o comprimento de C. Pela convergência uniforme da série de potências dada (Seção 69), sabemos que para qualquer número positivo ε existe algum inteiro positivo N_ε tal que, qualquer que seja o ponto z de C,

$$|\rho_N(z)| < \varepsilon \quad \text{se} \quad N > N_\varepsilon.$$

Como N_ε é independente de z, obtemos

$$\left|\int_C g(z)\rho_N(z)\, dz\right| < M\varepsilon L \quad \text{se} \quad N > N_\varepsilon;$$

ou seja,

$$\lim_{N\to\infty} \int_C g(z)\rho_N(z)\, dz = 0.$$

Da equação (3), segue, então, que

$$\int_C g(z)S(z)\, dz = \lim_{N\to\infty} \sum_{n=0}^{N-1} a_n \int_C g(z)(z-z_0)^n\, dz.$$

Como isso é igual à equação (2), demonstramos o teorema.

Se $|g(z)| = 1$ em cada z do disco aberto delimitado pelo círculo de convergência da série de potências (1), então o fato de a função $(z - z_0)^n$ ser inteira com $n = 0, 1, 2,...$ garante que

$$\int_C g(z)(z-z_0)^n\, dz = \int_C (z-z_0)^n\, dz = 0 \quad (n = 0, 1, 2, \ldots)$$

qualquer que seja o caminho fechado C nesse domínio. Pela equação (2), então, obtemos

$$\int_C S(z)\, dz = 0$$

com qualquer caminho desses e, pelo teorema de Morera (Seção 57) resulta que a função $S(z)$ é analítica em todo esse domínio. Enunciamos esse resultado como um corolário.

Corolário. *A soma $S(z)$ da série de potências (1) é analítica em cada ponto z do interior do círculo de convergência dessa série.*

Esse corolário é útil para estabelecer a analiticidade de funções e no cálculo de limites.

EXEMPLO 1. Para ilustrar, mostremos que é inteira a função definida pelas equações

$$f(z) = \begin{cases} (\operatorname{sen} z)/z & \text{se} \quad z \neq 0, \\ 1 & \text{se} \quad z = 0. \end{cases}$$

Como a representação em série de Maclaurin

SEÇÃO 71 INTEGRAÇÃO E DERIVAÇÃO DE SÉRIES DE POTÊNCIAS   215

(4) $$\operatorname{sen} z = \sum_{n=0}^{\infty} (-1)^n \frac{z^{2n+1}}{(2n+1)!}$$

é válida com qualquer valor de z, a série

(5) $$\sum_{n=0}^{\infty} (-1)^n \frac{z^{2n}}{(2n+1)!} = 1 - \frac{z^2}{3!} + \frac{z^4}{5!} - \cdots,$$

obtida dividindo cada lado da equação (4) por z, converge a $f(z)$ se $z \neq 0$. A série (5) também é claramente convergente a $f(z)$ se $z = 0$. Logo, $f(z)$ é representada pela série (5) em qualquer z e é, portanto, uma função inteira.

Como $(\operatorname{sen} z)/z = f(z)$ se $z \neq 0$ e f é contínua em $z = 0$, temos

$$\lim_{z \to 0} \frac{\operatorname{sen} z}{z} = \lim_{z \to 0} f(z) = f(0) = 1.$$

Esse resultado já é sabido antes do cálculo, porque esse limite é a definição da derivada de $\operatorname{sen} z$ em $z = 0$, já que

$$\lim_{z \to 0} \frac{\operatorname{sen} z}{z} = \lim_{z \to 0} \frac{\operatorname{sen} z - \operatorname{sen} 0}{z - 0} = \cos 0 = 1.$$

Observamos na Seção 62 que a série de Taylor de uma função f centrada em um ponto z_0 converge a $f(z)$ em cada ponto z do interior do círculo centrado em z_0 que passa pelo ponto z_1 mais próximo em que f deixa de ser analítica. Pelo corolário do Teorema 1, sabemos, agora, que *não existe círculo maior* centrado em z_0 tal que em cada ponto interior z a série de Taylor convirja a $f(z)$. De fato, se existisse um círculo desses, f seria analítica em z_1, mas f não é analítica em z_1.

Vejamos o teorema que acompanha o Teorema 1.

Teorema 2. *A série de potências* (1) *pode ser derivada termo a termo. Ou seja, em cada ponto z interior do círculo de convergência da dessa série, vale*

(6) $$S'(z) = \sum_{n=1}^{\infty} n a_n (z - z_0)^{n-1}.$$

Para provar isso, seja z um ponto interior qualquer do círculo de convergência da série (1) e consideremos algum caminho fechado simples C positivamente orientado contido no interior desse círculo que contenha z em seu interior. Finalmente, definamos a função

(7) $$g(s) = \frac{1}{2\pi i} \cdot \frac{1}{(s - z)^2}$$

em cada ponto s de C. Como $g(s)$ é contínua em C, o Teorema 1 nos diz que

(8) $$\int_C g(s) S(s)\, ds = \sum_{n=0}^{\infty} a_n \int_C g(s)(s - z_0)^n\, ds.$$

No entanto, $S(z)$ é analítica em cada ponto interior de e em C, de modo que podemos escrever

$$\int_C g(s)S(s)\,ds = \frac{1}{2\pi i}\int_C \frac{S(s)\,ds}{(s-z)^2} = S'(z)$$

com a ajuda da representação integral das derivadas da Seção 55. Além disso,

$$\int_C g(s)(s-z_0)^n\,ds = \frac{1}{2\pi i}\int_C \frac{(s-z_0)^n}{(s-z)^2}\,ds = \frac{d}{dz}(z-z_0)^n \qquad (n=0,1,2,\ldots).$$

Assim, a equação (8) reduz a

$$S'(z) = \sum_{n=0}^{\infty} a_n \frac{d}{dz}(z-z_0)^n,$$

que é igual à equação (6) e completa a demonstração do teorema.

EXEMPLO 2. No Exemplo 1 da Seção 64, vimos que

$$\frac{1}{z} = \sum_{n=0}^{\infty}(-1)^n(z-1)^n \qquad (|z-1|<1).$$

Derivando cada lado dessa equação, obtemos

$$-\frac{1}{z^2} = \sum_{n=1}^{\infty}(-1)^n n(z-1)^{n-1} \qquad (|z-1|<1),$$

ou

$$\frac{1}{z^2} = \sum_{n=0}^{\infty}(-1)^n(n+1)(z-1)^n \qquad (|z-1|<1).$$

72 UNICIDADE DE REPRESENTAÇÃO EM SÉRIES

A unicidade das representações em séries de Taylor e de Laurent, antecipadas nas Seções 64 e 68, respectivamente, segue diretamente do Teorema 1 da Seção 71. Começamos com a unicidade da representação em série de Taylor.

Teorema 1. *Se uma série*

(1) $$\sum_{n=0}^{\infty} a_n(z-z_0)^n$$

convergir a $f(z)$ *em cada ponto interior de algum círculo* $|z-z_0|=R$, *então essa série é a expansão em série de Taylor de f em potências de* $z-z_0$.

Para começar a demonstração, escrevemos a representação em série

(2) $$f(z) = \sum_{n=0}^{\infty} a_n(z-z_0)^n \qquad (|z-z_0|<R)$$

SEÇÃO 72 UNICIDADE DE REPRESENTAÇÃO EM SÉRIES

da hipótese do teorema usando o índice m no somatório, ou seja,

$$f(z) = \sum_{m=0}^{\infty} a_m (z - z_0)^m \qquad (|z - z_0| < R).$$

Então, pelo Teorema 1 da Seção 71, podemos escrever

(3) $$\int_C g(z) f(z)\, dz = \sum_{m=0}^{\infty} a_m \int_C g(z)(z - z_0)^m\, dz,$$

em que $g(z)$ é qualquer uma das funções

(4) $$g(z) = \frac{1}{2\pi i} \cdot \frac{1}{(z - z_0)^{n+1}} \qquad (n = 0, 1, 2, \ldots)$$

e C é algum círculo centrado em z_0 e de raio menor do que R.

Usando a extensão da fórmula integral de Cauchy (3) da Seção 55 (ver também o corolário da Seção 71), obtemos

(5) $$\int_C g(z) f(z)\, dz = \frac{1}{2\pi i} \int_C \frac{f(z)\, dz}{(z - z_0)^{n+1}} = \frac{f^{(n)}(z_0)}{n!};$$

e, como (ver Exercício 13 da Seção 46)

(6) $$\int_C g(z)(z - z_0)^m\, dz = \frac{1}{2\pi i} \int_C \frac{dz}{(z - z_0)^{n-m+1}} = \begin{cases} 0 & \text{se } m \neq n, \\ 1 & \text{se } m = n, \end{cases}$$

é claro que

(7) $$\sum_{m=0}^{\infty} a_m \int_C g(z)(z - z_0)^m\, dz = a_n.$$

Pelas equações (5) e (7), a equação (3) reduz a

$$\frac{f^{(n)}(z_0)}{n!} = a_n.$$

Isso mostra que a série (2) é, de fato, a série de Taylor de f centrada no ponto z_0.

Observe que, do Teorema 1, decorre que se a série (1) convergir a zero em alguma vizinhança de z_0, então todos os coeficientes a_n devem ser nulos.

Nosso segundo teorema nesta seção trata da unicidade da representação em série de Laurent.

Teorema 2. *Se uma série*

(8) $$\sum_{n=-\infty}^{\infty} c_n (z - z_0)^n = \sum_{n=0}^{\infty} a_n (z - z_0)^n + \sum_{n=1}^{\infty} \frac{b_n}{(z - z_0)^n}$$

convergir a $f(z)$ em cada ponto interior de algum domínio anelar centrado em z_0, então essa série é a expansão em série de Taylor de f em potências de $z - z_0$ desse domínio.

O método da demonstração é análogo ao utilizado para o Teorema 1. A hipótese do teorema nos diz que existe algum domínio anelar centrado em z_0 tal que

$$f(z) = \sum_{n=-\infty}^{\infty} c_n (z - z_0)^n$$

em cada ponto z desse domínio. Seja $g(z)$ definida pela equação (4), mas permitamos que n percorra todos os inteiros. Seja C algum círculo centrado em z_0 orientado positivamente e contido no domínio anelar. Então, usando o índice m no somatório e adaptando o Teorema 1 da Seção 71 para séries com potências positivas e negativas de $z - z_0$ (Exercício 10), escrevemos

$$\int_C g(z) f(z)\, dz = \sum_{m=-\infty}^{\infty} c_m \int_C g(z)(z - z_0)^m\, dz,$$

ou

(9) $$\frac{1}{2\pi i} \int_C \frac{f(z)\, dz}{(z - z_0)^{n+1}} = \sum_{m=-\infty}^{\infty} c_m \int_C g(z)(z - z_0)^m\, dz.$$

Como as equações (6) também são válidas permitindo que os inteiros m e n sejam negativos, a equação (9) reduz a

$$\frac{1}{2\pi i} \int_C \frac{f(z)\, dz}{(z - z_0)^{n+1}} = c_n \qquad (n = 0, \pm 1, \pm 2, \ldots),$$

que é a expressão (5) da Seção 66 para os coeficientes c_n da série de Laurent de f no anel.

EXERCÍCIOS

1. Derivando a representação em série de Maclaurin

$$\frac{1}{1-z} = \sum_{n=0}^{\infty} z^n \qquad (|z| < 1),$$

obtenha as expansões

$$\frac{1}{(1-z)^2} = \sum_{n=0}^{\infty} (n+1) z^n \qquad (|z| < 1)$$

e

$$\frac{2}{(1-z)^3} = \sum_{n=0}^{\infty} (n+1)(n+2) z^n \qquad (|z| < 1).$$

2. Substituindo z por $1/(1-z)$ na expansão

$$\frac{1}{(1-z)^2} = \sum_{n=0}^{\infty} (n+1) z^n \qquad (|z| < 1),$$

encontrada no Exercício 1, deduza a representação em série de Laurent

$$\frac{1}{z^2} = \sum_{n=2}^{\infty} \frac{(-1)^n(n-1)}{(z-1)^n} \qquad (1 < |z-1| < \infty).$$

(Compare com o Exemplo 2 da Seção 71.)

3. Encontre a série de Taylor da função

$$\frac{1}{z} = \frac{1}{2+(z-2)} = \frac{1}{2} \cdot \frac{1}{1+(z-2)/2}$$

centrada no ponto $z_0 = 2$. Depois, derivando essa série termo a termo, mostre que

$$\frac{1}{z^2} = \frac{1}{4}\sum_{n=0}^{\infty}(-1)^n(n+1)\left(\frac{z-2}{2}\right)^n \qquad (|z-2| < 2).$$

4. Mostre que é inteira a função definida pelas equações

$$f(z) = \begin{cases} (1-\cos z)/z^2 & \text{se } z \neq 0, \\ 1/2 & \text{se } z = 0. \end{cases}$$

(Ver Exemplo 1 da Seção 71.)

5. Prove que é inteira a função definida pelas equações

$$f(z) = \begin{cases} \dfrac{\cos z}{z^2 - (\pi/2)^2} & \text{se } z \neq \pm\pi/2, \\ -\dfrac{1}{\pi} & \text{se } z = \pm\pi/2. \end{cases}$$

6. Integre, no plano w, a expansão em série de Taylor (ver Exemplo 1 da Seção 64):

$$\frac{1}{w} = \sum_{n=0}^{\infty}(-1)^n(w-1)^n \qquad (|w-1| < 1)$$

ao longo de um caminho interior ao círculo de convergência de $w = 1$ até $w = z$ para obter a representação

$$\text{Log } z = \sum_{n=1}^{\infty} \frac{(-1)^{n+1}}{n}(z-1)^n \qquad (|z-1| < 1).$$

7. Use o resultado do Exercício 6 para mostrar que, definindo

$$f(z) = \frac{\text{Log } z}{z-1} \qquad \text{se } z \neq 1$$

e $f(1) = 1$, a função f resulta analítica no domínio

$$0 < |z| < \infty, \quad -\pi < \text{Arg } z < \pi.$$

8. Prove que se f for uma função analítica em z_0 e $f(z_0) = f'(z_0) = \cdots = f^{(m)}(z_0) = 0$, então a função g definida pelas equações

$$g(z) = \begin{cases} \dfrac{f(z)}{(z-z_0)^{m+1}} & \text{se } z \neq z_0, \\ \dfrac{f^{(m+1)}(z_0)}{(m+1)!} & \text{se } z = z_0 \end{cases}$$

resulta analítica em z_0.

9. Suponha que uma função $f(z)$ tenha uma representação em série de potências

$$f(z) = \sum_{n=0}^{\infty} a_n (z - z_0)^n$$

no interior de algum círculo $|z - z_0| = R$. Use o Teorema 2 da Seção 71, sobre a derivação termo a termo dessas séries, e indução matemática para mostrar que

$$f^{(n)}(z) = \sum_{k=0}^{\infty} \frac{(n+k)!}{k!} a_{n+k} (z - z_0)^k \qquad (n = 0, 1, 2, \ldots)$$

se $|z - z_0| < R$. Em seguida, tomando $z = z_0$, mostre que os coeficientes $a_n (n = 0, 1, 2, \ldots)$ são os coeficientes da série de Taylor de f centrada em z_0. Dessa forma, obtenha uma prova alternativa do Teorema 1 da Seção 72.

10. Considere as duas séries

$$S_1(z) = \sum_{n=0}^{\infty} a_n (z - z_0)^n \quad \text{e} \quad S_2(z) = \sum_{n=1}^{\infty} \frac{b_n}{(z - z_0)^n},$$

que convergem em algum domínio anelar centrado em z_0. Sejam C um caminho qualquer nesse domínio e $g(z)$ uma função contínua em C. Adapte a prova da afirmação

$$\int_C g(z) S_1(z)\, dz = \sum_{n=0}^{\infty} a_n \int_C g(z)(z - z_0)^n \, dz,$$

do Teorema 1 da Seção 71 para provar que

$$\int_C g(z) S_2(z)\, dz = \sum_{n=1}^{\infty} b_n \int_C \frac{g(z)}{(z - z_0)^n} \, dz.$$

Conclua desses resultados que, se

$$S(z) = \sum_{n=-\infty}^{\infty} c_n (z - z_0)^n = \sum_{n=0}^{\infty} a_n (z - z_0)^n + \sum_{n=1}^{\infty} \frac{b_n}{(z - z_0)^n},$$

então

$$\int_C g(z) S(z)\, dz = \sum_{n=-\infty}^{\infty} c_n \int_C g(z)(z - z_0)^n \, dz.$$

11. Mostre que a função

$$f_2(z) = \frac{1}{z^2 + 1} \qquad (z \neq \pm i)$$

é a continuação analítica (Seção 28) da função

$$f_1(z) = \sum_{n=0}^{\infty} (-1)^n z^{2n} \qquad (|z| < 1)$$

para o domínio consistindo em todos os pontos do plano z exceto $z = \pm i$.

12. Mostre que a função $f_2(z) = 1/z^2$ ($z \neq 0$) é a continuação analítica (Seção 28) da função
$$f_1(z) = \sum_{n=0}^{\infty}(n+1)(z+1)^n \qquad (|z+1| < 1)$$
para o domínio consistindo em todos os pontos do plano z exceto $z = 0$.

73 MULTIPLICAÇÃO E DIVISÃO DE SÉRIES DE POTÊNCIAS

Suponha que cada uma das séries de potências
$$\sum_{n=0}^{\infty} a_n(z-z_0)^n \quad \text{e} \quad \sum_{n=0}^{\infty} b_n(z-z_0)^n$$
convirja no interior de algum círculo $|z - z_0| = R$. Então, as somas $f(z)$ e $g(z)$ dessas séries, respectivamente, são funções analíticas no disco $|z - z_0| < R$ (Seção 71), e o produto dessas somas tem uma expansão em série de Taylor válida nesse disco, dada por

(2) $$f(z)g(z) = \sum_{n=0}^{\infty} c_n(z-z_0)^n \qquad (|z-z_0| < R).$$

De acordo com o Teorema 1 da Seção 72, as séries (1) são séries de Taylor. Logo, os três primeiros coeficientes da série (2) são dados pelas equações
$$c_0 = f(z_0)g(z_0) = a_0 b_0,$$
$$c_1 = \frac{f(z_0)g'(z_0) + f'(z_0)g(z_0)}{1!} = a_0 b_1 + a_1 b_0,$$
e
$$c_2 = \frac{f(z_0)g''(z_0) + 2f'(z_0)g'(z_0) + f''(z_0)g(z_0)}{2!} = a_0 b_2 + a_1 b_1 + a_2 b_0.$$

A expressão geral de qualquer coeficiente c_n é facilmente obtida usando a **regra de Leibniz** (Exercício 7) da derivada enésima do produto de duas funções deriváveis, a saber,

(3) $$[f(z)g(z)]^{(n)} = \sum_{k=0}^{n} \binom{n}{k} f^{(k)}(z) g^{(n-k)}(z) \qquad (n = 1, 2, \ldots),$$

em que
$$\binom{n}{k} = \frac{n!}{k!(n-k)!} \qquad (k = 0, 1, 2, \ldots, n).$$

Como sempre, $f^{(0)}(z) = f(z)$ e $0! = 1$. Evidentemente,
$$c_n = \sum_{k=0}^{n} \frac{f^{(k)}(z_0)}{k!} \cdot \frac{g^{(n-k)}(z_0)}{(n-k)!} = \sum_{k=0}^{n} a_k b_{n-k};$$

e, portanto, a expansão (2) pode ser escrita como

(4) $\quad f(z)g(z) = a_0 b_0 + (a_0 b_1 + a_1 b_0)(z - z_0)$
$$+ (a_0 b_2 + a_1 b_1 + a_2 b_0)(z - z_0)^2 + \cdots$$
$$+ \left(\sum_{k=0}^{n} a_k b_{n-k}\right)(z - z_0)^n + \cdots \qquad (|z - z_0| < R).$$

A série (4) coincide com a série obtida multiplicando formalmente as duas séries (1) termo a termo e coletando os termos resultantes pelas potências de $z - z_0$. Dizemos que a série (4) é o **produto de Cauchy** das duas séries dadas.

EXEMPLO 1. A função
$$f(z) = \frac{\operatorname{senh} z}{1 + z}$$
tem uma singularidade no ponto $z = -1$ e, portanto, sua representação em série de Maclaurin é válida no disco aberto $|z| < 1$. É fácil obter os quatro primeiros termos não nulos escrevendo

$$(\operatorname{senh} z)\left(\frac{1}{1+z}\right) = \left(z + \frac{1}{6}z^3 + \frac{1}{120}z^5 + \cdots\right)(1 - z + z^2 - z^3 + \cdots)$$

e multiplicando essas duas séries termo a termo. Mais precisamente, podemos multiplicar cada termo da primeira série por 1, depois cada termo da primeira série por $-z$ e assim por diante. Sugerimos a seguinte abordagem sistemática, em que potências iguais de z estão coletadas verticalmente, para poder somar com facilidade seus coeficientes:

$$\begin{array}{cccc} z & +\dfrac{1}{6}z^3 & +\dfrac{1}{120}z^5 & +\cdots \\ -z^2 & -\dfrac{1}{6}z^4 & -\dfrac{1}{120}z^6 & -\cdots \\ & z^3 & +\dfrac{1}{6}z^5 & +\cdots \\ & -z^4 & & +\dfrac{1}{6}z^6 - \cdots \\ & \vdots & & \end{array}$$

O resultado procurado, envolvendo quatro termos, é dado por

(5) $\quad \dfrac{\operatorname{senh} z}{1 + z} = z - z^2 + \dfrac{7}{6}z^3 - \dfrac{7}{6}z^4 + \cdots \qquad (|z| < 1).$

Continuando a supor que $f(z)$ e $g(z)$ sejam as somas das séries (1), suponha, agora, que $g(z) \neq 0$ se $|z - z_0| < R$. Como o quociente $f(z)/g(z)$ é analítico em

SEÇÃO 73 MULTIPLICAÇÃO E DIVISÃO DE SÉRIES DE POTÊNCIAS   223

cada ponto do disco $|z - z_0| < R$, esse quociente tem uma representação em série de Taylor

(6) $$\frac{f(z)}{g(z)} = \sum_{n=0}^{\infty} d_n (z - z_0)^n \qquad (|z - z_0| < R),$$

em que os coeficientes d_n podem ser encontrados derivando $f(z)/g(z)$ sucessivamente e calculando essas derivadas em $z = z_0$. O resultado obtido coincide com o encontrado dividindo formalmente a primeira das séries (1) pela segunda. Já que, em geral, na prática precisamos somente dos primeiros termos, isso não é difícil de executar.

EXEMPLO 2. Como indicamos na Seção 39, os zeros das funções inteiras senh z são $z = n\pi i$ ($n = 0, \pm 1, \pm 2, \ldots$). Portanto, o recíproco

$$\frac{1}{\operatorname{senh} z} = \frac{1}{z + \dfrac{z^3}{3!} + \dfrac{z^5}{5!} + \cdots},$$

que pode ser escrito como

(7) $$\frac{1}{\operatorname{senh} z} = \frac{1}{z}\left(\frac{1}{1 + \dfrac{z^2}{3!} + \dfrac{z^4}{5!} + \cdots} \right),$$

tem uma representação em série de Laurent no disco perfurado $0 < |z| < \pi$. Uma representação em série de potências da função entre parênteses pode ser obtida dividindo a unidade pela série do denominador como segue:

$$
\begin{array}{r|l}
1 & 1 + \dfrac{1}{3!}z^2 + \dfrac{1}{5!}z^4 + \cdots \\
\hline
1 + \dfrac{1}{3!}z^2 + \dfrac{1}{5!}z^4 + \cdots & \\
-\dfrac{1}{3!}z^2 - \dfrac{1}{5!}z^4 + \cdots & 1 - \dfrac{1}{3!}z^2 + \left[\dfrac{1}{(3!)^2} - \dfrac{1}{5!}\right]z^4 + \cdots \\
-\dfrac{1}{3!}z^2 - \dfrac{1}{(3!)^2}z^4 - \cdots & \\
\hline
\left[\dfrac{1}{(3!)^2} - \dfrac{1}{5!}\right]z^4 + \cdots & \\
\left[\dfrac{1}{(3!)^2} - \dfrac{1}{5!}\right]z^4 + \cdots & \\
\hline
\vdots &
\end{array}
$$

Isso mostra que

$$\frac{1}{1+\dfrac{z^2}{3!}+\dfrac{z^4}{5!}+\cdots} = 1 - \frac{1}{3!}z^2 + \left[\frac{1}{(3!)^2} - \frac{1}{5!}\right]z^4 + \cdots \qquad (|z| < \pi),$$

ou

(8) $$\frac{1}{1+\dfrac{z^2}{3!}+\dfrac{z^4}{5!}+\cdots} = 1 - \frac{1}{6}z^2 + \frac{7}{360}z^4 + \cdots \qquad (|z| < \pi).$$

Usando a equação (7), obtemos

(9) $$\frac{1}{\operatorname{senh} z} = \frac{1}{z} - \frac{1}{6}z + \frac{7}{360}z^3 + \cdots \qquad (0 < |z| < \pi).$$

Embora tenhamos obtido somente os três primeiros termos não nulos dessa série de Laurent, é claro que podemos obter qualquer número de termos, bastando continuar a divisão.

EXERCÍCIOS

1. Use multiplicação de séries para mostrar que

$$\frac{e^z}{z(z^2+1)} = \frac{1}{z} + 1 - \frac{1}{2}z - \frac{5}{6}z^2 + \cdots \qquad (0 < |z| < 1).$$

2. Multiplicando duas séries de Maclaurin termo a termo, mostre que

(a) $e^z \operatorname{sen} z = z + z^2 + \dfrac{1}{3}z^3 + \cdots \qquad (|z| < \infty);$

(b) $\dfrac{e^z}{1+z} = 1 + \dfrac{1}{2}z^2 - \dfrac{1}{3}z^3 + \cdots \qquad (|z| < 1).$

3. Escrevendo cossec $z = 1/\operatorname{sen} z$ e usando divisão, mostre que

$$\operatorname{cossec} z = \frac{1}{z} + \frac{1}{3!}z + \left[\frac{1}{(3!)^2} - \frac{1}{5!}\right]z^3 + \cdots \qquad (0 < |z| < \pi).$$

4. Use divisão para obter a representação em série de Laurent

$$\frac{1}{e^z - 1} = \frac{1}{z} - \frac{1}{2} + \frac{1}{12}z - \frac{1}{720}z^3 + \cdots \qquad (0 < |z| < 2\pi).$$

5. Observe que a expansão

$$\frac{1}{z^2 \operatorname{senh} z} = \frac{1}{z^3} - \frac{1}{6} \cdot \frac{1}{z} + \frac{7}{360}z + \cdots \qquad (0 < |z| < \pi)$$

é uma consequência imediata da série de Laurent (8) da Seção 73. Use o método ilustrado no Exemplo 4 da Seção 68 para mostrar que

$$\int_C \frac{dz}{z^2 \operatorname{senh} z} = -\frac{\pi i}{3}$$

se C for o círculo unitário $|z| = 1$ orientado positivamente.

6. Siga o roteiro a seguir, que ilustra uma maneira alternativa à divisão, para obter a equação (8) do Exemplo 2 da Seção 73.

   (a) Escreva
   $$\frac{1}{1 + z^2/3! + z^4/5! + \cdots} = d_0 + d_1 z + d_2 z^2 + d_3 z^3 + d_4 z^4 + \cdots,$$
   em que os coeficientes da série de potências da direita são determinados multiplicando as duas séries da equação
   $$1 = \left(1 + \frac{1}{3!} z^2 + \frac{1}{5!} z^4 + \cdots\right)(d_0 + d_1 z + d_2 z^2 + d_3 z^3 + d_4 z^4 + \cdots).$$
   Efetue esse produto para mostrar que
   $$(d_0 - 1) + d_1 z + \left(d_2 + \frac{1}{3!} d_0\right) z^2 + \left(d_3 + \frac{1}{3!} d_1\right) z^3$$
   $$+ \left(d_4 + \frac{1}{3!} d_2 + \frac{1}{5!} d_0\right) z^4 + \cdots = 0$$
   se $|z| < \pi$.

   (b) Igualando a zero os coeficientes da última série da parte (a), obtenha os valores de d_0, d_1, d_2, d_3 e d_4. Com esses valores, a primeira equação na parte (a) passa a ser a equação (8) da Seção 73.

7. Use indução matemática para demonstrar a regra de Leibniz (Seção 73)
   $$(fg)^{(n)} = \sum_{k=0}^{n} \binom{n}{k} f^{(k)} g^{(n-k)} \qquad (n = 1, 2, \ldots)$$
   para a derivada enésima do produto de duas funções deriváveis $f(z)$ e $g(z)$.

   Sugestão: Observe que a regra é válida se $n = 1$. Depois, suponha que a regra seja válida se $n = m$, em que m é algum inteiro positivo, e mostre que
   $$(fg)^{(m+1)} = (fg')^{(m)} + (f'g)^{(m)}$$
   $$= fg^{(m+1)} + \sum_{k=1}^{m} \left[\binom{m}{k} + \binom{m}{k-1}\right] f^{(k)} g^{(m+1-k)} + f^{(m+1)} g.$$
   Finalmente, com a ajuda da identidade
   $$\binom{m}{k} + \binom{m}{k-1} = \binom{m+1}{k}$$
   utilizada no Exercício 8 da Seção 3, mostre que
   $$(fg)^{(m+1)} = fg^{(m+1)} + \sum_{k=1}^{m} \binom{m+1}{k} f^{(k)} g^{(m+1-k)} + f^{(m+1)} g$$
   $$= \sum_{k=0}^{m+1} \binom{m+1}{k} f^{(k)} g^{(m+1-k)}.$$

8. Seja $f(z)$ uma função inteira representada por uma série da forma
$$f(z) = z + a_2 z^2 + a_3 z^3 + \cdots \qquad (|z| < \infty).$$
   (a) Derivando sucessivamente a função composta $g(z) = f[f(z)]$, encontre o três primeiros termos não nulos da série de Maclaurin de $f(z)$ e, assim, conclua que
$$f[f(z)] = z + 2a_2 z^2 + 2(a_2^2 + a_3)z^3 + \cdots \qquad (|z| < \infty).$$
   (b) Obtenha o resultado da parte (a) de maneira *formal* escrevendo
$$f[f(z)] = f(z) + a_2[f(z)]^2 + a_3[f(z)]^3 + \cdots,$$
   e substituindo cada $f(z)$ do lado direito pela sua representação em série e coletando as potências iguais de z.
   (c) Aplicando o resultado da parte (a) à função $f(z) = \text{sen } z$, mostre que
$$\text{sen}(\text{sen } z) = z - \frac{1}{3}z^3 + \cdots \qquad (|z| < \infty).$$

9. Os **números de Euler** são os números E_n ($n = 0, 1, 2, \ldots$) da representação em série de Maclaurin
$$\frac{1}{\cosh z} = \sum_{n=0}^{\infty} \frac{E_n}{n!} z^n \qquad (|z| < \pi/2).$$
Mostre por que é válida essa representação no disco indicado e por que
$$E_{2n+1} = 0 \qquad (n = 0, 1, 2, \ldots).$$
Depois, mostre que
$$E_0 = 1, \quad E_2 = -1, \quad E_4 = 5 \quad \text{e} \quad E_6 = -61.$$

RESÍDUOS E POLOS

CAPÍTULO 6

O teorema de Cauchy-Goursat (Seção 50) afirma que se uma função for analítica no interior e em cada ponto de um caminho fechado simples, então o valor da integral dessa função ao longo desse caminho é zero. No entanto, como veremos neste capítulo, se a função deixar de ser analítica em um número finito de pontos do interior do caminho, então existe um número específico, denominado resíduo, com o qual cada um desses pontos contribui para o valor da integral. Aqui, desenvolvemos a teoria de resíduos e, no Capítulo 7, veremos sua utilização em certas áreas da Matemática Aplicada.

74 SINGULARIDADES ISOLADAS

Na Seção 25, vimos que uma função f é analítica em um ponto z_0 se tiver uma derivada em cada ponto de alguma vizinhança de z_0. Por outro lado, como também vimos na Seção 25, se f deixar de ser analítica em z_0, mas for analítica em algum ponto de qualquer vizinhança desse ponto, então z_0 é uma singularidade, ou ponto singular, de f.

A teoria de resíduos deste capítulo está focada em um tipo especial de singularidade. Mais precisamente, dizemos que uma singularidade z_0 é *isolada* se existir alguma vizinhança perfurada $0 < |z - z_0| < \varepsilon$ de z_0 na qual f é analítica.

EXEMPLO 1. A função

$$f(z) = \frac{z-1}{z^5(z^2+9)}$$

tem as três singularidades isoladas $z = 0$ e $z = \pm 3i$. De fato, as singularidades de uma função racional, ou seja, o quociente de dois polinômios, são sempre isoladas. Isso porque o polinômio no denominador tem uma quantidade finita de zeros (Seção 58).

228 CAPÍTULO 6 RESÍDUOS E POLOS

EXEMPLO 2. A origem $z = 0$ é uma singularidade do ramo principal (Seção 33)
$$F(z) = \operatorname{Log} z = \ln r + i\Theta \quad (r > 0, -\pi < \Theta < \pi)$$
da função logaritmo. No entanto, a origem *não é* uma singularidade isolada, pois cada vizinhança perfurada da origem contém pontos do eixo real não negativo (ver Figura 88) e, nesses pontos, o ramo sequer está definido. Observação análoga pode ser feita em relação a *qualquer* ramo
$$f(z) = \log z = \ln z + i\theta \quad (r > 0, \alpha < \theta < \alpha + 2\pi)$$
da função logaritmo.

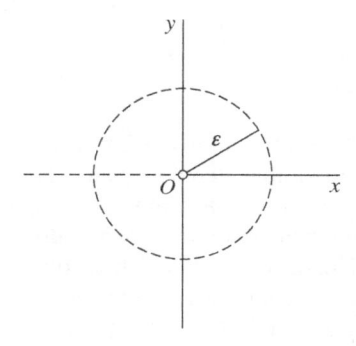

Figura 88

EXEMPLO 3. A função
$$f(z) = \frac{1}{\operatorname{sen}(\pi/z)}$$
claramente não tem uma derivada na origem $z = 0$ e, como $\operatorname{sen}(\pi/z) = 0$ se $\pi/z = n\pi$ ($n = \pm 1, \pm 2, \ldots$), a derivada de f também deixa de existir em cada um dos pontos $z = 1/n$ ($n = \pm 1, \pm 2, \ldots$). No entanto, como a derivada de f existe em cada ponto que não estiver no eixo real, segue que f é analítica em algum ponto de qualquer vizinhança de cada um dos pontos

(1) $\qquad z = 0 \quad \text{e} \quad z = 1/n \ (n = \pm 1, \pm 2, \ldots).$

Assim, cada um dos pontos (1) é uma singularidade de f.

A singularidade $z = 0$ não é isolada, porque qualquer vizinhança perfurada da origem contém outras singularidades. Mais precisamente, se um número positivo ε for especificado e m for um inteiro positivo tal que $m > 1/\varepsilon$, então $0 < 1/m < \varepsilon$ significa que a singularidade $z = 1/m$ pertence à vizinhança perfurada $0 < |z| < \varepsilon$.

Os demais pontos $z = 1/n$ ($n = \pm 1, \pm 2, \ldots$) *são*, de fato, singularidades isoladas. Para ver isso, seja m um inteiro positivo fixado e observe que f é analítica na vizinhança perfurada de $z = 1/m$ cujo raio é
$$\varepsilon = \frac{1}{m} - \frac{1}{m+1} = \frac{1}{m(m+1)}.$$

(Ver Figura 89.) Se m for um inteiro negativo, procedemos de maneira análoga.

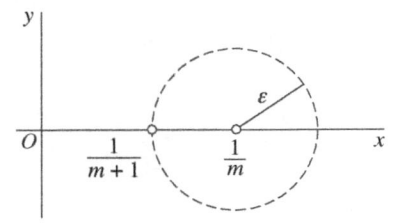

Figura 89

Neste capítulo, é importante não esquecer que se f for uma função analítica no interior e em cada ponto de um caminho fechado simples C, exceto por um número finito de singularidades $z_1, z_2, \ldots, z_n$, esses pontos são, todos, singularidades isoladas, e é possível escolher vizinhanças perfuradas centradas em cada uma delas que estejam inteiramente contidas no interior de C. Para ver isso, considere um ponto z_k qualquer. O raio ε da vizinhança perfurada procurada pode ser qualquer número positivo que seja menor do que as distâncias aos demais pontos singulares e também menor do que a distância de z_k ao ponto mais próximo de C.

Finalmente, mencionamos que, às vezes, é conveniente considerar o ponto no infinito (Seção 17) como um ponto singular isolado. Mais especificamente, se existir algum número positivo R_1 tal que f seja analítica em $R_1 < |z| < \infty$, então dizemos que f tem uma **singularidade isolada em** $z_0 = \infty$. Esse ponto singular será utilizado na Seção 77.

75 RESÍDUOS

Se z_0 for uma singularidade isolada de uma função f, existe algum número positivo R_2 tal que f é analítica em cada ponto z satisfazendo $0 < |z - z_0| < R_2$. Consequentemente, $f(z)$ tem uma representação em série de Laurent

(1) $\quad f(z) = \sum_{n=0}^{\infty} a_n (z - z_0)^n + \dfrac{b_1}{z - z_0} + \dfrac{b_2}{(z - z_0)^2} + \cdots + \dfrac{b_n}{(z - z_0)^n} + \cdots$

$$(0 < |z - z_0| < R_2),$$

em que os coeficientes a_n e b_n têm certas representações integrais (Seção 66). Em particular,

$$b_n = \frac{1}{2\pi i} \int_C \frac{f(z)\,dz}{(z - z_0)^{-n+1}} \quad (n = 1, 2, \ldots)$$

em que C é qualquer caminho fechado simples em torno de z_0 orientado positivamente e contido no disco perfurado $0 < |z - z_0| < R_2$ (Figura 90). Se $n = 1$, essa expressão de b_n é dada por

$$b_1 = \frac{1}{2\pi i} \int_C f(z)\,dz$$

ou

(2) $$\int_C f(z)\,dz = 2\pi i b_1.$$

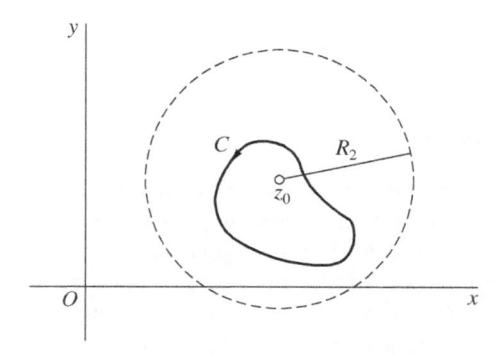

Figura 90

O número complexo b_1, que é o coeficiente de $1/(z - z_0)$ na expansão (1), é denominado o **resíduo** de f na singularidade isolada z_0 e, muitas vezes, escrevemos

$$b_1 = \operatorname*{Res}_{z=z_0} f(z).$$

Com isso, a equação (2) passa a ser

(3) $$\int_C f(z)\,dz = 2\pi i \operatorname*{Res}_{z=z_0} f(z).$$

Às vezes, denotamos o resíduo simplesmente por B, se a função e o ponto z_0 estiverem claramente indicados.

A equação (3) fornece um método poderoso para o cálculo de certas integrais ao longo de caminhos fechados simples.

EXEMPLO 1. Considere a integral

(4) $$\int_C \frac{e^z - 1}{z^4}\,dz$$

em que C é o círculo unitário $|z| = 1$ orientado positivamente (Figura 91). Como o integrando é analítico em todo o plano finito, exceto em $z = 0$, tem uma representação em série de Laurent válida com $0 < |z| < \infty$. Assim, de acordo com a equação (3), o valor da integral (4) é $2\pi i$ vezes o resíduo do integrando em $z = 0$.

Para determinar esse resíduo, lembramos (Seção 64) a representação em série de Maclaurin

$$e^z = \sum_{n=0}^{\infty} \frac{z^n}{n!} \quad (|z| < \infty)$$

e a usamos para escrever
$$\frac{e^z - 1}{z^5} = \frac{1}{z^5}\sum_{n=1}^{\infty}\frac{z^n}{n!} = \sum_{n=1}^{\infty}\frac{z^{n-5}}{n!} \quad (0 < |z| < \infty).$$
O coeficiente de $1/z$ nessa última série ocorre se $n - 5 = -1$ ou se $n = 4$. Logo,
$$\operatorname*{Res}_{z=0}\frac{e^z - 1}{z^5} = \frac{1}{4!} = \frac{1}{24};$$
e, portanto,
$$\int_C \frac{e^z - 1}{z^4} dz = 2\pi i \left(\frac{1}{24}\right) = \frac{\pi i}{12}.$$

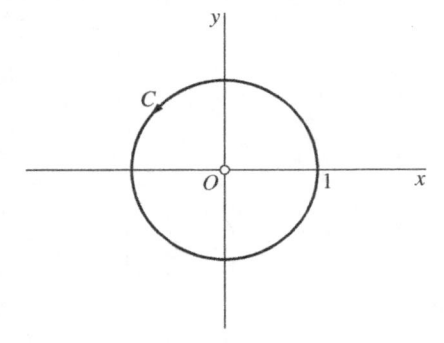

Figura 91

EXEMPLO 2. Mostremos que

(5)
$$\int_C \cosh\left(\frac{1}{z^2}\right) dz = 0$$

em que C é o mesmo círculo unitário $|z| = 1$ orientado positivamente do Exemplo 1. A função composta $\cosh(1/z^2)$ é analítica em todo o plano, exceto na origem, já que o mesmo é válido para $1/z^2$, e a função $\cosh z$ é inteira. A singularidade $z = 0$ é um ponto interior de C, e a Figura 91 do Exemplo 1 também pode ser usada aqui. Usando a expansão em série de Maclaurin (Seção 64)
$$\cosh z = 1 + \frac{z^2}{2!} + \frac{z^4}{4!} + \frac{z^6}{6!} + \cdots \quad (|z| < \infty),$$
podemos escrever a expansão em série de Laurent
$$\cosh\left(\frac{1}{z}\right) = 1 + \frac{1}{2!}\cdot\frac{1}{z^2} + \frac{1}{4!}\cdot\frac{1}{z^4} + \frac{1}{6!}\cdot\frac{1}{z^6}\cdots \quad (0 < |z| < \infty).$$
O resíduo do integrando na singularidade isolada $z = 0$ é, portanto, zero ($b_1 = 0$) e, assim, estabelecemos o valor da integral (5).

Esse último exemplo reforça que a analiticidade de uma função no interior e em cada ponto de um caminho fechado simples C, embora suficiente, *não é uma condição necessária* para a nulidade do valor da integral ao longo de C.

EXEMPLO 3. Um resíduo pode ser usado para calcular a integral

(6) $$\int_C \frac{dz}{z(z-2)^5}$$

em que C é o círculo $|z - 2| = 1$ orientado positivamente (Figura 92). Como o integrando é analítico em todo o plano finito exceto nos pontos $z = 0$ e $z = 2$, tem uma representação em série de Laurent válida no disco perfurado $0 < |z - 2| < 2$, mostrado na Figura 92. Assim, de acordo com a equação (3), o valor da integral (6) é $2\pi i$ vezes o resíduo do integrando em $z = 2$. O aspecto do integrando sugere que podemos usar a série geométrica (Seção 64)

$$\frac{1}{1-z} = \sum_{n=0}^{\infty} z^n \quad (|z| < 1)$$

para determinar o resíduo. Escrevemos

$$\frac{1}{z(z-2)^5} = \frac{1}{(z-2)^5} \cdot \frac{1}{2+(z-2)} = \frac{1}{2(z-2)^5} \cdot \frac{1}{1-\left(-\frac{z-2}{2}\right)},$$

e, usando a série geométrica, obtemos

$$\frac{1}{z(z-2)^5} = \frac{1}{2(z-2)^5} \sum_{n=0}^{\infty} \left(-\frac{z-2}{2}\right)^n = \sum_{n=0}^{\infty} \frac{(-1)^n}{2^{n+1}} (z-2)^{n-5} \quad (0 < |z-2| < 2).$$

Nessa série de Laurent, que poderia ser escrita na forma (1), o coeficiente de $1/(z-2)$ é o resíduo procurado, a saber, $1/32$. Consequentemente,

$$\int_C \frac{dz}{z(z-2)^5} = 2\pi i \left(\frac{1}{32}\right) = \frac{\pi i}{16}.$$

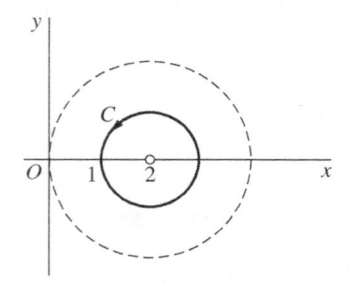

Figura 92

76 TEOREMA DOS RESÍDUOS DE CAUCHY

Se uma função f for uma função analítica no interior de um caminho fechado simples C, exceto por um número *finito* de singularidades, essas singularidades são, todas, isoladas (Seção 74). O teorema a seguir, conhecido como **teorema dos resíduos de Cauchy**, oferece uma afirmação precisa do fato de que, se f for analítica também em cada ponto de C e se C estiver orientado positivamente, então o valor da integral de f ao longo de C é $2\pi i$ vezes a soma dos resíduos de f nos pontos singulares do interior de C.

Teorema. *Seja C um caminho fechado simples C orientado positivamente. Se uma função f for analítica no interior e em cada ponto de C exceto por um número finito de singularidades z_k ($k = 1, 2, \ldots, n$) no interior de C (Figura 93), então*

(1)
$$\int_C f(z)\,dz = 2\pi i \sum_{k=1}^{n} \operatorname*{Res}_{z=z_k} f(z).$$

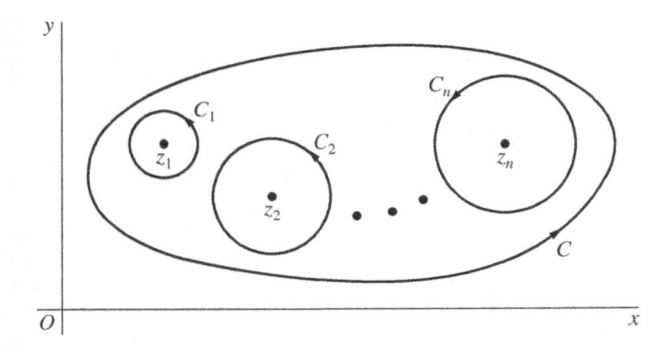

Figura 93

Para provar esse teorema, considere círculos C_k centrados nas singularidades z_k ($k = 1, 2, \ldots, n$) orientados positivamente que sejam interiores a C e tão pequenos que dois quaisquer deles sejam disjuntos. Esses círculos C_k, junto ao caminho fechado simples C, formam a fronteira de uma região fechada na qual f é analítica e cujo interior é um domínio multiplamente conexo consistindo nos pontos do interior de C e no exterior de cada C_k. Assim, de acordo com a adaptação do teorema de Cauchy-Goursat a esses domínios (Seção 53),

$$\int_C f(z)\,dz - \sum_{k=1}^{n} \int_{C_k} f(z)\,dz = 0.$$

Isso se reduz à equação (1) porque (Seção 75)

$$\int_{C_k} f(z)\,dz = 2\pi i \operatorname*{Res}_{z=z_k} f(z) \quad (k = 1, 2, \ldots, n),$$

completando a prova do teorema.

CAPÍTULO 6 RESÍDUOS E POLOS

EXEMPLO. Utilizemos o teorema para calcular a integral

(2) $$\int_C \frac{4z-5}{z(z-1)}\, dz$$

em que C é o círculo $|z| = 2$ descrito no sentido anti-horário (Figura 94). O integrando tem as duas singularidades isoladas $z = 0$ e $z = 1$, ambas no interior de C. Os resíduos correspondentes, B_1 em $z = 0$ e B_2 em $z = 1$, são facilmente encontrados com a representação em série de Maclaurin (Seção 64)

$$\frac{1}{1-z} = 1 + z + z^2 + \cdots \qquad (|z| < 1).$$

Inicialmente, observe que, se $0 < |z| < 1$, então

$$\frac{4z-5}{z(z-1)} = \frac{4z-5}{z} \cdot \frac{-1}{1-z} = \left(4 - \frac{5}{z}\right)(-1 - z - z^2 - \cdots);$$

e identificando o coeficiente de $1/z$ no produto da direita, obtemos

(3) $$B_1 = 5.$$

Também, como

$$\frac{4z-5}{z(z-1)} = \frac{4(z-1)-1}{z-1} \cdot \frac{1}{1+(z-1)}$$
$$= \left(4 - \frac{1}{z-1}\right)[1 - (z-1) + (z-1)^2 - \cdots]$$

se $0 < |z-1| < 1$, segue que

(4) $$B_2 = -1.$$

Assim,

(5) $$\int_C \frac{4z-5}{z(z-1)}\, dz = 2\pi i(B_1 + B_2) = 8\pi i.$$

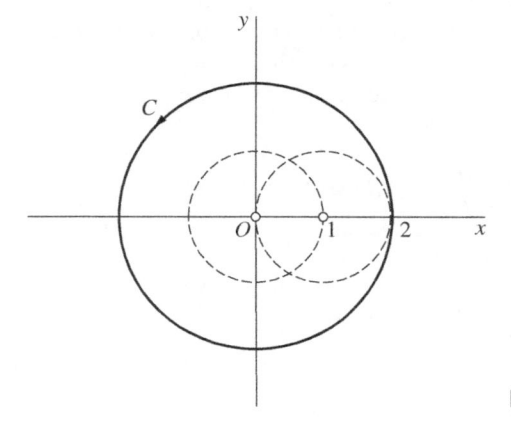

Figura 94

Neste exemplo, ocorre que é mais fácil começar decompondo o integrando da integral (2) em frações parciais:

$$\frac{4z-5}{z(z-1)} = \frac{5}{z} + \frac{-1}{z-1}.$$

Então, como $5/z$ já é uma série de Laurent se $0 < |z| < 1$ e $-1/(z-1)$ é uma série de Laurent se $0 < |z-1| < 1$, segue a validade da afirmação (5).

77 RESÍDUO NO INFINITO

Suponha que uma função f seja analítica em todo o plano finito, exceto por um número finito de singularidades no interior de um caminho fechado simples C orientado positivamente. Suponha, também, que R_1 seja um número positivo suficientemente grande tal que C esteja no interior do círculo $|z| = R_1$ (Figura 95). Evidentemente, a função f é analítica em todo o domínio $R_1 < |z| < \infty$ e, como já mencionamos no final da Seção 74, dizemos que o ponto no infinito é uma singularidade isolada de f.

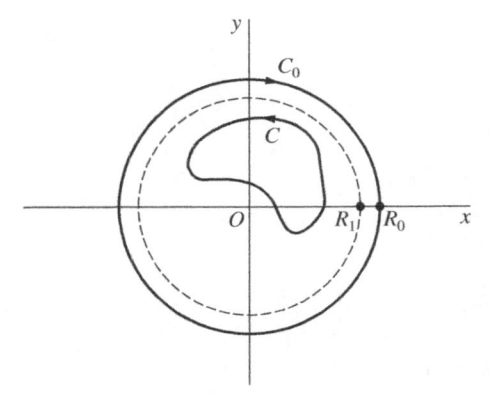

Figura 95

Seja, agora, C_0 o círculo $|z| = R_0$ orientado no sentido *horário*, sendo $R_0 > R_1$. O *resíduo de f no infinito* é definido pela equação

(1) $$\int_{C_0} f(z)\,dz = 2\pi i \operatorname*{Res}_{z=\infty} f(z).$$

Observe que o círculo C_0 mantém o ponto no infinito à esquerda, da mesma maneira que o caminho C mantém a singularidade do plano finito à esquerda na equação (3) da Seção 75. Como f é analítica na região fechada delimitada por C e C_0, o princípio da deformação de caminhos (Seção 53) nos garante que

$$\int_C f(z)\,dz = \int_{-C_0} f(z)\,dz = -\int_{C_0} f(z)\,dz.$$

236　CAPÍTULO 6　RESÍDUOS E POLOS

Logo, pela definição (1),

(2) $$\int_C f(z)\,dz = -2\pi i \operatorname*{Res}_{z=\infty} f(z).$$

Para encontrar esse resíduo, escrevemos a série de Laurent (ver Seção 66)

(3) $$f(z) = \sum_{n=-\infty}^{\infty} c_n z^n \quad (R_1 < |z| < \infty),$$

em que

(4) $$c_n = \frac{1}{2\pi i} \int_{-C_0} \frac{f(z)\,dz}{z^{n+1}} \quad (n = 0, \pm 1, \pm 2, \ldots).$$

Substituindo z por $1/z$ na equação (3) e multiplicando o resultado por $1/z^2$, vemos que

$$\frac{1}{z^2} f\!\left(\frac{1}{z}\right) = \sum_{n=-\infty}^{\infty} \frac{c_n}{z^{n+2}} = \sum_{n=-\infty}^{\infty} \frac{c_{n-2}}{z^n} \quad \left(0 < |z| < \frac{1}{R_1}\right)$$

e

$$c_{-1} = \operatorname*{Res}_{z=0} \left[\frac{1}{z^2} f\!\left(\frac{1}{z}\right)\right].$$

Tomando $n = -1$ na expressão (4), obtemos

$$c_{-1} = \frac{1}{2\pi i} \int_{-C_0} f(z)\,dz,$$

ou

(5) $$\int_{C_0} f(z)\,dz = -2\pi i \operatorname*{Res}_{z=0} \left[\frac{1}{z^2} f\!\left(\frac{1}{z}\right)\right].$$

Observe que disso e da definição (1) segue que

(6) $$\operatorname*{Res}_{z=\infty} f(z) = -\operatorname*{Res}_{z=0} \left[\frac{1}{z^2} f\!\left(\frac{1}{z}\right)\right].$$

Com as equações (2) e (6), estabelecemos a validade do teorema seguinte. Algumas vezes, por envolver apenas um resíduo, esse teorema é mais eficiente do que o teorema dos resíduos de Cauchy da Seção 76.

Teorema. *Se uma função f for analítica em todo o plano finito, exceto por um número finito de singularidades no interior de um caminho fechado simples C orientado positivamente, então*

(7) $$\int_C f(z)\,dz = 2\pi i \operatorname*{Res}_{z=0} \left[\frac{1}{z^2} f\!\left(\frac{1}{z}\right)\right].$$

EXEMPLO. É fácil ver que as singularidades da função

$$f(z) = \frac{z^3(1-3z)}{(1+z)(1+2z^4)}$$

estão todas no interior do círculo C centrado na origem de raio 3 e orientado positivamente. Para usar o teorema desta seção, escrevemos

(8) $$\frac{1}{z^2} f\left(\frac{1}{z}\right) = \frac{1}{z} \cdot \frac{z-3}{(z+1)(z^4+2)}.$$

Já que o quociente

$$\frac{z-3}{(z+1)(z^4+2)}$$

é analítico na origem, possui uma representação em série de Maclaurin cujo primeiro termo é o número não nulo $-3/2$. Logo, pela expressão (8),

$$\frac{1}{z^2} f\left(\frac{1}{z}\right) = \frac{1}{z}\left(-\frac{3}{2} + a_1 z + a_2 z^2 + a_3 z^3 + \cdots\right) = -\frac{3}{2} \cdot \frac{1}{z} + a_1 + a_2 z + a_3 z^2 + \cdots$$

com qualquer z de algum disco perfurado $0 < |z| < R_0$. Agora fica claro que

$$\operatorname*{Res}_{z=0}\left[\frac{1}{z^2} f\left(\frac{1}{z}\right)\right] = -\frac{3}{2},$$

e, portanto,

(9) $$\int_C \frac{z^3(1-3z)}{(1+z)(1+2z^4)} dz = 2\pi i \left(-\frac{3}{2}\right) = -3\pi i.$$

EXERCÍCIOS

1. Encontre o resíduo em $z=0$ da função

(a) $\dfrac{1}{z+z^2}$; (b) $z \cos\left(\dfrac{1}{z}\right)$; (c) $\dfrac{z - \operatorname{sen} z}{z}$; (d) $\dfrac{\cotg z}{z^4}$; (e) $\dfrac{\senh z}{z^4(1-z^2)}$.

Respostas: (a) 1; (b) $-1/2$; (c) 0; (d) $-1/45$; (e) $7/6$.

2. Use o teorema dos resíduos de Cauchy (Seção 76) para calcular a integral de cada uma dessas funções ao longo do círculo $|z| = 3$ no sentido positivo.

(a) $\dfrac{\exp(-z)}{z^2}$; (b) $\dfrac{\exp(-z)}{(z-1)^2}$; (c) $z^2 \exp\left(\dfrac{1}{z}\right)$; (d) $\dfrac{z+1}{z^2-2z}$.

Respostas: (a) $-2\pi i$; (b) $-2\pi i/e$; (c) $\pi i/3$; (d) $2\pi i$.

3. No exemplo da Seção 76, usamos dois resíduos para calcular a integral

$$\int_C \frac{4z-5}{z(z-1)} dz$$

em que C é o círculo $|z| = 2$ orientado positivamente. Calcule essa integral mais uma vez usando o teorema da Seção 77 e encontrando apenas um resíduo.

238 CAPÍTULO 6 RESÍDUOS E POLOS

4. Use o teorema da Seção 77, que usa um único resíduo, para calcular a integral de cada uma dessas funções ao longo do círculo $|z| = 2$ no sentido positivo.

   (a) $\dfrac{z^5}{1-z^3}$;   (b) $\dfrac{1}{1+z^2}$;   (c) $\dfrac{1}{z}$.

   Respostas: (a) $-2\pi i$;   (b) 0;   (c) $2\pi i$.

5. Seja C o círculo $|z| = 1$ orientado no sentido anti-horário e siga os passos dados para mostrar que

$$\int_C \exp\left(z + \frac{1}{z}\right) dz = 2\pi i \sum_{n=0}^{\infty} \frac{1}{n!(n+1)!}.$$

   (a) Usando a série de Maclaurin de e^z e o Teorema 1 da Seção 71, que justifica a integração termo a termo a ser utilizada, escreva a integral dada como

$$\sum_{n=0}^{\infty} \frac{1}{n!} \int_C z^n \exp\left(\frac{1}{z}\right) dz.$$

   (b) Aplique o teorema da Seção 76 no cálculo das integrais da parte (a) para alcançar o resultado anunciado.

6. Suponha que uma função f seja analítica em todo o plano finito, exceto por um número finito de singularidades $z_1, z_2, \ldots, z_n$. Mostre que

$$\operatorname*{Res}_{z=z_1} f(z) + \operatorname*{Res}_{z=z_2} f(z) + \cdots + \operatorname*{Res}_{z=z_n} f(z) + \operatorname*{Res}_{z=\infty} f(z) = 0.$$

7. Suponha que os graus dos polinômios

$$P(z) = a_0 + a_1 z + a_2 z^2 + \cdots + a_n z^n \quad (a_n \neq 0)$$

   e

$$Q(z) = b_0 + b_1 z + b_2 z^2 + \cdots + b_m z^m \quad (b_m \neq 0)$$

   sejam tais que $m \geq n + 2$. Use o teorema da Seção 77 para mostrar que, se todos os zeros de $Q(z)$ estiverem no interior de um caminho fechado simples C, então

$$\int_C \frac{P(z)}{Q(z)} dz = 0.$$

   (Compare com o Exercício 4(b).)

78 OS TRÊS TIPOS DE SINGULARIDADES ISOLADAS

Vimos na Seção 75 que a teoria dos resíduos tem por base o fato de que se f tiver uma singularidade isolada em z_0, então $f(z)$ tem uma representação em série de Laurent

(1) $\quad f(z) = \displaystyle\sum_{n=0}^{\infty} a_n (z-z_0)^n + \dfrac{b_1}{z-z_0} + \dfrac{b_2}{(z-z_0)^2} + \cdots + \dfrac{b_n}{(z-z_0)^n} + \cdots$

em um disco perfurado $0 < |z - z_0| < R_2$. A porção

(2) $\quad \dfrac{b_1}{z-z_0} + \dfrac{b_2}{(z-z_0)^2} + \cdots + \dfrac{b_n}{(z-z_0)^n} + \cdots$

da série, com todas as potências negativas de $z - z_0$, é denominada **parte principal** de f em z_0. Agora utilizamos essa parte principal para identificar a singularidade z_0 como sendo de um de três tipos especiais. Essa classificação será útil no desenvolvimento da teoria dos resíduos nas seções subsequentes.

Existem dois extremos, um em que cada coeficiente da parte principal (2) é igual a zero e o outro em que há um número infinito desses coeficientes que são não nulos.

(a) Singularidade removível
Se cada b_n for nulo, ou seja, se

$$(3)\quad f(z) = \sum_{n=0}^{\infty} a_n (z - z_0)^n = a_0 + a_1(z - z_0) + a_2(z - z_0)^2 + \cdots$$

$$(0 < |z - z_0| < R_2),$$

então dizemos que z_0 é uma **singularidade removível**. Observe que é nulo o resíduo em uma singularidade removível. Se definirmos ou, possivelmente, redefinirmos, f em z_0 por $f(z_0) = a_0$, a expressão (3) se torna válida em todo o disco $|z - z_0| < R_2$. Como uma série de potências sempre representa uma função analítica no interior de seu disco de convergência (Seção 71), segue que f é analítica em z_0 se atribuirmos o valor a_0 a f no ponto z_0. Assim, a singularidade foi *removida*.

(b) Singularidade essencial
Se for infinito o número de coeficientes b_n não nulos na parte principal (2), dizemos que z_0 é uma **singularidade essencial** de f.

(c) Polos de ordem n
Se a parte principal de f em z_0 contiver pelo menos um termo não nulo, mas o número desses termos for finito, então existe um inteiro positivo m ($m \geq 1$) tal que

$$b_m \neq 0 \quad \text{e} \quad b_{m+1} = b_{m+2} = \cdots = 0.$$

Assim, a expansão (1) é dada por

$$(4)\quad f(z) = \sum_{n=0}^{\infty} a_n (z - z_0)^n + \frac{b_1}{z - z_0} + \frac{b_2}{(z - z_0)^2} + \cdots + \frac{b_m}{(z - z_0)^m}$$

$$(0 < |z - z_0| < R_2),$$

com $b_m \neq 0$. Nesse caso, dizemos que a singularidade isolada z_0 é um **polo de ordem m**.[*] Um polo de ordem $m = 1$ é denominado um **polo simples**.

Na próxima seção, daremos exemplos desses três tipos de singularidades isoladas e, nas demais seções deste capítulo, desenvolveremos com maior profundidade

---

[*] O motivo da terminologia *polo* aparece às páginas 348-349 do livro (2005) de A. D. Wunsch, bem como à página 62 do livro (2010) de R. P. Boas, ambos listados no Apêndice 1. Na Seção 84, daremos uma indicação desse motivo.

a teoria desses três tipos de singularidades. A ênfase será nos métodos úteis e eficazes de identificar polos e de encontrar os correspondentes resíduos.

A seção final (Seção 84) deste capítulo inclui três teoremas que indicam as diferenças fundamentais no comportamento das funções nos três tipos de singularidades isoladas.

79 EXEMPLOS

Os exemplos desta seção ilustram os três tipos de singularidades isoladas descritos na Seção 78.

EXEMPLO 1. O ponto $z_0 = 0$ é uma singularidade removível da função

(1) $$f(z) = \frac{1 - \cosh z}{z^2}$$

pois

$$f(z) = \frac{1}{z^2}\left[1 - \left(1 + \frac{z^2}{2!} + \frac{z^4}{4!} + \frac{z^6}{6!} + \cdots\right)\right] = -\frac{1}{2!} - \frac{z^2}{4!} - \frac{z^4}{6!} - \cdots$$

$$(0 < |z| < \infty).$$

Definindo $f(0) = -1/2$, esta função f resulta ser inteira.

EXEMPLO 2. No Exemplo 3 da Seção 68, vimos que

(2) $$e^{1/z} = \sum_{n=0}^{\infty} \frac{1}{n!} \cdot \frac{1}{z^n} = 1 + \frac{1}{1!} \cdot \frac{1}{z} + \frac{1}{2!} \cdot \frac{1}{z^2} + \cdots \qquad (0 < |z| < \infty),$$

de modo que $e^{1/z}$ tem uma singularidade essencial em $z_0 = 0$, sendo que o resíduo b_1 é igual a 1.

Este exemplo pode ser utilizado para ilustrar um resultado importante, conhecido como **teorema de Picard**, que diz respeito ao comportamento de uma função na vizinhança de uma singularidade essencial. Segundo esse teorema, *em cada vizinhança de uma singularidade essencial, qualquer função atinge cada valor finito uma infinidade de vezes, com uma única exceção possível.**

É fácil verificar que, por exemplo, $e^{1/z}$ atinge o valor -1 uma infinidade de vezes em cada vizinhança da origem. Mais precisamente, como $e^z = -1$ com

$$z = (2n + 1)\pi i \qquad (n = 0, \pm 1, \pm 2, \ldots),$$

(ver Seção 30), segue que $e^z = -1$ se

$$z = \frac{1}{(2n + 1)\pi i} \cdot \frac{i}{i} = -\frac{i}{(2n + 1)\pi} \qquad (n = 0, \pm 1, \pm 2, \ldots)$$

---

* Para uma prova do Teorema de Picard, ver Seção 51 do Volume 3 do livro de Markushevich listado no Apêndice 1.

Assim, se n for suficientemente grande, em qualquer vizinhança da origem podemos encontrar uma infinidade de pontos nos quais essa função atinge o valor -1. O ponto excepcional do teorema de Picard aplicado a $e^{1/z}$ na origem é, evidentemente, zero.

EXEMPLO 3. Pela representação

(3) $$f(z) = \frac{1}{z^2(1-z)} = \frac{1}{z^2}(1 + z + z^2 + z^3 + z^4 + \cdots)$$
$$= \frac{1}{z^2} + \frac{1}{z} + 1 + z + z^2 + \cdots \quad (0 < |z| < 1),$$

podemos ver que f tem um polo de ordem $m = 2$ na origem e que

$$\operatorname*{Res}_{z=0} f(z) = 1.$$

A partir do limite

$$\lim_{z \to 0} \frac{1}{f(z)} = \lim_{z \to 0}[z^2(1-z)] = 0,$$

segue que (ver Seção 17)

(4) $$\lim_{z \to 0} f(z) = \infty.$$

Em todos os polos ocorre esse limite, como veremos na Seção 84.

EXEMPLO 4. Finalmente, observamos que a função

$$f(z) = \frac{z^2 + z - 2}{z+1} = \frac{z(z+1) - 2}{z+1} = z - \frac{2}{z+1} = -1 + (z+1) - \frac{2}{z+1}$$
$$(0 < |z+1| < \infty)$$

tem um polo simples em $z_0 = -1$, com resíduo -2. Além disso, como

$$\lim_{z \to -1} \frac{1}{f(z)} = \lim_{z \to -1} \frac{z+1}{z^2 + z - 2} = \frac{0}{-2} = 0,$$

vemos que

(5) $$\lim_{z \to -1} f(z) = \infty.$$

(Compare com o limite (4) do Exemplo 3.)

EXERCÍCIOS

1. Em cada caso, escreva a parte principal da função na singularidade isolada e determine se esse ponto é uma singularidade removível, essencial ou polo.

   (a) $z \exp\left(\dfrac{1}{z}\right)$; (b) $\dfrac{z^2}{1+z}$; (c) $\dfrac{\operatorname{sen} z}{z}$; (d) $\dfrac{\cos z}{z}$; (e) $\dfrac{1}{(2-z)^3}$.

2. Mostre que a singularidade de cada uma das funções é um polo. Determine a ordem do polo e o correspondente resíduo B.

(a) $\dfrac{1-\cosh z}{z^3}$; (b) $\dfrac{1-\exp(2z)}{z^4}$; (c) $\dfrac{\exp(2z)}{(z-1)^2}$.

Respostas: (a) $m=1, B=-1/2$; (b) $m=3, B=-4/3$; (c) $m=2, B=2e^2$.

3. Suponha que uma função f seja analítica em z_0 e escreva $g(z) = f(z)/(z-z_0)$. Mostre que

   (a) se $f(z_0) \neq 0$, então z_0 é um polo simples de g com resíduo $f(z_0)$;

   (b) se $f(z_0) = 0$, então z_0 é uma singularidade removível de g.

   Sugestão: conforme indicamos na Seção 62, por ser analítica em z_0, a função f tem uma série de Taylor nesse ponto; comece cada parte do exercício escrevendo os primeiros termos dessa série.

4. Escreva a função
$$f(z) = \frac{8a^3 z^2}{(z^2+a^2)^3} \qquad (a>0)$$
como
$$f(z) = \frac{\phi(z)}{(z-ai)^3} \quad \text{em que} \quad \phi(z) = \frac{8a^3 z^2}{(z+ai)^3}.$$
Mostre que $\phi(z)$ tem uma representação de série de Taylor em $z = ai$ e use-a para mostrar que a parte principal de f nesse ponto é
$$\frac{\phi''(ai)/2}{z-ai} + \frac{\phi'(ai)}{(z-ai)^2} + \frac{\phi(ai)}{(z-ai)^3} = -\frac{i/2}{z-ai} - \frac{a/2}{(z-ai)^2} - \frac{a^2 i}{(z-ai)^3}.$$

80 RESÍDUOS EM POLOS

Se uma função f tiver uma singularidade isolada em um ponto z_0, o método básico para identificar z_0 como um polo e encontrar o resíduo nesse ponto é escrever a série de Laurent apropriada e identificar o coeficiente de $1/(z-z_0)$. O teorema seguinte fornece uma caracterização alternativa de polos e uma maneira de encontrar os resíduos em polos que, muitas vezes, é mais conveniente.

Teorema. *Seja z_0 uma singularidade isolada de uma função f. As duas afirmações a seguir são equivalentes.*

(a) z_0 é um polo de ordem m ($m = 1, 2, \ldots$) de f;

(b) $f(z)$ pode ser escrita na forma
$$f(z) = \frac{\phi(z)}{(z-z_0)^m} \qquad (m=1,2,\ldots),$$
em que $\phi(z)$ é analítica e não nula em z_0.

Além disso, se as afirmações (a) e (b) forem verdadeiras, então

$$\operatorname*{Res}_{z=z_0} f(z) = \phi(z_0) \quad \text{se } m=1$$

e

$$\operatorname*{Res}_{z=z_0} f(z) = \frac{\phi^{(m-1)}(z_0)}{(m-1)!} \quad \text{se } m=2,3,\ldots$$

Observe que essas duas expressões dos resíduos não precisariam ter sido escritas separadamente, pois, com as convenções $\phi^{(0)}(z_0) = \phi(z_0)$ e $0! = 1$, a segunda reduz à primeira se $m=1$.

Para provar o teorema, começamos supondo a validade da afirmação (a). Então, $f(z)$ tem uma representação em série de Laurent

$$f(z) = \sum_{n=0}^{\infty} a_n (z-z_0)^n + \frac{b_1}{z-z_0} + \frac{b_2}{(z-z_0)^2} + \cdots + \frac{b_{m-1}}{(z-z_0)^{m-1}} + \frac{b_m}{(z-z_0)^m}$$

$$(b_m \neq 0),$$

que é válida em um disco perfurado $0 < |z-z_0| < R_2$. Por outro lado, uma função $\phi(z)$ definida pelas equações

$$\phi(z) = \begin{cases} (z-z_0)^m f(z) & \text{se } z \neq z_0, \\ b_m & \text{se } z = z_0 \end{cases}$$

evidentemente tem a representação em séries de potências

$$\phi(z) = b_m + b_{m-1}(z-z_0) + \cdots + b_2(z-z_0)^{m-2} + b_1(z-z_0)^{m-1}$$
$$+ \sum_{n=0}^{\infty} a_n (z-z_0)^{m+n}$$

válida em todo o disco $|z-z_0| < R_2$. Consequentemente, $\phi(z)$ é analítica nesse disco (Seção 71) e, em particular, em z_0. Já que $\phi(z_0) = b_m \neq 0$, decorre a expressão para $f(z)$ na afirmação (b).

Suponha, agora, que só sabemos que $f(z)$ tem a forma dada na afirmação (b). Pelo que foi visto na Seção 62, por ser a função $\phi(z)$ analítica em z_0, ela tem uma representação em série de Taylor

$$\phi(z) = \phi(z_0) + \frac{\phi'(z_0)}{1!}(z-z_0) + \frac{\phi''(z_0)}{2!}(z-z_0)^2 + \cdots + \frac{\phi^{(m-1)}(z_0)}{(m-1)!}(z-z_0)^{m-1}$$
$$+ \sum_{n=m}^{\infty} \frac{\phi^{(n)}(z_0)}{n!}(z-z_0)^n$$

em alguma vizinhança $|z-z_0| < \varepsilon$ de z_0. Então, o quociente da afirmação (b) nos diz que

$$f(z) = \frac{\phi(z_0)}{(z-z_0)^m} + \frac{\phi'(z_0)/1!}{(z-z_0)^{m-1}} + \frac{\phi''(z_0)/2!}{(z-z_0)^{m-2}} + \cdots + \frac{\phi^{(m-1)}(z_0)/(m-1)!}{z-z_0}$$
$$+ \sum_{n=m}^{\infty} \frac{\phi^{(n)}(z_0)}{n!}(z-z_0)^{n-m}$$

se $0 < |z - z_0| < \varepsilon$. Essa representação em série de Laurent, junto ao fato de que $\phi(z_0) \neq 0$, garante-nos que z_0 é, realmente, um polo de ordem m de $f(z)$. É claro que o coeficiente de $1/(z - z_0)$ revela que o resíduo de $f(z)$ em z_0 é o afirmado no Teorema. Assim, terminamos a prova desse teorema.

81 EXEMPLOS

Os exemplos a seguir ilustram o uso do teorema da Seção 80.

EXEMPLO 1. A função
$$f(z) = \frac{z+4}{z^2+1}$$
tem uma singularidade isolada em $z = i$ e pode ser dada por
$$f(z) = \frac{\phi(z)}{z-i} \quad \text{em que} \quad \phi(z) = \frac{z+4}{z+i}.$$
Como $\phi(z)$ é analítica em $z = i$ e $\phi(i) \neq 0$, esse ponto é um polo simples de f e, nele, o resíduo é
$$B_1 = \phi(i) = \frac{i+4}{2i} \cdot \frac{i}{i} = \frac{-1+4i}{-2} = \frac{1}{2} - 2i.$$
O ponto $z = -i$ também é um polo simples, com resíduo
$$B_2 = \frac{1}{2} + 2i.$$

EXEMPLO 2. Se
$$f(z) = \frac{z^3 + 2z}{(z-i)^3},$$
então
$$f(z) = \frac{\phi(z)}{(z-i)^3} \quad \text{em que} \quad \phi(z) = z^3 + 2z.$$
A função $\phi(z)$ é inteira, e $\phi(i) = i \neq 0$. Logo, f tem um polo de ordem 3 em $z = i$, com resíduo
$$B = \frac{\phi''(i)}{2!} = \frac{6i}{2!} = 3i.$$

Evidentemente, o teorema também pode ser utilizado com ramos de funções multivalentes.

EXEMPLO 3. Suponha que
$$f(z) = \frac{(\log z)^3}{z^2 + 1},$$

em que utilizamos o ramo
$$\log z = \ln r + i\theta \quad (r > 0, 0 < \theta < 2\pi)$$
da função logaritmo. Para encontrar o resíduo de f na singularidade $z = i$, escrevemos

$$f(z) = \frac{\phi(z)}{z - i} \quad \text{em que} \quad \phi(z) = \frac{(\log z)^3}{z + i}.$$

A função $\phi(z)$ é, claramente, analítica em $z = i$ e, como

$$\phi(i) = \frac{(\log i)^3}{2i} = \frac{(\ln 1 + i\pi/2)^3}{2i} = -\frac{\pi^3}{16} \neq 0,$$

a função f tem um polo simples nesse ponto, com resíduo

$$B = \phi(i) = -\frac{\pi^3}{16}.$$

Mesmo que o teorema da Seção 80 possa ser extremamente útil, às vezes a identificação de uma singularidade isolada como um polo de certa ordem é feita de maneira mais eficaz apelando diretamente a uma série de Laurent.

EXEMPLO 4. Se, por exemplo, quisermos encontrar o resíduo da função

$$f(z) = \frac{1 - \cos z}{z^3}$$

na singularidade $z = 0$, seria errado escrever

$$f(z) = \frac{\phi(z)}{z^3} \quad \text{em que} \quad \phi(z) = 1 - \cos z$$

e tentar aplicar o teorema da Seção 80 com $m = 3$, pois precisamos ter $\phi(0) \neq 0$ para poder aplicar esse teorema. Nesse caso, a maneira mais simples de obter o resíduo é escrever alguns poucos termos da série de Laurent

$$f(z) = \frac{1}{z^3}\left[1 - \left(1 - \frac{z^2}{2!} + \frac{z^4}{4!} - \frac{z^6}{6!} + \cdots\right)\right] = \frac{1}{z^3}\left(\frac{z^2}{2!} - \frac{z^4}{4!} + \frac{z^6}{6!} - \cdots\right)$$

$$= \frac{1}{2!} \cdot \frac{1}{z} - \frac{z}{4!} + \frac{z^3}{6!} - \cdots \qquad (0 < |z| < \infty).$$

Assim, vemos que $f(z)$ tem um polo *simples* em $z = 0$, e não um polo de ordem 3, e que o resíduo em $z = 0$ é $B = 1/2$.

EXEMPLO 5. Como a função $z^2 \operatorname{senh} z$ é inteira e seus zeros são (Seção 39)

$$z = n\pi i \quad (n = 0, \pm 1, \pm 2, \ldots),$$

o ponto $z = 0$ é uma singularidade isolada da função

$$f(z) = \frac{1}{z^2 \operatorname{senh} z}.$$

Nesse caso, seria errado escrever

$$f(z) = \frac{\phi(z)}{z^2} \quad \text{em que} \quad \phi(z) = \frac{1}{\operatorname{senh} z}$$

e tentar usar o teorema da Seção 80 com $m = 2$. De fato, a função $\phi(z)$ sequer está definida em $z = 0$. O resíduo procurado, a saber, $B = -1/6$, é obtido diretamente da série de Laurent

$$\frac{1}{z^2 \operatorname{senh} z} = \frac{1}{z^3} - \frac{1}{6} \cdot \frac{1}{z} + \frac{7}{360} z + \cdots \qquad (0 < |z| < \pi)$$

encontrada no Exercício 5 da Seção 73. A singularidade em $z = 0$, claramente, é um polo de *terceira* ordem, e não de segunda.

EXERCÍCIOS

1. Em cada caso, mostre que qualquer singularidade da função é um polo. Determine a ordem m de cada polo e encontre o resíduo B correspondente.

   (a) $\dfrac{z+1}{z^2+9}$; (b) $\dfrac{z^2+2}{z-1}$; (c) $\left(\dfrac{z}{2z+1}\right)^3$; (d) $\dfrac{e^z}{z^2+\pi^2}$.

   Respostas:
   (a) $m = 1, B = \dfrac{3 \pm i}{6}$; (b) $m = 1, B = 3$; (c) $m = 3, B = -\dfrac{3}{16}$;
   (d) $m = 1, B = \pm \dfrac{i}{2\pi}$.

2. Mostre que

   (a) $\operatorname*{Res}_{z=-1} \dfrac{z^{1/4}}{z+1} = \dfrac{1+i}{\sqrt{2}} \quad (|z| > 0, 0 < \arg z < 2\pi)$;

   (b) $\operatorname*{Res}_{z=i} \dfrac{\operatorname{Log} z}{(z^2+1)^2} = \dfrac{\pi + 2i}{8}$;

   (c) $\operatorname*{Res}_{z=i} \dfrac{z^{1/2}}{(z^2+1)^2} = \dfrac{1-i}{8\sqrt{2}} \quad (|z| > 0, 0 < \arg z < 2\pi)$.

3. Em cada caso, encontre a ordem m do polo e o resíduo B correspondente na singularidade $z = 0$.

   (a) $\dfrac{\operatorname{senh} z}{z^4}$; (b) $\dfrac{1}{z(e^z - 1)}$.

   Respostas: (a) $m = 3, B = \dfrac{1}{6}$; (b) $m = 2, B = -\dfrac{1}{2}$.

4. Encontre o valor da integral
$$\int_C \frac{3z^3 + 2}{(z-1)(z^2+9)}\, dz,$$
calculada no sentido anti-horário ao longo do círculo (a) $|z - 2| = 2$; (b) $|z| = 4$.

Respostas: (a) πi;   (b) $6\pi i$

5. Encontre o valor da integral
$$\int_C \frac{dz}{z^3(z+4)},$$
calculada no sentido anti-horário ao longo do círculo (a) $|z| = 2$; (b) $|z+2| = 3$.

Respostas: (a) $\pi i/32$;   (b) 0.

6. Encontre o valor da integral
$$\int_C \frac{\cosh \pi z}{z(z^2+1)}\, dz$$
se C for o círculo $|z| = 2$ tomado no sentido positivo.

Resposta: $4\pi i$.

7. Use o teorema da Seção 77, relativo a um único resíduo, para calcular o valor da integral de $f(z)$ ao longo do círculo $|z| = 3$ orientado no sentido positivo se

(a) $f(z) = \dfrac{(3z+2)^2}{z(z-1)(2z+5)}$;   (b) $f(z) = \dfrac{z^3 e^{1/z}}{1+z^3}$.

Respostas: (a) $9\pi i$;   (b) $2\pi i$.

8. Seja z_0 uma singularidade isolada de uma função f e suponha que
$$f(z) = \frac{\phi(z)}{(z-z_0)^m},$$
em que m é um inteiro positivo e $\phi(z)$ é uma função analítica e não nula em z_0. Aplicando a fórmula integral de Cauchy estendida (3) da Seção 55 à função $\phi(z)$, mostre que
$$\operatorname*{Res}_{z=z_0} f(z) = \frac{\phi^{(m-1)}(z_0)}{(m-1)!},$$
conforme enunciado no teorema da Seção 80.

Sugestão: já que existe uma vizinhança $|z - z_0| < \varepsilon$ na qual $\phi(z)$ é analítica (ver Seção 25), o caminho usado na fórmula integral de Cauchy estendida pode ser o círculo $|z - z_0| = \varepsilon/2$ orientado positivamente.

82 ZEROS DE FUNÇÕES ANALÍTICAS

Os zeros e polos de funções estão bastante relacionados. De fato, veremos na próxima seção como os zeros podem dar origem a polos. No entanto, precisamos de alguns resultados preliminares relacionados a zeros de funções analíticas.

CAPÍTULO 6   RESÍDUOS E POLOS

Suponha que uma função f seja analítica em um ponto z_0. Sabemos da Seção 57 que todas as derivadas $f^{(n)}(z)$ ($n = 1, 2, \ldots$) existem em z_0. Se $f(z_0) = 0$ e se existir algum inteiro positivo m tal que

(1) $\quad f(z_0) = f'(z_0) = f''(z_0) = \cdots = f^{(m-1)}(z_0) = 0 \quad$ e $\quad f^{(m)}(z_0) \neq 0$,

dizemos que f tem um **zero de ordem m** em z_0. É claro que convencionamos que $f^{(0)}(z_0) = f(z_0)$ se $m = 1$. Nosso primeiro teorema fornece uma definição alternativa útil para um zero de ordem m.

Teorema 1.   *Seja f uma função analítica em um ponto z_0. As afirmações seguintes são equivalentes.*

(a) *f tem um zero de ordem m em z_0;*

(b) *existe alguma função g que é analítica e não nula em z_0, tal que*

$$f(z) = (z - z_0)^m g(z).$$

Nossa prova desse teorema tem duas partes. Inicialmente, precisamos mostrar que a validade da afirmação (a) implica a validade da afirmação (b). Uma vez feito isso, precisamos mostrar que se a afirmação (b) for verdadeira, então o mesmo ocorre com a afirmação (a). Em ambas as partes, usamos o fato de que qualquer função analítica em um ponto z_0 tem uma representação em série de Taylor em potências de $(z - z_0)$ que é válida em toda uma vizinhança $|z - z_0| < \varepsilon$ de z_0 (Seção 62).

(a) implica (b)

Começamos a primeira parte supondo que f tem um zero de ordem m em z_0 e mostramos que segue a afirmação (b). A analiticidade de f em z_0 e a condição (1) nos dizem que em alguma vizinhança $|z - z_0| < \varepsilon$ existe uma representação em série de Taylor

$$\begin{aligned}f(z) &= \frac{f^{(m)}(z_0)}{m!}(z - z_0)^m + \frac{f^{(m+1)}(z_0)}{(m+1)!}(z - z_0)^{m+1} + \frac{f^{(m+2)}(z_0)}{(m+2)!}(z - z_0)^{m+2} + \cdots \\ &= (z - z_0)^m \left[\frac{f^{(m)}(z_0)}{m!} + \frac{f^{(m+1)}(z_0)}{(m+1)!}(z - z_0) + \frac{f^{(m+2)}(z_0)}{(m+2)!}(z - z_0)^2 + \cdots \right].\end{aligned}$$

Consequentemente, $f(z)$ tem a forma mostrada na afirmação (b), em que

$$g(z) = \frac{f^{(m)}(z_0)}{m!} + \frac{f^{(m+1)}(z_0)}{(m+1)!}(z - z_0) + \frac{f^{(m+2)}(z_0)}{(m+2)!}(z - z_0)^2 + \cdots$$

$$(|z - z_0| < \varepsilon).$$

A convergência desta última série com $|z - z_0| < \varepsilon$ garante que g é analítica nessa vizinhança e, em particular, em z_0 (Seção 71). Além disso,

$$g(z_0) = \frac{f^{(m)}(z_0)}{m!} \neq 0.$$

Isso completa a prova da primeira parte do teorema.

SEÇÃO 82   ZEROS DE FUNÇÕES ANALÍTICAS   249

(b) implica (a)
Agora supomos que seja válida a expressão para $f(z)$ dada na afirmação (b) e observamos que, por ser $g(z)$ analítica em z_0, essa função tem uma representação em série de Taylor

$$g(z) = g(z_0) + \frac{g'(z_0)}{1!}(z - z_0) + \frac{g''(z_0)}{2!}(z - z_0)^2 + \cdots$$

válida em alguma vizinhança $|z - z_0| < \varepsilon$ de z_0. A expressão para $f(z)$ na parte (b), então, toma a forma

$$f(z) = g(z_0)(z - z_0)^m + \frac{g'(z_0)}{1!}(z - z_0)^{m+1} + \frac{g''(z_0)}{2!}(z - z_0)^{m+2} + \cdots$$

com $|z - z_0| < \varepsilon$. Pelo Teorema 1 da Seção 72 isso é, de fato, uma representação em série de Taylor de $f(z)$ e, portanto, vale a condição (1). Em particular,

$$f^{(m)}(z_0) = m! g(z_0) \neq 0.$$

Assim, z_0 é um zero de ordem m de f. Concluímos a demonstração do teorema.

EXEMPLO. O polinômio $f(z) = z^3 - 1$ tem um zero de ordem $m = 1$ em $z_0 = 1$, pois

$$f(z) = (z - 1)g(z),$$

em que $g(z) = z^2 + z + 1$, já que f e g são inteiras e $g(1) = 3 \neq 0$. Observe que esse fato também decorre de calcular

$$f(1) = 0 \quad \text{e} \quad f'(1) = 3 \neq 0.$$

Nosso próximo teorema é uma afirmação precisa do fato de que uma função analítica $f(z)$ tem somente **zeros isolados** se não for identicamente nula. Isso significa que se z_0 for um zero de uma tal função $f(z)$, então existe alguma vizinhança perfurada $0 < |z - z_0| < \varepsilon$ de z_0 na qual $f(z)$ não se anula. (Compare com a definição de singularidade isolada na Seção 74.)

Teorema 2.   *Sejam f uma função e z_0 um ponto tais que*

(a) f é analítica em z_0 e

(b) $f(z_0) = 0$, mas $f(z)$ não é identicamente igual a zero em qualquer vizinhança de z_0. Então, $f(z) \neq 0$ em toda uma vizinhança perfurada $0 < |z - z_0| < \varepsilon$ de z_0.

Para provar isso, observe que se f for uma função como no enunciado, nem todas as derivadas de f em z_0 podem ser nulas. De fato, se fossem, todos os coeficientes da série de Taylor de f centrada em z_0 seriam nulos, e isso significaria que $f(z)$ seria identicamente nula em alguma vizinhança de z_0. Lembrando da definição de zero de ordem m no início desta seção, vemos, então, que uma função f dessas deve ter um zero de alguma ordem finita m em z_0. Pelo Teorema 1, segue que

(2) $$f(z) = (z - z_0)^m g(z)$$

em que $g(z)$ é analítica e não nula em z_0.

Como g é analítica em z_0 segue que, além de não nula, é contínua em z_0. Logo, existe alguma vizinhança $|z - z_0| < \varepsilon$ na qual vale (2) e na qual $g(z) \neq 0$ (ver Seção 18). Consequentemente, $f(z) \neq 0$ na vizinhança *perfurada* $0 < |z - z_0| < \varepsilon$, terminando a prova.

Nosso último teorema trata de funções com zeros não isolados. Esse resultado, que já foi mencionado na Seção 28, oferece um contraste interessante ao Teorema 2.

Teorema 3. *Sejam f uma função e z_0 um ponto tais que*

(a) *f é analítica em uma vizinhança N_0 de z_0 e*

(b) *$f(z) = 0$ em cada ponto z de um domínio D ou segmento de reta L que contêm z_0 (Figura 96).*

Então $f(z) \equiv 0$ em N_0, ou seja, $f(z)$ é identicamente igual a zero em N_0.

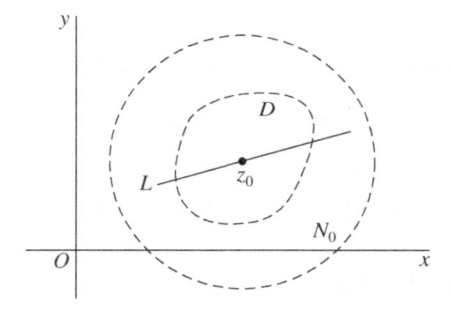

Figura 96

Começamos a prova observando que se f for uma função como no enunciado, então $f(z) \equiv 0$ em cada ponto de alguma vizinhança N de z_0. De fato, caso contrário, pelo Teorema 2, existiria uma vizinhança perfurada de z_0 na qual $f(z) \neq 0$, e isso seria inconsistente com a condição de que $f(z) = 0$ em todo um domínio D ou segmento de reta L que contêm z_0. Como $f(z) \equiv 0$ em toda a vizinhança N, segue que devem ser nulos todos os coeficientes

$$a_n = \frac{f^{(n)}(z_0)}{n!} \quad (n = 0, 1, 2, \ldots)$$

da série de Taylor de $f(z)$ centrada em z_0. Assim, $f(z) \equiv 0$ na vizinhança N_0, já que essa série de Taylor representa $f(z)$ também em N_0, terminando a prova.

83 ZEROS E POLOS

O teorema a seguir estabelece uma relação entre zeros de ordem m e polos de ordem m.

Teorema 1. *Suponha que*

(a) *duas funções p e q sejam analíticas em um ponto z_0;*

SEÇÃO 83 ZEROS E POLOS   251

(b) $p(z_0) \neq 0$ e q tem um zero de ordem m em z_0.

Então, o quociente $p(z)/q(z)$ tem um polo de ordem m em z_0.

A prova é fácil. Sejam p e q dados pelo enunciado do teorema. Como q tem um zero de ordem m em z_0, sabemos pelo Teorema 2 da Seção 82 que existe alguma vizinhança perfurada de z_0 na qual $q(z) \neq 0$ e, portanto, z_0 é uma singularidade isolada do quociente $p(z)/q(z)$. Além disso, o Teorema 1 da Seção 82 garante que

$$q(z) = (z - z_0)^m g(z),$$

em que $g(z)$ é analítica e não nula em z_0. Consequentemente,

(1) $$\frac{p(z)}{q(z)} = \frac{\phi(z)}{(z-z_0)^m}, \quad \text{em que} \quad \phi(z) = \frac{p(z)}{g(z)}.$$

Como $\phi(z)$ é analítica e não nula em z_0, segue pelo teorema da Seção 80 que z_0 é um polo de ordem m de $p(z)/q(z)$.

EXEMPLO 1. As duas funções

$$p(z) = 1 \quad \text{e} \quad q(z) = 1 - \cos z$$

são inteiras, e sabemos do Exercício 2 que $q(z)$ tem um zero de ordem $m = 2$ no ponto $z_0 = 0$. Logo, pelo Teorema 1, o quociente

$$\frac{p(z)}{q(z)} = \frac{1}{1 - \cos z}$$

tem um polo de ordem $m = 2$ nesse ponto.

O Teorema 1 nos leva a outro método para identificar polos *simples* e encontrar os resíduos correspondentes. Às vezes, é mais fácil utilizar esse método, enunciado a seguir como Teorema 2 do que o teorema da Seção 80.

Teorema 2. Sejam p e q duas funções analíticas em um ponto z_0. Se

$$p(z_0) \neq 0, \quad q(z_0) = 0 \quad \text{e} \quad q'(z_0) \neq 0,$$

então z_0 é um polo simples do quociente $p(z)/q(z)$ e

(2) $$\operatorname*{Res}_{z=z_0} \frac{p(z)}{q(z)} = \frac{p(z_0)}{q'(z_0)}.$$

Para mostrar isso, sejam p e q duas funções como as dadas pelo enunciado do teorema e observe que, pelas condições sobre q, o ponto z_0 é um zero de ordem $m = 1$ dessa função. Pelo Teorema 1 da Seção 82, segue que

(3) $$q(z) = (z - z_0) g(z)$$

em que $g(z)$ é uma função analítica e não nula em z_0. Além disso, o Teorema 1 desta seção nos diz que z_0 é um polo simples de $p(z)/q(z)$, e a expressão (1) para $p(z)/q(z)$ na prova daquele teorema se torna

$$\frac{p(z)}{q(z)} = \frac{\phi(z)}{z - z_0}, \quad \text{em que} \quad \phi(z) = \frac{p(z)}{g(z)}.$$

Como $\phi(z)$ é analítica e não nula em z_0, sabemos pelo Teorema da Seção 80 que

(4) $$\operatorname*{Res}_{z=z_0} \frac{p(z)}{q(z)} = \frac{p(z_0)}{g(z_0)}.$$

No entanto, $g(z_0) = q'(z_0)$, como pode ser conferido derivando cada lado da equação (3) e tomando $z = z_0$. Assim, a expressão (4) toma a forma (2).

EXEMPLO 2. Considere a função

$$f(z) = \operatorname{cotg} z = \frac{\cos z}{\operatorname{sen} z},$$

que é um quociente das funções inteiras $p(z) = \cos z$ e $q(z) = \operatorname{sen} z$. As singularidades de f ocorrem nos zeros de q, ou seja, nos pontos

$$z = n\pi \quad (n = 0, \pm 1, \pm 2, \ldots).$$

Como

$$p(n\pi) = (-1)^n \neq 0, \quad q(n\pi) = 0 \quad \text{e} \quad q'(n\pi) = (-1)^n \neq 0,$$

o Teorema 2 nos diz que cada singularidade $z = n\pi$ de f é um polo simples, com resíduo

$$B_n = \frac{p(n\pi)}{q'(n\pi)} = \frac{(-1)^n}{(-1)^n} = 1.$$

EXEMPLO 3. O resíduo da função

$$f(z) = \frac{z - \operatorname{senh} z}{z^2 \operatorname{senh} z}$$

no zero $z = \pi i$ de $\operatorname{senh} z$ (Seção 39) pode ser encontrado facilmente escrevendo

$$p(z) = z - \operatorname{senh} z \quad \text{e} \quad q(z) = z^2 \operatorname{senh} z.$$

Como

$$p(\pi i) = \pi i \neq 0, \quad q(\pi i) = 0 \quad \text{e} \quad q'(\pi i) = \pi^2 \neq 0,$$

o Teorema 2 nos diz que $z = \pi i$ é um polo simples de f, e que o resíduo nesse ponto é

$$B = \frac{p(\pi i)}{q'(\pi i)} = \frac{\pi i}{\pi^2} = \frac{i}{\pi}.$$

EXEMPLO 4. Como o ponto

$$z_0 = \sqrt{2} e^{i\pi/4} = 1 + i$$

é um zero do polinômio $z^4 + 4$ (ver Exercício 6 da Seção 11), também é uma singularidade isolada da função

$$f(z) = \frac{z}{z^4 + 4}.$$

Escrevendo $p(z) = z$ e $q(z) = z^4 + 4$, obtemos que

$$p(z_0) = z_0 \neq 0, \quad q(z_0) = 0 \quad e \quad q'(z_0) = 4z_0^3 \neq 0.$$

Então, o Teorema 2 revela que z_0 é um polo simples de f. Além disso, o resíduo de f nesse ponto é

$$B_0 = \frac{p(z_0)}{q'(z_0)} = \frac{z_0}{4z_0^3} = \frac{1}{4z_0^2} = \frac{1}{8i} = -\frac{i}{8}.$$

Embora esse resíduo também possa ser encontrado pelos métodos da Seção 80, os cálculos são um pouco mais difíceis.

Existem expressões análogas a (2) para resíduos em polos de ordens superiores, mas são mais extensas e, em geral, pouco práticas.

EXERCÍCIOS

1. Mostre que o ponto $z = 0$ é um polo simples da função

$$f(z) = \text{cossec}\, z = \frac{1}{\text{sen}\, z}$$

e que o resíduo nesse ponto é igual a 1 usando o Teorema 2 da Seção 83. (Compare com o Exercício 3 da Seção 73, em que esse resultado é evidente pela série de Laurent.)

2. Use as condições (1) da Seção 82 para mostrar que a função

$$q(z) = 1 - \cos z$$

tem um zero de ordem $m = 2$ no ponto $z_0 = 0$.

3. Mostre que

(a) $\displaystyle\mathop{\text{Res}}_{z=\pi i/2} \frac{\text{senh}\, z}{z^2 \cosh z} = -\frac{4}{\pi^2}$;

(b) $\displaystyle\mathop{\text{Res}}_{z=\pi i} \frac{\exp(zt)}{\text{senh}\, z} + \mathop{\text{Res}}_{z=-\pi i} \frac{\exp(zt)}{\text{senh}\, z} = -2\cos(\pi t)$.

4. Mostre que

(a) $\displaystyle\mathop{\text{Res}}_{z=z_n}(z \sec z) = (-1)^{n+1} z_n$, em que $z_n = \dfrac{\pi}{2} + n\pi \quad (n = 0, \pm 1, \pm 2, \ldots)$;

(b) $\displaystyle\mathop{\text{Res}}_{z=z_n}(\text{tgh}\, z) = 1$, em que $z_n = \left(\dfrac{\pi}{2} + n\pi\right)i \quad (n = 0, \pm 1, \pm 2, \ldots)$.

5. Seja C o círculo $|z| = 2$ orientado positivamente e calcule a integral

(a) $\displaystyle\int_C \text{tg}\, z\, dz$; (b) $\displaystyle\int_C \frac{dz}{\text{senh}\, 2z}$.

Respostas: (a) $-4\pi i$; (b) $-\pi i$.

CAPÍTULO 6   RESÍDUOS E POLOS

6. Seja C_N a fronteira orientada positivamente do quadrado cujos vértices são determinados pelas retas

$$x = \pm\left(N + \frac{1}{2}\right)\pi \quad e \quad y = \pm\left(N + \frac{1}{2}\right)\pi,$$

em que N é um inteiro positivo. Mostre que

$$\int_{C_N} \frac{dz}{z^2 \operatorname{sen} z} = 2\pi i\left[\frac{1}{6} + 2\sum_{n=1}^{N} \frac{(-1)^n}{n^2\pi^2}\right].$$

Em seguida, use o fato de que o valor dessa integral tende a zero se N tender ao infinito (Exercício 8 da Seção 47) e mostre como disso segue que

$$\sum_{n=1}^{\infty} \frac{(-1)^{n+1}}{n^2} = \frac{\pi^2}{12}.$$

7. Mostre que

$$\int_C \frac{dz}{(z^2 - 1)^2 + 3} = \frac{\pi}{2\sqrt{2}},$$

em que C é a fronteira orientada positivamente do retângulo cujos lados estão nas retas $x = \pm 2$, $y = 0$ e $y = 1$.

Sugestão: observe que os quatro zeros do polinômio $q(z) = (z^2 - 1)^2 + 3$ são as raízes quadradas dos números $1 \pm \sqrt{3}i$ e mostre que a função recíproca $1/q(z)$ é analítica no interior de C, exceto pelos pontos

$$z_0 = \frac{\sqrt{3} + i}{\sqrt{2}} \quad e \quad -\overline{z_0} = \frac{-\sqrt{3} + i}{\sqrt{2}}.$$

Depois, aplique o Teorema 2 da Seção 83.

8. Considere a função

$$f(z) = \frac{1}{[q(z)]^2}$$

em que q é analítica em z_0, $q(z_0) = 0$ e $q'(z_0) \neq 0$. Mostre que z_0 é um polo de ordem $m = 2$ da função f, com resíduo

$$B_0 = -\frac{q''(z_0)}{[q'(z_0)]^3}.$$

Sugestão: observe que $m = 1$ é um zero simples da função q, portanto,

$$q(z) = (z - z_0)g(z)$$

em que $g(z)$ é analítica e não nula em z_0. Depois escreva

$$f(z) = \frac{\phi(z)}{(z - z_0)^2}, \quad em \ que \quad \phi(z) = \frac{1}{[g(z)]^2}.$$

O resultado procurado para o resíduo $B_0 = \phi'(z_0)$ pode ser obtido mostrando que

$$q'(z_0) = g(z_0) \quad e \quad q''(z_0) = 2g'(z_0).$$

9. Use o resultado do Exercício 7 para encontrar o resíduo em $z = 0$ da função

   (a) $f(z) = \text{cossec}^2 z;$ (b) $f(z) = \dfrac{1}{(z + z^2)^2}.$

   Respostas: (a) 0;   (b) -2.

10. Sejam p e q duas funções analíticas em um ponto z_0, sendo $p(z_0) \neq 0$ e $q(z_0) = 0$. Mostre que se o quociente $p(z)/q(z)$ tiver um polo de ordem m em z_0, então z_0 é um zero de ordem m de q. (Compare com o Teorema 1 da Seção 83.)

    Sugestão: observe que o teorema da Seção 80 nos permite escrever
    $$\frac{p(z)}{q(z)} = \frac{\phi(z)}{(z - z_0)^m},$$
    em que $\phi(z)$ é analítica e não nula em z_0. Em seguida, resolva em $q(z)$.

11. Na Seção 12, vimos que um ponto z_0 é um ponto de acumulação de um conjunto S se cada vizinhança perfurada de z_0 contiver pelo menos um ponto de S. Uma versão do *teorema de Bolzano-Weierstrass* pode ser enunciada como segue: *um conjunto de infinitos pontos contido em alguma região fechada e limitada R tem pelo menos um ponto de acumulação em R.** Use esse teorema e o Teorema 2 da Seção 82 para mostrar que se uma função f for analítica na região R consistindo no interior de um caminho fechado simples C e nos pontos de C, exceto, possivelmente, em polos no interior de C, e se todos os zeros de f em R estiverem no interior de C e tiverem ordem finita, então o número desses zeros é finito.

12. Seja R a região consistindo no interior de um caminho fechado simples C e nos pontos de C. Use o teorema de Bolzano-Weierstrass (ver Exercício 11) e o fato de que polos são singularidades isoladas para mostrar que se uma função f for analítica na região R, exceto por polos no interior de C, então o número desses polos é finito.

84 COMPORTAMENTO DE FUNÇÕES PERTO DE SINGULARIDADES ISOLADAS

O comportamento de uma função f perto de uma singularidade isolada z_0 varia, dependendo de z_0 ser uma singularidade removível, uma singularidade essencial ou um polo de alguma ordem m. Nesta seção, descrevemos um pouco desse comportamento. Como os resultados desta seção não serão usados no restante do texto, o leitor que quiser alcançar as aplicações de resíduos mais rapidamente pode pular diretamente para o Capítulo 7 sem quebra de continuidade.

(a) Singularidades removíveis
Começamos com dois teoremas relativos a singularidades removíveis.

---

* Ver, por exemplo, *Advanced Calculus* de A. E. Taylor e W. R. Mann, 3rd ed., 1983, páginas 517-521.

CAPÍTULO 6 RESÍDUOS E POLOS

Teorema 1. *Se z_0 for uma singularidade removível de uma função f, então f é limitada e analítica em alguma vizinhança perfurada $0 < |z - z| < \varepsilon$ de z_0.*

A prova é imediata e decorre do fato de que a função f é analítica em um disco $|z - z_0| < R_2$ se $f(z_0)$ for definido apropriadamente; segue que f é contínua em qualquer disco fechado $|z - z_0| \leq \varepsilon$ com $\varepsilon < R_2$. Consequentemente, pelo Teorema 4 da Seção 18, f é limitada nesse disco e isso significa que, além de ser analítica, f também é limitada na vizinhança perfurada $0 < |z - z_0| < \varepsilon$.

O próximo teorema, muito relacionado com o Teorema 1, é conhecido como **teorema de Riemann**.

Teorema 2. *Suponha que uma função f seja limitada e analítica em alguma vizinhança perfurada $0 < |z - z| < \varepsilon$ de z_0. Se f não for analítica em z_0, então z_0 é uma singularidade removível de f.*

Para provar isso, vamos supor que f não seja analítica em z_0. Então, z_0 deve ser uma singularidade isolada de f, e $f(z)$ pode ser representada por uma série de Laurent

(1) $$f(z) = \sum_{n=0}^{\infty} a_n (z - z_0)^n + \sum_{n=1}^{\infty} \frac{b_n}{(z - z_0)^n}$$

em uma vizinhança perfurada $0 < |z - z_0| < \varepsilon$. Seja C um círculo $|z - z_0| = \rho$ orientado positivamente, com $\rho < \varepsilon$ (Figura 97). Da Seção 66, sabemos que os coeficientes na expansão (1) podem ser dados por

(2) $$b_n = \frac{1}{2\pi i} \int_C \frac{f(z)\,dz}{(z - z_0)^{-n+1}} \qquad (n = 1, 2, \ldots).$$

Por hipótese, f é limitada, portanto, existe uma constante positiva M tal que $|f(z)| \leq M$ se $0 < |z - z_0| < \varepsilon$. Logo, da expressão (2) segue que

$$|b_n| \leq \frac{1}{2\pi} \cdot \frac{M}{\rho^{-n+1}} 2\pi\rho = M\rho^n \qquad (n = 1, 2, \ldots).$$

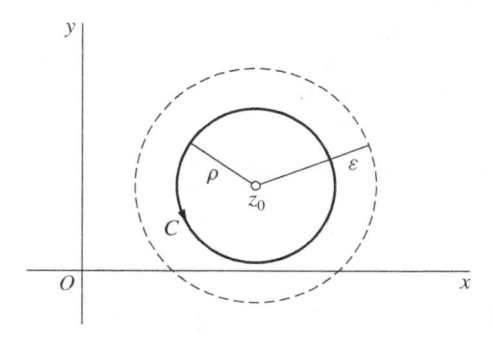

Figura 97

Como os coeficientes b_n são constantes e como ρ pode ser escolhido arbitrariamente pequeno, podemos concluir que $b_n = 0$ $(n = 1, 2, \ldots)$ na série de Laurent (1). Isso nos diz que z_0 é uma singularidade removível de f, concluindo a prova do Teorema 2.

(b) Singularidades essenciais
Sabemos, do Exemplo 2 da Seção 79, que o comportamento de uma função perto de uma singularidade essencial pode ser bastante irregular. O teorema seguinte, relativo a esse comportamento, está relacionado com o teorema de Picard mencionado naquele exemplo e costuma ser denominado **teorema de Casorati-Weierstrass**. Ele afirma que em cada vizinhança perfurada de uma singularidade essencial, uma função atinge valores arbitrariamente próximos de qualquer número dado.

Teorema 3. *Suponha que z_0 seja uma singularidade essencial de uma função f e seja w_0 um número complexo qualquer. Então, dado qualquer número positivo ε, a desigualdade*

(3) $\qquad |f(z) - w_0| < \varepsilon$

é satisfeita por algum ponto z de cada vizinhança perfurada $0 < |z - z_0| < \delta$ de z_0 (Figura 98).

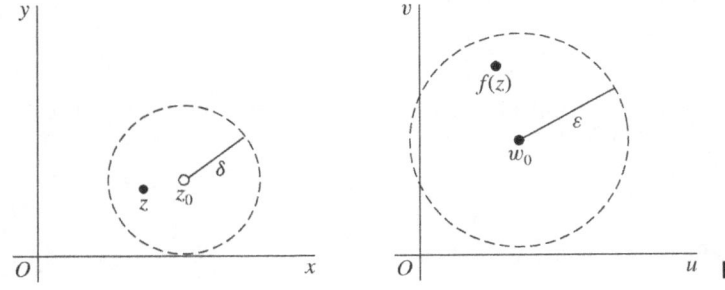

Figura 98

A demonstração é feita por contradição. Como z_0 é uma singularidade isolada de f, existe alguma vizinhança perfurada $0 < |z - z_0| < \delta$ na qual f é analítica. Vamos supor que a desigualdade (3) *não* seja válida, qualquer que seja o ponto z dessa vizinhança. Então $|f(z) - w_0| \geq \varepsilon$ se $0 < |z - z_0| < \delta$ e, portanto, a função

(4) $\qquad g(z) = \dfrac{1}{f(z) - w_0} \qquad (0 < |z - z_0| < \delta)$

é limitada e analítica em seu domínio de definição. Do Teorema 2 segue que z_0 é uma singularidade removível de g e, portanto, podemos supor que essa função esteja definida em z_0 de tal modo que seja analítica nesse ponto.

258 CAPÍTULO 6 RESÍDUOS E POLOS

Se $g(z_0) \neq 0$, então a função $f(z)$, que pode ser escrita como

(5) $$f(z) = \frac{1}{g(z)} + w_0$$

se $0 < |z - z_0| < \delta$, é analítica em z_0 se a definirmos por

$$f(z_0) = \frac{1}{g(z_0)} + w_0.$$

No entanto, isso significa que z_0 é uma singularidade removível de f, e não uma singularidade essencial, de modo que alcançamos uma contradição.

Se $g(z_0) = 0$, então a função g deve ter um zero de alguma ordem finita m (Seção 82) em z_0, porque $g(z)$ não é identicamente nula na vizinhança $|z - z_0| < \delta$. A partir da equação (5), estabelecemos que f tem um polo de ordem m em z_0 (ver Teorema 1 da Seção 83). Logo, nesse caso também alcançamos uma contradição. Assim, concluímos a prova do Teorema 3.

(c) Polos de ordem m

Nosso próximo teorema mostra que o comportamento de uma função perto de polos é fundamentalmente diferente do comportamento perto de singularidades removíveis e essenciais.*

Teorema 4. *Se z_0 for um polo de uma função f, então*

(6) $$\lim_{z \to z_0} f(z) = \infty.$$

Para verificar o limite (6), supomos que f tenha um polo de ordem m em z_0 e usamos o teorema da Seção 80. De acordo com esse teorema,

$$f(z) = \frac{\phi(z)}{(z - z_0)^m},$$

em que $\phi(z)$ é analítica e não nula em z_0. Como

$$\lim_{z \to z_0} \frac{1}{f(z)} = \lim_{z \to z_0} \frac{(z - z_0)^m}{\phi(z)} = \frac{\lim_{z \to z_0} (z - z_0)^m}{\lim_{z \to z_0} \phi(z)} = \frac{0}{\phi(z_0)} = 0,$$

o limite (6) decorre do teorema relativo a limites envolvendo o ponto no infinito da Seção 17.

---

* Conforme indicado nos dois livros citados no rodapé da Seção 78, esse teorema nos diz que o módulo $|f(z)|$ cresce sem cota se z tender a z_0 e, por isso, sugere a existência de um polo no sentido não matemático.

CAPÍTULO 7

APLICAÇÕES DE RESÍDUOS

Passamos, agora, a algumas aplicações importantes da teoria dos resíduos, que foi desenvolvida no Capítulo 6. As aplicações incluem o cálculo de certos tipos de integrais definidas e impróprias que surgem na Análise *Real* e na Matemática Aplicada. Também dedicamos bastante atenção a um método de localização dos zeros de funções que tem sua origem nos resíduos e à obtenção de transformadas de Laplace inversas por meio de somas de resíduos.

85 CÁLCULO DE INTEGRAIS IMPRÓPRIAS

No Cálculo, a integral imprópria de uma função contínua $f(x)$ em um intervalo semi-infinito $0 \leq x < \infty$ é definida por meio da equação

(1) $$\int_0^\infty f(x)\,dx = \lim_{R \to \infty} \int_0^R f(x)\,dx.$$

Quando existir o limite da direita, dizemos que a integral imprópria **converge** a esse limite. Se $f(x)$ for contínua em *cada x*, sua integral imprópria no intervalo $-\infty < x < \infty$ é definida por

(2) $$\int_{-\infty}^\infty f(x)\,dx = \lim_{R_1 \to \infty} \int_{-R_1}^0 f(x)\,dx + \lim_{R_2 \to \infty} \int_0^{R_2} f(x)\,dx;$$

e, se ambos os limites dados existirem, dizemos que a integral imprópria (2) converge à sua soma. Outro valor associado à integral (2) também é útil, a saber, o **valor principal de Cauchy** (V.P.) da integral (2), definido por

(3) $$\text{V.P.} \int_{-\infty}^\infty f(x)\,dx = \lim_{R \to \infty} \int_{-R}^R f(x)\,dx,$$

desde que o limite dado exista.

260　CAPÍTULO 7　APLICAÇÕES DE RESÍDUOS

Se a integral (2) convergir, então existirá o valor principal de Cauchy (3) e esse valor será o número ao qual a integral (2) converge. Isso decorre de

$$\lim_{R\to\infty}\int_{-R}^{R} f(x)\,dx = \lim_{R\to\infty}\left[\int_{-R}^{0} f(x)\,dx + \int_{0}^{R} f(x)\,dx\right]$$
$$= \lim_{R\to\infty}\int_{-R}^{0} f(x)\,dx + \lim_{R\to\infty}\int_{0}^{R} f(x)\,dx$$

observando que os dois últimos limites são os limites que ocorrem do lado direito da equação (2).

No entanto, *não é* verdade que a integral (2) converge se existir seu valor principal de Cauchy, como mostra o próximo exemplo.

EXEMPLO. Observe que

(4) $\quad$ V.P. $\displaystyle\int_{-\infty}^{\infty} x\,dx = \lim_{R\to\infty}\int_{-R}^{R} x\,dx = \lim_{R\to\infty}\left[\frac{x^2}{2}\right]_{-R}^{R} = \lim_{R\to\infty} 0 = 0.$

No entanto,

(5)
$$\int_{-\infty}^{\infty} x\,dx = \lim_{R_1\to\infty}\int_{-R_1}^{0} x\,dx + \lim_{R_2\to\infty}\int_{0}^{R_2} x\,dx$$
$$= \lim_{R_1\to\infty}\left[\frac{x^2}{2}\right]_{-R_1}^{0} + \lim_{R_2\to\infty}\left[\frac{x^2}{2}\right]_{0}^{R_2}$$
$$= -\lim_{R_1\to\infty}\frac{R_1^2}{2} + \lim_{R_2\to\infty}\frac{R_2^2}{2};$$

e, como esses dois últimos limites não existem, vemos que a integral (5) não existe.

Suponha, agora, que a função $f(x)$ $(-\infty < x < \infty)$ seja *par*, ou seja,

$$f(-x) = f(x) \qquad \text{com qualquer } x,$$

e que *exista o valor principal de Cauchy* (3). Então, a simetria do gráfico de $y = f(x)$ em relação ao eixo y nos diz que

$$\int_{-R_1}^{0} f(x)\,dx = \frac{1}{2}\int_{-R_1}^{R_1} f(x)\,dx$$

e

$$\int_{0}^{R_2} f(x)\,dx = \frac{1}{2}\int_{-R_2}^{R_2} f(x)\,dx.$$

Assim,

$$\int_{-R_1}^{0} f(x)\,dx + \int_{0}^{R_2} f(x)\,dx = \frac{1}{2}\int_{-R_1}^{R_1} f(x)\,dx + \frac{1}{2}\int_{-R_2}^{R_2} f(x)\,dx.$$

Fazendo R_1 e R_2 tender a ∞ em ambos os lados, o fato de que os limites do lado direito existem significa que os limites do lado esquerdo também existem. De fato,

(6) $$\int_{-\infty}^{\infty} f(x)\, dx = \text{V.P.} \int_{-\infty}^{\infty} f(x)\, dx.$$

Além disso, como

$$\int_0^R f(x)\, dx = \frac{1}{2} \int_{-R}^{R} f(x)\, dx,$$

também vale que

(7) $$\int_0^{\infty} f(x)\, dx = \frac{1}{2} \left[\text{V.P.} \int_{-\infty}^{\infty} f(x)\, dx \right].$$

Vejamos, agora, um método que utiliza somas de resíduos, exemplificado na próxima seção, que costuma ser usado para calcular integrais impróprias de *funções racionais* $f(x) = p(x)/q(x)$, em que $p(x)$ e $q(x)$ são polinômios de coeficientes reais sem fator comum. Vamos supor, também, que $q(x)$ não tenha zeros reais e que exista pelo menos um zero *acima* do eixo real.

O método inicia com a identificação de todos os zeros *distintos* do polinômio $q(x)$ acima do eixo real. Evidentemente, há uma quantidade finita desses zeros (ver Seção 58), e podemos identificá-los por $z_1, z_2, \ldots, z_n$, em que n é menor do que ou igual ao grau de $q(x)$. Então integramos o quociente

(8) $$f(z) = \frac{p(z)}{q(z)}$$

ao longo da fronteira orientada positivamente da região semicircular indicada na Figura 99. Esse caminho fechado simples consiste no segmento do eixo real de $z = -R$ até $z = R$ e a metade superior do círculo $|z| = R$ descrito no sentido anti-horário e denotado por C_R. Vamos supor que o número positivo R seja suficientemente grande para que todos os pontos $z_1, z_2, \ldots, z_n$ estejam no interior do caminho fechado.

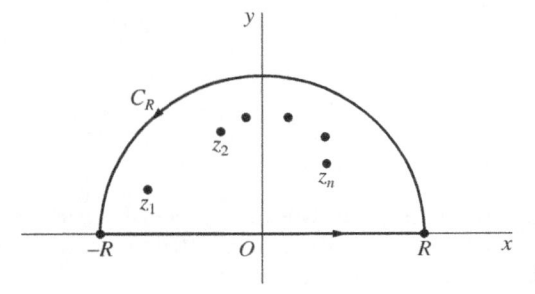

Figura 99

A representação paramétrica $z = x$ $(-R \leq x \leq R)$ do segmento do eixo real de $z = -R$ até $z = R$ e o teorema dos resíduos de Cauchy da Seção 76 podem ser usados para escrever

$$\int_{-R}^{R} f(x)\,dx + \int_{C_R} f(z)\,dz = 2\pi i \sum_{k=1}^{n} \operatorname*{Res}_{z=z_k} f(z),$$

ou

(9) $$\int_{-R}^{R} f(x)\,dx = 2\pi i \sum_{k=1}^{n} \operatorname*{Res}_{z=z_k} f(z) - \int_{C_R} f(z)\,dz.$$

Se

$$\lim_{R \to \infty} \int_{C_R} f(z)\,dz = 0,$$

então segue que

(10) $$\text{V.P.} \int_{-\infty}^{\infty} f(x)\,dx = 2\pi i \sum_{k=1}^{n} \operatorname*{Res}_{z=z_k} f(z);$$

e, se $f(x)$ for *par*, decorre das equações (6) e (7) que

(11) $$\int_{-\infty}^{\infty} f(x)\,dx = 2\pi i \sum_{k=1}^{n} \operatorname*{Res}_{z=z_k} f(z)$$

e

(12) $$\int_{0}^{\infty} f(x)\,dx = \pi i \sum_{k=1}^{n} \operatorname*{Res}_{z=z_k} f(z).$$

86 EXEMPLO

Vejamos, agora, um exemplo do método descrito na Seção 85 para o cálculo de integrais impróprias. Para calcular a integral

$$\int_{0}^{\infty} \frac{dx}{x^6 + 1},$$

começamos observando que a função

$$f(z) = \frac{1}{z^6 + 1}$$

é analítica em todo o plano finito, exceto nas singularidades isolados dadas pelos zeros de $z^6 + 1$, que são as seis raízes de -1. Pelo método da Seção 10 de encontrar raízes de números complexos, vemos que as seis raízes de -1 são

$$c_k = \exp\left[i\left(\frac{\pi}{6} + \frac{2k\pi}{6}\right)\right] \qquad (k = 0, 1, 2, \ldots, 5),$$

e, claramente, nenhuma dessas está no eixo real. As primeiras três raízes,
$$c_0 = e^{i\pi/6}, \quad c_1 = i \quad \text{e} \quad c_2 = e^{i5\pi/6},$$
estão no semiplano superior (Figura 100) e as outras três, no semiplano inferior. Se $R > 1$, então os pontos c_k ($k = 0, 1, 2$) estarão no interior da região semicircular delimitada pelo segmento $z = x$ ($-R \leq x \leq R$) do eixo real e a metade superior C_R do círculo $|z| = R$ de $z = R$ até $z = -R$. Integrando $f(z)$ ao longo da fronteira dessa região no sentido anti-horário, vemos que

(1) $$\int_{-R}^{R} f(x)\,dx + \int_{C_R} f(z)\,dz = 2\pi i (B_0 + B_1 + B_2),$$

em que B_k denota o resíduo de $f(z)$ em c_k ($k = 0, 1, 2$).

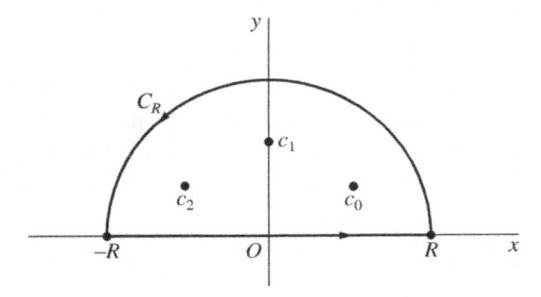

Figura 100

O Teorema 2 da Seção 83 afirma que os pontos c_k são polos simples de f e que
$$B_k = \operatorname*{Res}_{z=c_k} \frac{1}{z^6 + 1} = \frac{1}{6c_k^5} \cdot \frac{c_k}{c_k} = \frac{c_k}{6c_k^6} = -\frac{c_k}{6} \quad (k = 0, 1, 2).$$

Assim,

(2) $$B_0 + B_1 + B_2 = -\frac{1}{6}(c_0 + c_1 + c_2).$$

Pensando nas raízes $c_2 = e^{i5\pi/6}$ como pontos do círculo unitário $|z| = 1$, é evidente geometricamente que c_2 também pode ser escrito como $c_2 = -e^{-i\pi/6}$. Além disso, a definição do seno na Seção 37 nos diz que
$$e^{i\pi/6} - e^{-i\pi/6} = 2i \operatorname{sen} \frac{\pi}{6} = i.$$

Essas duas observações e a equação (2) nos permitem escrever
$$B_0 + B_1 + B_2 = -\frac{1}{6}(e^{i\pi/6} + i - e^{-i\pi/6}) = -\frac{i}{3}.$$

A equação (1) agora é dada por

(3) $$\int_{-R}^{R} f(x)\,dx = \frac{2\pi}{3} - \int_{C_R} f(z)\,dz,$$

que é válida com quaisquer valores de R maiores do que 1.

264 CAPÍTULO 7 APLICAÇÕES DE RESÍDUOS

Em seguida, mostremos que o valor da integral do lado direito da equação (3) tende a 0 se R tender a ∞. Para ver isso, observe que, com $R > 1$,

$$|z^6 + 1| \geq | |z|^6 - 1| = R^6 - 1.$$

Logo, se z for um ponto de C_R, então

$$|f(z)| = \frac{1}{|z^6 + 1|} \leq M_R, \text{ em que } M_R = \frac{1}{R^6 - 1};$$

e isso significa que

(4) $$\left| \int_{C_R} f(z)\, dz \right| \leq M_R \pi R,$$

em que πR é o comprimento do semicírculo C_R. (Ver Seção 47.) Como o número

$$M_R \pi R = \frac{\pi R}{R^6 - 1}$$

é um quociente de polinômios em R e o grau do numerador é menor do que o grau do denominador, esse quociente tende a zero se R tender a ∞. Mais precisamente, dividindo o numerador e o denominador por R^6 e escrevendo

$$M_R \pi R = \frac{\dfrac{\pi}{R^5}}{1 - \dfrac{1}{R^6}},$$

é evidente que $M_R \pi R$ tende a zero. Consequentemente, pela desigualdade (4),

$$\lim_{R \to \infty} \int_{C_R} f(z)\, dz = 0.$$

Segue da equação (3) que

$$\lim_{R \to \infty} \int_{-R}^{R} \frac{dx}{x^6 + 1} = \frac{2\pi}{3},$$

ou

$$\text{V.P.} \int_{-R}^{R} \frac{dx}{x^6 + 1} = \frac{2\pi}{3}.$$

Como esse integrando é par, sabemos da equação (7) da Seção 85 que

(5) $$\int_{0}^{\infty} \frac{dx}{x^6 + 1} = \frac{\pi}{3}.$$

EXERCÍCIOS

Use resíduos para justificar as fórmulas de integração nos Exercícios 1 a 6.

1. $\int_{0}^{\infty} \frac{dx}{x^2 + 1} = \frac{\pi}{2}.$

2. $\int_0^\infty \dfrac{dx}{(x^2+1)^2} = \dfrac{\pi}{4}$.

3. $\int_0^\infty \dfrac{dx}{x^4+1} = \dfrac{\pi}{2\sqrt{2}}$.

4. $\int_0^\infty \dfrac{x^2\,dx}{x^6+1} = \dfrac{\pi}{6}$.

5. $\int_0^\infty \dfrac{x^2\,dx}{(x^2+1)(x^2+4)} = \dfrac{\pi}{6}$.

6. $\int_0^\infty \dfrac{x^2\,dx}{(x^2+9)(x^2+4)^2} = \dfrac{\pi}{200}$.

Use resíduos para encontrar o valor principal de Cauchy das integrais nos Exercícios 7 e 8.

7. $\int_{-\infty}^\infty \dfrac{dx}{x^2+2x+2}$.

8. $\int_{-\infty}^\infty \dfrac{x\,dx}{(x^2+1)(x^2+2x+2)}$.

Resposta: $-\pi/5$.

9. Use um resíduo e o caminho mostrado na Figura 101, em que $R > 1$, para justificar a fórmula de integração
$$\int_0^\infty \dfrac{dx}{x^3+1} = \dfrac{2\pi}{3\sqrt{3}}.$$

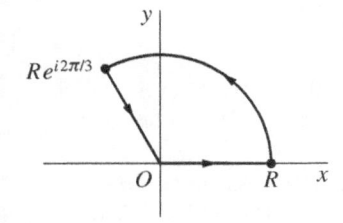

Figura 101

10. Sejam m e n inteiros, com $0 \leq m < n$. Siga os passos indicados a seguir para deduzir a fórmula de integração
$$\int_0^\infty \dfrac{x^{2m}}{x^{2n}+1}\,dx = \dfrac{\pi}{2n}\operatorname{cossec}\left(\dfrac{2m+1}{2n}\pi\right).$$

(a) Mostre que os zeros do polinômio $z^{2n}+1$ acima do eixo real são
$$c_k = \exp\left[i\dfrac{(2k+1)\pi}{2n}\right] \quad (k=0,1,2,\ldots,n-1)$$
e que não há zeros no eixo real.

(b) Usando o Teorema 2 da Seção 83, mostre que
$$\operatorname*{Res}_{z=c_k}\dfrac{z^{2m}}{z^{2n}+1} = -\dfrac{1}{2n}e^{i(2k+1)\alpha} \quad (k=0,1,2,\ldots,n-1)$$

266 CAPÍTULO 7 APLICAÇÕES DE RESÍDUOS

em que c_k são os zeros encontrados na parte (a) e
$$\alpha = \frac{2m+1}{2n}\pi.$$
Agora use a fórmula da soma
$$\sum_{k=0}^{n-1} z^k = \frac{1-z^n}{1-z} \quad (z \neq 1)$$
(ver Exercício 9 da Seção 9) para obter a expressão
$$2\pi i \sum_{k=0}^{n-1} \operatorname*{Res}_{z=c_k} \frac{z^{2m}}{z^{2n}+1} = \frac{\pi}{n \operatorname{sen}\alpha}.$$
(c) Use a parte final de (b) para completar a dedução da fórmula de integração.

11. A fórmula de integração
$$\int_0^\infty \frac{dx}{[(x^2-a)^2+1]^2} = \frac{\pi}{8\sqrt{2}A^3}[(2a^2+3)\sqrt{A+a} + a\sqrt{A-a}],$$
em que a é um número positivo qualquer e $A = \sqrt{a^2+1}$, surge na teoria do endurecimento de aço com aquecimento por frequência de rádio.* Siga os passos indicados a seguir para deduzir essa fórmula.

(a) Mostre por que os quatro zeros do polinômio
$$q(z) = (z^2-a)^2 + 1$$
são as raízes quadradas dos números $a \pm i$. Em seguida, considerando que os números
$$z_0 = \frac{1}{\sqrt{2}}(\sqrt{A+a} + i\sqrt{A-a})$$
e $-z_0$ são as raízes quadradas de $a+i$ (ver Exemplo 3 da Seção 11), verifique que $\pm\overline{z_0}$ são as raízes quadradas de $a-i$ e que, portanto, z_0 e $-\overline{z_0}$ são os únicos zeros de $q(z)$ no semiplano superior Im $z \geq 0$.

(b) Usando o método deduzido no Exercício 8 da Seção 83 e usando $z_0^2 = a+i$ nas simplificações, mostre que o ponto z_0 na parte (a) é um polo de ordem 2 da função $f(z) = 1/[q(z)]^2$ e que o resíduo B_1 nesse ponto pode ser dado por
$$B_1 = -\frac{q''(z_0)}{[q'(z_0)]^3} = \frac{a - i(2a^2+3)}{16A^2 z_0}.$$
Observando que $q'(-\overline{z}) = -\overline{q'(z)}$ e $q''(-\overline{z}) = \overline{q''(z)}$, use o mesmo método para mostrar que o ponto $-\overline{z_0}$ na parte (a) também é um polo de ordem 2 da função $f(z)$ com resíduo
$$B_2 = \overline{\left\{\frac{q''(z_0)}{[q'(z_0)]^3}\right\}} = -\overline{B_1}.$$

---

* Ver páginas 359-364 do livro de Brown, Hoyler e Bierwirth listado no Apêndice 1.

Agora, obtenha a expressão

$$B_1 + B_2 = \frac{1}{8A^2 i} \operatorname{Im} \left[\frac{-a + i(2a^2 + 3)}{z_0} \right]$$

para a soma desses resíduos.

(c) Use a parte (a) para mostrar que $|q(z)| \geq (R - |z_0|)^4$ se $|z| = R$, em que $R > |z_0|$. Então, usando o resultado final da parte (b), complete a dedução da fórmula de integração.

87 INTEGRAIS IMPRÓPRIAS DA ANÁLISE DE FOURIER

A teoria dos resíduos pode ser útil no cálculo de integrais impróprias convergentes do tipo

(1) $$\int_{-\infty}^{\infty} f(x) \operatorname{sen} ax \, dx \quad \text{ou} \quad \int_{-\infty}^{\infty} f(x) \cos ax \, dx,$$

em que a denota alguma constante positiva. Como na Seção 85, vamos supor que $f(x) = p(x)/q(x)$, em que $p(x)$ e $q(x)$ são polinômios de coeficientes reais sem fator comum. Também, $q(x)$ não tem zeros no eixo real e tem pelo menos um zero acima do eixo real. As integrais do tipo (1) ocorrem na teoria e aplicação da integral de Fourier.*

O método descrito na Seção 85 e usado na Seção 86 não pode ser aplicado diretamente no presente caso, pois (ver Seção 39)

$$|\operatorname{sen} az|^2 = \operatorname{sen}^2 ax + \operatorname{senh}^2 ay$$

e

$$|\cos az|^2 = \cos^2 ax + \operatorname{senh}^2 ay.$$

Mais precisamente, como

$$\operatorname{senh} ay = \frac{e^{ay} - e^{-ay}}{2},$$

os módulos $|\operatorname{sen} az|$ e $|\cos a_z|$ crescem como e^{ay} se y tender ao infinito. A modificação ilustrada no exemplo seguinte é sugerida pelo fato de que

$$\int_{-R}^{R} f(x) \cos ax \, dx + i \int_{-R}^{R} f(x) \operatorname{sen} ax \, dx = \int_{-R}^{R} f(x) e^{iax} \, dx,$$

junto ao fato de que o módulo

$$|e^{iaz}| = |e^{ia(x+iy)}| = |e^{-ay} e^{iax}| = e^{-ay}$$

é limitado no semiplano superior $y \geq 0$.

---

* Ver o Capítulo 6 do livro dos autores *Fourier Series and Boundary Value Problems*, 8th ed., 2012.

EXEMPLO. Mostremos que

(2) $$\int_0^\infty \frac{\cos 2x}{(x^2+4)^2}\,dx = \frac{5\pi}{32e^4}.$$

Introduzimos a função

(3) $$f(z) = \frac{1}{(z^2+4)^2}$$

e observamos que o produto $f(z)e^{i2z}$ é analítico em toda parte acima do e no eixo real, exceto no ponto $z = 2i$. Essa singularidade está no interior da região semicircular cuja fronteira consiste no segmento $-R \leq x \leq R$ do eixo real e a metade superior C_R do círculo $|z| = R$ ($R > 2$) de $z = R$ até $z = -R$ (Figura 102). Integrando $f(z)\,e^{i2z}$ ao longo dessa fronteira orientada positivamente, obtemos a equação

(4) $$\int_{-R}^{R} \frac{e^{i2x}}{(x^2+4)^2}\,dx = 2\pi i B - \int_{C_R} f(z)e^{i2z}\,dz$$

em que

$$B = \operatorname*{Res}_{z=2i}[f(z)e^{i2z}].$$

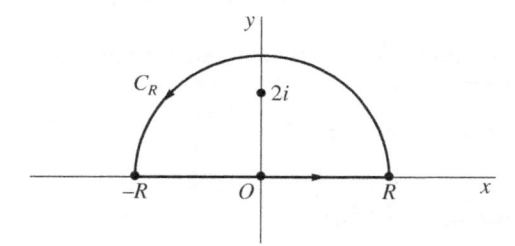

Figura 102

Como

$$f(z) = \frac{\phi(z)}{(z-2i)^2}, \quad \text{em que} \quad \phi(z) = \frac{e^{i2z}}{(z+2i)^2},$$

o ponto $z = 2i$ é um polo de ordem $m = 2$ do produto $f(z)e^{i2z}$, e é imediato mostrar que

$$B = \phi'(2i) = \frac{5}{32e^4 i}.$$

Igualando as partes reais de cada lado da equação (4), obtemos

(5) $$\int_{-R}^{R} \frac{\cos 2x}{(x^2+4)^2}\,dx = \frac{5\pi}{16e^4} - \operatorname{Re}\int_{C_R} f(z)e^{i2z}\,dz.$$

Finalmente, observamos que se z for um ponto de C_R, então

$$|f(z)| \leq M_R, \quad \text{em que} \quad M_R = \frac{1}{(R^2-4)^2}$$

SEÇÃO 88 LEMA DE JORDAN 269

e que $|e^{i2z}| = e^{-2y} \leq 1$ em um tal ponto. Consequentemente, lembrando a propriedade $|\text{Re } z| \leq |z|$ de números complexos, obtemos

(6) $$\left| \text{Re} \int_{C_R} f(z) e^{i2z} \, dz \right| \leq \left| \int_{C_R} f(z) e^{i2z} \, dz \right| \leq M_R \pi R.$$

Como a quantidade

$$M_R \pi R = \frac{\pi R}{(R^2 - 4)^2} \cdot \frac{\frac{1}{R^4}}{\frac{1}{R^4}} = \frac{\frac{\pi}{R^3}}{\left(1 - \frac{4}{R^2}\right)^2}$$

tende a 0 se R tender a ∞, basta deixar R tender ao infinito na equação (5) e usar a desigualdade (6) para alcançar a equação

$$\text{V.P.} \cdot \int_{-\infty}^{\infty} \frac{\cos 2x}{(x^2 + 4)^2} dx = \frac{5\pi}{16e^4},$$

que é só outra forma da equação (2), já que o integrando é par.

88 LEMA DE JORDAN

Às vezes, no cálculo de integrais do tipo tratado na Seção 87, convém usar o **Lema de Jordan**,[*] enunciado a seguir como um teorema.

Teorema. *Suponha que*

(a) *uma função $f(z)$ seja analítica em cada ponto do semiplano superior $y \geq 0$ exterior a um círculo $|z| = R_0$;*
(b) *C_R denote um semicírculo $z = Re^{i\theta}$ ($0 \leq \theta \leq \pi$), em que $R > R_0$ (Figura 103);*
(c) *exista alguma constante M_R tal que, qualquer que seja o ponto z de C_R,*

$$|f(z)| \leq M_R \quad e \quad \lim_{R \to \infty} M_R = 0.$$

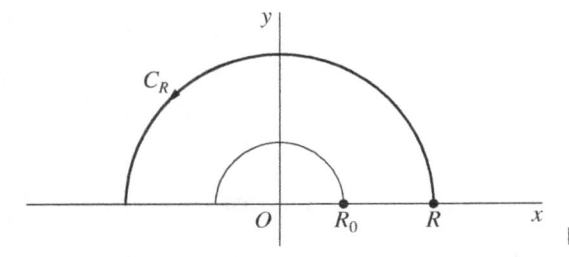

Figura 103

---

[*] Ver a primeira nota de rodapé da Seção 43.

270 CAPÍTULO 7 APLICAÇÕES DE RESÍDUOS

Então, dada qualquer constante positiva a, temos

$$\lim_{R\to\infty} \int_{C_R} f(z)e^{iaz}\,dz = 0.$$

A demonstração usa a ***desigualdade de Jordan***,

(1) $$\int_0^\pi e^{-R\,\text{sen}\,\theta}\,d\theta < \frac{\pi}{R} \quad (R > 0).$$

Para verificar a desigualdade (1), começamos observando que, pelos gráficos (Figura 104) das funções

$$y = \text{sen}\,\theta \quad \text{e} \quad y = \frac{2\theta}{\pi}$$

decorre que

$$\text{sen}\,\theta \geq \frac{2\theta}{\pi} \quad \text{se} \quad 0 \leq \theta \leq \frac{\pi}{2}.$$

Consequentemente, como $R > 0$,

$$e^{-R\,\text{sen}\,\theta} \leq e^{-2R\theta/\pi} \quad \text{se} \quad 0 \leq \theta \leq \frac{\pi}{2};$$

e, portanto,

$$\int_0^{\pi/2} e^{-R\,\text{sen}\,\theta}\,d\theta \leq \int_0^{\pi/2} e^{-2R\theta/\pi}\,d\theta = \frac{\pi}{2R}(1 - e^{-R}) \quad (R > 0).$$

Dessa forma, obtemos

(2) $$\int_0^{\pi/2} e^{-R\,\text{sen}\,\theta}\,d\theta \leq \frac{\pi}{2R} \quad (R > 0).$$

No entanto, isso é só outra forma da desigualdade (1), pois o gráfico de $y = \text{sen}\,\theta$ é simétrico em relação à reta vertical $\theta = \pi/2$ no intervalo $0 \leq \theta \leq \pi$.

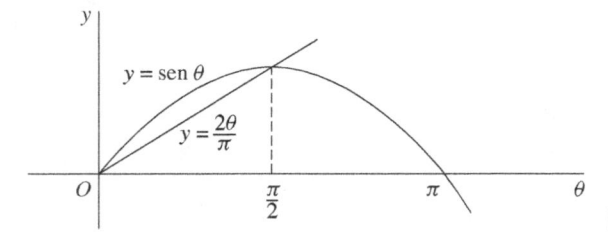

Figura 104

Passemos, agora, à prova do teorema, supondo que valham as afirmações de (*a*) a (*c*) da hipótese do teorema e observando que

$$\int_{C_R} f(z)e^{iaz}\,dz = \int_0^\pi f(Re^{i\theta})\exp(iaRe^{i\theta})Rie^{i\theta}\,d\theta.$$

SEÇÃO 88 LEMA DE JORDAN

Como
$$|f(Re^{i\theta})| \leq M_R \quad \text{e} \quad |\exp(iaRe^{i\theta})| \leq e^{-aR\operatorname{sen}\theta}$$
segue da desigualdade de Jordan (1) que
$$\left|\int_{C_R} f(z)e^{iaz}\,dz\right| \leq M_R R \int_0^\pi e^{-aR\operatorname{sen}\theta}\,d\theta < \frac{M_R \pi}{a}.$$
Agora o limite final do teorema é evidente, pois $M_R \to 0$ se $R \to \infty$.

EXEMPLO. Calculemos a integral imprópria
$$(3) \qquad \int_0^\infty \frac{x\operatorname{sen}2x}{x^2+3}\,dx.$$
Como sempre, mostraremos a existência dessa integral calculando seu valor. Continuamos usando um caminho semicircular fechado (Figura 105) semelhante ao utilizado na Seção 87.

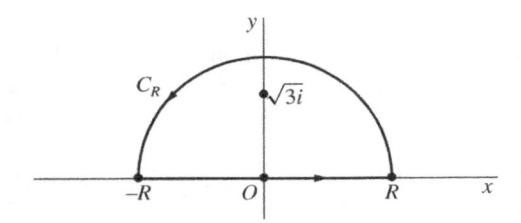

Figura 105

Escrevemos
$$f(z) = \frac{z}{z^2+3} = \frac{z}{(z-\sqrt{3}i)(z+\sqrt{3}i)}$$
e supomos que $R > \sqrt{3}$ na Figura 105, garantido, dessa forma, que a singularidade $z = \sqrt{3}i$ está no interior do caminho fechado. Observe que essa singularidade é um polo simples da função
$$f(z)e^{i2z} = \frac{\phi(z)}{z-\sqrt{3}i}, \quad \text{em que} \quad \phi(z) = \frac{z\exp(i2z)}{z+\sqrt{3}i},$$
pois $\phi(z)$ é analítica em $z = \sqrt{3}i$ e
$$\phi(\sqrt{3}i) = \frac{1}{2}\exp(-2\sqrt{3}) \neq 0.$$
A única outra singularidade $z = -\sqrt{3}i$ está, claramente, no exterior do caminho.

O resíduo em $z = \sqrt{3}i$ é
$$B = \phi(\sqrt{3}i) = \frac{1}{2}\exp(-2\sqrt{3}).$$

Pelo teorema dos resíduos de Cauchy, segue que

(4) $$\int_{-R}^{R} \frac{xe^{i2x}}{x^2+3} dx = i\pi \exp(-2\sqrt{3}) - \int_{C_R} f(z)e^{i2z} dz,$$

em que C_R é o caminho semicircular fechado mostrado na Figura 105. Igualando as partes imaginárias de cada lado da equação (4), obtemos

(5) $$\int_{-R}^{R} \frac{x \operatorname{sen} 2x}{x^2+3} dx = \pi \exp(-2\sqrt{3}) - \operatorname{Im} \int_{C_R} f(z)e^{i2z} dz,$$

Agora a propriedade $|\operatorname{Im} z| \leq |z|$ de números complexos nos diz que

(6) $$\left| \operatorname{Im} \int_{C_R} f(z)e^{i2z} dz \right| \leq \left| \int_{C_R} f(z)e^{i2z} dz \right|;$$

e vemos que, se z for um ponto do interior de C_R, então

$$|f(z)| \leq M_R, \quad \text{em que} \quad M_R = \frac{R}{R^2 - 3}$$

e que $|e^{i2z}| = e^{-2y} \leq 1$ em um ponto desses.

Procedendo como na Seção 87, *não podemos* concluir que o lado direito da desigualdade (6) tende a 0 se R tender a ∞, pois a quantidade

$$M_R \pi R = \frac{\pi R^2}{R^2 - 3} = \frac{\pi}{1 - \dfrac{3}{R^2}}$$

não tende a zero.

Entretanto, o teorema do início desta seção fornece o limite procurado

$$\lim_{R \to \infty} \int_{C_R} f(z) e^{i2z} dz = 0.$$

De fato, temos

$$M_R = \frac{\dfrac{1}{R}}{1 - \dfrac{3}{R^2}} \to 0 \quad \text{se} \quad R \to \infty.$$

Dessa forma, vemos que realmente o lado esquerdo da desigualdade (6) tende a zero se R tender ao infinito. Consequentemente, como o integrando do lado esquerdo da equação (5) é par, alcançamos o resultado

$$\int_{-\infty}^{\infty} \frac{x \operatorname{sen} 2x}{x^2 + 3} dx = \pi \exp(-2\sqrt{3}),$$

ou

$$\int_{0}^{\infty} \frac{x \operatorname{sen} 2x}{x^2 + 3} dx = \frac{\pi}{2} \exp(-2\sqrt{3}).$$

EXERCÍCIOS
Use resíduos para deduzir as fórmulas de integração dos Exercícios 1 a 5.

1. $\displaystyle\int_{-\infty}^{\infty} \frac{\cos x\,dx}{(x^2+a^2)(x^2+b^2)} = \frac{\pi}{a^2-b^2}\left(\frac{e^{-b}}{b} - \frac{e^{-a}}{a}\right)$ $(a > b > 0)$.

2. $\displaystyle\int_0^{\infty} \frac{\cos ax}{x^2+1}\,dx = \frac{\pi}{2}e^{-a}$ $(a > 0)$.

3. $\displaystyle\int_0^{\infty} \frac{\cos ax}{(x^2+b^2)^2}\,dx = \frac{\pi}{4b^3}(1+ab)e^{-ab}$ $(a>0, b>0)$.

4. $\displaystyle\int_{-\infty}^{\infty} \frac{x\,\text{sen}\,ax}{x^4+4}\,dx = \frac{\pi}{2}e^{-a}\,\text{sen}\,a$ $(a > 0)$.

5. $\displaystyle\int_{-\infty}^{\infty} \frac{x^3\,\text{sen}\,ax}{x^4+4}\,dx = \pi e^{-a}\cos a$ $(a > 0)$.

Use resíduos para calcular as integrais dos Exercícios 6 e 7.

6. $\displaystyle\int_{-\infty}^{\infty} \frac{x\,\text{sen}\,x\,dx}{(x^2+1)(x^2+4)}$.

7. $\displaystyle\int_0^{\infty} \frac{x^3\,\text{sen}\,x\,dx}{(x^2+1)(x^2+9)}$.

Use resíduos para encontrar o valor principal de Cauchy das integrais impróprias dos Exercícios 8 a 11.

8. $\displaystyle\int_{-\infty}^{\infty} \frac{\text{sen}\,x\,dx}{x^2+4x+5}$.

   Resposta: $-\dfrac{\pi}{e}\,\text{sen}\,2$.

9. $\displaystyle\int_{-\infty}^{\infty} \frac{x\,\text{sen}\,x\,dx}{x^2+2x+2}$.

   Resposta: $\dfrac{\pi}{e}(\text{sen}\,1 + \cos 1)$.

10. $\displaystyle\int_{-\infty}^{\infty} \frac{(x+1)\cos x}{x^2+4x+5}\,dx$.

    Resposta: $\dfrac{\pi}{e}(\text{sen}\,2 - \cos 2)$.

11. $\displaystyle\int_{-\infty}^{\infty} \frac{\cos x\,dx}{(x+a)^2+b^2}$ $(b > 0)$.

12. Siga os passos indicados a seguir para calcular as **integrais de Fresnel**, muito importantes na teoria de difração:

$$\int_0^{\infty} \cos(x^2)\,dx = \int_0^{\infty} \text{sen}(x^2)\,dx = \frac{1}{2}\sqrt{\frac{\pi}{2}}.$$

(a) Integrando a função $\exp(iz^2)$ ao longo da fronteira orientada positivamente do setor $0 \le r \le R$, $0 \le \theta \le \pi/4$ (Figura 106) e usando o teorema de Cauchy-Goursat, mostre que

$$\int_0^R \cos(x^2)\,dx = \frac{1}{\sqrt{2}} \int_0^R e^{-r^2}\,dr - \operatorname{Re}\int_{C_R} e^{iz^2}\,dz$$

e

$$\int_0^R \operatorname{sen}(x^2)\,dx = \frac{1}{\sqrt{2}} \int_0^R e^{-r^2}\,dr - \operatorname{Im}\int_{C_R} e^{iz^2}\,dz,$$

em que C_R denota o arco arc $z = Re^{i\theta}$ ($0 \le \theta \le \pi/4$).

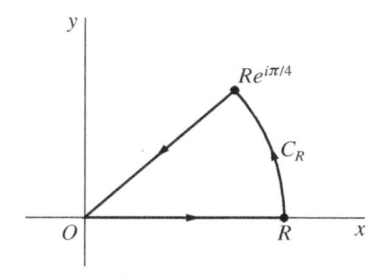

Figura 106

(b) Deduza que o valor da integral ao longo do arco C_R da parte (a) tende a zero se R tender ao infinito mostrando, primeiramente, a desigualdade

$$\left| \int_{C_R} e^{iz^2}\,dz \right| \le \frac{R}{2} \int_0^{\pi/2} e^{-R^2 \operatorname{sen}\phi}\,d\phi$$

e depois usando a forma (2) da desigualdade de Jordan da Seção 88.

(c) Use os resultados das partes (a) e (b), junto à conhecida fórmula de integração*

$$\int_0^\infty e^{-x^2}\,dx = \frac{\sqrt{\pi}}{2},$$

para completar o exercício.

89 UM CAMINHO INDENTADO

Nesta seção, e na próxima, ilustramos o uso de **caminhos indentados**. Começamos com um limite importante que será utilizado na próxima seção.

Teorema. *Suponha que*

(a) *uma função $f(z)$ tenha um polo simples em um ponto $z = x_0$ do eixo real, com uma representação em série de Laurent em um disco perfurado $0 < |z - x_0| < R_2$ (Figura 107) e com resíduo B_0;*

(b) *C_ρ denote um semicírculo superior $|z - x_0| = \rho$ orientado no sentido horário, em que $\rho < R_2$.*

---

* Ver a nota de rodapé do Exercício 4 da Seção 53.

SEÇÃO 89 UM CAMINHO INDENTADO 275

Então,

$$\lim_{\rho \to 0} \int_{C_\rho} f(z)\, dz = -B_0 \pi i.$$

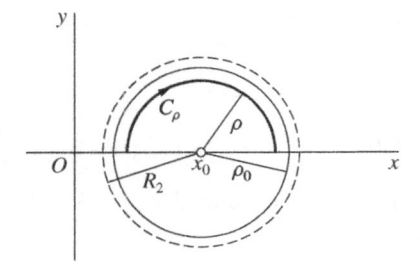

Figura 107

Supondo satisfeitas as condições das partes (*a*) e (*b*), começamos a prova do teorema escrevendo a série de Laurent da parte (*a*),

$$f(z) = g(z) + \frac{B_0}{z - x_0} \quad (0 < |z - x_0| < R_2)$$

em que

$$g(z) = \sum_{n=0}^{\infty} a_n (z - x_0)^n \quad (|z - x_0| < R_2).$$

Assim,

(1) $$\int_{C_\rho} f(z)\, dz = \int_{C_\rho} g(z)\, dz + B_0 \int_{C_\rho} \frac{dz}{z - x_0}.$$

Agora, pelo teorema da Seção 70, a função $g(z)$ é contínua se $|z - x_0| < R_2$. Dessa forma, se escolhermos um número ρ_0 tal que $\rho < \rho_0 < R_2$ (ver Figura 107), essa função será limitada no disco *fechado* $|z - x_0| \leq \rho_0$, de acordo com a Seção 18. Logo, existe alguma constante não negativa M tal que

$$|g(z)| \leq M \quad \text{se} \quad |z - x_0| \leq \rho_0;$$

e, como o comprimento L do caminho C_ρ é $L = \pi\rho$, segue que

$$\left| \int_{C_\rho} g(z)\, dz \right| \leq ML = M\pi\rho.$$

Consequentemente,

(2) $$\lim_{\rho \to 0} \int_{C_\rho} g(z)\, dz = 0.$$

Já que o semicírculo $-C_\rho$ tem uma representação paramétrica
$$z = x_0 + \rho e^{i\theta} \quad (0 \leq \theta \leq \pi),$$
a segunda integral da direita na equação (1) tem o valor
$$\int_{C_\rho} \frac{dz}{z - x_0} = -\int_{-C_\rho} \frac{dz}{z - x_0} = -\int_0^\pi \frac{1}{\rho e^{i\theta}} \rho i e^{i\theta}\, d\theta = -i \int_0^\pi d\theta = -i\pi.$$
Assim,

(3) $$\lim_{\rho \to 0} \int_{C_\rho} \frac{dz}{z - x_0} = -i\pi.$$

Agora o limite na conclusão do teorema segue deixando ρ tender a zero em ambos os lados da equação (1) e usando os limites (2) e (3).

EXEMPLO. Calculemos a *integral de Dirichlet**

(4) $$\int_0^\infty \frac{\operatorname{sen} x}{x}\, dx = \frac{\pi}{2}$$

integrando e^{iz}/z ao longo do caminho fechado simples mostrado na Figura 108. Nessa figura, ρ e R denotam números positivos com $\rho < R$, e L_1 e L_2 representam os intervalos $\rho \leq x \leq R$ e $-R \leq x \leq -\rho$, do eixo real, respectivamente. Os semicírculos C_ρ e C_R estão indicados na figura. O semicírculo C_ρ tem o papel de evitar que o caminho passe pela singularidade do quociente e^{iz}/z.

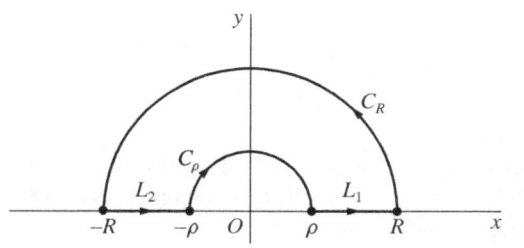

Figura 108

O teorema de Cauchy-Goursat nos diz que
$$\int_{L_1} \frac{e^{iz}}{z}\, dz + \int_{C_R} \frac{e^{iz}}{z}\, dz + \int_{L_2} \frac{e^{iz}}{z}\, dz + \int_{C_\rho} \frac{e^{iz}}{z}\, dz = 0,$$

---

* Essa integral é importante na Matemática Aplicada e, em particular, na teoria de integrais de Fourier. Ver páginas 163-165 do livro dos autores *Fourier Series and Boundary Value Problems*, 8th ed., 2012, em que ela é calculada de uma maneira completamente diferente.

ou

(5) $$\int_{L_1} \frac{e^{iz}}{z} dz + \int_{L_2} \frac{e^{iz}}{z} dz = -\int_{C_\rho} \frac{e^{iz}}{z} dz - \int_{C_R} \frac{e^{iz}}{z} dz.$$

Além disso, como os segmentos L_1 e $-L_2$ têm representações paramétricas

(6) $\quad z = re^{i0} = r \ (\rho \leq r \leq R) \quad$ e $\quad z = re^{i\pi} = -r \ (\rho \leq r \leq R),$

respectivamente, o lado esquerdo da equação (5) pode ser reescrito por

$$\int_{L_1} \frac{e^{iz}}{z} dz - \int_{-L_2} \frac{e^{iz}}{z} dz = \int_\rho^R \frac{e^{ir}}{r} dr - \int_\rho^R \frac{e^{-ir}}{r} dr = \int_\rho^R \frac{e^{ir} - e^{-ir}}{r} dr$$

$$= 2i \int_\rho^R \frac{e^{ir} - e^{-ir}}{2ir} dr = 2i \int_\rho^R \frac{\operatorname{sen} r}{r} dr.$$

Consequentemente, a equação (5) reduz a

(7) $$2i \int_\rho^R \frac{\operatorname{sen} r}{r} dr = -\int_{C_\rho} \frac{e^{iz}}{z} dz - \int_{C_R} \frac{e^{iz}}{z} dz.$$

Agora, pela representação de Laurent

$$\frac{e^{iz}}{z} = \frac{1}{z} \left[1 + \frac{(iz)}{1!} + \frac{(iz)^2}{2!} + \frac{(iz)^3}{3!} + \cdots \right] = \frac{1}{z} + \frac{i}{1!} + \frac{i^2}{2!} z + \frac{i^3}{3!} z^2 + \cdots$$

$$(0 < |z| < \infty),$$

fica claro que e^{iz}/z tem um polo simples na origem, com resíduo igual a 1. Logo, de acordo com o teorema do início desta seção,

$$\lim_{\rho \to 0} \int_{C_\rho} \frac{e^{iz}}{z} dz = -\pi i.$$

Também, como

$$\left| \frac{1}{z} \right| = \frac{1}{|z|} = \frac{1}{R}$$

se z for um ponto de C_R, sabemos do lema de Jordan da Seção 88 que

$$\lim_{R \to \infty} \int_{C_R} \frac{e^{iz}}{z} dz = 0.$$

Assim, deixando ρ tender a zero na equação (7) e depois deixando R tender a ∞, obtemos o resultado

$$2i \int_0^\infty \frac{\operatorname{sen} r}{r} dr = \pi i,$$

que, de fato, é igual à equação (4).

90 UMA INDENTAÇÃO EM TORNO DE UM PONTO DE RAMIFICAÇÃO

Um caminho indentado, como o que utilizamos na Seção 89, pode ser utilizado para evitar não só uma singularidade como, também, um ponto de ramificação (Seção 33).

EXEMPLO. Vamos deduzir a fórmula de integração

(1) $$\int_0^\infty \frac{x^a}{(x^2+1)^2} dx = \frac{(1-a)\pi}{4\cos(a\pi/2)} \quad (-1 < a < 3)$$

em que a é um número real com a restrição indicada e $x^a = \exp(a \ln x)$ se $x > 0$. Para isso, usamos a função

$$f(z) = \frac{z^a}{(z^2+1)^2} = \frac{\exp(a \log z)}{(z^2+1)^2} \quad \left(|z| > 0, -\frac{\pi}{2} < \arg z < \frac{3\pi}{2}\right)$$

cujo corte de ramo é o eixo imaginário negativo com a origem. O caminho de integração está mostrado na Figura 109, em que $\rho < 1 < R$, e o corte de ramo aparece como uma linha tracejada e um ponto oco.

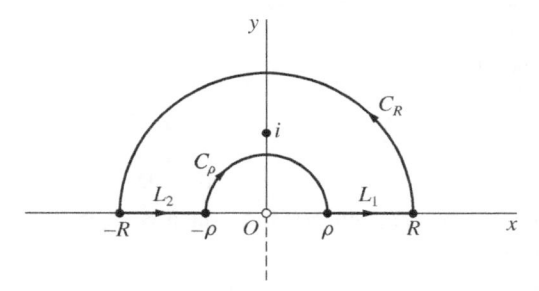

Figura 109

Começando com o teorema dos resíduos de Cauchy, escrevemos

(2) $$\int_{L_1} f(z)\, dz + \int_{L_2} f(z)\, dz = 2\pi i \operatorname*{Res}_{z=i} f(z) - \int_{C_\rho} f(z)\, dz - \int_{C_R} f(z)\, dz.$$

Usando as representações paramétricas

$$z = re^{i0} = r \ (\rho \leq r \leq R) \quad \text{e} \quad z = re^{i\pi} = -r \ (\rho \leq r \leq R)$$

de L_1 e $-L_2$, respectivamente, podemos escrever o lado esquerdo da equação (2) como

$$\int_{L_1} f(z)\, dz - \int_{-L_2} f(z)\, dz = \int_\rho^R \frac{\exp[a(\ln r + i0)]}{(r^2+1)^2}\, dr + \int_\rho^R \frac{\exp[a(\ln r + i\pi)]}{(r^2+1)^2}\, dr$$

$$= \int_\rho^R \frac{r^a}{(r^2+1)^2}\, dr + e^{ia\pi} \int_\rho^R \frac{r^a}{(r^2+1)^2}\, dr.$$

Assim,

(3) $$\int_{L_1} f(z)\, dz + \int_{L_2} f(z)\, dz = (1 + e^{ia\pi}) \int_\rho^R \frac{r^a}{(r^2+1)^2}\, dr.$$

SEÇÃO 90 UMA INDENTAÇÃO EM TORNO DE UM PONTO DE RAMIFICAÇÃO

Também

(4) $$\operatorname*{Res}_{z=i} f(z) = \phi'(i), \quad \text{em que} \quad \phi(z) = \frac{z^a}{(z+i)^2}$$

pois há um polo de ordem $m = 2$ no ponto $z = i$. Derivando, obtemos

$$\phi'(z) = e^{(a-1)\log z} \left[\frac{(a-2)z + ai}{(z+i)^3} \right]$$

e, portanto,

(5) $$\operatorname*{Res}_{z=i} f(z) = -i e^{i a\pi/2} \left(\frac{1-a}{4} \right).$$

Substituindo as equações (3) e (5) na equação (2), obtemos

(6) $$(1 + e^{i a\pi}) \int_\rho^R \frac{r^a}{(r^2+1)^2} dr = \frac{\pi(1-a)}{2} e^{i a\pi/2} - \int_{C_\rho} f(z)\, dz - \int_{C_R} f(z)\, dz;$$

e, uma vez mostrado que

(7) $$\lim_{\rho \to 0} \int_{C_\rho} f(z)\, dz = 0 \quad \text{e} \quad \lim_{\rho \to 0} \int_{C_\rho} f(z)\, dz = 0,$$

a fórmula de integração (1), com uma variável de integração diferente, decorre da equação (6), como segue:

$$\int_0^\infty \frac{r^a}{(r^2+1)^2} dr = \frac{\pi(1-a)}{2} \cdot \frac{e^{i a\pi/2}}{1 + e^{i a\pi}} \cdot \frac{e^{-i a\pi/2}}{e^{-i a\pi/2}}$$

$$= \frac{\pi(1-a)}{4} \cdot \frac{2}{e^{i a\pi/2} + e^{-i a\pi/2}} = \frac{(1-a)\pi}{4\cos(a\pi/2)}.$$

Para mostrar os limites (7), observamos inicialmente que $|z^a| = r^a$ se $z = re^{i\theta}$ for um ponto qualquer do caminho fechado da Figura 109. Também

$$|z^2 + 1| \geq ||z|^2 - 1| = 1 - \rho^2$$

se z for um ponto de C_ρ e

$$|z^2 + 1| \geq ||z|^2 - 1| = R^2 - 1$$

se z estiver em C_R. Então, o primeiro dos limites (7) decorre de

$$\left| \int_{C_\rho} \frac{z^a}{(z^2+1)^2} dz \right| \leq \frac{\rho^a}{(1-\rho^2)^2} \pi\rho = \frac{\pi \rho^{a+1}}{(1-\rho^2)^2}$$

pois $\rho^{a+1} \to 0$ se $\rho \to 0$, já que $a + 1 > 0$. Quanto ao segundo dos limites (7),

$$\left| \int_{C_R} \frac{z^a}{(z^2+1)^2} dz \right| \leq \frac{R^a}{(R^2-1)^2} \pi R = \frac{\pi R^{a+1}}{(R^2-1)^2} \cdot \frac{\frac{1}{R^4}}{\frac{1}{R^4}} = \frac{\pi \frac{1}{R^{3-a}}}{\left(1 - \frac{1}{R^2}\right)^2};$$

e vemos que $1/R^{3-a} \to 0$ se $R \to \infty$, pois $3 - a > 0$.

91 INTEGRAÇÃO AO LONGO DE UM CORTE

O teorema dos resíduos de Cauchy pode ser útil no cálculo de integrais impróprias da Análise Real se uma parte do caminho de integração da função à qual o teorema for aplicado percorrer um corte de ramo dessa função.

EXEMPLO. Seja x^{-a}, com $x > 0$ e $0 < a < 1$, o valor principal dessa potência de x, ou seja, x^{-a} é o número real $\exp(-a \ln x)$. Calculemos a importante integral real imprópria

$$(1) \qquad \int_0^\infty \frac{x^{-a}}{x+1}\,dx \qquad (0 < a < 1),$$

que é importante no estudo da *função gama*.* Note que a integral (1) é imprópria não só por seu limite de integração superior, mas também porque o integrando tem uma descontinuidade infinita em $x = 0$. A integral converge se $0 < a < 1$, pois o integrando se comporta como x^{-a} perto de $x = 0$ e como x^{-a-1} se x tender ao infinito. No entanto, não será preciso estabelecer a convergência separadamente, pois iremos calcular o valor dessa integral.

Inicialmente denotamos por C_ρ e C_R os círculos $|z| = \rho$ e $|z| = R$, respectivamente, em que $\rho < 1 < R$, com a orientação indicada na Figura 110. Em seguida, integramos o ramo

$$(2) \qquad f(z) = \frac{z^{-a}}{z+1} \qquad (|z| > 0, 0 < \arg z < 2\pi)$$

da função multivalente $z^{-a}/(z+1)$, com corte de ramo $\arg z = 0$, ao longo do caminho fechado simples indicado na Figura 110. Esse caminho é descrito por um ponto se movendo de ρ até R ao longo da parte superior do corte de $f(z)$, seguindo ao longo de C_R de volta a R, depois ao longo da parte inferior do corte até ρ e, finalmente, ao longo de C_ρ, de volta a ρ.

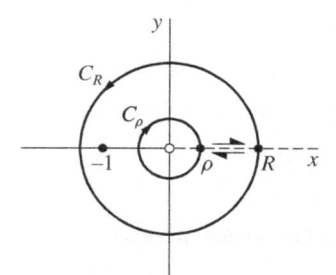

Figura 110

---

* Ver, por exemplo, a página 4 do livro de Lebedev listado no Apêndice 1.

SEÇÃO 91 INTEGRAÇÃO AO LONGO DE UM CORTE

Ao longo das "arestas" superior e inferior do anel determinado pelo caminho, temos $\theta = 0$ e $\theta = 2\pi$, respectivamente. Como

$$f(z) = \frac{\exp(-a \log z)}{z+1} = \frac{\exp[-a(\ln r + i\theta)]}{re^{i\theta} + 1}$$

em que $z = re^{i\theta}$, segue que

$$f(z) = \frac{\exp[-a(\ln r + i0)]}{r+1} = \frac{r^{-a}}{r+1}$$

na aresta superior, em que $z = re^{i0}$, e que

$$f(z) = \frac{\exp[-a(\ln r + i2\pi)]}{r+1} = \frac{r^{-a}e^{-i2a\pi}}{r+1}$$

na aresta inferior, em que $z = re^{i2\pi}$. O teorema dos resíduos então sugere que

(3)
$$\int_\rho^R \frac{r^{-a}}{r+1} dr + \int_{C_R} f(z)\,dz - \int_\rho^R \frac{r^{-a}e^{-i2a\pi}}{r+1} dr + \int_{C_\rho} f(z)\,dz$$
$$= 2\pi i \operatorname*{Res}_{z=-1} f(z).$$

É claro que a nossa dedução de (3) é meramente *formal*, pois $f(z)$ não é analítica, sequer definida, no corte de ramo envolvido. Mesmo assim, é válida, e pode ser perfeitamente justificada por um argumento como o desenvolvido no Exercício 6 desta seção.

O resíduo na equação (3) pode ser encontrado observando que a função

$$\phi(z) = z^{-a} = \exp(-a \log z) = \exp[-a(\ln r + i\theta)] \qquad (r > 0, 0 < \theta < 2\pi)$$

é analítica em $z = -1$ e que

$$\phi(-1) = \exp[-a(\ln 1 + i\pi)] = e^{-ia\pi} \neq 0.$$

Isso mostra que o ponto $z = -1$ é um polo simples da função (2) e que

$$\operatorname*{Res}_{z=-1} f(z) = e^{-ia\pi}.$$

Segue disso que a equação (3) pode ser escrita como

(4)
$$(1 - e^{-i2a\pi}) \int_\rho^R \frac{r^{-a}}{r+1} dr = 2\pi i e^{-ia\pi} - \int_{C_\rho} f(z)\,dz - \int_{C_R} f(z)\,dz.$$

Pela definição (2) de $f(z)$, temos

$$\left| \int_{C_\rho} f(z)\,dz \right| \leq \frac{\rho^{-a}}{1-\rho} 2\pi\rho = \frac{2\pi}{1-\rho} \rho^{1-a}$$

e

$$\left| \int_{C_R} f(z)\,dz \right| \leq \frac{R^{-a}}{R-1} 2\pi R = \frac{2\pi R}{R-1} \cdot \frac{1}{R^a}.$$

Como $0 < a < 1$, claramente os valores dessas integrais tendem a 0 se ρ e R tenderem a 0 e ∞, respectivamente. Logo, deixando ρ tender a 0 e, depois, R tender a ∞ na equação (4), obtemos o resultado

$$(1 - e^{-i2a\pi}) \int_0^\infty \frac{r^{-a}}{r+1} dr = 2\pi i e^{-ia\pi},$$

ou

$$\int_0^\infty \frac{r^{-a}}{r+1} dr = 2\pi i \frac{e^{-ia\pi}}{1 - e^{-i2a\pi}} \cdot \frac{e^{ia\pi}}{e^{ia\pi}} = \pi \frac{2i}{e^{ia\pi} - e^{-ia\pi}}.$$

Usando a variável de integração x em vez de r, bem como a expressão

$$\operatorname{sen} a\pi = \frac{e^{ia\pi} - e^{-ia\pi}}{2i},$$

alcançamos o resultado procurado,

(5) $$\int_0^\infty \frac{x^{-a}}{x+1} dx = \frac{\pi}{\operatorname{sen} a\pi} \qquad (0 < a < 1).$$

EXERCÍCIOS

1. Use a função $f(z) = (e^{iaz} - e^{ibz})/z^2$ e o caminho indentado da Figura 108 (Seção 89) para deduzir a fórmula de integração

$$\int_0^\infty \frac{\cos(ax) - \cos(bx)}{x^2} dx = \frac{\pi}{2}(b - a) \qquad (a \geq 0, b \geq 0).$$

Em seguida, usando a identidade trigonométrica $1 - \cos(2x) = 2 \operatorname{sen}^2 x$, mostre como dessa fórmula segue que

$$\int_0^\infty \frac{\operatorname{sen}^2 x}{x^2} dx = \frac{\pi}{2}.$$

2. Deduza a fórmula de integração

$$\int_0^\infty \frac{dx}{\sqrt{x}(x^2+1)} = \frac{\pi}{\sqrt{2}}$$

integrando a função

$$f(z) = \frac{z^{-1/2}}{z^2+1} = \frac{e^{(-1/2)\log z}}{z^2+1} \qquad \left(|z| > 0, -\frac{\pi}{2} < \arg z < \frac{3\pi}{2}\right)$$

ao longo do caminho indentado dado na Figura 109 (Seção 90).

3. Deduza a fórmula de integração obtida no Exercício 2 integrando o ramo

$$f(z) = \frac{z^{-1/2}}{z^2+1} = \frac{e^{(-1/2)\log z}}{z^2+1} \qquad (|z| > 0, 0 < \arg z < 2\pi)$$

da função multivalente $z^{-1/2}/(z^2+1)$ ao longo do caminho fechado dado na Figura 110 (Seção 91).

4. Deduza a fórmula de integração

$$\int_0^\infty \frac{\sqrt[3]{x}}{(x+a)(x+b)} dx = \frac{2\pi}{\sqrt{3}} \cdot \frac{\sqrt[3]{a} - \sqrt[3]{b}}{a-b} \quad (a > b > 0)$$

usando a função

$$f(z) = \frac{z^{1/3}}{(z+a)(z+b)} = \frac{e^{(1/3)\log z}}{(z+a)(z+b)} \quad (|z| > 0, 0 < \arg z < 2\pi)$$

e um caminho fechado semelhante ao dado na Figura 110 (Seção 91), mas usando

$$\rho < b < a < R.$$

5. A *função beta* é a função de duas variáveis reais definida por

$$B(p,q) = \int_0^1 t^{p-1}(1-t)^{q-1} dt \quad (p > 0, q > 0).$$

Faça a substituição $t = 1/(x+1)$ e use o resultado obtido no exemplo da Seção 91 para mostrar que

$$B(p, 1-p) = \frac{\pi}{\operatorname{sen}(p\pi)} \quad (0 < p < 1).$$

6. Considere os dois caminhos fechados simples mostrados na Figura 111 obtidos dividindo em duas partes o anel formado pelos círculos C_ρ e C_R da Figura 110 (Seção 91). As fronteiras radiais L e $-L$ desses caminhos são segmentos de reta orientados ao longo de algum raio $z = \theta_0$, com $\pi < \theta_0 < 3\pi/2$. Também Γ_ρ e γ_ρ são as porções indicadas de C_ρ, enquanto Γ_R e γ_R constituem C_R.

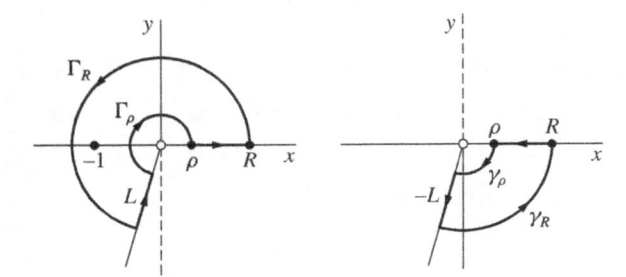

Figura 111

(a) Mostre que, do teorema dos resíduos de Cauchy, decorre que se o ramo

$$f_1(z) = \frac{z^{-a}}{z+1} \quad \left(|z| > 0, -\frac{\pi}{2} < \arg z < \frac{3\pi}{2}\right)$$

da função multivalente $z^{-a}/(z+1)$ for integrado ao longo do caminho do lado esquerdo na Figura 111, obtemos

$$\int_\rho^R \frac{r^{-a}}{r+1} dr + \int_{\Gamma_R} f_1(z)\, dz + \int_L f_1(z)\, dz + \int_{\Gamma_\rho} f_1(z)\, dz = 2\pi i \operatorname*{Res}_{z=-1} f_1(z).$$

(b) Aplique o teorema de Cauchy-Goursat ao ramo
$$f_2(z) = \frac{z^{-a}}{z+1} \qquad \left(|z| > 0, \frac{\pi}{2} < \arg z < \frac{5\pi}{2}\right)$$
de $z^{-a}/(z+1)$, integrando ao longo do caminho do lado direito na Figura 111 e mostre que
$$-\int_\rho^R \frac{r^{-a} e^{-i2a\pi}}{r+1} dr + \int_{\gamma_\rho} f_2(z)\, dz - \int_L f_2(z)\, dz + \int_{\gamma_R} f_2(z)\, dz = 0.$$

(c) Indique por que, nas duas últimas integrais das partes (a) e (b), os ramos $f_1(z)$ e $f_2(z)$ de $z^{-a}/(z+1)$ podem ser substituídos pelo ramo
$$f(z) = \frac{z^{-a}}{z+1} \qquad (|z| > 0, 0 < \arg z < 2\pi).$$
Em seguida, somando lados correspondentes dessas duas integrais, deduza a equação (3) da Seção 91, que só foi obtida formalmente naquela seção.

92 INTEGRAIS DEFINIDAS ENVOLVENDO SENOS E COSSENOS

O método dos resíduos também é útil no cálculo de certas integrais definidas do tipo

(1) $$\int_0^{2\pi} F(\operatorname{sen}\theta, \cos\theta)\, d\theta.$$

Como θ varia de 0 a 2π, podemos considerar θ como um argumento de um ponto z de um círculo C centrado na origem e orientado positivamente. Tomando o raio unitário, usamos a representação paramétrica

(2) $$z = e^{i\theta} \qquad (0 \leq \theta \leq 2\pi)$$

para descrever C (Figura 112). Agora usamos a fórmula de derivação (4) da Seção 41 para escrever

$$\frac{dz}{d\theta} = ie^{i\theta} = iz$$

e lembramos que

$$\operatorname{sen}\theta = \frac{e^{i\theta} - e^{-i\theta}}{2i} \qquad e \qquad \cos\theta = \frac{e^{i\theta} + e^{-i\theta}}{2}.$$

Essas relações sugerem a substituição

(3) $$\operatorname{sen}\theta = \frac{z - z^{-1}}{2i}, \qquad \cos\theta = \frac{z + z^{-1}}{2}, \qquad d\theta = \frac{dz}{iz},$$

que transforma a integral (1) na integral curvilínea

(4) $$\int_C F\left(\frac{z - z^{-1}}{2i}, \frac{z + z^{-1}}{2}\right) \frac{dz}{iz}$$

SEÇÃO 92 INTEGRAIS DEFINIDAS ENVOLVENDO SENOS E COSSENOS   285

de uma função de z ao longo do círculo C. É claro que a integral original (1) é, simplesmente, uma forma paramétrica da integral (4), de acordo com a expressão (2) da Seção 44. Quando o integrando da integral (4) for uma função racional de z, podemos calcular essa integral por meio do teorema dos resíduos de Cauchy, desde que saibamos determinar os zeros do denominador e que nenhum esteja em C.

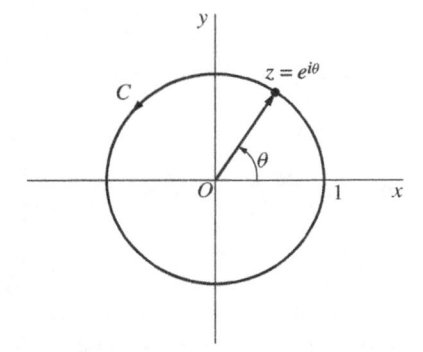

Figura 112

EXEMPLO 1. Mostremos que

(5) $$\int_0^{2\pi} \frac{d\theta}{1 + a\,\text{sen}\,\theta} = \frac{2\pi}{\sqrt{1-a^2}} \quad (-1 < a < 1).$$

Essa fórmula de integração é certamente válida se $a = 0$, portanto, excluímos esse caso de nossa argumentação. Com as substituições (3), a integral toma a forma

(6) $$\int_C \frac{2/a}{z^2 + (2i/a)z - 1}\, dz,$$

em que C é o círculo $|z| = 1$ orientado positivamente. A fórmula quadrática revela que o denominador do integrando tem os zeros puramente imaginários

$$z_1 = \left(\frac{-1 + \sqrt{1-a^2}}{a}\right)i, \quad z_2 = \left(\frac{-1 - \sqrt{1-a^2}}{a}\right)i.$$

Logo, se $f(z)$ denotar o integrando da integral (6), então

$$f(z) = \frac{2/a}{(z-z_1)(z-z_2)}.$$

Observe que, por ser $|a| < 1$, temos

$$|z_2| = \frac{1 + \sqrt{1-a^2}}{|a|} > 1.$$

286 CAPÍTULO 7 APLICAÇÕES DE RESÍDUOS

Também, como $|z_1 z_2| = 1$, segue que $|z_1| < 1$. Isso mostra que não há singularidades em C e que a única interior é o ponto z_1. O resíduo B_1 correspondente pode ser encontrado escrevendo

$$f(z) = \frac{\phi(z)}{z - z_1}, \text{ em que } \phi(z) = \frac{2/a}{z - z_2}.$$

Isso mostra que z_1 é um polo simples e que

$$B_1 = \phi(z_1) = \frac{2/a}{z_1 - z_2} = \frac{1}{i\sqrt{1-a^2}}.$$

Consequentemente,

$$\int_C \frac{2/a}{z^2 + (2i/a)z - 1} \, dz = 2\pi i B_1 = \frac{2\pi}{\sqrt{1-a^2}};$$

e segue a fórmula de integração (5).

O método que acabamos de ilustrar pode ser igualmente aplicado se os argumentos do seno e do cosseno forem múltiplos inteiros de θ. Podemos usar a equação (2) para escrever, por exemplo,

(7) $$\cos 2\theta = \frac{e^{i2\theta} + e^{-i2\theta}}{2} = \frac{(e^{i\theta})^2 + (e^{i\theta})^{-2}}{2} = \frac{z^2 + z^{-2}}{2}.$$

EXEMPLO 2. Nosso objetivo é mostrar que

(8) $$\int_0^\pi \frac{\cos 2\theta \, d\theta}{1 - 2a\cos\theta + a^2} = \frac{a^2 \pi}{1 - a^2} \quad (-1 < a < 1).$$

Da mesma forma que no Exemplo 1, excluímos a possibilidade $a = 0$, já que então a equação (8) é imediata. Começamos observando que, como

$$\cos(2\pi - \theta) = \cos\theta \quad \text{e} \quad \cos 2(2\pi - \theta) = \cos 2\theta,$$

o gráfico do integrando é simétrico em relação à reta vertical $\theta = \pi$. Essa observação, junto às equações (3) e (7), permite-nos escrever

$$\int_0^\pi \frac{\cos 2\theta \, d\theta}{1 - 2a\cos\theta + a^2} = \frac{1}{2}\int_0^{2\pi} \frac{\cos 2\theta \, d\theta}{1 - 2a\cos\theta + a^2} = \frac{i}{4}\int_C \frac{z^4 + 1}{(z-a)(az-1)z^2} \, dz,$$

em que C é o círculo positivamente orientado da Figura 112. Segue, então, que

(9) $$\int_0^\pi \frac{\cos 2\theta \, d\theta}{1 - 2a\cos\theta + a^2} = \frac{i}{4} 2\pi i (B_1 + B_2),$$

em que B_1 e B_2 denotam os resíduos da função

$$f(z) = \frac{z^4 + 1}{(z-a)(az-1)z^2}$$

em a e 0, respectivamente. É claro que a singularidade $z = 1/a$ está no exterior do círculo C, pois $|a| < 1$.

Já que
$$f(z) = \frac{\phi(z)}{z-a}, \text{ em que } \phi(z) = \frac{z^4+1}{(az-1)z^2},$$
é fácil verificar que

(10) $$B_1 = \phi(a) = \frac{a^4+1}{(a^2-1)a^2}.$$

O resíduo B_2 pode ser encontrado escrevendo
$$f(z) = \frac{\phi(z)}{z^2}, \text{ em que } \phi(z) = \frac{z^4+1}{(z-a)(az-1)};$$
e uma derivação revela que

(11) $$B_2 = \phi'(0) = \frac{a^2+1}{a^2}.$$

Finalmente, substituindo os resíduos (10) e (11) na expressão (9), obtemos a fórmula de integração (8).

EXERCÍCIOS
Use resíduos para estabelecer as fórmulas de integração dadas.

1. $\int_0^{2\pi} \dfrac{d\theta}{5+4\,\text{sen}\,\theta} = \dfrac{2\pi}{3}.$

2. $\int_{-\pi}^{\pi} \dfrac{d\theta}{1+\text{sen}^2\theta} = \sqrt{2}\pi.$

3. $\int_0^{2\pi} \dfrac{\cos^2 3\theta\, d\theta}{5-4\cos 2\theta} = \dfrac{3\pi}{8}.$

4. $\int_0^{2\pi} \dfrac{d\theta}{1+a\cos\theta} = \dfrac{2\pi}{\sqrt{1-a^2}} \quad (-1 < a < 1).$

5. $\int_0^{\pi} \dfrac{d\theta}{(a+\cos\theta)^2} = \dfrac{a\pi}{\left(\sqrt{a^2-1}\right)^3} \quad (a > 1).$

6. $\int_0^{\pi} \text{sen}^{2n}\theta\, d\theta = \dfrac{(2n)!}{2^{2n}(n!)^2}\pi \quad (n = 1, 2, \ldots).$

93 PRINCÍPIO DO ARGUMENTO

Dizemos que uma função f é **meromorfa** em um domínio D se for analítica em cada ponto de D, exceto por polos. Suponha, agora, que f seja meromorfa em um domínio interior a um caminho fechado simples C orientado positivamente e que seja analítica e não nula em C. A imagem Γ de C pela transformação $w = f(z)$ é um

CAPÍTULO 7 APLICAÇÕES DE RESÍDUOS

caminho fechado do plano w (Figura 113), não necessariamente simples. Se um ponto z percorrer C no sentido positivo, sua imagem w percorre Γ em um sentido específico que determina uma orientação positiva de Γ. Note que, por f não ter zeros em C, o caminho Γ não passa pela origem do plano w.

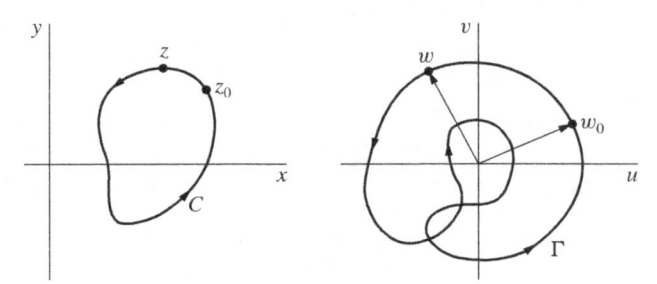

Figura 113

Sejam w_0 e w pontos de Γ, em que w_0 está fixado, e ϕ_0 é o valor de arg w_0. Então, começando em um valor ϕ_0, deixemos arg w variar continuamente e percorrer Γ uma vez no sentido positivo induzido pela transformação $w = f(z)$. Quando w retorna ao ponto w_0, em que começou, arg w toma um valor particular de arg w_0, que denotamos por ϕ_1. Assim, a variação de arg w se w percorre Γ uma vez no sentido positivo é $\phi_1 - \phi_0$. É claro que essa variação independe do ponto w_0 escolhido para começar o percurso. Como $w = f(z)$, o número $\phi_1 - \phi_0$ é, de fato, a variação no argumento de $f(z)$ se z descreve C uma vez no sentido positivo, começando em algum ponto z_0. Escrevemos

$$\Delta_C \arg f(z) = \phi_1 - \phi_0.$$

O valor de $\Delta_C \arg f(z)$, evidentemente, é um múltiplo inteiro de 2π, e o inteiro

$$\frac{1}{2\pi} \Delta_C \arg f(z)$$

representa o número de vezes que o ponto w deu uma volta na origem no plano w. Em vista disso, dizemos que esse inteiro é o **número de rotação** de Γ em relação à origem $w = 0$. Esse número é positivo se Γ contornar a origem no sentido anti-horário e é negativo se contornar no sentido horário. O número de rotação é sempre zero se Γ não contornar a origem. Em um caso especial, deixamos a dedução desse fato para o leitor (Exercício 3 da Seção 94).

O número de rotação pode ser determinado pelo número de zeros e polos de f no interior de C. O número de polos é necessariamente finito, de acordo com o Exercício 12 da Seção 83. Da mesma forma, supondo que f não seja identicamente nula no interior de C, é fácil mostrar que o número de zeros de f é finito e que cada um tem ordem finita (Exercício 4 da Seção 94). Suponha agora que f tenha Z zeros e P polos no domínio interior a C. Vamos convencionar que f tem m_0 zeros em um ponto z_0 se tiver um zero de ordem m_0 nesse ponto e que se f tiver um polo de ordem

m_p em z_0, então esse polo será contado m_p vezes. O teorema seguinte, conhecido como *princípio do argumento*, afirma que o número de rotação é, simplesmente, a diferença $Z - P$.

Teorema. *Seja C um caminho fechado simples orientado positivamente e suponha que*

(a) *uma função $f(z)$ seja meromorfa no domínio interior de C;*

(b) *$f(z)$ seja analítica e não nula em C;*

(c) *contando multiplicidades, Z seja o número de zeros e P o de polos de $f(z)$ no interior de C.*

Então,

$$\frac{1}{2\pi} \Delta_C \arg f(z) = Z - P.$$

Para provar isso, calculamos a integral de $f'(z)/f(z)$ ao longo de C de duas maneiras diferentes. Primeiramente tomamos uma representação paramétrica $z = z(t)$ ($a \le t \le b$) de C, de modo que

(1) $$\int_C \frac{f'(z)}{f(z)} dz = \int_a^b \frac{f'[z(t)]z'(t)}{f[z(t)]} dt.$$

Como a imagem Γ de C pela transformação $w = f(z)$ nunca passa pela origem do plano w, a imagem de qualquer ponto $z = z(t)$ de C pode ser dado em forma exponencial por $w = \rho(t) \exp[i\phi(t)]$. Assim,

(2) $$f[z(t)] = \rho(t) e^{i\phi(t)} \quad (a \le t \le b);$$

e, ao longo de cada um dos arcos regulares que constituem Γ, segue que (ver Exercício 5 da Seção 43)

(3) $$f'[z(t)]z'(t) = \frac{d}{dt} f[z(t)] = \frac{d}{dt}[\rho(t)e^{i\phi(t)}] = \rho'(t)e^{i\phi(t)} + i\rho(t)e^{i\phi(t)}\phi'(t).$$

Já que $\rho'(t)$ e $\phi'(t)$ são seccionalmente contínuas no intervalo $a \le t \le b$, podemos usar as expressões (2) e (3) para escrever a integral (1) como segue

$$\int_C \frac{f'(z)}{f(z)} dz = \int_a^b \frac{\rho'(t)}{\rho(t)} dt + i \int_a^b \phi'(t) dt = \ln \rho(t) \Big]_a^b + i\phi(t) \Big]_a^b.$$

Ocorre que

$$\rho(b) = \rho(a) \quad \text{e} \quad \phi(b) - \phi(a) = \Delta_C \arg f(z).$$

Logo

(4) $$\int_C \frac{f'(z)}{f(z)} dz = i \Delta_C \arg f(z).$$

Outra maneira de calcular a integral (4) é usar o teorema dos resíduos de Cauchy. Mais especificamente, observe que o integrando $f'(z)/f(z)$ é analítico no interior e em cada ponto de C, exceto nos pontos interiores de C nos quais ocorrem os zeros e polos de f. Se f tiver um zero de ordem m_0 em z_0, então (Seção 82)

(5) $$f(z) = (z - z_0)^{m_0} g(z),$$

em que $g(z)$ é analítica e não nula em z_0. Logo,

$$f'(z_0) = m_0(z - z_0)^{m_0 - 1} g(z) + (z - z_0)^{m_0} g'(z),$$

ou

(6) $$\frac{f'(z)}{f(z)} = \frac{m_0}{z - z_0} + \frac{g'(z)}{g(z)}.$$

Como $g'(z)/g(z)$ é analítica em z_0, possui uma representação em série de Taylor centrada nesse ponto e, portanto, a equação (6) nos diz que $f'(z)/f(z)$ tem um polo simples em z_0, com resíduo m_0. Por outro lado, se f tiver um polo de ordem m_p em z_0, sabemos, do teorema da Seção 80, que

(7) $$f(z) = (z - z_0)^{-m_p} \phi(z),$$

em que $\phi(z)$ é analítica e não nula em z_0. Como a expressão (7) tem o mesmo formato da expressão (5), com o inteiro positivo m_0 sendo substituído por $-m_p$, decorre da equação (6) que $f'(z)/f(z)$ tem um polo simples em z_0, com resíduo $-m_p$. Então, aplicando o teorema dos resíduos, obtemos

(8) $$\int_C \frac{f'(z)}{f(z)} dz = 2\pi i (Z - P).$$

A conclusão do teorema segue igualando os lados direitos das equações (4) e (8).

EXEMPLO. Os únicos zeros da função

$$f(z) = \frac{z^3 + 2}{z} = z^2 + \frac{2}{z}$$

estão no exterior do círculo $|z| = 1$, pois são raízes cúbicas de -2, e a única singularidade no plano finito é um polo simples na origem. Logo, denotando o círculo $|z| = 1$ orientado positivamente por C, nosso teorema nos diz que

$$\Delta_C \arg f(z) = 2\pi(0 - 1) = -2\pi.$$

Assim, a imagem Γ de C pela transformação $w = f(z)$ dá uma volta no sentido horário em torno da origem $w = 0$.

94 TEOREMA DE ROUCHÉ

O principal resultado desta seção, conhecido como **teorema de Rouché**, é uma consequência do princípio do argumento que acabamos de desenvolver na Seção

SEÇÃO 94 TEOREMA DE ROUCHÉ

93. Esse teorema pode ser útil na localização de regiões do plano complexo em que uma dada função analítica tenha zeros.

Teorema. *Seja C um caminho fechado simples e suponha que*

(a) *as funções $f(z)$ e $g(z)$ sejam analíticas no interior e em C;*
(b) $|f(z)| > |g(z)|$ *em cada ponto de C.*

Então, $f(z)$ e $f(z) + g(z)$ têm o mesmo número, contando as multiplicidades, de zeros no interior de C.

É claro que a orientação de C no enunciado do teorema é irrelevante. Assim, na prova a seguir, podemos supor que a orientação é positiva, ou anti-horária. Começamos observando que nem a função $f(z)$ nem a soma $f(z) + g(z)$ tem um zero em C, pois

$$|f(z)| > |g(z)| \geq 0 \quad \text{e} \quad |f(z) + g(z)| \geq ||f(z)| - |g(z)|| > 0$$

com z em C.

Denotando o número de zeros no interior de C, contadas as multiplicidades, de $f(z)$ e $f(z) + g(z)$ por Z_f e Z_{f+g}, respectivamente, decorre do teorema da Seção 93 que

$$Z_f = \frac{1}{2\pi}\Delta_C \arg f(z) \quad \text{e} \quad Z_{f+g} = \frac{1}{2\pi}\Delta_C \arg[f(z) + g(z)].$$

Consequentemente, como

$$\Delta_C \arg[f(z) + g(z)] = \Delta_C \arg\left\{f(z)\left[1 + \frac{g(z)}{f(z)}\right]\right\}$$

$$= \Delta_C \arg f(z) + \Delta_C \arg\left[1 + \frac{g(z)}{f(z)}\right],$$

é evidente que

(1) $$Z_{f+g} = Z_f + \frac{1}{2\pi}\Delta_C \arg F(z),$$

em que

$$F(z) = 1 + \frac{g(z)}{f(z)}.$$

No entanto,

$$|F(z) - 1| = \frac{|g(z)|}{|f(z)|} < 1;$$

e isso significa que a imagem de C pela transformação $w = f(z)$ está contida no disco $|w - 1| < 1$. Em particular, essa imagem não contorna a origem $w = 0$. Assim, $\Delta_C \arg F(z) = 0$ e, como a equação (1) reduz a $Z_{f+g} = Z_f$, o teorema de Rouché está demonstrado.

EXEMPLO 1. Para determinar o número de raízes, contadas as multiplicidades, da equação

(2) $$z^4 + 3z^3 + 6 = 0$$

no interior do círculo $|z| = 2$, escrevemos

$$f(z) = 3z^3 \quad \text{e} \quad g(z) = z^4 + 6.$$

Em seguida observamos que, com $|z| = 2$, temos

$$|f(z)| = 3|z|^3 = 24 \quad \text{e} \quad |g(z)| \leq |z|^4 + 6 = 22.$$

Isso mostra que as hipóteses do teorema de Rouché estão satisfeitas. Consequentemente, como $f(z)$ tem três zeros, contadas as multiplicidades, no interior do círculo $|z| = 2$, o mesmo ocorre com $f(z) + g(z)$, ou seja, a equação (2) tem três raízes nesse interior, contadas as multiplicidades.

EXEMPLO 2. O teorema de Rouché pode ser usado para dar outra prova do teorema fundamental da Álgebra (Teorema 2 da Seção 58). Vejamos os detalhes. Considere um polinômio

(3) $$P(z) = a_0 + a_1 z + a_2 z^2 + \cdots + a_n z^n \quad (a_n \neq 0)$$

de grau n ($n \geq 1$) e mostremos que possui n zeros, contadas as multiplicidades. Escrevendo

$$f(z) = a_n z^n, \qquad g(z) = a_0 + a_1 z + a_2 z^2 + \cdots + a_{n-1} z^{n-1}$$

e tomando um ponto z qualquer do círculo $|z| = R$, com $R > 1$, vemos que

$$|f(z)| = |a_n| R^n.$$

Também,

$$|g(z)| \leq |a_0| + |a_1| R + |a_2| R^2 + \cdots + |a_{n-1}| R^{n-1}.$$

Consequentemente, como $R > 1$,

$$|g(z)| \leq |a_0| R^{n-1} + |a_1| R^{n-1} + |a_2| R^{n-1} + \cdots + |a_{n-1}| R^{n-1};$$

e segue que

$$\frac{|g(z)|}{|f(z)|} \leq \frac{|a_0| + |a_1| + |a_2| + \cdots + |a_{n-1}|}{|a_n| R} < 1$$

se, além de ser maior do que 1, também tivermos

(4) $$R > \frac{|a_0| + |a_1| + |a_2| + \cdots + |a_{n-1}|}{|a_n|}.$$

Logo, $|f(z)| > |g(z)|$ se $R > 1$ e estiver satisfeita a desigualdade (4). Agora, o teorema de Rouché nos diz que $f(z)$ e $f(z) + g(z)$ têm o mesmo número de zeros no interior de C, a saber, n. Assim, podemos concluir que $P(z)$ tem precisamente n zeros no plano, contadas as multiplicidades.

Observe que o teorema de Liouville da Seção 58 somente garante a existência de pelo menos uma raiz de um polinômio, mas que o teorema de Rouché efetivamente garante a existência de n zeros, contadas as multiplicidades.

EXERCÍCIOS

1. Seja C o círculo unitário $|z| = 1$ descrito no sentido positivo. Use o teorema da Seção 93 para determinar o valor de $\Delta_C \arg f(z)$ se

    (a) $f(z) = z^2$;   (b) $f(z) = 1/z^2$;   (c) $f(z) = (2z - 1)^7/z^3$.

    Respostas: (a) 4π;   (b) -4π;   (c) 8π.

2. Seja f uma função analítica no interior de um caminho fechado simples C orientado positivamente, bem como em cada ponto de C, e suponha que $f(z)$ não seja zero em C. Seja Γ o caminho fechado mostrado na Figura 114 que é a imagem de C pela transformação $w = f(z)$. Determine o valor de $\Delta_C \arg f(z)$ a partir dessa figura e, usando o teorema da Seção 93, determine o número de zeros de f no interior de C, contadas as multiplicidades.

    Resposta: 6π; 3.

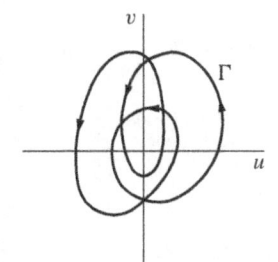

Figura 114

3. Usando a notação da Seção 93, suponha que Γ não contorne a origem $w = 0$ e que exista um raio a partir desse ponto que não intersecte Γ. Observe que o valor absoluto de $\Delta_C \arg f(z)$ deve ser menor do que 2π se um ponto z percorrer uma volta completa em C. Lembrando que $\Delta_C \arg f(z)$ é um múltiplo inteiro de 2π, justifique por que o número de rotação de Γ em relação à origem $w = 0$ deve ser zero.

4. Suponha que a função f seja meromorfa no domínio D que é o interior de um caminho fechado simples C e que f seja analítica e não nula em cada ponto de C. Seja D_0 o domínio constituído dos pontos de D exceto pelos polos. Demonstre que, do lema da Seção 28 e do Exercício 11 da Seção 83, decorre que se $f(z)$ não for identicamente nula em D_0, então cada zero de f em D tem ordem finita e que é finito o número de zeros de f em D.

    Sugestão: note que se um ponto z_0 de D for um zero de f que não tenha ordem finita, então deve existir uma vizinhança de z_0 na qual $f(z)$ é identicamente igual a zero.

5. Suponha que uma função f seja analítica no interior de um caminho fechado simples C orientado positivamente e que f seja analítica e não nula em cada ponto de C. Mostre

que se f tiver n zeros z_k ($k = 1, 2, \ldots, n$) no interior de C, sendo m_k a multiplicidade de z_k, então

$$\int_C \frac{zf'(z)}{f(z)} dz = 2\pi i \sum_{k=1}^{n} m_k z_k.$$

(Compare com a equação (8) da Seção 93, tomando $P = 0$.)

6. Determine o número de zeros, contando as multiplicidades, do polinômio
   (a) $z^6 - 5z^4 + z^3 - 2z$;   (b) $2z^4 - 2z^3 + 2z^2 - 2z + 9$;   (c) $z^7 - 4z^3 + z - 1$.

   no interior do círculo $|z| = 1$.

   Respostas: (a) 4;   (b) 0;   (c) 3.

7. Determine o número de zeros, contando as multiplicidades, do polinômio
   (a) $z^4 - 2z^3 + 9z^2 + z - 1$;   (b) $z^5 + 3z^3 + z^2 + 1$

   no interior do círculo $|z| = 2$.

   Respostas: (a) 2;   (b) 5.

8. Determine o número de raízes, contando as multiplicidades, da equação

   $$2z^5 - 6z^2 + z + 1 = 0$$

   no anel $1 \leq |z| < 2$.

   Resposta: 3.

9. Mostre que se c for um número complexo tal que $|c| > e$, então a equação $cz^n = e^z$ tem n raízes, contando as multiplicidades, no interior do círculo $|z| = 1$.

10. Sejam f e g duas funções como as do enunciado do teorema de Rouché da Seção 94, e suponha que a orientação do caminho C seja positiva. Então defina a função

    $$\Phi(t) = \frac{1}{2\pi i} \int_C \frac{f'(z) + tg'(z)}{f(z) + tg(z)} dz \qquad (0 \leq t \leq 1)$$

    e siga os passos indicados a seguir para obter outra prova do teorema de Rouché.

    (a) Justifique por que o denominador do integrando da integral que define $\Phi(t)$ nunca se anula em C. Isso garante a existência dessa integral.

    (b) Sejam t e t_0 dois pontos quaisquer do intervalo $0 \leq t \leq 1$ e mostre que

    $$|\Phi(t) - \Phi(t_0)| = \frac{|t - t_0|}{2\pi} \left| \int_C \frac{fg' - f'g}{(f + tg)(f + t_0 g)} dz \right|.$$

    Em seguida, justifique por que

    $$\left| \frac{fg' - f'g}{(f + tg)(f + t_0 g)} \right| \leq \frac{|fg' - f'g|}{(|f| - |g|)^2}$$

    nos pontos de C e mostre que existe uma constante positiva A que é independente de t e t_0 tal que

    $$|\Phi(t) - \Phi(t_0)| \leq A|t - t_0|.$$

    Conclua dessa desigualdade que $\Phi(t)$ é contínua no intervalo $0 \leq t \leq 1$.

(c) Usando a equação (8) da Seção 93 e fixado um valor qualquer de t no intervalo $0 \leq t \leq 1$, justifique por que o valor da função Φ nesse ponto é um número inteiro que representa o número de zeros de $f(z) + tg(z)$ no interior de C. Em seguida, usando a continuidade de Φ, mostrada na parte (b), conclua que $f(z)$ e $f(z) + g(z)$ têm o mesmo número de zeros no interior de C, contando as multiplicidades.

95 TRANSFORMADA DE LAPLACE INVERSA

Suponha que uma função F da variável complexa s seja analítica em todo o plano finito s, exceto por um número finito de singularidades isoladas. Seja L_R um segmento de reta vertical de $s = \gamma - iR$ até $s = \gamma + iR$, em que a constante γ é positiva e suficientemente grande para que as singularidades de F estejam todas à esquerda desse segmento (Figura 115). Definimos uma nova função f da variável real t em qualquer valor positivo de t por meio da equação

(1) $$f(t) = \frac{1}{2\pi i} \lim_{R \to \infty} \int_{L_R} e^{st} F(s)\,ds \qquad (t > 0),$$

desde que exista esse limite. A expressão (1) costuma ser escrita como

(2) $$f(t) = \frac{1}{2\pi i} \text{ V.P.} \int_{\gamma - i\infty}^{\gamma + i\infty} e^{st} F(s)\,ds \qquad (t > 0)$$

(compare com a equação (3) da Seção 85) e é denominada uma *integral de Bromwich*.

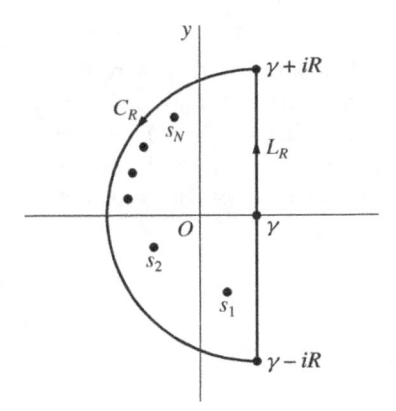

Figura 115

Pode-se demonstrar que, impondo condições bastante gerais sobre as funções envolvidas, essa função $f(t)$ na equação (2) é a *transformada de Laplace inversa* da função

(3) $$F(s) = \int_0^\infty e^{-st} f(t)\,dt,$$

que é a conhecida transformada de Laplace de $f(t)$. Ou seja, se $F(s)$ for a transformada de Laplace de $f(t)$, então $f(t)$ é recuperada por meio da equação (2).* Isso se faz com a ajuda do teorema dos resíduos de Cauchy, que garante que

$$(4) \qquad \int_{L_R} e^{st} F(s)\, ds = 2\pi i \sum_{n=1}^{N} \operatorname*{Res}_{s=s_n} [e^{st} F(s)] - \int_{C_R} e^{st} F(s)\, ds,$$

em que C_R é o semicírculo mostrado na Figura 115. Então, supondo que

$$(5) \qquad \lim_{R \to \infty} \int_{C_R} e^{st} F(s)\, ds = 0,$$

segue da equação (1) que

$$(6) \qquad f(t) = \sum_{n=1}^{N} \operatorname*{Res}_{s=s_n} [e^{st} F(s)] \qquad (t > 0).$$

Em muitas aplicações das transformadas de Laplace, como a solução de equações diferenciais parciais que surgem no estudo da condução do calor e de oscilações mecânicas, a função $F(s)$ é analítica em todos os valores do plano finito s, exceto por um conjunto *infinito* de singularidades isoladas s_n ($n = 1, 2, \ldots$) que ficam à esquerda de alguma reta vertical Re $s = \gamma$. Muitas vezes, esse método que descrevemos para encontrar $f(t)$ pode ser modificado de tal maneira que a soma finita (6) é substituída por uma *série infinita* de resíduos

$$(7) \qquad f(t) = \sum_{n=1}^{\infty} \operatorname*{Res}_{s=s_n} [e^{st} F(s)] \qquad (t > 0).$$

Nosso objetivo nessa seção é chamar a atenção do leitor para o uso de resíduos e, em particular, da expressão (6) para encontrar a transformada de Laplace inversa. Nossa discussão é curta e não inclui a verificação de que a equação (1) realmente fornece a transformada inversa $f(t)$, nem a descrição de condições sobre $F(s)$ que permitam a existência do limite (5). Como no exemplo a seguir, somente esperamos um tratamento formal nos exercícios seguintes.

EXEMPLO. A função

$$F(s) = \frac{s}{s^2 + 4} = \frac{s}{(s + 2i)(s - 2i)}$$

---

* Para uma justificativa detalhada do material desta seção, ver, por exemplo, o Capítulo 6 do livro *Operational Mathematics*, 3rd ed., 1972, de R. V. Churchill. Um tratamento excepcionalmente claro desse material também está no Capítulo 7 do livro *Complex Variables with Applications*, 3rd ed., 2005, de A. D. Wunsch. Ambos os livros estão listados no Apêndice 1.

tem singularidades isoladas nos pontos $s = \pm 2i$. De acordo com a expressão (6), então,

$$f(t) = \operatorname*{Res}_{s=2i}\left[\frac{e^{st}s}{(s+2i)(s-2i)}\right] + \operatorname*{Res}_{s=-2i}\left[\frac{e^{st}s}{(s+2i)(s-2i)}\right].$$

Ambas as singularidades são polos simples, e escrevendo

$$f(t) = \operatorname*{Res}_{s=2i}\left[\frac{\phi_1(s)}{s-2i}\right] + \operatorname*{Res}_{s=-2i}\left[\frac{\phi_2(s)}{s+2i}\right],$$

em que

$$\phi_1(s) = \frac{e^{st}s}{s+2i} \quad \text{e} \quad \phi_2(s) = \frac{e^{st}s}{s-2i},$$

obtemos

$$f(t) = \phi_1(2i) + \phi_2(-2i) = \frac{e^{2it}(2i)}{4i} + \frac{e^{-2it}(-2i)}{-4i} = \frac{e^{i2t} + e^{-i2t}}{2} = \cos 2t.$$

EXERCÍCIOS

Em cada um dos Exercícios 1 a 3, use resíduos para encontrar a transformada de Laplace inversa $f(t)$ correspondente à função $F(s)$ dada. Faça isso formalmente, sem justificar a validade da argumentação.

1. $F(s) = \dfrac{2s^3}{s^4 - 4}$.

    Resposta: $f(t) = \cosh\sqrt{2}t + \cos\sqrt{2}t$.

2. $F(s) = \dfrac{2s - 2}{(s+1)(s^2 + 2s + 5)}$.

    Resposta: $f(t) = e^{-t}(\cos 2t + \operatorname{sen} 2t - 1)$.

3. $F(s) = \dfrac{12}{s^3 + 8}$.

    Sugestão: depois de encontrar as três raízes cúbicas -2 e $1 \pm \sqrt{3}i$ de -8, é útil observar que a propriedade $z + \bar{z} = 2\operatorname{Re} z$ dos números complexos nos permite escrever

    $$\frac{e^{i\sqrt{3}t}}{-1 + i\sqrt{3}} + \frac{e^{-i\sqrt{3}t}}{-1 - i\sqrt{3}} = 2\operatorname{Re}\left[\frac{e^{i\sqrt{3}t}}{-1 + i\sqrt{3}}\right].$$

    Resposta: $f(t) = e^{-2t} + e^t(\sqrt{3}\operatorname{sen}\sqrt{3}t - \cos\sqrt{3}t)$.

4. Siga os passos indicados a seguir para encontrar $f(t)$ se

    $$F(s) = \frac{1}{s^2} - \frac{1}{s \operatorname{senh} s}.$$

    Inicialmente, certifique-se de que as singularidades isoladas de $F(s)$ são

    $$s_0 = 0, \quad s_n = n\pi i, \quad \overline{s_n} = -n\pi i \quad (n = 1, 2, \ldots).$$

(a) Use a série de Laurent encontrada no Exercício 5 da Seção 73 para mostrar que a função $e^{st}F(s)$ tem uma singularidade removível em $s = s_0$, com resíduo 0.

(b) Use o Teorema 2 da Seção 83 para mostrar que

$$\operatorname*{Res}_{s=s_n}[e^{st}F(s)] = \frac{(-1)^n i \exp(in\pi t)}{n\pi}$$

e

$$\operatorname*{Res}_{s=\overline{s_n}}[e^{st}F(s)] = \frac{-(-1)^n i \exp(-in\pi t)}{n\pi}.$$

(c) Use a série (7) da Seção 95, junto às partes (a) e (b), para mostrar que

$$f(t) = \sum_{n=1}^{\infty}\left\{\operatorname*{Res}_{s=s_n}[e^{st}F(s)] + \operatorname*{Res}_{s=\overline{s_n}}[e^{st}F(s)]\right\} = \frac{2}{\pi}\sum_{n=1}^{\infty}\frac{(-1)^{n+1}}{n}\operatorname{sen} n\pi t.$$

CAPÍTULO 8

TRANSFORMAÇÕES POR FUNÇÕES ELEMENTARES

A interpretação geométrica de uma função de uma variável complexa como uma aplicação, ou transformação, foi introduzida nas Seções 13 e 14, no Capítulo 2. Naquelas seções, vimos como a natureza dessas funções pode ser exposta graficamente, até um certo ponto, por meio da maneira pela qual certas curvas e regiões são transformadas.

Neste capítulo, veremos exemplos adicionais de como várias curvas e regiões são transformadas por funções analíticas elementares. Algumas aplicações desses resultados a problemas da Física estão ilustradas nos Capítulos 10 e 11.

96 TRANSFORMAÇÕES LINEARES

Para estudar a aplicação

(1) $$w = Az,$$

em que A é uma constante complexa não nula e $z \neq 0$, escrevemos A e z em forma exponencial

$$A = a\exp(i\alpha), \quad z = r\exp(i\theta).$$

Então,

(2) $$w = (ar)\exp[i(\alpha + \theta)],$$

e vemos da equação (2) que a transformação (1) expande ou contrai o vetor radial que representa z pelo fator a e gira esse vetor pelo ângulo α em torno da origem. A imagem (Seção 13) de uma região dada é, portanto, geometricamente semelhante a essa região.

A aplicação

(3) $$w = z + B,$$

em que B é uma constante complexa qualquer, é uma translação pelo vetor que representa B. Ou seja, se

$$w = u + iv, \quad z = x + iy \quad \text{e} \quad B = b_1 + ib_2,$$

então a imagem de qualquer ponto (x, y) do plano z é o ponto

(4) $\qquad (u, v) = (x + b_1, y + b_2)$

do plano w. Como cada ponto de uma dada região do plano z é levado para o plano w dessa maneira, a imagem de uma região é geometricamente congruente à região original.

A *transformação linear* geral (não constante)

(5) $\qquad w = Az + B \quad (A \neq 0)$

é uma composição das transformações

$$Z = Az \quad (A \neq 0) \quad \text{e} \quad w = Z + B.$$

Se $z \neq 0$, então a imagem do vetor radial de z é uma expansão ou contração e uma rotação seguida de uma translação.

EXEMPLO. A aplicação

(6) $\qquad w = (1 + i)z + 2$

transforma a região retangular do plano $z = (x, y)$ da Figura 116 na região retangular do plano $w = (u, v)$ mostrada na figura. Isso pode ser visto expressando essa aplicação como a composição das transformações

(7) $\qquad Z = (1 + i)z \quad \text{e} \quad w = Z + 2.$

Escrevendo

$$1 + i = \sqrt{2}\exp\left(i\frac{\pi}{4}\right) \quad \text{e} \quad z = r\exp(i\theta),$$

podemos colocar a primeira das transformações (7) na forma

$$Z = (\sqrt{2}r)\exp\left[i\left(\theta + \frac{\pi}{4}\right)\right].$$

Assim, essa primeira transformação expande o vetor radial de um ponto não nulo z por um fator de $\sqrt{2}$ e o gira no sentido anti-horário por $\pi/4$ radianos em torno da origem. A segunda das transformações (7) é, evidentemente, uma translação de duas unidades para a direita.

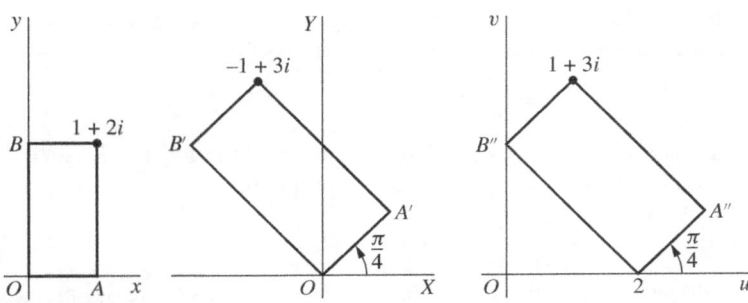

Figura 116
$w = (1 + i)z + 2$.

EXERCÍCIOS

1. Justifique por que a transformação $w = iz$ é uma rotação do plano z pelo ângulo de $\pi/2$. Em seguida, encontre a imagem da faixa infinita $0 < x < 1$.

    Resposta: $0 < v < 1$.

2. Mostre que a transformação $w = iz + i$ transforma o semiplano $x > 0$ sobre o semiplano $v > 1$.

3. Encontre uma transformação linear que transforme a faixa $x > 0$, $0 < y < 2$ sobre a faixa $-1 < u < 1$, $v > 0$, conforme indicado na Figura 117.

    Resposta: $w = iz + 1$.

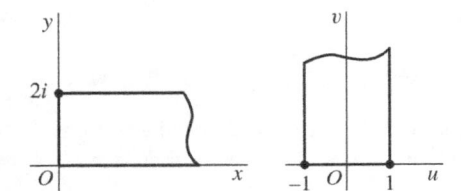

Figura 117

4. Encontre e esboce a região na qual é transformado o semiplano $y > 0$ pela transformação $w = (1 + i)z$.

    Resposta: $v > u$.

5. Encontre a imagem do semiplano $y > 1$ pela transformação $w = (1 - i)z$.

6. Dê uma descrição geométrica da transformação $w = A(z + B)$, se A e B forem constantes complexas com $A \neq 0$.

97 A TRANSFORMAÇÃO $w = 1/z$

A equação

(1) $$w = \frac{1}{z}$$

302 CAPÍTULO 8 TRANSFORMAÇÕES POR FUNÇÕES ELEMENTARES

estabelece uma bijeção entre os pontos fora da origem dos planos z e w. Como $|z|^2 = z\bar{z}$, essa aplicação pode ser descrita pelas transformações

(2) $$Z = \frac{z}{|z|^2}, \quad w = \bar{Z}.$$

A primeira destas é uma inversão em relação ao círculo unitário $|z| = 1$. Isto é, a imagem de um ponto não nulo z é o ponto Z com a propriedade

$$|Z| = \frac{1}{|z|} \quad \text{e} \quad \arg Z = \arg z.$$

Assim, os pontos do plano finito no exterior do círculo são levados sobre os pontos não nulos do interior desse disco (Figura 118) e, reciprocamente, os pontos não nulos do interior do círculo são levados sobre os pontos do exterior no plano finito. Cada ponto desse círculo é levado nele mesmo. A segunda transformação (2) é, simplesmente, a reflexão no eixo real.

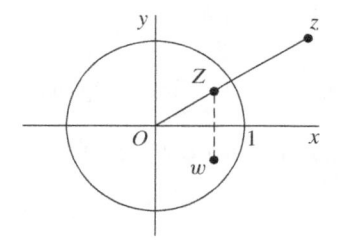

Figura 118

Escrevendo a transformação (1) como

(3) $$T(z) = \frac{1}{z} \quad (z \neq 0),$$

podemos definir T na origem e no ponto no infinito de tal forma que T resulta contínua no plano complexo *estendido*. Para isso, basta lembrar a Seção 17 e observar que

(4) $$\lim_{z \to 0} T(z) = \infty \quad \text{pois} \quad \lim_{z \to 0} \frac{1}{T(z)} = \lim_{z \to 0} z = 0$$

e

(5) $$\lim_{z \to \infty} T(z) = 0 \quad \text{pois} \quad \lim_{z \to 0} T\left(\frac{1}{z}\right) = \lim_{z \to 0} z = 0.$$

Então, para tornar T contínua no plano estendido, escrevemos

(6) $$T(0) = \infty, \quad T(\infty) = 0 \quad \text{e} \quad T(z) = \frac{1}{z}$$

nos demais valores de z. Mais precisamente, os limites (4) e (5) revelam que

(7) $$\lim_{z \to z_0} T(z) = T(z_0)$$

em cada ponto do planos z estendido, inclusive $z_0 = 0$ e $z_0 = \infty$. O fato de T ser contínua em todo o plano estendido é, agora, uma consequência do limite (7) da Seção

18. Em virtude dessa continuidade, convencionamos que sempre que nos referirmos à função $1/z$ na origem ou no ponto no infinito, estamos tratando dessa aplicação $T(z)$.

98 TRANSFORMAÇÕES DE 1/z

Se um ponto $w = u + iv$ for a imagem de um ponto não nulo $z = x + iy$ do plano finito pela transformação $w = 1/z$, então, escrevendo

$$w = \frac{\bar{z}}{z\bar{z}} = \frac{\bar{z}}{|z|^2}$$

vemos que

(1) $$u = \frac{x}{x^2 + y^2}, \quad v = \frac{-y}{x^2 + y^2}.$$

Também, por ser

$$z = \frac{1}{w} = \frac{\bar{w}}{w\bar{w}} = \frac{\bar{w}}{|w|^2},$$

vemos que

(2) $$x = \frac{u}{u^2 + v^2}, \quad y = \frac{-v}{u^2 + v^2}.$$

O argumento seguinte, que utiliza essas relações entre coordenadas, mostra que *a aplicação $w = 1/z$ transforma círculos e retas em círculos e retas*. Se A, B, C e D forem números reais satisfazendo a condição

(3) $$B^2 + C^2 > 4AD,$$

então a equação

(4) $$A(x^2 + y^2) + Bx + Cy + D = 0$$

representa um círculo ou uma reta arbitrários, sendo $A \neq 0$ no caso de um círculo e $A = 0$ no de uma reta. A necessidade da condição (3) se $A \neq 0$ é evidente reescrevendo a equação (4) por meio de completamento de quadrados como

$$\left(x + \frac{B}{2A}\right)^2 + \left(y + \frac{C}{2A}\right)^2 = \left(\frac{\sqrt{B^2 + C^2 - 4AD}}{2A}\right)^2.$$

Se $A = 0$, a condição (3) se torna $B^2 + C^2 > 0$, o que significa que B e C não podem ser, ambos, nulos. Voltando à verificação da afirmação em itálico do início deste parágrafo, observamos que se x e y satisfazem a equação (4), então podemos usar a relação (2) para substituir essas variáveis. Depois de algumas simplificações, obtemos que u e v satisfazem a equação (ver também o Exercício 14)

(5) $$D(u^2 + v^2) + Bu - Cv + A = 0,$$

que, também, representa um círculo ou uma reta. Reciprocamente, se u e v satisfazem a equação (5), segue das relações (1) que x e y satisfazem a equação (4).

CAPÍTULO 8 TRANSFORMAÇÕES POR FUNÇÕES ELEMENTARES

A partir das equações (4) e (5), vemos que

(a) um círculo ($A \neq 0$) que não passa pela origem ($D \neq 0$) do plano z é transformado em um círculo que não passa pela origem no plano w;

(b) um círculo ($A \neq 0$) que passa pela origem ($D = 0$) do plano z é transformado em uma reta que não passa pela origem no plano w;

(c) uma reta ($A = 0$) que não passa pela origem ($D \neq 0$) do plano z é transformada em um círculo que não passa pela origem no plano w;

(d) uma reta ($A = 0$) que passa pela origem ($D = 0$) do plano z é transformada em uma reta que passa pela origem no plano w.

EXEMPLO 1. De acordo com as equações (4) e (5), uma reta vertical $x = c_1$ ($c_1 \neq 0$) é transformada por $w = 1/z$ no círculo $-c_1(u^2 + v^2) + u = 0$, ou

(6) $$\left(u - \frac{1}{2c_1}\right)^2 + v^2 = \left(\frac{1}{2c_1}\right)^2,$$

centrado no eixo u e tangente ao eixo v. A imagem de um ponto típico (c_1, y) dessa reta, pela equação (1), é

$$(u, v) = \left(\frac{c_1}{c_1^2 + y^2}, \frac{-y}{c_1^2 + y^2}\right).$$

Se $c_1 > 0$, o círculo (6) está situado à direita do eixo v. À medida que o ponto (c_1, y) percorre a reta inteira de baixo para cima, sua imagem percorre o círculo uma vez no sentido horário, sendo que o ponto no infinito no plano z estendido corresponde à origem no plano w. Isso está ilustrado na Figura 119 com $c_1 = 1/3$. Observe que $v > 0$ se $y < 0$ e, com y crescendo até 0 por valores negativos, podemos ver que u cresce de 0 a $1/c_1$. Depois, se y cresce por valores positivos, v é negativo e u decresce a 0.

Por outro lado, se $c_1 < 0$, o círculo está situado à esquerda do eixo v. À medida que o ponto (c_1, y) percorre a reta inteira de baixo para cima, sua imagem ainda percorre o círculo uma vez, mas, agora, no sentido anti-horário. Ver Figura 119, em que também aparece o caso $c_1 = -1/2$.

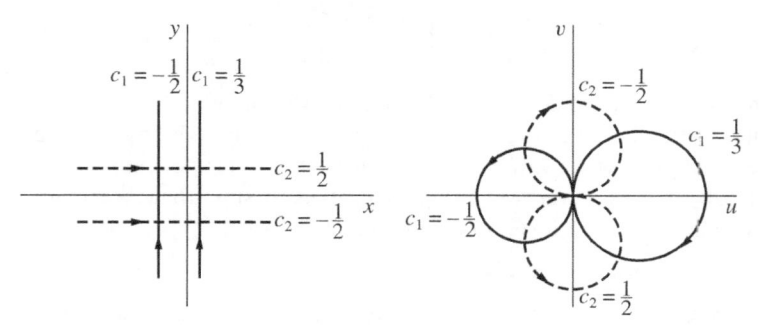

Figura 119
$w = 1/z$.

EXEMPLO 2. Uma reta horizontal $y = c_2$ ($c_2 \neq 0$) é transformada por $w = 1/z$ sobre o círculo

(7) $$u^2 + \left(v + \frac{1}{2c_2}\right)^2 = \left(\frac{1}{2c_2}\right)^2,$$

centrado no eixo v e tangente ao eixo u. Dois casos especiais aparecem na Figura 119, em que estão indicadas, também, as orientações correspondentes dos círculos e retas.

EXEMPLO 3. Se $w = 1/z$, o semiplano $x \geq c_1$ ($c_1 > 0$) é transformado sobre o disco

(8) $$\left(u - \frac{1}{2c_1}\right)^2 + v^2 \leq \left(\frac{1}{2c_1}\right)^2.$$

De fato, pelo Exemplo 1, qualquer reta $x = c$ ($c \geq c_1$) é transformada no círculo

(9) $$\left(u - \frac{1}{2c}\right)^2 + v^2 = \left(\frac{1}{2c}\right)^2.$$

Além disso, à medida que c cresce a partir de c_1, as retas $x = c$ andam para a direita, e os círculos (9) da imagem encolhem. (Ver Figura 120.) Como as retas $x = c$ passam por todos os pontos do semiplano $x \geq c_1$ e os círculos (9) passam por todos os pontos do disco (8), estabelecemos a transformação do semiplano no disco.

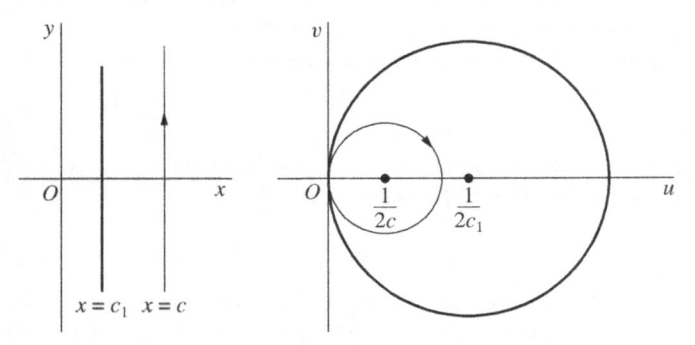

Figura 120
$w = 1/z$.

EXERCÍCIOS

1. Usando a transformação $w = 1/z$ da Seção 98, mostre como, da primeira das equações (2), decorre que a desigualdade $x \geq c_1$ ($c_1 > 0$) é válida se, e somente se, a desigualdade (8) é válida. Dessa forma, obtenha uma verificação alternativa da transformação estabelecida no Exemplo 3 da Seção 98.

2. Mostre que se $c_1 < 0$, então a imagem do semiplano $x < c_1$ pela transformação $w = 1/z$ é o interior de um círculo. Qual é a imagem se $c_1 = 0$?

3. Mostre que a imagem do semiplano $y > c_2$ pela transformação $w = 1/z$ é o interior de um círculo se $c_2 > 0$. Encontre a imagem se $c_2 < 0$ e se $c_2 = 0$.

4. Encontre a imagem da faixa infinita $0 < y < 1/(2c)$ pela transformação $w = 1/z$. Esboce a faixa e a imagem.

   Resposta: $u^2 + (v + c)^2 > c^2, v < 0$

5. Encontre a imagem da região $x > 1, y > 0$ pela transformação $w = 1/z$.

   Resposta: $\left(u - \dfrac{1}{2}\right)^2 + v^2 < \left(\dfrac{1}{2}\right)^2,\ v < 0.$

6. Verifique a imagem da transformação $w = 1/z$ apresentada na (*a*) Figura 4 do Apêndice 2; (*b*) Figura 5 do Apêndice 2.

7. Descreva geometricamente a transformação $w = 1/(z - 1)$.

8. Descreva geometricamente a transformação $w = i/z$. Mostre que círculos e retas são transformados em círculos e retas.

9. Encontre a imagem da faixa semi-infinita $x > 0, 0 < y < 1$ pela transformação $w = i/z$. Esboce a faixa e a imagem.

   Resposta: $\left(u - \dfrac{1}{2}\right)^2 + v^2 > \left(\dfrac{1}{2}\right)^2,\ u > 0,\ v > 0.$

10. Escrevendo $w = \rho \exp(i\phi)$, mostre que a aplicação $w = 1/z$ transforma a hipérbole $x^2 - y^2 = 1$ na lemniscata $\rho^2 = \cos 2\phi$. (Use o Exercício 14 da Seção 6.)

11. Suponha que o círculo unitário $|z| = 1$ tenha orientação anti-horária. Determine a orientação de sua imagem pela transformação $w = 1/z$.

12. Mostre que se um círculo for transformado em um círculo pela aplicação $w = 1/z$, então o centro do círculo *nunca* é levado no centro do círculo da imagem.

13. Usando a forma exponencial $z = re^{i\theta}$ de z, mostre que a aplicação

    $$w = z + \dfrac{1}{z},$$

    que é a soma da identidade com a transformação discutida nas Seções 97 e 98, transforma círculos $r = r_0$ em elipses de representação paramétrica

    $$u = \left(r_0 + \dfrac{1}{r_0}\right)\cos\theta, \quad v = \left(r_0 - \dfrac{1}{r_0}\right)\operatorname{sen}\theta \qquad (0 \le \theta \le 2\pi)$$

    e focos nos pontos $w = \pm 2$. Em seguida, mostre por que essa transformação leva o círculo unitário $|z| = 1$ todo sobre o segmento $-2 \le u \le 2$ do eixo u e o domínio que é exterior àquele círculo sobre o resto do plano w.

14. (*a*) Escreva a equação (4) da Seção 98 na forma

    $$2Az\bar{z} + (B - Ci)z + (B + Ci)\bar{z} + 2D = 0,$$

    em que $z = x + iy$.

    (*b*) Mostre que se $w = 1/z$, então o resultado da parte (*a*) é

    $$2Dw\bar{w} + (B + Ci)w + (B - Ci)\bar{w} + 2A = 0.$$

    Em seguida, mostre que se $w = u + iv$, essa equação é igual à equação (5) da Seção 98.

Sugestão: na parte (a), use as relações (ver Seção 6)

$$x = \frac{z + \bar{z}}{2} \quad \text{e} \quad y = \frac{z - \bar{z}}{2i}.$$

99 TRANSFORMAÇÕES FRACIONÁRIAS LINEARES
A transformação

(1) $\qquad w = \dfrac{az+b}{cz+d} \qquad (ad - bc \neq 0),$

em que a, b, c e d são constantes complexas, é denominada uma *transformação fracionária linear* ou, então, uma transformação de Möbius. Observe que a equação (1) pode ser escrita na forma

(2) $\qquad Azw + Bz + Cw + D = 0 \qquad (AD - BC \neq 0);$

e, reciprocamente, qualquer equação do tipo (2) pode ser colocada na forma (1). Como essa forma alternativa é linear em z e também em w, as transformações fracionárias lineares também costumam ser denominadas *transformações bilineares*.

Se $c = 0$, a condição $ad - bc \neq 0$ da equação (1) significa $ad \neq 0$, e vemos que a transformação reduz a uma aplicação linear não constante. Se $c \neq 0$, a equação (1) pode ser escrita como

(3) $\qquad w = \dfrac{a}{c} + \dfrac{bc - ad}{c} \cdot \dfrac{1}{cz+d} \qquad (ad - bc \neq 0).$

Logo, mais uma vez, a condição $ad - bc \neq 0$ garante que não temos uma função constante. A transformação $w = 1/z$, evidentemente, é um caso especial da transformação (1) se $c \neq 0$.

A equação (3) revela que, no caso $c \neq 0$, uma transformação fracionária linear é uma composição das aplicações

$$Z = cz + d, \quad W = \frac{1}{Z}, \quad w = \frac{a}{c} + \frac{bc - ad}{c} W \qquad (ad - bc \neq 0).$$

Segue disso que, independentemente de c ser zero ou não, *uma transformação fracionária linear transforma círculos e retas em círculos e retas*, pois cada uma dessas transformações fracionárias lineares especiais tem essa propriedade. (Ver Seções 96 e 98.)

Resolvendo a equação (1) em z, obtemos

(4) $\qquad z = \dfrac{-dw + b}{cw - a} \qquad (ad - bc \neq 0).$

Se um dado ponto w for a imagem de algum ponto z pela transformação (1), então o ponto z pode ser recuperado pela equação (4). Se $c = 0$, de modo que a e d são, ambos, não nulos, evidentemente cada ponto do plano w é a imagem de exatamente um ponto do plano z. O mesmo é válido se $c \neq 0$, exceto para $w = a/c$, pois o denominador na equação (4) é zero com esse valor de w. No entanto, podemos ampliar o domínio de definição de (1) para definir uma transformação fracionária linear T no plano z *estendido* de tal forma que o ponto $w = a/c$ é a imagem de $z = \infty$ se $c \neq 0$. Primeiramente escrevemos

(5) $$T(z) = \frac{az+b}{cz+d} \quad (ad - bc \neq 0).$$

Então, definimos

(6) $$T(\infty) = \infty \quad \text{se} \quad c = 0$$

e

(7) $$T(\infty) = \frac{a}{c} \quad \text{e} \quad T\left(-\frac{d}{c}\right) = \infty \quad \text{se} \quad c \neq 0.$$

Em vista do Exercício 11 da Seção 18, isso faz de T uma aplicação contínua do plano z estendido. Também está de acordo com a maneira pela qual ampliamos o domínio de definição da transformação $w = 1/z$ na Seção 97.

Quando o domínio de definição é ampliado dessa maneira, a transformação fracionária linear (5) é uma *bijeção* do plano z estendido *sobre* o plano w estendido. Isto é, $T(z_1) \neq T(z_2)$ sempre que $z_1 \neq z_2$ e, dado qualquer ponto w do segundo plano, existe um ponto z do primeiro plano tal que $T(z) = w$. Dessa forma, associada à transformação T existe uma *transformação inversa* T^{-1}, que está definida no plano w estendido por

$$T^{-1}(w) = z \quad \text{se, e só se,} \quad T(z) = w.$$

Pela equação (4), vemos que

(8) $$T^{-1}(w) = \frac{-dw+b}{cw-a} \quad (ad - bc \neq 0).$$

Evidentemente, T^{-1} é uma transformação fracionária linear, em que

(9) $$T^{-1}(\infty) = \infty \quad \text{se} \quad c = 0$$

e

(10) $$T^{-1}\left(\frac{a}{c}\right) = \infty \quad \text{e} \quad T^{-1}(\infty) = -\frac{d}{c} \quad \text{se} \quad c \neq 0.$$

Se T e S forem duas transformações fracionárias lineares, a composição $S[T(z)]$ também é uma transformação fracionária linear. Isso pode ser verificado combinando expressões do tipo (5). Em particular, note que $T^{-1}[T(z)] = z$ em cada ponto z do plano estendido.

Existe sempre uma transformação fracionária linear que leva três pontos distintos z_1, z_2 e z_3 dados em três pontos distintos w_1, w_2 e w_3 dados, respectivamente. A verificação disso aparece na Seção 100, em que a imagem w de um ponto z por essa transformação é dada implicitamente em termos de z. A seguir, ilustramos uma maneira mais direta de encontrar essa transformação.

EXEMPLO 1. Vamos encontrar o caso especial da transformação fracionária linear

$$w = \frac{az+b}{cz+d} \quad (ad-bc \neq 0)$$

que leva os pontos

$$z_1 = 2, \quad z_2 = i \quad \text{e} \quad z_3 = -2$$

nos pontos

$$w_1 = 1, \quad w_2 = i \quad \text{e} \quad w_3 = -1.$$

Como 1 deve ser a imagem de 2 e -1, a de -2, precisamos ter

$$2c + d = 2a + b \quad \text{e} \quad 2c - d = -2a + b.$$

Somando os lados correspondentes dessas equações, obtemos $b = 2c$. A primeira equação então é $d = 2a$, e temos

(11) $$w = \frac{az + 2c}{cz + 2a} \quad [2(a^2 - c^2) \neq 0].$$

Como i deve ser transformado em i, a equação (11) fornece $c = (ai)/3$. Logo,

$$w = \frac{az + \dfrac{2ai}{3}}{\dfrac{ai}{3}z + 2a} = \frac{a\left(z + \dfrac{2}{3}i\right)}{a\left(\dfrac{i}{3}z + 2\right)} \quad (a \neq 0);$$

e podemos cancelar o fator não nulo a e escrever

$$w = \frac{z + \dfrac{2}{3}i}{\dfrac{i}{3}z + 2},$$

que é o mesmo que

(12) $$w = \frac{3z + 2i}{iz + 6}.$$

EXEMPLO 2. Suponha que os pontos

$$z_1 = 1, \quad z_2 = 0 \quad \text{e} \quad z_3 = -1$$

devam ser levados em

$$w_1 = i, \quad w_2 = \infty \quad \text{e} \quad w_3 = 1.$$

Como $w_2 = \infty$ corresponde a $z_2 = 0$, sabemos, das equações (6) e (7), que $c \neq 0$ e $d = 0$ na equação (1). Logo,

(13) $$w = \frac{az + b}{cz} \quad (bc \neq 0).$$

Então, como 1 deve ser levado em i e -1 em 1, temos as relações

$$ic = a + b, \quad -c = -a + b;$$

e segue que

$$2a = (1 + i)c, \quad 2b = (i - 1)c.$$

Finalmente, multiplicando o numerador e o denominador do quociente (13) por 2, substituímos $2a$ e $2b$ pelas expressões obtidas e cancelamos o número não nulo c para chegar a

(14) $$w = \frac{(i + 1)z + (i - 1)}{2z}.$$

100 UMA FORMA IMPLÍCITA

A equação

(1) $$\frac{(w - w_1)(w_2 - w_3)}{(w - w_3)(w_2 - w_1)} = \frac{(z - z_1)(z_2 - z_3)}{(z - z_3)(z_2 - z_1)}$$

define (implicitamente) a transformação fracionária linear que leva, respectivamente, os três pontos distintos z_1, z_2 e z_3 do plano z finito nos três pontos distintos w_1, w_2 e w_3 do plano w finito.* Para verificar isso, escrevemos a equação (1) como

(2) $$(z - z_3)(w - w_1)(z_2 - z_1)(w_2 - w_3) = (z - z_1)(w - w_3)(z_2 - z_3)(w_2 - w_1).$$

Se $z = z_1$, o lado direito da equação (2) é zero, e segue que $w = w_1$. Analogamente, se $z = z_3$, o lado esquerdo é zero e, consequentemente, $w = w_3$. Se $z = z_2$, temos a equação linear

$$(w - w_1)(w_2 - w_3) = (w - w_3)(w_2 - w_1),$$

cuja solução única é $w = w_2$. Para ver que a aplicação definida pela equação (1) é realmente uma transformação fracionária linear, expandimos os produtos na equação (2) e escrevemos o resultado na forma (Seção 99)

(3) $$Azw + Bz + Cw + D = 0.$$

A condição $AD - BC \neq 0$ que é necessária junto à equação (3) é claramente válida, pois, como acabamos de ver, a equação (1) não define uma função constante. Deixamos a cargo do leitor (Exercício 10) mostrar que a equação (1) define a *única* transformação fracionária linear que leva os pontos z_1, z_2 e z_3 em w_1, w_2 e w_3, respectivamente.

---

* Os dois lados da equação (1) são **razões cruzadas**, que desempenham um papel importante em desenvolvimentos mais aprofundados de transformações fracionárias lineares do que o deste livro. Ver, por exemplo, as páginas 171-176 de *Invitation to Complex Analysis* de R. P. Boas, 2nd ed., 2010, ou as páginas 48-55 de *Functions of One Complex Variable* de J. B. Conway, 2nd ed., 1997.

SEÇÃO 100 UMA FORMA IMPLÍCITA 311

EXEMPLO 1. A transformação encontrada no Exemplo 1 da Seção 99 exige que

$$z_1 = 2, \quad z_2 = i, \quad z_3 = -2 \quad \text{e} \quad w_1 = 1, \quad w_2 = i, \quad w_3 = -1.$$

Usamos a equação (1) para escrever

$$\frac{(w-1)(i+1)}{(w+1)(i-1)} = \frac{(z-2)(i+2)}{(z+2)(i-2)}$$

e, então, resolvemos para w em termos de z e chegamos à transformação

$$w = \frac{3z + 2i}{iz + 6},$$

encontrada naquela seção.

Modificando adequadamente a equação (1), podemos utilizá-la se um dos pontos prescritos dos planos z ou w (estendidos) for o ponto no infinito. Suponha, por exemplo, que $z_1 = \infty$. Como toda transformação fracionária linear é contínua no plano estendido, basta substituir z_1 do lado direito da equação (1) por $1/z_1$, simplificar e fazer z_1 tender a zero:

$$\lim_{z_1 \to 0} \frac{(z - 1/z_1)(z_2 - z_3)}{(z - z_3)(z_2 - 1/z_1)} \cdot \frac{z_1}{z_1} = \lim_{z_1 \to 0} \frac{(z_1 z - 1)(z_2 - z_3)}{(z - z_3)(z_1 z_2 - 1)} = \frac{z_2 - z_3}{z - z_3}.$$

A modificação necessária na equação (1) é, então,

$$\frac{(w - w_1)(w_2 - w_3)}{(w - w_3)(w_2 - w_1)} = \frac{z_2 - z_3}{z - z_3}.$$

Observe que essa modificação pode ser obtida de maneira formal simplesmente omitindo os fatores que envolvem z_1 na equação (1). É fácil verificar que o mesmo procedimento formal pode ser aplicado se qualquer um dos outros pontos for ∞

EXEMPLO 2. No Exemplo 2 da Seção 99, os pontos prescritos são

$$z_1 = 1, \quad z_2 = 0, \quad z_3 = -1 \quad \text{e} \quad w_1 = i, \quad w_2 = \infty, \quad w_3 = 1.$$

Nesse caso, usamos a modificação

$$\frac{w - w_1}{w - w_3} = \frac{(z - z_1)(z_2 - z_3)}{(z - z_3)(z_2 - z_1)}$$

da equação (1), que fornece

$$\frac{w - i}{w - 1} = \frac{(z - 1)(0 + 1)}{(z + 1)(0 - 1)}.$$

Resolvendo em w, obtemos a transformação encontrada naquele exemplo,

$$w = \frac{(i + 1)z + (i - 1)}{2z}.$$

EXERCÍCIOS

1. Encontre a transformação fracionária linear que leva os pontos $z_1 = -1, z_2 = 0, z_3 = 1$ nos pontos $w_1 = -i, w_2 = 1, w_3 = i$.

    Sugestão: a maneira mais eficiente de encontrar essa transformação é usar a equação (1) da Seção 100.

    Resposta: $w = \dfrac{i-z}{i+z}$.

2. Encontre a transformação fracionária linear que leva os pontos $z_1 = -i, z_2 = 0, z_3 = i$ nos pontos $w_1 = -1, w_2 = i, w_3 = 1$. Em qual curva é transformado o eixo imaginário $x = 0$?

3. Encontre a transformação bilinear que leva os pontos $z_1 = \infty, z_2 = i, z_3 = 0$ nos pontos $w_1 = 0, w_2 = i, w_3 = \infty$.

    Resposta: $w = -1/z$.

4. Encontre a transformação bilinear que leva os pontos distintos z_1, z_2, z_3 nos pontos $w_1 = 0, w_2 = 1, w_3 = \infty$.

    Resposta: $w = \dfrac{(z - z_1)(z_2 - z_3)}{(z - z_3)(z_2 - z_1)}$.

5. Mostre que uma composição de duas transformações fracionárias lineares é, também, uma transformação fracionária linear, conforme enunciado na Seção 99. Para isso, considere as duas transformações a seguir

    $$T(z) = \frac{a_1 z + b_1}{c_1 z + d_1} \quad (a_1 d_1 - b_1 c_1 \neq 0)$$

    e

    $$S(z) = \frac{a_2 z + b_2}{c_2 z + d_2} \quad (a_2 d_2 - b_2 c_2 \neq 0).$$

    Então, mostre que a composição $S[T(z)]$ tem a forma

    $$S[T(z)] = \frac{a_3 z + b_3}{c_3 z + d_3},$$

    em que

    $$a_3 d_3 - b_3 c_3 = (a_1 d_1 - b_1 c_1)(a_2 d_2 - b_2 c_2) \neq 0.$$

6. Um ***ponto fixo*** de uma transformação $w = f(z)$ é um ponto z_0 tal que $f(z_0) = z_0$. Mostre que toda transformação fracionária linear, exceto a transformação identidade $w = z$, tem, no máximo, dois pontos fixos no plano estendido.

7. Encontre os pontos fixos (ver Exercício 6) da transformação

    (a) $w = \dfrac{z-1}{z+1}$;   (b) $w = \dfrac{6z-9}{z}$.

    Respostas: (a) $z = \pm i$;   (b) $z = 3$.

8. Modifique a equação (1) da Seção 100 para o caso em que ambos z_2 e w_2 forem o ponto no infinito. Em seguida, mostre que qualquer transformação fracionária linear deve ser da forma $w = az$ ($a \neq 0$) se os seus pontos fixos forem 0 e ∞. (Ver Exercício 6.)

9. Prove que se a origem for um ponto fixo (Exercício 6) de uma transformação fracionária linear, então a transformação pode ser escrita na forma

$$w = \frac{z}{cz + d} \quad (d \neq 0).$$

10. Mostre que só existe uma única transformação fracionária linear que leva três pontos distintos z_1, z_2 e z_3 dados do plano z estendido em três pontos distintos w_1, w_2 e w_3 especificados no plano w estendido.

Sugestão: sejam T e S duas dessas transformações fracionárias lineares. Mostre que vale $S^{-1}[T(z_k)] = z_k$ ($k = 1, 2, 3$) e, em seguida, use os resultados dos Exercícios 5 e 6 para mostrar que $S^{-1}[T(z)] = z$ em qualquer z. Conclua que $T(z) = S(z)$ em cada z.

11. Com a ajuda da equação (1) da Seção 100, prove que se uma transformação fracionária linear leva os pontos do eixo x sobre os pontos do eixo u, então os coeficientes da transformação são todos reais, exceto, possivelmente, por um fator complexo comum. A afirmação recíproca deve ser evidente.

12. Seja

$$T(z) = \frac{az + b}{cz + d} \quad (ad - bc \neq 0)$$

uma transformação fracionária linear qualquer distinta de $T(z) = z$, mostre que

$$T^{-1} = T \quad \text{se, e somente se, } d = -a.$$

Sugestão: escreva a equação $T^{-1}(z) = T(z)$ como

$$(a + d)[cz^2 + (d - a)z - b] = 0.$$

101 TRANSFORMAÇÕES DO SEMIPLANO SUPERIOR

Esta seção é dedicada à construção da transformação fracionária linear mais geral com a seguinte propriedade:

(*a*) a transformação leva o semiplano superior Im $z > 0$ sobre o disco aberto $|w| < 1$ e a fronteira Im $z = 0$ do semiplano sobre a fronteira $|w| = 1$ do disco (Figura 121).

Mostraremos que qualquer transformação fracionária linear dessas deve ser do tipo seguinte e, reciprocamente:

(*b*) a transformação deve ser da forma

$$w = e^{i\alpha} \left(\frac{z - z_0}{z - \overline{z_0}} \right) \quad (\text{Im } z_0 > 0),$$

em que α é um número real qualquer.

314 CAPÍTULO 8 TRANSFORMAÇÕES POR FUNÇÕES ELEMENTARES

Figura 121

$$w = e^{i\alpha}\left(\frac{z - z_0}{z - \overline{z_0}}\right) \quad (\text{Im } z_0 > 0).$$

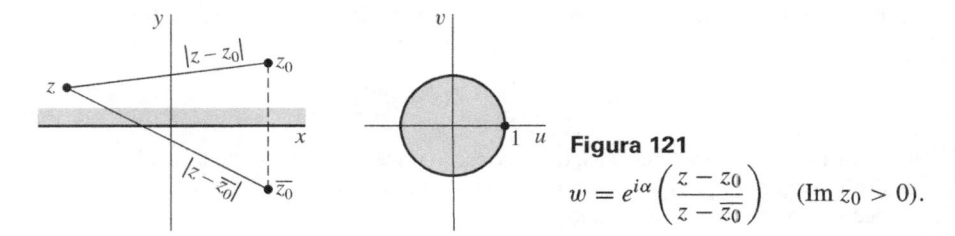

Para mostrar que as afirmações (a) e (b) são equivalentes, começamos supondo a validade da afirmação (a) e mostramos que decorre a afirmação (b). Uma vez provado isso, supomos a validade da afirmação (b) e mostramos a validade de (b).

(a) implica (b)
Lembrando que queremos que os pontos da reta Im $z = 0$ sejam transformados em pontos do círculo $|w| = 1$, começamos selecionando os pontos $z = 0$, $z = 1$ e $z = \infty$ da reta e determinamos condições necessárias sobre a transformação fracionária linear

(1) $$w = \frac{az + b}{cz + d} \quad (ad - bc \neq 0)$$

para que a imagem desses pontos tenham módulo unitário.

Pela equação (1), vemos que se $|w| = 1$ com $z = 0$, então $|b/d| = 1$, ou seja,

(2) $$|b| = |d| \neq 0.$$

Além disso, as afirmações (6) e (7) da Seção 99 nos dizem que a imagem do ponto $z = \infty$ é um número *finito* se, e somente se, $c \neq 0$, sendo esse número $w = a/c$. Logo, exigir que $|w| = 1$ se $z = \infty$ significa que $|a/c| = 1$, ou

(3) $$|a| = |c| \neq 0;$$

e, por serem a e c não nulos, podemos reescrever a equação (1) como

(4) $$w = \frac{a}{c} \cdot \frac{z + (b/a)}{z + (d/c)}.$$

Então, como $|a/c| = 1$ e

$$\left|\frac{b}{a}\right| = \left|\frac{d}{c}\right| \neq 0,$$

de acordo com a relações (2) e (3), podemos colocar a equação (4) no formato

(5) $$w = e^{i\alpha}\left(\frac{z - z_0}{z - z_1}\right) \quad (|z_1| = |z_0| \neq 0),$$

em que α é uma constante real e z_0 e z_1 são constantes complexas não nulas.

Em seguida, impomos à transformação (5) a condição de ter $|w| = 1$ se $z = 1$. Isso nos diz que

$$|1 - z_1| = |1 - z_0|,$$

ou
$$(1-z_1)(1-\overline{z_1}) = (1-z_0)(1-\overline{z_0}).$$
No entanto, $z_1\overline{z_1} = z_0\overline{z_0}$, pois $|z_1| = |z_0|$, e a relação acima reduz a
$$z_1 + \overline{z_1} = z_0 + \overline{z_0};$$
ou seja, $\text{Re } z_1 = \text{Re } z_0$. Segue que ou
$$z_1 = z_0 \quad \text{ou} \quad z_1 = \overline{z_0},$$
novamente porque $|z_1| = |z_0|$. Se $z_1 = z_0$, a transformação (5) será a função constante $w = \exp(i\alpha)$, portanto, $z_1 = \overline{z_0}$.

A transformação (5), com $z_1 = \overline{z_0}$, leva o ponto z_0 na origem $w = 0$ e, como os pontos do interior do círculo $|w| = 1$ devem ser imagens dos pontos *acima* do eixo rel do plano z, podemos concluir que $z_0 > 0$. Assim, qualquer transformação fracionária linear com a propriedade (a) dever ser da forma (b).

(b) implica (a)
Mostremos que, reciprocamente, qualquer transformação fracionária linear da forma (b) é uma aplicação com a propriedade (a). Isso é fácil de verificar tomando o módulo de cada lado da equação na afirmação (a) e interpretando a equação resultante
$$|w| = \frac{|z - z_0|}{|z - \overline{z_0}|},$$
geometricamente. Se um ponto z estiver acima do eixo real, então tanto z quanto z_0 estão do mesmo lado desse eixo, que é uma bissetriz do segmento de reta que liga z_0 e $\overline{z_0}$. Decorre disso que a distância $|z - z_0|$ é menor do que a distância $|z - \overline{z_0}|$ (Figura 121), ou seja, $|w| < 1$. Da mesma forma, se z estiver abaixo do eixo real, então a distância $|z - z_0|$ é maior do que a distância $|z - \overline{z_0}|$, ou seja, $|w| > 1$. Finalmente, se z estiver no eixo real, então $|w| = 1$, pois $|z - z_0| = |z - \overline{z_0}|$. Como qualquer transformação fracionária linear é uma bijeção do plano z estendido sobre o plano w estendido, isso mostra que *a transformação da afirmação (b) leva o semiplano* Im $z > 0$ *sobre o disco* $|w| < 1$ *e a fronteira do semiplano sobre a fronteira desse disco*.

102 EXEMPLOS

Nosso primeiro exemplo ilustra a transformação fracionária linear obtida na seção precedente, a saber,

(1) $$w = e^{i\alpha}\left(\frac{z - z_0}{z - \overline{z_0}}\right) \quad (\text{Im } z_0 > 0),$$

em que α é um número real qualquer.

EXEMPLO 1. A transformação
$$w = \frac{i - z}{i + z}$$

pode ser colocada na forma

$$w = e^{i\pi}\left(\frac{z-i}{z-\bar{i}}\right),$$

que é um caso especial da transformação (1). Já que a transformação (1) é simplesmente uma reformulação da transformação que está no formato (*b*) da Seção 101, segue que esse caso especial também tem a propriedade (*a*) da Seção 101. (Ver Exercício 1 da Seção 100, bem como a Figura 13 do Apêndice 2, em que indicamos pontos correspondentes dos planos z e w.)

A determinação da imagem do semiplano superior Im $z \geq 0$ por outros tipos de transformações fracionárias lineares é, muitas vezes, simplificada examinando a transformação particular em questão, como pode ser visto no próximo exemplo.

EXEMPLO 2. Escrevendo $z = x + iy$ e $w = u + iv$, é fácil verificar que a transformação

(2) $$w = \frac{z-1}{z+1}$$

leva o semiplano $y > 0$ sobre o semiplano $v > 0$ e o eixo *x* sobre o eixo *u*. Inicialmente, observamos que se o número *z* for real, o mesmo ocorre com *w*. Consequentemente, já que a imagem do eixo real $y = 0$ é um círculo ou uma reta, essa imagem deve ser o eixo real $v = 0$. Além disso, dado qualquer ponto *w* do plano *w* finito, temos

$$v = \text{Im } w = \text{Im } \frac{(z-1)(\bar{z}+1)}{(z+1)\overline{(z+1)}} = \frac{2y}{|z+1|^2} \quad (z \neq -1).$$

Assim, os números *y* e *v* têm o mesmo sinal e isso significa que os pontos acima do eixo *x* correspondem aos pontos acima do eixo *u* e os pontos abaixo do eixo *x* correspondem aos pontos abaixo do eixo *u*. Finalmente, como os pontos do eixo *x* correspondem aos pontos do eixo *u* e como uma transformação fracionária linear é uma bijeção do plano estendido sobre o plano estendido (Seção 99), estabelecemos a propriedade anunciada da transformação (2).

Nosso último exemplo envolve uma função composta e usa a aplicação discutida no Exemplo 2.

EXEMPLO 3. A transformação

(3) $$w = \text{Log } \frac{z-1}{z+1},$$

em que usamos o ramo principal da função logaritmo, é uma composição das funções

(4) $$Z = \frac{z-1}{z+1} \quad \text{e} \quad w = \text{Log } Z.$$

De acordo com o Exemplo 2, a primeira das transformações (4) leva o semiplano superior $y > 0$ sobre o semiplano superior $Y > 0$, em que $z = x + iy$ e $Z = X + iY$. Além disso, é fácil ver na Figura 122 que a segunda das transformações (4) leva o semiplano $Y > 0$ sobre a faixa $0 < v < \pi$, em que $w = u + iv$. Mais precisamente, escrevendo $Z = R\exp(i\Theta)$ e

$$\text{Log } Z = \ln R + i\Theta \qquad (R > 0, -\pi < \Theta < \pi),$$

vemos que, à medida que o ponto $Z = R\exp(i\Theta_0)$ $(0 < \Theta_0 < \pi)$ se afasta da origem ao longo do raio $\Theta = \Theta_0$, sua imagem é um ponto cujas coordenadas *retangulares* no plano w são $(\ln R, \Theta_0)$. Essa imagem evidentemente se desloca para a direita ao longo de toda a reta horizontal $v = \Theta_0$. Como essas retas horizontais preenchem a faixa $0 < v < \pi$ à medida que a escolha de Θ_0 varia de $\Theta_0 = 0$ até $\Theta_0 = \pi$, a aplicação do semiplano $Y > 0$ sobre a faixa é, de fato, injetora.

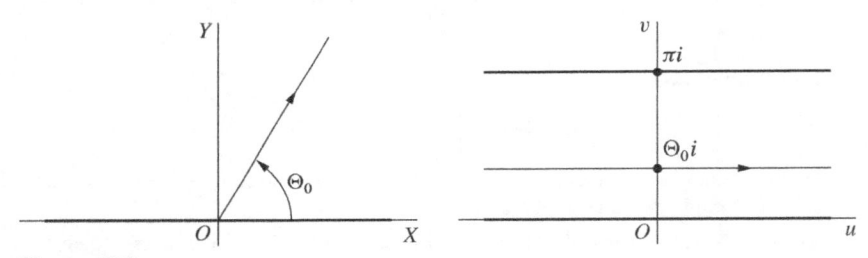

Figura 122
$w = \text{Log } Z$.

Isso mostra que a composição (3) das aplicações (4) transforma o plano $y > 0$ sobre a faixa $0 < v < \pi$. Na Figura 19 do Apêndice 2, podem ser observados os pontos de fronteira correspondentes.

EXERCÍCIOS

1. No Exemplo 1 da Seção 102, foi visto que a transformação

$$w = \frac{i-z}{i+z}$$

leva o semiplano $\text{Im } z > 0$ sobre o disco $|w| < 1$ e a fronteira do semiplano sobre a fronteira daquele disco. Mostre que um ponto $z = x$ é levado no ponto

$$w = \frac{1-x^2}{1+x^2} + i\frac{2x}{1+x^2},$$

e então complete a verificação da transformação ilustrada na Figura 13 do Apêndice 2, mostrando que segmentos do eixo x são transformados conforme indicado naquela figura.

2. Verifique a transformação mostrada na Figura 12 do Apêndice 2, em que

$$w = \frac{z-1}{z+1}.$$

Sugestão: escreva a transformação dada como uma composição das aplicações

$$Z = iz, \quad W = \frac{i-Z}{i+Z}, \quad w = -W.$$

Em seguida, use a aplicação cuja verificação foi completada no Exercício 1.

318 CAPÍTULO 8 TRANSFORMAÇÕES POR FUNÇÕES ELEMENTARES

3. (*a*) Encontrando a inversa da transformação
$$w = \frac{i-z}{i+z}$$
e usando a Figura 13 do Apêndice 2, cuja verificação foi completada no Exercício 1, mostre que a transformação
$$w = i\frac{1-z}{1+z}$$
leva o disco $|z| \leq 1$ sobre o semiplano Im $w \geq 0$.

   (*b*) Mostre que a transformação fracionária linear
$$w = \frac{z-2}{z}$$
pode ser escrita como
$$Z = z - 1, \quad W = i\frac{1-Z}{1+Z}, \quad w = iW.$$
Depois, usando o resultado da parte (*a*), verifique que o disco $|z - 1| \leq 1$ é levado sobre o semiplano esquerdo Re $w \leq 0$.

4. A transformação (1) da Seção 102 leva o ponto $z = \infty$ no ponto $w = \exp(i\alpha)$, que está na fronteira do disco $|w| \leq 1$. Mostre que se $0 < \alpha < 2\pi$ e se os pontos $z = 0$ e $z = 1$ devem ser levados nos pontos $w = 1$ e $w = \exp(i\alpha/2)$, respectivamente, então a transformação pode ser escrita como
$$w = e^{i\alpha}\left[\frac{z + \exp(-i\alpha/2)}{z + \exp(i\alpha/2)}\right].$$

5. Note que se $\alpha = \pi/2$, a transformação do Exercício 4 é dada por
$$w = \frac{iz + \exp(i\pi/4)}{z + \exp(i\pi/4)}.$$
Verifique que, nesse caso especial, os pontos do eixo real indicados na Figura 123 têm as imagens indicadas.

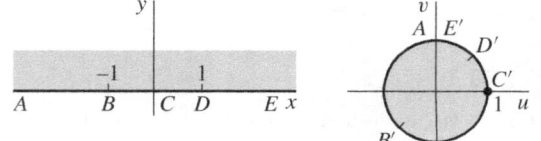

Figura 123
$$w = \frac{iz + \exp(i\pi/4)}{z + \exp(i\pi/4)}.$$

6. Mostre que se Im $z_0 < 0$, a transformação (1) da Seção 102 leva o semiplano inferior Im $z \leq 0$ sobre o disco unitário $|w| \leq 1$.

7. A equação $w = \log(z-1)$ pode ser escrita como
$$Z = z - 1, \quad w = \log Z.$$
Encontre um ramo de log Z tal que o plano z fendido consistindo em todos os pontos do plano z exceto os do segmento $x \geq 1$ do eixo real é levado pela aplicação $w = \log(z-1)$ sobre a faixa $0 < v < 2\pi$ do plano w.

103 TRANSFORMAÇÕES DA FUNÇÃO EXPONENCIAL

O objetivo desta seção é oferecer alguns exemplos de transformações da função exponencial e^z introduzida na Seção 30 (Capítulo 3). Nossos exemplos são razoavelmente simples e começamos examinando as imagens de retas verticais e horizontais.

EXEMPLO 1. Sabemos da Seção 30 que a transformação

(1) $$w = e^z$$

pode ser escrita como $w = e^x e^{iy}$, em que $z = x + iy$. Assim, se $w = \rho e^{i\phi}$, então

(2) $$\rho = e^x, \quad \phi = y.$$

A imagem de um ponto $z = (c_1, y)$ arbitrário de uma reta vertical $x = c_1$ tem coordenadas polares $\rho = \exp c_1$ e $\phi = y$ no plano w. Essa imagem percorre o círculo mostrado na Figura 124 no sentido anti-horário, à medida que o ponto z percorre a reta para cima. A imagem da reta evidentemente é o círculo todo, e cada ponto do círculo é a imagem de um número infinito de pontos ao longo dessa reta, espaçados a cada 2π unidades.

A função exponencial define uma bijeção de uma reta horizontal $y = c_2$ sobre o raio $\phi = c_2$. Para ver isso, observamos que a imagem de um ponto $z = (x, c_2)$ tem coordenadas polares $\rho = e^x$ e $\phi = c_2$. Consequentemente, à medida que o ponto z percorre toda a reta da esquerda para a direita, sua imagem se afasta da origem ao longo do raio $\phi = c_2$, conforme indicado na Figura 124.

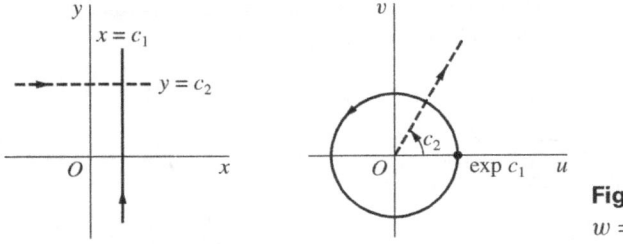

Figura 124
$w = \exp z.$

Os *segmentos* verticais e horizontais são levados em porções de círculos e raios, respectivamente, e as imagens de várias regiões são facilmente obtidas a partir das observações feitas no Exemplo 1. Isso está ilustrado no exemplo seguinte.

EXEMPLO 2. Mostremos que a aplicação $w = e^z$ transforma a região retangular $a \leq x \leq b, c \leq y \leq d$ sobre a região $e^a \leq \rho \leq e^b, c \leq \phi \leq d$. As duas regiões e as correspondentes partes de suas fronteiras estão indicadas na Figura 125. O segmento de reta vertical AD é levado sobre o arco $\rho = e^a, c \leq \phi \leq d$, identificado por $A'D'$. As imagens dos segmentos de reta verticais à direita de AD que ligam as partes horizontais da fronteira são arcos maiores e, finalmente, a imagem do segmento de reta BC é o arco $\rho = e^b, c \leq \phi \leq d$, identificado por $B'C'$. A aplicação é injetora se $d - c < 2\pi$.

320 CAPÍTULO 8 TRANSFORMAÇÕES POR FUNÇÕES ELEMENTARES

Em particular, se $c = 0$ e $d = \pi$, então $0 \leq \phi \leq \pi$, e a região retangular é transformada sobre uma metade de um anel circular, conforme indicado na Figura 8 do Apêndice 2.

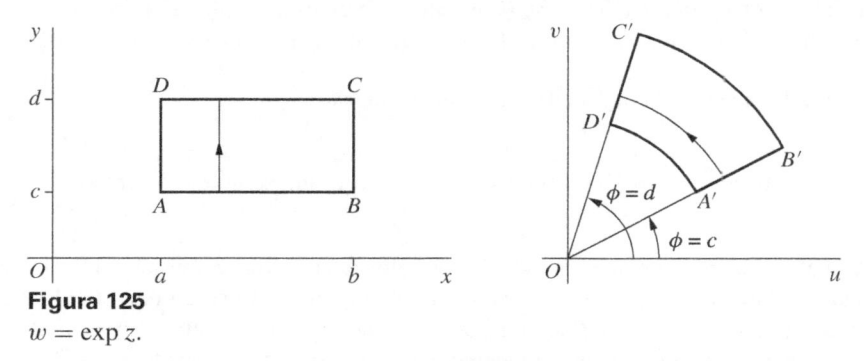

Figura 125
$w = \exp z$.

Nosso último exemplo usa as imagens de retas *horizontais* para encontrar a imagem de uma faixa horizontal.

EXEMPLO 3. Se $w = e^z$, a imagem da faixa infinita $0 \leq y \leq \pi$ é o semiplano superior $v \geq 0$ do plano w (Figura 126). Isso pode ser visto lembrando que, pelo Exemplo 1, uma reta horizontal $y = c$ é transformada no raio $\phi = c$ da origem. À medida que o número real c aumenta de $c = 0$ até $c = \pi$, os cortes das retas aumentam de 0 a π e os ângulos de inclinação dos raios crescem de $\phi = 0$ a $\phi = \pi$. Essa aplicação também aparece na Figura 6 do Apêndice 2, em que indicamos alguns pontos correspondentes das fronteiras das duas regiões.

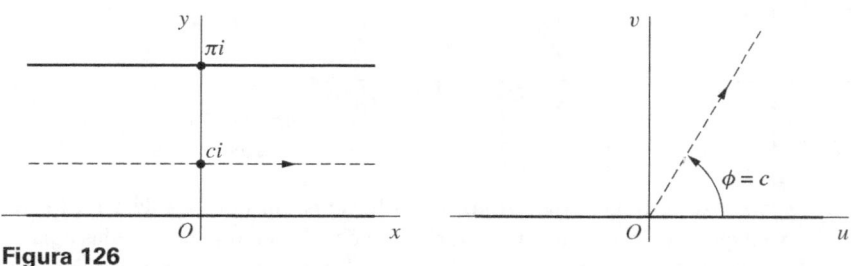

Figura 126
$w = \exp z$.

104 TRANSFORMAÇÕES DE RETAS VERTICAIS POR $w = \text{sen } z$

Vimos na Seção 37 que sen $z = $ sen x cosh $y + i \cos x$ senh y, em que $z = x + iy$. Segue que a transformação $w = \text{sen } z$, em que $w = u + iv$, pode ser descrita por

(1) $\qquad u = \text{sen } x \cosh y, \qquad v = \cos x \text{ senh } y.$

SEÇÃO 104 TRANSFORMAÇÕES DE RETAS VERTICAIS POR $w = \operatorname{sen} z$

Um método que é usado muitas vezes na obtenção de imagens de regiões por essa transformação é examinar as imagens de retas verticais $x = c_1$. Se $0 < c_1 < \pi/2$, os pontos da reta $x = c_1$ são transformados em pontos da curva

(2) $\qquad u = \operatorname{sen} c_1 \cosh y, \qquad v = \cos c_1 \operatorname{senh} y \ (-\infty < y < \infty),$

que é o ramo da direita da hipérbole

(3) $$\frac{u^2}{\operatorname{sen}^2 c_1} - \frac{v^2}{\cos^2 c_1} = 1$$

com focos nos pontos

$$w = \pm\sqrt{\operatorname{sen}^2 c_1 + \cos^2 c_1} = \pm 1.$$

A segunda das equações (2) mostra que à medida que um ponto (c_1, y) se desloca para cima ao longo de toda a reta, sua imagem percorre todo o ramo da hipérbole para cima. Uma reta dessas e sua imagem aparecem na Figura 127, em que estão identificados alguns pontos correspondentes. Note, em particular, que há uma aplicação injetora da metade superior ($y > 0$) da reta sobre a metade superior ($v > 0$) do ramo da hipérbole. Se $-\pi/2 < c_1 < 0$, a reta $x = c_1$ é levada sobre o ramo esquerdo da mesma hipérbole. Como antes, indicamos pontos correspondentes na Figura 127.

A reta $x = 0$, isto é, o eixo y, precisa se tratado separadamente. De acordo com as equações (1), a imagem de cada ponto $(0, y)$ é $(0, \operatorname{senh} y)$. Logo, o eixo y é transformado de maneira injetora sobre o eixo v, sendo que o eixo y positivo corresponde ao eixo v positivo.

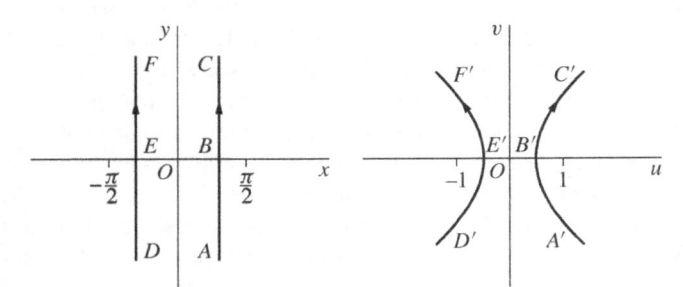

Figura 127
$w = \operatorname{sen} z.$

Vejamos como essas observações podem ser usadas para obter as imagens de certas regiões.

EXEMPLO. Aqui mostramos que a transformação $w = \operatorname{sen} z$ é uma aplicação injetora da faixa semi-infinita $-\pi/2 \leq x \leq \pi/2, y \geq 0$ do plano z sobre o semiplano superior $v \geq 0$ do plano w.

Para isso, mostramos inicialmente que a fronteira da faixa é levada de maneira injetora sobre o eixo real do plano w, conforme indicado na Figura 128. A imagem do segmento de reta BA da figura é encontrada escrevendo $x = \pi/2$ nas equações

(1) e restringindo y a ser não negativo. Como $u = \cosh y$ e $v = 0$ se $x = \pi/2$, um ponto arbitrário $(\pi/2, y)$ de BA é levado no ponto $(\cosh y, 0)$ do plano w, e esses pontos devem se deslocar para a direita a partir de B' ao longo do eixo u se $(\pi/2, y)$ percorrer o segmento para cima. Os pontos $(x, 0)$ do segmento horizontal DB têm imagens $(\operatorname{sen} x, 0)$ e esses pontos devem se deslocar para a direita de D' até B' se x crescer de $x = -\pi/2$ até $x = \pi/2$, isto é, se $(x, 0)$ se deslocar de D até B. Finalmente, se os pontos $(-\pi/2, y)$ do segmento de reta DE se deslocam para cima a partir de D, suas imagens $(-\cosh y, 0)$ se deslocam para a esquerda a partir de D'.

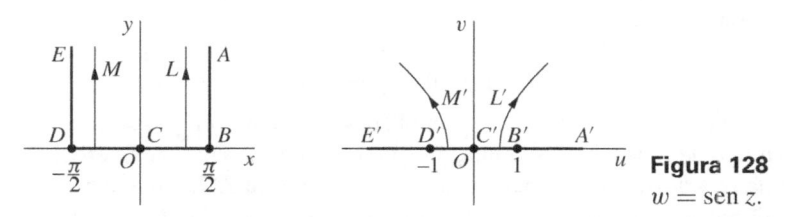

Figura 128
$w = \operatorname{sen} z$.

Agora, cada ponto do interior $-\pi/2 < x < \pi/2, y > 0$ da faixa está em uma das semirretas verticais $x = c_1, y > 0$ $(-\pi/2 < c_1 < \pi/2)$ mostradas na Figura 128. É importante observar, também, que as imagens dessas semirretas são distintas e constituem todo o semiplano $v > 0$. Mais precisamente, se imaginarmos que uma metade superior L de uma reta $x = c_1$ $(0 < c_1 < \pi/2)$ se desloca para a esquerda em direção ao eixo y positivo, então o lado direito do ramo de hipérbole que contém sua imagem L' abre cada vez mais e seu vértice $(\operatorname{sen} c_1, 0)$ tende à origem $w = 0$. Logo, L' tende ao eixo v positivo que, como vimos imediatamente antes deste exemplo, é a imagem do eixo y positivo. Por outro lado, se L tender ao segmento BA da fronteira da faixa, o ramo de hipérbole fecha em torno do segmento $B'A'$ do eixo u e seu vértice $(\operatorname{sen} c_1, 0)$ tende ao ponto $w = 1$. A semirreta M e sua imagem M' na Figura 128 podem ser tratadas analogamente. Dessa forma, podemos concluir que a imagem de cada ponto do interior da faixa está no semiplano superior $v > 0$ e, além disso, que cada ponto do semiplano é a imagem de exatamente um único ponto do interior da faixa.

Isso completa nossa demonstração de que a transformação $w = \operatorname{sen} z$ é uma aplicação injetora da faixa $-\pi/2 \leq x \leq \pi/2, y \geq 0$ sobre o semiplano $v \geq 0$. O resultado final aparece na Figura 9 do Apêndice 2. A metade da direita da faixa, evidentemente, é levada sobre o primeiro quadrante do plano w, conforme a Figura 10 do Apêndice 2.

105 TRANSFORMAÇÕES DE SEGMENTOS DE RETA HORIZONTAIS POR $w = \operatorname{sen} z$

Outra maneira conveniente de encontrar as imagens de certas regiões pela transformação $w = \operatorname{sen} z$ é considerar as imagens de segmentos de retas *horizontais* $y = c_2$ $(-\pi \leq x \leq \pi)$, em que $c_2 > 0$. De acordo com as equações (1) da Seção 104, a imagem de um segmento de reta desse é a curva de representação paramétrica

(1) $\qquad u = \operatorname{sen} x \cosh c_2, \quad v = \cos x \operatorname{senh} c_2 \quad (-\pi \leq x \leq \pi).$
É fácil ver que essa curva é a elipse

(2) $$\frac{u^2}{\cosh^2 c_2} + \frac{v^2}{\operatorname{senh}^2 c_2} = 1,$$

com focos nos pontos

$$w = \pm\sqrt{\cosh^2 c_2 - \operatorname{senh}^2 c_2} = \pm 1.$$

A imagem de um ponto (x, c_2) que se desloca para a direita a partir do ponto A até o ponto E na Figura 129 percorre uma volta em torno da elipse no sentido horário. Note que tomando valores menores da constante positiva c_2, as elipses ficam menores, mas mantêm os mesmos focos $(\pm 1, 0)$. No caso limite $c_2 = 0$, as equações (1) são dadas por

$$u = \operatorname{sen} x, \quad v = 0 \qquad (-\pi \leq x \leq \pi);$$

e vemos que o intervalo $-\pi \leq x \leq \pi$ do eixo x é levado sobre o intervalo $-1 \leq u \leq 1$ do eixo u. No entanto, a aplicação não é injetora como no caso $c_2 > 0$.

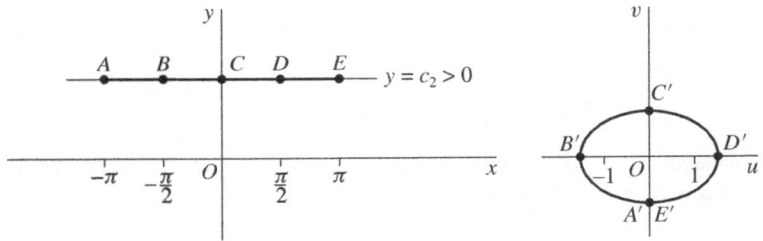

Figura 129
$w = \operatorname{sen} z.$

EXEMPLO. A região retangular $-\pi/2 \leq x \leq \pi/2, 0 \leq y \leq b$ é levada por $w = \operatorname{sen} z$ de maneira injetora sobre a região semielíptica mostrada na Figura 130, em que também estão indicados pontos de fronteira correspondentes. Pois se L for um segmento de reta $y = c_2$ $(-\pi/2 \leq x \leq \pi/2)$, em que $0 < c_2 \leq b$, sua imagem L' é a metade superior da elipse (2). À medida que c_2 decresce, L se desloca para baixo em direção ao eixo x e a semielipse L' também se desloca para baixo e tende a se tornar o segmento de reta $E'F'A'$ de $w = -1$ até $w = 1$. De fato, se $c_2 = 0$, as equações (1) são dadas por

$$u = \operatorname{sen} x, \quad v = 0 \qquad \left(-\frac{\pi}{2} \leq x \leq \frac{\pi}{2}\right);$$

e isso claramente é uma aplicação injetora do segmento EFA sobre $E'F'A'$. Como cada ponto da região semielíptica do plano w está em só uma das semielipses, ou no caso limite $E'F'A'$, esse ponto é a imagem de exatamente um ponto da região retangular do plano z. Assim, estabelecemos a afirmação do início deste exemplo; essa transformação também pode ser vista na Figura 11 do Apêndice 2.

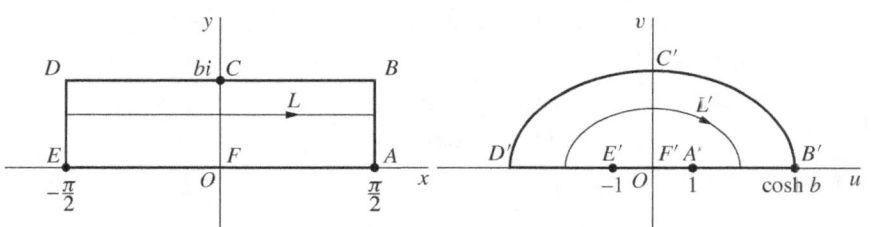

324 CAPÍTULO 8 TRANSFORMAÇÕES POR FUNÇÕES ELEMENTARES

Figura 130
$w = \text{sen } z$.

106 ALGUMAS TRANSFORMAÇÕES RELACIONADAS

As imagens de várias outras funções relacionadas com a função seno são facilmente estabelecidas uma vez conhecidas as imagens da função seno.

EXEMPLO 1. Lembrando a identidade

$$\text{sen}\left(z + \frac{\pi}{2}\right) = \cos z$$

da Seção 37, vemos que a transformação $w = \cos z$ pode ser escrita sucessivamente como

$$Z = z + \frac{\pi}{2}, \quad w = \text{sen } Z.$$

Logo, a transformação cosseno é idêntica à transformação seno precedida por uma translação para a direita por $\pi/2$ unidades.

EXEMPLO 2. De acordo com a Seção 39, a transformação $w = \text{senh } z$ pode ser escrita como $w = -i \, \text{sen}(iz)$, ou

$$Z = iz, \quad W = \text{sen } Z, \quad w = -iW.$$

Dessa forma, é uma combinação da transformação seno e rotações por ângulos retos. A transformação $w = \cosh z$, da mesma forma, é essencialmente uma transformação cosseno, pois $\cosh z = \cos(iz)$.

EXEMPLO 3. Com a ajuda das identidades

$$\text{sen}\left(z + \frac{\pi}{2}\right) = \cos z \quad \text{e} \quad \cos(iz) = \cosh z$$

usadas nos dois exemplos precedentes, podemos escrever a transformação $w = \cosh z$ como

(1) $$Z = iz + \frac{\pi}{2}, \quad w = \text{sen } Z.$$

SEÇÃO 106 ALGUMAS TRANSFORMAÇÕES RELACIONADAS

Agora, usamos a transformação (1) para encontrar a imagem da faixa horizontal semi-infinita

$$x \geq 0, \ 0 \leq y \leq \pi/2$$

pela transformação $w = \cosh z$.

A primeira das transformações (1) é uma rotação da faixa dada por uma ângulo reto no sentido positivo seguido por uma translação de $\pi/2$ unidades para a direita, conforme a Figura 131. A transformação $w = \text{sen } Z$ leva a faixa resultante sobre o primeiro quadrante do plano w, conforme indicado no final da Seção 104 e mostrado na Figura 10 do Apêndice 2. Deixamos a cargo do leitor verificar os pontos de fronteira correspondentes da faixa e do quadrante indicados na Figura 131.

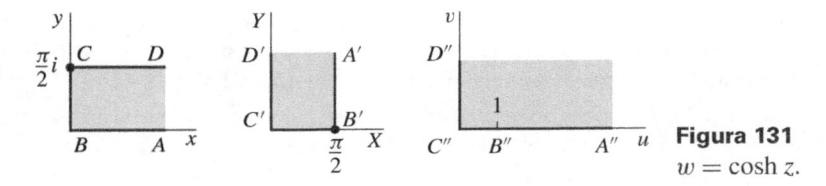

Figura 131
$w = \cosh z$.

EXERCÍCIOS

1. Mostre que as retas $ay = x \ (a \neq 0)$ são levadas sobre as espirais $\rho = \exp(a\phi)$ pela transformação $w = \exp z$, em que $w = \rho \exp(i\phi)$.

2. Considerando as imagens de segmentos de reta *horizontais*, verifique que a imagem da região retangular $a \leq x \leq b, c \leq y \leq d$ pela transformação $w = \exp z$ é a região $e^a \leq \rho \leq e^b, c \leq \phi \leq d$, conforme indicado na Figura 125, na Seção 103.

3. Verifique a imagem da região e da fronteira pela transformação $w = \exp z$ indicadas na Figura 7 do Apêndice 2.

4. Encontre a imagem da faixa semi-infinita $x \geq 0, 0 \leq y \leq \pi$ pela transformação $w = \exp z$ e indique pontos correspondentes das fronteiras.

5. Mostre que a transformação $w = \text{sen } z$ leva a metade superior ($y > 0$) da reta vertical $x = c_1 \ (-\pi/2 < c_1 < 0)$ de maneira injetora sobre a metade superior ($v > 0$) da metade esquerda do ramo da hipérbole (3) da Seção 104, conforme indicado na Figura 128, naquela seção.

6. Mostre que pela transformação $w = \text{sen } z$, uma reta $x = c_1 \ (\pi/2 < c_1 < \pi)$ é levada sobre o ramo direito da hipérbole (3) da Seção 104. Note que a aplicação é injetora e que as metades superior e inferior da reta são levadas sobre as metades *inferior* e *superior* do ramo, respectivamente.

7. No exemplo da Seção 104, foram utilizadas semirretas verticais para mostrar que a transformação $w = \text{sen } z$ é uma aplicação injetora da região aberta $-\pi/2 < x < \pi/2$, $y > 0$ sobre o semiplano $v > 0$. Verifique esse resultado usando segmentos de reta *horizontais* $y = c_2 \ (-\pi/2 < x < \pi/2)$, em que $c_2 > 0$.

8. (a) Mostre que as imagens pela transformação $w = \operatorname{sen} z$ dos segmentos de reta que formam a fronteira da região retangular $0 \leq x \leq \pi/2$, $0 \leq y \leq 1$ são os segmentos e o arco $D'E'$ indicado na Figura 132. O arco $D'E'$ é um quarto da elipse

$$\frac{u^2}{\cosh^2 1} + \frac{v^2}{\operatorname{senh}^2 1} = 1.$$

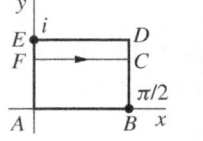

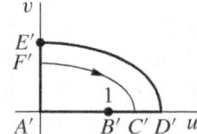

Figura 132 $w = \operatorname{sen} z$.

(b) Complete a transformação indicada na Figura 132 usando imagens de segmentos de reta horizontais para provar que a transformação $w = \operatorname{sen} z$ estabelece uma aplicação injetora entre os pontos dos interiores das regiões $ABDE$ e $A'B'D'E'$.

9. Verifique que o interior de uma região retangular $-\pi \leq x \leq \pi$, $a \leq y \leq b$ acima do eixo x é levado por $w = \operatorname{sen} z$ sobre o interior de um anel elíptico com um corte ao longo do segmento $-\operatorname{senh} b \leq v \leq -\operatorname{senh} a$ do eixo imaginário negativo, conforme indicado na Figura 133. Note que a aplicação é injetora no interior da região retangular, mas *não* na fronteira.

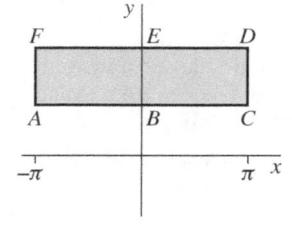

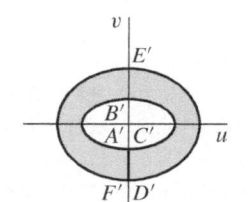

Figura 133 $w = \operatorname{sen} z$.

10. Observe que a transformação $w = \cosh z$ pode ser expressa como uma composição das aplicações

$$Z = e^z, \quad W = Z + \frac{1}{Z}, \quad w = \frac{1}{2}W.$$

Agora, usando as Figuras 7 e 16 do Apêndice 2, mostre que a faixa semi-infinita $x \leq 0$, $0 \leq y \leq \pi$ do plano z é levada por $w = \cosh z$ sobre a metade inferior $v \leq 0$ do plano w. Indique pontos correspondentes das fronteiras.

11. (a) Verifique que a equação $w = \operatorname{sen} z$ pode ser escrita como

$$Z = i\left(z + \frac{\pi}{2}\right), \quad W = \cosh Z, \quad w = -W.$$

(b) Use o resultado da parte (a) e o do Exercício 10 para mostrar que a transformação $w = \operatorname{sen} z$ leva a faixa semi-infintia $-\pi/2 \leq x \leq \pi/2$, $y \geq 0$ sobre o semiplano $v \geq 0$, conforme indicado na Figura 9 do Apêndice 2. (Essa transformação foi verificada de maneira diferente no exemplo da Seção 104 e no Exercício 7.)

107 TRANSFORMAÇÕES DE z^2

Na Seção 14 (Capítulo 2), consideramos algumas transformações bastante simples da aplicação $w = z^2$, escrita na forma

(1) $\qquad u = x^2 - y^2, \quad v = 2xy.$

Vejamos, agora, um exemplo menos elementar; na seção seguinte, examinaremos aplicações relacionadas $w = z^{1/2}$ tomando ramos específicos da função raiz quadrada.

EXEMPLO 1. Vamos usar as equações (1) para mostrar que a imagem da faixa vertical semi-infinita $0 \leq x \leq 1, y \geq 0$ é a região semiparabólica fechada indicada na Figura 134.

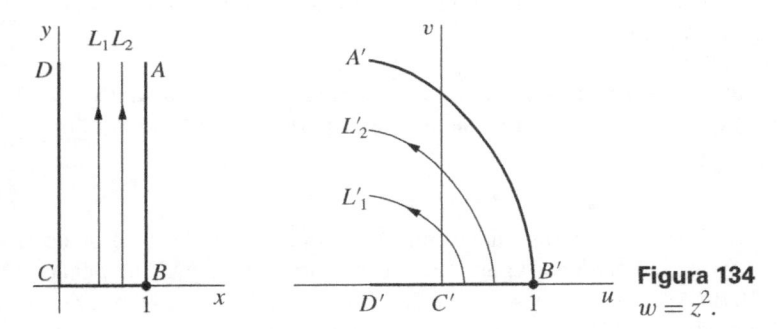

Figura 134
$w = z^2.$

Se $0 < x_1 < 1$ e y cresce a partir de $y = 0$, o ponto (x_1, y) se desloca em uma semirreta vertical identificada por L_1 na Figura 134. A imagem percorrida no plano uv tem, de acordo com as equações (1), a representação paramétrica

(2) $\qquad u = x_1^2 - y^2, \quad v = 2x_1 y \qquad (0 \leq y < \infty).$

Usando a segunda dessas equações para substituir y na primeira, vemos que os pontos (u, v) da imagem devem estar na parábola

(3) $\qquad v^2 = -4x_1^2(u - x_1^2),$

de vértice em $(x_1^2, 0)$ e foco na origem. Como v cresce com y a partir de $v = 0$, pela segunda das equações (2), vemos também que à medida que o ponto (x_1, y) se desloca para cima em L_1 a partir do eixo x, sua imagem se desloca para cima na metade superior L_1' da parábola a partir do eixo u. Além disso, tomando um número x_2 maior do que x_1, mas menor do que 1, a semirreta L_2 correspondente tem uma imagem L_2' que é uma semiparábola à direita de L_1', conforme indicado na Figura 134. De fato, vemos que a imagem da semirreta BA naquela figura é a metade superior da parábola $v^2 = -4(u - 1)$, identificada por $B'A'$.

A imagem da semirreta CD é obtida observando nas equações (1) que um ponto arbitrário $(0, y)$ de CD, com $y \geq 0$, é levado em um ponto $(-y^2, 0)$ do plano uv. Logo, à medida que um ponto se desloca para cima a partir da origem ao longo de

CD, sua imagem se desloca para a esquerda a partir da origem ao longo do eixo u. Evidentemente, então, se as semirretas verticais do plano xy se deslocam para a esquerda, as semiparábolas que são as imagens no plano uv se encolhem e se tornam a semirreta $C'D'$.

Dessa forma, fica claro que as imagens de todas as semirretas entre *CD* e *BA*, inclusive as de fronteira, preenchem a região semiparabólica fechada delimitada por $A'B'C'D'$. Também, cada ponto dessa região é a imagem de um único ponto da faixa fechada delimitada por *ABCD*. Assim, podemos concluir que a região semiparabólica é a imagem da faixa, e que a transformação define uma bijeção entre os pontos dessas regiões. (Compare com a Figura 3 do Apêndice 2, em que a faixa tem largura arbitrária.)

Muitas vezes, as aplicações que são composições de z^2 e outras funções elementares são interessantes e úteis.

EXEMPLO 2. Vamos mostrar que a transformação $w = \text{sen}^2 z$ leva a faixa vertical semi-infinita $0 \leq x \leq \pi/2, y \geq 0$ sobre o semiplano superior $v \geq 0$. Para isso, escrevemos

(4) $$Z = \text{sen}\, z, \quad w = Z^2$$

e observamos que a primeira dessas transformações leva a região dada do plano z no plano Z conforme indicado na Figura 135. (Ver o último parágrafo da Seção 104 e a Figura 10 do Apêndice 2.) A segunda das transformações (4), então leva o primeiro quadrante do plano Z sobre a metade superior do plano w. Essa segunda transformação é evidente da discussão da transformação $w = z^2$ na Seção 14 (Capítulo 2).

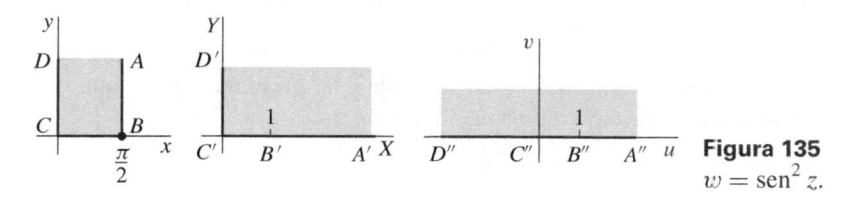

Figura 135
$w = \text{sen}^2 z$.

108 TRANSFORMAÇÕES DE RAMOS DE $z^{1/2}$

Passamos, agora, a transformações de ramos da função raiz quadrada e, para isso, lembramos de como a raiz quadrada $z^{1/2}$ foi definida se $z \neq 0$ na Seção 10 (Capítulo 1). De acordo com aquela seção, usando coordenadas polares e

$$z = r \exp(i\Theta) \qquad (r > 0, -\pi < \Theta \leq \pi),$$

vale

(1) $$z^{1/2} = \sqrt{r} \exp \frac{i(\Theta + 2k\pi)}{2} \quad (k = 0, 1),$$

sendo que a raiz principal ocorre se $k = 0$. Na Seção 34, vimos que $z^{1/2}$ também pode ser dada por

(2) $$z^{1/2} = \exp\left(\frac{1}{2} \log z\right) \quad (z \neq 0).$$

Então o ***ramo principal*** $F_0(z)$ da função bivalente $z^{1/2}$ é dado tomando o ramo principal de $\log z$ e escrevendo (Seção 35)

$$F_0(z) = \exp\left(\frac{1}{2} \operatorname{Log} z\right) \quad (|z| > 0, -\pi < \operatorname{Arg} z < \pi).$$

Como

$$\frac{1}{2} \operatorname{Log} z = \frac{1}{2} (\ln r + i\Theta) = \ln \sqrt{r} + \frac{i\Theta}{2}$$

se $z = r \exp(i\Theta)$, isso pode ser escrito como

(3) $$F_0(z) = \sqrt{r} \exp \frac{i\Theta}{2} \quad (r > 0, -\pi < \Theta < \pi).$$

O lado direito dessa equação, evidentemente, é igual ao lado direito da equação (1) tomando $k = 0$ e $-\pi < \Theta < \pi$. A origem e o raio $\Theta = \pi$ formam o corte de F_0, e a origem é o ponto de ramificação.

As imagens de curvas e regiões pela transformação $w = F_0(z)$ podem ser obtidas escrevendo $w = \rho \exp(i\phi)$, em que $\rho = \sqrt{r}$ $\phi = \Theta/2$. Os argumentos são claramente divididos ao meio por essa transformação, e fica subentendido que $w = 0$ se $z = 0$.

EXEMPLO. É fácil verificar que $w = F_0(z)$ é uma aplicação injetora do quarto de disco $0 \leq r \leq 2, 0 \leq \theta \leq \pi/2$ sobre o setor $0 \leq \rho \leq \sqrt{2}, 0 \leq \phi \leq \pi/4$ do plano w (Figura 136). Para isso, observe que à medida que um ponto $z = r \exp(i\theta_1)$ se desloca para longe da origem ao longo de um raio R_1 de comprimento 2 e ângulo de inclinação θ_1 ($0 \leq \theta_1 \leq \pi/2$), sua imagem $w = \sqrt{r} \exp(i\theta_1/2)$ se desloca para longe da origem no plano w ao longo de um raio R_1' cujo comprimento é $\sqrt{2}$ e o ângulo de inclinação é $\theta_1/2$. Veja a Figura 136, em que também aparece outro raio R_2 e sua imagem R_2'. Agora fica claro, a partir da figura, que se pensarmos que a região do plano z é varrida por um raio que inicia em DA e termina em DC, então a região no plano w é varrida pelo raio correspondente, começando em $D'A'$ e terminando em $D'C'$. Isso estabelece a correspondência injetora entre os pontos das duas regiões.

330 CAPÍTULO 8 TRANSFORMAÇÕES POR FUNÇÕES ELEMENTARES

Figura 136 $w = F_0(z)$.

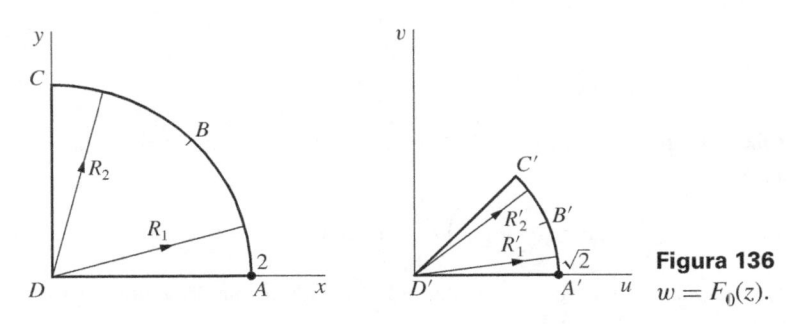

Se $-\pi < \Theta < \pi$ e se usarmos o ramo
$$\log z = \ln r + i(\Theta + 2\pi)$$
da função logaritmo, então a equação (2) fornece o ramo

(4) $\qquad F_1(z) = \sqrt{r}\exp\dfrac{i(\Theta + 2\pi)}{2} \qquad (r > 0, -\pi < \Theta < \pi)$

de $z^{1/2}$, o que corresponde a $k = 1$ na equação (1). Como $\exp(i\pi) = -1$, segue que $F_1(z) = -F_0(z)$. Assim, os valores $\pm F_0(z)$ representam a totalidade dos valores de $z^{1/2}$ em todos os pontos do domínio $r > 0, -\pi < \Theta < \pi$. Se estendermos o domínio de definição de F_0 por meio da expressão (3) para incluir o raio $\Theta = \pi$ e se escrevermos $F_0(0) = 0$, então os valores $\pm F_0(z)$ representam a totalidade dos valores de $z^{1/2}$ em todo o plano z.

Usando outros ramos de $\log z$ na expressão (2), obtemos outros ramos de $z^{1/2}$. Um ramo em que o corte seja o raio $\theta = \alpha$ é dado pela equação

(5) $\qquad f_\alpha(z) = \sqrt{r}\exp\dfrac{i\theta}{2} \qquad (r > 0, \alpha < \theta < \alpha + 2\pi)$.

Observe que se $\alpha = -\pi$, temos o ramo $F_0(z)$, e se $\alpha = \pi$, temos o ramo $F_1(z)$. Da mesma forma que no caso de F_0, o domínio de definição de f_α pode ser estendido a todo o plano complexo usando a expressão (5) para definir f_α nos pontos não nulos do corte e escrevendo $f_\alpha(0) = 0$. No entanto, essas extensões nunca são contínuas em todo o plano complexo.

Finalmente, suponha que n seja um inteiro positivo qualquer, com $n \geq 2$. Os valores de $z^{1/n}$ são as raízes enésimas de z se $z \neq 0$ e, de acordo com a Seção 34, a função multivalente $z^{1/n}$ pode ser dada por

(6) $\qquad z^{1/n} = \exp\left(\dfrac{1}{n}\log z\right) = \sqrt[n]{r}\exp\dfrac{i(\Theta + 2k\pi)}{n} \qquad (k = 0, 1, 2, \ldots, n-1)$,

em que $r = |z|$ e $\Theta = \operatorname{Arg} z$. Acabamos de ver o caso $n = 2$. Em geral, cada uma das n funções

(7) $\qquad F_k(z) = \sqrt[n]{r}\exp\dfrac{i(\Theta + 2k\pi)}{n} \qquad (k = 0, 1, 2, \ldots, n-1)$

é um ramo de $z^{1/n}$ definido no domínio $r > 0$, $-\pi < \Theta < \pi$. Se $w = \rho e^{i\phi}$, a transformação $w = F_k(z)$ é uma aplicação injetora desse domínio sobre o domínio

$$\rho > 0, \quad \frac{(2k-1)\pi}{n} < \phi < \frac{(2k+1)\pi}{n}.$$

Esses n ramos de $z^{1/n}$ fornecem n raízes enésimas distintas de z em qualquer ponto z do domínio $r > 0$, $-\pi < \Theta < \pi$. O ramo principal ocorre se $k = 0$, e é fácil construir outros ramos do tipo (5).

EXERCÍCIOS

1. Mostre, indicando as orientações correspondentes, que a aplicação $w = z^2$ transforma retas horizontais $y = y_1$ ($y_1 > 0$) em parábolas $v^2 = 4y_1^2 (u + y_1^2)$, todas com foco na origem $w = 0$. (Compare com o Exemplo 1 da Seção 107.)

2. Use o resultado do Exercício 1 para mostrar que a transformação $w = z^2$ é uma aplicação injetora de uma faixa horizontal $a \leq y \leq b$ acima do eixo x sobre a região fechada entre as duas parábolas

$$v^2 = 4a^2(u + a^2), \quad v^2 = 4b^2(u + b^2).$$

3. Verifique que, da discussão no Exemplo 1 da Seção 107 segue que a transformação $w = z^2$ leva uma faixa vertical $0 \leq x \leq c$, $y \geq 0$ de largura arbitrária sobre uma região semiparabólica, conforme indicado na Figura 3 do Apêndice 2.

4. Modifique a discussão no Exemplo 1 da Seção 107 para mostrar que se $w = z^2$, a imagem da região triangular fechada formada pelas retas $y = \pm x$ e $x = 1$ é a região parabólica fechada delimitada à esquerda pelo segmento $-2 \leq v \leq 2$ do eixo v e à direita por uma porção da parábola $v^2 = -4(u - 1)$. Verifique a correspondência entre os pontos de fronteira indicados na Figura 137.

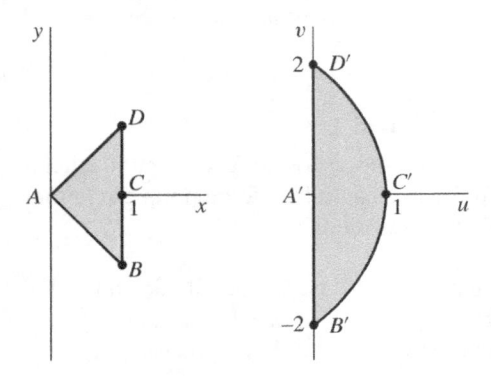

Figura 137
$w = z^2$.

5. Escreva a transformação $w = F_0(\operatorname{sen} z)$ como

$$Z = \operatorname{sen} z, \quad w = F_0(Z) \quad (|Z| > 0, \ -\pi < \operatorname{Arg} z < \pi).$$

Definindo $F_0(0) = 0$, mostre que $w = F_0(\operatorname{sen} z)$ leva a faixa vertical semi-infinita $0 \leq x \leq \pi/2$, $y \geq 0$ sobre o octante do plano w que aparece à direita na Figura 138. (Compare esse exercício com o Exemplo 2 da Seção 107.)

Sugestão: ver a última frase da Seção 104.

Figura 138
$w = F_0(\operatorname{sen} z)$.

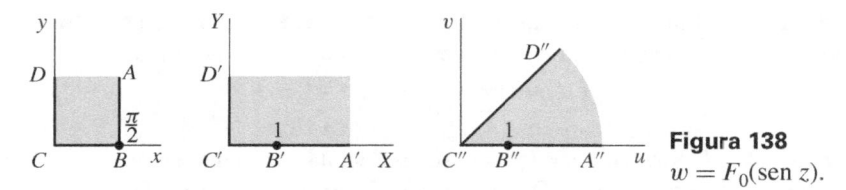

6. Use a Figura 9 do Apêndice 2 para mostrar que se $w = (\operatorname{sen} z)^{1/4}$ e se tomarmos o ramo principal da potência fracionária, então a faixa semi-infinita $-\pi/2 < x < \pi/2, y > 0$ é levada sobre a parte do primeiro quadrante determinada pela reta $v = u$ e o eixo u. Indique partes correspondentes das fronteiras.

7. De acordo com o Exemplo 2 da Seção 102, a transformação fracionária linear

$$Z = \frac{z-1}{z+1}$$

leva o eixo x sobre o eixo X e os semiplanos $y > 0$ e $y < 0$ sobre os semiplanos $Y > 0$ e $Y < 0$, respectivamente. Mostre que, em particular, essa transformação leva o segmento $-1 \leq x \leq 1$ do eixo x sobre o segmento $X \leq 0$ do eixo X. Então, mostre que, usando o ramo principal da raiz quadrada, a função composta

$$w = Z^{1/2} = \left(\frac{z-1}{z+1}\right)^{1/2}$$

leva o plano z, exceto pelo segmento $-1 \leq x \leq 1$ do eixo x, sobre o semiplano direito $u > 0$.

8. Determine a imagem do domínio $r > 0$, $-\pi < \Theta < \pi$ do plano z por cada uma das transformações $w = F_k(z)$ ($k = 0, 1, 2, 3$), em que $F_k(z)$ são os quatro ramos de $z^{1/4}$ dados pela equação (7) da Seção 108 com $n = 4$. Use esses ramos para determinar as raízes quartas de i.

109 RAÍZES QUADRADAS DE POLINÔMIOS

Nas últimas três seções deste capítulo, abordamos aspectos de funções multivalentes que não serão muito utilizados nos próximos capítulos, de modo que o leitor pode ir diretamente para o Capítulo 9 sem maiores prejuízos.

EXEMPLO 1. Os ramos da função bivalente $(z - z_0)^{1/2}$ podem ser obtidos notando que essa função é uma composição da translação $Z = z - z_0$ e da função bivalente $Z^{1/2}$. Cada ramo de $Z^{1/2}$ fornece um ramo de $(z - z_0)^{1/2}$. Mais precisamente, se $Z = Re^{i\theta}$, então os ramos de $Z^{1/2}$ são

$$Z^{1/2} = \sqrt{R} \exp \frac{i\theta}{2} \quad (R > 0, \alpha < \theta < \alpha + 2\pi),$$

de acordo com a equação (5) da Seção 108. Logo, escrevendo

$$R = |z - z_0|, \quad \Theta = \operatorname{Arg}(z - z_0) \quad \text{e} \quad \theta = \arg(z - z_0),$$

os dois ramos de $(z - z_0)^{1/2}$ são

(1) $$G_0(z) = \sqrt{R}\exp\frac{i\Theta}{2} \qquad (R > 0, -\pi < \Theta < \pi)$$

e

(2) $$g_0(z) = \sqrt{R}\exp\frac{i\theta}{2} \qquad (R > 0, 0 < \theta < 2\pi).$$

O ramo de $Z^{1/2}$ que foi usado para escrever $G_0(z)$ está definido em todos os pontos do plano Z, exceto pela origem e os pontos do raio Arg $Z = \pi$. Segue que a transformação $w = G_0(z)$ é uma aplicação injetora do domínio

$$|z - z_0| > 0, \quad -\pi < \text{Arg}(z - z_0) < \pi$$

sobre o semiplano direito Re $w > 0$ do plano w (Figura 139). A transformação $w = g_0(z)$ é uma aplicação injetora do domínio

$$|z - z_0| > 0, \quad 0 < \arg(z - z_0) < 2\pi$$

sobre o semiplano superior Im $w > 0$.

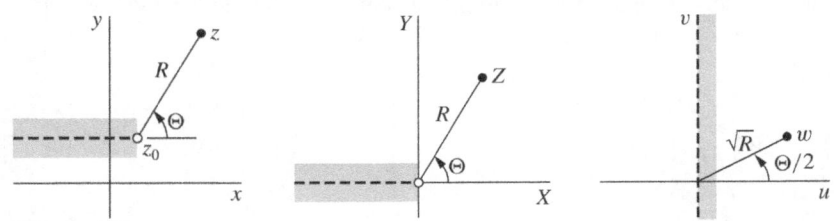

Figura 139
$w = G_0(z)$.

EXEMPLO 2. Como um exemplo instrutivo e menos elementar, vamos considerar, agora, a função bivalente $(z^2 - 1)^{1/2}$. Usando propriedades estabelecidas dos logaritmos, podemos escrever

$$(z^2 - 1)^{1/2} = \exp\left[\frac{1}{2}\log(z^2 - 1)\right] = \exp\left[\frac{1}{2}\log(z - 1) + \frac{1}{2}\log(z + 1)\right],$$

ou

(3) $$(z^2 - 1)^{1/2} = (z - 1)^{1/2}(z + 1)^{1/2} \qquad (z \neq \pm 1).$$

Consequentemente, se $f_1(z)$ for um ramo de $(z - 1)^{1/2}$ definido em um domínio D_1 e $f_2(z)$ for um ramo de $(z + 1)^{1/2}$ definido em um domínio D_2, então o produto $f(z) = f_1(z)f_2(z)$ é um ramo de $(z^2 - 1)^{1/2}$ definido em todos os pontos que pertençam a ambos D_1 e D_2.

Para obter um ramo específico de $(z^2 - 1)^{1/2}$, usamos o ramo de $(z - 1)^{1/2}$ e o ramo de $(z + 1)^{1/2}$ dados na equação (2). Escrevendo

$$r_1 = |z - 1| \quad \text{e} \quad \theta_1 = \arg(z - 1),$$

CAPÍTULO 8 TRANSFORMAÇÕES POR FUNÇÕES ELEMENTARES

esse ramo de $(z-1)^{1/2}$ é

$$f_1(z) = \sqrt{r_1}\exp\frac{i\theta_1}{2} \quad (r_1 > 0, 0 < \theta_1 < 2\pi).$$

O ramo de $(z+1)^{1/2}$ dado pela equação (2) é

$$f_2(z) = \sqrt{r_2}\exp\frac{i\theta_2}{2} \quad (r_2 > 0, 0 < \theta_2 < 2\pi),$$

em que

$$r_2 = |z+1| \quad \text{e} \quad \theta_2 = \arg(z+1).$$

O produto desses dois ramos é, portanto, o ramo f de $(z^2-1)^{1/2}$ definido pela equação

(4) $$f(z) = \sqrt{r_1 r_2}\exp\frac{i(\theta_1+\theta_2)}{2},$$

em que

$$r_k > 0, \quad 0 < \theta_k < 2\pi \quad (k=1,2).$$

Conforme ilustrado na Figura 140, o ramo f está definido em todo o plano z, exceto no raio $r_2 \geq 0$, $\theta_2 = 0$, que é a porção $x \geq -1$ do eixo x.

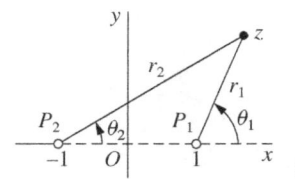

Figura 140

O ramo f de $(z^2-1)^{1/2}$ dado na equação (4) pode ser estendido a uma função

(5) $$F(z) = \sqrt{r_1 r_2}\exp\frac{i(\theta_1+\theta_2)}{2},$$

em que

$$r_k > 0, \quad 0 \leq \theta_k < 2\pi \quad (k=1,2) \quad \text{e} \quad r_1 + r_2 > 2.$$

Como veremos a seguir, essa função é analítica em todo o seu domínio de definição, que é todo o plano z, exceto pelo segmento $-1 \leq x \leq 1$ do eixo x.

Como $F(z) = f(z)$ em cada z do domínio de definição de F, exceto no raio $r_1 > 0$, $\theta_1 = 0$, basta mostrar que F é analítica nesse raio. Para isso, formamos o produto dos ramos de $(z-1)^{1/2}$ e de $(z+1)^{1/2}$ dados pela equação (1). Ou seja, consideramos a função

$$G(z) = \sqrt{r_1 r_2}\exp\frac{i(\Theta_1+\Theta_2)}{2},$$

em que

$$r_1 = |z-1|, \quad r_2 = |z+1|, \quad \Theta_1 = \operatorname{Arg}(z-1), \quad \Theta_2 = \operatorname{Arg}(z+1)$$

SEÇÃO 109 RAÍZES QUADRADAS DE POLINÔMIOS

e
$$r_k > 0, \quad -\pi < \Theta_k < \pi \quad (k = 1, 2).$$

Observe que G é analítica em todo o plano z, exceto pelo raio $r_1 \geq 0$, $\Theta_1 = \pi$. No entanto, $F(z) = G(z)$ se o ponto z estiver acima do ou no raio $r_1 > 0$, $\Theta_1 = \pi$, pois, então, $\theta_k = \Theta_k$ ($k = 1, 2$). Se z estiver abaixo desse raio, então $\theta_k = \Theta_k + 2\pi$ ($k = 1, 2$). Consequentemente, $\exp(i\theta_k/2) = -\exp(i\Theta_k/2)$; e isso significa que

$$\exp\frac{i(\theta_1 + \theta_2)}{2} = \left(\exp\frac{i\theta_1}{2}\right)\left(\exp\frac{i\theta_2}{2}\right) = \exp\frac{i(\Theta_1 + \Theta_2)}{2}.$$

Dessa forma, novamente $F(z) = G(z)$. Como $F(z)$ e $G(z)$ coincidem em um domínio que contém o raio $r_1 > 0$, $\Theta_1 = 0$ e como G é analítica nesse domínio, decorre que F é analítica nesse domínio. Logo, *F é analítica em toda parte exceto no segmento de reta P_2P_1 da* Figura 140.

A função F definida pela equação (5), entretanto, não pode ser estendida a uma função que seja analítica nos pontos do segmento P_2P_1. De fato, o valor dessa função do lado direito da equação (5) pula de $i\sqrt{r_1 r_2}$ para números perto de $-i\sqrt{r_1 r_2}$ se um ponto z se deslocar para baixo através desse segmento de reta e, com isso, a extensão não seria sequer contínua nesse segmento.

Como veremos, a transformação $w = F(z)$ é uma aplicação injetora do domínio D_z consistindo em todos os pontos do plano z, exceto pelos pontos do segmento P_2P_1 sobre o domínio D_w, consistindo em todo o plano w, exceto pelo segmento $-1 \leq v \leq 1$ do eixo v (Figura 141).

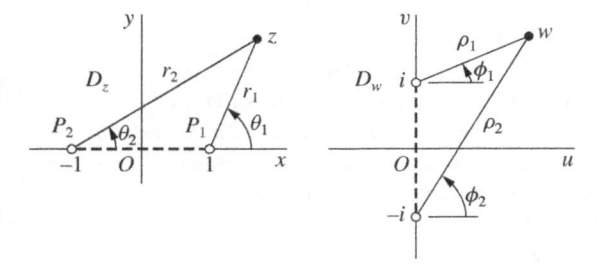

Figura 141
$w = F(z)$.

Antes de verificar isso, observe que se $z = iy$ ($y > 0$), então

$$r_1 = r_2 > 1 \quad \text{e} \quad \theta_1 + \theta_2 = \pi;$$

de modo que o eixo y positivo é levado por $w = F(z)$ sobre a parte do eixo v em que $v > 1$. Além disso, o eixo y negativo é levado sobre a parte do eixo v em que $v < -1$. Cada ponto da metade superior $y > 0$ do domínio D_z é levado na metade superior $v > 0$ do plano w, e cada ponto da metade inferior $y < 0$ do domínio D_z é levado na metade inferior $v < 0$ do plano w. Além disso, o raio $r_1 > 0$, $\theta_1 = 0$ é levado sobre o eixo real positivo do plano w e o raio $r_2 > 0$, $\theta_2 = \pi$ é levado sobre o eixo real negativo desse plano.

Para mostrar que a transformação $w = F(z)$ é *injetora*, observamos que se $F(z_1) = F(z_2)$, então $z_1^2 - 1 = z_2^2 - 1$. Disso segue que $z_1 = z_2$ ou $z_1 = -z_2$. No entanto, o caso $z_1 = -z_2$ é impossível, dada a maneira pela qual F transforma as partes superior e inferior do domínio D_z, bem como as partes do eixo real em D_z. Assim, se $F(z_1) = F(z_2)$, então $z_1 = z_2$, de modo que F é injetora.

Podemos mostrar que F leva o domínio D_z *sobre* o domínio D_w encontrando uma função H que transforma D_w em D_z com a propriedade de que se $z = H(w)$, então $w = F(z)$. Disso decorre que, qualquer que seja o ponto w de D_w, existe um ponto z de D_z tal que $F(z) = w$, ou seja, a aplicação F é sobrejetora. A aplicação H será a inversa de F.

Para encontrar H, começamos observando que se w for o valor de $(z^2 - 1)^{1/2}$ com algum z específico, então $w^2 = z^2 - 1$, de modo que z é, portanto, um valor de $(w^2 + 1)^{1/2}$ com aquele w. A função H será um ramo da função bivalente

$$(w^2 + 1)^{1/2} = (w - i)^{1/2}(w + i)^{1/2} \qquad (w \neq \pm i).$$

Seguindo nosso procedimento para obter a função $F(z)$, escrevemos $w - i = \rho_1 \exp(i\phi_1)$ e $w + i = \rho_2 \exp(i\phi_2)$. (Ver Figura 141.) Com as restrições

$$\rho_k > 0, \quad -\frac{\pi}{2} \leq \phi_k < \frac{3\pi}{2} \quad (k = 1, 2) \qquad \text{e} \qquad \rho_1 + \rho_2 > 2,$$

escrevemos

(6) $$H(w) = \sqrt{\rho_1 \rho_2} \exp \frac{i(\phi_1 + \phi_2)}{2},$$

sendo que o domínio de definição é D_w. A transformação $z = H(w)$ leva os pontos de D_w acima ou abaixo do eixo u em pontos acima ou abaixo do eixo x, respectivamente. Também leva o eixo u positivo na parte do eixo x em que $x > 1$ e o eixo u negativo na parte do eixo x negativo em que $x < -1$. Se $z = H(w)$, então $z^2 = w^2 + 1$ e, portanto, $w^2 = z^2 - 1$. Como z está em D_z e como $F(z)$ e $-F(z)$ são os dois valores de $(z^2 - 1)^{1/2}$ para um ponto de D_z, vemos que $w = F(z)$ ou $w = -F(z)$. No entanto, é evidente pela maneira como F e H transformam as metades superior e inferior dos seus domínio de definição, inclusive as partes dos eixos reais dentro desses domínios, que $w = F(z)$.

As imagens de ramos das funções bivalentes

(7) $$w = (z^2 + Az + B)^{1/2} = \left[(z - z_0)^2 - z_1^2\right]^{1/2} \qquad (z_1 \neq 0),$$

em que $A = -2z_0$ e $B = z_0^2 = z_1^2$, podem ser tratadas com a ajuda dos resultados encontrados para a função F do Exemplo 2 e as transformações sucessivas

(8) $$Z = \frac{z - z_0}{z_1}, \quad W = (Z^2 - 1)^{1/2}, \quad w = z_1 W.$$

EXERCÍCIOS

1. O ramo F de $(z^2 - 1)^{1/2}$ no Exemplo 2 da Seção 109 foi definido em termos das coordenadas $r_1, r_2, \theta_1, \theta_2$. Explique geometricamente por que as condições $r_1 > 0$,

SEÇÃO 109   RAÍZES QUADRADAS DE POLINÔMIOS   337

$0 < \theta_1 + \theta_2 < \pi$ descrevem o primeiro quadrante $x > 0$, $y > 0$ do plano z. Então, mostre que $w = F(z)$ leva esse quadrante sobre o primeiro quadrante $u > 0$, $v > 0$ do plano w.

Sugestão: para mostrar que é o quadrante $x > 0$, $y > 0$ que é descrito, note que $\theta_1 + \theta_2 = \pi$ em cada ponto do eixo y positivo e que $\theta_1 + \theta_2$ decresce se um ponto z se deslocar para a direita ao longo de um raio $\theta_2 = c$ ($0 < c < \pi/2$).

2. Suponha que $w = F(z)$ seja a aplicação do primeiro quadrante do plano z sobre o primeiro quadrante do plano w do Exercício 1. Mostre que

$$u = \frac{1}{\sqrt{2}}\sqrt{r_1 r_2 + x^2 - y^2 - 1} \quad \text{e} \quad v = \frac{1}{\sqrt{2}}\sqrt{r_1 r_2 - x^2 + y^2 + 1},$$

em que

$$(r_1 r_2)^2 = (x^2 + y^2 + 1)^2 - 4x^2,$$

e que a imagem da parte da hipérbole $x^2 - y^2 = 1$ no primeiro quadrante é o raio $v = u$ ($u > 0$).

3. Mostre que, no Exercício 2, o domínio D que fica abaixo da hipérbole e no primeiro quadrante do plano z é descrito pelas condições $r_1 > 0$, $0 < \theta_1 + \theta_2 < \pi/2$. Então, mostre que a imagem de D é o octante $0 < v < u$. Esboce o domínio D e sua imagem.

4. Seja F o ramo de $(z^2 - 1)^{1/2}$ definido no Exemplo 2 da Seção 109 e seja $z_0 = r_0 \exp(i\theta_0)$ um número complexo fixado, em que $r_0 > 0$ e $0 \leq \theta_0 < 2\pi$. Mostre que um ramo F_0 de $(z^2 - z_0^2)^{1/2}$ cujo corte é o segmento de reta entre os pontos z_0 e $-z_0$ pode ser dado por $F_0(z) = z_0 F(Z)$, em que $Z = z/z_0$.

5. Escreva $z - 1 = r_1 \exp(i\theta_1)$ e $z + 1 = r_2 \exp(i\Theta_2)$, sendo

$$0 < \theta_1 < 2\pi \quad \text{e} \quad -\pi < \Theta_2 < \pi,$$

para definir um ramo da função

(a) $(z^2 - 1)^{1/2}$;

(b) $\left(\dfrac{z-1}{z+1}\right)^{1/2}$.

Em cada caso, o corte do ramo deveria consistir nos dois raios $\theta_1 = 0$ e $\Theta_2 = \pi$.

6. Usando a notação da Seção 109, mostre que a função

$$w = \left(\frac{z-1}{z+1}\right)^{1/2} = \sqrt{\frac{r_1}{r_2}} \exp \frac{i(\theta_1 - \theta_2)}{2}$$

é um ramo com o mesmo domínio de definição D_z e o mesmo corte da função $w = F(z)$ daquela seção. Mostre que essa transformação leva D_z sobre o semiplano direito $\rho > 0$, $-\pi/2 < \phi < \pi/2$ e que o ponto $w = 1$ é a imagem do ponto $z = \infty$. Além disso, mostre que a transformação inversa é

$$z = \frac{1+w^2}{1-w^2} \quad (\text{Re } w > 0).$$

(Compare com o Exercício 7 da Seção 108.)

7. Mostre que a transformação do Exercício 6 leva a região fora do círculo unitário $|z| = 1$ na metade superior do plano z sobre a região do primeiro quadrante do plano w entre a reta $v = u$ e o eixo u. Esboce as duas regiões.

8. Escreva $z = r \exp(i\Theta)$, $z - 1 = r_1 \exp(i\Theta_1)$ e $z + 1 = r_2 \exp(i\Theta_2)$, em que os valores de todos os três argumentos ficam entre $-\pi$ e π. Então, defina um ramo da função $[z(z^2 - 1)]^{1/2}$ cujo corte consista nos dois segmentos $x \leq -1$ e $0 \leq x \leq 1$ do eixo x.

110 SUPERFÍCIES DE RIEMANN

Nesta e na próxima seção, apresentaremos uma breve introdução ao conceito de aplicação definida em uma *superfície de Riemann*, que é uma generalização do plano complexo constituído de mais de uma folha. A teoria capitaliza o fato de que uma dada função multivalente associa um valor único a cada ponto de uma superfície dessas.

Uma vez obtida uma superfície de Riemann para uma dada função, essa função está bem definida na superfície e podemos aplicar a teoria de funções (univalentes). Dessa forma, resolvemos as complexidades decorrentes da multivalência por meio de uma construção geométrica. No entanto, a descrição dessas superfícies e a interligação das diversas folhas podem ser bastante complexas. Aqui nos limitamos a exemplos relativamente simples, começando com a superfície do logaritmo.

EXEMPLO 1. A cada número complexo não nulo z, a função multivalente

(1) $$\log z = \ln r + i\theta$$

associa um número infinito de valores. Para descrever $\log z$ como uma função univalente, substituímos o plano z com a origem omitida por uma superfície em que um novo ponto é identificado a cada acréscimo ou decréscimo de 2π ou um múltiplo inteiro de 2π no argumento do número z.

Tratamos o plano z com a origem omitida como uma folha fina R_0 que é cortada ao longo da metade positiva do eixo real. Nessa folha, deixamos θ variar de 0 a 2π. Depois, cortamos uma segunda folha R_1 da mesma maneira e colocada à frente da folha R_0. Então, juntamos a aresta inferior do corte de R_0 com a aresta superior do corte de R_1. Em R_1, o ângulo θ varia de 2π até 4π, de modo que se z for representado por um ponto de R_1, o componente imaginário de $\log z$ varia de 2π até 4π.

Em seguida, cortamos uma folha R_2 da mesma maneira e a colocamos à frente de R_1. A aresta inferior do corte de R_1 é unida à aresta superior do corte dessa nova folha e assim sucessivamente com as folhas $R_3, R_4, \ldots$. Uma folha R_{-1} na qual θ varia de 0 a -2π é cortada e colocada atrás de R_0, sendo a aresta inferior do corte dessa folha unida à aresta superior do corte de R_0; as folhas $R_{-2}, R_{-3}, \ldots$ são construídas de maneira semelhante. As coordenadas r e θ de um ponto em qualquer uma das folhas podem ser consideradas as coordenadas polares da projeção do ponto sobre o plano z original, sendo a coordenada angular θ restrita a uma variação definida de 2π radianos em cada folha.

SEÇÃO 110 SUPERFÍCIES DE RIEMANN

Considere um caminho contínuo qualquer nessa superfície conexa de um número infinito de folhas. À medida que um ponto z percorre esse caminho, os valores de $\log z$ variam continuamente porque θ, junto a r, varia continuamente, e agora $\log z$ tem um único valor em cada ponto do caminho. Por exemplo, se o ponto fizer um ciclo completo em torno da origem na folha R_0 ao longo do caminho indicado na Figura 142, o ângulo varia de 0 até 2π. Ao passar pelo raio $\theta = 2\pi$, o ponto passa para a folha R_1 da superfície. Quando o ponto completa um ciclo em R_1, o ângulo θ varia de 2π até 4π e, ao cruzar o raio $\theta = 4\pi$, o ponto passa para a folha R_2.

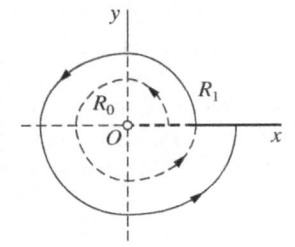

Figura 142

A superfície descrita aqui é uma superfície de Riemann de $\log z$. Essa superfície conexa tem um número infinito de folhas, arranjadas de tal modo que $\log z$ é uma função (univalente) nesta superfície.

A transformação $w = \log z$ é uma aplicação injetora da superfície de Riemann toda sobre todo o plano w. A imagem da folha R_0 é a faixa $0 \leq v \leq 2\pi$ (ver Exemplo 3 da Seção 102). Se um ponto se deslocar para a folha R_1 ao longo do arco mostrado na Figura 143, sua imagem w se desloca para cima, cruzando a reta $v = 2\pi$, conforme indicado naquela figura.

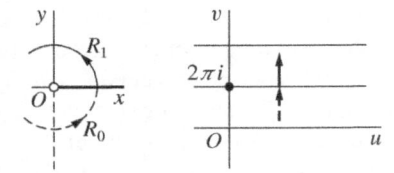

Figura 143

Observe que $\log z$, definida na folha R_1, representa a continuação analítica (Seção 28) da função (univalente) analítica

$$f(z) = \ln r + i\theta \qquad (0 < \theta < 2\pi)$$

para cima através do eixo real positivo. Nesse sentido, $\log z$ não só é uma função univalente em todos os pontos z da superfície de Riemann, mas é também uma função *analítica* em todos os pontos z da superfície.

As folhas poderiam, evidentemente, ser cortadas ao longo do eixo real negativo ou, então, em qualquer raio a partir da origem, sendo unidas ao longo dos cortes de maneira apropriada, formando outras superfícies de Riemann para $\log z$.

EXEMPLO 2. A cada ponto do plano z distinto da origem, a função raiz quadrada

(2) $$z^{1/2} = \sqrt{r}e^{i\theta/2}$$

associa dois valores. Uma superfície de Riemann para $z^{1/2}$ é obtida substituindo o plano z com uma superfície constituída de duas folhas R_0 e R_1, cada uma cortada ao longo do eixo real positivo e com R_1 colocada à frente de R_0. A aresta inferior do corte de R_0 é unida à aresta superior do corte de R_1 e a aresta inferior do corte de R_1 é unida à aresta superior do corte de R_0.

Se um ponto z começa da aresta superior do corte de R_0 e descreve um caminho contínuo em torno da origem no sentido anti-horário (Figura 144), o ângulo θ cresce de 0 até 2π. O ponto então passa da folha R_0 para a folha R_1, na qual θ cresce de 2π até 4π. Se o ponto continuar dessa forma, ele passa de volta à folha R_0, em que o valor de θ pode variar de 4π até 6π ou de 0 até 2π, escolha que não afeta o valor de $z^{1/2}$, e assim por diante. Note que o valor de $z^{1/2}$ em um ponto em que o caminho passa da folha R_0 para a folha R_1 é diferente do valor de $z^{1/2}$ em um ponto em que o caminho passa da folha R_1 para a folha R_0.

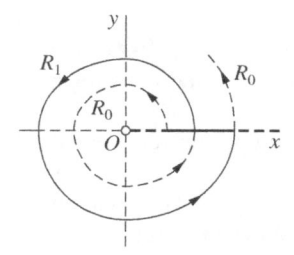

Figura 144

Dessa forma, construímos uma superfície de Riemann na qual $z^{1/2}$ é uma aplicação injetora dos valores z não nulos. Nessa construção, as arestas das folhas R_0 e R_1 são unidas em pares de tal maneira que a superfície resultante é conexa e fechada. Os pontos em que duas arestas são unidas são diferentes dos pontos em que são unidas as duas outras arestas. Assim, é fisicamente impossível construir um modelo dessa superfície de Riemann. Na visualização de uma superfície de Riemann, é importante entender como devemos proceder ao alcançar uma aresta do corte de uma folha.

A origem é um ponto especial dessa superfície de Riemann. É um ponto comum a ambas as folhas, e uma curva na superfície em torno da origem deve dar duas voltas para poder ser fechada. Um ponto desse tipo em uma superfície de Riemann é denominado **ponto de ramificação**.

A imagem da folha R_0 pela transformação $w = z^{1/2}$ é a metade superior do plano w, pois o argumento de w em R_0 é $\theta/2$, sendo $0 \leq \theta/2 \leq \pi$. Analogamente, a imagem da folha R_1 é a metade inferior do plano w. Em cada folha, a função que definimos é uma continuação analítica da função definida na outra folha. Nesse sentido, a função univalente $z^{1/2}$ dos pontos da superfície de Riemann é uma função analítica em todos os pontos, exceto na origem.

EXERCÍCIOS

1. Descreva a superfície de Riemann para $\log z$ obtida cortando o plano z ao longo do eixo real negativo. Compare com a superfície de Riemann obtida no Exemplo 1 da Seção 110.

2. Determine a imagem pela transformação $w = \log z$ da folha R_n, em que n é um inteiro arbitrário, da superfície de Riemann para $\log z$ dada no Exemplo 1 da Seção 110.

3. Verifique que a folha R_1 da superfície de Riemann para $z^{1/2}$ dada no Exemplo 2 da Seção 110 é levada pela transformação $w = z^{1/2}$ sobre a metade inferior do plano w.

4. Descreva a curva de uma superfície de Riemann para $z^{1/2}$ cuja imagem pela transformação $z^{1/2}$ seja todo o círculo $|w| = 1$.

5. Seja C o círculo $|z - 2| = 1$ orientado positivamente da superfície de Riemann para $z^{1/2}$ descrita no Exemplo 2 da Seção 110, em que a metade superior do círculo está na folha R_0 e a inferior, em R_1. Note que em cada ponto z de C podemos escrever

$$z^{1/2} = \sqrt{r}e^{i\theta/2}, \quad \text{em que} \quad 4\pi - \frac{\pi}{2} < \theta < 4\pi + \frac{\pi}{2}.$$

Mostre que segue

$$\int_C z^{1/2}\, dz = 0.$$

Generalize esse resultado para ser válido com outras curvas fechadas simples que cruzam de uma para outra folha, mas sem dar uma volta completa no ponto de ramificação. Generalize para outras funções, obtendo, assim, uma extensão do teorema de Cauchy-Goursat para integrais de funções multivalentes.

111 SUPERFÍCIES DE FUNÇÕES RELACIONADAS

Nesta seção, vamos considerar superfícies de Riemann para duas funções compostas de polinômios simples e da função raiz quadrada.

EXEMPLO 1. Vamos descrever a superfície de Riemann da função bivalente

(1) $$f(z) = (z^2 - 1)^{1/2} = \sqrt{r_1 r_2}\, \exp\frac{i(\theta_1 + \theta_2)}{2},$$

em que $z - 1 = r_1 \exp(i\theta_1)$ e $z + 1 = r_2 \exp(i\theta_2)$. Um ramo dessa função com corte dado pelo segmento de reta P_2P_1 ligando os pontos de ramificação $z = \pm 1$ (Figura 145) foi descrito no Exemplo 2 da Seção 109. Esse ramo aparece em (1), com as restrições $r_k > 0$, $0 \leq \theta_k < 2\pi$ ($k = 1, 2$) e $r_1 + r_2 > 2$. O ramo não está definido no segmento P_2P_1.

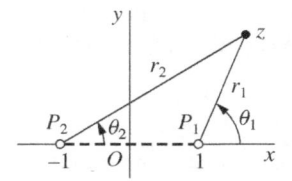

342 CAPÍTULO 8 TRANSFORMAÇÕES POR FUNÇÕES ELEMENTARES

Figura 145

Uma superfície de Riemann da função bivalente (1) deve consistir em duas folhas R_0 e R_1, cada uma delas cortada ao longo do segmento P_2P_1. A aresta inferior do corte de R_0 deve ser unida à aresta superior do corte de R_1, e a aresta inferior do corte de R_1 deve ser unida à aresta superior do corte de R_0.

Na folha R_0, os ângulos θ_1 e θ_2 variam de 0 até 2π. Se um ponto na folha R_0 percorre uma curva fechada simples que dá um volta no segmento P_2P_1 no sentido anti-horário, então θ_1 e θ_2 variam um total de 2π, unidades ao retornar à sua posição original. A variação em $(\theta_1 + \theta_2)/2$ também é 2π e o valor de f permanece inalterado. Se um ponto iniciar na folha R_0 e percorrer uma curva que dá duas voltas em torno do ponto de ramificação $z = 1$, então esse ponto cruza da folha R_0 para a folha R_1 e depois de volta para a folha R_0, antes de retornar à sua posição original. Nesse caso, o valor de θ_1 varia um total de 4π, ao passo que o valor de θ_2 permanece inalterado. Analogamente, em um circuito que dá duas voltas em torno do ponto $z = -1$, o valor de θ_2 varia um total de 4π, ao passo que o valor de θ_1 permanece inalterado. Assim, na folha R_0, a variação dos ângulos θ_1 e θ_2 pode ser estendida mudando θ_1 e θ_2 pelo mesmo múltiplo inteiro de 2π ou mudando somente um dos ângulos por um múltiplo de 4π. Em qualquer caso, a variação total de ambos os ângulos é um múltiplo inteiro par de 2π.

Para obter a variação dos valores de θ_1 e θ_2 na folha R_1, observamos que se um ponto começa na folha R_0 e descreve um caminho que dá uma volta em torno de apenas um dos pontos de ramificação, o ponto cruza para a folha R_1 e não retorna à folha R_0. Nesse caso, o valor de um dos ângulos varia 2π, enquanto o outro permanece inalterado. Assim, na folha R_1, um ângulo pode variar de 2π até 4π, enquanto o outro varia de 0 até 2π. A soma desses ângulos varia de 2π até 4π, e o valor de $(\theta_1 + \theta_2)/2$, que é o argumento de $f(z)$, varia de π até 2π. Novamente, a variação dos ângulos é estendida mudando somente um dos ângulos por um múltiplo inteiro de 4π ou mudando o valor de ambos os ângulos pelo mesmo múltiplo inteiro de 2π.

Agora, podemos considerar a função bivalente (1) como uma função (univalente) dos pontos dessa superfície de Riemann que acabamos de construir. A transformação $w = f(z)$ leva cada uma das folhas da construção dessa superfície sobre todo o plano w.

EXEMPLO 2. Considere a função bivalente

(2) $$f(z) = [z(z^2 - 1)]^{1/2} = \sqrt{rr_1r_2} \exp\frac{i(\theta + \theta_1 + \theta_2)}{2}$$

(Figura 146). Os pontos $z = 0, \pm 1$ são pontos de ramificação dessa função. Observamos que se um ponto descrever um circuito que inclui os três pontos, então o argumento de $f(z)$ varia pelo ângulo 3π, de modo que varia o valor da função. Consequentemente, um corte deve ir de um desses pontos até o ponto no infinito para que possa definir um ramo univalente de f. Logo, o ponto no infinito também é um ponto de ramificação, como pode ser mostrado observando que a função $f(1/z)$ tem um ponto de ramificação em $z = 0$.

Sejam duas folhas cortadas ao longo do segmento de reta L_2 de $z = -1$ até $z = 0$ e ao longo da parte L_1 do eixo real à direita do ponto $z = 1$. Especificamos que cada um dos três ângulos θ, θ_1 e θ_2 pode variar de 0 até 2π na folha R_0 e de 2π até 4π na folha R_1. Também especificamos que os ângulos correspondentes a um ponto de uma das duas folhas podem variar por múltiplos inteiros de 2π de tal forma que a soma dos três ângulos varie por um múltiplo inteiro de 4π. Dessa forma, o valor da função f fica inalterado.

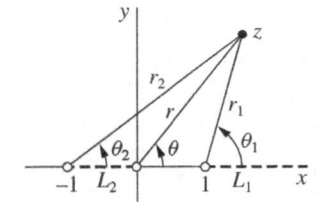

Figura 146

Obtemos uma superfície de Riemann para a função bivalente (2) juntando as arestas inferiores em R_0 dos cortes ao longo de L_1 e L_2 com as arestas superiores em R_1 dos cortes ao longo de L_1 e L_2, respectivamente. Então, as arestas inferiores em R_1 dos cortes ao longo de L_1 e L_2 são unidas às arestas superiores em R_0 dos cortes ao longo de L_1 e L_2, respectivamente. Usando a Figura 146, é fácil verificar que um ramo da função está representado pelos valores nos pontos de R_0 e o outro ramo, nos pontos de R_1.

EXERCÍCIOS

1. Descreva uma superfície de Riemann para a função trivalente $w = (z - 1)^{1/3}$ e indique qual terça parte do plano w representa a imagem de cada uma das folhas dessa superfície.

2. A cada ponto da superfície de Riemann para a função $w = f(z)$, descrita no Exemplo 2 da Seção 111, corresponde um único valor de w. Mostre que, em geral, a cada valor de w correspondem três pontos da superfície.

3. Descreva uma superfície de Riemann para a função multivalente
$$f(z) = \left(\frac{z-1}{z}\right)^{1/2}.$$

4. Note que a superfície de Riemann para a função $(z^2 - 1)^{1/2}$, descrita no Exemplo 1 da Seção 111, é também uma superfície de Riemann para a função
$$g(z) = z + (z^2 - 1)^{1/2}.$$
Seja f_0 o ramo de $(z^2 - 1)^{1/2}$ definido na folha R_0. Mostre que os ramos g_0 e g_1 nessas duas folhas são dados pelas equações
$$g_0(z) = \frac{1}{g_1(z)} = z + f_0(z).$$

5. No Exercício 4, o ramo f_0 de $(z^2 - 1)^{1/2}$ pode ser descrito por meio da equação
$$f_0(z) = \sqrt{r_1 r_2}\left(\exp\frac{i\theta_1}{2}\right)\left(\exp\frac{i\theta_2}{2}\right),$$
em que θ_1 e θ_2 variam de 0 até 2π e
$$z - 1 = r_1 \exp(i\theta_1), \quad z + 1 = r_2 \exp(i\theta_2).$$
Observando que
$$2z = r_1 \exp(i\theta_1) + r_2 \exp(i\theta_2),$$
mostre que o ramo g_0 da função $g(z) = z + (z^2 - 1)^{1/2}$ pode ser escrito na forma
$$g_0(z) = \frac{1}{2}\left(\sqrt{r_1}\exp\frac{i\theta_1}{2} + \sqrt{r_2}\exp\frac{i\theta_2}{2}\right)^2.$$
Encontre $g_0(z)\overline{g_0(z)}$ e note que $r_1 + r_2 \geq 2$ e $\cos[(\theta_1 - \theta_2)/2] \geq 0$ com qualquer z, para provar que $|g_0(z)| \geq 1$. Então, mostre que a transformação $w = z + (z^2 - 1)^{1/2}$ leva a folha R_0 da superfície de Riemann sobre a região $|w| \geq 1$, a folha R_1 sobre a região $|w| \leq 1$ e o corte entre os pontos $z = \pm 1$ sobre o círculo $|w| = 1$. Note que a transformação usada aqui é uma inversa da transformação
$$z = \frac{1}{2}\left(w + \frac{1}{w}\right).$$

CAPÍTULO 9

APLICAÇÕES CONFORMES

Neste capítulo, introduzimos e desenvolvemos o conceito de aplicação conforme, enfatizando as conexões entre essas aplicações e as funções harmônicas (Seção 27). No Capítulo 10, veremos algumas aplicações a problemas da Física.

112 PRESERVAÇÃO DE ÂNGULOS E FATORES DE ESCALA

Seja C um arco regular (Seção 43) representado pela equação

$$z = z(t) \quad (a \leq t \leq b),$$

e seja $f(z)$ uma função definida em todos os pontos z de C. A equação

$$w = f[z(t)] \quad (a \leq t \leq b)$$

é uma representação paramétrica da imagem Γ de C pela transformação $w = f(z)$.

Suponha que C passe por um ponto $z_0 = z(t_0)(a < t_0 < b)$ no qual f seja analítica e tal que $f'(z_0) \neq 0$. De acordo com a regra da cadeia, verificada no Exercício 5 da Seção 43, se $w(t) = f[z(t)]$, então

(1) $$w'(t_0) = f'[z(t_0)]z'(t_0);$$

e isso significa que (Seção 9)

(2) $$\arg w'(t_0) = \arg f'[z(t_0)] + \arg z'(t_0).$$

A afirmação (2) é útil para relacionar as direções de C e Γ nos pontos z_0 e $w_0 = f(z_0)$, respectivamente.

Para sermos mais específicos, sejam θ_0 o valor de $z'(t_0)$ e ϕ_0 o valor de $w'(t_0)$. De acordo com a discussão dos vetores tangentes unitários **T** perto do final da Seção 43, o número θ_0 é o ângulo de inclinação de uma reta orientada que é tangente a C em z_0 e ϕ_0 é o ângulo de inclinação de uma reta orientada que é tangente a Γ no ponto $w_0 = f(z_0)$. (Ver Figura 147.) Pela afirmação (2), existe um valor ψ_0 de $\arg f'[z(t_0)]$ tal que

(3) $$\phi_0 = \psi_0 + \theta_0.$$

Assim, $\phi_0 - \theta_0 = \psi_0$, e vemos que os ângulos ϕ_0 e θ_0 diferem pelo **ângulo de rotação**
(4) $$\psi_0 = \arg f'(z_0).$$

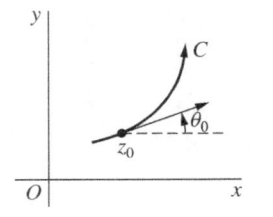

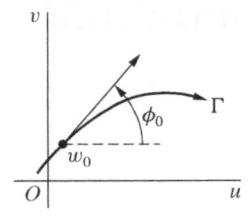

Figura 147
$\phi_0 = \psi_0 + \theta_0.$

Sejam, agora, C_1 e C_2 dois arcos regulares passando por z_0 e sejam θ_1 e θ_2 os ângulos de inclinação de retas orientadas tangentes a C_1 e C_2 em z_0, respectivamente. Sabemos do parágrafo anterior que as quantidades

$$\phi_1 = \psi_0 + \theta_1 \quad \text{e} \quad \phi_2 = \psi_0 + \theta_2$$

são os ângulos de inclinação de retas orientadas tangentes no ponto $w_0 = f(z_0)$ às curvas Γ_1 e Γ_2 que são imagens de C_1 e C_2, respectivamente. Assim, $\phi_2 - \phi_1 = \theta_2 - \theta_1$, ou seja, o ângulo $\phi_2 - \phi_1$ de Γ_1 até Γ_2 é igual, em *magnitude* e em *orientação*, ao ângulo $\theta_2 - \theta_1$ de C_1 até C_2. Esses ângulos estão identificados por α na Figura 148.

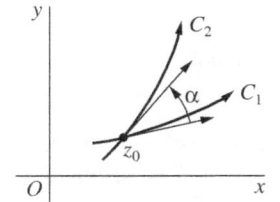

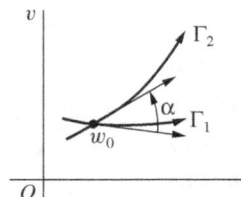

Figura 148

Em virtude dessa propriedade de preservação de ângulos, dizemos que a transformação $w = f(z)$ é **conforme** em um ponto z_0 se f for analítica nesse ponto, com $f'(z_0) \neq 0$. Uma transformação dessas, na verdade, é conforme em cada ponto de alguma vizinhança de z_0. De fato, ela deve ser analítica em uma vizinhança de z_0 (Seção 25) e, como a derivada f' é contínua nessa vizinhança (Seção 57), o Teorema 2 da Seção 18 nos diz que também existe alguma vizinhança de z_0 na qual vale $f'(z) \neq 0$.

Dizemos que uma transformação $w = f(z)$ definida em um domínio D é conforme, ou uma **aplicação conforme**, se for conforme em cada ponto de D. Ou seja, a aplicação é conforme em D se f for analítica nesse domínio e sua derivada f' não tiver zeros em D. Cada uma das transformações elementares estudada no Capítulo 3 pode ser usada para definir uma transformação que é conforme em algum domínio.

SEÇÃO 112 PRESERVAÇÃO DE ÂNGULOS E FATORES DE ESCALA

EXEMPLO 1. A transformação $w = e^z$ é conforme em todo o plano z, pois $(e^z)' = e^z = 0$ em cada z. Considere duas retas $x = c_1$ e $y = c_2$ quaisquer do plano z, a primeira orientada para cima e a segunda, para a direita. De acordo com o Exemplo 1 da Seção 103, as imagens dessas retas pela transformação $w = e^z$ são, respectivamente, um círculo centrado na origem orientado positivamente e um raio da origem. Conforme ilustrado na Figura 124, na Seção 103, o ângulo entre as retas em seu ponto de interseção é um ângulo reto no sentido negativo, e o mesmo ocorre com o ângulo entre o círculo e o raio no ponto correspondente do plano w. Que a aplicação $w = e^z$ é conforme também está ilustrado nas Figuras 7 e 8 do Apêndice 2.

EXEMPLO 2. Considere dois arcos regulares que são curvas de nível $u(x, y) = c_1$ e $v(x, y) = c_2$ dos componentes real e imaginário, respectivamente, de uma função

$$f(z) = u(x, y) + iv(x, y),$$

e suponha que esses arcos se intersectem em um ponto z_0 no qual f é analítica e $f'(z_0) \neq 0$. A transformação $w = f(z)$ é conforme em z_0 e leva esses arcos nas curvas $u = c_1$ e $v = c_2$, que são ortogonais no ponto $w_0 = f(z_0)$. Segue da teoria que os arcos também devem ser ortogonais em z_0. Isso já havia sido verificado e ilustrado nos Exercícios 2 a 6 da Seção 27.

Uma aplicação que preserva a magnitude do ângulo entre dois arcos regulares, mas não necessariamente sua orientação, é denominada *aplicação isógona*.

EXEMPLO 3. A transformação $w = \bar{z}$, que é uma reflexão pelo eixo real, é isógona, mas não conforme. Se for composta com uma transformação conforme, a transformação resultante $w = f(\bar{z})$ também será isógona, mas não conforme.

Suponha que f seja uma função não constante e analítica em um ponto z_0. Se, além disso, $f'(z_0) = 0$, dizemos que z_0 é um *ponto crítico* da transformação $w = f(z)$.

EXEMPLO 4. O ponto $z_0 = 0$ é um ponto crítico da transformação

$$w = 1 + z^2,$$

que é uma composição das aplicações

$$Z = z^2 \quad \text{e} \quad w = 1 + Z.$$

Um raio $\theta = \alpha$ a partir do ponto $z_0 = 0$ é, evidentemente, levado sobre um raio a partir do ponto $w_0 = 1$ cujo ângulo de inclinação é 2α, e o ângulo entre dois raios a partir de $z_0 = 0$ é *dobrado* pela transformação.

Mais geralmente, pode ser mostrado que se z_0 for um ponto crítico de uma transformação $w = f(z)$, então existe algum inteiro m ($m \geq 2$) tal que o ângulo entre dois arcos regulares quaisquer que passem por z_0 é multiplicado por m pela transformação. Esse inteiro m é o menor inteiro positivo tal que $f^{(m)}(z_0) \neq 0$. A verificação desses fatos é deixada para os exercícios.

Outra propriedade de uma transformação que é conforme em um ponto $w = f(z)$ é obtida considerando o módulo de $f'(z_0)$. Pela definição de derivada e por uma propriedade de limites envolvendo módulos que foi deduzida no Exercício 7 da Seção 18, sabemos que

(5) $$|f'(z_0)| = \left|\lim_{z \to z_0} \frac{f(z) - f(z_0)}{z - z_0}\right| = \lim_{z \to z_0} \frac{|f(z) - f(z_0)|}{|z - z_0|}.$$

Ocorre que $|z - z_0|$ é o comprimento de um segmento de reta ligando z_0 e z, e $|f(z) - f(z_0)|$ é o comprimento do segmento de reta ligando os pontos $f(z_0)$ e $f(z)$ do plano w. Então, evidentemente, se z estive próximo de z_0, a razão

$$\frac{|f(z) - f(z_0)|}{|z - z_0|}$$

dos dois comprimentos é aproximadamente igual ao número $|f'(z_0)|$. Note que $|f'(z_0)|$ representa uma expansão se for maior do que 1 e uma contração se for menor do que 1.

Embora o ângulo de rotação $f'(z)$ e o **fator de escala** $|f'(z_0)|$ em geral variem de ponto a ponto, segue da continuidade de f' (ver Seção 57) que esses valores são dados, aproximadamente, por $\arg f'(z_0)$ e $|f'(z_0)|$ em pontos z próximos de z_0. Dessa forma, a imagem de uma pequena região em uma vizinhança de z_0 é *conforme* a região original, no sentido de ter, aproximadamente, o mesmo formato. Entretanto, é claro que uma região maior pode ser transformada em uma região que não guarda semelhança alguma com a original.

113 MAIS EXEMPLOS

Os dois exemplos seguintes são bastante relacionados e, além de ilustrar o material da seção precedente, enfatizam como a preservação de ângulos e de fatores de escala podem variar de um ponto para outro do plano z.

EXEMPLO 1. A função

$$f(z) = z^2 = x^2 - y^2 + i\,2xy$$

é inteira, e sua derivada $f'(z) = 2z$ só é nula na origem. Logo, a transformação $w = f(z)$ é conforme no ponto $z_0 = 1 + i$, em que as semirretas

(1) $\qquad\qquad y = x \ (x \geq 0) \qquad \text{e} \qquad x = 1 \ (y \geq 0)$

se intersectam. Denotamos essas semirretas por C_1 e C_2, respectivamente, conforme a Figura 149, e convencionamos que a orientação dessas retas seja para cima. Observe que o ângulo de C_1 até C_2 é $\pi/4$ no ponto de interseção.

Figura 149
$w = z^2$.

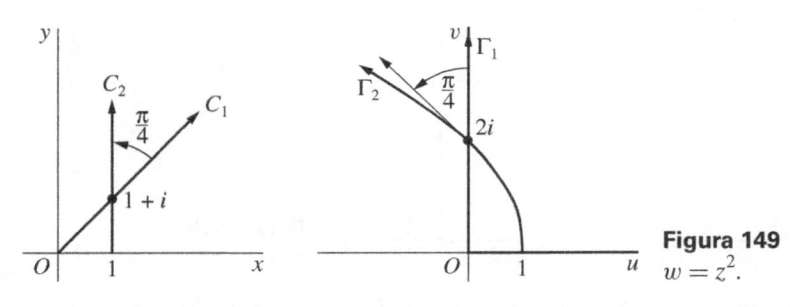

Como a imagem de um ponto $z = (x, y)$ é um ponto do plano w cujas coordenadas retangulares são

(2) $\qquad u = x^2 - y^2 \quad \text{e} \quad v = 2xy,$

a semirreta C_1 é transformada na curva Γ_1 de representação paramétrica

(3) $\qquad u = 0, \quad v = 2x^2 \qquad (0 \leq x < \infty).$

Assim, Γ_1 é a metade superior $v \geq 0$ do eixo v. A semirreta C_2 é transformada na curva Γ_2 representada pelas equações

(4) $\qquad u = 1 - y^2, \quad v = 2y \qquad (0 \leq y < \infty).$

Eliminando a variável y nas equações (3), vemos que Γ_2 é a metade superior da parábola $v^2 = -4(u-1)$. Note que, em cada caso, a orientação positiva da curva da imagem é para cima.

Sendo u e v forem as variáveis na representação (4) da curva imagem Γ_2, temos

$$\frac{dv}{du} = \frac{dv/dy}{du/dy} = \frac{2}{-2y} = -\frac{2}{v}.$$

Em particular, $dv/du = -1$ se $v = 2$. Consequentemente, o ângulo da curva imagem Γ_1 até a curva imagem Γ_2 no ponto $w = f(1+i) = 2i$ é $\pi/4$, como decorre de a aplicação ser conforme em $z = 1+i$. O ângulo de rotação $\pi/4$ no ponto $z = 1+i$ é, evidentemente, um valor de

$$\arg f'(1+i) = \arg[2(1+i)] = \frac{\pi}{4} + 2n\pi \qquad (n = 0, \pm 1, \pm 2, \ldots).$$

O fator de escala naquele ponto é o número

$$|f'(1+i)| = |2(1+i)| = 2\sqrt{2}.$$

EXEMPLO 2. Passando, agora, à Figura 150, consideramos a mesma semirreta C_2 usada no Exemplo 1 e a nova semirreta C_3 mostrada na figura. Essas semirretas se intersectam no ponto $z_0 = 1$ e suas orientações positivas estão indicadas.

Figura 150 $w = z^2$.

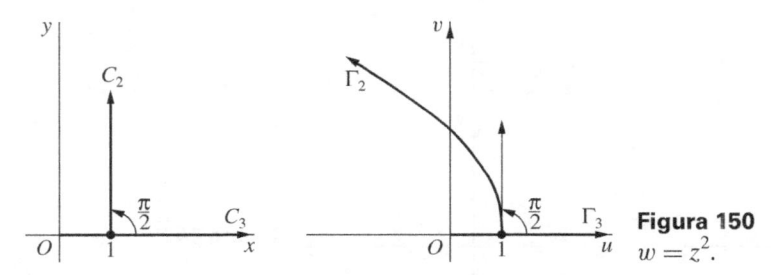

Também utilizamos a mesma transformação $w = z^2$ do Exemplo 1. A imagem de C_2 permanece a mesma do Exemplo 1. Pelas equações (2), como $y = 0$ em C_3, a imagem Γ_3 de C_3 é

$$u = x^2, \quad v = 0 \quad (0 \leq x < \infty).$$

Isso nos diz que o ângulo reto entre C_2 e C_3 no plano z está preservado no plano w.

Finalmente, observamos que o fator de escala no ponto $z_0 = 1$ de interseção das curvas C_2 e C_3 na Figura 150 é $|f'(1)| = 2$.

114 INVERSAS LOCAIS

Uma transformação $w = f(z)$ que é conforme em um ponto z_0 tem uma *inversa local* nesse ponto. Isto é, se $w_0 = f(z_0)$, então existe uma única transformação $z = g(w)$, definida e analítica em uma vizinhança N de w_0, tal que $g(w_0) = z_0$ e $f[g(w)] = w$ em cada ponto w de N. Além disso, a derivada de $g(w)$ é

(1) $$g'(w) = \frac{1}{f'(z)}.$$

Observe na expressão (1) que a transformação $z = g(w)$ é, ela própria, conforme em w_0.

Supondo que $w = f(z)$ seja, de fato, conforme em z_0, verifiquemos a existência de uma tal inversa, que decorre diretamente de resultados do Cálculo.* Conforme notamos na Seção 112, o fato de $w = f(z)$ ser conforme em z_0 implica que existe alguma vizinhança de z_0 na qual f é analítica. Logo, escrevendo

$$z = x + iy, \quad z_0 = x_0 + iy_0 \quad \text{e} \quad f(z) = u(x, y) + iv(x, y),$$

sabemos que existe alguma vizinhança do ponto (x_0, y_0) na qual são contínuas as funções $u(x, y)$ e $v(x, y)$, bem como suas derivadas parciais de todas as ordens (ver Seção 57).

Ocorre que o par de equações

(2) $$u = u(x, y), \quad v = v(x, y)$$

---

* Os resultados de Cálculo utilizados aqui podem ser encontrados, por exemplo, nas páginas 241-247 de *Advanced Calculus* de A. E. Taylor e W. R. Mann, 3rd ed., 1983.

representa uma transformação da vizinhança que acabamos de mencionar no plano uv. Além disso, o determinante

$$J = \begin{vmatrix} u_x & u_y \\ v_x & v_y \end{vmatrix} = u_x v_y - v_x u_y,$$

conhecido como o *jacobiano* da transformação, é não nulo no ponto (x_0, y_0). De fato, usando as equações de Cauchy-Riemann $u_x = v_y$ e $u_y = -v_x$, podemos escrever J como

$$J = (u_x)^2 + (v_x)^2 = |f'(z)|^2;$$

e $f'(z_0) \neq 0$, já que a transformação $w = f(z)$ é conforme em z_0. Agora, a continuidade das funções $u(x, y)$ e $v(x, y)$ e de suas derivadas, junto a essa condição sobre o jacobiano, é suficiente para garantir a existência de uma inversa local da transformação (2) em (x_0, y_0). Isto é, se

(3) $\qquad u_0 = u(x_0, y_0) \quad$ e $\quad v_0 = v(x_0, y_0)$,

então existe uma única transformação contínua

(4) $\qquad x = x(u, v), \quad y = y(u, v),$

definida em uma vizinhança N do ponto (u_0, v_0) que leva esse ponto em (x_0, y_0) e é tal que a equação (2) é válida se valer a equação (4). Também, além de ser contínua, a função (4) tem derivadas parciais de primeira ordem contínuas que satisfazem as equações

(5) $\qquad x_u = \dfrac{1}{J} v_y, \quad x_v = -\dfrac{1}{J} u_y, \quad y_u = -\dfrac{1}{J} v_x, \quad y_v = \dfrac{1}{J} u_x$

em toda a vizinhança N.

Escrevendo $w = u + iv$ e $w_0 = u_0 + iv_0$, bem como

(6) $\qquad g(w) = x(u, v) + iy(u, v),$

a transformação $z = g(w)$ é evidentemente a inversa local da transformação $w = f(z)$ original em z_0. As transformações (2) e (4) podem ser descritas por

$$u + iv = u(x, y) + iv(x, y) \quad \text{e} \quad x + iy = x(u, v) + iy(u, v);$$

e essas duas últimas equações coincidem com

$$w = f(z) \quad \text{e} \quad z = g(w),$$

em que g tem as propriedades procuradas. As equações (5) podem ser usadas para mostrar que g é analítica em N. Deixamos os detalhes para os exercícios, nos quais também deduzimos a expressão (1) para $g'(w)$.

EXEMPLO. Sabemos, do Exemplo 1 da Seção 112, que se $f(z) = e^z$, então a transformação $w = f(z)$ é conforme em todo o plano z e, em particular, no ponto $z_0 = 2\pi i$. A imagem desse ponto z_0 escolhido é o ponto $w_0 = 1$. Escrevendo os pontos do plano w na forma $w = \rho \exp(i\phi)$, a inversa local em z_0 pode ser obtida escrevendo $g(w) = \log w$, em que $\log w$ denota o ramo

$$\log w = \ln \rho + i\phi \quad (\rho > 0, \pi < \theta < 3\pi)$$

da função logaritmo, restrito a qualquer vizinhança de w_0 que não contenha a origem. Observe que

$$g(1) = \ln 1 + i2\pi = 2\pi i$$

e que se w pertencer à vizinhança,

$$f[g(w)] = \exp(\log w) = w.$$

Também

$$g'(w) = \frac{d}{dw} \log w = \frac{1}{w} = \frac{1}{\exp z},$$

de acordo com a equação (1).

Note que se for escolhido o ponto $z_0 = 0$, então podemos usar o ramo principal

$$\text{Log } w = \ln \rho + i\phi \quad (\rho > 0, -\pi < \phi < \pi)$$

da função logaritmo pra definir g. Nesse caso, $g(1) = 0$.

EXERCÍCIOS

1. Determine o ângulo de rotação no ponto $z_0 = 2 + i$ se $w = z^2$ e ilustre isso para alguma curva particular. Mostre que o fator de escala nesse ponto é $2\sqrt{5}$.

2. Qual é o ângulo de rotação produzido pela transformação $w = 1/z$ no ponto
   (a) $z_0 = 1$;   (b) $z_0 = i$?

   Respostas: (a) π;   (b) 0.

3. Mostre que as imagens das retas $y = x - 1$ e $y = 0$ pela transformação $w = 1/z$ são o círculo $u^2 + v^2 - u - v = 0$ e a reta $v = 0$, respectivamente. Esboce as quatro curvas, determine orientações correspondentes entre elas e verifique que a aplicação é conforme no ponto $z_0 = 1$.

4. Mostre que o ângulo de rotação em um ponto $z_0 = r_0 \exp(i\theta_0)$ não nulo pela transformação $w = z^n$ $(n = 1, 2, \ldots)$ é $(n-1)\theta_0$. Determine o fator de escala da transformação nesse ponto.

   Resposta: nr_0^{n-1}.

5. Mostre que a transformação $w = \operatorname{sen} z$ é conforme em todos os pontos, exceto

$$z = \frac{\pi}{2} + n\pi \quad (n = 0, \pm 1, \pm 2, \ldots).$$

   Note que isso está de acordo com as imagens de segmentos de reta orientados mostrados nas Figuras 9, 10 e 11 do Apêndice 2.

6. Encontre a inversa local da transformação $w = z^2$ no ponto
   (a) $z_0 = 2$;   (b) $z_0 = -2$;   (c) $z_0 = -i$.

   Respostas: (a) $w^{1/2} = \sqrt{\rho}\, e^{i\phi/2}$ $(\rho > 0, -\pi < \phi < \pi)$;
   (c) $w^{1/2} = \sqrt{\rho}\, e^{i\phi/2}$ $(\rho > 0, 2\pi < \phi < 4\pi)$.

7. Na Seção 114, foi indicado que os componentes $x(u, v)$ e $y(u, v)$ da função inversa $g(w)$ definida pelas equações (6) daquela seção são contínuos e têm derivadas parciais de primeira ordem contínuas em uma vizinhança N. Use as equações (5) da Seção 114 para mostrar que as equações de Cauchy-Riemann $x_u = y_v$, $x_v = -y_u$ são válidas em N. Conclua disso que $g(w)$ é analítica nessa vizinhança.

8. Mostre que se $z = g(w)$ for a inversa local de uma transformação conforme $w = f(z)$ em um ponto z_0, então

$$g'(w) = \frac{1}{f'(z)}$$

nos pontos w de uma vizinhança N na qual g é analítica (Exercício 7).

   Sugestão: comece com o fato de que $f[g(w)] = w$ e aplique a regra da cadeia para derivar a composição de funções.

9. Seja C um arco regular de um domínio D no qual uma transformação $w = f(z)$ seja conforme e denote por Γ a imagem de C por essa transformação. Mostre que Γ também é um arco regular.

10. Suponha que uma função f seja analítica em z_0 e que

$$f'(z_0) = f''(z_0) = \cdots = f^{(m-1)}(z_0) = 0, \quad f^{(m)}(z_0) \neq 0$$

com algum inteiro positivo m ($m \geq 1$). Denotemos $w_0 = f(z_0)$.

   (a) Use a série de Taylor de f centrada no ponto z_0 para mostrar que existe uma vizinhança de z_0 na qual a diferença $f(z) - w_0$ pode ser escrita como

$$f(z) - w_0 = (z - z_0)^m \frac{f^{(m)}(z_0)}{m!} [1 + g(z)],$$

sendo $g(z)$ contínua em z_0 e $g(z_0) = 0$.

   (b) Seja Γ a imagem de um arco regular C pela transformação $w = f(z)$, conforme Figura 147, na Seção 112, e observe que os ângulos de inclinação θ_0 e ϕ_0 naquela figura são limites de $\arg(z - z_0)$ e $\arg[f(z) - w_0]$, respectivamente, se z tender a z_0 ao longo do arco C. Então, use o resultado da parte (a) para mostrar que θ_0 e ϕ_0 estão relacionados pela equação

$$\phi_0 = m\theta_0 + \arg f^{(m)}(z_0).$$

   (c) Seja α o ângulo entre dois arcos regulares C_1 e C_2 que passam por z_0, conforme o lado esquerdo da Figura 148, na Seção 112. Mostre como, da relação obtida na parte (b), decorre que o ângulo correspondente entre as curvas imagens Γ_1 e Γ_2 no ponto $w_0 = f(z_0)$ é dado por $m\alpha$. (Note que a transformação é conforme em z_0 se $m = 1$ e que z_0 é um ponto crítico se $m \geq 2$.)

115 HARMÔNICAS CONJUGADAS

Vimos na Seção 27 que se uma função

$$f(z) = u(x, y) + iv(x, y)$$

for analítica em um domínio D, então as funções reais u e v são harmônicas nesse domínio. Isto é, têm derivadas parciais de primeira e segunda ordens contínuas em D e satisfazem a equação de Laplace nesse domínio:

(1) $$u_{xx} + u_{yy} = 0, \quad v_{xx} + v_{yy} = 0.$$

Suponha, agora, que duas funções, $u(x, y)$ e $v(x, y)$, sejam harmônicas em um domínio D e que suas derivadas parciais de primeira ordem satisfaçam as equações de Cauchy-Riemann

(2) $$u_x = v_y, \quad u_y = -v_x$$

em D. Então, dizemos que v é uma função **harmônica conjugada** de u. O significado da palavra conjugado aqui é distinto do utilizado na Seção 6, em que definimos $\bar{z}$.

O teorema seguinte conecta os conceitos de funções analíticas e harmônicas conjugadas.

Teorema. *Uma função $f(z) = u(x, y) + iv(x, y)$ é analítica em um domínio D se, e somente se, v é uma harmônica conjugada de u.*

A prova é fácil. Se v for uma harmônica conjugada de u em D, então as equações de Cauchy-Riemann (2) devem ser satisfeitas. Segue do teorema da Seção 23 que a função f é analítica em D. Reciprocamente, se f for analítica em D, sabemos do primeiro parágrafo desta seção que u e v são harmônicas e, além disso, pelo teorema da Seção 21, as equações de Cauchy-Riemann (2) estão satisfeitas em D.

O exemplo a seguir mostra que se v for uma harmônica conjugada de u em algum domínio, *não é* verdade, em geral, que u é uma harmônica conjugada de v nesse domínio. (Ver também os Exercícios 3 e 4.)

EXEMPLO 1. Suponha que

$$u(x, y) = x^2 - y^2 \quad \text{e} \quad v(x, y) = 2xy.$$

Como essas funções são os componentes real e imaginário, respectivamente, da função inteira $f(z) = z^2$, sabemos que v é uma harmônica conjugada de u em todo o plano. Mas u não pode ser uma harmônica conjugada de v porque a função $2xy + i(x^2 - y^2)$ não é analítica em ponto algum do plano, conforme o Exercício 2(b) da Seção 26.

A seguir, ilustramos um método para encontrar uma harmônica conjugada de uma dada função harmônica.

EXEMPLO 2. É fácil verificar que a função

(3) $$u(x, y) = 2x(1 - y) = 2x - 2xy$$

é uma função harmônica em todo o plano xy. Como uma harmônica conjugada $v(x, y)$ está relacionada com $u(x, y)$ pelas equações de Cauchy-Riemann (2), a primeira dessas equações, a saber, $u_x = v_y$, diz que $2 - 2y = v_y$, ou seja,

$$v_y(x, y) = 2 - 2y.$$

Mantendo x fixado e integrando cada lado dessa equação em relação a y, obtemos

(4) $$v(x, y) = 2y - y^2 + g(x),$$

em que g, por enquanto, é uma função derivável de x arbitrária.

Passando, agora, à relação $u_y = -v_x$, que é a segunda das equações (2), vemos que $-2x = -g'(x)$, ou $g(x) = 2x$. Consequentemente, $g(x) = x^2 + C$, em que C é um número real arbitrário. Pela expressão (4), então, a função

(5) $$v(x, y) = 2y - y^2 + x^2 + C$$

é uma harmônica conjugada de $u(x, y)$.

A função analítica correspondente é

(6) $$f(z) = 2x(1 - y) + i(2y - y^2 + x^2 + C).$$

É fácil obter o formato $f(z) = 2z + i(z^2 + C)$ dessa função, que é sugerido observando que se $y = 0$ em (6), obtemos $f(x) = 2x + i(x^2 + C)$. Como $v(x, y)$ é única, exceto por uma constante arbitrária (ver Exercício 5), é costume escrever $C = 0$, de modo que $f(z) = 2z + iz^2$.

O próximo teorema garante a existência de uma função harmônica conjugada de qualquer função harmônica $u(x, y)$ definida em um *domínio simplesmente conexo* (Seção 52). Assim, nesses domínios, cada função harmônica é a parte real de alguma função analítica.

Teorema. *Se uma função harmônica $u(x, y)$ estiver definida em um domínio simplesmente conexo D, então existe uma harmônica conjugada $v(x, y)$ em D.*

Para provar esse teorema, começamos revendo alguns fatos importantes sobre integrais curvilíneas que surgem no Cálculo.* Suponha que $P(x, y)$ e $Q(x, y)$ tenham derivadas parciais de primeira ordem contínuas em um domínio simplesmente conexo D do plano xy, e sejam (x_0, y_0) e (x, y) dois pontos quaisquer de D. Se $P_y = Q_x$ em cada ponto de D, então a integral curvilínea

$$\int_C P(s, t)\, ds + Q(s, t)\, dt$$

de (x_0, y_0) até (x, y) é independente do caminho C que é usado, desde que o caminho esteja todo contido em D. Além disso, fixando o ponto (x_0, y_0) e deixando (x, y) variar em D, essa integral representa uma função

(7) $$F(x, y) = \int_{(x_0, y_0)}^{(x, y)} P(s, t)\, ds + Q(s, t)\, dt$$

de x e y cujas derivadas parciais de primeira ordem são dadas pelas equações

(8) $$F_x(x, y) = P(x, y), \quad F_y(x, y) = Q(x, y).$$

---

* Ver, por exemplo, *Advanced Mathematics for Engineers* de W. Kaplan, 1992, páginas 546-550.

Note que o valor de F é alterado por uma constante se escolhermos um outro ponto inicial (x_0, y_0).

Voltando à função harmônica $u(x, y)$ dada, observe que da equação de Laplace $u_{xx} + u_{yy} = 0$ segue que
$$(-u_y)_y = (u_x)_x$$
em cada ponto de D. Além disso, as derivadas parciais de segunda ordem de u são contínuas em D, e isso significa que as derivadas parciais de primeira ordem de $-u_y$ e u_x são contínuas nesse domínio. Assim, fixado (x_0, y_0) em D, a função

(9) $$v(x, y) = \int_{(x_0, y_0)}^{(x, y)} -u_t(s, t)\, ds + u_s(s, t)\, dt$$

está bem definida em cada (x, y) de D e, de acordo com as equações (8),

(10) $$v_x(x, y) = -u_y(x, y), \quad v_y(x, y) = u_x(x, y).$$

Essas são as equações de Cauchy-Riemann. Como as derivadas parciais de primeira ordem de u são contínuas, é evidente, das equações (10), que essas mesmas derivadas de v também são contínuas. Logo (Seção 23), a função $u(x, y) + i\, v(x, y)$ é analítica em D e, portanto, v é uma harmônica conjugada de u.

É claro que a função v definida pela equação (9) não é a única harmônica conjugada de u, pois a função mais geral $v(x, y) + C$ também é uma, com qualquer constante real C. Contudo, como já o fizemos no Exemplo 2, podemos tomar $C = 0$.

EXEMPLO 3. Considere a função harmônica
$$u(x, y) = 2x - 2xy,$$
cuja harmônica conjugada foi encontrada no Exemplo 2. De acordo com a expressão (9), a função
$$v(x, y) = \int_{(0,0)}^{(x,y)} 2s\, ds + (2 - 2t)\, dt$$
é uma harmônica conjugada de $u(x, y)$ em todo o plano xy. Essa integral é calculada sem maiores esforços. Por exemplo, podemos calculá-la ao longo do caminho horizontal desde a origem $(0, 0)$ até o ponto $(x, 0)$ e, depois, ao longo do caminho vertical de $(x, 0)$ até o ponto (x, y). O resultado é
$$v(x, y) = x^2 + (2y - y^2) = 2y - y^2 + x^2,$$
que, junto a uma constante arbitrária, foi obtido no Exemplo 2.

EXERCÍCIOS

1. Mostre que $u(x, y)$ é harmônica em algum domínio e siga os passos usados no Exemplo 2 da Seção 115 para encontrar uma harmônica conjugada $v(x, y)$ se

   (a) $u(x, y) = 2x - x^3 + 3xy^2$; (b) $u(x, y) = \operatorname{senh} x \operatorname{sen} y$; (c) $u(x, y) = \dfrac{y}{x^2 + y^2}$.

Respostas: (a) $v(x, y) = 2y - 3x^2 y + y^3$;
(b) $v(x, y) = -\cosh x \cos y$;
(c) $v(x, y) = \dfrac{x}{x^2 + y^2}$.

2. Em cada caso, mostre que a função $u(x, y)$ é harmônica em todo o plano xy. Depois, encontre a harmônica conjugada usando a expressão (9) da Seção 115. Finalmente, escreva a função
$$f(z) = u(x, y) + iv(x, y)$$
correspondente em termos de z.

(a) $u(x, y) = xy$;   (b) $u(x, y) = y^3 - 3x^2 y$.

Respostas: (a) $v(x, y) = -\frac{1}{2}(x^2 - y^2)$, $f(z) = -\frac{i}{2} z^2$;
(b) $v(x, y) = -3xy^2 + x^3$, $f(z) = iz^3$.

3. Suponha que v seja uma harmônica conjugada de u em um domínio D e que também u seja uma harmônica conjugada de v em D. Mostre que disso decorre que as funções $u(x, y)$ e $v(x, y)$ devem ser constantes em D.

4. Use o teorema da Seção 115 para mostrar que v é uma harmônica conjugada de u em um domínio D se, e só se, $-u$ é uma harmônica conjugada de v em D. (Compare com o resultado obtido no Exercício 3.)

   Sugestão: observe que a função $f(z) = u(x, y) + iv(x, y)$ é analítica em D se, e só se, $-if(z)$ é analítica em D.

5. Mostre que se v e V forem harmônicas conjugadas de $u(x, y)$ em um domínio D, então $v(x, y)$ e $V(x, y)$ diferem por uma constante aditiva.

6. Verifique que a função $u(r, \theta) = \ln r$ é harmônica no domínio $r > 0$, $0 < \theta < 2\pi$, mostrando que ela satisfaz a forma polar da equação de Laplace, obtida no Exercício 1 da Seção 27. Depois, use a técnica desenvolvida no Exercício 2 da Seção 115, mas usando a forma polar das equações de Cauchy-Riemann (Seção 24), para deduzir a harmônica conjugada $v(r, \theta) = \theta$. (Compare com o Exercício 6 da Seção 26.)

7. Seja $u(x, y)$ uma função harmônica em um domínio simplesmente conexo D. Usando resultados das Seções 115 e 57, mostre que as derivadas parciais de todas as ordens de $u(x, y)$ são contínuas em todo o domínio D.

116 TRANSFORMAÇÕES DE FUNÇÕES HARMÔNICAS

Um dos problemas mais importantes da Matemática Aplicada é o de encontrar uma função que seja harmônica em um domínio especificado e que satisfaça condições prescritas na fronteira desse domínio. Se forem prescritos os valores da função ao longo da fronteira, o problema é conhecido como um problema de valores de fronteira do primeiro tipo, ou um ***problema de Dirichlet***. Se forem prescritos os valores da derivada normal da função ao longo da fronteira, o problema de valores de fronteira é do segundo tipo, ou ***problema de Neumann***. Também surgem modificações e combinações desses tipos de condições de fronteira.

Nas aplicações, os domínios mais frequentemente encontrados são simplesmente conexos e, como uma função harmônica em um domínio simplesmente conexo sempre tem uma harmônica conjugada (Seção 115), as soluções de problemas de valores de fronteira desses domínios são componentes reais ou imaginários de funções analíticas.

EXEMPLO 1. No Exemplo 1 da Seção 27, vimos que a função

$$T(x, y) = e^{-y} \operatorname{sen} x$$

satisfaz um certo problema de Dirichlet da faixa $0 < x < \pi, y > 0$, e observamos que essa função representa a solução de um problema de temperatura. A função $T(x, y)$, que realmente é harmônica em todo o plano xy, é o componente real da função inteira

$$-ie^{iz} = e^{-y} \operatorname{sen} x - ie^{-y} \cos x.$$

Da mesma forma, é o componente imaginário da função inteira e^{iz}.

Às vezes, uma solução de um dado problema de valores de fronteira pode ser descoberta identificando-a como o componente real ou imaginário de alguma função analítica. Entretanto, o sucesso desse procedimento depende da simplicidade do problema e da nossa familiaridade com os componentes real e imaginário de uma variedade de funções analíticas. O teorema a seguir pode ser muito útil.

Teorema. *Suponha que*

(a) *uma função analítica*

$$w = f(z) = u(x, y) + iv(x, y)$$

leve um domínio D_z do plano z sobre um domínio D_w do plano w;
(b) *$h(u, v)$ seja uma função harmônica definida em D_w.*

Então, a função

$$H(x, y) = h[u(x, y), v(x, y)]$$

é harmônica em D_z.

Inicialmente provamos o teorema no caso em que o domínio D_w seja simplesmente conexo. De acordo com a Seção 104, essa propriedade de D_w garante que a função harmônica $h(u, v)$ dada tem uma harmônica conjugada $g(u, v)$. Logo, a função

(1) $$\Phi(w) = h(u, v) + ig(u, v)$$

é analítica em D_w. Como a função $f(z)$ é analítica em D_z, a composição $\Phi[f(z)]$ também é analítica em D_z. Consequentemente, a parte real $h[u(x, y), v(x, y)]$ dessa composição é harmônica em D_z.

Se D_w não for simplesmente conexo, observamos que cada ponto w_0 de D_w tem uma vizinhança $|w - w_0| < \varepsilon$ inteiramente contida em D_w. Como essa vizinhança é simplesmente conexa, uma função do tipo (1) é analítica nessa vizinhança. Além disso, como f é contínua em um ponto z_0 de D_z cuja imagem é w_0, existe alguma vizinhança $|z - z_0| < \delta$ cuja imagem está contida na vizinhança $|w - w_0| < \varepsilon$. Logo, segue que a composição $\Phi[f(z)]$ é analítica na vizinhança $|z - z_0| < \delta$, e podemos concluir que $h[u(x, y), v(x, y)]$ é harmônica nessa vizinhança. Finalmente, como w_0 foi escolhido arbitrariamente em D_w e como cada ponto de D_z é levado em algum desses pontos pela transformação $w = f(z)$, a função $h[u(x, y), v(x, y)]$ deve ser harmônica em todo o domínio D_z.

A prova do teorema no caso geral em que o domínio não é necessariamente simplesmente conexo também decorre da regra da cadeia das derivadas parciais. No entanto, as contas são um pouco extensas (ver Exercício 8 da Seção 117).

EXEMPLO 2. A transformação

$$w = e^z = e^x \cos y + i e^x \operatorname{sen} y$$

leva a faixa horizontal $0 < y < \pi$ sobre o semiplano $v > 0$, conforme o Exemplo 3 da Seção 103. Também, como w^2 é analítica nesse semiplano, a função

$$h(u, v) = \operatorname{Re}(w^2) = u^2 - v^2$$

é harmônica nesse semiplano. Pelo teorema, segue que a função

$$H(x, y) = (e^x \cos y)^2 - (e^x \operatorname{sen} y)^2 = e^{2x}(\cos^2 y - \operatorname{sen}^2 y);$$

é harmônica na faixa $0 < y < \pi$. Obseve que

$$H(x, y) = e^{2x} \cos 2y.$$

EXEMPLO 3. Considere a transformação

$$w = \operatorname{Log} z = \ln r + i \Theta \quad \left(r > 0, \ -\frac{\pi}{2} < \Theta < \frac{\pi}{2}\right).$$

Em coordenadas retangulares, essa função é dada por

$$w = \operatorname{Log} z = \ln \sqrt{x^2 + y^2} + i \operatorname{arc tg}\left(\frac{y}{x}\right),$$

em que $-\pi/2 < \operatorname{arc tg} t < \pi/2$. Essa transformação leva o semiplano direito sobre a faixa horizontal $-\pi/2 < v < \pi/2$ (ver Exercício 3 da Seção 117). Finalmente, como a função

$$h(u, v) = \operatorname{Im} w = v$$

é harmônica nessa faixa, o teorema garante que a função

$$H(x, y) = \operatorname{arc tg}\left(\frac{y}{x}\right)$$

é harmônica no semiplano $x > 0$.

117 TRANSFORMAÇÕES DE CONDIÇÕES DE FRONTEIRA

As condições de fronteira mais comuns exigem que uma função ou sua derivada normal tenha valores prescritos na fronteira de algum domínio no qual a função seja harmônica. No entanto, essas condições não são as únicas. Nesta seção, mostraremos que certas condições permanecem inalteradas por uma mudança de variáveis associada a uma transformação conforme. Esses resultados serão utilizados no Capítulo 10 para resolver problemas de valores de fronteira. A técnica básica é transformar o problema de valores de fronteira dado no plano xy em um mais simples no plano uv e, então, usar os teoremas desta seção e da anterior para escrever a solução do problema original em termos da solução obtida no caso mais simples.

Teorema. *Suponha que*

(a) uma transformação

$$w = f(z) = u(x, y) + iv(x, y)$$

seja conforme em cada ponto de um arco regular C e que Γ seja a imagem de C por essa transformação;
(b) $h(u, v)$ seja uma função que satisfaz uma das condições

$$h = h_0 \quad e \quad \frac{dh}{dn} = 0$$

nos pontos de Γ, em que h_0 é uma constante real e dh/dn denota a derivada direcional de h normal a Γ.
Então, a função

$$H(x, y) = h[u(x, y), v(x, y)]$$

satisfaz a condição correspondente

$$H = h_0 \quad ou \quad \frac{dH}{dN} = 0$$

nos pontos de C, em que dH/dN denota a derivada direcional de H normal a C.

Deve ser enfatizado que, nas aplicações, C pode ser toda a fronteira de algum domínio ou, então, apenas uma parte da fronteira.

Para mostrar que a condição $h = h_0$ em Γ implica que $H = h_0$ em C, observamos que da expressão para $H(x, y)$ no enunciado do teorema decorre que o valor de H em qualquer ponto (x, y) de C é igual ao valor de h na imagem (u, v) de (x, y) pela transformação $w = f(z)$. Como o ponto (u, v) da imagem está em Γ e como $h = h_0$ ao longo dessa curva, segue que $H = h_0$ ao longo de C.

Suponha, reciprocamente, que $dh/dn = 0$ em Γ. Do Cálculo sabemos que

(1) $$\frac{dh}{dn} = (\operatorname{grad} h) \cdot \mathbf{n},$$

SEÇÃO 117 TRANSFORMAÇÕES DE CONDIÇÕES DE FRONTEIRA

em que grad h denota o gradiente de h em um ponto (u, v) de Γ e **n** é o vetor unitário normal a Γ em (u, v). Como $dh/dn = 0$ em (u, v), a equação (1) nos diz que grad h é ortogonal a **n** em (u, v). Ou seja, grad h é tangente a Γ nesse ponto (Figura 151). No entanto, os gradientes são ortogonais às curvas de nível e, como grad h é tangente a Γ, vemos que Γ é ortogonal a uma curva de nível $h(u, v) = c$ que passa por (u, v).

Ocorre que pela expressão de $H(x, y)$ no teorema, a curva de nível $H(x, y) = c$ do plano z pode ser escrita como

$$h[u(x, y), v(x, y)] = c.$$

Logo, é transformada em uma curva de nível $h(u, v) = c$ pela transformação $w = f(z)$. Além disso, como C é transformada em Γ e, pelo que acabamos de ver, Γ é ortogonal à curva de nível $h(u, v) = c$, segue que C é ortogonal à curva de nível $H(x, y) = c$ no ponto (x, y) correspondente a (u, v), pois a transformação $w = f(z)$ é conforme. Já que os gradientes são ortogonais às curvas de nível, isso significa que grad H é tangente a C em (x, y) (ver Figura 151). Consequentemente, se **N** denotar o vetor unitário normal a C em (x, y), então grad H é ortogonal a **N**, ou seja,

(2) $\qquad$ (grad H) $\cdot$ **N** = 0.

Finalmente, como

$$\frac{dH}{dN} = (\text{grad } H) \cdot \mathbf{N},$$

podemos concluir da equação (2) que $dH/dN = 0$ nos pontos de C.

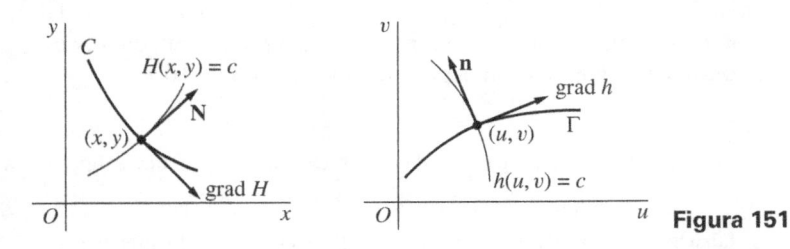

Figura 151

Nessa discussão ficou implícito que grad $h \neq \mathbf{0}$. Se grad $h = \mathbf{0}$, segue da identidade

$$|\text{grad } H(x, y)| = |\text{grad } h(u, v)||f'(z)|,$$

deduzida no Exercício 10(a) desta seção, que grad $H = \mathbf{0}$. Assim, dh/dn e a correspondente derivada normal dH/dN são, ambas, nulas. Também supusemos que

(a) sempre existem grad h e grad H;
(b) a curva de nível $H(x, y) = c$ é regular se grad $h \neq \mathbf{0}$ em (x, y).

A condição (b) garante que os ângulos entre os arcos são preservados se a transformação $w = f(z)$ do teorema for conforme. Em todas as nossas aplicações, essas duas condições estarão satisfeitas.

EXEMPLO. Considere, por exemplo, a função $h(u, v) = v + 2$. A transformação

$$w = iz^2 = i(x + iy)^2 = -2xy + i(x^2 - y^2)$$

é conforme se $z \neq 0$. Também leva a semirreta $y = x$ ($x > 0$) sobre o eixo u negativo, onde $h = 2$, e o eixo x positivo sobre o eixo v positivo, em que a derivada normal h_u é 0 (Figura 152). De acordo com o teorema precedente, a função

$$H(x, y) = x^2 - y^2 + 2$$

deve satisfazer a condição $H = 2$ ao longo da semirreta $y = x$ ($x > 0$) e $H_y = 0$ ao longo do eixo x positivo, o que pode ser verificado diretamente.

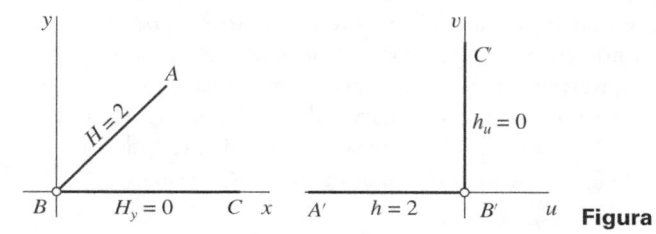

Figura 152

Uma condição de fronteira que não é de um dos dois tipos mencionados no teorema pode ser transformada em uma condição substancialmente diferente da original (ver Exercício 6). Para uma transformação particular, sempre podemos obter novas condições de fronteira para o problema transformado. É interessante notar que, por uma transformação conforme, a razão entre uma derivada direcional de H ao longo de um arco regular C no plano z e a derivada direcional de h ao longo da curva imagem Γ no ponto correspondente do plano w é dada por $|f'(z)|$; em geral, essa razão não é constante ao longo de um arco dado. (Ver Exercício 10.)

EXERCÍCIOS

1. No Exemplo 2 da Seção 116, usamos o teorema daquela seção para mostrar que a função

$$H(x, y) = e^{2x} \cos 2y$$

é harmônica na faixa horizontal $0 < y < \pi$ do plano z. Verifique esse resultado diretamente.

2. A função $h(u, v) = e^{-v} \operatorname{sen} u$ é harmônica em todo o plano uv e, em particular, no semiplano superior

$$D_w: v > 0$$

(ver Exemplo 1 da Seção 116). Usando o teorema da Seção 116, junto ao fato de a função $w = z^2$ levar o quadrante

$$D_z: x > 0, \ y > 0$$

sobre aquele semiplano (ver Exemplo 2 da Seção 14), mostre por que decorre que a função

$$H(x, y) = e^{-2xy} \operatorname{sen}(x^2 - y^2)$$

é harmônica no quadrante D_z.

SEÇÃO 117 TRANSFORMAÇÕES DE CONDIÇÕES DE FRONTEIRA 363

3. No Exemplo 3 da Seção 116, utilizamos o fato de que a transformação $w = \text{Log } z$ leva o semiplano direito sobre a faixa horizontal $-\pi/2 < v < \pi/2$. Verifique esse fato com a ajuda da Figura 153.

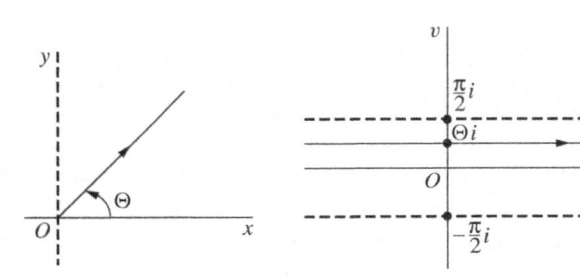

Figura 153
$w = \text{Log} z$.

4. A imagem do segmento $0 \leq y \leq \pi$ do eixo y pela transformação $w = \exp z$ é o semicírculo $u^2 + v^2 = 1$, $v \geq 0$ (ver Seção 103). Além disso, a função

$$h(u, v) = \text{Re}\left(2 - w + \frac{1}{w}\right) = 2 - u + \frac{u}{u^2 + v^2}$$

é harmônica em todo o plano w, exceto pela origem, e toma o valor $h = 2$ naquele semicírculo. Escreva uma expressão explícita para a função $H(x, y)$ do teorema da Seção 117. Em seguida, ilustre o teorema mostrando diretamente que $H = 2$ ao longo do segmento $0 \leq y \leq \pi$ do eixo y.

5. A transformação $w = z^2$ leva os eixos x e y positivos e a origem do plano z sobre o eixo u do plano w. Considere a função harmônica

$$h(u, v) = \text{Re}(e^{-w}) = e^{-u} \cos v,$$

e observe que sua derivada normal h_v ao longo do eixo u é nula. Usando $f(z) = z^2$, ilustre o teorema da Seção 117 mostrando diretamente que a derivada normal da função $H(x, y)$ definida naquele teorema é zero ao longo dos eixos x e y positivos do plano z. (Note que a transformação $w = z^2$ não é conforme na origem.)

6. Substitua a função $h(u, v)$ do Exercício 5 pela função harmônica

$$h(u, v) = \text{Re}(-2iw + e^{-w}) = 2v + e^{-u} \cos v.$$

Então, mostre que $h_v = 2$ ao longo do eixo u, mas que $H_y = 4x$ ao longo do eixo x positivo e $H_x = 4y$ ao longo do eixo y positivo. Isso exemplifica como uma condição do tipo

$$\frac{dh}{dn} = h_0 \neq 0$$

não é necessariamente transformada em uma condição do tipo $dH/dN = h_0$.

7. Mostre que se uma função $H(x, y)$ for uma solução de um problema de Neumann (Seção 116), então $H(x, y) + A$ também é uma solução desse problema, qualquer que seja a constante real A.

8. Suponha que uma função analítica $w = f(z) = u(x, y) + iv(x, y)$ leve um domínio D_z do plano z sobre um domínio D_w do plano w e que $h(u, v)$ seja uma função definida em D_w com derivadas parciais de primeira e segunda ordens contínuas. Use a regra da cadeia das derivadas parciais para mostrar que se $H(x, y) = h[u(x, y), v(x, y)]$, então

364 CAPÍTULO 9 APLICAÇÕES CONFORMES

$$H_{xx}(x, y) + H_{yy}(x, y) = [h_{uu}(u, v) + h_{vv}(u, v)] |f'(z)|^2.$$

Conclua que a função $H(x, y)$ é harmônica em D_z se $h(u, v)$ for harmônica em D_w. Essa é uma prova alternativa do teorema da Seção 116, válida mesmo se o domínio D_w for multiplamente conexo.

Sugestão: é importante observar nas simplificações que, por f ser analítica, valem as equações de Cauchy-Riemann $u_x = v_y$, $u_y = -v_x$ e que ambas as funções, u e v, satisfazem a equação de Laplace. Além disso, as condições de continuidade das derivadas de h garantem que $h_{vu} = h_{uv}$.

9. Seja $p(u, v)$ uma função com derivadas parciais de primeira e segunda ordens contínuas que satisfaz a **equação de Poisson**

$$p_{uu}(u, v) + p_{vv}(u, v) = \Phi(u, v)$$

em um domínio D_w do plano w, em que Φ é uma função dada. Use a identidade obtida no Exercício 8 para mostrar que se uma função analítica

$$w = f(z) = u(x, y) + iv(x, y)$$

levar um domínio D_z sobre um domínio D_w, então a função

$$P(x, y) = p[u(x, y), v(x, y)]$$

satisfaz a equação de Poisson

$$P_{xx}(x, y) + P_{yy}(x, y) = \Phi[u(x, y), v(x, y)] |f'(z)|^2$$

em D_z.

10. Suponha que $w = f(z) = u(x, y) + iv(x, y)$ seja uma aplicação conforme de um arco regular C sobre um arco regular Γ do plano w. Seja $h(u, v)$ uma função definida em Γ e escreva

$$H(x, y) = h[u(x, y), v(x, y)].$$

(a) Do Cálculo, sabemos que os componentes x e y de grad H são as derivadas parciais H_x e H_y, respectivamente; da mesma forma grad h tem componentes h_u e h_v. Aplicando a regra da cadeia das derivadas parciais e usando as equações de Cauchy-Riemann, mostre que se (x, y) for um ponto de C e (u, v) sua imagem em Γ, então

$$|\text{grad } H(x, y)| = |\text{grad } h(u, v)| |f'(z)|.$$

(b) Mostre que o ângulo do arco C para grad H em um ponto (x, y) de C é igual ao ângulo de Γ para grad h na imagem (u, v) do ponto (x, y).

(c) Denotemos por s e σ as distâncias ao longo dos arcos C e Γ, respectivamente, e por **t** e **τ** os vetores tangentes unitários em um ponto (x, y) de C e de sua imagem (u, v), no sentido de distância crescente. Usando os resultados das partes (a) e (b) e lembrando que

$$\frac{dH}{ds} = (\text{grad } H) \cdot \mathbf{t} \quad \text{e} \quad \frac{dh}{d\sigma} = (\text{grad } h) \cdot \boldsymbol{\tau},$$

mostre que a derivada direcional ao longo do arco Γ é transformada como segue:

$$\frac{dH}{ds} = \frac{dh}{d\sigma} |f'(z)|.$$

APLICAÇÕES DE TRANSFORMAÇÕES CONFORMES

CAPÍTULO 10

Neste capítulo, usamos transformações conformes para resolver vários problemas da Física envolvendo a equação de Laplace em duas variáveis independentes, como os problemas na condução do calor, de potencial eletrostático e de escoamento de fluidos. Como o objetivo de apresentar esses problemas é apenas o de ilustrar os métodos desenvolvidos, o tratamento ocorre em um nível bastante elementar.

118 TEMPERATURAS ESTACIONÁRIAS

Na teoria da condução do calor, o *fluxo* através de uma superfície no interior de um corpo sólido em um ponto dessa superfície é a quantidade de calor que flui em um sentido especificado que é normal à superfície por unidade de tempo por unidade de área no ponto. Assim, o fluxo é medido em unidades do tipo calorias por segundo por centímetro quadrado. O fluxo, que aqui denotamos por Φ, varia com a derivada normal da temperatura T no ponto da superfície, isto é,

$$(1) \qquad \Phi = -K \frac{dT}{dN} \qquad (K > 0).$$

A relação (1) é conhecida por ***Lei de Fourier*** e a constante K é denominada ***condutividade térmica*** do material do corpo sólido, que vamos supor homogêneo.*

Aos pontos do sólido podemos associar coordenadas retangulares do espaço tridimensional, e vamos restringir nossa atenção ao caso em que a temperatura T varia somente com as coordenadas x e y. Como T não varia com a coordenada ao longo do eixo perpendicular ao plano xy, o escoamento do calor é bidimensional e paralelo a esse plano. Além disso, vamos supor que o fluido está em um estado estacionário, ou seja, T não varia com o tempo.

Estamos supondo que a energia térmica não esteja sendo criada nem destruída dentro do corpo sólido, ou seja, não há a presença de fontes ou poços. Também a

---

* Essa lei homenageia o físico e matemático francês Joseph Fourier (1768-1830). Seu livro, citado no Apêndice 1, é um clássico da teoria da condução do calor.

função temperatura $T(x, y)$ e suas derivadas parciais de primeira e segunda ordens são contínuas em cada ponto do interior do sólido. Essa afirmação, bem como a expressão (1) do fluxo de calor, são postulados da teoria matemática da condução do calor, e também se aplicam a pontos do interior de um sólido que contenha uma distribuição contínua de fontes ou poços.

Consideremos, agora, um elemento de volume no interior do sólido que tenha a forma de um prisma retangular de altura unitária perpendicular ao plano xy e base medindo Δ_x por Δ_y (Figura 154). A taxa de variação do escoamento do calor para a direita através da face esquerda é $-KT_x(x, y)\Delta y$ e para a direita através da face direita é $-KT_x(x + \Delta x, y)\Delta y$. Subtraindo a primeira taxa da segunda, obtemos a taxa líquida da perda de calor do elemento através dessas duas faces. Essa taxa resultante pode ser escrita como

$$-K\left[\frac{T_x(x + \Delta x, y) - T_x(x, y)}{\Delta x}\right]\Delta x \Delta y,$$

ou

(2) $$-KT_{xx}(x, y)\Delta x \Delta y$$

se Δx for muito pequeno. A expressão (2) é uma aproximação cuja precisão aumenta tomando Δx e Δy menores.

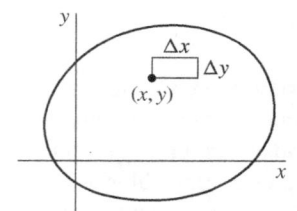

Figura 154

Analogamente, pode ser mostrado que a taxa resultante de perda de calor através das outras duas faces, perpendiculares ao eixo y, é

(3) $$-KT_{yy}(x, y)\Delta x \Delta y.$$

O calor entra ou sai desse elemento somente através dessas quatro faces, e as temperaturas são estacionárias no interior do elemento. Logo, a soma das expressões (2) e (3) é zero, isto é,

(4) $$T_{xx}(x, y) + T_{yy}(x, y) = 0.$$

Assim, a função temperatura satisfaz a equação de Laplace em cada ponto no interior do sólido.

Em vista da equação (4) e da continuidade da função temperatura e de suas derivadas parciais, *T é uma função harmônica de x e y* no domínio que representa o interior do corpo sólido.

Fixada qualquer constante real c_1, as superfícies $T(x, y) = c_1$ são as **isotermas** dentro do sólido. Essas superfícies podem ser consideradas como curvas no plano xy e, então, $T(x, y)$ pode ser interpretada como a temperatura em um ponto (x, y) de uma folha fina de material nesse plano, com as faces da folha isoladas termicamente. As isotermas são as curvas de nível da função T.

O gradiente de T é perpendicular à isoterma em cada ponto, e o fluxo de calor máximo ocorre na direção e no sentido do gradiente desse ponto. Se $T(x, y)$ denotar a temperatura em uma folha fina e se S for uma harmônica conjugada da função T, então a curva $S(x, y) = c_2$ terá o gradiente de T como vetor tangente em cada ponto em que a função analítica $T(x, y) + i\, S(x, y)$ for conforme (ver Exercício 2 da Seção 27). As curvas $S(x, y) = c_2$ são denominadas **linhas de escoamento**.

Se a derivada normal dT/dN for nula ao longo de qualquer parte da fronteira da folha, então o fluxo de calor através daquela parte será zero. Isto é, essa parte é termicamente isolada e é, portanto, uma linha de escoamento.

A função T também pode ser interpretada como a concentração de uma substância que se difunde através de um sólido. Nesse caso, K é a constante de difusão. A discussão desta seção, inclusive a dedução da equação (4), aplica-se igualmente à difusão em estado estacionário.

119 TEMPERATURAS ESTACIONÁRIAS EM UM SEMIPLANO

Nesta seção, determinamos uma expressão para a temperatura estacionária $T(x, y)$ em uma placa fina semi-infinita $y \geq 0$ cujas faces são isoladas e cuja aresta $y = 0$ é mantida à temperatura nula, exceto pelo segmento $-1 < x < 1$, em que a temperatura é igual a 1 (Figura 155). A função $T(x, y)$ deve ser limitada; essa condição é natural se consideramos a placa como o caso limite de uma placa $0 \leq y \leq y_0$ cuja aresta superior é mantida a uma temperatura fixada se y_0 aumentar. De fato, faria sentido fisicamente que a temperatura $T(x, y)$ tendesse a zero se y tender ao infinito.

O problema de valores de fronteira a ser resolvido pode ser escrito como

(1) $\qquad T_{xx}(x, y) + T_{yy}(x, y) = 0 \qquad (-\infty < x < \infty,\ y > 0),$

(2) $\qquad T(x, 0) = \begin{cases} 1 & \text{se } |x| < 1, \\ 0 & \text{se } |x| > 1; \end{cases}$

também, $|T(x, y)| < M$, em que M é alguma constante positiva. Isso é um problema de Dirichlet (Seção 116) do semiplano superior $y \geq 0$. Nosso método de resolução é encontrar um novo problema de Dirichlet de uma região do plano uv. Essa região

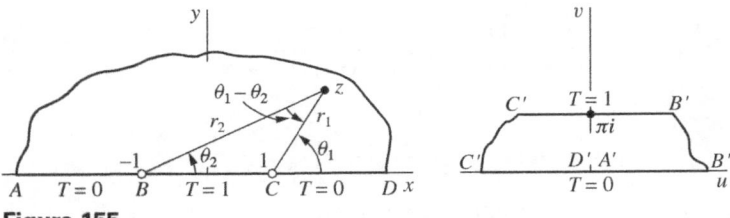

Figura 155

$$w = \log \frac{z-1}{z+1} \quad \left(\frac{r_1}{r_2} > 0,\ -\frac{\pi}{2} < \theta_1 - \theta_2 < \frac{3\pi}{2} \right).$$

será a imagem do semiplano por uma transformação $w = f(z)$ que seja analítica no domínio $y > 0$ e conforme ao longo da fronteira $y = 0$, exceto pelos pontos $(\pm 1, 0)$, nos quais $f(z)$ não estará definida. Será fácil encontrar uma função harmônica limitada que satisfaça o novo problema, Então aplicaremos os dois teoremas do Capítulo 9 para transformar a solução do problema no plano uv em uma solução do problema original no plano xy. Mais especificamente, uma função harmônica de u e v será transformada em uma função harmônica de x e y, e as condições de fronteira do plano uv serão preservadas nas partes correspondentes da fronteira no plano xy. Não deve causar problema a utilização da mesma letra T para as temperaturas nos dois planos.

Escrevamos
$$z - 1 = r_1 \exp(i\theta_1) \quad \text{e} \quad z + 1 = r_2 \exp(i\theta_2),$$
em que $0 \leq \theta_k \leq \pi$ ($k = 1, 2$). A transformação

(3) $\quad w = \log \dfrac{z-1}{z+1} = \ln \dfrac{r_1}{r_2} + i(\theta_1 - \theta_2) \quad \left(\dfrac{r_1}{r_2} > 0, -\dfrac{\pi}{2} < \theta_1 - \theta_2 < \dfrac{3\pi}{2} \right)$

está definida no semiplano superior $y \geq 0$, exceto pelos pontos $z = \pm 1$, pois $0 \leq \theta_1 - \theta_2 \leq \pi$ se $y \geq 0$. (Ver Figura 155.) O valor do logaritmo é o principal se $0 \leq \theta_1 - \theta_2 \leq \pi$ e, pelo Exemplo 3 da Seção 102, sabemos que o semiplano superior $y > 0$ é levado sobre a faixa horizontal $0 < v < \pi$ no plano w. Como já observamos naquele exemplo, essa aplicação aparece na Figura 19 do Apêndice 2 com pontos de fronteira correspondentes. De fato, foi aquela figura que sugeriu essa transformação (3). O segmento do eixo x entre $z = -1$ e $z = 1$, em que $\theta_1 - \theta_2 = \pi$, é levado na aresta superior da faixa e o resto do eixo x, em que $\theta_1 - \theta_2 = 0$, é levado sobre a aresta inferior. A transformação (3) é evidentemente analítica e conforme.

Uma função harmônica limitada de u e v que seja nula na aresta $v = 0$ da faixa e igual a 1 na aresta $v = \pi$ é, simplesmente,

(4) $\quad T = \dfrac{1}{\pi} v;$

T é harmônica porque é o componente imaginário da função inteira $(1/\pi)w$. Mudando para as coordenadas x e y por meio da equação

(5) $\quad w = \ln \left| \dfrac{z-1}{z+1} \right| + i \arg\left(\dfrac{z-1}{z+1} \right),$

obtemos

$$v = \arg\left[\dfrac{(z-1)(\overline{z}+1)}{(z+1)(\overline{z+1})} \right] = \arg\left[\dfrac{x^2 + y^2 - 1 + i2y}{(x+1)^2 + y^2} \right],$$

ou

$$v = \operatorname{arc\,tg}\left(\dfrac{2y}{x^2 + y^2 - 1} \right).$$

A imagem da função arco tangente aqui é de 0 a π, pois

$$\arg\left(\dfrac{z-1}{z+1} \right) = \theta_1 - \theta_2$$

e $0 \leq \theta_1 - \theta_2 \leq \pi$. A expressão (4) agora pode ser dada por

(6) $$T = \frac{1}{\pi} \text{arc tg} \left(\frac{2y}{x^2 + y^2 - 1} \right) \quad (0 \leq \text{arc tg } t \leq \pi).$$

Como a função (4) é harmônica na faixa $0 < v < \pi$ e como a transformação (3) é analítica no semiplano $y > 0$, podemos aplicar o teorema da Seção 116 para concluir que a função (6) é harmônica nesse semiplano. As condições de fronteira das duas funções harmônicas são iguais nas partes correspondentes das fronteiras por serem do tipo $h = h_0$, o que foi contemplado no teorema da Seção 117. Portanto, a função limitada (6) é a solução procurada do problema original. É claro que podemos verificar diretamente que a função (6) satisfaz a equação de Laplace e que tem os valores tendendo aos indicados à esquerda na Figura 155 se o ponto (x, y) tender ao eixo x por cima.

As isotermas $T(x, y) = c_1$ ($0 < c_1 < 1$) são arcos dos círculos

$$x^2 + (y - \cot \pi c_1)^2 = \csc^2 \pi c_1,$$

centrados no eixo y que passam pelos pontos $(\pm 1, 0)$.

Finalmente, como é uma função harmônica o produto de uma harmônica por uma constante, observamos que a função

$$T = \frac{T_0}{\pi} \text{arc tg} \left(\frac{2y}{x^2 + y^2 - 1} \right) \quad (0 \leq \text{arc tg } t \leq \pi)$$

representa as temperaturas estacionárias no dado semiplano se a temperatura $T = 1$ ao longo do segmento $-1 < x < 1$ do eixo x for substituída por qualquer temperatura constante $T = T_0$.

120 UM PROBLEMA RELACIONADO

Considere uma laje semi-infinita no espaço tridimensional delimitada pelos planos $x = \pm \pi/2$ e $y = 0$, em que as duas primeiras superfícies são mantidas à temperatura zero e a terceira, à temperatura $T = 1$. Queremos encontrar a temperatura $T(x, y)$ em qualquer ponto do inteiro da laje. Esse problema é também o de encontrar as temperaturas em uma placa fina no formato da faixa semi-infinita $-\pi/2 \leq x \leq \pi/2$, $y \geq 0$ se as faces da placa estão perfeitamente isoladas (Figura 156).

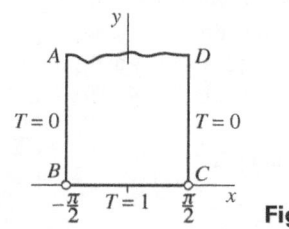

Figura 156

O problema de valores de fronteira aqui é

(1) $$T_{xx}(x, y) + T_{yy}(x, y) = 0 \quad \left(-\frac{\pi}{2} < x < \frac{\pi}{2}, y > 0 \right),$$

(2) $$T\left(-\frac{\pi}{2}, y\right) = T\left(\frac{\pi}{2}, y\right) = 0 \qquad (y > 0),$$

(3) $$T(x, 0) = 1 \qquad \left(-\frac{\pi}{2} < x < \frac{\pi}{2}\right),$$

em que $T(x, y)$ é limitada.

Lembrando o exemplo da Seção 104 e observando a Figura 9 do Apêndice 2, vemos que a aplicação

(4) $$w = \operatorname{sen} z$$

transforma esse problema de valores de fronteira no que vimos na Seção 119 (Figura 155). Logo, de acordo com a solução (6) naquela seção,

(5) $$T = \frac{1}{\pi} \operatorname{arc\,tg}\left(\frac{2v}{u^2 + v^2 - 1}\right) \qquad (0 \leq \operatorname{arc\,tg} t \leq \pi).$$

A mudança de variáveis indicada na equação (4) pode ser escrita como (ver Seção 37)

$$u = \operatorname{sen} x \cosh y, \qquad v = \cos x \operatorname{senh} y;$$

e a função harmônica (5) passa a ser

$$T = \frac{1}{\pi} \operatorname{arc\,tg}\left(\frac{2\cos x \operatorname{senh} y}{\operatorname{sen}^2 x \cosh^2 y + \cos^2 x \operatorname{senh}^2 y - 1}\right).$$

Como o denominador reduz a $\operatorname{senh}^2 y - \cos^2 x$, esse quociente pode ser colocado na forma

$$\frac{2\cos x \operatorname{senh} y}{\operatorname{senh}^2 y - \cos^2 x} = \frac{2(\cos x / \operatorname{senh} y)}{1 - (\cos x / \operatorname{senh} y)^2} = \operatorname{tg} 2\alpha,$$

em que $\operatorname{tg} \alpha = \cos x / \operatorname{senh} y$. Logo, $T = (2/\pi)\alpha$; ou seja,

(6) $$T = \frac{2}{\pi} \operatorname{arc\,tg}\left(\frac{\cos x}{\operatorname{senh} y}\right) \qquad \left(0 \leq \operatorname{arc\,tg} t \leq \frac{\pi}{2}\right).$$

Essa função arco tangente tem uma imagem de 0 a $\pi/2$, pois seu argumento é não negativo.

Como sen z é inteira e a função (5) é harmônica no semiplano $v > 0$, a função (6) é harmônica na faixa $-\pi/2 < x < \pi/2, y > 0$. Além disso, a função (5) satisfaz a condição de fronteira $T = 1$ se $|u| < 1$ e $v = 0$, bem como a condição $T = 0$ se $|u| > 1$ e $v = 0$. Assim, a função (6) satisfaz as condições de fronteira (2) e (3) e, além disso, $|T(x, y)| \leq 1$ em toda a faixa. Então, a expressão (6) é a fórmula da temperatura procurada.

As isotermas $T(x, y) = c_1$ ($0 < c_1 < 1$) são partes das superfícies

$$\cos x = \operatorname{tg}\left(\frac{\pi c_1}{2}\right) \operatorname{senh} y$$

no interior da laje, sendo que cada uma das superfícies passa pelos pontos ($\pm\pi/2$, 0) do plano xy. Se K for a condutividade térmica, então o fluxo de calor para dentro da laje através da superfície que fica no plano $y = 0$ é dado por

$$-KT_y(x,0) = \frac{2K}{\pi \cos x} \qquad \left(-\frac{\pi}{2} < x < \frac{\pi}{2}\right).$$

O fluxo para fora através da superfície que fica no plano $x = \pi/2$ é

$$-KT_x\left(\frac{\pi}{2}, y\right) = \frac{2K}{\pi \operatorname{senh} y} \qquad (y > 0).$$

O problema de valores de fronteira colocado nesta seção também pode ser resolvido pelo *método da separação de variáveis*. Esse método é mais direto, mas dá a solução em termos de uma série infinita.*

121 TEMPERATURAS EM UM QUADRANTE

Vamos determinar as temperaturas estacionárias em uma placa fina com o formato de um quadrante se um segmento no fim de uma aresta estiver isolado, se o restante dessa aresta for mantida a uma temperatura fixada e se a segunda aresta for mantida a uma outra temperatura fixada. As superfícies da placa estão isoladas, de maneira que o problema é bidimensional.

As escalas da temperatura e do comprimento podem ser escolhidas de tal modo que o problema de valores de fronteira para a função temperatura T seja

(1) $\qquad T_{xx}(x, y) + T_{yy}(x, y) = 0 \qquad (x > 0, y > 0),$

(2) $\qquad \begin{cases} T_y(x, 0) = 0 & \text{se} \quad 0 < x < 1, \\ T(x, 0) = 1 & \text{se} \quad x > 1, \end{cases}$

(3) $\qquad\qquad T(0, y) = 0 \qquad (y > 0),$

em que $T(x, y)$ é limitada no quadrante. A placa e suas condições de fronteira estão indicadas na Figura 157. As condições (2) prescrevem os valores da derivada normal da função T em uma parte da fronteira, e os valores da própria função em outra parte dessa reta. O método da separação de variáveis mencionado ao final da Seção 120 não é adaptável a esses problemas com condições de tipos diferentes ao longo de uma mesma reta da fronteira.

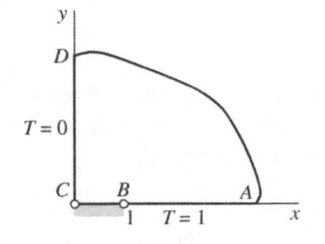

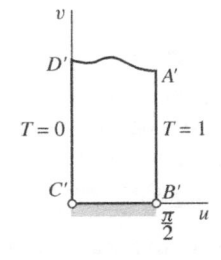

Figura 157

---

* Um problema semelhante é tratado às páginas 133-134 do livro dos autores *Fourier Series and Boundary Value Problems*, 8th ed., 2012. No Capítulo 11 desse livro também pode ser encontrada uma discussão abreviada da unicidade das soluções de problemas de valores de fronteira.

De acordo com a Figura 10 do Apêndice 2, a transformação

(4) $$w = \operatorname{sen} z$$

é uma aplicação injetora da faixa semi-infinita $0 \leq u \leq \pi/2$, $v \geq 0$ sobre o quadrante $x \geq 0$, $y \geq 0$. Observe que a existência de uma inversa é garantida pelo fato de essa transformação ser tanto injetora quanto sobrejetora. Como a transformação (4) é conforme em toda a faixa, exceto no ponto $w = \pi/2$, a transformação inversa deve ser conforme em todo o quadrante, exceto no ponto $z = 1$. Essa aplicação inversa leva o segmento $0 < x < 1$ do eixo x sobre a base da faixa e o resto da fronteira sobre as laterais da faixa, conforme Figura 157.

Como a inversa da transformação (4) é conforme no quadrante, exceto em $z = 1$, a solução do problema proposto pode ser obtida encontrando uma função que seja harmônica na faixa e satisfaça as condições de fronteira mostradas à direita na Figura 157. Observe que essas condições de fronteira são dos tipos $h = h_0$ e $dh/dn = 0$ no teorema da Seção 117.

A função temperatura T procurada para o novo problema de valores de fronteira claramente é

(5) $$T = \frac{2}{\pi}u,$$

sendo que a função $(2/\pi)u$ é o componente real da função inteira $(2/\pi)w$. Agora precisamos expressar T em termos de x e y.

Para obter u em termos de x e y, observamos, inicialmente, que a equação (4) e a Seção 37 garantem que

(6) $$x = \operatorname{sen} u \cosh v, \quad y = \cos u \operatorname{senh} v.$$

Se $0 < u < \pi/2$, tanto sen u quanto cos u são não nulos, portanto,

(7) $$\frac{x^2}{\operatorname{sen}^2 u} - \frac{y^2}{\cos^2 u} = 1.$$

Agora é conveniente observar que, fixado qualquer u, a hipérbole (7) tem focos nos pontos

$$z = \pm\sqrt{\operatorname{sen}^2 u + \cos^2 u} = \pm 1$$

e que é igual a 2 sen u o comprimento do eixo transverso, que é o segmento de reta que liga os dois vértices ($\pm$sen u, 0). Logo, o valor absoluto da diferença das distâncias entre os focos e um ponto (x, y) do primeiro quadrante na hipérbole é

$$\sqrt{(x+1)^2 + y^2} - \sqrt{(x-1)^2 + y^2} = 2\operatorname{sen} u.$$

Segue diretamente das equações (6) que essa relação também é válida se $u = 0$ ou $u = \pi/2$. Então, em vista da equação (5), a função temperatura procurada é

(8) $$T = \frac{2}{\pi} \operatorname{arc\,sen} \left[\frac{\sqrt{(x+1)^2 + y^2} - \sqrt{(x-1)^2 + y^2}}{2}\right]$$

sendo que aqui a função arco seno tem uma imagem de 0 a $\pi/2$, pois $0 \leq u \leq \pi/2$.

Se quisermos verificar que essa função satisfaz as condições de fronteira (2), convém lembrar que $\sqrt{(x-1)^2}$ denota $x - 1$ se $x > 1$ e $1 - x$ se $0 < x < 1$, já que as raízes quadradas são positivas. Observe, também, que a temperatura em qualquer ponto ao longo da parte isolada da aresta inferior da placa é dada por

$$T(x, 0) = \frac{2}{\pi} \arcsen x \quad (0 < x < 1).$$

Pode ser visto a partir da equação (5) que as isotermas $T(x, y) = c_1$ ($0 < c_1 < 1$) são partes das hipérboles confocais (7), com $u = \pi c_1/2$, que ficam no primeiro quadrante. Como a função $(2/\pi)v$ é uma harmônica conjugada da função (5), as linhas de escoamento são quartas partes das elipses confocais obtidas mantendo v constante nas equações (6).

EXERCÍCIOS

1. Use a função Log z para encontrar uma expressão das temperaturas estacionárias de uma placa no formato do quadrante $x \geq 0$, $y \geq 0$ (Figura 158) se suas faces estiverem perfeitamente isoladas e sua arestas tiverem temperaturas $T(x, 0) = 0$ e $T(0, y) = 1$. Encontre as isotermas e linhas de escoamento e esboce algumas delas.

    Resposta: $T = \dfrac{2}{\pi} \arctg \left(\dfrac{y}{x}\right)$.

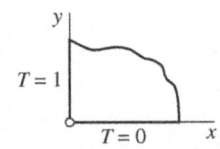

Figura 158

2. Resolva o problema de Dirichlet da faixa semi-infinita (Figura 159) dado por
$$H_{xx}(x, y) + H_{yy}(x, y) = 0 \quad (0 < x < \pi/2, y > 0),$$
$$H(x, 0) = 0 \quad (0 < x < \pi/2),$$
$$H(0, y) = 1, \quad H(\pi/2, y) = 0 \quad (y > 0),$$
em que $0 \leq H(x, y) \leq 1$.

    Sugestão: esse problema pode ser transformado no do Exercício 1.

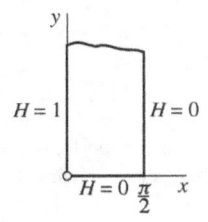

    Resposta: $H = \dfrac{2}{\pi} \arctg \left(\dfrac{\tgh y}{\tg x}\right)$.

Figura 159

CAPÍTULO 10 APLICAÇÕES DE TRANSFORMAÇÕES CONFORMES

3. Deduza uma expressão para as temperaturas $T(r, \theta)$ de uma placa semicircular $r \leq 1$, $0 \leq \theta \leq \pi$ de faces isoladas se $T = 1$ ao longo da aresta radial $\theta = 0$ $(0 < r < 1)$ e $T = 0$ no resto da fronteira.

   Sugestão: esse problema pode ser transformado no do Exercício 2.

   Resposta: $T = \dfrac{2}{\pi} \text{ arc tg} \left(\dfrac{1-r}{1+r} \cot g \dfrac{\theta}{2} \right)$.

4. Encontre as temperaturas estacionárias de um sólido no formato de uma cunha cilíndrica longa se os planos de fronteira $\theta = 0$ e $\theta = \theta_0$ $(0 < r < r_0)$ são mantidos às temperaturas constantes zero e T_0, respectivamente, e se sua superfície $r = r_0$ $(0 < \theta < \theta_0)$ é mantida perfeitamente isolada (Figura 160).

   Resposta: $T = \dfrac{T_0}{\theta_0} \text{ arc tg} \left(\dfrac{y}{x} \right)$.

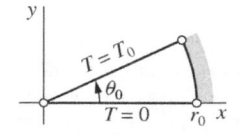

Figura 160

5. Encontre as temperaturas estacionárias $T(x, y)$ de um sólido semi-infinito $y \geq 0$ se $T = 0$ na parte $x < -1$ $(y = 0)$ da fronteira, se $T = 1$ na parte $x > 1$ $(y = 0)$ e se a faixa $-1 < x < 1$ $(y = 0)$ da fronteira estiver isolada (Figura 161).

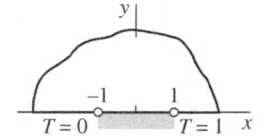

Figura 161

Resposta: $T = \dfrac{1}{2} + \dfrac{1}{\pi} \text{ arc sen} \left[\dfrac{\sqrt{(x+1)^2 + y^2} - \sqrt{(x-1)^2 + y^2}}{2} \right]$

$(-\pi/2 \leq \text{arc sen } t \leq \pi/2)$.

6. As partes $x < 0$ $(y = 0)$ e $x < 0$ $(y = \pi)$ das arestas de uma placa horizontal infinita $0 \leq y \leq \pi$ estão termicamente isoladas, bem como as faces da placa. As condições $T(x, 0) = 1$ e $T(x, \pi) = 0$ são mantidas se $x > 0$ (Figura 162). Encontre as temperaturas estacionárias dessa placa.

   Sugestão: esse problema pode ser transformado no do Exercício 5.

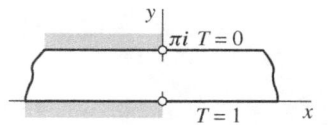

Figura 162

7. Encontre as temperaturas estacionárias limitadas do sólido $x \geq 0$, $y \geq 0$ se as superfícies da fronteira são mantidas a temperaturas fixadas, exceto por faixas isoladas de mesma largura no canto, conforme a Figura 163.

SEÇÃO 121 TEMPERATURAS EM UM QUADRANTE   375

Sugestão: esse problema pode ser transformado no do Exercício 5.
Resposta:
$$T = \frac{1}{2} + \frac{1}{\pi} \operatorname{arc\,sen} \left[\frac{\sqrt{(x^2 - y^2 + 1)^2 + (2xy)^2} - \sqrt{(x^2 - y^2 - 1)^2 + (2xy)^2}}{2} \right]$$
$(-\pi/2 \leq \operatorname{arc\,tg} t \leq \pi/2)$.

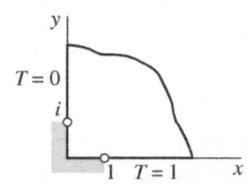

$T = 0$

$1 \quad T = 1 \quad x$ **Figura 163**

8. Resolva o problema de valores de fronteira da placa $x \geq 0$, $y \geq 0$ no plano z se as faces estão isoladas e as condições de fronteira são as indicadas na Figura 164.

   Sugestão: use a aplicação
   $$w = \frac{i}{z} = \frac{i\bar{z}}{|z|^2}$$
   para transformar esse problema no que foi resolvido na Seção 121 (Figura 157).

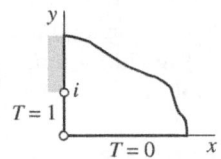

$T = 1$

$T = 0 \quad x$ **Figura 164**

9. No problema da placa semi-infinita mostrado à esquerda na Figura 155, na Seção 119, obtenha uma harmônica conjugada da função temperatura $T(x, y)$ a partir da equação (5) da Seção 119 e encontre as linhas de escoamento do calor. Mostre que essas linhas consistem na metade superior do eixo y e das metades superiores de certos círculos de cada lado desse eixo, sendo que os centros dos círculos estão no segmento AB ou CD do eixo x.

10. Mostre que se não for exigido que a função T na Seção 119 seja limitada, então a função harmônica (4) naquela seção pode ser substituída pela função harmônica
    $$T = \operatorname{Im}\left(\frac{1}{\pi} w + A \cosh w \right) = \frac{1}{\pi} v + A \operatorname{senh} u \operatorname{sen} v,$$
    em que A é uma constante real qualquer. Conclua que, então, a solução do problema de Dirichlet da faixa no plano uv (Figura 155) não seria única.

11. Suponha que a condição de T ser limitada seja omitida do problema de temperaturas da laje semi-infinita da Seção 120 (Figura 156). Observe o efeito de somar à solução encontrada na Seção 120 a parte imaginária da função $A \operatorname{sen} z$, em que A é uma constante real qualquer. Conclua que, então, é possível ter um número infinito de soluções.

12. Considere uma placa fina de faces isoladas cujo formato seja a metade superior da região englobada por uma elipse de focos (± 1, 0). A temperatura na parte elíptica da

fronteira é $T = 1$. A temperatura ao longo do segmento $-1 < x < 1$ do eixo x é $T = 0$, e o resto da fronteira ao longo do eixo x é isolado. Usando a Figura 11 do Apêndice 2, encontre as linhas de escoamento do calor.

13. De acordo com a Seção 59 e o Exercício 5 dessa seção, se $f(z) = u(x, y) + iv(x, y)$ for contínua em uma região limitada e fechada R e analítica não constante no interior de R, então a função $u(x, y)$ atinge seus valores máximo e mínimo na fronteira de R e nunca em seu interior. Interpretando $u(x, y)$ como uma temperatura estacionária, dê uma razão física para que essa propriedade de máximos e mínimos seja verdadeira.

122 POTENCIAL ELETROSTÁTICO

A *intensidade* de um campo de forças elétrico em um ponto é um vetor que representa a força exercida sobre uma unidade de carga positiva colocada nesse ponto. O *potencial* eletrostático é uma função escalar das coordenadas do espaço tal que, em cada ponto, sua derivada direcional em qualquer direção é igual ao oposto do componente da intensidade do campo naquela direção.

Dadas duas partículas carregadas estacionárias, a magnitude da força de atração ou repulsão exercida por uma partícula sobre a outra é diretamente proporcional ao produto das cargas e inversamente proporcional ao quadrado da distância entre essas partículas. A partir dessa lei de quadrado inverso, pode-se mostrar que o potencial em um ponto devido a uma única partícula no espaço é inversamente proporcional à distância entre o ponto e a partícula. Dada qualquer região livre de cargas, pode ser mostrado que o potencial devido a uma distribuição de cargas fora dessa região satisfaz a equação de Laplace no espaço tridimensional.

Se as condições forem tais que o potencial V é o mesmo em todos os planos paralelos ao plano xy, então em regiões livres de cargas V será uma função harmônica das variáveis x e y, ou seja,

$$V_{xx}(x, y) + V_{yy}(x, y) = 0.$$

O vetor intensidade em cada ponto é paralelo ao plano xy, com componentes nos eixos x e y dados por $-V_x(x, y)$ e $-V_y(x, y)$, respectivamente. Assim, esse vetor é o oposto do vetor gradiente de $V(x, y)$.

Uma superfície sobre a qual $V(x, y)$ seja constante é uma superfície equipotencial. O componente tangencial do vetor intensidade em um ponto de uma superfície condutora é zero no caso estático, pois as cargas podem se mover livremente em uma superfície dessas. Logo, $V(x, y)$ é constante sobre a superfície de um condutor, e essa superfície é *equipotencial*.

Se U for uma harmônica conjugada de V, as curvas $U(x, y) = c_2$ do plano xy são denominadas **linhas de fluxo**. Se uma curva dessas intersectar uma curva equipotencial $V(x, y) = c_1$ em um ponto no qual a derivada da função analítica $V(x, y) + iU(x, y)$ não for zero, então, nesse ponto, as duas curvas serão ortogonais e o vetor intensidade será tangente à linha de fluxo.

Os problemas de valores de fronteira do potencial V são os mesmos problemas matemáticos dos de temperaturas estacionárias T e, como no caso de temperaturas estacionárias, os métodos de variáveis complexas ficam limitados a problemas bidimensionais. O problema proposto na Seção 120 (ver Figura 156), por exemplo, pode ser interpretado como o de encontrar o potencial eletrostático bidimensional no espaço vazio

$$-\frac{\pi}{2} < x < \frac{\pi}{2}, y > 0$$

limitado pelos planos condutores $x = \pm\pi/2$ e $y = 0$, isolados em suas interseções, se as duas primeiras superfícies forem mantidas com potencial nulo e a terceira, com potencial $V = 1$.

O potencial no escoamento estacionário de eletricidade em uma folha plana condutora também é uma função harmônica nos pontos livres de fontes e poços. O potencial gravitacional é mais um exemplo de uma função harmônica da Física.

123 EXEMPLOS

Os dois exemplos desta seção ilustram o uso de aplicações conformes na resolução de problemas de potencial.

EXEMPLO 1. Um cilindro circular oco e comprido feito de uma folha fina de material condutor é dividido ao longo de seu comprimento para formar duas partes iguais. Essas partes estão separadas por faixas finas de material isolante que são usadas como eletrodos, sendo que um deles é ligado ao solo com potencial nulo e o outro é mantido a um potencial fixado não nulo. Os eixos coordenados e as unidades de comprimento e da diferença de potencial estão indicados à esquerda na Figura 165. Agora, interpretamos o potencial eletrostático $V(x, y)$ ao longo de qualquer seção transversal do espaço envolto que seja distante das extremidades do cilindro como uma função harmônica dentro do círculo $x^2 + y^2 = 1$ no plano xy. Note que $V = 0$ na metade superior do círculo e $V = 1$ na metade inferior.

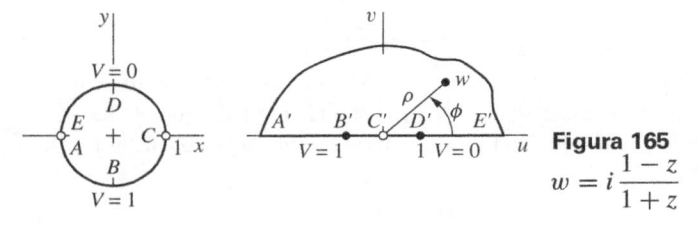

Figura 165

$$w = i\frac{1-z}{1+z}$$

No Exercício 1 da Seção 102, consideramos uma transformação fracionária linear que leva o semiplano superior sobre o interior do círculo unitário centrado na origem, o eixo real positivo sobre a metade superior do círculo e o eixo real negativo sobre a metade inferior do círculo. O resultado aparece na Figura 13 do Apêndice 2. Permutando z com w naquele exercício, vemos que a inversa da transformação

(1) $$z = \frac{i-w}{i+w}$$

nos dá um novo problema com V em um semiplano, indicado à direita na Figura 165.

Ocorre que o componente imaginário de

(2) $$\frac{1}{\pi}\text{Log } w = \frac{1}{\pi}\ln \rho + i\frac{1}{\pi}\phi \qquad (\rho > 0, 0 \le \phi \le \pi)$$

é uma função limitada de u e v que toma os valores constantes exigidos nas duas partes $\phi = 0$ e $\phi = \pi$ do eixo u. Logo, a função harmônica procurada do semiplano é

(3) $$V = \frac{1}{\pi}\text{ arc tg}\left(\frac{v}{u}\right),$$

em que a função arco tangente tem uma imagem de 0 até π

A inversa da transformação (1) é

(4) $$w = i\frac{1-z}{1+z},$$

de onde podemos obter u e v em termos de x e y e podemos reescrever a equação (3) como

(5) $$V = \frac{1}{\pi}\text{ arc tg}\left(\frac{1-x^2-y^2}{2y}\right) \qquad (0 \le \text{arc tg } t \le \pi).$$

A função (5) é a função potencial do espaço envolvido pelos eletrodos cilíndricos, pois é harmônica no interior do círculo e toma os valores exigidos nos semicírculos. Se quisermos verificar essa solução, devemos observar que

$$\lim_{\substack{t\to 0 \\ t>0}} \text{arc tg } t = 0 \quad \text{e} \quad \lim_{\substack{t\to 0 \\ t<0}} \text{arc tg } t = \pi.$$

As curvas equipotenciais $V(x, y) = c_1$ ($0 < c_1 < 1$) na região circular são arcos dos círculos

$$x^2 + (y + \text{tg }\pi c_1)^2 = \sec^2 \pi c_1,$$

sendo que cada círculo passa pelos pontos $(\pm 1, 0)$. Além disso, o segmento do eixo x entre esses pontos é a curva equipotencial $V(x, y) = 1/2$. Uma conjugada harmônica U de V é $-(1/\pi)\ln \rho$, ou seja, a parte imaginária da função $-(i/\pi)\text{Log } w$. De acordo com a equação (4), podemos escrever U como

$$U = -\frac{1}{\pi}\ln\left|\frac{1-z}{1+z}\right|.$$

A partir dessa equação, podemos ver que as linhas de fluxo $U(x, y) = c_2$ são arcos de círculos centrados no eixo x. O segmento do eixo y entre os eletrodos também é uma linha de fluxo.

SEÇÃO 123 EXEMPLOS   379

EXEMPLO 2. Seja r_0 um número real qualquer maior do que 1. O problema de Dirichlet mostrado à esquerda na Figura 166 pode ser resolvido usando a solução do problema à direita nessa figura. Para o problema à direita, podemos usar a solução em séries encontrada pelo método de separação de variáveis mencionado na Seção 120:*

(6) $$V = \frac{4}{\pi} \sum_{n=1}^{\infty} \frac{\text{senh}(\alpha_n v)}{\text{senh}(\alpha_n \pi)} \cdot \frac{\text{sen}(\alpha_n u)}{2n-1}$$

em que

(7) $$\alpha_n = \frac{(2n-1)\pi}{\ln r_0} \quad (n = 1, 2, \ldots).$$

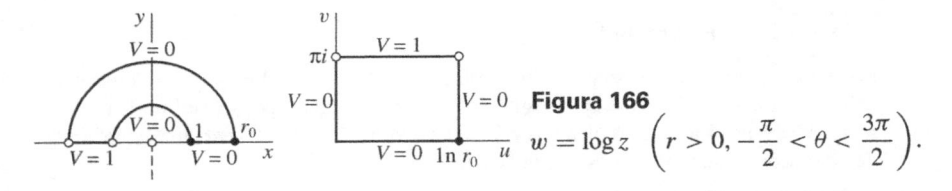

Figura 166 $w = \log z \quad \left(r > 0, -\frac{\pi}{2} < \theta < \frac{3\pi}{2} \right).$

Para resolver o primeiro problema de valores de fronteira na Figura 166, introduzimos o ramo

(8) $$\log z = \ln r + i\theta \quad \left(r > 0, -\frac{\pi}{2} < \theta < \frac{3\pi}{2} \right)$$

da função logaritmo. Examinando as imagens de partes apropriadas de raios a partir da origem no plano z, podemos ver que a transformação (8) é uma aplicação injetora da região semicircular na Figura 166 sobre a região retangular naquela figura. Também temos os pontos de fronteira correspondentes conforme indicado.

Como as partes real e imaginária u e v da função (8) são harmônicas, os teoremas das Seções 116 e 117 nos garantem, agora, que

(9) $$V(r, \theta) = \frac{4}{\pi} \sum_{n=1}^{\infty} \frac{\text{senh}(\alpha_n \theta)}{\text{senh}(\alpha_n \pi)} \cdot \frac{\text{sen}(\alpha_n \ln r)}{2n-1}$$

em que os números α_n estão definidos pela equação (7).

EXERCÍCIOS

1. A função harmônica (3) da Seção 123 é limitada no semiplano $v \geq 0$ e satisfaz as condições de fronteira indicadas na direita na Figura 165. Seja A uma constante real qualquer. Mostre que se o componente imaginário de Ae^w for somado àquela função, então a função resultante satisfaz a todas as exigências, exceto as condições de fronteira.

---

* Ver páginas 131-133 do livro dos autores *Fourier Series and Boundary Value Problems*, 8th ed., 2012.

380 CAPÍTULO 10 APLICAÇÕES DE TRANSFORMAÇÕES CONFORMES

2. Mostre que a transformação (4) da Seção 123 leva a metade superior da região circular mostrada à esquerda na Figura 165 sobre o primeiro quadrante do plano w e o diâmetro CE sobre o eixo v positivo. Então, encontre o potencial eletrostático V do espaço envolvido pelo semicilindro $x^2 + y^2 = 1$, $y \geq 0$ e o plano $y = 0$, sendo $V = 0$ na superfície cilíndrica e $V = 1$ na superfície planar (Figura 167).

$$Resposta: V = \frac{2}{\pi} \text{arc tg} \left(\frac{1 - x^2 - y^2}{2y} \right).$$

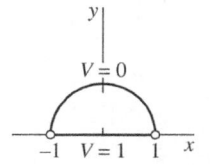

Figura 167

3. Encontre o potencial eletrostático $V(r, \theta)$ do espaço $0 < r < 1$, $0 < \theta < \pi/4$ delimitado pelos semiplanos $\theta = 0$ e $\theta = \pi/4$ e a porção $0 \leq \theta \leq \pi/4$ da superfície cilíndrica $r = 1$, sendo $V = 1$ nas superfícies planares e $V = 0$ na cilíndrica. (Ver Exercício 2.) Verifique que a função obtida satisfaz as condições de fronteira.

4. Note que todos os ramos de log z têm o mesmo componente real, que é harmônico em toda parte, exceto na origem. Agora escreva uma expressão para o potencial eletrostático $V(x, y)$ do espaço entre duas superfícies cilíndricas coaxiais condutoras $x^2 + y^2 = 1$ e $x^2 + y^2 = r_0^2$ ($r_0 \neq 1$), sendo $V = 0$ na primeira superfície e $V = 1$ na segunda.

$$Resposta: V = \frac{\ln(x^2 + y^2)}{2 \ln r_0}.$$

5. Encontre o potencial eletrostático $V(x, y)$ do espaço $y > 0$ delimitado pelo plano infinito condutor $y = 0$, sendo que uma faixa ($-a < x < a$, $y = 0$) do plano é isolada do resto do plano e mantida com potencial $V = 1$ e, no resto da superfície, $V = 0$ (Figura 168). Verifique que a função obtida satisfaz as condições de fronteira.

$$Resposta: V = \frac{1}{\pi} \text{arc tg} \left(\frac{2ay}{x^2 + y^2 - a^2} \right) \quad (0 \leq \text{arc tg } t \leq \pi).$$

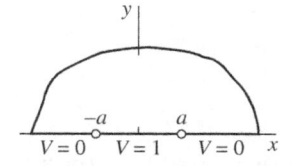

Figura 168

6. Deduza uma expressão para o potencial eletrostático de um espaço semi-infinito delimitado por dois semiplanos e um semicilindro, conforme indicado na Figura 169, sendo $V = 0$ nas superfícies planares e $V = 1$ na cilíndrica. Esboce algumas curvas equipotenciais no plano xy.

$$Resposta: V = \frac{2}{\pi} \text{arc tg} \left(\frac{2y}{x^2 + y^2 - 1} \right).$$

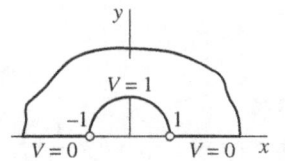

Figura 169

7. Encontre o potencial V do espaço entre os dois planos $y = 0$ e $y = \pi$, sendo $V = 0$ nas partes desses planos em que $x > 0$ e $V = 1$ nas partes em que $x < 0$ (Figura 170). Verifique que o resultado satisfaz as condições de fronteira.

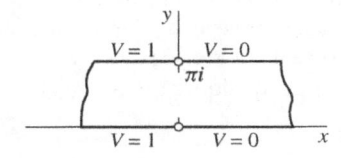

   Resposta: $V = \dfrac{1}{\pi} \text{arc tg} \left(\dfrac{\text{sen } y}{\text{senh } x} \right)$ ($0 \leq \text{arc tg } t \leq \pi$).

Figura 170

8. Deduza uma expressão para o potencial eletrostático V do espaço interior de um cilindro comprido $r = 1$, sendo $V = 0$ no primeiro quadrante ($r = 1$, $0 < \theta < \pi/2$) da superfície cilíndrica e $V = 1$ no resto ($r = 1$, $\pi/2 < \theta < 2\pi$) dessa superfície. (Ver Exercício 5 da Seção 102 e a Figura 123.) Mostre que $V = 3/4$ no eixo do cilindro. Verifique que o resultado satisfaz as condições de fronteira.

9. Usando a Figura 20 do Apêndice 2, encontre uma função temperatura $T(x, y)$ que seja harmônica na região sombreada do plano xy indicada e que tome os valores $T = 0$ ao longo do arco ABC e $T = 1$ ao longo do segmento de reta DEF. Verifique que a função obtida satisfaz as condições de fronteira. (Ver Exercício 2.)

10. A solução do problema de Dirichlet indicado à direita na Figura 171 é*

$$V = \dfrac{4}{\pi} \sum_{n=1}^{\infty} \dfrac{\text{senh } mu}{m \, \text{senh}(m \ln r_0)} \, \text{sen } mv$$

em que $m = 2n - 1$. Usando o ramo

$$\log = \ln r + i\theta \quad \left(r > 0, \; -\dfrac{\pi}{2} < \theta < \dfrac{3\pi}{2} \right)$$

da função logaritmo, deduza a seguinte solução do problema de Dirichlet à esquerda na Figura 171:

$$V(r, \theta) = \dfrac{4}{\pi} \sum_{n=1}^{\infty} \left(\dfrac{r^m - r^{-m}}{r_0^m - r_0^{-m}} \right) \dfrac{\text{sen } m\theta}{m}$$

em que $m = 2n - 1$.

---

* Ver a referência ao livro dos autores na nota de rodapé do Exemplo 2 da Seção 123.

Figura 171

$$w = \log z \quad \left(r > 0, -\frac{\pi}{2} < \theta < \frac{3\pi}{2}\right).$$

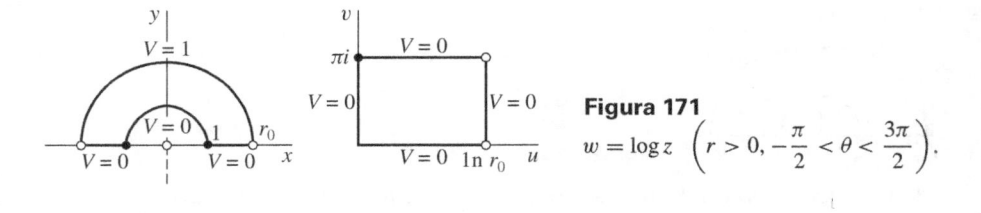

124 ESCOAMENTO DE FLUIDO BIDIMENSIONAL

As funções harmônicas desempenham um papel importante na hidro e aerodinâmicas. Aqui consideramos, novamente, apenas o problema de estado estacionário bidimensional. Ou seja, supomos que o movimento do fluido é o mesmo em todos os planos paralelos ao plano xy, sendo a velocidade paralela a esse plano e independente do tempo. É suficiente, então, considerar o movimento de uma folha de fluido no plano xy.

Denotemos a velocidade de uma partícula do fluido em qualquer ponto (x, y) pelo vetor que representa o número complexo

$$V = p + iq,$$

de modo que os componentes x e y do vetor velocidade são $p(x, y)$ e $q(x, y)$, respectivamente. Vamos supor que, nos pontos do interior de uma região de escoamento em que não existam fontes ou poços do fluido, são contínuas as funções reais $p(x, y)$ e $q(x, y)$ e suas derivadas parciais de primeira ordem.

A *circulação* do fluido ao longo de qualquer caminho C é definida pela integral curvilínea em relação ao comprimento de arco σ do componente tangencial $V_T(x, y)$ do vetor velocidade ao longo de C, ou seja,

(1) $$\int_C V_T(x, y)\, d\sigma.$$

Segue que a razão entre a circulação ao longo de C e o comprimento de C é uma velocidade média do fluido ao longo desse caminho. No Cálculo, vemos que uma integral dessas pode ser dada por*

(2) $$\int_C V_T(x, y)\, d\sigma = \int_C p(x, y)\, dx + q(x, y)\, dy.$$

Se C for um caminho fechado simples orientado positivamente e inteiramente contido em um domínio de escoamento simplesmente conexo, em que não existam fontes ou poços, o teorema de Green (ver Seção 50) garante que

$$\int_C p(x, y)\, dx + q(x, y)\, dy = \iint_R [q_x(x, y) - p_y(x, y)]\, dA,$$

---

* As propriedades das integrais curvilíneas do Cálculo utilizadas nesta e na próxima seção podem ser encontradas, por exemplo, no capítulo 10 de *Advanced Mathematics for Engineers* de W. Kaplan, 1992.

SEÇÃO 124 ESCOAMENTO DE FLUIDO BIDIMENSIONAL

em que R é a região fechada que consiste nos pontos de C e do interior de C. Assim,

(3) $$\int_C V_T(x, y)\, d\sigma = \iint_R [q_x(x, y) - p_y(x, y)]\, dA$$

com um caminho desses.

É fácil obter uma interpretação física da integral à direita da expressão (3) para a circulação ao longo do caminho fechado simples C. Seja C um círculo de raio r centrado em um ponto (x_0, y_0) orientado positivamente. Obtemos a velocidade média ao longo de C dividindo a circulação pela circunferência $2\pi r$ e a correspondente velocidade angular média do fluido em torno do centro do círculo dividindo aquela velocidade média por r, ou seja,

$$\frac{1}{\pi r^2} \iint_R \frac{1}{2}[q_x(x, y) - p_y(x, y)]\, dA.$$

Ocorre que isso também é uma expressão do valor médio da função

(4) $$\omega(x, y) = \frac{1}{2}[q_x(x, y) - p_y(x, y)]$$

na região circular delimitada por C. Esse valor médio tende ao valor de ω no ponto (x_0, y_0) se r tender a zero. Logo, dizemos que a função $\omega(x, y)$ é a **rotação** do fluido, que representa o limite da velocidade angular de um elemento circular de fluido se o círculo for contraído ao seu centro (x, y), que é o ponto em que foi calculado o valor de ω.

Se $\omega(x, y) = 0$ em cada ponto de algum domínio simplesmente conexo, dizemos que o escoamento é **irrotacional** nesse domínio. Neste texto, consideramos apenas escoamentos irrotacionais; vamos supor também que os fluidos são **incompressíveis** e **não viscosos**. Com a hipótese de escoamento irrotacional de fluido estacionário de densidade uniforme ρ, podemos mostrar que a pressão do fluido $P(x, y)$ satisfaz o caso especial seguinte da **equação de Bernoulli**

$$\frac{P}{\rho} + \frac{1}{2}|V|^2 = c,$$

em que c é uma constante. Observe que a maior pressão ocorre quando a velocidade $|V|$ for a menor.

Seja D um domínio simplesmente conexo no qual o escoamento é irrotacional. De acordo com a equação (4), temos $p_y = q_x$ em D. Essa relação entre as derivadas parciais implica que é independente do caminho a integral curvilínea

$$\int_C p(s, t)\, ds + q(s, t)\, dt$$

ao longo de um caminho contido inteiramente em D e ligando dois pontos (x_0, y_0) e (x, y) quaisquer de D. Assim, fixado (x_0, y_0), a função

(5) $$\phi(x, y) = \int_{(x_0, y_0)}^{(x, y)} p(s, t)\, ds + q(s, t)\, dt$$

está bem definida em D e, tomando as derivadas parciais de cada lado dessa equação, obtemos

(6) $$\phi_x(x, y) = p(x, y), \quad \phi_y(x, y) = q(x, y).$$

A partir das equações (6), vemos que o vetor velocidade $V = p + iq$ é o gradiente de ϕ e que a derivada direcional de ϕ em qualquer direção representa o componente da velocidade do escoamento nessa direção.

A função $\phi(x, y)$ é denominada **potencial da velocidade**. Evidentemente, segue da equação (5) que $\phi(x, y)$ varia pela adição de uma constante se mudarmos o ponto de referência (x_0, y_0). As curvas de nível $\phi(x, y) = c_1$ são denominadas **equipotenciais**. Por ser o gradiente de $\phi(x, y)$, em qualquer ponto que não seja igual ao vetor nulo, o vetor velocidade V é normal à curva equipotencial.

Assim como no caso de escoamento do calor, a condição de que o fluido incompressível somente entre ou saia de um elemento de volume do domínio através da fronteira desse elemento requer que $\phi(x, y)$ satisfaça a equação de Laplace

$$\phi_{xx}(x, y) + \phi_{yy}(x, y) = 0$$

em um domínio no qual o fluido seja livre de fontes ou poços. Decorre das equações (6) e da continuidade das funções p e q e de suas derivadas parciais de primeira ordem que as derivadas parciais de primeira e segunda ordens de ϕ são contínuas em um domínio desses. Logo, o potencial da velocidade ϕ é uma função harmônica nesse domínio.

125 A FUNÇÃO CORRENTE

De acordo com a Seção 124, o vetor velocidade

(1) $$V = p(x, y) + iq(x, y)$$

em um domínio simplesmente conexo no qual o escoamento é irrotacional pode ser dado por

(2) $$V = \phi_x(x, y) + i\phi_y(x, y) = \operatorname{grad} \phi(x, y),$$

em que ϕ é o potencial da velocidade. Se o vetor velocidade não for nulo, será normal a uma equipotencial que passa pelo ponto (x, y). Se, além disso, $\psi(x, y)$ denotar uma harmônica conjugada de $\phi(x, y)$ (Seção 115), então o vetor velocidade é tangente a uma curva $\psi(x, y) = c_2$. As curvas $\psi(x, y) = c_2$ são denominadas **curvas de corrente** do escoamento, e a função ψ é a **função corrente**. Em particular, uma fronteira através da qual não há escoamento de fluido é uma curva de corrente.

A função analítica

$$F(z) = \phi(x, y) + i\psi(x, y)$$

é denominada um **potencial complexo** do escoamento. Note que

$$F'(z) = \phi_x(x, y) + i\psi_x(x, y)$$

e, pelas equações de Cauchy-Riemann,

$$F'(z) = \phi_x(x, y) - i\phi_y(x, y).$$

A expressão (2) da velocidade, então, é dada por

(3) $$V = \overline{F'(z)}.$$

A velocidade escalar, ou magnitude da velocidade, é obtida escrevendo

$$|V| = |F'(z)|.$$

De acordo com a equação (9) da Seção 115, se ϕ for harmônica em um domínio simplesmente conexo D, então uma harmônica conjugada de ϕ nesse domínio pode ser dada por

$$\psi(x, y) = \int_{(x_0, y_0)}^{(x, y)} -\phi_t(s, t)\, ds + \phi_s(s, t)\, dt,$$

em que a integral é independente do caminho. Usando as equações (6) da Seção 124, podemos reescrever

(4) $$\psi(x, y) = \int_C -q(s, t)\, ds + p(s, t)\, dt,$$

em que C é um caminho qualquer em D ligando (x_0, y_0) a (x, y)

No Cálculo, vemos que o lado direito da equação (4) representa uma integral em relação ao comprimento de arco σ ao longo de C do componente normal $V_N(x, y)$ do vetor cujos componentes x e y são $p(x, y)$ e $q(x, y)$, respectivamente. Logo, a expressão (4) pode ser reescrita como

(5) $$\psi(x, y) = \int_C V_N(s, t)\, d\sigma.$$

Dessa forma, $\psi(x, y)$ representa, fisicamente, a taxa de escoamento do fluido através do caminho C. Mais precisamente, $\psi(x, y)$ denota a taxa do escoamento, por volume, através de uma superfície de altura unitária perpendicular ao plano xy sobre o caminho C.

EXEMPLO. Se o potencial complexo for a função

(6) $$F(z) = Az,$$

em que A é uma constante real positiva, temos

(7) $$\phi(x, y) = Ax \quad \text{e} \quad \psi(x, y) = Ay.$$

As curvas de corrente $\psi(x, y) = c_2$ são retas horizontais $y = c_2/A$, sendo que a velocidade em qualquer ponto é

$$V = \overline{F'(z)} = A.$$

Aqui o ponto (x_0, y_0), em que $\psi(x, y) = 0$, é qualquer ponto do eixo x. Se o ponto (x_0, y_0) for tomado como sendo a origem, então $\psi(x, y)$ é a taxa de escoamento através de qualquer caminho que ligue a origem ao ponto (x, y) (Figura 172). O escoamento é uniforme e para a direita, podendo ser interpretado como o escoamento uniforme no semiplano superior delimitado pelo eixo x ou como o escoamento uniforme entre as retas paralelas $y = y_1$ e $y = y_2$.

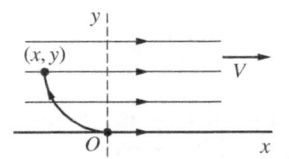

Figura 172

A função corrente ψ caracteriza um escoamento específico de uma região. Não examinamos aqui a questão de saber se é única a função correspondente a uma dada região, exceto possivelmente por fatores constantes ou constantes aditivas. Às vezes, se a velocidade for uniforme longe da obstrução ou se houver fontes ou poços envolvidos (Capítulo 11), a situação física indica que o escoamento é determinado de modo único pelas condições dadas no problema.

A prescrição dos valores de uma função harmônica na fronteira de uma região nem sempre determina essa função de modo único, nem mesmo a menos de um fator constante. No exemplo acima, a função $\psi(x, y) = Ay$ é harmônica no semiplano $y > 0$ e tem o valor zero na fronteira. A função $\psi_1(x, y) = Be^x \operatorname{sen} y$ também satisfaz essas condições. No entanto, a curva de corrente consiste não só na reta $y = 0$, como também nas retas $y = n\pi$ ($n = 1, 2, \ldots$). Aqui, a função $F_1(z) = Be^z$ é o potencial complexo do escoamento na faixa entre as retas $y = 0$ e $y = \pi$, sendo que ambas essas retas constituem a curva de corrente $\psi(x, y) = 0$; se $B > 0$, o fluido escoa para a direita ao longo da reta inferior e para a esquerda ao longo da reta superior.

126 ESCOAMENTO AO REDOR DE UM CANTO E DE UM CILINDRO

Muitas vezes, ao analisar um escoamento no plano xy ou z, resulta ser mais simples considerar o escoamento correspondente no plano uv ou w. Então, se ϕ for o potencial da velocidade e ψ, a função corrente do escoamento no plano uv, os resultados das Seções 116 e 117 podem ser aplicados a essas funções harmônicas. Isto é, se o domínio D_w do escoamento no plano uv for a imagem de um domínio D_z pela transformação

$$w = f(z) = u(x, y) + iv(x, y),$$

em que f é analítica, então as funções

$$\phi[u(x, y), v(x, y)] \quad \text{e} \quad \psi[u(x, y), v(x, y)]$$

serão harmônicas em D_z. Essas novas funções podem ser interpretadas como o potencial da velocidade e a função corrente no plano xy. Uma curva de corrente ou fronteira natural $\psi(u, v) = c_2$ do plano uv corresponde a uma curva de corrente ou fronteira natural $\psi[u(x, y), v(x, y)] = c_2$ do plano xy.

Utilizando essa técnica, muitas vezes é mais eficaz escrever primeiro a função potencial complexo da região no plano w e, então, a partir dessa função, obter o

SEÇÃO 126 ESCOAMENTO AO REDOR DE UM CANTO E DE UM CILINDRO

potencial da velocidade e a função corrente para a correspondente região do plano xy. Mais precisamente, se a função potencial no plano uv for

$$F(w) = \phi(u, v) + i\psi(u, v),$$

então a função composta

$$F[f(z)] = \phi[u(x, y), v(x, y)] + i\psi[u(x, y), v(x, y)]$$

será o potencial complexo procurado no plano xy.

Para evitar uma notação muito carregada, utilizamos os mesmos símbolos F, ϕ e ψ para o potencial complexo, etc., em ambos os planos, xy e uv.

EXEMPLO 1. Considere um escoamento no primeiro quadrante $x > 0$, $y > 0$ que desce paralelamente ao eixo y, mas é forçado a desviar de um canto na origem, conforme indicado na Figura 173. Para determinar esse escoamento, lembramos que no Exemplo 2 da Seção 14 foi visto que a transformação

$$w = z^2 = x^2 - y^2 + i2xy$$

leva o primeiro quadrante sobre o semiplano superior do plano uv e a fronteira do quadrante sobre todo o eixo u.

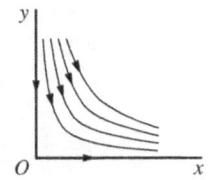

Figura 173

Pelo exemplo da Seção 125, sabemos que o potencial complexo de um escoamento uniforme para a direita na metade superior do plano w é dado por $F = Aw$, em que A é uma constante real positiva. Logo, o potencial no quadrante é

(1) $$F = Az^2 = A(x^2 - y^2) + i2Axy;$$

e segue que a função corrente do escoamento é

(2) $$\psi = 2Axy.$$

É claro que essa função é harmônica no primeiro quadrante, sendo nula na fronteira.

As curvas de corrente são ramos das hipérboles retangulares

$$2Axy = c_2.$$

De acordo com a equação (3) da Seção 125, a velocidade do fluido é

$$V = \overline{2Az} = 2A(x - iy).$$

Observe que a velocidade escalar

$$|V| = 2A\sqrt{x^2 + y^2}$$

de uma partícula é proporcional à distância à origem. O valor da função corrente (2) em um ponto (x, y) pode ser interpretado como a taxa de escoamento através de um segmento de reta que se estende da origem a esse ponto.

EXEMPLO 2. Suponha que um cilindro circular comprido de raio unitário seja colocado em um grande volume de fluido de tal modo que o eixo do cilindro seja perpendicular à direção do escoamento. Para determinar o escoamento estacionário ao redor do cilindro, representamos o cilindro pelo círculo $x^2 + y^2 = 1$ e supomos que o escoamento longe desse círculo seja para a direita e paralelo ao eixo x (Figura 174). Por simetria, vemos que os pontos do eixo x no exterior do círculo podem ser tratados como pontos de fronteira, de modo que basta considerar a parte superior da figura como a região de escoamento.

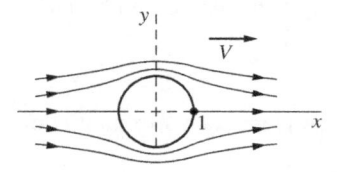

Figura 174

A fronteira dessa região de escoamento, consistindo no semicírculo superior e nas partes do eixo x exterior ao círculo, é levada sobre todo o eixo u pela transformação

$$w = z + \frac{1}{z}.$$

Já a região é levada sobre o semiplano superior $v \geq 0$, conforme indicado na Figura 17 do Apêndice 2. O potencial complexo do escoamento uniforme correspondente nesse semiplano é $F = Aw$, em que A é uma constante real positiva. Logo, o potencial complexo da região exterior ao círculo e acima do eixo x é

(3) $$F = A\left(z + \frac{1}{z}\right).$$

A velocidade

(4) $$V = A\left(1 - \frac{1}{\overline{z}^2}\right)$$

tende a A se $|z|$ cresce. Assim, o escoamento é quase uniforme e paralelo ao eixo x nos pontos longe do círculo, como era de se esperar. Pela expressão (4), vemos que $V(\overline{z}) = \overline{V(z)}$, de modo que essa expressão também representa velocidades de escoamento na região inferior, sendo que o semicírculo inferior é uma curva de corrente.

De acordo com a equação (3), a função corrente do problema dado, em coordenadas polares, é

(5) $$\psi = A\left(r - \frac{1}{r}\right) \operatorname{sen} \theta.$$

SEÇÃO 126 ESCOAMENTO AO REDOR DE UM CANTO E DE UM CILINDRO

As curvas de corrente

$$A\left(r - \frac{1}{r}\right) \operatorname{sen}\theta = c_2$$

são simétricas em relação ao eixo y e têm assíntotas paralelas ao eixo x. Observe que se $c_2 = 0$, essas curvas de corrente consistem no círculo $r = 1$ e nas partes do eixo x no exterior desse círculo.

EXERCÍCIOS

1. Justifique por que os componentes da velocidade podem ser obtidos da função corrente por meio das equações

$$p(x, y) = \psi_y(x, y), \quad q(x, y) = -\psi_x(x, y).$$

2. Sob as condições que estamos impondo, a pressão do fluido em um ponto interior de uma região de escoamento não pode ser menor do que a pressão em todos os outros pontos de uma vizinhança desse ponto interior. Justifique essa afirmação usando as afirmações nas Seções 124, 125 e 59.

3. Para o escoamento ao redor de um canto descrito no Exemplo 1 da Seção 126, em qual ponto da região $x \geq 0$, $y \geq 0$ a pressão do fluido será máxima?

4. Mostre que a velocidade escalar do fluido nos pontos da superfície cilíndrica no Exemplo 2 da Seção 126 é dada por $2A|\operatorname{sen}\theta|$. Mostre que a pressão do fluido é máxima nos pontos $z = \pm 1$ e mínima nos pontos $z = \pm i$.

5. Escreva o potencial complexo do escoamento ao redor de um cilindro $r = r_0$ se a velocidade V em um ponto z tender a uma constante real A se o ponto se afastar do cilindro.

6. Obtenha a função corrente $\psi = Ar^4 \operatorname{sen} 4\theta$ de um escoamento na região angular

$$r \geq 0, \ 0 \leq \theta \leq \frac{\pi}{4}$$

mostrada na Figura 175. Esboce algumas curvas de corrente no interior dessa região.

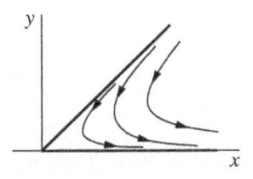

Figura 175

7. Obtenha o potencial complexo $F = A \operatorname{sen} z$ de um escoamento no interior da região semi-infinita

$$-\frac{\pi}{2} \leq x \leq \frac{\pi}{2}, \ y \geq 0$$

mostrada na Figura 176. Escreva as equações das curvas de corrente.

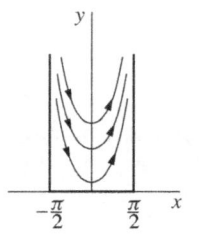

Figura 176

8. Mostre que se o potencial da velocidade for $\phi = A \ln r$ $(A > 0)$ para o escoamento na região $r \geq r_0$, então as curvas de corrente são as semirretas $\theta = c$ $(r \geq r_0)$, e a taxa de escoamento para fora através de cada círculo completo em torno da origem é $2\pi A$, correspondente a uma fonte dessa intensidade na origem.

9. Obtenha o potencial complexo

$$F = A\left(z^2 + \frac{1}{z^2}\right)$$

do escoamento na região $r \geq 1$, $0 \leq \theta \leq \pi/2$. Escreva expressões para V e ψ. Observe como a velocidade escalar $|V|$ varia ao longo da fronteira da região e verifique que $\psi(x, y) = 0$ na fronteira.

10. Suponha que o escoamento a uma distância infinita do cilindro unitário no Exemplo 2 da Seção 126 seja uniforme e ocorra em uma direção a um ângulo α com o eixo x, ou seja,

$$\lim_{|z|\to\infty} V = Ae^{i\alpha} \quad (A > 0).$$

Encontre o potencial complexo.

Resposta: $F = A\left(ze^{-i\alpha} + \dfrac{1}{z}e^{i\alpha}\right)$.

11. Escreva

$$z - 2 = r_1 \exp(i\theta_1), \quad z + 2 = r_2 \exp(i\theta_2),$$

e

$$(z^2 - 4)^{1/2} = \sqrt{r_1 r_2} \exp\left(i\frac{\theta_1 + \theta_2}{2}\right),$$

em que

$$0 \leq \theta_1 < 2\pi \quad \text{e} \quad 0 \leq \theta_2 < 2\pi.$$

Então, a função $(z^2 - 4)^{1/2}$ é univalente e analítica em todo o plano z, exceto pelo corte consistindo no segmento do eixo x que liga os pontos $z = \pm 2$. Além disso, pelo Exercício 13 da Seção 98, sabemos que a transformação

$$z = w + \frac{1}{w}$$

leva o círculo $|w| = 1$ sobre o segmento de $z = -2$ até $z = 2$ e o domínio fora do círculo sobre o resto do plano z. Use todas essas observações para mostrar que a transformação inversa tal que $|w| > 1$ em cada ponto não no corte, pode ser dada por

$$w = \frac{1}{2}[z + (z^2 - 4)^{1/2}] = \frac{1}{4}\left(\sqrt{r_1}\exp\frac{i\theta_1}{2} + \sqrt{r_2}\exp\frac{i\theta_2}{2}\right)^2.$$

SEÇÃO 126 ESCOAMENTO AO REDOR DE UM CANTO E DE UM CILINDRO

A transformação e essa inversa estabelecem uma correspondência entre os pontos desses dois domínios.

12. Usando os resultados encontrados nos Exercício 10 e 11, deduza a expressão

$$F = A[z\cos\alpha - i(z^2 - 4)^{1/2}\operatorname{sen}\alpha]$$

do potencial complexo de um escoamento estacionário ao redor de uma placa comprida de largura 4 e cuja seção transversal é o segmento de reta ligando os dois pontos $z = \pm 2$ na Figura 177, supondo que a velocidade do fluido a uma distância infinita da placa seja $A\exp(i\alpha)$, com $A > 0$. O ramo de $(z^2 - 4)^{1/2}$ utilizado é o descrito no Exercício 11.

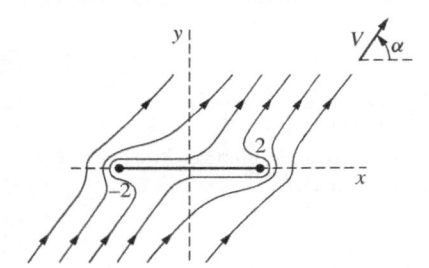

Figura 177

13. Mostre que se $\operatorname{sen}\alpha \neq 0$ no Exercício 12, então a velocidade escalar do fluido ao longo do segmento de reta ligando os pontos $z = \pm 2$ é infinita nas extremidades e é igual a $A|\cos\alpha|$ no ponto médio.

14. Para simplificar, suponha que $0 < \alpha \leq \pi/2$ no Exercício 12. Então, mostre que a velocidade do fluido ao longo do lado superior do segmento de reta que representa a placa na Figura 177 é igual a zero no ponto $x = 2\cos\alpha$ e que a velocidade ao longo do lado inferior do segmento é igual a zero no ponto $x = -2\cos\alpha$.

15. Um círculo centrado no ponto x_0 ($0 < x_0 < 1$) do eixo x e passando pelo ponto $z = -1$ é transformado pela aplicação

$$w = z + \frac{1}{z}.$$

Pontos z não nulos podem ser transformados geometricamente pela adição dos vetores que representam

$$z = re^{i\theta} \quad \text{e} \quad \frac{1}{z} = \frac{1}{r}e^{-i\theta}.$$

Transformando alguns pontos, verifique que a imagem do círculo é uma curva do tipo mostrado na Figura 178 e que pontos do exterior do círculo são levados em pontos do exterior dessa curva. Esse é um caso especial de curvas denominadas **aerofólio de Joukowski**. (Ver também Exercícios 16 e 17, a seguir.)

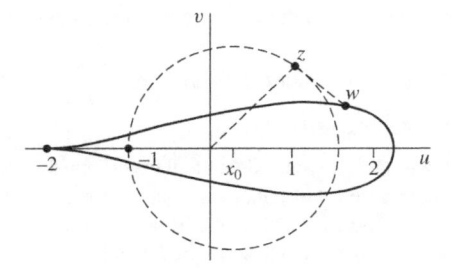

Figura 178

16. (a) Mostre que a aplicação do círculo no Exercício 15 é conforme, exceto no ponto $z = -1$.

    (b) Os números complexos
    $$t = \lim_{\Delta z \to 0} \frac{\Delta z}{|\Delta z|} \quad \text{e} \quad \tau = \lim_{\Delta w \to 0} \frac{\Delta w}{|\Delta w|}$$
    representam vetores unitários tangentes a um arco regular orientado em $z = -1$ e à imagem desse arco, respectivamente, pela transformação
    $$w = z + \frac{1}{z}.$$
    Mostre que $\tau = -t^2$ e que, portanto, a curva de Joukowski na Figura 178 tem uma cúspide no ponto $w = -2$, sendo nulo o ângulo entres as tangentes na cúspide.

17. Encontre o potencial complexo do escoamento em redor do aerofólio do Exercício 15 se a velocidade V do fluido a uma distância infinita da origem for uma constante real A. Lembre que a inversa da transformação
    $$w = z + \frac{1}{z}$$
    usada no Exercício 15 é dada, no Exercício 11, com z e w permutados.

18. Note que pela transformação $w = e^z + z$, ambas as metades, $x \geq 0$ e $x \leq 0$, da reta $y = \pi$ são levadas sobre a semirreta $v = \pi$ ($u \leq -1$). Analogamente, a reta $y = -\pi$ é levada sobre a semirreta $v = -\pi$ ($u \leq -1$) e a faixa $-\pi \leq y \leq \pi$ é levada sobre o plano w. Além disso, note que a mudança de direções $\arg(dw/dz)$ por essa transformação tende a zero se x tende a $-\infty$. Mostre que as curvas de corrente de um fluido que escoa pelo canal aberto formado pelas semirretas do plano w (Figura 179) são as imagens das retas $y = c_2$ da faixa. Essas curvas de corrente também representam as curvas equipotenciais do campo eletrostático perto da borda de um capacitor de placas paralelas.

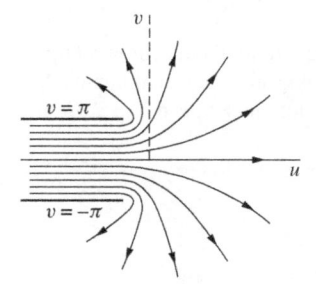

Figura 179

CAPÍTULO 11

A TRANSFORMAÇÃO DE SCHWARZ-CHRISTOFFEL

Neste capítulo, construímos uma transformação, conhecida como transformação de Schwarz-Christoffel, que leva o eixo x e o semiplano superior do plano z sobre um dado polígono fechado simples e o interior desse polígono no plano w. Também apresentamos aplicações à solução de problemas da teoria do escoamento de fluido e do potencial eletrostático.

127 TRANSFORMAÇÃO DO EIXO REAL EM UM POLÍGONO

Representamos o vetor unitário que é tangente a um arco regular C em um ponto z_0 pelo número complexo t, e o vetor unitário tangente à imagem Γ de C por uma transformação $w = f(z)$ no ponto correspondente w_0 pelo número complexo τ. Vamos supor que f seja analítica em z_0 e que $f'(z_0) \neq 0$. De acordo com a Seção 112,

(1) $$\arg \tau = \arg f'(z_0) + \arg t.$$

Em particular, se C for um segmento do eixo x com o sentido positivo sendo para a direita, então $t = 1$ e $\arg t = 0$ em cada ponto $z_0 = x$ de C. Nesse caso, a equação (1) é dada por

(2) $$\arg \tau = \arg f'(x).$$

Se $f'(z)$ tiver um argumento constante ao longo desse segmento, decorre que τ é constante. Logo, a imagem Γ de C também é um segmento de reta.

Agora vamos construir uma transformação $w = f(z)$ que leva todo o eixo x sobre um polígono de n lados, sendo que $x_1, x_2, \ldots, x_{n-1}$ e ∞ são os pontos desse eixo cujas imagens são os vértices do polígono, com

$$x_1 < x_2 < \cdots < x_{n-1}.$$

Os vértices são os n pontos $w_j = f(x_j)$ $(j = 1, 2, \ldots, n-1)$ e $w_n = f(\infty)$. A função f deve ser tal que $f'(z)$ pula de um valor constante para outro nos pontos $z = x_j$ à medida que z percorre o eixo x (Figura 180).

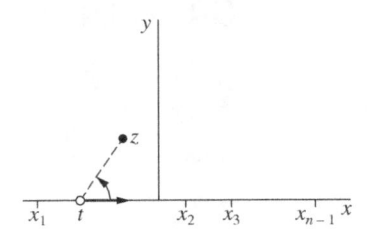

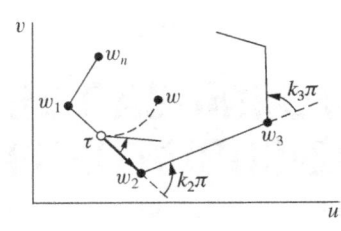

Se a função f for escolhida tal que

(3) $$f'(z) = A(z - x_1)^{-k_1}(z - x_2)^{-k_2} \cdots (z - x_{n-1})^{-k_{n-1}},$$

em que A é uma constante complexa e cada k_j é uma constante real, então o argumento de $f'(z)$ muda da maneira prescrita se z descreve o eixo real. Isso pode ser visto escrevendo o argumento da derivada (3) como

(4) $$\arg f'(z) = \arg A - k_1 \arg(z - x_1)$$
$$- k_2 \arg(z - x_2) - \cdots - k_{n-1} \arg(z - x_{n-1}).$$

Se $z = x$ e $x < x_1$, então

$$\arg(z - x_1) = \arg(z - x_2) = \cdots = \arg(z - x_{n-1}) = \pi.$$

Se $x_1 < x < x_2$, o argumento $\arg(z - x_1)$ é nulo e cada um dos outros argumentos é π. Então, de acordo com a equação (4), $\arg f'(z)$ cresce abruptamente pelo ângulo $k_1 \pi$ se z se desloca para a direita pelo ponto $z = x_1$. O valor desse ângulo novamente pula pela quantidade $k_2 \pi$ se z passa pelo ponto x_2 e assim por diante.

Em vista da equação (2), a direção do vetor unitário τ é constante se z se desloca de x_{j-1} até x_j; logo, o ponto w se desloca nessa direção fixada ao longo de uma reta. A direção de τ muda abruptamente, pelo ângulo $k_j \pi$, no ponto w_j que é a imagem de x_j, conforme Figura 180. Esses ângulos $k_j \pi$ são os ângulos externos do polígono descrito pelo ponto w.

Os ângulos externos podem ser limitados a ângulos entre $-\pi$ e π, caso em que $-1 < k_j < 1$. Vamos supor que os lados do polígono nunca se cruzam e que o polígono tem uma orientação positiva, ou anti-horária. Então a soma dos ângulos externos de um polígono *fechado* é 2π; o ângulo externo no vértice w_n, que é a imagem do ponto $z = \infty$, pode ser escrito como

$$k_n \pi = 2\pi - (k_1 + k_2 + \cdots + k_{n-1})\pi.$$

Assim, necessariamente, os números k_j devem satisfazer as condições

(5) $$k_1 + k_2 + \cdots + k_{n-1} + k_n = 2, \qquad -1 < k_j < 1 \qquad (j = 1, 2, \ldots, n).$$

Note que $k_n = 0$ se

(6) $$k_1 + k_2 + \cdots + k_{n-1} = 2.$$

Isso significa que a direção de τ não muda no ponto w_n. Logo, w_n não é um vértice, e o polígono tem $n - 1$ lados.

A existência de uma transformação f cuja derivada é dada por (3) será estabelecida na próxima seção.

128 TRANSFORMAÇÃO DE SCHWARZ-CHRISTOFFEL

Na expressão (Seção 127)

(1) $$f'(z) = A(z - x_1)^{-k_1}(z - x_2)^{-k_2} \cdots (z - x_{n-1})^{-k_{n-1}}$$

da derivada de uma função que leva o eixo x sobre um polígono, supomos que os fatores $(z - x_j)^{-k_j}$ $(j = 1, 2, \ldots, n - 1)$ representam ramos de funções potência com cortes se estendendo abaixo desse eixo. Mais especificamente, escrevemos

$$(z - x_j)^{-k_j} = \exp[-k_j \log(z - x_j)] = \exp[-k_j(\ln|z - x_j| + i\theta_j)]$$

e, então,

(2) $$(z - x_j)^{-k_j} = |z - x_j|^{-k_j} \exp(-ik_j\theta_j) \quad \left(-\frac{\pi}{2} < \theta_j < \frac{3\pi}{2}\right),$$

em que $\theta_j = \arg(z - x_j)$ e $j = 1, 2, \ldots, n - 1$. Com isso, obtemos que $f'(z)$ é analítica em todo o semiplano $y \geq 0$, exceto nos $n - 1$ pontos de ramificação x_j.

Se z_0 for um ponto nessa região de analiticidade, que denotamos por R, então a função

(3) $$F(z) = \int_{z_0}^{z} f'(s)\, ds$$

é uma função analítica nessa região, sendo que o caminho de integração é tomado de z_0 até z ao longo de qualquer caminho inteiramente contido em R. Além disso, $F'(z) = f'(z)$ (ver Seção 48).

Para definir a função F no ponto $z = x_1$ de tal modo que seja contínua nesse ponto, observamos que $(z - x_1)^{-k_1}$ é o único fator na expressão (1) que não é analítico em x_1. Logo, se $\phi(z)$ denota o produto dos demais fatores daquela expressão, então $\phi(z)$ é analítica no ponto x_1 e é representada em todo um disco aberto $|z - x_1| < R_1$ por sua série de Taylor centrada em x_1. Assim, podemos escrever

$$f'(z) = (z - x_1)^{-k_1} \phi(z)$$
$$= (z - x_1)^{-k_1} \left[\phi(x_1) + \frac{\phi'(x_1)}{1!}(z - x_1) + \frac{\phi''(x_1)}{2!}(z - x_1)^2 + \cdots \right],$$

ou

(4) $$f'(z) = \phi(x_1)(z - x_1)^{-k_1} + (z - x_1)^{1-k_1}\psi(z),$$

em que ψ é analítica e, portanto, contínua em todo o disco aberto. Como $1 - k_1 > 0$, o último termo à direita na equação (4) representa uma função contínua de z em toda a metade superior do disco, em que Im $z \geq 0$, se associarmos o valor zero ao ponto $z = x_1$. Segue que a integral

$$\int_{Z_1}^{z} (s - x_1)^{1-k_1} \psi(s)\, ds$$

do último termo ao longo de um caminho de Z_1 até z, em que Z_1 e o caminho estão no semidisco, é uma função contínua de z em $z = x_1$. A integral

$$\int_{Z_1}^{z} (s - x_1)^{-k_1} \, ds = \frac{1}{1 - k_1} \left[(z - x_1)^{1-k_1} - (Z_1 - x_1)^{1-k_1} \right]$$

ao longo do mesmo caminho também representa uma função contínua de z em x_1 se definimos o valor da integral nesse ponto como o limite se z tende a x_1 no disco aberto. Então, a integral da função (4) ao longo do caminho mencionado de Z_1 até z é contínua em $z = x_1$, e o mesmo se aplica à integral (3), pois ela pode ser escrita como uma integral ao longo de um caminho em R de z_0 até Z_1 somada à integral de Z_1 até z.

Esse argumento pode ser usado em cada um dos $n - 1$ pontos x_j para tornar F uma função contínua em toda a região $y \geq 0$.

A partir da equação (1) podemos mostrar que, dado um número R positivo suficientemente grande, existe uma constante positiva M tal que, se Im $z \geq 0$, então

(5) $\qquad |f'(z)| < \dfrac{M}{|z|^{2-k_n}} \qquad$ se $\qquad |z| > R.$

Como $2 - k_n > 1$, essa limitação do integrando na equação (3) garante a existência do limite da integral se z tende ao infinito, ou seja, existe um número W_n tal que

(6) $\qquad \lim_{z \to \infty} F(z) = W_n \qquad$ (Im $z \geq 0$).

Os detalhe dessa argumentação são deixados para os Exercícios 1 e 2.

A função cuja derivada é dada pela equação (1) pode, então, ser escrita como $f(z) = F(z) + B$, em que B é uma constante complexa. A transformação resultante,

(7) $\qquad w = A \int_{z_0}^{z} (s - x_1)^{-k_1} (s - x_2)^{-k_2} \cdots (s - x_{n-1})^{-k_{n-1}} \, ds + B,$

é a **transformação de Schwarz-Christoffel**, assim batizada em homenagem aos dois matemáticos alemães H. A. Schwarz (1843-1921) e E. B. Christoffel (1829-1900), que a descobriram independentemente.

A transformação (7) é contínua em todo o semiplano $y \geq 0$ e é conforme, exceto pelos pontos x_j. Estamos supondo que os números k_j satisfaçam as condições (5) da Seção 127. Além disso, vamos supor que as constantes x_j e k_j sejam tais que os lados do polígono não se cruzem, de modo que o polígono constitua um caminho fechado simples. Então, de acordo com a Seção 127, à medida que o ponto z percorre o eixo x no sentido positivo, sua imagem w percorre o polígono P no sentido positivo e, além disso, a aplicação de z em w é injetora entre os pontos do eixo x e os pontos de P. De acordo com a condição (6), existe a imagem w_n do ponto $z = \infty$ e $w_n = W_n + B$.

Se z for um ponto interior do semiplano superior $y \geq 0$ e x_0 for um ponto qualquer do eixo x distinto dos pontos x_j, então o ângulo do vetor t em x_0 até o segmento de reta que liga x_0 a z é positivo e menor do que π (Figura 180). Na imagem w_0 de x_0, o ângulo correspondente do vetor τ à imagem do segmento de reta ligando x_0 a z tem o mesmo valor. Assim, as imagens dos pontos do interior do semiplano ficam à esquerda dos lados do polígono, percorrido no sentido anti-horário. Deixamos a cargo do leitor uma demonstração de que a transformação estabelece uma aplicação injetora entre os pontos interiores do semiplano e os pontos do interior do polígono (Exercício 3).

Dado um polígono P específico, examinemos o número de constantes da transformação de Schwarz-Christoffel que precisam ser determinadas para que o eixo x seja transformado em P. Para isso, podemos escrever $z_0 = 0$, $A = 1$ e $B = 0$ e simplesmente exigir que o eixo x seja levado sobre algum polígono P' semelhante a P. O tamanho e a posição de P' podem, então, ser ajustados para conferir com os de P pela introdução de constantes A e B convenientes.

Todos os números k_j são determinados pelos ângulos externos nos vértices de P. Resta escolher as $n - 1$ constantes x_j. A imagem do eixo x é algum polígono P' que tem os mesmos ângulos de P. No entanto, para que $n - 2$ seja semelhante a P, os $n - 2$ lados conectados devem ter uma razão comum com os lados correspondentes de P; essa condição é expressa por meio de $n - 3$ equações nas $n - 1$ incógnitas reais x_j. Assim, *dois dos números x_j, ou duas das relações entre eles, podem ser escolhidos arbitrariamente*, desde que as $n - 3$ equações das demais $n - 3$ incógnitas tenham soluções reais.

Se um ponto $z = x_n$ do eixo x finito, em vez do ponto no infinito, representar o ponto cuja imagem é w_n, segue da Seção 127 que a transformação de Schwarz-Christoffel tem o formato

(8) $$w = A \int_{z_0}^{z} (s - x_1)^{-k_1}(s - x_2)^{-k_2} \cdots (s - x_n)^{-k_n}\, ds + B,$$

em que $k_1 + k_2 + \cdots + k_n = 2$. Os expoentes k_j são determinados pelos ângulos externos do polígono. No entanto, nesse caso, existem n constantes reais x_j que devem satisfazer as $n - 3$ equações indicadas acima. Assim, *três dos números x_j, ou três das condições sobre esses números, podem ser escolhidos arbitrariamente* se a transformação (8) for usada para levar o eixo x sobre um polinômio dado.

EXERCÍCIOS

1. Obtenha a desigualdade (5) da Seção 128.

    Sugestão: seja R maior do que os números $|x_j|$ ($j = 1, 2, \ldots, n - 1$). Note que se R for suficientemente grande, as desigualdades $|z|/2 < |z - x_j| < 2|z|$ são válidas com qualquer x_j se $|z| > R$. Depois, use a expressão (1) da Seção 128 junto às condições (5) da Seção 127.

2. Use a condição (5) da Seção 128 e condições suficientes para a existência de integrais impróprias de funções reais para mostrar que $F(x)$ tem um limite W_n se x tende ao infinito, sendo $F(z)$ definida pela equação (3) daquela seção. Mostre também que a integral

de $f'(z)$ em cada arco de um semicírculo $|z| = R$ (Im $z \geq 0$) tende a 0 se R tende a ∞. Em seguida, deduza que
$$\lim_{z \to \infty} F(z) = W_n \quad (\text{Im } z \geq 0),$$
conforme afirmado na equação (6) da Seção 128.

3. De acordo com a Seção 93, a expressão
$$N = \frac{1}{2\pi i} \int_C \frac{g'(z)}{g(z)} \, dz$$
pode ser usada para determinar o número (N) de zeros de uma função g no interior de um caminho fechado simples C orientado positivamente se $g(z) \neq 0$ em C e se C estiver contido em um domínio simplesmente conexo D no qual g é analítica e $g'(z)$ nunca se anula. Nessa expressão, escreva $g(z) = f(z) - w_0$, em que $f(z)$ é a transformação de Schwarz-Christoffel (7) da Seção 128 e o ponto w_0 ou está no interior ou no exterior do polígono P que é a imagem do eixo x, de modo que $f(z) \neq w_0$. Suponha que o caminho C consista na metade superior do círculo $|z| = R$ e no segmento $-R < x < R$ do eixo x que contém todos os $n-1$ pontos x_j, exceto um pequeno segmento em torno de cada ponto x_j que é substituído pela metade superior de um círculo $|z - x_j| = \rho_j$ que tem esse segmento como diâmetro. Então, o número de pontos z do interior de C tais que $f(z) = w_0$ é
$$N_C = \frac{1}{2\pi i} \int_C \frac{f'(z)}{f(z) - w_0} \, dz.$$
Observe que $f(z) - w_0$ tende ao ponto não nulo $W_n - w_0$ se $|z| = R$ e R tende a ∞ e lembre-se da cota de $|f'(z)|$ dada na propriedade (5) da Seção 128. Faça ρ_j tender a zero e prove que o número de pontos da metade superior do plano z nos quais $f(z) = w_0$ é dado por
$$N = \frac{1}{2\pi i} \lim_{R \to \infty} \int_{-R}^{R} \frac{f'(x)}{f(x) - w_0} \, dx.$$
Usando que
$$\int_P \frac{dw}{w - w_0} = \lim_{R \to \infty} \int_{-R}^{R} \frac{f'(x)}{f(x) - w_0} \, dx,$$
deduza que $N = 1$ se w_0 for um ponto do interior de P e que $N = 0$ se w_0 for um ponto do exterior de P. Assim, estabeleça que a aplicação do semiplano Im $z > 0$ sobre o interior de P é injetora.

129 TRIÂNGULOS E RETÂNGULOS

A transformação de Schwarz-Christoffel é dada em termos dos pontos x_j, e não de suas imagens, que são os vértices do polígono. No máximo três desses pontos podem ser escolhidos arbitrariamente; portanto, se o polígono dado tiver mais do que três lados, alguns dos pontos x_j devem ser determinados para que o polígono dado, ou qualquer outro semelhante a ele, seja a imagem do eixo x. Geralmemte, é necessária muita engenhosidade na seleção de condições que determinem essas constantes convenientes.

SEÇÃO 129 TRIÂNGULOS E RETÂNGULOS

Outra limitação no uso da transformação acontece em razão da integração envolvida. Muitas vezes, a integral não pode ser calculada em termos de um número finito de funções elementares. Nesses casos, a solução dos problemas por meio da transformação pode ser bastante complicada.

Se o polígono for um triângulo com vértices nos pontos w_1, w_2 e w_3 (Figura 181), a transformação pode ser dada por

(1) $$w = A \int_{z_0}^{z} (s - x_1)^{-k_1} (s - x_2)^{-k_2} (s - x_3)^{-k_3} \, ds + B,$$

em que $k_1 + k_2 + k_3 = 2$. Em termos dos ângulos internos θ_j,

$$k_j = 1 - \frac{1}{\pi} \theta_j \quad (j = 1, 2, 3).$$

Aqui consideramos os três pontos como sendo finitos, do eixo x. A cada um deles pode ser atribuído um valor qualquer. As constantes complexas A e B, que estão associadas ao tamanho e à posição do triângulo, podem ser determinadas de tal modo que o semiplano superior seja levado sobre a região triangular dada.

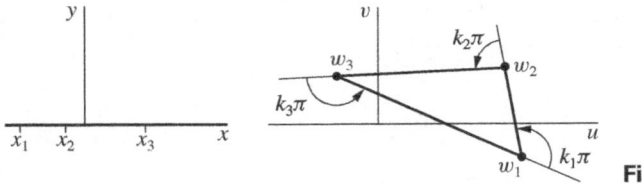

Figura 181

Se tomarmos o ponto w_3 como sendo a imagem do ponto no infinito, a transformação passa a ser

(2) $$w = A \int_{z_0}^{z} (s - x_1)^{-k_1} (s - x_2)^{-k_2} \, ds + B,$$

em que podemos atribuir valores reais arbitrários a x_1 e x_2.

As integrais nas equações (1) e (2) não representam funções elementares, a menos que o triângulo seja degenerado, com um ou dois de seus vértices no infinito. A integral na equação (2) se torna uma *integral elíptica* se o triângulo for equilátero ou se for retângulo com um de seus ângulos igual a $\pi/3$ ou $\pi/4$.

EXEMPLO 1. Em um triângulo equilátero, temos $k_1 = k_2 = k_3 = 2/3$. É conveniente escrever $x_1 = -1$, $x_2 = 1$ e $x_3 = \infty$ e usar a equação (2) com $z_0 = 1$, $A = 1$ e $B = 0$. Então a transformação é dada por

(3) $$w = \int_{1}^{z} (s + 1)^{-2/3} (s - 1)^{-2/3} \, ds.$$

400 CAPÍTULO 11 A TRANSFORMAÇÃO DE SCHWARZ-CHRISTOFFEL

Claramente, a imagem do ponto $z = 1$ é $w = 0$, ou seja, $w_2 = 0$. Se $z = -1$ nessa integral, podemos escrever $s = x$, com $-1 < x < 1$. Então,

$$x + 1 > 0 \quad \text{e} \quad \arg(x + 1) = 0,$$

enquanto

$$|x - 1| = 1 - x \quad \text{e} \quad \arg(x - 1) = \pi.$$

Logo,

(4) $$w = \int_1^{-1} (x + 1)^{-2/3}(1 - x)^{-2/3} \exp\left(-\frac{2\pi i}{3}\right) dx$$

$$= \exp\left(\frac{\pi i}{3}\right) \int_0^1 \frac{2\,dx}{(1 - x^2)^{2/3}}$$

se $z = -1$. Com a substituição $x = \sqrt{t}$, essa última integral reduz a um caso especial de uma utilizada na definição da função beta (Exercício 5 da Seção 91). Denotemos por b o valor dessa integral, que é positivo:

(5) $$b = \int_0^1 \frac{2\,dx}{(1 - x^2)^{2/3}} = \int_0^1 t^{-1/2}(1 - t)^{-2/3}\,dt = B\left(\frac{1}{2}, \frac{1}{3}\right).$$

Portanto, o vértice w_1 é o ponto (Figura 182)

(6) $$w_1 = b \exp\frac{\pi i}{3}.$$

O vértice w_3 está no eixo u positivo, pois

$$w_3 = \int_1^\infty (x + 1)^{-2/3}(x - 1)^{-2/3}\,dx = \int_1^\infty \frac{dx}{(x^2 - 1)^{2/3}}.$$

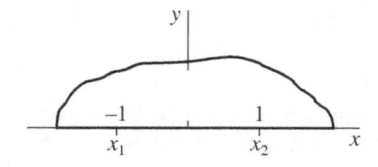

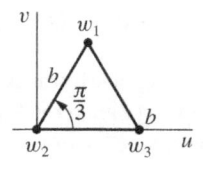

Figura 182

No entanto, o valor de w_3 também está representado pela integral (3) se z tender ao infinito ao longo do eixo x negativo, ou seja,

$$w_3 = \int_1^{-1} (|x + 1||x - 1|)^{-2/3} \exp\left(-\frac{2\pi i}{3}\right) dx$$

$$+ \int_{-1}^{-\infty} (|x + 1||x - 1|)^{-2/3} \exp\left(-\frac{4\pi i}{3}\right) dx.$$

Usando a primeira das expressões (4) de w_1, segue que

$$w_3 = w_1 + \exp\left(-\frac{4\pi i}{3}\right) \int_{-1}^{-\infty} (|x+1||x-1|)^{-2/3} dx$$

$$= b \exp\frac{\pi i}{3} + \exp\left(-\frac{\pi i}{3}\right) \int_{1}^{\infty} \frac{dx}{(x^2-1)^{2/3}},$$

ou

$$w_3 = b\exp\frac{\pi i}{3} + w_3 \exp\left(-\frac{\pi i}{3}\right).$$

Resolvendo em w_3, obtemos

(7) $\qquad w_3 = b.$

Dessa forma, verificamos que a imagem do eixo x é o triângulo equilátero de lado b mostrado na Figura 182. Também podemos ver que

$$w = \frac{b}{2} \exp\frac{\pi i}{3} \quad \text{se} \quad z = 0.$$

Se o polígono for um retângulo, cada $k_j = 1/2$. Escolhendo ± 1 e $\pm a$ como os pontos cujas imagens são os vértices e escrevendo

(8) $\qquad g(z) = (z+a)^{-1/2}(z+1)^{-1/2}(z-1)^{-1/2}(z-a)^{-1/2},$

com $0 \leq \arg(z - x_j) \leq \pi$, a transformação de Schwarz-Christoffel é dada por

(9) $\qquad w = -\int_0^z g(s)\,ds,$

exceto por uma transformação $W = Aw + B$ para ajustar o tamanho e a posição do retângulo. A integral (9) é um múltiplo da integral elíptica

$$\int_0^z (1-s^2)^{-1/2}(1-k^2s^2)^{-1/2}\,ds \qquad \left(k = \frac{1}{a}\right),$$

mas o formato (8) do integrando indica mais claramente os ramos apropriados das funções potência envolvidas.

EXEMPLO 2. Localizemos os vértices do retângulo se $a > 1$. Conforme indicado na Figura 183, temos $x_1 = -a$, $x_2 = -1$, $x_3 = 1$ e $x_4 = a$. Todos esses quatro vértices podem ser descritos em termos de dois números positivos b e c que dependem do valor de a da maneira seguinte:

(10) $\qquad b = \int_0^1 |g(x)|\,dx = \int_0^1 \frac{dx}{\sqrt{(1-x^2)(a^2-x^2)}},$

(11) $\qquad c = \int_1^a |g(x)|\,dx = \int_1^a \frac{dx}{\sqrt{(x^2-1)(a^2-x^2)}}.$

Se $-1 < x < 0$, então

$$\arg(x+a) = \arg(x+1) = 0 \quad \text{e} \quad \arg(x-1) = \arg(x-a) = \pi;$$

logo

$$g(x) = \left[\exp\left(-\frac{\pi i}{2}\right)\right]^2 \quad |g(x)| = -|g(x)|.$$

Se $-a < x < -1$, então

$$g(x) = \left[\exp\left(-\frac{\pi i}{2}\right)\right]^3 \quad |g(x)| = i|g(x)|.$$

Assim,

$$w_1 = -\int_0^{-a} g(x)\,dx = -\int_0^{-1} g(x)\,dx - \int_{-1}^{-a} g(x)\,dx$$

$$= \int_0^{-1} |g(x)|\,dx - i\int_{-1}^{-a} |g(x)|\,dx = -b + ic.$$

Deixamos como exercício mostrar que

(12) $\qquad w_2 = -b, \qquad w_3 = b, \qquad w_4 = b + ic.$

A posição e as dimensões do retângulo estão mostradas na Figura 183.

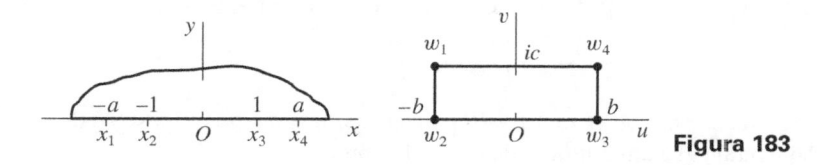

Figura 183

130 POLÍGONOS DEGENERADOS

Agora, aplicamos a transformação de Schwarz-Christoffel a alguns polígonos degenerados cujas integrais representam funções elementares. Para ilustrar, veremos exemplos que resultam em transformações que já vimos no Capítulo 8.

EXEMPLO 1. Transformemos o semiplano $y \geq 0$ sobre a faixa semi-infinita

$$-\frac{\pi}{2} \leq u \leq \frac{\pi}{2}, \quad v \geq 0.$$

Para isso, consideramos essa faixa como o caso limite de um triângulo de vértices w_1, w_2 e w_3 (Figura 184) se a parte imaginária de w_3 tende ao infinito.

SEÇÃO 130 POLÍGONOS DEGENERADOS

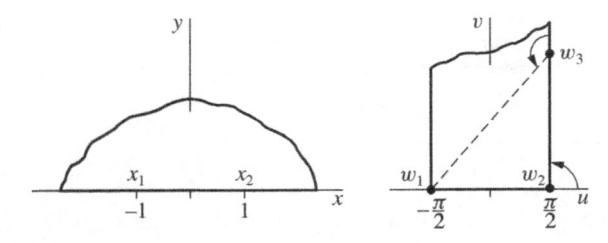

Figura 184

Os valores limites dos ângulos externos são

$$k_1\pi = k_2\pi = \frac{\pi}{2} \quad \text{e} \quad k_3\pi = \pi.$$

Escolhemos os pontos $x_1 = -1$, $x_2 = 1$ e $x_3 = \infty$ como os pontos cujas imagens são os vértices. Então, a derivada da transformação pode ser escrita como

$$\frac{dw}{dz} = A(z+1)^{-1/2}(z-1)^{-1/2} = A'(1-z^2)^{-1/2}.$$

Logo $w = A'\operatorname{arc\,sen} z + B$. Escrevendo $A' = 1/a$ e $B = b/a$, segue que

$$z = \operatorname{sen}(aw - b).$$

Tomando $a = 1$ e $b = 0$, essa transformação do plano w no plano z satisfaz as condições $z = -1$ se $w = -\pi/2$ e $z = 1$ se $w = \pi/2$. A transformação resultante é

$$z = \operatorname{sen} w,$$

que, a menos de uma permutação dos planos z e w, já verificamos (Seção 104) que transforma a faixa sobre o semiplano.

EXEMPLO 2. Considere a faixa $0 < v < \pi$ como o caso limite de um losango com vértices nos pontos $w_1 = \pi i$, w_2, $w_3 = 0$ e w_4 se os pontos w_2 e w_4 tendem ao infinito para a esquerda e a direita, respectivamente (Figura 185). No limite, os ângulos externos são dados por

$$k_1\pi = 0, \quad k_2\pi = \pi, \quad k_3\pi = 0, \quad k_4\pi = \pi.$$

Deixamos x_1 para ser determinado e escolhemos os valores $x_2 = 0$, $x_3 = 1$ e $x_4 = \infty$. A derivada da transformação de Schwarz-Christoffel é dada por

$$\frac{dw}{dz} = A(z - x_1)^0 z^{-1}(z-1)^0 = \frac{A}{z};$$

de modo que

$$w = A \operatorname{Log} z + B.$$

404 CAPÍTULO 11 A TRANSFORMAÇÃO DE SCHWARZ-CHRISTOFFEL

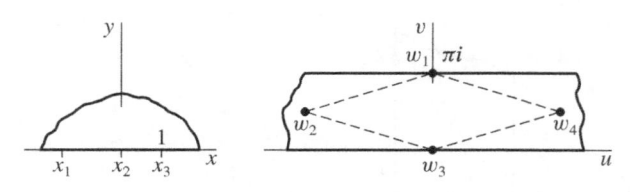

Figura 185

Agora, $B = 0$, pois $w = 0$ se $z = 1$. A constante A deve ser real, porque o ponto w está no eixo real se $z = x$ e $x > 0$. O ponto $w = \pi i$ é a imagem do ponto $z = x_1$, em que x_1 é um número negativo e, consequentemente,

$$\pi i = A \operatorname{Log} x_1 = A \ln |x_1| + A \pi i.$$

Identificando as partes real e imaginária, vemos que $|x_1| = 1$ e $A = 1$. Logo, a transformação é dada por

$$w = \operatorname{Log} z;$$

também, $x_1 = -1$. Já sabemos do Exemplo 3 da Seção 102 que essa transformação leva o semiplano sobre a faixa.

O procedimento utilizado nesses dois exemplos não é rigoroso porque não introduzimos de maneira ordenada os valores limites dos ângulos e as coordenadas. Os valores limites foram usados sempre que parecesse conveniente. No entanto, se verificarmos a transformação obtida, não é essencial que justifiquemos as etapas de nossa dedução da aplicação. O método formal usado aqui é mais rápido e menos cansativo que métodos rigorosos.

EXERCÍCIOS

1. Na transformação (1) da Seção 129, escreva $z_0 = 0$, $B = 0$ e

$$A = \exp \frac{3\pi i}{4}, \quad x_1 = -1, \quad x_2 = 0, \quad x_3 = 1,$$

$$k_1 = \frac{3}{4}, \quad k_2 = \frac{1}{2}, \quad k_3 = \frac{3}{4}$$

para levar o eixo x sobre um *triângulo retângulo isósceles*. Mostre que os vértices desse triângulo são os pontos

$$w_1 = bi, \quad w_2 = 0 \quad \text{e} \quad w_3 = b,$$

em que b é a constante positiva

$$b = \int_0^1 (1 - x^2)^{-3/4} x^{-1/2} \, dx.$$

Mostre também que

$$2b = B\left(\frac{1}{4}, \frac{1}{4}\right),$$

em que B é a função beta definida no Exercício 5 da Seção 91.

2. Obtenha as expressões (12) da Seção 129 para os demais vértices do retângulo mostrado na Figura 183.

SEÇÃO 130 POLÍGONOS DEGENERADOS

3. Mostre que se $0 < a < 1$ na expressão (8) da Seção 129, então os vértices do retângulo são os indicados na Figura 183, sendo os valores de b e c dados por
$$b = \int_0^a |g(x)|\, dx, \qquad c = \int_a^1 |g(x)|\, dx.$$

4. Mostre que o caso especial
$$w = i \int_0^z (s+1)^{-1/2}(s-1)^{-1/2} s^{-1/2}\, ds$$
da transformação de Schwarz-Christoffel (7) da Seção 128 leva o eixo x sobre o *quadrado* de vértices
$$w_1 = bi, \qquad w_2 = 0, \qquad w_3 = b, \qquad w_4 = b + ib,$$
sendo que o número (positivo) b está relacionado à função beta usada no Exercício 1:
$$2b = B\left(\frac{1}{4}, \frac{1}{2}\right).$$

5. Use a transformação de Schwarz-Christoffel para obter a transformação
$$w = z^m \quad (0 < m < 1),$$
que leva o semiplano $y \geq 0$ sobre o setor angular $|w| \geq 0$, $0 \leq \arg w \leq m\pi$ e transforma o ponto $z = 1$ no ponto $w = 1$. Considere o setor como o caso limite da região triangular mostrada na Figura 186 se o ângulo α tende a 0.

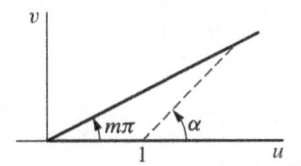

Figura 186

6. Considere a Figura 26 do Apêndice 2. À medida que um ponto z se desloca para a direita ao longo do eixo real negativo, sua imagem w se desloca para a direita ao longo de todo o eixo u. À medida que z descreve o segmento $0 \leq x \leq 1$ do eixo real, sua imagem w se desloca para a esquerda ao longo da semirreta $v = \pi i$ ($u \geq 1$); e, à medida que um ponto z se desloca para a direita ao longo da parte do eixo real positivo em que $x \geq 1$, sua imagem w se desloca para a direita ao longo da mesma semirreta $v = \pi i$ ($u \geq 1$). Observe as mudanças de sentido do movimento de w nas imagens dos pontos $z = 0$ e $z = 1$. Essas mudanças sugerem que a derivada da transformação deva ser
$$f'(z) = A(z-0)^{-1}(z-1),$$
em que A é alguma constante. Assim, obtenha formalmente a transformação
$$w = \pi i + z - \operatorname{Log} z,$$
que pode ser verificada como sendo a que transforma o semiplano $\operatorname{Re} z > 0$ conforme indicado na figura.

7. Se um ponto z se desloca para a direita ao longo da parte do eixo real negativo em que $x \leq -1$, sua imagem deve se deslocar para a direita ao longo do eixo real negativo do plano w. À medida que z se desloca para a direita no eixo real ao longo do segmento

de reta $-1 \leq x \leq 0$ e, depois, ao longo do segmento $0 \leq x \leq 1$, sua imagem w deve se deslocar no sentido de v crescente ao longo do segmento $0 \leq v \leq 1$ do eixo v e, depois, no sentido de v decrescente ao longo do mesmo segmento. Finalmente, se z se desloca para a direita ao longo da parte do eixo real positivo em que $x \geq 1$, sua imagem deve se deslocar para a direita ao longo do eixo real positivo do plano w. Observe as mudanças de sentido do movimento de w nas imagens dos pontos $z = -1$, $z = 0$ e $z = 1$. Isso indica uma transformação cuja derivada é

$$f'(z) = A(z+1)^{-1/2}(z-0)^1(z-1)^{-1/2},$$

sendo A alguma constante. Obtenha formalmente a transformação

$$w = \sqrt{z^2 - 1},$$

em que $0 < \arg \sqrt{z^2 - 1} < \pi$. Considerando as aplicações sucessivas

$$Z = z^2, \quad W = Z - 1 \quad \text{e} \quad w = \sqrt{W},$$

verifique que a transformação resultante leva o semiplano direito Re $z > 0$ sobre a semiplano superior Im $w > 0$, com um corte ao longo do segmento $0 < v \leq 1$ do eixo v.

8. A transformação inversa da transformação fracionária linear

$$Z = \frac{i - z}{i + z}$$

leva o disco unitário $|Z| \leq 1$ sobre o semiplano Im $z \geq 0$ de maneira conforme, exceto pelo ponto $Z = -1$. (Ver Figura 13 do Apêndice 2.) Sejam Z_j pontos do círculo $|Z| = 1$ cujas imagens são os pontos $z = x_j$ ($j = 1, 2, \ldots, n$) usados na transformação de Schwarz-Christoffel (8) da Seção 128. Mostre, formalmente, sem determinar os ramos das funções potências, que

$$\frac{dw}{dZ} = A'(Z - Z_1)^{-k_1}(Z - Z_2)^{-k_2} \cdots (Z - Z_n)^{-k_n},$$

em que A' é uma constante. Assim, mostre que *a transformação*

$$w = A' \int_0^Z (S - Z_1)^{-k_1}(S - Z_2)^{-k_2} \cdots (S - Z_n)^{-k_n}\, dS + B$$

leva o interior do círculo $|Z| = 1$ *sobre o interior de um polígono* cujos vértices são as imagens dos pontos Z_j do círculo.

9. Suponha que os números Z_j ($j = 1, 2, \ldots, n$) na integral do Exercício 8 sejam as raízes enésimas da unidade. Escreva $\omega = \exp(2\pi i/n)$ e $Z_1 = 1, Z_2 = \omega, \ldots, Z_n = \omega^{n-1}$ (ver Seção 10). Suponha que cada um dos números k_j ($j = 1, 2, \ldots, n$) tenha o valor $2/n$. Então, a integral do Exercício 8 é dada por

$$w = A' \int_0^Z \frac{dS}{(S^n - 1)^{2/n}} + B.$$

Mostre que se $A' = 1$ e $B = 0$, essa transformação leva o interior do círculo unitário $|Z| = 1$ sobre o interior de um polígono regular de n lados e que o centro do polígono é o ponto $w = 0$.

Sugestão: a imagem de cada um dos pontos Z_j ($j = 1, 2, \ldots, n$) é um vértice com ângulo externo $2\pi/n$ de algum polígono. Escreva

SEÇÃO 131 ESCOAMENTO DE FLUIDO EM UM CANAL ATRAVÉS DE UMA FENDA

$$w_1 = \int_0^1 \frac{dS}{(S^n - 1)^{2/n}},$$

em que o caminho de integração é ao longo do eixo real positivo de $Z = 0$ até $Z = 1$ e em que deve ser tomado o valor principal da raiz enésima de $(S^n - 1)^2$. Em seguida, mostre que as imagens dos pontos $Z_2 = \omega, \ldots, Z_n = \omega^{n-1}$ são os pontos $\omega w_1, \ldots, \omega^{n-1} w_1$, respectivamente. Assim, verifique que o polígono é regular e centrado em $w = 0$.

131 ESCOAMENTO DE FLUIDO EM UM CANAL ATRAVÉS DE UMA FENDA

Agora apresentamos mais um exemplo do escoamento estacionário idealizado tratado no Capítulo 10. Ele vai ajudar a mostrar como tratar o problema de escoamento na presença de fontes e poços. Nesta e nas próximas duas seções, apresentamos os problemas no plano uv em lugar do plano xy, o que nos permite usar diretamente os resultados obtidos anteriormente neste capítulo, sem precisar trocar planos.

Considere o escoamento estacionário bidimensional de um fluido entre os dois planos paralelos $v = 0$ e $v = \pi$ se o fluido estiver entrando através de uma fenda estreita ao longo de uma reta no primeiro plano que é perpendicular ao plano uv na origem (Figura 187). Suponhamos que a taxa de escoamento do fluido para dentro do canal através da fenda seja de Q unidades de volume por unidade de tempo em cada unidade de profundidade do canal, sendo essa profundidade medida perpendicularmente ao plano uv. Então, a taxa de escoamento para fora é $Q/2$ em cada extremidade.

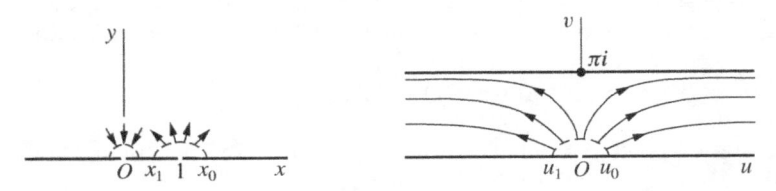

Figura 187

A transformação $w = \text{Log } z$ é uma aplicação injetora do semiplano superior $y > 0$ do plano z sobre a faixa $0 < v < \pi$ do plano w (ver Exemplo 2 da Seção 130). A transformação inversa

(1) $\quad z = e^w = e^u e^{iv}$

leva a faixa sobre o semiplano (ver Exemplo 3 da Seção 103). Pela transformação (1), a imagem do eixo u é o semieixo x positivo e a imagem da reta $v = \pi$ é o semieixo x negativo. Logo, a fronteira da faixa é levada na fronteira do semiplano.

A imagem do ponto $w = 0$ é o ponto $z = 1$. A imagem do ponto $w = u_0$, com $u_0 > 0$, é um ponto $z = x_0$, com $x_0 > 1$. A taxa de escoamento do fluido através de uma curva ligando o ponto $w = u_0$ a um ponto (u, v) dentro da faixa é uma função corrente $\psi(u, v)$ do escoamento (Seção 125). Se u_1 for um número real negativo, então a taxa de escoamento para dentro do canal através da fenda pode ser dada por

$$\psi(u_1, 0) = Q.$$

Ocorre que, com uma transformação conforme, a função ψ é transformada em uma função de x e y que representa a função corrente do escoamento na região correspondente do plano z, ou seja, a taxa de escoamento é a mesma através das curvas correspondentes nos dois planos. Assim como no Capítulo 10, usamos o mesmo símbolo ψ para representar as funções corrente distintas nos dois planos. Como a imagem de um ponto $w = u_1$ é um ponto $z = x_1$, com $0 < x_1 < 1$, a taxa de escoamento através de qualquer curva do semiplano superior do plano z que ligue os pontos $z = x_0$ e $z = x_1$ também é igual a Q. Logo, há uma fonte no ponto $z = 1$ que é igual à fonte no ponto $w = 0$.

O mesmo argumento pode ser usado em geral para mostrar que, *sob uma transformação conforme, uma fonte ou poço em um dado ponto corresponde a uma fonte ou poço igual na imagem desse ponto.*

Se Re w tende a $-\infty$, a imagem de w tende ao ponto $z = 0$. Um poço de intensidade $Q/2$ nesse ponto corresponde ao poço a uma distância infinita à esquerda da faixa. Para aplicar o argumento nesse caso, consideramos a taxa de escoamento através de uma curva que liga as retas de fronteira $v = 0$ e $v = \pi$ da parte esquerda da faixa e a taxa de escoamento através da imagem dessa curva no plano z.

O poço da extremidade direita da faixa é transformado em um poço no infinito do plano z.

A função corrente ψ do escoamento na metade superior do plano z deve ser, nesse caso, uma função cujos valores são constantes ao longo de cada uma das três partes do eixo x. Além disso, seu valor deve aumentar Q se o ponto z se desloca em torno do ponto $z = 1$ da posição $z = x_0$ até a posição $z = x_1$, e seu valor deve diminuir $Q/2$ se o ponto z se desloca em torno da origem de maneira análoga. Vemos que a função

$$\psi = \frac{Q}{\pi}\left[\operatorname{Arg}(z-1) - \frac{1}{2}\operatorname{Arg} z\right]$$

satisfaz todas essas exigências. Além disso, essa função é harmônica no semiplano Im $z > 0$ porque é o componente imaginário da função

$$F = \frac{Q}{\pi}\left[\operatorname{Log}(z-1) - \frac{1}{2}\operatorname{Log} z\right] = \frac{Q}{\pi}\operatorname{Log}(z^{1/2} - z^{-1/2}).$$

A função F é um potencial complexo do escoamento na metade superior do plano z. Como $z = e^w$, uma função potencial complexo do escoamento no canal é

$$F(w) = \frac{Q}{\pi}\operatorname{Log}(e^{w/2} - e^{-w/2}).$$

A menos de uma constante aditiva, podemos escrever

(2) $$F(w) = \frac{Q}{\pi}\operatorname{Log}\left(\operatorname{senh}\frac{w}{2}\right).$$

Usamos o mesmo símbolo F para denotar três funções distintas, uma vez no plano z e duas no plano w.

O vetor velocidade é

(3) $$V = \overline{F'(w)} = \frac{Q}{2\pi} \operatorname{cotgh} \frac{\overline{w}}{2}.$$

Disso decorre que

$$\lim_{|u| \to \infty} V = \frac{Q}{2\pi}.$$

Também, $w = \pi i$ é um **ponto de estagnação**, ou seja, a velocidade nesse ponto é nula. Logo, a maior pressão do fluido ao longo da parede $v = \pi$ do canal ocorre no ponto oposto à fenda.

A função corrente $\psi(u, v)$ do canal é o componente imaginário da função $F(w)$ dada pela equação (2). As curvas de corrente $\psi(u, v) = c_2$, portanto, são as curvas

$$\frac{Q}{\pi} \operatorname{Arg}\left(\operatorname{senh} \frac{w}{2}\right) = c_2.$$

Essa equação reduz a

(4) $$\operatorname{tg} \frac{v}{2} = c \operatorname{tgh} \frac{u}{2},$$

em que c é uma constante real qualquer. Algumas dessas curvas estão indicadas na Figura 187.

132 ESCOAMENTO EM UM CANAL COM ESTREITAMENTO

Para exemplificar mais ainda o uso de transformações de Schwarz-Christoffel, vamos encontrar o potencial complexo do escoamento de um fluido em um canal com uma mudança brusca em sua largura (Figura 188). Escolhemos as unidades de comprimento de tal modo que a largura da parte mais ampla do canal seja π, com o que a largura da parte mais estreita é $h\pi$, em que $0 < h < 1$. Denotemos a velocidade do fluido na parte mais larga e longe do estreitamento pela constante real V_0; assim,

$$\lim_{u \to -\infty} V = V_0,$$

em que a variável complexa V representa o vetor velocidade. A taxa de escoamento por unidade de profundidade através do canal, ou a intensidade da fonte à esquerda e do poço à direita, então, é

(1) $$Q = \pi V_0.$$

410 CAPÍTULO 11 A TRANSFORMAÇÃO DE SCHWARZ-CHRISTOFFEL

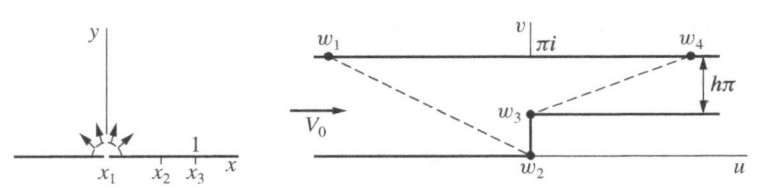

Figura 188

A seção transversal do canal pode ser considerada o caso limite do quadrilátero de vértices w_1, w_2, w_3 e w_4 indicados na Figura 188 se o primeiro e o último desses vértices se deslocam para o infinito para a esquerda e a direita, respectivamente. No limite, os ângulos externos tornam-se

$$k_1\pi = \pi, \quad k_2\pi = \frac{\pi}{2}, \quad k_3\pi = -\frac{\pi}{2}, \quad k_4\pi = \pi.$$

Como antes, procedemos formalmente, usando valores de limites sempre que for conveniente. Escrevendo $x_1 = 0, x_3 = 1, x_4 = \infty$ e deixando x_2 para ser determinado, com $0 < x_2 < 1$, a derivada da função transformadora é dada por

(2) $$\frac{dw}{dz} = Az^{-1}(z - x_2)^{-1/2}(z - 1)^{1/2}.$$

Para simplificar a determinação das constantes A e x_2 nesta derivada, passamos de imediato ao potencial complexo do escoamento. A fonte infinitamente à esquerda do escoamento no canal corresponde a uma fonte igual em $z = 0$ (Seção 131). A fronteira toda da seção transversal do canal é a imagem do eixo x. Então, em vista da equação (1), a função

(3) $$F = V_0 \operatorname{Log} z = V_0 \ln r + iV_0 \theta$$

é o potencial do escoamento na metade superior do plano z, com a fonte exigida na origem. Agora, a função corrente é $\psi = V_0 \theta$, que aumenta de valor de 0 até $V_0 \pi$ em cada semicírculo $z = Re^{i\theta}$ ($0 \leq \theta \leq \pi$) se θ varia de 0 a π. (Compare com a equação (5) da Seção 125 e o Exercício 8 da Seção 126.)

A função complexa conjugada da velocidade V no plano w pode ser escrita como

$$\overline{V(w)} = \frac{dF}{dw} = \frac{dF}{dz}\frac{dz}{dw}.$$

Assim, usando as equações (2) e (3), vemos que

(4) $$\overline{V(w)} = \frac{V_0}{A}\left(\frac{z - x_2}{z - 1}\right)^{1/2}.$$

Na posição limite do ponto w_1, que corresponde a $z = 0$, a velocidade é a constante real V_0. Dessa forma, segue da equação (4) que

$$V_0 = \frac{V_0}{A}\sqrt{x_2}.$$

SEÇÃO 132 ESCOAMENTO EM UM CANAL COM ESTREITAMENTO 411

Denotemos pelo número real V_4 a velocidade na posição limite de w_4, que corresponde a $z = \infty$. Agora é plausível que se um segmento de reta vertical ligando os dois lados da parte estreita do canal se desloca infinitamente para a direita, então V tende a V_4 em cada ponto desse segmento. Poderíamos mostrar que isso de fato ocorre encontrando w como uma função de z na equação (2), mas, para encurtar o argumento, vamos simplesmente supor que isso ocorra. Como o escoamento é estacionário, segue, então, que

$$\pi h V_4 = \pi V_0 = Q,$$

ou $V_4 = V_0/h$. Deixando z tender ao infinito na equação (4), obtemos

$$\frac{V_0}{h} = \frac{V_0}{A}.$$

Assim,

(5) $$A = h, \qquad x_2 = h^2$$

e

(6) $$\overline{V(w)} = \frac{V_0}{h}\left(\frac{z-h^2}{z-1}\right)^{1/2}.$$

Da equação (6), vemos que a magnitude $|V|$ da velocidade tende ao infinito no canto w_3 do estreitamento, por ser a imagem do ponto $z = 1$. Também, o canto w_2 é um ponto de estagnação, em que $V = 0$. Logo, ao longo da fronteira do canal, a maior pressão do fluido ocorre em w_2 e a menor, em w_3.

Para escrever a relação entre o potencial e a variável w, devemos integrar ambos os lados da equação (2), que agora podemos reescrever como

(7) $$\frac{dw}{dz} = \frac{h}{z}\left(\frac{z-1}{z-h^2}\right)^{1/2}.$$

Substituindo uma nova variável s, em que

$$\frac{z-h^2}{z-1} = s^2,$$

podemos mostrar que a equação (7) se reduz a

$$\frac{dw}{ds} = 2h\left(\frac{1}{1-s^2} - \frac{1}{h^2-s^2}\right).$$

Logo,

(8) $$w = h\operatorname{Log}\frac{1+s}{1-s} - \operatorname{Log}\frac{h+s}{h-s}.$$

A constante de integração é zero porque a quantidade s e, portanto, w, é nula se $z = h^2$.

Em termos de s, o potencial F da equação (3) é dado por

$$F = V_0 \operatorname{Log} \frac{h^2 - s^2}{1 - s^2};$$

consequentemente,

(9) $$s^2 = \frac{\exp(F/V_0) - h^2}{\exp(F/V_0) - 1}.$$

Substituindo s dessa equação na equação (8), obtemos uma relação implícita que define o potencial F como uma função de w.

133 POTENCIAL ELETROSTÁTICO AO REDOR DE UM BORDO DE UMA PLACA CONDUTORA

Duas placas condutoras paralelas de comprimento infinito são mantidas ao potencial eletrostático $V = 0$, e uma placa semi-infinita paralela é mantida ao potencial $V = 1$ e colocada ao meio das duas placas. O sistema de coordenadas e as unidades de comprimento são escolhidos de tal modo que as placas estão nos planos $v = 0$, $v = \pi$ e $v = \pi/2$ (Figura 189). Determinemos a função potencial $V(u, v)$ da região entre essas placas.

A seção transversal da região no plano uv tem a forma limite do quadrilátero delimitado pelas linhas tracejadas na Figura 189 se os pontos w_1 e w_3 se deslocarem para a direita e w_4, para a esquerda. Aplicando uma transformação de Schwarz-Christoffel, consideramos o ponto x_4, que corresponde ao vértice w_4, como sendo o ponto no infinito. Escolhemos os pontos $x_1 = -1$, $x_3 = 1$ e deixamos x_2 para ser determinado. Os valores limites dos ângulos externos do quadrilátero são

$$k_1\pi = \pi, \quad k_2\pi = -\pi, \quad k_3\pi = k_4\pi = \pi.$$

Assim,

$$\frac{dw}{dz} = A(z+1)^{-1}(z-x_2)(z-1)^{-1} = A\left(\frac{z-x_2}{z^2-1}\right) = \frac{A}{2}\left(\frac{1+x_2}{z+1} + \frac{1-x_2}{z-1}\right),$$

e, portanto, a transformação da metade superior do plano z na faixa dividida do plano w tem o formato

(1) $$w = \frac{A}{2}[(1+x_2)\operatorname{Log}(z+1) + (1-x_2)\operatorname{Log}(z-1)] + B.$$

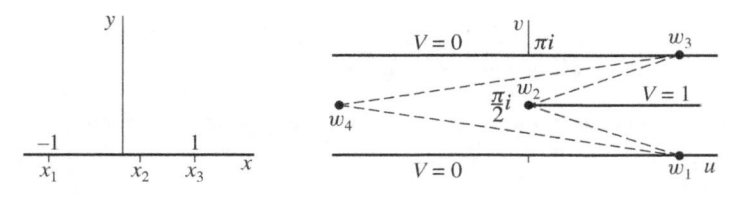

Figura 189

SEÇÃO 133 POTENCIAL ELETROSTÁTICO AO REDOR DE UM BORDO

Sejam A_1, A_2 e B_1, B_2 as partes reais e imaginárias das constantes A e B. Se $z = x$, o ponto w está na fronteira da faixa dividida e, de acordo com a equação (1),

(2) $\quad u + iv = \dfrac{A_1 + iA_2}{2}\{(1 + x_2)[\ln|x + 1| + i\arg(x + 1)]$
$\qquad\qquad + (1 - x_2)[\ln|x - 1| + i\arg(x - 1)]\} + B_1 + iB_2.$

Para determinar essas constantes, observamos inicialmente que a posição limite do segmento de reta que liga os pontos w_1 e w_4 é o eixo u. Esse segmento é a imagem da parte do eixo x que fica à esquerda do ponto $x_1 = -1$; isso ocorre porque o segmento de reta ligando w_3 e w_4 é a imagem da parte do eixo x que fica à direita de $x_3 = 1$, e os dois outros lados do quadrilátero são imagens dos dois outros segmentos do eixo x. Logo, se $v = 0$ e u tende ao infinito por valores positivos, o ponto x correspondente tende ao ponto $z = -1$ pela esquerda. Assim,

$$\arg(x + 1) = \pi, \qquad \arg(x - 1) = \pi,$$

e $\ln|x + 1|$ tende a $-\infty$. Também, como $-1 < x_2 < 1$, a parte real da quantidade entre chaves na equação (2) tende a $-\infty$. Como $v = 0$, segue imediatamente que $A_2 = 0$ pois, caso contrário, a parte imaginária do lado direito tenderia ao infinito. Então, igualando as partes imaginárias de ambos os lados, vemos que

$$0 = \frac{A_1}{2}[(1 + x_2)\pi + (1 - x_2)\pi] + B_2.$$

Logo,

(3) $\qquad\qquad\qquad -\pi A_1 = B_2, \qquad A_2 = 0.$

A posição limite do segmento de reta que liga os pontos w_1 e w_2 é a semirreta $v = \pi/2$ ($u \geq 0$). Os pontos dessa semirreta são imagens dos pontos $z = x$, com $-1 < x \leq x_2$; consequentemente,

$$\arg(x + 1) = 0, \qquad \arg(x - 1) = \pi.$$

Identificando as partes imaginárias dos dois lados da equação (2), obtemos a relação

(4) $\qquad\qquad\qquad \dfrac{\pi}{2} = \dfrac{A_1}{2}(1 - x_2)\pi + B_2.$

Finalmente, as posições limite dos pontos do segmento de reta que liga w_3 a w_4 são os pontos $u + \pi i$, que são imagens dos pontos x com $x > 1$. Identificando, para esses pontos, as partes imaginárias na equação (2), obtemos

$$\pi = B_2.$$

Então, pelas equações (3) e (4),

$$A_1 = -1, \qquad x_2 = 0.$$

Assim, $x = 0$ é o ponto cuja imagem é o vértice $w = \pi i/2$ e, substituindo esses valores na equação (2) e identificando as partes reais, vemos que $B_1 = 0$.

414 CAPÍTULO 11 A TRANSFORMAÇÃO DE SCHWARZ-CHRISTOFFEL

A transformação (1), então, é dada por

(5) $$w = -\frac{1}{2}[\text{Log}(z+1) + \text{Log}(z-1)] + \pi i,$$

ou

(6) $$z^2 = 1 + e^{-2w}.$$

Com essa transformação, a função harmônica $V(u,v)$ procurada passa a ser uma função de x e y no semiplano $y > 0$ que satisfaz as condições de fronteira indicadas na Figura 190. Note que, agora, $x_2 = 0$. A função harmônica nesse semiplano que toma aqueles valores na fronteira é o componente imaginário da função analítica

$$\frac{1}{\pi} \text{Log} \frac{z-1}{z+1} = \frac{1}{\pi} \ln \frac{r_1}{r_2} + \frac{i}{\pi}(\theta_1 - \theta_2),$$

em que θ_1 e θ_2 variam de 0 a π. Escrevendo as tangentes desses ângulos como funções de x e y e simplificando, obtemos

(7) $$\text{tg } \pi V = \text{tg}(\theta_1 - \theta_2) = \frac{2y}{x^2 + y^2 - 1}.$$

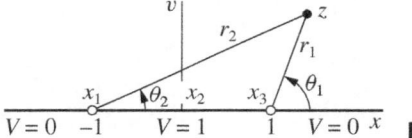

Figura 190

A equação (6) fornece expressões para $x^2 + y^2$ e $x^2 - y^2$ em termos de u e v. Então, a partir da equação (7), vemos que a relação entre o potencial V e as coordenadas u e v pode ser dada por

(8) $$\text{tg } \pi V = \frac{1}{s}\sqrt{e^{-4u} - s^2},$$

em que

$$s = -1 + \sqrt{1 + 2e^{-2u}\cos 2v + e^{-4u}}.$$

EXERCÍCIOS

1. Use a transformação de Schwarz-Christoffel para obter formalmente a aplicação descrita na Figura 22 do Apêndice 2.

2. Explique por que a solução do problema do escoamento em um canal com uma obstrução retangular semi-infinita (Figura 191) está incluída na solução do problema tratado na Seção 121.

SEÇÃO 133 POTENCIAL ELETROSTÁTICO AO REDOR DE UM BORDO

Figura 191

3. Neste exercício, usamos a Figura 29 do Apêndice 2. Se um ponto z se desloca para a direita ao longo da parte negativa do eixo real, em que $x \leq -1$, sua imagem w deve se deslocar para a direita ao longo da semirreta $v = h$ ($u \leq 0$). Se o ponto z se desloca para a direita ao longo do segmento $-1 \leq x \leq 1$ do eixo x, sua imagem w deve se deslocar no sentido de v decrescente ao longo do segmento $0 \leq v \leq h$ do eixo v. Finalmente, se z se desloca para a direita ao longo da parte negativa do eixo real, em que $x \geq 1$, sua imagem w deve se deslocar para a direita ao longo do eixo real positivo. Observe as mudanças no sentido do movimento de w nas imagens dos pontos $z = -1$ e $z = 1$. Essas mudanças indicam que a derivada da transformação possa ser

$$\frac{dw}{dz} = A \left(\frac{z+1}{z-1} \right)^{1/2},$$

em que A é alguma constante. Assim, obtenha formalmente a aplicação dada com a figura. Verifique que essa transformação, escrita na forma

$$w = \frac{h}{\pi} \{(z+1)^{1/2}(z-1)^{1/2} + \text{Log}\,[z + (z+1)^{1/2}(z-1)^{1/2}]\}$$

em que $0 \leq \arg(z \pm 1) \leq \pi$, transforma a fronteira da maneira indicada na figura.

4. Sejam $T(u, v)$ as temperaturas estacionárias limitadas na região sombreada do plano w na Figura 29 do Apêndice 2, com as condições de fronteira $T(u, h) = 1$ se $u < 0$ e $T = 0$ no resto ($B'C'D'$) da fronteira. Usando o parâmetro α, com $0 < \alpha < \pi/2$, mostre que a imagem de cada ponto $z = i \,\text{tg}\, \alpha$ do eixo y positivo é dada por

$$w = \frac{h}{\pi} \left[\ln(\text{tg}\,\alpha + \sec \alpha) + i \left(\frac{\pi}{2} + \sec \alpha \right) \right]$$

(ver Exercício 3) e que a temperatura nesse ponto w é

$$T(u,v) = \frac{\alpha}{\pi} \qquad \left(0 < \alpha < \frac{\pi}{2} \right).$$

5. Seja $F(w)$ o potencial complexo do escoamento de um fluido ao redor de um degrau no leito de uma corrente profunda representado pela região sombreada do plano w na Figura 29 do Apêndice 2, em que a velocidade do fluido V tende a uma constante real V_0 se $|w|$ tende ao infinito naquela região. A transformação que leva a parte superior do plano z sobre a região está dada no Exercício 3. Use a regra da cadeia

$$\frac{dF}{dw} = \frac{dF}{dz} \frac{dz}{dw}$$

para mostrar que

$$\overline{V(w)} = V_0 (z-1)^{1/2} (z+1)^{-1/2};$$

em termos dos pontos $z = x$ cujas imagens são os pontos ao longo do leito da corrente, mostre que

$$|V| = |V_0| \sqrt{\left|\frac{x-1}{x+1}\right|}.$$

Note que a velocidade escalar cresce de $|V_0|$ ao longo de $A'B'$ até $|V| = \infty$ em B', depois diminui a zero em C' e cresce de novo para $|V_0|$ de C' até D'; note, também que a velocidade escalar é $|V_0|$ no ponto

$$w = i\left(\frac{1}{2} + \frac{1}{\pi}\right)h,$$

entre B' e C'.

FÓRMULAS INTEGRAIS DO TIPO POISSON

CAPÍTULO 12

Neste capítulo, desenvolvemos uma teoria que nos permite resolver uma variedade de problemas de valores de fronteira cujas soluções são dadas em termos de integrais definidas ou impróprias. Muitas das integrais que então ocorrem são facilmente calculadas.

134 FÓRMULA INTEGRAL DE POISSON

Seja C_0 um círculo centrado na origem orientado positivamente e suponha que uma função f seja analítica no interior e em cada ponto de C_0. A fórmula integral de Cauchy (Seção 54)

$$(1) \qquad f(z) = \frac{1}{2\pi i} \int_{C_0} \frac{f(s)\,ds}{s-z}$$

expressa o valor de f em qualquer ponto z do interior de C_0 em termos dos valores de f nos pontos s de C_0. Nesta seção, obtemos, a partir de (1), uma fórmula correspondente para o componente real da função f e, na Seção 135, usamos esse resultado para resolver o problema de Dirichlet do disco delimitado por C_0 (Seção 116).

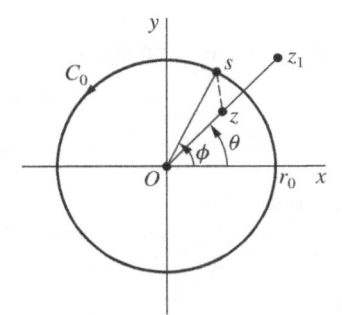

Figura 192

Seja r_0 o raio de C_0 e considere $z = r\exp(i\theta)$, em que $0 < r < r_0$ (Figura 192). O *ponto inverso* do número não nulo z em relação ao círculo é o ponto z_1 no mesmo raio da origem de z que satisfaz a condição $|z_1||z| = r_0^2$. (Esses pontos inversos já foram utilizados na Seção 97 se $r_0 = 1$.) Como $(r_0/r) > 1$,

$$|z_1| = \frac{r_0^2}{|z|} = \left(\frac{r_0}{r}\right)r_0 > r_0;$$

e isso significa que z_1 é um ponto do exterior do círculo C_0. Então, de acordo com o teorema de Cauchy-Goursat (Seção 50),

$$\int_{C_0} \frac{f(s)\,ds}{s - z_1} = 0.$$

Logo,

$$f(z) = \frac{1}{2\pi i}\int_{C_0}\left(\frac{1}{s-z} - \frac{1}{s-z_1}\right)f(s)\,ds;$$

e, usando a representação paramétrica $s = r_0\exp(i\phi)$ $(0 \leq \phi \leq 2\pi)$ de C_0, obtemos

(2) $$f(z) = \frac{1}{2\pi}\int_0^{2\pi}\left(\frac{s}{s-z} - \frac{s}{s-z_1}\right)f(s)\,d\phi$$

em que, por conveniência, mantemos s para denotar $r_0\exp(i\phi)$. Agora,

$$z_1 = \frac{r_0^2}{r}e^{i\theta} = \frac{r_0^2}{re^{-i\theta}} = \frac{s\overline{s}}{\overline{z}};$$

e, a partir dessa expressão para z_1, podemos reescrever a quantidade entre parênteses na equação (2) como

(3) $$\frac{s}{s-z} - \frac{s}{s-s(\overline{s}/\overline{z})} = \frac{s}{s-z} + \frac{\overline{z}}{\overline{s}-\overline{z}} = \frac{r_0^2 - r^2}{|s-z|^2}.$$

Decorre que uma forma alternativa da fórmula integral de Cauchy (1) é

(4) $$f(re^{i\theta}) = \frac{r_0^2 - r^2}{2\pi}\int_0^{2\pi}\frac{f(r_0 e^{i\phi})}{|s-z|^2}\,d\phi$$

se $0 < r < r_0$. Essa forma também é válida com $r = 0$ e, nesse caso, reduz diretamente a

$$f(0) = \frac{1}{2\pi}\int_0^{2\pi}f(r_0 e^{i\phi})\,d\phi,$$

que é simplesmente a forma paramétrica da equação (1) com $z = 0$.

A quantidade $|s - z|$ é a distância entre os pontos s e z, e a lei dos cossenos pode ser usada para escrever (ver Figura 192)

(5) $$|s - z|^2 = r_0^2 - 2r_0 r\cos(\phi - \theta) + r^2.$$

SEÇÃO 134 FÓRMULA INTEGRAL DE POISSON

Logo, se u for o componente real da função analítica f, segue da fórmula (4) que

(6) $$u(r,\theta) = \frac{1}{2\pi}\int_0^{2\pi} \frac{(r_0^2 - r^2)u(r_0,\phi)}{r_0^2 - 2r_0 r \cos(\phi - \theta) + r^2}\, d\phi \qquad (r < r_0).$$

Essa é a *fórmula integral de Poisson* da função harmônica u no disco aberto delimitado pelo círculo $r = r_0$.

A fórmula (6) define uma transformação integral linear de $u(r_0, \phi)$ em $u(r, \theta)$. Exceto pelo fator $1/(2\pi)$, o núcleo dessa transformação é a função real

(7) $$P(r_0, r, \phi - \theta) = \frac{r_0^2 - r^2}{r_0^2 - 2r_0 r \cos(\phi - \theta) + r^2},$$

conhecida como *núcleo de Poisson*. Pela equação (5) também podemos escrever

(8) $$P(r_0, r, \phi - \theta) = \frac{r_0^2 - r^2}{|s - z|^2}.$$

Verifiquemos as propriedades seguintes de P se $r < r_0$:

(a) P é uma função positiva;

(b) $P(r_0, r, \phi - \theta) = \operatorname{Re}\left(\dfrac{s+z}{s-z}\right);$

(c) $P(r_0, r, \phi - \theta)$ é uma função harmônica de r e θ no interior de C_0 com qualquer s fixado em C_0;

(d) $P(r_0, r, \phi - \theta)$ é uma função periódica par de $\phi - \theta$, com período 2π;

(e) $P(r_0, 0, \phi - \theta) = 1$;

(f) $\dfrac{1}{2\pi}\displaystyle\int_0^{2\pi} P(r_0, r, \phi - \theta)\,d\phi = 1$ se $r < r_0$.

A propriedade (a) decorre imediatamente da expressão (8), pois $r < r_0$. Também, como $z/(s-z)$ e seu conjugado $\bar{z}/(\bar{s} - \bar{z})$ têm as mesmas partes reais, a expressão (8) e a segunda das equações (3) nos dizem que

$$P(r_0, r, \phi - \theta) = \operatorname{Re}\left(\frac{s}{s-z} + \frac{z}{s-z}\right) = \operatorname{Re}\left(\frac{s+z}{s-z}\right).$$

Assim, P tem a propriedade (b) e, como a parte real de uma função analítica é harmônica, P tem a propriedade (c). Da expressão (7), decorre que P tem as propriedades (d) e (e). Finalmente, a propriedade (f) decorre de escrever $u(r, \theta) = 1$ na equação (6) e, então, usar a expressão (7).

Concluímos essa introdução à fórmula integral de Poisson reescrevendo (6) como

(9) $$u(r, \theta) = \frac{1}{2\pi}\int_0^{2\pi} P(r_0, r, \phi - \theta) u(r_0, \phi)\, d\phi \qquad (r < r_0).$$

Supomos que f é analítica não só no interior de C_0, mas também em cada ponto de C_0 e que, portanto, u é harmônica em um domínio que inclui todos os pontos desse círculo. Em particular, u é contínua em C_0. Agora, passamos a um caso mais geral.

135 PROBLEMA DE DIRICHLET DE UM DISCO

Seja F uma função de θ seccionalmente contínua no intervalo $0 \leq \theta \leq 2\pi$ (Seção 42). A *transformada integral de Poisson* de F é definida em termos do núcleo de Poisson $P(r_0, r, \phi - \theta)$, introduzido na Seção 134, por meio da equação

(1) $$U(r, \theta) = \frac{1}{2\pi} \int_0^{2\pi} P(r_0, r, \phi - \theta) F(\phi) \, d\phi \qquad (r < r_0).$$

Nesta seção, provamos que *a função $U(r, \theta)$ é harmônica no interior do círculo $r = r_0$ e que*

(2) $$\lim_{\substack{r \to r_0 \\ r < r_0}} U(r, \theta) = F(\theta)$$

em cada θ fixado no qual F seja contínua. Assim, U é uma solução do problema de Dirichlet do disco $r < r_0$, no sentido de que $U(r, \theta)$ é harmônica e tende ao valor de fronteira $F(\theta)$ se o ponto (r, θ) tende a (r_0, θ) ao longo de um raio, exceto em um número finito de pontos (r_0, θ) nos quais podem ocorrer as descontinuidades de F.

Na Seção 136, veremos aplicações dessa solução. Aqui, vamos provar que a função $U(r, \theta)$ definida pela equação (1) satisfaz o problema de Dirichlet enunciado. Inicialmente, observamos que U é harmônica no interior do círculo $r = r_0$ porque, nesse interior, P é uma função harmônica de r e θ. Mais precisamente, como F é seccionalmente contínua, a integral (1) pode ser escrita como a soma de um número finito de integrais definidas, cada uma delas com um integrando contínuo em r, θ e ϕ. As derivadas parciais desses integrando em relação a r e θ também são contínuas. Dessa forma, podemos permutar a ordem da integração e derivação em relação a r e θ e, como P satisfaz a equação de Laplace

$$r^2 P_{rr} + r P_r + P_{\theta\theta} = 0$$

nas coordenadas polares r e θ (Exercício 1 da Seção 27), segue que U também satisfaz essa equação.

Para verificar o limite (2), precisamos mostrar que se F for contínua em θ, então a cada número positivo ε corresponde um número positivo δ tal que

(3) $$|U(r, \theta) - F(\theta)| < \varepsilon \qquad \text{se} \qquad 0 < r_0 - r < \delta.$$

Começamos usando a propriedade (*f*) do núcleo de Poisson (Seção 134), escrevendo

$$U(r, \theta) - F(\theta) = \frac{1}{2\pi} \int_0^{2\pi} P(r_0, r, \phi - \theta) \left[F(\phi) - F(\theta) \right] d\phi.$$

SEÇÃO 135 PROBLEMA DE DIRICHLET DE UM DISCO

Por conveniência, estendemos F periodicamente, com período 2π, de modo que o integrando dessa integral é periódico em ϕ, com o mesmo período. Também vamos concordar que $0 < r < r_0$, em vista da natureza do limite que queremos estabelecer.

Em seguida, observamos que, por ser F contínua em θ, existe algum número positivo α pequeno tal que

(4) $\qquad |F(\phi) - F(\theta)| < \dfrac{\varepsilon}{2} \qquad$ se $\qquad |\phi - \theta| \leq \alpha.$

Supomos, agora, que $|\phi - \theta| \leq \alpha$ e escrevemos

(5) $\qquad U(r, \theta) - F(\theta) = I_1(r) + I_2(r)$

em que

$$I_1(r) = \frac{1}{2\pi} \int_{\theta-\alpha}^{\theta+\alpha} P(r_0, r, \phi - \theta)\,[F(\phi) - F(\theta)]\,d\phi,$$

$$I_2(r) = \frac{1}{2\pi} \int_{\theta+\alpha}^{\theta-\alpha+2\pi} P(r_0, r, \phi - \theta)\,[F(\phi) - F(\theta)]\,d\phi.$$

Por ser P uma função positiva (Seção 134), a primeira das desigualdades (4) anteriores e a propriedade (f) de P (Seção 134) nos permitem escrever

$$|I_1(r)| \leq \frac{1}{2\pi} \int_{\theta-\alpha}^{\theta+\alpha} P(r_0, r, \phi - \theta)\,|F(\phi) - F(\theta)|\,d\phi$$

$$< \frac{\varepsilon}{4\pi} \int_0^{2\pi} P(r_0, r, \phi - \theta)\,d\phi = \frac{\varepsilon}{2}.$$

Quanto à integral $I_2(r)$, decorre da Figura 192, na Seção 134, que o denominador $|s - z|^2$ na expressão (8) de $P(r_0, r, \phi - \theta)$ daquela seção tem um valor mínimo m positivo se o argumento ϕ de s varia ao longo do intervalo

$$\theta + \alpha \leq \phi \leq \theta - \alpha + 2\pi.$$

Logo, se M denotar uma cota superior da função seccionalmente contínua $|F(\phi) - F(\theta)|$ no intervalo $0 \leq \phi \leq 2\pi$, segue que

$$|I_2(r)| \leq \frac{(r_0^2 - r^2)M}{2\pi m} 2\pi < \frac{2Mr_0}{m}(r_0 - r) < \frac{2Mr_0}{m}\delta = \frac{\varepsilon}{2}$$

sempre que $r_0 - r < \delta$, em que

(6) $\qquad \delta = \dfrac{m\varepsilon}{4Mr_0}.$

Finalmente, os resultados dos dois últimos parágrafos implicam

$$|U(r, \theta) - F(\theta)| \leq |I_1(r)| + |I_2(r)| < \frac{\varepsilon}{2} + \frac{\varepsilon}{2} = \varepsilon$$

se $r_0 - r < \delta$, em que δ é o número positivo definido pela equação (6). Ou seja, a afirmação (3) é válida com essa escolha de δ.

Pela expressão (1) e lembrando que $P(r_0, 0, \phi - \theta) = 1$, obtemos

$$U(0, \theta) = \frac{1}{2\pi} \int_0^{2\pi} F(\phi)\, d\phi.$$

Assim, *o valor de uma função harmônica no centro do círculo $r = r_0$ é a média dos valores de fronteira, ou seja, no círculo.*

Deixamos para os exercícios provar que P e U podem ser representados por séries envolvendo as funções elementares $r^n \cos n\theta$ e $r^n \sen n\theta$, como segue.*

(7) $$P(r_0, r, \phi - \theta) = 1 + 2 \sum_{n=1}^{\infty} \left(\frac{r}{r_0}\right)^n \cos n(\phi - \theta) \qquad (r < r_0)$$

e

(8) $$U(r, \theta) = \frac{1}{2} a_0 + \sum_{n=1}^{\infty} \left(\frac{r}{r_0}\right)^n (a_n \cos n\theta + b_n \sen n\theta) \qquad (r < r_0),$$

em que

(9) $$a_n = \frac{1}{\pi} \int_0^{2\pi} F(\phi) \cos n\phi\, d\phi \qquad (n = 0, 1, 2, \ldots),$$

(10) $$b_n = \frac{1}{\pi} \int_0^{2\pi} F(\phi) \sen n\phi\, d\phi \qquad (n = 1, 2, \ldots).$$

136 EXEMPLOS

Os exemplos seguintes ilustram o material das duas últimas seções.

EXEMPLO 1. Encontremos o potencial $V(r, \theta)$ no interior de um cilindro circular oco e comprido de raio unitário dividido ao longo de seu comprimento em duas partes iguais, sendo $V = 1$ em uma dessas partes e $V = 0$ na outra. Esse problema foi resolvido com uma aplicação conforme no Exemplo 1 da Seção 123, em que foi interpretado como um problema de Dirichlet do disco $r < 1$, em que $V = 0$ na metade superior da fronteira $r = 1$ e $V = 1$ na metade inferior. (Ver Figura 193.)

---

* Esses resultados, com $r_0 = 1$ e uma notação um pouco diferente, são obtidos pelo método da separação das variáveis na Seção 49 do livro dos autores *Fourier Series and Boundary Value Problems*, 8th ed., 2012.

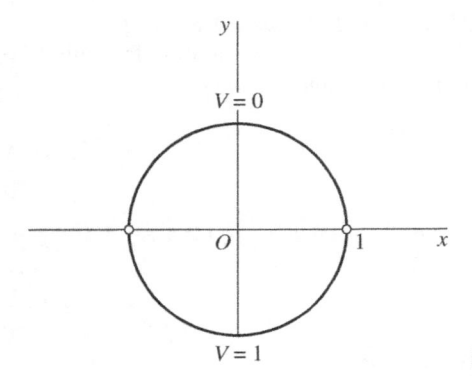

Figura 193

Na equação (1) da Seção 135, escreva V em vez de U, $r_0 = 1$ e

$$F(\phi) = \begin{cases} 0 & \text{se} \quad 0 < \phi < \pi, \\ 1 & \text{se} \quad \pi < \phi < 2\pi \end{cases}$$

para obter

(1) $$V(r, \theta) = \frac{1}{2\pi} \int_\pi^{2\pi} P(1, r, \phi - \theta)\, d\phi,$$

em que (Seção 134)

$$P(1, r, \phi - \theta) = \frac{1 - r^2}{1 + r^2 - 2r\cos(\phi - \theta)}.$$

Uma antiderivada de $P(1, r, \psi)$ é

(2) $$\int P(1, r, \psi)\, d\psi = 2\arctan\left(\frac{1+r}{1-r} \operatorname{tg} \frac{\psi}{2}\right),$$

em que o integrando é a derivada em relação a ψ da função do lado direito (ver Exercício 3). Logo, segue da expressão (1) que

$$\pi V(r, \theta) = \arctan\left(\frac{1+r}{1-r} \operatorname{tg} \frac{2\pi - \theta}{2}\right) - \arctan\left(\frac{1+r}{1-r} \operatorname{tg} \frac{\pi - \theta}{2}\right).$$

Simplificando a expressão de $\operatorname{tg}[\pi V(r, \theta)]$ obtida nessa última equação (ver Exercício 4), obtemos

(3) $$V(r, \theta) = \frac{1}{\pi} \arctan\left(\frac{1 - r^2}{2r \operatorname{sen} \theta}\right) \quad (0 \leq \arctan t \leq \pi),$$

em que a restrição explicitada nos valores da função arco tangente é fisicamente evidente. Expressa em coordenadas retangulares, essa solução é igual à solução (5) da Seção 123.

424 CAPÍTULO 12 FÓRMULAS INTEGRAIS DO TIPO POISSON

EXEMPLO 2. A expressão (8) da Seção 135, com coeficientes (9) e (10), pode ser usada para encontrar as temperaturas estacionárias $T(r, \theta)$ em um cilindro sólido $r \leq r_0$ de comprimento infinito se existir alguma constante A tal que

$$T(r_0, \theta) = A\cos\theta.$$

Usando T em vez de U, obtemos

(4) $$T(r, \theta) = \frac{1}{2}a_0 + \sum_{n=1}^{\infty} \left(\frac{r}{r_0}\right)^n (a_n \cos n\theta + b_n \operatorname{sen} n\theta) \qquad (r < r_0)$$

em que

$$a_0 = \frac{A}{\pi}\int_0^{2\pi} \cos\phi\, d\phi = 0$$

e, com $n = 1, 2, \ldots,$

$$a_n = \frac{A}{\pi}\int_0^{2\pi} \cos\phi \cos n\phi\, d\phi = \begin{cases} A \text{ se } n = 1 \\ 0 \text{ se } n > 1. \end{cases}$$

$$b_n = \frac{A}{\pi}\int_0^{2\pi} \cos\phi \operatorname{sen} n\phi\, d\phi = 0 \text{ com qualquer } n.$$

(Ver Exercício 8, em que essas duas últimas integrais são calculadas.)

Substituindo esses valores dos coeficientes da série (4), obtemos a função temperatura procurada:

(5) $$T(r, \theta) = \frac{A}{r_0}(r\cos\theta) = \frac{A}{r_0}x.$$

Note que não há escoamento de calor através do plano $y = 0$, pois $\partial T/\partial y = 0$ nesse plano (ver Seção 118).

EXERCÍCIOS

1. Use a transformada integral de Poisson (1) da Seção 135 para deduzir a expressão

$$V(x, y) = \frac{1}{\pi} \operatorname{arc tg}\left[\frac{1 - x^2 - y^2}{(x-1)^2 + (y-1)^2 - 1}\right] \qquad (0 \leq \operatorname{arc tg} t \leq \pi)$$

   do potencial eletrostático no interior de um cilindro $x^2 + y^2 = 1$ se $V = 1$ no primeiro quadrante ($x > 0, y > 0$) da superfície cilíndrica e $V = 0$ no resto dessa superfície. Depois, indique por que $1 - V$ é a solução do Exercício 8 da Seção 123.

2. Seja T a temperatura estacionária em um disco $r \leq 1$ com faces isoladas, sendo $T = 1$ no arco $0 < \theta < 2\theta_0$ ($0 < \theta_0 < \pi/2$) da fronteira $r = 1$ e $T = 0$ no resto da fronteira. Use a transformada integral de Poisson (1) da Seção 135 para mostrar que

$$T(x, y) = \frac{1}{\pi} \operatorname{arc tg}\left[\frac{(1 - x^2 - y^2)y_0}{(x-1)^2 + (y-y_0)^2 - y_0^2}\right] \qquad (0 \leq \operatorname{arc tg} t \leq \pi),$$

   em que $y_0 = \operatorname{tg} \theta_0$. Verifique que essa função T satisfaz as condições de fronteira.

3. Verifique a fórmula de integração (2) no Exemplo 1 da Seção 136, derivando o lado direito em relação a ψ.

   Sugestão: as identidades trigonométricas
   $$\cos^2 \frac{\psi}{2} = \frac{1 + \cos \psi}{2}, \quad \text{sen}^2 \frac{\psi}{2} = \frac{1 - \cos \psi}{2}$$
   são úteis.

4. Utilizando as identidades trigonométricas
   $$\text{tg}(\alpha - \beta) = \frac{\text{tg}\,\alpha - \text{tg}\,\beta}{1 + \text{tg}\,\alpha\,\text{tg}\,\beta}, \quad \text{tg}\,\alpha + \text{cotg}\,\alpha = \frac{2}{\text{sen}\,2\alpha},$$
   mostre como a solução (3) no exemplo da Seção 136 é obtida a partir da expressão de $\pi V(r, \theta)$ apresentada imediatamente antes dessa solução.

5. Seja I a *função impulso unitário finito* (Figura 194) dada por
   $$I(h, \theta - \theta_0) = \begin{cases} 1/h & \text{se} \quad \theta_0 \leq \theta \leq \theta_0 + h, \\ 0 & \text{se} \quad 0 \leq \theta < \theta_0 \text{ ou } \theta_0 + h < \theta \leq 2\pi, \end{cases}$$
   em que h é um número positivo e $0 \leq \theta_0 < \theta_0 + h < 2\pi$. Note que
   $$\int_{\theta_0}^{\theta_0+h} I(h, \theta - \theta_0)\, d\theta = 1.$$

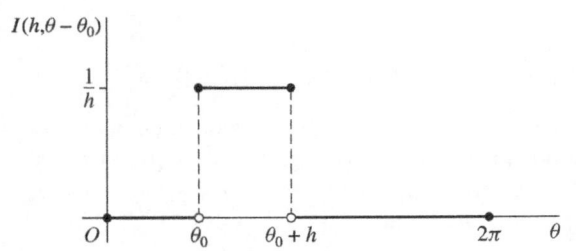

Figura 194

   Usando o teorema do valor médio de integrais definidas, mostre que
   $$\int_0^{2\pi} P(r_0, r, \phi - \theta)\, I(h, \phi - \theta_0)\, d\phi = P(r_0, r, c - \theta) \int_{\theta_0}^{\theta_0+h} I(h, \phi - \theta_0)\, d\phi,$$
   em que $\theta_0 \leq c \leq \theta_0 + h$ e, portanto, que
   $$\lim_{\substack{h \to 0 \\ h > 0}} \int_0^{2\pi} P(r_0, r, \phi - \theta)\, I(h, \phi - \theta_0)\, d\phi = P(r_0, r, \theta - \theta_0) \quad (r < r_0).$$
   Assim, o núcleo de Poisson $P(r_0, r, \theta - \theta_0)$ é o limite, se h tender a 0 por valores positivos, da função harmônica dentro do círculo $r = r_0$ cujos valores de fronteira são representados pela função impulso $2\pi\, I(h, \theta - \theta_0)$.

6. Mostre que a expressão no Exercício 7(b) da Seção 68 para a soma de uma certa série de cossenos pode ser dada por
   $$1 + 2\sum_{n=1}^{\infty} a^n \cos n\theta = \frac{1 - a^2}{1 - 2a \cos \theta + a^2} \quad (-1 < a < 1).$$
   Deduza disso que o núcleo de Poisson (7) da Seção 134 tem a representação (7) da Seção 135.

7. Mostre que a representação do núcleo de Poisson em série (7) da Seção 135 converge uniformemente em relação a ϕ. Depois obtenha, a partir da fórmula (1) daquela seção, a representação em série (8) de $U(r, \theta)$.

8. Calcule as integrais
$$\int_0^{2\pi} \cos\phi \cos n\phi \, d\phi \quad \text{e} \quad \int_0^{2\pi} \cos\phi \operatorname{sen} n\phi \, d\phi$$
do Exemplo 2 da Seção 136.

Sugestão: use as identidades trigonométricas
$$2\cos A \cos B = \cos(A - B) + \cos(A + B)$$
e
$$2\cos A \operatorname{sen} B = \operatorname{sen}(A + B) - \operatorname{sen}(A - B).$$

137 PROBLEMAS DE VALORES DE FRONTEIRA RELACIONADOS

Deixamos para os exercícios os detalhes das demonstrações apresentadas nesta seção. Vamos supor que a função F que representa os valores de fronteira no círculo $r = r_0$ seja seccionalmente contínua.

Suponha que $F(2\pi - \theta) = -F(\theta)$. Então, a transformada integral de Poisson (1) da Seção 135 é dada por

(1) $$U(r, \theta) = \frac{1}{2\pi} \int_0^\pi [P(r_0, r, \phi - \theta) - P(r_0, r, \phi + \theta)] F(\phi) \, d\phi.$$

Essa função U tem valor zero nos raios horizontais $\theta = 0$ e $\theta = \pi$ do círculo, como é de se esperar interpretando U como uma temperatura estacionária. Assim, a expressão (1) resolve *o problema de Dirichlet da região semicircular* $r < r_0$, $0 < \theta < \pi$, *em que* $U = 0$ *no diâmetro AB mostrado na* Figura 195 *e*

(2) $$\lim_{\substack{r \to r_0 \\ r < r_0}} U(r, \theta) = F(\theta) \quad (0 < \theta < \pi)$$

em cada θ fixado no qual F seja contínua.

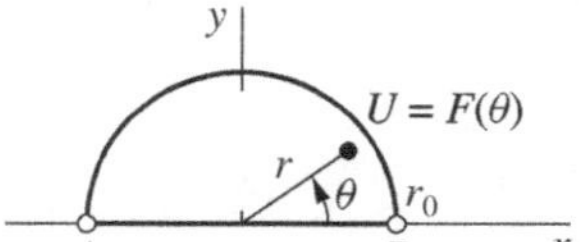

Figura 195

Se $F(2\pi - \theta) = F(\theta)$, então

(3) $$U(r, \theta) = \frac{1}{2\pi} \int_0^\pi [P(r_0, r, \phi - \theta) + P(r_0, r, \phi + \theta)] F(\phi) \, d\phi;$$

e $U_\theta(r, \theta) = 0$ se $\theta = 0$ ou $\theta = \pi$. Logo, a expressão (3) fornece uma função U que é *harmônica na região semicircular* $r < r_0$, $0 < \theta < \pi$ *e satisfaz a condição* (2), bem como a condição de ter derivada normal nula no diâmetro AB mostrado na Figura 195.

SEÇÃO 137 PROBLEMAS DE VALORES DE FRONTEIRA RELACIONADOS 427

A função analítica $z = r_0^2/Z$ leva o círculo $|Z| = r_0$ do plano Z sobre o círculo $|z| = r_0$ do plano z e leva o exterior do primeiro círculo sobre o interior do segundo (ver Seção 97). Escrevendo

$$z = re^{i\theta} \quad \text{e} \quad Z = Re^{i\psi},$$

vemos que

$$r = \frac{r_0^2}{R} \quad \text{e} \quad \theta = 2\pi - \psi.$$

Então, a função harmônica $U(r, \theta)$ representada pela expressão (1) da Seção 135 é transformada na função

$$U\left(\frac{r_0^2}{R}, 2\pi - \psi\right) = -\frac{1}{2\pi} \int_0^{2\pi} \frac{r_0^2 - R^2}{r_0^2 - 2r_0 R \cos(\phi + \psi) + R^2} F(\phi)\, d\phi,$$

que é harmônica no domínio $R > r_0$. Agora, em geral, se $u(r, \theta)$ for harmônica, o mesmo ocorre com $u(r, -\theta)$. (Ver Exercício 4.) Logo, a função

$$H(R, \psi) = U\left(\frac{r_0^2}{R}, \psi - 2\pi\right),$$

ou

(4) $$H(R, \psi) = -\frac{1}{2\pi} \int_0^{2\pi} P(r_0, R, \phi - \psi) F(\phi)\, d\phi \quad (R > r_0),$$

também é harmônica. Fixado qualquer ψ no qual $F(\psi)$ seja contínua, a condição (2) da Seção 135 garante que

(5) $$\lim_{\substack{R \to r_0 \\ R > r_0}} H(R, \psi) = F(\psi).$$

Assim, a expressão (4) resolve *o problema de Dirichlet da região exterior do círculo $R = r_0$ do plano Z* (Figura 196). Pela expressão (8) da Seção 134, vemos que o núcleo de Poisson $P(r_0, R, \phi - \psi)$ é negativo se $R > r_0$. Também,

(6) $$\frac{1}{2\pi} \int_0^{2\pi} P(r_0, R, \phi - \psi)\, d\phi = -1 \quad (R > r_0)$$

e

(7) $$\lim_{R \to \infty} H(R, \psi) = \frac{1}{2\pi} \int_0^{2\pi} F(\phi)\, d\phi.$$

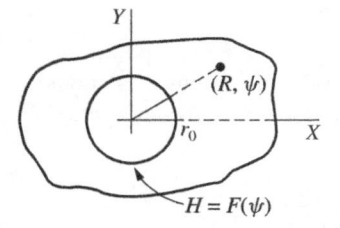

Figura 196

EXERCÍCIOS

1. Obtenha o caso especial

   (a) $H(R, \psi) = \dfrac{1}{2\pi} \displaystyle\int_0^\pi [P(r_0, R, \phi + \psi) - P(r_0, R, \phi - \psi)] F(\phi)\, d\phi;$

   (b) $H(R, \psi) = -\dfrac{1}{2\pi} \displaystyle\int_0^\pi [P(r_0, R, \phi + \psi) + P(r_0, R, \phi - \psi)] F(\phi)\, d\phi$

   da expressão (4) da Seção 137 para a função harmônica $H(R, \psi)$ da região ilimitada $R > r_0, 0 < \psi < \pi$ mostrada na Figura 197, se essa função satisfizer a condição de fronteira

   $$\lim_{\substack{R \to r_0 \\ R > r_0}} H(R, \psi) = F(\psi) \qquad (0 < \psi < \pi)$$

   no semicírculo e (a) for zero nos raios BA e DE; (b) sua derivada normal for zero nos raios BA e DE.

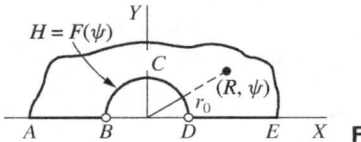

Figura 197

2. Forneça os detalhes necessários para estabelecer a expressão (1) da Seção 137 como uma solução do problema de Dirichlet enunciado naquela seção da região mostrada na Figura 195.

3. Forneça os detalhes necessários para estabelecer a expressão (3) da Seção 137 como uma solução do problema de valores de fronteira enunciado naquela seção.

4. Obtenha a expressão (4) da Seção 137 como uma solução do problema de Dirichlet da região exterior a um círculo (Figura 196). Para mostrar que $u(r, -\theta)$ será harmônica se $u(r, \theta)$ for harmônica, use a forma polar

   $$r^2 u_{rr}(r, \theta) + r u_r(r, \theta) + u_{\theta\theta}(r, \theta) = 0$$

   da equação de Laplace.

5. Explique por que é válida a equação (6) da Seção 137.

6. Estabeleça o limite (7) da Seção 137.

138 FÓRMULA INTEGRAL DE SCHWARZ

Seja f uma função analítica de z em todo o semiplano $\operatorname{Im} z \geq 0$ que satisfaça a propriedade de ordem

(1) $\qquad |z^a f(z)| < M \qquad (\operatorname{Im} z \geq 0)$

com certas constantes positivas a e M. Fixado algum ponto z acima do eixo real, seja C_R a metade superior de um círculo de raio R centrado na origem orientado positivamente, em que $R > |z|$ (Figura 198). Então, de acordo com a fórmula integral de Cauchy (Seção 54),

(2) $\qquad f(z) = \dfrac{1}{2\pi i} \displaystyle\int_{C_R} \dfrac{f(s)\, ds}{s - z} + \dfrac{1}{2\pi i} \displaystyle\int_{-R}^{R} \dfrac{f(t)\, dt}{t - z}.$

SEÇÃO 138 FÓRMULA INTEGRAL DE SCHWARZ

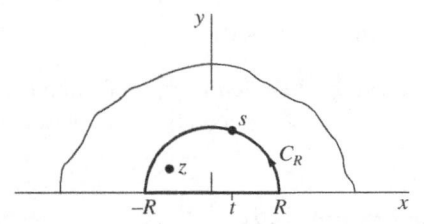

Figura 198

Observe que a primeira dessas integrais tende a 0 se R tende a ∞, pois, pela condição (1), temos

$$\left| \int_{C_R} \frac{f(s)\,ds}{s-z} \right| < \frac{M}{R^a(R-|z|)} \pi R = \frac{\pi M}{R^a(1-|z|/R)}.$$

Assim,

(3) $$f(z) = \frac{1}{2\pi i} \int_{-\infty}^{\infty} \frac{f(t)\,dt}{t-z} \qquad (\operatorname{Im} z > 0).$$

A condição (1) também garante que essa integral imprópria converge.* O número ao qual converge é igual ao valor principal de Cauchy (ver Seção 85), e a representação (3) é uma *fórmula integral de Cauchy no semiplano* $\operatorname{Im} z > 0$.

Se o ponto z estiver abaixo do eixo real, então o lado direito da equação (2) é igual a zero; logo a integral (3) é nula em um ponto desses. Assim, se z estiver acima do eixo real, obtemos as expressões seguintes, em que c é uma constante complexa arbitrária:

(4) $$f(z) = \frac{1}{2\pi i} \int_{-\infty}^{\infty} \left(\frac{1}{t-z} + \frac{c}{t-\bar{z}} \right) f(t)\,dt \qquad (\operatorname{Im} z > 0).$$

Nos dois casos $c = -1$ e $c = 1$; isso reduz, respectivamente, a

(5) $$f(z) = \frac{1}{\pi} \int_{-\infty}^{\infty} \frac{y f(t)}{|t-z|^2}\,dt \qquad (y > 0)$$

e

(6) $$f(z) = \frac{1}{\pi i} \int_{-\infty}^{\infty} \frac{(t-x)f(t)}{|t-z|^2}\,dt \qquad (y > 0).$$

Se $f(z) = u(x,y) + iv(x,y)$, segue das equações (5) e (6) que as funções harmônicas u e v são representadas no semiplano $y > 0$ em termos dos valores de fronteira de u pelas expressões

(7) $$u(x,y) = \frac{1}{\pi} \int_{-\infty}^{\infty} \frac{y u(t,0)}{|t-z|^2}\,dt = \frac{1}{\pi} \int_{-\infty}^{\infty} \frac{y u(t,0)}{(t-x)^2 + y^2}\,dt \qquad (y > 0)$$

e

---

* Ver, por exemplo, *Advanced Calculus* de A. E. Taylor e W. R. Mann, 3rd ed., 1983, Capítulo 22.

(8) $$v(x, y) = \frac{1}{\pi} \int_{-\infty}^{\infty} \frac{(x-t)u(t, 0)}{(t-x)^2 + y^2} dt \quad (y > 0).$$

A expressão (7) é conhecida como *fórmula integral de Schwarz*, ou fórmula integral de Poisson do semiplano. Na próxima seção, vamos generalizar as condições para a validade das expressões (7) e (8).

139 PROBLEMA DE DIRICHLET DE UM SEMIPLANO

Seja F uma função real de x limitada em todo o eixo que seja contínua, exceto por um número finito de descontinuidades de saltos finitos. Fixada alguma constante positiva ε e considerando $y \geq \varepsilon$ e $|x| \leq 1/\varepsilon$, a integral

$$I(x, y) = \int_{-\infty}^{\infty} \frac{F(t)\, dt}{(t-x)^2 + y^2}$$

converge uniformemente em relação a x e y, bem como as integrais das derivadas parciais do integrando em relação a x e y. Cada uma dessas integrais é a soma de um número finito de integrais impróprias ou definidas em intervalos nos quais F é contínua; logo, o integrando de cada uma dessas integrais é uma função contínua de t, x e y se $y \geq \varepsilon$. Consequentemente, cada derivada parcial de $I(x, y)$ é representada pela integral da derivada correspondente do integrando se $y > 0$.

Escrevendo

$$U(x, y) = \frac{y}{\pi} I(x, y),$$

temos que U é a *transformada integral de Schwarz* de F, conforme a expressão (7) da Seção 138:

(1) $$U(x, y) = \frac{1}{\pi} \int_{-\infty}^{\infty} \frac{y F(t)}{(t-x)^2 + y^2} dt \quad (y > 0).$$

Exceto pelo fator $1/\pi$, o núcleo agora é $y/|t - z|^2$. Isso é o componente imaginário da função $1/(t - z)$, que é analítica em z se $y > 0$. Segue que o núcleo é harmônico e, portanto, satisfaz a equação de Laplace em x e y. Já que podemos permutar a ordem da derivação e da integração, segue que a função (1) também satisfaz essa equação. Consequentemente, U é harmônica se $y > 0$.

Para provar que

(2) $$\lim_{\substack{y \to 0 \\ y > 0}} U(x, y) = F(x)$$

em cada x fixado no qual F seja contínua, substituímos $t = x + y \operatorname{tg} \tau$ na integral (1) e escrevemos

(3) $$U(x, y) = \frac{1}{\pi} \int_{-\pi/2}^{\pi/2} F(x + y \operatorname{tg} \tau)\, d\tau \quad (y > 0).$$

Escrevendo

$$G(x, y, \tau) = F(x + y \operatorname{tg} \tau) - F(x)$$

SEÇÃO 139 PROBLEMA DE DIRICHLET DE UM SEMIPLANO

e tomando alguma constante positiva α pequena, decorre que

(4) $\quad \pi[U(x, y) - F(x)] = \int_{-\pi/2}^{\pi/2} G(x, y, \tau)\, d\tau = I_1(y) + I_2(y) + I_3(y)$

em que

$$I_1(y) = \int_{-\pi/2}^{(-\pi/2)+\alpha} G(x, y, \tau)\, d\tau, \qquad I_2(y) = \int_{(-\pi/2)+\alpha}^{(\pi/2)-\alpha} G(x, y, \tau)\, d\tau,$$

$$I_3(y) = \int_{(\pi/2)-\alpha}^{\pi/2} G(x, y, \tau)\, d\tau.$$

Se M denotar uma cota superior de $|F(x)|$, então $|G(x, y, \tau)| \leq 2M$. Dado qualquer número positivo ε, selecionamos α de tal modo que $6M\alpha < \varepsilon$, e isso significa que

$$|I_1(y)| \leq 2M\alpha < \frac{\varepsilon}{3} \qquad \text{e} \qquad |I_3(y)| \leq 2M\alpha < \frac{\varepsilon}{3}.$$

Em seguida, mostramos que, correspondendo a ε, existe algum número positivo δ tal que

$$|I_2(y)| < \frac{\varepsilon}{3} \qquad \text{se} \qquad 0 < y < \delta.$$

Para isso, observamos que, da continuidade de F em x, decorre que existe algum número positivo γ tal que

$$|G(x, y, \tau)| < \frac{\varepsilon}{3\pi} \qquad \text{se} \qquad 0 < y|\operatorname{tg} \tau| < \gamma.$$

Ocorre que o valor máximo de $|\operatorname{tg} \tau|$ com τ variando de

$$-\frac{\pi}{2} + \alpha \quad \text{até} \quad \frac{\pi}{2} - \alpha$$

é

$$\operatorname{tg}\left(\frac{\pi}{2} - \alpha\right) = \operatorname{cotg} \alpha.$$

Logo, escrevendo $\delta = \gamma \operatorname{tg} \alpha$, segue que

$$|I_2(y)| < \frac{\varepsilon}{3\pi}(\pi - 2\alpha) < \frac{\varepsilon}{3} \qquad \text{se} \qquad 0 < y < \delta.$$

Assim, mostramos que

$$|I_1(y)| + |I_2(y)| + |I_3(y)| < \varepsilon \qquad \text{se} \qquad 0 < y < \delta.$$

Agora a afirmação (2) segue disso e da equação (4).

Logo, a expressão (1) resolve *o problema de Dirichlet do semiplano* $y > 0$, com a condição de fronteira (2). É evidente, da forma (3) da expressão (1), que $|U(x, y)| \leq M$ no semiplano, em que M é uma cota superior de $|F(x)|$, ou seja, U é limitada. Observamos que $U(x, y) = F_0$ se $F(x) = F_0$, em que F_0 é uma constante.

De acordo com a expressão (8) da Seção 138, com certas condições sobre F, a função

(5) $$V(x, y) = \frac{1}{\pi} \int_{-\infty}^{\infty} \frac{(x-t)F(t)}{(t-x)^2 + y^2} dt \qquad (y > 0)$$

é uma harmônica conjugada da função U dada na equação (1). Mais precisamente, *a equação (5) fornece uma harmônica conjugada de U se F for contínua em toda parte, exceto por um número finito de saltos finitos, e se F satisfizer a propriedade de ordem*

$$|x^a F(x)| < M \qquad (a > 0).$$

De fato, com essas condições, mostra-se que U e V satisfazem as equações de Cauchy-Riemann se $y > 0$.

Deixamos para os exercícios os casos especiais da expressão (1) se F for uma função par ou ímpar.

EXERCÍCIOS

1. Como um caso especial da expressão (1) da Seção 139, obtenha a expressão

$$U(x, y) = \frac{y}{\pi} \int_0^{\infty} \left[\frac{1}{(t-x)^2 + y^2} - \frac{1}{(t+x)^2 + y^2} \right] F(t) dt \qquad (x > 0, y > 0)$$

de uma função limitada U que seja harmônica no *primeiro quadrante* e que satisfaça as condições de fronteira

$$U(0, y) = 0 \qquad (y > 0),$$

$$\lim_{\substack{y \to 0 \\ y > 0}} U(x, y) = F(x) \qquad (x > 0, x \neq x_j),$$

em que F é limitada e contínua com qualquer x positivo, exceto por um número finito de saltos finitos nos pontos $x_j (j = 1, 2, \ldots, n)$.

2. Seja $T(x, y)$ a temperatura estacionária em uma placa $x > 0$, $y > 0$ com faces isoladas, se

$$\lim_{\substack{y \to 0 \\ y > 0}} T(x, y) = F_1(x) \qquad (x > 0),$$

$$\lim_{\substack{x \to 0 \\ x > 0}} T(x, y) = F_2(y) \qquad (y > 0)$$

(Figura 199). Aqui, F_1 e F_2 são limitadas e contínuas, exceto por um número finito de saltos finitos. Escreva $x + iy = z$ e mostre, com a ajuda das expressões obtidas no Exercício 1, que

$$T(x, y) = T_1(x, y) + T_2(x, y) \qquad (x > 0, y > 0)$$

em que

$$T_1(x, y) = \frac{y}{\pi} \int_0^{\infty} \left(\frac{1}{|t - z|^2} - \frac{1}{|t + z|^2} \right) F_1(t) dt,$$

$$T_2(x, y) = \frac{y}{\pi} \int_0^{\infty} \left(\frac{1}{|it - z|^2} - \frac{1}{|it + z|^2} \right) F_2(t) dt.$$

$T = F_2(y)$

$T = F_1(x)$ **Figura 199**

3. Como um caso especial da expressão (1) da Seção 139, obtenha a expressão

$$U(x, y) = \frac{y}{\pi} \int_0^\infty \left[\frac{1}{(t-x)^2 + y^2} + \frac{1}{(t+x)^2 + y^2} \right] F(t)\, dt \qquad (x > 0, y > 0)$$

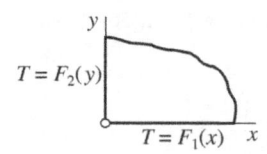

de uma função limitada U que seja harmônica no *primeiro quadrante* e que satisfaça as condições de fronteira

$$U_x(0, y) = 0 \qquad (y > 0),$$

$$\lim_{\substack{y \to 0 \\ y > 0}} U(x, y) = F(x) \qquad (x > 0, x \neq x_j),$$

em que F é limitada e contínua com qualquer x positivo, exceto por um número finito de saltos finitos nos pontos $x = x_j$ ($j = 1, 2, \ldots, n$).

4. Permute os eixos x e y na Seção 139 para obter a solução

$$U(x, y) = \frac{1}{\pi} \int_{-\infty}^\infty \frac{x F(t)}{(t-y)^2 + x^2}\, dt \qquad (x > 0)$$

do problema de Dirichlet do semiplano $x > 0$. Depois, escreva

$$F(y) = \begin{cases} 1 & \text{se} \quad |y| < 1, \\ 0 & \text{se} \quad |y| > 1, \end{cases}$$

para obter as seguintes expressões de U e da harmônica conjugada $-V$:

$$U(x, y) = \frac{1}{\pi} \left(\text{arc tg}\, \frac{y+1}{x} - \text{arc tg}\, \frac{y-1}{x} \right), \qquad V(x, y) = \frac{1}{2\pi} \ln \frac{x^2 + (y+1)^2}{x^2 + (y-1)^2}$$

em que $-\pi/2 \leq \text{arc tg}\, t \leq \pi/2$. Mostre também que

$$V(x, y) + i U(x, y) = \frac{1}{\pi} [\text{Log}(z+i) - \text{Log}(z-i)],$$

em que $z = x + iy$.

140 PROBLEMAS DE NEUMANN

Como na Seção 134 e Figura 192, escrevemos

$$s = r_0 \exp(i\phi) \quad \text{e} \quad z = r \exp(i\theta) \quad (r < r_0).$$

Fixado s, a função

(1) $\quad Q(r_0, r, \phi - \theta) = -2r_0 \ln|s - z| = -r_0 \ln \left[r_0^2 - 2r_0 r \cos(\phi - \theta) + r^2 \right]$

é harmônica no interior do círculo $|z| = r_0$, por ser o componente real de

$$-2 r_0 \log(z - s),$$

em que o corte de log($z - s$) é um raio exterior a partir do ponto s. Se, além disso, $r \neq 0$, então

(2) $$Q_r(r_0, r, \phi - \theta) = -\frac{r_0}{r}\left[\frac{2r^2 - 2r_0 r \cos(\phi - \theta)}{r_0^2 - 2r_0 r \cos(\phi - \theta) + r^2}\right]$$
$$= \frac{r_0}{r}[P(r_0, r, \phi - \theta) - 1]$$

em que P é o núcleo de Poisson (7) da Seção 134.

Essas observações sugerem que a função Q pode ser usada para escrever uma representação integral de uma função harmônica U cuja derivada normal U_r tenha os valores prescritos $G(\theta)$ no círculo $r = r_0$.

Se G for seccionalmente contínua e U_0 for uma constante arbitrária, então a função

(3) $$U(r, \theta) = \frac{1}{2\pi}\int_0^{2\pi} Q(r_0, r, \phi - \theta)\, G(\phi)\, d\phi + U_0 \qquad (r < r_0)$$

é harmônica porque o integrando é uma função harmônica de r e θ. Se o valor médio de G no círculo $|z| = r_0$ for zero, ou seja, se

(4) $$\int_0^{2\pi} G(\phi)\, d\phi = 0,$$

então decorre da equação (2) que

$$U_r(r, \theta) = \frac{1}{2\pi}\int_0^{2\pi} \frac{r_0}{r}[P(r_0, r, \phi - \theta) - 1]\, G(\phi)\, d\phi$$
$$= \frac{r_0}{r} \cdot \frac{1}{2\pi}\int_0^{2\pi} P(r_0, r, \phi - \theta)\, G(\phi)\, d\phi.$$

Agora, de acordo com as equações (1) e (2) da Seção 135,

$$\lim_{\substack{r \to r_0 \\ r < r_0}} \frac{1}{2\pi}\int_0^{2\pi} P(r_0, r, \phi - \theta)\, G(\phi)\, d\phi = G(\theta).$$

Logo,

(5) $$\lim_{\substack{r \to r_0 \\ r < r_0}} U_r(r, \theta) = G(\theta)$$

em cada valor de θ no qual G seja contínua.

Se G for seccionalmente contínua e satisfizer a condição (4), então a expressão

(6) $$U(r, \theta) = -\frac{r_0}{2\pi}\int_0^{2\pi} \ln\left[r_0^2 - 2r_0 r \cos(\phi - \theta) + r^2\right] G(\phi)\, d\phi + U_0 \qquad (r < r_0),$$

resolve *o problema de Neumann da região interior ao círculo* $r = r_0$, em que $G(\theta)$ é a derivada normal da função harmônica $U(r, \theta)$ na fronteira, no sentido da condição (5). Note que, das equações (4) e (5), decorre que o valor de U no centro $r = 0$ do círculo $r = r_0$ é U_0, já que $\ln r_0^2$ é constante.

Os valores $U(r, \theta)$ podem representar temperaturas estacionárias em um disco $r < r_0$ com faces isoladas. Nesse caso, a condição (5) afirma que o fluxo do calor

SEÇÃO 140 PROBLEMAS DE NEUMANN

para dentro do disco através de sua fronteira é proporcional a $G(\theta)$. A condição (4) é a exigência física natural de que a taxa de escoamento total do calor para dentro do disco seja zero, já que as temperaturas não variam com o tempo.

Uma expressão correspondente para a função harmônica H na região *exterior* ao círculo $r = r_0$ pode ser escrita em termos de Q como

(7) $\quad H(R, \psi) = -\dfrac{1}{2\pi} \displaystyle\int_0^{2\pi} Q(r_0, R, \phi - \psi)\, G(\phi)\, d\phi + H_0 \quad (R > r_0),$

em que H_0 é uma constante. Como antes, supomos que G seja seccionalmente contínua e que valha a condição (4). Então,

$$H_0 = \lim_{R \to \infty} H(R, \psi)$$

e

(8) $\quad\quad\quad\quad \displaystyle\lim_{\substack{R \to r_0 \\ R > r_0}} H_R(R, \psi) = G(\psi)$

em cada ponto ψ no qual G seja contínua. Deixamos a verificação da expressão (7) para os exercícios, bem como casos especiais da expressão (3) aplicáveis a regiões semicirculares.

Passando, agora, a um semiplano, vamos supor que $G(x)$ seja contínua em cada x real, exceto por um número finito de saltos finitos, e que satisfaça uma propriedade de ordem

(9) $\quad\quad\quad\quad |x^a G(x)| < M \quad (a > 1)$

se $-\infty < x < \infty$. Fixado, arbitrariamente, algum número real t, a função $\text{Log}|z - t|$ é harmônica no semiplano $\text{Im } z > 0$. Consequentemente, é harmônica nesse semiplano a função

(10) $\quad U(x, y) = \dfrac{1}{\pi} \displaystyle\int_{-\infty}^{\infty} \ln|z - t|\, G(t)\, dt + U_0$

$\quad\quad\quad\quad\quad = \dfrac{1}{2\pi} \displaystyle\int_{-\infty}^{\infty} \ln[(t - x)^2 + y^2]\, G(t)\, dt + U_0 \quad (y > 0),$

em que U_0 é alguma constante real.

A função (10) foi escrita pensando na transformada integral de Schwarz (1) da Seção 139, pois segue da expressão (10) que

(11) $\quad\quad\quad U_y(x, y) = \dfrac{1}{\pi} \displaystyle\int_{-\infty}^{\infty} \dfrac{y\, G(t)}{(t - x)^2 + y^2}\, dt \quad (y > 0).$

Decorre, então, das equações (1) e (2) da Seção 139, que

(12) $\quad\quad\quad\quad \displaystyle\lim_{\substack{y \to 0 \\ y > 0}} U_y(x, y) = G(x)$

em cada ponto x no qual G seja contínua.

Evidentemente, a expressão (10) resolve *o problema de Neumann do semiplano* $y > 0$, com condição de fronteira (12). Entretanto, não apresentamos condições suficientes sobre G que garantam que a função harmônica U seja limitada com $|z|$ crescente.

Se G for uma função ímpar, podemos reescrever a expressão (10) como

(13) $\quad U(x, y) = \dfrac{1}{2\pi} \displaystyle\int_0^\infty \ln\left[\dfrac{(t-x)^2 + y^2}{(t+x)^2 + y^2}\right] G(t)\, dt \qquad (x > 0, y > 0).$

Isso representa uma função harmônica no *primeiro quadrante* $x > 0, y > 0$ e que satisfaz as condições de fronteira

(14) $\qquad\qquad\qquad U(0, y) = 0 \qquad (y > 0),$

(15) $\qquad\qquad\qquad \lim_{\substack{y \to 0 \\ y > 0}} U_y(x, y) = G(x) \qquad (x > 0).$

EXERCÍCIOS

1. Estabeleça a expressão (7) da Seção 140 como uma solução do problema de Neumann da região exterior a um círculo $r = r_0$ usando os resultados obtidos anteriormente naquela seção.

2. Como um caso especial da expressão (3) da Seção 140, obtenha a expressão

$$U(r, \theta) = \frac{1}{2\pi} \int_0^\pi [Q(r_0, r, \phi - \theta) - Q(r_0, r, \phi + \theta)]\, G(\phi)\, d\phi$$

de uma função U que seja harmônica na *região semicircular* $r < r_0$, $0 < \theta < \pi$ e satisfaça as condições de fronteira

$$U(r, 0) = U(r, \pi) = 0 \qquad (r < r_0),$$
$$\lim_{\substack{r \to r_0 \\ r < r_0}} U_r(r, \theta) = G(\theta) \qquad (0 < \theta < \pi)$$

em cada θ no qual G seja contínua.

3. Como um caso especial da expressão (3) da Seção 140, obtenha a expressão

$$U(r, \theta) = \frac{1}{2\pi} \int_0^\pi [Q(r_0, r, \phi - \theta) + Q(r_0, r, \phi + \theta)]\, G(\phi)\, d\phi + U_0$$

de uma função U que seja harmônica na *região semicircular* $r < r_0$, $0 < \theta < \pi$ e satisfaça as condições de fronteira

$$U_\theta(r, 0) = U_\theta(r, \pi) = 0 \qquad (r < r_0),$$
$$\lim_{\substack{r \to r_0 \\ r < r_0}} U_r(r, \theta) = G(\theta) \qquad (0 < \theta < \pi)$$

em cada θ no qual G seja contínua, supondo que

$$\int_0^\pi G(\phi)\, d\phi = 0.$$

4. Seja $T(x, y)$ a temperatura estacionária em uma placa $x \geq 0, y \geq 0$. As faces da placa estão isoladas e $T = 0$ na fronteira $x = 0$. O fluxo de calor (Seção 118) para dentro da placa ao longo do segmento $0 < x < 1$ da fronteira $y = 0$ é uma constante A, e o resto dessa fronteira da placa está isolado. Use a expressão (13) da Seção 140 para mostrar que o fluxo para fora da placa ao longo da fronteira $x = 0$ é dado por

$$\frac{A}{\pi} \ln\left(1 + \frac{1}{y^2}\right).$$

APÊNDICE 1

BIBLIOGRAFIA

A lista de livros suplementares a seguir está longe de ser exaustiva. Referências adicionais podem se encontradas em muitos dos livros listados aqui.

Ahlfors, L. V.: *Complex Analysis* (3d ed.), McGraw-Hill Higher Education, Burr Ridge, IL, 1979.

Antimirov, M. Ya., A. A. Kolyshkin, and R. Vaillancourt: *Complex Variables*, Academic Press, San Diego, 1998.

Asmar, N. H.: *Applied Complex Analysis with Partial Differential Equations*, Prentice-Hall, Inc., Upper Saddle River, NJ, 2002.

Bak, J., and D. J. Newman: *Complex Analysis* (2d ed.), Springer-Verlag, New York, 1997.

Bieberbach, L.: *Conformal Mapping*, American Mathematical Society, Providence, RI, 2000.

Boas, R. P.: *Invitation to Complex Analysis* (2d ed.), The Mathematical Association of America, Washington, DC, 2010.

_____: Yet Another Proof of the Fundamental Theorem of Algebra, *Amer. Math. Monthly*, Vol. 71, No. 2, p. 180, 1964.

Bowman F.: *Introduction to Elliptic Functions, with Applications*, English Universities Press, London, 1953.

Brown, G. H., C. N. Hoyler, and R. A. Bierwirth: *Theory and Application of Radio-Frequency Heating*, D. Van Nostrand Company, Inc., New York, 1947.

Brown, J. W., and R. V. Churchill: *Fourier Series and Boundary Value Problems* (8th ed.), The McGraw-Hill Companies, Inc., New York, 2012.

Carathéodory, C.: *Conformal Representation*, Dover Publications, Inc., Mineola, NY, 1952.

_____: *Theory of Functions of a Complex Variable*, American Mathematical Society, Providence, RI, 1954.

Churchill, R. V.: *Operational Mathematics*, 3d ed., McGraw-Hill Book Company, New York, 1972.

Conway, J. B.: *Functions of One Complex Variable* (2d ed.), 6th Printing, Springer-Verlag, New York, 1997.

Copson, E. T.: *Theory of Functions of a Complex Variable*, Oxford University Press, London, 1962.

D'Angelo, J. P.: *An Introduction to Complex Analysis and Geometry*, American Mathematical Society, Providence, RI, 2010.
Dettman, J. W.: *Applied Complex Variables*, Dover Publications, Inc., Mineola, NY, 1984.
Evans, G. C.: *The Logarithmic Potential, Discontinuous Dirichlet and Neumann Problems*, American Mathematical Society, Providence, RI, 1927.
Fisher, S. D.: *Complex Variables* (2d ed.), Dover Publications, Inc., Mineola, NY, 1999.
Flanigan, F. J.: *Complex Variables: Harmonic and Analytic Functions*, Dover Publications, Inc., Mineola, NY, 1983.
Fourier, J.: *The Analytical Theory of Heat*, translated by A. Freeman, Dover Publications, Inc., Mineola, NY, 2003.
Hayt, W. H., Jr. and J. A. Buck: *Engineering Electromagnetics* (7th ed.), McGraw-Hill Higher Education, Burr Ridge, IL, 2006.
Henrici, P.: *Applied and Computational Complex Analysis*, Vols. 1, 2, and 3, John Wiley & Sons, Inc., New York, 1988, 1991, and 1993.
Hille, E.: *Analytic Function Theory*, Vols. 1 and 2, (2d ed.), Chelsea Publishing Co., New York, 1973.
Jeffrey, A.: *Complex Analysis and Applications* (2d ed.), CRC Press, Boca Raton, FL, 2005.
Kaplan, W.: *Advanced Calculus* (5th ed.), Addison-Wesley Higher Mathematics, Boston, MA, 2003.
_____: *Advanced Mathematics for Engineers*, TechBooks, Marietta, OH, 1992.
Kellogg, O. D.: *Foundations of Potential Theory*, Dover Publications, Inc., Mineola, NY, 1953.
Knopp, K.: *Elements of the Theory of Functions*, translated by F. Bagemihl, Dover Publications, Inc., Mineola, NY, 1952.
_____: *Problem Book in the Theory of Functions*, Dover Publications, Inc., Mineola, NY, 2000.
Kober, H.: *Dictionary of Conformal Representations*, Dover Publications, Inc., Mineola, NY, 1952.
Krantz, S. G.: *A Guide to Complex Variables* (Guide #1), The Mathematical Association of America, Washington, DC, 2008.
_____: *Complex Analysis: The Geometric Viewpoint* (2d ed.,) Carus Mathematical Monograph Series, The Mathematical Association of America, Washington, DC. 2004.
_____: *Handbook of Complex Variables*, Birkhauser Boston, Cambridge, MA, 2000.
Krzyż, J. G.: *Problems in Complex Variable Theory*, Elsevier Science, New York, 1972.
Lang, S.: *Complex Analysis* (3d ed.), Springer-Verlag, New York, 1993.
Lebedev, N. N.: *Special Functions and Their Applications* (rev. ed.), translated by R. Silverman, Dover Publications, Inc., Mineola, NY, 1972.
Levinson, N., and R. M. Redheffer: *Complex Variables*, The McGraw-Hill Companies, Inc., New York, 1988.
Love, A. E.: *Treatise on the Mathematical Theory of Elasticity* (4th ed.), Dover Publications, Inc., Mineola, NY, 1944.
Markushevich, A. I.: *Theory of Functions of a Complex Variable* (2d ed.), 3 vols. in one, American Mathematical Society, Providence, RI, 1977.
Marsden, J. E., and M. J. Hoffman: *Basic Complex Analysis* (3d ed.). W. H. Freeman and Company, New York, 1999.

Mathews, J. H., and R. W. Howell: *Complex Analysis for Mathematics and Engineering*, (5th ed.), Jones and Bartlett Publishers, Sudbury, MA, 2006.

Milne-Thomson, L. M., *Theoretical Hydrodynamics* (5th ed.), Dover Publications, Inc., Mineola, NY, 1996.

Mitrinović, D. S.: *Calculus of Residues*, P. Noordhoff, Ltd., Groningen, 1966.

Nahin, P. J.: *An Imaginary Tale: The Story of $\sqrt{-1}$*, Princeton University Press, Princeton, NJ, 1998.

Nehari, Z.: *Conformal Mapping*, Dover Publications, Inc., Mineola, NY, 1975.

Newman, M. H. A.: *Elements of the Topology of Plane Sets of Points* (2d ed.), Dover Publications, Inc., Mineola, NY, 1999.

Oppenheim, A. V., R. W. Schafer, and J. R. Buck: *Discrete-Time Signal Processing* (2d ed.), Prentice-Hall PTR, Paramus, NJ, 1999.

Pennisi, L. L.: *Elements of Complex Variables* (2d ed.), Holt, Rinehart & Winston, Inc., Austin, TX, 1976.

Rubenfeld, L. A.: *A First Course in Applied Complex Variables*, John Wiley & Sons, Inc., New York, 1985.

Saff, E. B., and A. D. Snider: *Fundamentals of Complex Analysis* (3d ed.), Prentice-Hall PTR, Paramus, NJ, 2003.

Shaw, W. T.: *Complex Analysis with Mathematica*, Cambridge University Press, Cambridge, 2006.

Silverman, R. A.: *Complex Analysis with Applications*, Dover Publications, Inc., Mineola, NY, 1984.

Sokolnikoff, I. S.: *Mathematical Theory of Elasticity* (2d ed.), Krieger Publishing Company, Melbourne, FL, 1983.

Springer, G.: *Introduction to Riemann Surfaces* (2d ed.), American Mathematical Society, Providence, RI, 1981.

Streeter, V. L., E. B. Wylie, and K. W. Bedford: *Fluid Mechanics* (9th ed.), McGraw-Hill Higher Education, Burr Ridge, IL, 1997.

Taylor, A. E., and W. R. Mann: *Advanced Calculus* (3d ed.), John Wiley & Sons, Inc., New York, 1983.

Thron, W. J.: *Introduction to the Theory of Functions of a Complex Variable*, John Wiley & Sons, Inc., New York, 1953.

Timoshenko, S. P., and J. N. Goodier: *Theory of Elasticity* (3d ed.), The McGraw-Hill Companies, New York, 1970.

Titchmarsh, E. C.: *Theory of Functions* (2d ed.), Oxford University Press, Inc., New York, 1976.

Volkovyskii, L. I., G. L. Lunts, and I. G. Aramanovich: *A Collection of Problems on Complex Analysis*, Dover Publications, Inc., Mineola, NY, 1992.

Wen, G.-C.: *Conformal Mappings and Boundary Value Problems*, Translations of Mathematical Monographs, Vol. 106, American Mathematical Society, Providence, RI, 1992.

Whittaker, E. T., and G. N. Watson: *A Course of Modern Analysis* (4th ed.), Cambridge University Press, New York, 1996.

Wunsch, A. D.: *Complex Variables with Applications* (3d ed.), Pearson Education, Inc., Boston, 2005.

TABELA DE TRANSFORMAÇÕES DE REGIÕES
(Ver Capítulo 8)

APÊNDICE 2

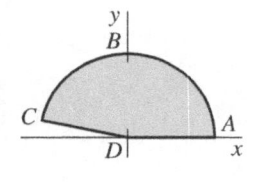

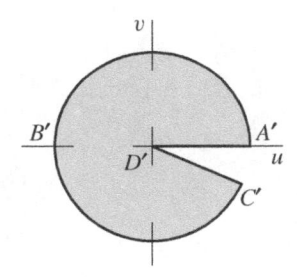

Figura 1
$w = z^2$.

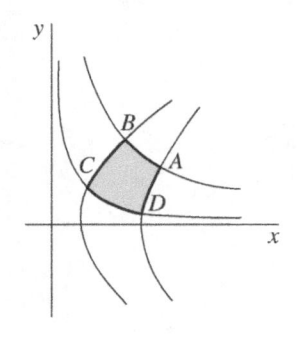

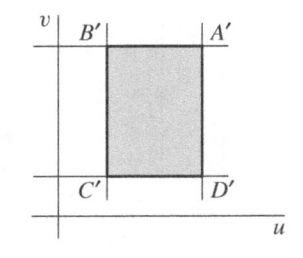

Figura 2
$w = z^2$.

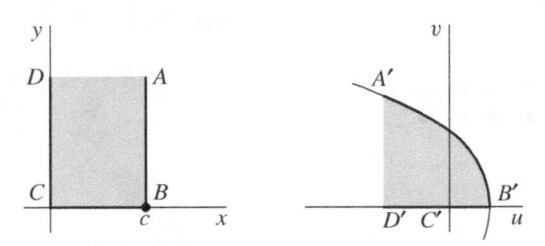

Figura 3
$w = z^2$;
$A'B'$ na parábola $v^2 = -4c^2(u - c^2)$.

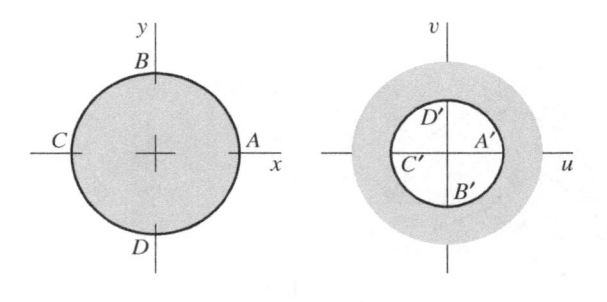

Figura 4
$w = 1/z$.

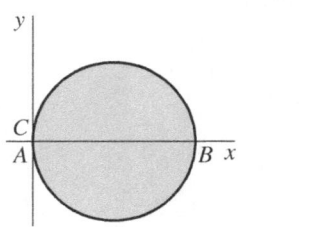

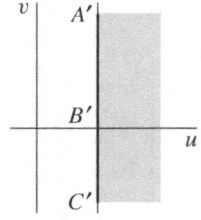

Figura 5
$w = 1/z$.

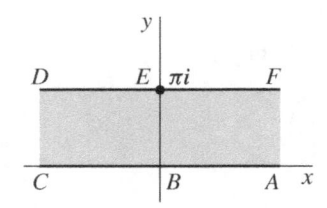

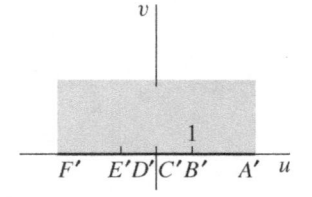

Figura 6
$w = \exp z$.

Figura 7
$w = \exp z$.

Figura 8
$w = \exp z$.

Figura 9
$w = \operatorname{sen} z$.

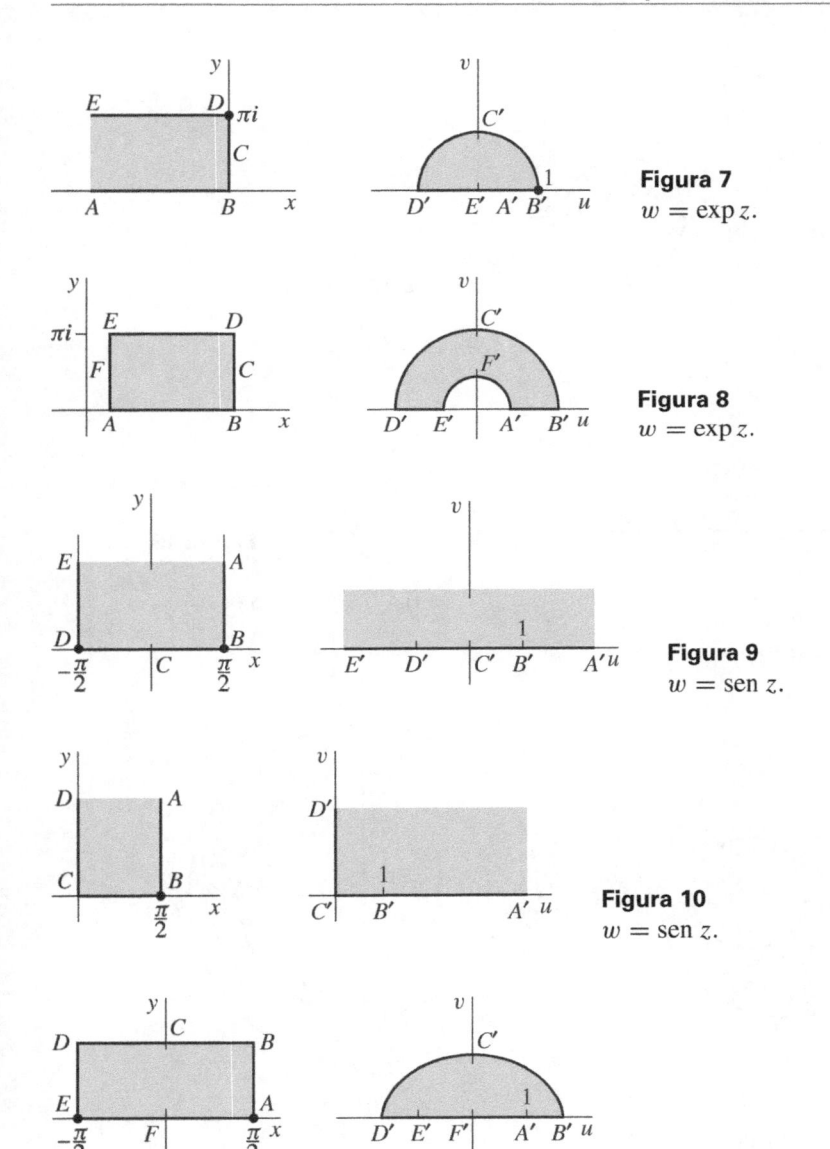

Figura 10
$w = \operatorname{sen} z$.

Figura 11
$w = \operatorname{sen} z$; BCD na reta $y = b$ $(b > 0)$,

$B'C'D'$ na elipse $\dfrac{u^2}{\cosh^2 b} + \dfrac{v^2}{\operatorname{senh}^2 b} = 1$.

Figura 12

$$w = \frac{z-1}{z+1}.$$

Figura 13

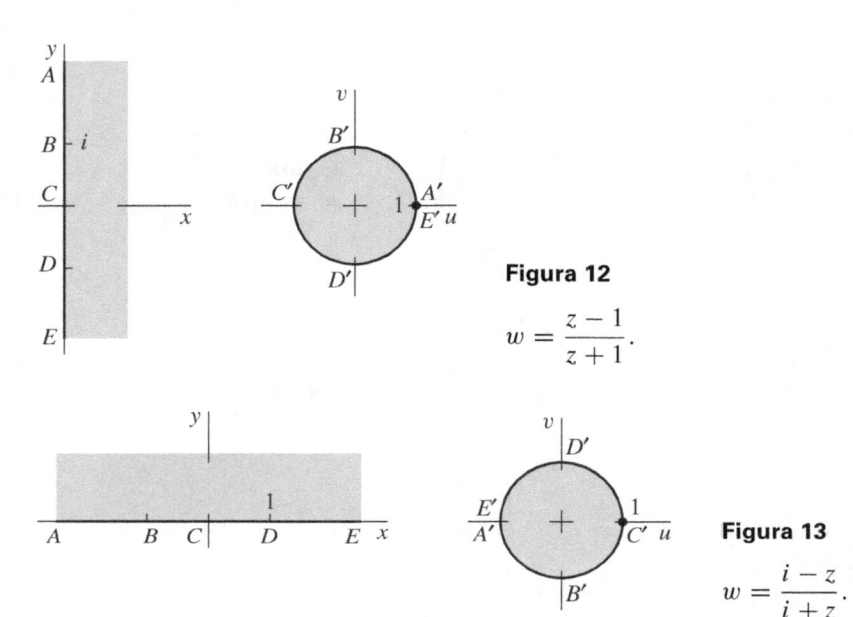

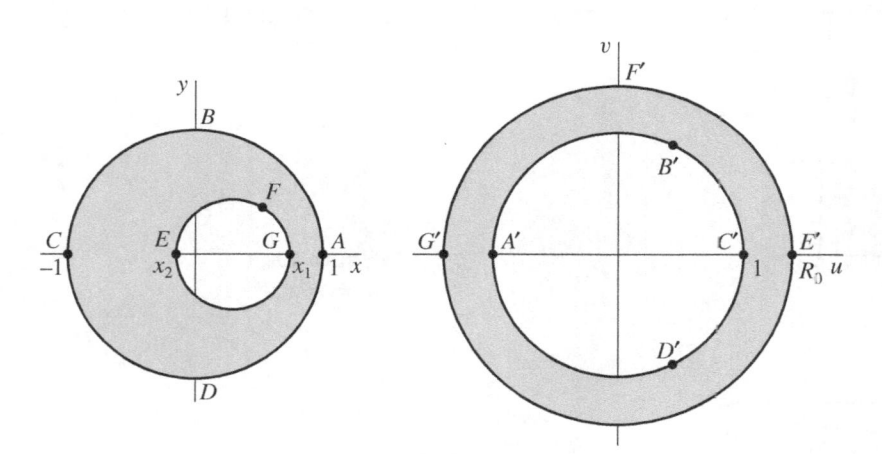

$$w = \frac{i-z}{i+z}.$$

Figura 14

$$w = \frac{z-a}{az-1}; \quad a = \frac{1 + x_1 x_2 + \sqrt{(1-x_1^2)(1-x_2^2)}}{x_1 + x_2},$$

$$R_0 = \frac{1 - x_1 x_2 + \sqrt{(1-x_1^2)(1-x_2^2)}}{x_1 - x_2} \quad (a > 1 \text{ e } R_0 > 1 \text{ se } -1 < x_2 < x_1 < 1).$$

Figura 15

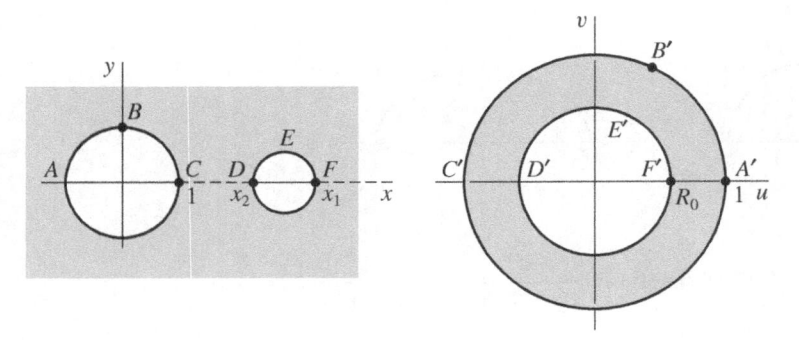

$$w = \frac{z-a}{az-1}; a = \frac{1 + x_1 x_2 + \sqrt{(x_1^2 - 1)(x_2^2 - 1)}}{x_1 + x_2},$$

$$R_0 = \frac{x_1 x_2 - 1 - \sqrt{(x_1^2 - 1)(x_2^2 - 1)}}{x_1 - x_2} \quad (x_2 < a < x_1 \text{ e } 0 < R_0 < 1 \text{ se } 1 < x_2 < x_1).$$

Figura 16

$$w = z + \frac{1}{z}.$$

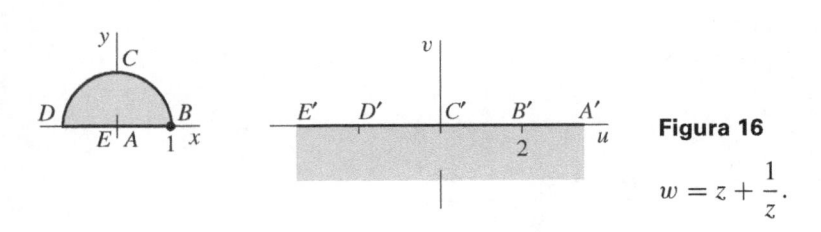

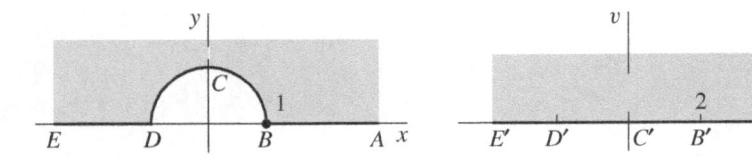

Figura 17

$$w = z + \frac{1}{z}.$$

APÊNDICE 2 TABELA DE TRANSFORMAÇÕES DE REGIÕES

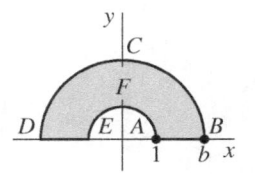

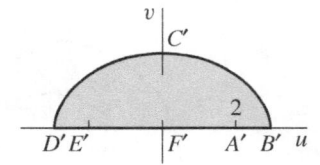

Figura 18

$w = z + \dfrac{1}{z}$; $B'C'D'$ na elipse $\dfrac{u^2}{(b+1/b)^2} + \dfrac{v^2}{(b-1/b)^2} = 1$.

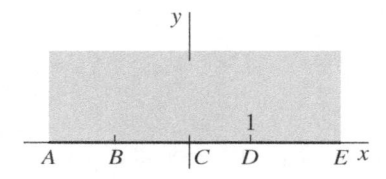

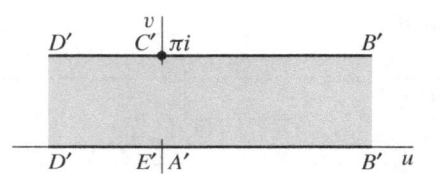

Figura 19

$w = \operatorname{Log} \dfrac{z-1}{z+1}$; $z = -\operatorname{cotgh} \dfrac{w}{2}$.

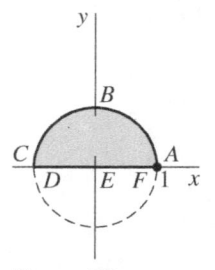

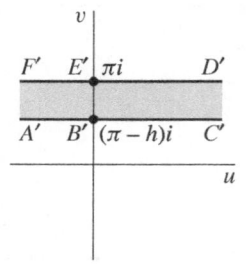

Figura 20

$w = \operatorname{Log} \dfrac{z-1}{z+1}$;

ABC no círculo $x^2 + (y + \operatorname{cotg} h)^2 = \operatorname{cossec}^2 h$ $(0 < h < \pi)$.

APÊNDICE 2 TABELA DE TRANSFORMAÇÕES DE REGIÕES **447**

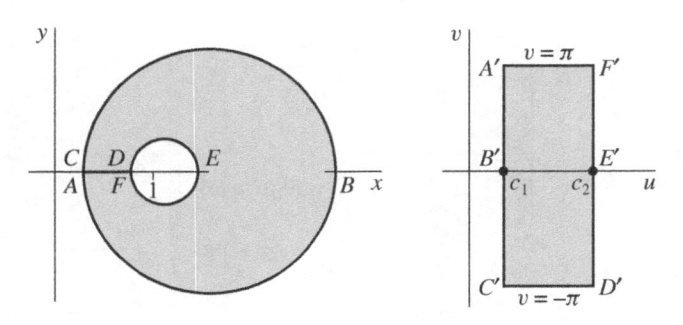

Figura 21

$w = \text{Log} \dfrac{z+1}{z-1}$; os centros dos círculos em $z = \coth c_n$, raios: $\operatorname{cossech} c_n$ $(n = 1, 2)$.

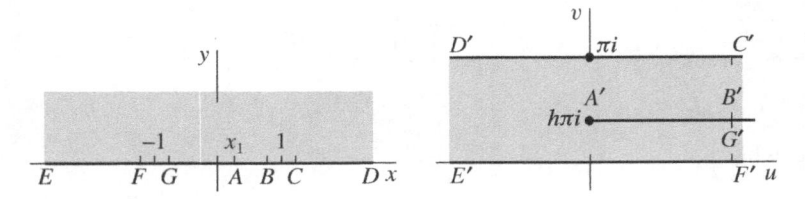

Figura 22

$w = h \ln \dfrac{h}{1-h} + \ln 2(1-h) + i\pi - h \operatorname{Log}(z+1) - (1-h) \operatorname{Log}(z-1)$; $x_1 = 2h - 1$.

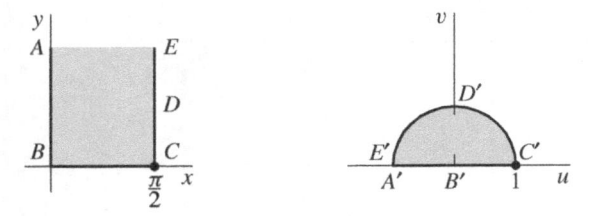

Figura 23

$w = \left(\operatorname{tg} \dfrac{z}{2} \right)^2 = \dfrac{1 - \cos z}{1 + \cos z}$.

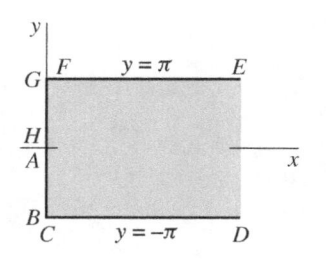

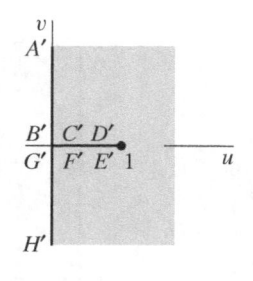

Figura 24

$$w = \operatorname{cotgh} \frac{z}{2} = \frac{e^z + 1}{e^z - 1}.$$

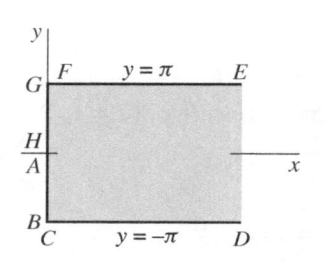

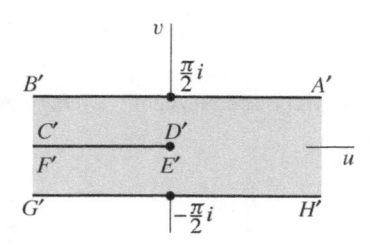

Figura 25

$$w = \operatorname{Log}\left(\operatorname{cotgh} \frac{z}{2}\right).$$

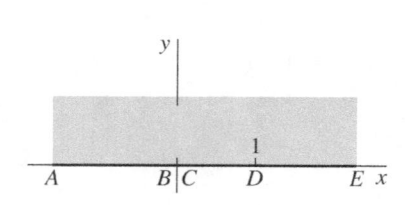

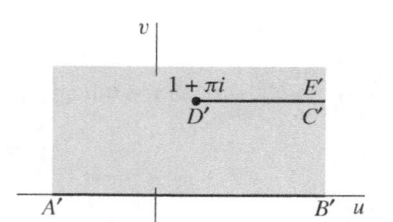

Figura 26
$w = \pi i + z - \operatorname{Log} z.$

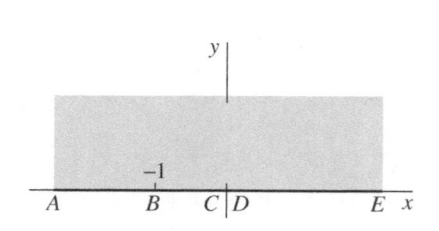

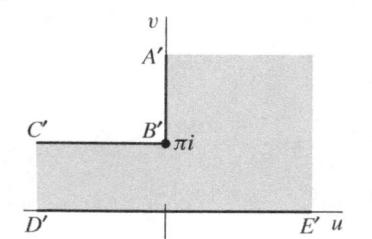

Figura 27
$$w = 2(z+1)^{1/2} + \operatorname{Log} \frac{(z+1)^{1/2} - 1}{(z+1)^{1/2} + 1}.$$

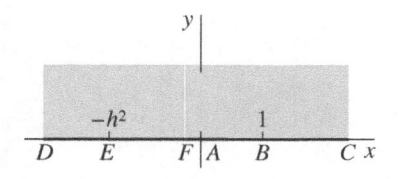

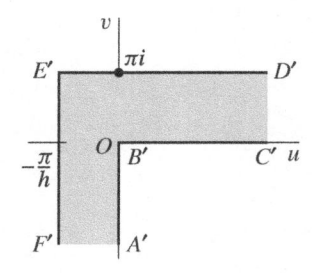

Figura 28

$$w = \frac{i}{h}\operatorname{Log}\frac{1+iht}{1-iht} + \operatorname{Log}\frac{1+t}{1-t}; \quad t = \left(\frac{z-1}{z+h^2}\right)^{1/2}.$$

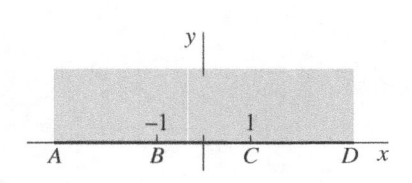

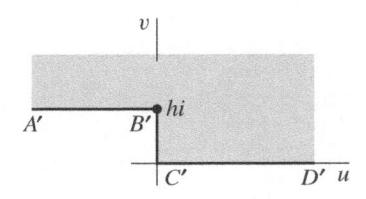

Figura 29

$$w = \frac{h}{\pi}[(z^2-1)^{1/2} + \operatorname{arc cosh} z].^*$$

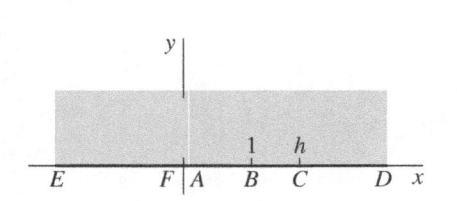

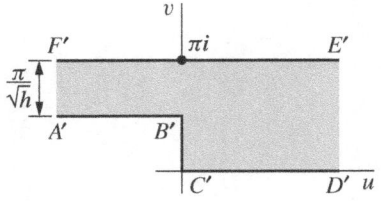

Figura 30

$$w = \operatorname{arc cosh}\left(\frac{2z-h-1}{h-1}\right) - \frac{1}{\sqrt{h}}\operatorname{arc cosh}\left[\frac{(h+1)z-2h}{(h-1)z}\right].$$

---

* Ver Exercício 3, Seção 133.

ÍNDICE

Observação: um número de página seguido de *n* refere-se a uma nota de rodapé.

Aerodinâmica, 381-382
Aerofólio de Joukowski, 391
Analiticidade, 72, 74-76, 189, 214, 227, 394-395
Ângulo, preservação de, 345-348
Ângulo de inclinação, 123, 345-347
Ângulo de rotação, 345-346, 348, 349
Antiderivadas
  de funções contínuas, 140-145
  explicação de, 140-145
  funções analíticas e, 156-157
  teorema fundamental do Cálculo e, 117
Aplicações. *Ver também* Transformações
  conforme, *ver* Aplicações conformes
  coordenadas polares para analisar, 42-43
  de círculos, 388
  de raízes quadradas de polinômios, 332-336
  de segmentos de reta horizontais por $w = \text{sen } z$, 322-324
  de segmentos de reta verticais por $w = \text{sen } z$, 320-322
  do eixo real sobre polígonos, 393-395
  do semiplano superior, 313-317
  em superfícies de Riemann, 338-343
  explicação de, 40-43, 299
  forma implícita e, 310-311
  injetoras, 40, 42, 43, 308, 315-317, 319, 321-324, 326-327, 329-331, 335-336, 339-340
  isógona, 346-347

pela função logaritmo, 316-317, 329-330
por $1/z$, 303-305
por funções exponenciais, 318-320
por outras funções relacionadas à função seno, 324-325
por ramos de $z^{1/2}$, 328-331
por z^2, 326-329
transformação $w = 1/z$ e, 301-303
transformações lineares e, 299-301
transformações lineares fracionárias e, 307-310
Aplicações conformes
  exemplo de, 422-423
  explicação de, 346-347
  harmônicas conjugadas e, 353-356
  inversas locais de, 350-352
  preservação de ângulos e fatores escalares de, 345-350
  transformações de condições de fronteira, 360-362
  transformações de funções harmônicas e, 357-359
Aplicações de resíduos
  cálculo de integrais impróprias convergentes e, 267-269
  cálculo de integrais impróprias e, 259-264
  caminhos indentados e, 274-278
  indentação em torno de ponto de ramificação e, 277-280
  integração ao longo de um corte de ramo e, 280-282

integrais definidas envolvendo senos e cossenos e, 284-287
integrais impróprias da Análise de Fourier e, 267-269
lema de Jordan e, 269-272
princípio do argumento e, 287-290
teorema de Rouché e, 290-292
transformada de Laplace inversa e, 294-296
Aplicações de transformações conformes
escoamento ao redor de cantos e de cilindros e, 385-389
escoamento de fluido bidimensional e, 381-384
função corrente e, 383-386
potencial e, 376-380
potencial eletrostático e, 375-377
temperaturas estacionárias e, 365-367
temperaturas estacionárias no semiplano e, 367-371
temperaturas no quadrante e, 370-373
Aquecimento por frequência de radio, 266
Arco
de Jordan, 120, 123
derivável, 122
explicação de, 120
regular, 123, 129, 144-145
simples, 120
Argumento
de produtos e quocientes, 21-23
valor principal do, 17-18, 39

Boas, R. P., 173-174n, 240n, 310n
Brown, G. H., 267n
Brown, J. W., 78n, 207n, 269n, 276n, 370-371n, 381-382n, 422n
Buck, J. R., 207n

Caminho fechado simples, 24, 123, 148-149, 233
Caminho indentado
explicação de, 274-278
ponto de ramificação e, 277-280
Caminhos
explicação de, 123
no teorema de Cauchy-Goursat, 154-156
Campo de vetores, 44
Cauchy, A. L., 64
Christoffel, E. B., 396-397
Churchill, R. V., 78n, 207n, 267n, 269n, 276n, 295-296n, 370-371n, 381-382n, 422n

Circulação de fluido, 381-383
Círculo(s)
de convergência, 209, 210, 213, 215
representação paramétrica de, 19
transformação de, 301-305
Combinação linear, 76
Complexo conjugado, 14-16, 410
Composição de funções, 52, 60, 73
Condições de fronteira, transformações de, 360-362
Condução do calor, 365. *Ver também* Temperaturas estacionárias
Condutividade térmica, 365
Conjugação
complexa, 14-16
harmônica, 353-356
Conjunto fechado, 32
Conjunto ilimitado, 33
Conjunto limitado, 32
Conjuntos abertos
analiticidade em, 72
conexos, 80
explicação de, 33
Conjuntos infinitos, 296
Continuação analítica, 82-85
Convergência
absoluta, 183-184, 208-211
círculo de, 209, 210, 213, 215
de sequências, 179-181
de séries, 182-185, 208-211, 249
uniforme, 209-211
Conway, J. B., 310n
Coordenadas polares
explicação de, 17
funções e, 38, 68-70
para analisar aplicações, 42-43, 319, 328-329, 338-339
Cortes de ramos
explicação de, 94, 394-395
integração ao longo de, 280-282
integrais curvilíneas e, 131-132
Cossecante, 106-107, 111
Cossenos, 284-287
explicação de, 103-106
hiperbólicos, 109-110
integrais definidas envolvendo, 284-287
Cotangente, 106-107, 111
Curva orientada positivamente, 120
Curvas, encontrando imagens de, 40-41
Curvas de nível, 79, 80

ÍNDICE   **453**

Derivabilidade, 65-68
Derivação, 59-60, 72, 74, 107
Derivadas
   de aplicações, 394-396, 403-406, 410, 415
   de funções, 55-59
   de logaritmos, 93-95
   de ramos de z^c, 100-101
Derivadas de primeira ordem
   equações de Cauchy-Riemann e, 64, 66, 68, 69
   explicação de, 62-64
Derivadas direcionais, 73
Derivadas parciais
   de primeira ordem, 62-64
   de segunda ordem, 356
   equações de Cauchy-Riemann e, 64, 66, 68, 69, 71, 78, 83-84
Derivadas parciais de segunda ordem, 356
Desigualdade envolvendo integrais curvilíneas, 135-136
Desigualdade de Cauchy, 170-173
Desigualdade de Jordan, 270-271
Desigualdade triangular, 11-13, 171-172
Difusão, 367
Disco
   aberto, 291
   fechado, 275
   perfurado, 32, 33, 198, 202, 223-224, 230, 232, 237, 239, 243, 274
   problema de Dirichlet de um, 420-423
Divisão de séries de potências, 221-224
Domínios
   de definição de uma função, 37, 82-83, 330-331, 334-336
   de funções analíticas, 80, 81, 84
   de funções harmônicas, 76-79
   explicação de 33, 34
   multiplamente conexos, 156-159
   princípio da reflexão e, 82-84
   simplesmente conexos, 154-157
   união de, 82-83

Eixo imaginário, 1
Eixo real, 1, 393-395
Elemento de uma função, 82-83
Elemento inverso aditivo, 4, 6
Elemento inverso multiplicativo, 4, 5, 20
Elemento neutro da adição, 3
Elemento neutro da multiplicação, 3
Elipse, 322-324

Equação de Bernoulli, 383-384
Equação de Laplace
   forma polar da, 79, 420
   funções harmônicas e, 77, 430
   harmônicas conjugadas e, 353-354, 356
Equações de Cauchy-Riemann
   analiticidade e, 75
   derivadas parciais e, 64, 66, 68, 69, 83-84, 356
   em forma complexa, 72
   em forma polar, 69, 71, 94
   explicação das, 64-65, 351
   harmônica conjugada e, 353-356, 432
   suficiência das, 65-68
Equações de Poisson, 364
Equipotenciais, 376-381, 383-385
Escoamento de um fluido
   ao redor de um canto e de um cilindro, 385-389
   bidimensional, 381-384
   circulação de um, 381-383
   em canal por fenda, 407-409
   em um quadrante, 386-387
   incompressível, 382-383
   irrotacional, 382-383
   potencial complexo de um, 384-386
   velocidade de um, 383-386
Esfera de Riemann, 49-50
Expansão em série de Maclaurin, 190-193, 231
Expansão em séries de Fourier, 208

Fatores de escala, 348
Fecho, 32
Fluido incompressível, 382-383
Fluido sem viscosidade, 382-383
Fluxo, 365
Forma exponencial de números complexos, 17-18
Forma polar
   da equação de Laplace, 79, 420
   das equações de Cauchy-Riemann, 69, 71, 94
   de números complexos, 17-18
Forma retangular, 21, 31
Fórmula de de Moivre, 21
Fórmula de Euler, 18, 19, 29, 87, 103-104
Fórmula de integração, 265, 266, 274, 278-279, 282, 284-287

Fórmula de somas trigonométricas, 185, 206
Fórmula do binômio, 7, 8
Fórmula integral de Cauchy
  consequência de extensões do, 168-171
  explicação do, 162-164, 418
  extensão do, 164-169, 217, 247
  para o semiplano, 428-429
  teorema de Taylor e o, 187
Fórmula integral de Poisson
  explicação de, 419-422
  no disco, 420-422
  no semiplano, 428-429
Fórmula integral de Schwarz, 428-430
Fórmula quadrática, 31, 285
Fórmula(s)
  integral de Cauchy, 162-164, 199, 217
  de de Moivre, 21
  de derivação, 107, 111
  integral de Cauchy estendida, 164-171
  de integração, 265, 266, 274, 278-279, 282, 284-287
  integral de Poisson, 417-420
  quadrática, 31, 285
  integral de Schwarz, 428-430
  de somas trigonométricas, 185, 206
  de Euler, 18, 19, 29, 103-104
  do binômio, 7, 8
Fórmulas de derivação, 107-108
Fórmulas integrais
  de Cauchy, 162-164
  de Poisson, 417-420
  de Schwarz, 428-430
    problema de Dirichlet de um disco e, 420-424
    problema de Dirichlet de um semiplano e, 430-432
    problemas de Neumann e, 433-436
    problemas de valores de fronteira e, 426-428
Fourier, Joseph, 365n
Fronteira de S, 32
Função beta, 283, 399-400
Função gama, 280
Função impulso unitário finito, 425
Função seno
  explicação da, 103-106
  hiperbólico, 109-110
  integrais definidas envolvendo, 284-287

Funções. *Ver também tipos específicos de funções*
  analíticas, 72-76, 80-83, 155-156, 168-171, 229, 235, 247-250
  antiderivada de, 156-157
  bivalente, 328-329, 332-333, 336, 341-343
  comportamento perto de singularidades isoladas, 255-258
  composição de, 52, 60, 73
  condições para a derivabilidade e, 65-68
  contínuas, 52-54, 58, 140-145, 394-396
  coordenadas polares e, 68-70
  corrente, 383-389, 408-409
  de Bessel, 207n
  de variáveis complexas, 37-40
  derivadas de, 55-59, 115-117
  derivável, 55-56, 58
  domínio de definição de, 37, 82-83, 330-331, 334-336
  elementos de, 82-83
  equações de Cauchy-Riemann e, 62-64
  exponenciais, 19, 87-89, 101
  gama, 280
  gráfico de, 39
  harmônicas, 77-79, 357-359
  hiperbólicas, 109-114
  holomorfas, 72n
  imagem de, 39
  ímpares, 120
  integrais definidas de, 117-119
  inteiras, 72, 172-174
  inversas, 112-114
  limitadas, 172-174
  limites de, 44-47
  logarítmicas, 90-93, 97-99, 142
  meromorfas, 287-288
  multivalentes, 38-39, 245, 280, 283, 284
  pares, 120
  parte principal de, 239
  perto de singularidades isoladas, 255-258
  potência, 100-102
  racionais, 38, 261
  raiz quadrada, 339-342
  ramo de, 94, 228
  reais, 38-39, 47, 49, 55, 57-58, 68, 77, 208
  regulares, 72n
  seccionalmente contínuas, 117, 125-126, 135-136, 420, 421, 426, 434, 435
  trigonométricas, 103-107, 112-114

unicidade de, 80-83
univalentes, 338-343, 390
zeros de, 105-107
Funções analíticas
  composição de, 73
  derivadas de, 168-171
  domínios simplesmente conexos e, 155-156
  explicação de, 72-76, 227, 229
  princípio da reflexão e, 82-84
  propriedades de, 74-76
  resíduo e, 235
  teorema de Cauchy-Goursat adaptado a integrais de, 199
  unicidade de, 80-83
  zeros de, 247-250, 290
Funções bivalentes, 328-329, 332-333, 336
Funções contínuas
  antiderivadas de, 140-145
  derivada e, 58
  explicação de, 52-54, 394-396
Funções exponenciais
  de base c, 101
  explicação de, 87-89
  propriedade aditiva de, 20
  transformação por, 318-320
Funções harmônicas
  aplicações de, 428, 429, 434, 435
  círculos e, 420-422
  em regiões semicirculares, 426
  escoamento de um fluido bidimensional e, 381-384
  explicação de, 77-79
  fórmula integral de Poisson de, 418-420
  geração de, 78-79
  harmônica conjugada e, 355
  reais, 77
  transformações de, 357-359, 414
Funções logarítmicas
  explicação de, 90-91
  identidades envolvendo, 97-99
  ramos e derivadas de, 93-95, 142, 228-230, 352
  superfície de Riemann de, 341-343
  transformação por, 316-317, 329-330
  valor principal de, 91-92, 101
Funções reais
  derivação de, 68
  exemplo de, 57-58

expansão em série de Fourier de, 208
explicação de, 38-39
harmônica, 77
limites de, 47, 49, 55, 57
propriedades de, 39
Funções trigonométricas
  explicação de, 104
  identidades de, 104-105, 107
  integrais definidas envolvendo, 284-287
  inversas de, 112-114
  periodicidade de, 107
  seno e cosseno, 103-106
  zeros e singularidades de, 105-107

Goursat, E., 149-150
Gráfico de funções, 39

Harmônicas conjugadas
  explicação de, 353-356
  funções harmônicas e, 355-356, 432
Hidrodinâmica, 381-382
Hille, E., 123n
Hipérboles, 40-41, 321, 322, 372-373, 388

Identidade trigonométrica de Lagrange, 24
Identidades
  envolvendo logaritmos, 97-99
  trigonométricas de Lagrange, 24
Imagem de função, 39
Imagem de um ponto, 39
Imagem inversa de ponto, 39
Independência de caminhos, 140-141, 144-148
Infinito
  limites envolvendo o ponto no, 49-52
  resíduos no, 235-237
Integração
  ao longo de cortes de ramos, 280-282
  constante de, 412
Integrais
  antiderivadas e, 140-145
  de Bromwich, 295-296
  de Fresnel, 273
  de linha, 125, 126, 355
  domínios multiplamente conexos e, 156-159
  domínios simplesmente conexos e, 154-157
  elíptica, 398-399, 401

fórmula integral de Cauchy e, 162-171, 199, 217
princípio do módulo máximo e, 173-178
teorema de Cauchy-Goursat e, 148-155
teorema de Liouville e o teorema fundamental da Álgebra e, 172-174
teorema do valor médio de, 116-117
teoria de, 115
valor principal de Cauchy de, 259-260
Integrais curvilíneas
  cortes de ramos e, 131-132
  cotas superiores para o módulo de, 135-138
  exemplos de, 127-132
  explicação de, 125-128
  valor de, 140-141
Integrais definidas
  de funções, 117-119
  envolvendo senos e cossenos, 284-287
  teorema do valor médio para, 425
Integrais impróprias
  cálculo de, 259-264
  da Análise de Fourier, 267-269
  explicação de, 259
Integral de Bromwich, 295-296
Integral de Fourier, 276n
Integral de Fresnel, 273
Integral de linha, 125, 126, 355
Integral elíptica, 398-399, 401
Intensidade de campo, 375-377
Intervalos encaixados, 161-162
Inversa
  de ponto não nulo, 417
  de transformação linear fracionária, 406
  local, 350-352
Isotermas, 367

Jacobiano, 351
Jordan, C., 120n

Kaplan, W., 66n, 355n, 382-383n

Lei da distributividade, 3
Leis da associatividade, 3
Leis da comutatividade, 3
Leis de Fourier, 365
Lema de Jordan, 269-272, 277-278
Limites
  de funções, 44-47

de funções reais, 47, 49
de sequências, 179-181
definição de, 44
envolvendo o ponto no infinito, 49-52
teoremas de, 47-49
Linhas de corrente, 384-386, 388, 389, 409
Linhas de escoamento, 367
Linhas de fluxo, 376-379
Linhas poligonais, 33

Mann, W. R., 54n, 78n, 136n, 160-161n, 350n, 429n
Markushevich, A. I., 155-156n, 168-169n, 240n
Método da separação das variáveis, 370-372, 378-379
Módulo
  de integrais curvilíneas, 135-138
  de número complexo, 9
  explicação de, 9-10
Morera, E., 169-170
Multiplicação de séries de potências, 221-224

Newman, M. H. A., 123n
Núcleo de Poisson, 419, 420, 425-427, 434
Número de rotação, 288
Números complexos
  argumento de produtos e quocientes de, 21-23
  conjugados complexos de, 14-16
  convergência de séries de, 182
  explicação de, 1
  forma exponencial de, 17-18
  parte imaginária de, 2
  forma polar de, 17-18
  produtos e potências em forma exponencial, 20-21
  parte real de, 2
  raízes de, 25-30
  somas e produtos de, 1-3
  propriedades algébricas de, 3-4
  vetores e módulos de, 8-10
Números de Euler, 226
Números imaginários puros, 1
Números reais, 101

Oppenheim, A. V., 207n

ÍNDICE **457**

Parábolas, 327-328, 331-332
Parte principal de uma função, 239
Plano complexo, 1
  estendido, 49-50
  ponto no infinito e, 49-50
Plano complexo estendido, 49-50
Poço, 407-410
Polígonos
  degenerados, 402-404
  fechados, 393-394
  transformando o eixo real em, 393-395
Polinômios
  como funções inteiras, 72, 76
  de grau n, 38
  quociente de, 38
  raiz quadrada de, 332-336
  teorema fundamental da Álgebra e, 173-174
  zeros de, 172-173, 265, 292
Polinômios de Chebyshev, $25n$
Polinômios de Legendre, $62n$, 140-$141n$, 171-172
Polos
  de funções, 247-248
  de ordem m, 239-240, 258
  resíduos em, 242-244, 250-251
  simples, 240, 250-251
  zeros e, 250-253
Ponto crítico de aplicações, 346-348
Ponto de acumulação, 34
Ponto de estagnação, 409
Ponto de fronteira, 32-33, 317, 323, 325
Ponto de ramificação
  explicação de, 94, 340-341
  indentação em volta de, 277-280
Ponto exterior, 32
Ponto fixo de aplicação, 312
Ponto interior, 32
Ponto no infinito
  limites envolvendo o, 49-52
  resíduo no, 235-237
  vizinhança do, 49-50
Potencial
  complexo, 385-387
  eletrostático, 365, 375-380, 412-414
  no espaço cilíndrico, 376-378
  velocidade, 383-387
Potências de números complexos, 21
Potências negativas de $(z - z_0)$, 193-195

Primeira forma integral de Laplace, 140-$141n$
Princípio da coincidência, 81
Princípio da deformação de caminhos, 157-161, 235-236
Princípio da reflexão, 82-84
Princípio do argumento, 287-290
Princípio do módulo máximo, 175-178
Problema de Dirichlet
  de um disco, 420-422
  de um semiplano, 430-432
  de uma faixa semi-infinita, 374
  de uma região do semiplano, 368
  de uma região exterior a um círculo, 427
  de uma região semicircular, 426
  explicação do, 357, 358
Problemas de Neumann
  do semiplano, 435-436
  explicação de, 358, 433-436
Problemas de potencial, aplicações conformes para resolver, 376-380
Problemas de valores de fronteira, 357-358, 360, 368, 370-372, 375-379, 426-427
Produto de Cauchy, 222
Projeção estereográfica, 49-50
Propriedade da adição, 20
Propriedades algébricas de números complexos, 3-4

Quadrados, 150-151
Quadrados encaixados, 162-163

Raio unitário, 19
Raiz enésima da unidade, 28-29
Raiz principal, 27
Raiz quadrada de polinômios, 332-336
Raízes
  da unidade, 28-29
  de números complexos, 25-30
Ramo principal
  da função logaritmo, 352
  de funções, 94, 102, 228
  de funções bivalentes, 328-330
  de z^c, 101
Ramos
  da função raiz quadrada, 326-331
  de funções bivalentes, 328-329, 332-333, 336
  de funções logarítmicas, 93-95, 142, 228-230, 316-317, 352

de funções multivalentes, 94, 280, 283, 284
integrandos e, 143-145, 147-148
principais, 94, 102, 228
Razão cruzada, 310n
Reflexão, 39
Regiões
  do plano complexo, 32-34
  explicação de, 32
  tabela de transformações de, 441-449
Regra da cadeia, 60, 68, 71, 73, 100, 345, 359, 415-416
Regra de Leibniz, 221, 225-226
Resíduos
  em polos, 242-246
  explicação de, 229-232
  no infinito, 235-237
  polos e, 250-253
  série infinita de, 296
  somas de, 261
  Teorema de Cauchy dos, 233-235, 262, 267, 271, 278, 280, 281, 283, 285, 289, 290
Resto, 184-185
Retângulos e transformada de Schwarz-Christoffel, 398-402
Riemann, G. F. B., 64
Rotação
  de fluido, 382-383
  explicação de, 39-40

Schafer, R. W., 207n
Schwarz, H. A., 396-397
Secante, 106-107, 111
Semiplano
  fórmula integral de Cauchy no, 429
  fórmula integral de Poisson no, 428-429
  problema de Dirichlet de um, 430-432
  problemas de Neumann de um, 435-436
  temperaturas estacionárias no, 367-371
  transformações do superior, 313-317
Sequência de somas parciais, 182
Sequências
  convergência de, 179-181
  explicação de, 179
  limite de, 179-181
Sequências infinitas, 179
Séries de Fourier, 208
Séries de Laurent
  caminho indentado e, 274, 275

coeficientes na, 202
exemplos ilustrando as, 202-205, 229-230, 235, 243-245, 277-278
explicação de, 198
resíduo e, 236, 238, 245
singularidade removível e, 257
unicidade da, 216-218
Séries de Maclaurin
  exemplos ilustrando as, 193-195, 231, 234
  expansão em, 190-193, 202, 231
  explicação de, 187, 203, 204
  Teorema de Taylor e, 189
Séries de potências
  continuidade da soma de, 211-213
  convergência absoluta e uniforme de, 208-211
  explicação de, 184
  integração e derivação de, 213-216
  multiplicação e divisão de, 221-224
Séries de Taylor, 242
  exemplos ilustrando, 189-193, 249-250
  expansão em, 191, 192, 221
  explicação de, 186-187
  unicidade de, 216-218
Séries infinitas, 182, 296
Singularidades
  explicação de, 74
  removíveis, 240, 256
Singularidades essenciais, 240, 257-258
Singularidades isoladas
  comportamento de funções perto de, 255-258
  explicação de, 227-229
  tipos de, 238-242
Sistemas lineares discretos, 207n
Somas
  de resíduos, 261
  de séries de potências, 211-213
Superfícies de Riemann
  de funções bivalentes, 341-343
  explicação de, 338-341

Tangente
  explicação de, 106-107
  hiperbólica, 111
Taylor, A. E., 54n, 78n, 136n, 160-161n, 350n, 429n
Temperaturas
  em uma placa fina, 369-371

ÍNDICE **459**

no quadrante, 370-373
no semiplano, 367-369
Temperaturas estacionárias
   aplicações conformes e, 365-367
   exemplo para encontrar, 424
   no semiplano, 367-369
Teorema da curva de Jordan, 123
Teorema de Bolzano-Weierstrass, 255
Teorema de Casorati-Weierstrass, 257
Teorema de Cauchy-Goursat
   adaptação para domínios multiplamente conexos, 156-159
   aplicado a domínios multiplamente conexos, 156-159
   aplicado a domínios simplesmente conexos, 154-157
   explicação do, 149-150, 227, 276, 418
   prova do, 150-155
   resíduos e o, 233-235
Teorema de Green, 148-150
Teorema de Laurent
   explicação do, 197-198
   prova do, 199-201
Teorema de Liouville, 172-174, 292
Teorema de Morera, 169-170, 214
Teorema de Picard, 240, 241
Teorema de Riemann, 256
Teorema de Rouché, 290-292
Teorema de Taylor
   explicação de, 186
   prova do, 187-189
Teorema do valor médio, 116-117, 425
Teorema do valor médio de Gauss, 174-175
Teorema dos Resíduos de Cauchy, 233-235, 262, 267, 271-272, 278, 280, 281, 283, 285, 289, 290
Teorema fundamental da Álgebra, 172-174, 292
Teorema fundamental do Cálculo, 118, 140-141, 144-146
Thron, W. J., 123n
Transformação de Möbius, 307-310
Transformação de Schwarz-Christoffel
   escoamento de um fluido em canal através de uma fenda e, 407-409
   escoamento de um fluido em canal com estreitamento e, 409-412
   explicação de, 393-397
   polígonos degenerados e, 402-404

potencial eletrostático em uma aresta de uma placa condutiva e, 412-414
triângulos e retângulos e, 398-402
Transformações. *Ver também* Aplicações
   bilineares, 307
   conformes, 345-363, 422
   de círculos, 301-305, 388
   de condições de fronteira, 360-362
   de funções harmônicas, 357-359
   explicação de, 39
   fracionária linear, 307-311, 313-317, 406
   inversa, 308, 344, 371-372, 377-378, 391, 392, 406, 407
   jacobiano de, 351
   linear, 299-301
   ponto crítico de, 346-348
   ponto fixo de, 312
   princípio do argumento e, 288-289
   tabela de, 441-449
   transformada integral, 419, 420, 424, 426
   $w = 1/z$, 303-305
   $w = \text{sen } z$, 320-322
Transformações lineares
   explicação de, 299-301
   fracionária, 307-310, 313-317, 406
Transformada de Laplace
   explicação de, 295-296
   inversa, 294-296
Transformada integral de Poisson, 419, 420, 424, 426
Transformada integral de Schwarz, 430, 435
Transformada z, 207
Transformada z inversa, 207
Transformadas integrais, 419, 420, 424, 426
Translação, 39
Triângulos, 398-400

Valor absoluto, 9, 372-373
Valor principal
   de Cauchy, 259-260
   de potências, 102
   do argumento, 17-18, 39
   do logaritmo, 91-92, 101
Valores máximo e mínimo, 175-178
Variáveis complexas
   funções de, 37-40
   integrais de funções complexas de, 120
Velocidade potencial, 383-384

Vetor, 8-10
Viscosidade, 382-383
Vizinhança
  do ponto no infinito, 49-50
  explicação de, 32
  perfurada, 32, 249-250, 256-258

Wunsch, A. D., 240n

Zero de ordem m, 247-252, 254
Zeros
  de funções analíticas, 247-250, 290
  de funções trigonométricas, 105-107
  de polinômios, 172-173, 265, 292
  imaginários puros, 285
  isolados, 249
  polos e, 250-253